中国南方下古生界
油气地质异常分析与评价

赵鹏大　吴冲龙　郭彤楼　陈建平
蔡勋育　汤达祯　付孝悦　毛小平　等　著

科学出版社
北京

内 容 简 介

本书介绍了采用地质异常及地质异常致矿理论，以成盆-成烃-成藏、建造-改造-破坏、充注-逸散-保存、物质-能量-信息等为内涵的油气资源地质异常预测评价的新方法。书中以中国南方重点区块的海相层系为例，从大地构造格架（时空结构和背景）、盆地原型与盆地演化、烃源特征及其演化、油气成藏保存条件动力条件四个方面着手，进行致藏地质异常、专属地质异常、综合地质异常、油田地质异常和油藏地质异常分析和圈定，进而对油气成藏可能地段（1P）、找油气可行地段（2P）、找油气有利地段（3P）和潜在油气藏地段（4P）进行了预测和评价。

本书可供从事石油天然气地质勘探和研究的技术人员、博士生、硕士生及本科生参考使用。

图书在版编目(CIP)数据

中国南方下古生界油气地质异常分析与评价 / 赵鹏大等著 . —北京：科学出版社，2010

ISBN 978-7-03-027412-0

Ⅰ. ①中… Ⅱ. ①赵… Ⅲ. ①古生代—石油天然气地质—研究—中国 Ⅳ. ①P618.130.2

中国版本图书馆 CIP 数据核字（2010）第 079937 号

责任编辑：罗 吉 / 责任校对：李奕萱
责任印制：钱玉芬 / 封面设计：王 浩

科学出版社 出版
北京东黄城根北街 16 号
邮政编码：100717
http://www.sciencep.com

天时印刷厂 印刷

科学出版社发行 各地新华书店经销

*

2010 年 5 月第 一 版 开本：787×1092 1/16
2010 年 5 月第一次印刷 印张：23 1/4
印数：1—1 500 字数：563 000

定价：120.00 元

（如有印装质量问题，我社负责调换）

《中国南方下古生界油气地质异常分析与评价》编写人员名单

赵鹏大　吴冲龙　郭彤楼　蔡勋育　陈建平

汤达祯　付孝悦　毛小平　孔春芳　冷德勋

汤　军　刘大锰　冯常茂　伍大茂　刘　刚

杜远生　周江羽　王连进　宋立军　　等

前　　言

本书是在中国石油化工股份有限公司南方油气勘探开发公司重点科技项目“中国南方海相下组合成藏条件与选区评价”[①]研究基础上编写而成的。

中国南方有着十分复杂的地质构造演化历史，自新元古代以来经历了频繁的板块汇聚和裂解、造山和造盆运动，其油气生成、运移、聚集和保存条件、地质条件也因此变得十分复杂。本书在对中国南方川东南—黔中、鄂西—渝东及其外围地区海相下组合油气成藏地质条件进行系统总结的基础上，采用地质异常及地质异常致矿（赵鹏大等，1991）理论和方法，通过分析油气成藏的特异条件和特异规律，进行以成盆—成烃—成藏、建造—改造—破坏、充注—逸散—保存、物质—能量—信息等为内涵的油气资源地质异常预测评价的新理论和新方法探索，并在此基础上对各重点区块的油气资源潜力进行评价和选优，为下一步勘探工作提供了参考依据。

课题研究以石油地质学综合研究为基础，采用地质异常的理论与方法，结合板块构造学、盆地动力学、构造地层学、地球物理学、有机地球化学、有机岩石学、盆山耦合、地热学等多学科理论和技术，从大地构造格架（时空结构和背景）、盆地原型与盆地演化、烃源特征及其演化、油气成藏保存条件和动力条件四个方面着手，进行致藏地质异常、专属地质异常、综合地质异常、油田地质异常和油藏地质异常分析和圈定，进而分别对油气成藏可能地段（1P）、找油气可行地段（2P）、找油气有利地段（3P）和潜在油气藏地段（4P）进行了预测和评价。

通过各种基础研究工作[①]，取得的进展包括以下12个方面：

1）课题组以油气地质异常和GIS理论为基础，结合中国油气地质理论，应用成矿预测及资源评价技术（如证据权重法、ART神经网络法、层次分析法等），首次进行了中国南方扬子及其周缘各类沉积盆地的油气地质异常研究。

2）探讨了油气地质异常的基本理论及评价方法，认为致矿（藏）油气地质异常的尺度，按照工业评价对象可分为四级：①区域地质异常，②盆地

① 赵鹏大，吴冲龙，陈建平，汤达祯等，2006，中国南方海相下组合成藏条件与选区评价——油气地质异常分析与资源定量预测，中国石油化工股份有限公司南方勘探开发分公司项目研究报告。

（区块）地质异常，③区带地质异常，④圈闭地质异常；按照空间规模可分为五级：①巨型地质异常，②大型地质异常，③中型地质异常，④小型地质异常，⑤微型地质异常。进而，把油气资源预测评价对象的级次分为：对油气成藏可能地段（1P）、找油气可行地段（2P）、找油气有利地段（3P）、潜在油气藏地段（4P）和远景油气藏地段（5P）。

3）中国南方的原始油气成藏条件十分优越，包括多套巨厚的优质烃源岩、多套巨厚的优质盖层、多种类型的油气运移通道、多种类型的储层和圈闭，以及多个适配的关键时刻。但由于经过了漫长而强烈的构造运动改造，原始油气系统遭受了严重破坏。例如，黔中隆起的麻江、瓮安、良村和岩孔等众多大型古油藏，都成为裸露地表的沥青矿。在中国南方对油气藏保存条件起主导作用的是持续而强烈的构造变形，特别是印支—燕山期的多岛洋闭合和多块体聚合碰撞造成的前陆构造变形。

4）在加里东—早印支期，南方海相盆地原型演化以建设为主，原型之间主要是继承性叠加，形成了优越的生储盖组合和成藏条件；在中印支—晚燕山期，南方海相盆地原型演化以改造为主，原型之间主要是破坏性叠加，使生储盖组合遭受破坏。在印支运动过程中，华夏板块与扬子板块、扬子板块与华北板块、扬子板块与昌都—思茅微板块相继拼合，古特提斯多岛洋逐步走向封闭，中国南方整体进入陆内造山、造山带周缘前陆盆地、弧后前陆盆地的形成、演化阶段，所形成的复合盆山体系及其推覆-滑覆构造带，是研究区油气藏保存的主导性控制因素。在喜马拉雅运动中，中国南方海相盆地原型的改造主要表现在：K_2—E 走滑-伸展背景下的裂陷盆地叠加；E—N 初期的大规模隆升剥蚀；N—Q 区域性披覆层形成。

5）研究区海相下组合烃源母质主要由低等生物、藻类体和浮游动物等组成，原生沉积组分生烃潜力大，原始有机质类型属于腐泥型（即Ⅰ型）。源岩含有四种显微组分组即：藻类组、腐泥组、动物有机组和热变组（次生组）。结合烃源岩常量和稀土元素地球化学研究，划分出五类沉积有机相，即动荡局限海笔石相、滞流局限海笔石相、碳酸盐台地藻积相、泥质台地藻积相和深水陆架藻积相。

6）下组合烃源岩成熟演化，在时间序列上主要受寒武纪—志留纪、二叠纪—三叠纪、侏罗纪—白垩纪沉降埋深影响，油气系统形成的关键时刻大体是：①加里东运动（463.9～408.5Ma）；②海西—印支运动（256.1～203Ma）；③燕山中、晚期运动（135～88.5Ma）；④喜马拉雅中、晚期运动（23.3Ma 以来）。但分别受到随后的泥盆纪、中—晚三叠世、中白垩世以后沉积间断（特别是抬升剥蚀）的阻滞。生排烃中心均位于相应烃源岩的最大厚度处，黔中和湘鄂西是寒武系烃源岩生排烃强度中心，川东南—渝南志留系烃源岩生排烃强度最大，湘西北为志留系的局部生排烃中心。

7）黔南、黔东南进入“油窗”、“气窗”时间明显早于川东、黔北—川南。前者震旦—寒武系烃源岩于海西—印支早期衰竭，志留系烃源岩于印支期衰竭；后者震旦—寒武系烃源岩于燕山早—中期衰竭，志留系烃源岩燕山早—中期处于生气高峰但因抬升而暂停。鄂西—渝东、湘西北的震旦—寒武系烃源岩于海西—印支早期衰竭，志留系烃源岩于燕山中期进入“气窗”但因抬升而暂停；黔中地区受三次构造运动影响曾大幅度抬升，烃源岩生烃作用受到阻滞，致使震旦—下寒武统烃源岩至燕山早中期仍具有生气能力，而且至今仍有残余产烃能力。

8）下组合烃源岩绝大部分达到过成熟的干气阶段，少量处在高成熟的湿气晚期阶段。川东—重庆—鄂西是区域连片的高演化中心，寒武系等效镜质体反射率达4.0以上，志留系等效镜质体反射率达3.0以上，向周边逐渐降低。黔南、湘西以及湖北荆州的烃源岩成熟度最低，寒武系等效镜质体反射率也达到2左右，湘西北残存志留系等效镜质体反射率达1.3左右，也超过液态烃门限。

9）通过生排烃作用模拟实验证实，研究区海相下组合烃源岩生烃作用，表现为已成烃类的裂解和干酪根生烃潜力的逐渐耗竭，气态烃主要来自重烃裂解而不是高演化的干酪根。参照烃源岩对比样品的生、排烃效率，南方下组合烃源岩有机质进入干气阶段后仍然具有5%左右的生烃潜量。即使不计已成烃的裂解转化产物，对于规模巨大的下组合烃源岩来说，也具有一定数量天然气的补充来源。这种情况的存在，使得南方海相下组合具有“生烃较早而聚集成藏较晚”的特点。

10）本次研究圈定的南方重点区域的油气田地质异常有25个。其中，一类（好的）油气田地质异常（AA）区域3个，二类（中等）油气田地质异常（BB）区域17个，三类（差的）油气田地质异常（CC）区域5个。地质异常总面积有30余万平方公里，预测天然气资源量约20万亿立方米。说明中国南方具有很好的资源潜力，尤其在川、渝、黔、湘、鄂交界区，有希望实现天然气资源的新突破。

11）在中国南方海相残留盆地中，除了三江、龙门山、江南、川滇、武夷和闽浙沿海造山带等的核心部位，以及浙闽岩浆岩带之外，在8个原始超级油气系统的范围内（包括造山带前缘逆冲推覆构造掩盖区），都是油气成藏可能地段（1P）。其中，四川盆地东北部、鄂西—渝东地区是一类最有利保存单元和找气可行地段（2P—A）；滇东、黔中、黔北和湘鄂西、下扬子地区是二类最有利保存单元和找气可行地段（2P—B）；黔南—黔东南和中扬子北部是三类较有利保存单元和找气可行地段（2P—C）。

12）根据扬子地区油气分布特点，基于证据权重法、ART神经网络方法和层次分析法，认为四川盆地北部、鄂西—渝东地区、下扬子地区是找气最有利地段（3P—A）；而滇东、黔北等地区则为找气次有利地段（3P—B）；大方背斜带、梨子冲向斜、贵定断阶以及滇黔北部拗陷部分地区是黔中隆起最佳潜在油气藏地段（4P—A），而开阳凸起、织金凸起、三塘拗陷以及黔南拗陷是次佳潜在油气藏地段（4P—B）。鄂西—渝东地区的万县大池井至大天池地区、利川建南地区、利川以北的板桥地区、吉首以北地区和大庸以北的较平缓地区也为潜在油气藏地段（4P）。

在本书的研究和编写过程中得到中国石油化工股份有限公司前副总裁牟书令教授和马永生院士的关心和指导，中国石油化工股份有限公司南方油气勘探开发公司领导及技术负责杨方之、田海芹、谢刚平等，中国地质大学（武汉）和中国地质大学（北京）有关领导和科研管理机构也给予许多支持和帮助。谨此表示衷心的谢意！

赵鹏大

2007年10月

目　　录

第一章 项目研究思路与研究方法

第一节 勘探现状、存在问题和研究思路

中国南方海相油气勘探从1956年起至今，已有50年历史，取得了许多重要的成果，特别是在川东北和鄂西一渝东地区取得了重大突破，为中石化制定“积极准备南方”的战略决策提供了依据。为了寻找本项目研究的切入点，采取合理的研究思路与方法，有必要对南方的油气勘探现状及主要成果进行分析和总结。

一、中国南方海相勘探与研究状况

1. 区调与物探工作状况

南方已完成了全区1∶20万和部分地区的1∶5万区调，完成了大部分地区的1∶5万石油地质普查和滇、黔、桂中、湘鄂西地区的1∶5万地面构造详查，开展了全区与MT叠合的织金一泰兴、双柏一惠来、赤水一木央、监利一钦州、武汉一厦门、蒙城一温州6条区域走廊地质大剖面和苏皖南、江汉、楚雄、思茅地区的25条1∶2.5万～1∶5万地质构造廊带大剖面的调查。

全区已完成1∶100万航磁、1∶50万重力测量和楚雄、十万大山、江汉、苏皖南、合肥等大部分地区的1∶5万～1∶20万重磁测量；全区开展了织金一泰兴、双柏一惠来等6条区域MT大剖面的测量（1205点/6650km），在苏皖南、苏北、湘鄂西、合肥、楚雄、思茅、黔东、桂中、江西、浙江等地完成了MT剖面测量约22622点/9626km；此外，还进行了全区1∶100万～1∶200万和苏皖南、江汉、兰坪一思茅、南盘江、桂中、湘中、麻阳、鄂西等地区的1∶20万～1∶50万油气地质遥感图像处理解译。

为了解剖盆地结构，先后完成了24条区域数字地震大剖面：中扬子区的监利一应城2条，下扬子区4条，楚雄盆地9条，南盘江拗陷3条，十万大山盆地5条，川一黔一湘1条。而为了解剖盆-山结构及其演化过程，把上述各盆地的区域大剖面与造山带地学断面连接起来，形成了13条地质-地球物理综合解释基干剖面：①龙门山一方斗山一雪峰山剖面；②秭归一房县一滦川剖面；③宜都一信阳一太康剖面；④大冶一六安一凤台（宿松一六安，舒城一淮南）剖面；⑤宁国一肥东、衢州一九华山剖面；⑥平湖一灌南一沂源剖面；⑦腾冲一保山一东川剖面；⑧耿马一景谷一弥勒剖面；⑨老君山一坝林一嵩明剖

面；⑩那坡一八渡一赤水剖面；⑪峒中一天等一从江剖面；⑫钦州一西大明山、阳江一桂平一武宣剖面；⑬贵阳一雷山剖面。

南方海相数字地震勘查工作，除四川盆地外，主要集中在鄂西一渝东区、江汉盆地、苏皖下扬子地区、楚雄盆地、十万大山盆地及南盘江秧坝一潞城地区，总计逾 80000km。江汉及苏北盆地充分利用陆相普查、详查细测网抽稀构成海相普查、详查网约 12000km。鄂西一渝东区测网密度达到 1km×2km，江汉、苏北东部及句容地区 2km×4km（局部 1km×2km），楚雄盆地、十万大山盆地、秧坝一潞城地区 4km×6km。

2. 钻探工作状况

近 50 年来，在南方地区钻遇中—古生界海相地层的钻井近千口，总进尺超过 120m×104m。其中，以海相地层目的层的近 600 口。这些钻井较集中分布在江苏、江汉、湘鄂西、湘中、桂中、黔中、黔东、煤山等地，普遍见油气显示（500 余口），而且油气显示层位多（Z_2一J）、类型多，反映南方海相地层发生过油气生成与成藏过程。

1996 年以来，先后在下扬子区句容二圣桥构造钻探了圣科 1 井，在中扬子区当阳复向斜建阳驿构造钻探了建阳 1 井，在楚雄、秧坝、川东北及鄂西一渝东区块实施了乌龙 1 井、云参 1 井、秧 1 井、建南 1 井、黄（金）1 井、长生 1 井、河坝 1 井、毛坝 1 井、普光 1 井、双 1 井、太 1 井及新场 2 井、茶园 1 井等的钻探。其中，毛坝 1 井、太 1 井和普光 1 井都获得重大突破；在楚雄、秧坝、赤水、建南和句容等地仅有一些小的发现，而中、下扬子的多数地区未达到钻探目的。

3. 科研工作状况

近 50 年来，我国各有关部委和产业部门在南方油气勘探领域投入了巨大的科学研究工作量。其中包括：原地质矿产部及原新星石油公司所开展的 320 项地质综合研究，749 项物探研究及 37 项化探研究；CNPC 在南方探区开展大量油气地质研究，并先后组织第一轮（1985～1987 年）、第二轮（1990～1993 年）油气资源评价、第三轮（1999～2001 年）油气资源评价、新一轮（2004～2006 年）油气资源评价，以及江汉平原前白垩系（1990～1992 年）、苏皖南海相（1991～1995 年）、楚雄盆地（1990～1993 年）3 个油气勘探前期工程综合研究。连续三个五年的国家重点科技攻关项目，先后进行了“南方海相碳酸盐岩地区油气普查勘探技术方法的研究”（65－20－1）、“扬子海相碳酸盐岩地区油气勘探技术和评价研究”（75－54－02）、“中、下扬子海相地层成气（油）藏条件及勘探目标研究”（85－102－14），以及“我国西部远景含气盆地天然气富集规律的综合研究”。

此外，滇黔桂石油勘探局在“八五”期间还开展了“滇黔桂碳酸盐岩地区最佳油气保存单元的选择与评价”项目的研究。

特别是 1999 年开始，为配合中国石油化工股份有限公司对南方海相及陆相地层全面开展第三轮（1999～2001 年）油气资源评价，南方项目经理部开展了 1999 年度生产性评价研究课题 48 项，2000 年区块部署研究类 8 项，圈闭计价与井位论证 12 项，专题、综合研究 25 项，其他 3 项。2000 年以来，又相继对南方海相开展了多项综合研究：①中扬子、下扬子、扬子陆块东南缘、南盘江和十万大山“五条地球化学骨干剖面”；②中国南方海相震旦系—中三叠统构造-层序岩相古地理研究及编图；③各重点区块地质研究；④中国南方海相中古生界天然气地质综合研究；⑤中国南方海相油气成藏理论研究；⑥中国南方区域构造与原型盆地演化；⑦“十五”国家攻关课题“中下扬子北缘地区天然气勘探目标优选与关键技术研究（2004BA616A－06）”等。通过这些深入的研究工作，取得一系列重大成果，对南方海相油气勘探工作的进展做出了重要贡献。但由于南方石油地质极端复杂，至今仍存在一些亟待解决的问题。

二、勘探成果和研究成果

几代石油地质人员经过 40 多年来的艰辛努力，对中国南方海相盆地基本油气地质条件有了较为深刻的认识，先后发现了下三叠统嘉陵江组、飞仙关组、上二叠统长兴组、上石炭统黄龙组 4 套含气层系和一大批具有工业价值的油气田，获控制储量数千亿方。第三次资源评价结果表明：南方海相石油远景总资源量为 33.627 亿 t，其中潜在（圈闭）资源量为 1.31 亿 t；海相可燃天然气远景总资源量为 14.2 万亿 m^3，其中潜在（圈闭）资源量为 1.24 万亿 m^3，探明储量为 50.55 亿 m^3（建南气田，不包括赤水气田），控制储量为 179 亿 m^3（苏北朱家墩）；CO_2 探明加控制储量为 261.48 亿 m^3（黄桥）。最近的进展表明，第三次资源评价结果偏于保守。特别是在鄂西—渝东地区多口井钻获天然气流，南方公司提交太 1 井预测天然气储量为 153 亿 m^3；江汉油田建南气田提交新增探明天然气 48 亿 m^3、控制 71 亿 m^3、预测 59 亿 m^3；川东北达县宣汉探区毛坝 1 井喜获高产工业气流，日产天然气 33 万 m^3，无阻流量超过 100 万 m^3；在普光构造已经探明了 3000 亿 m^3 的储量。所有这些成果，确立了南方海相古生界作为我国陆上油气勘探开发战略接替区的地位。

对中国南方海相盆地基本油气地质条件的认识，归纳起来有以下几个方面：

1）明确了南方海相古生界为重要勘探领域，将南方海相探区划分为三个层次九个有利区块，即战略展开区：鄂西—渝东区块、川东北区块；战略突破区：句容—海安区块、江汉盆地南部区块、楚雄盆地北部区块、南盘江拗陷（秧坝）区块、十万大山盆地南部区块；战略准备区：思茅拗陷区块、湘鄂西区块。近期发现黔中隆起区的震旦系和寒武系在地层产状与构造特征上较为有利，也可能成为新的战略突破区。

2）对南方海相盆地的性质、结构有了基本了解，认识到南方多期次（印支、燕山、喜马拉雅）构造运动对海相盆地进行了强烈的改造和破坏。

3）认识到南方海相盆地存在多套生储盖组合，其中包括 3 套主力烃源岩和 5 套地区性烃源岩，烃源基础雄厚，但演化程度普遍较高（R^o 一般为 1.35%～2.5%，高者超过 4%），勘探目标主要是天然气，而且气源具多样性（生油岩裂解气、原油裂解气、水溶气、煤成气和深盆解吸气，甚至还有炭沥青裂解气）。

4）针对南方海相油气后期经受强烈改造的特点，提出了“保存条件”是南方海相油气勘探的关键问题，进而提出了以“保存单元”来取代传统“构造地质单元”的评价思路和方法，提出了寻找“整体封存条件下的有效成藏组合”。

5）提出以盖层突破压力、孔喉半径等微观指标来评价盖层有效性，以及海相油气保存单元的概念和划分方法[①]；提出以地层水变质系数（r_{Na^+}/r_{Cl^-}）、矿化度、脱硫系数（$r_{SO_4^{2-}} \times 100/lr_{Cl^-}$）等水化学指标和水动力（地下水渗入、沉积水封存）分析，进行水文地质系统开启/保存的评价；应用非常规微量分析技术与冷变质模拟试验，以油、气、水、沥青四大类 32 种系列地球化学指标来有效评价油气开启与封闭的保存条件。

特别值得提出的是：针对南方油气勘探和研究领域长期存在、亟待解决的 3 个关键问题和 3 项关键性技术，即在成藏理论方面的残留盆地有效烃源问题、油气保存问题及海相碳酸盐岩特殊储层预测问题，在勘探技术方面的圈闭有效性评价技术、地震及非震勘探技术、钻井工艺及气层保护和改造技术等，中国石油化工集团公司于 2001 年 7 月启动了“中国南方海相油气成藏理论研究”项目。其主要研究内容有 5 大方面：①南方海相盆地演化与重点区决构造特征研究；②南方海相有效烃源研究及重点区决评价；③南方海相重点区块油气保存条件研究；④南方海相沉积和储层研究；⑤南方海相成藏规律及勘探目标优选。目前，已经取得了以下 10 项重要成果和认识：

1）中国南方海相盆地纵向上经历了 6 个演化阶段；横向上可划分为 2 个板块、4 个造山带；中、新生代构造可以划分为 3 种类型、15 个构造带；加里东期盆地可划分为 5 种类型；加里东构造运动可划为 5 个构造强度区块，由南东向北西变形渐弱；早中海西期盆地可划分为 4 种类型；东吴运动以康滇构造带为界表现出 3 种不同性质的构造活动；在康滇南北向构造带以东地区，可以划分出 4 个构造强度区块。

2）编制了以探索油气运移聚集轨迹为目的的加里东、海西及早、中三叠纪系列盆地类型演化图及构造纲要图。

3）遵循从已知到未知的原则，以川东北、鄂西—渝东为重点解剖对象进行有机地球化学分析、对比，确定了原始有效烃源岩的地球化学指标。通过与国内、外大型碳酸盐岩油气田形成条件的对比，明确认为：①南方海相烃源有失有存，寻找有效烃源仍是勘探成功的关键之一；②南方海相在有保存条件的地区仍有有效烃源（岩）。

4）通过对建南气田、川东北区的气/气、烃/源对比，应用天然气浓缩轻烃指纹参数及其他指标，指出川东北工业气流的有效烃源岩为二叠系碳酸盐岩和泥质岩；鄂西渝东的建南气田石炭系产层天然气的有效烃源为志留系源岩的二次裂解水溶气，二叠系、三叠系产层天然气的有效烃源（岩）为二叠系碳酸盐岩、泥质岩和源于志留系原油的二次裂解水溶气。再次探索了“气/气对比、气/源对比”的方法。

5）对川东北及鄂西渝东地区的主力储层进行了再次分析，并利用地质、测井、地震储层参数相结合的方法，探索了白云岩、滩、礁及岩溶裂缝储层定量化研究方法。

6）南方海相发育 5 套区域性盖层，可划分出 6 种类型的保存单元；构造运动对盖层本身的保存和油气保存条件有重大影响，通过解剖已知油气藏、古油藏，阐述了重点区块油气有效保存条件的评价方法系列及有效盖层的评价指标。

7）认为石柱复向斜区、川东北区为烃源条件好的地区，利川复向斜区为烃源条件差

---

① 刘特民，陈国栋，吴正永等，1990，滇黔桂上扬子地区海相碳酸盐岩油气演化与保存条件研究，国家重点科技攻关项目（54-02-11-01）研究报告。

的地区，近期勘探应以川东北及石柱复向斜鲕滩地震异常体为重点目标；提出句容—海安区块成藏主要受二次或晚期生烃及保存条件控制，可划分出 4 种储盖组合类型；提出白驹凹陷西部、盐城凹陷、阜宁凹陷、溱潼凹陷、涟南凹陷、泰州—泰兴—海安—东台一带为下一步的有利勘探地区。

8）对区内 15 个（古）油气藏进行了解剖分析，利用各类研究成果初步统计了原始沥青储量约为 21.55 亿 t，按油—沥青（最小）转化系数 1.6 计算，原始石油储量至少有 34.48 亿 t。这部分资源已经损失。

9）确认中国南方具有形成大中型油气田的原始地质条件；印支以后的三期构造运动改变了南方海相（不含四川盆地）原始的优越成藏条件，膏盐岩的发育是影响保存条件的有利因素。提出南方海相油气成藏模式，主要有中新生代时期相对稳定的“准原生”成藏模式，以及“古生界二次生烃＋下生上储或古生新储”的“晚期生烃”成藏模式。认为在南方进行油气勘探，既应重视有效烃源（岩）、有效圈闭、晚期成藏组合研究，也应重视原生成藏的研究。

10）根据石油地质条件及目前勘探技术水平，认为南方海相有利油气勘探方向是：有较好、较厚中新生界盖层覆盖的盆地区，构造活动早期活跃晚期稳定的盆地区，以及具有较好保存条件的逆掩推覆带或近源、深埋、逆断层发育的地区。指出大川东地区是勘探首选地区，同时提出了南方海相近期研究方向的建议。

三、亟待解决的问题

应当指出，上述勘探和研究成果的获得是十分喜人的，但仍然有待进一步总结和深化，有些认识也有待勘探实践验证。显然，要在这种经历过长期多次强烈构造运动改造的高—过成熟海相残留盆地中寻找油气，需要进行系统、完整的理论、方法与技术探索，特别是需要建立起一个具有中国南方海相残留盆地特色，以强烈形变、高—过成熟、多期成藏和残余保存为主要研究内容的天然气地质理论，以含油气区、盆地（区块）、区带、圈闭 4 个工业性评价层次为资源预测对象的油气系统分析方法，以克服结构信息不全、关系信息不全、演化信息不全和参数信息不全状况为基本原则的数据采集、处理、解释和应用的信息技术体系，以及以这种类型复杂、破坏严重、残缺不全的油气藏为目标的勘探技术体系（物探、钻探、试油等）。经过几代石油地质工作者的多年努力，这种状况已经有了改变，但由于南方大地构造和油气演化的高度复杂性，以及由此而引起的地层介质高度不均一性和不连续性，在争取南方海相油气勘探领域战略突破的道路上，仍然面临着一系列亟待解决的问题。

（1）盆地演化、热体制及动力学背景方面

早古生代以来，我国南方海相含油气盆地形成、演化的大地构造背景、历史过程及动力学条件究竟如何？每个地质时期的盆地原型所遭受改造的形式、时空特征有无规律性？哪些地区是寻找大中型油气田最可行、最有利的地段？

（2）地层发育特征及充填演化史方面

南方海相下组合和上组合的发育和展布特征是前人研究得最为深入、成果最多的地方，特别是在利用层序地层资料与成因地层资料开展同时代盆地原型之间的对比研究和各原型盆地的充填演化史研究方面。但是，从大地构造演化的沉积响应角度来研究各原型盆地的油气资源潜力，以及预测哪些地区具备形成大中型油气田生储盖组合的充填演化条件方面，还缺乏必要的分析、归纳和总结。

（3）烃源岩评价和生、排烃作用方面

缺乏针对南方下组合烃源岩有机质高演化特征，以有机质形态分子、生源组合特征和烃源岩物源、输入、保存条件分析为基础，揭示烃源生物相、地球化学相、沉积有机相及其时空变化规律的研究，难以回答关于海相沉积有机质的生排烃效率、沥青作为"次生烃源"的可能性和古油藏破坏对盆地演化响应等问题。

（4）油气运聚与成藏规律方面

在这方面也已有了不少研究成果，但关于各时代油气运移的通道体系和储集体系的认识或过粗、或过细，而对成藏模式的认识则停留在概念化的推测上，缺乏对于区域性通道体系和储集体系时空分布的规律性及其主控因素的分析和综合。因此，难以判断经过强烈改造的海相残留盆地是否存在找油气有利地带，也难以确定采用什么样的勘探策略和技术才能最大限度降低勘探风险。

四、本书的研究思路

面对南方海相下组合极端复杂的石油地质条件，若想再取得油气勘探的新突破，只有依靠研究思路、理论、方法与技术的创新。

将传统的油气成藏地质条件研究与非传统的油气地质异常评价方法紧密结合起来，将石油地质科学与系统科学紧密结合起来，在已有研究成果的基础上，从新的角度出发，尽可能采用非传统的新理论、新手段和新方法，并与行之有效的常规油气地质理论、方法和手段相配合，对研究区海相残留盆地的油气系统及其油气成藏作用进行整体分析、关联分析、动态分析、控制分析、异常分析和定量分析；同时尽量引进并应用新理论、新方法和新技术。其中，拟采用的新方法，包括：地质异常分析法（求异方法），类比与求异结合分析法，地质异常演化的"多S"结合与集成化分析法，广义油气系统分析法，盆地原型的地质地球物理综合分析法，生排烃作用的有机质形态分子、生源组合特征和烃源岩物源、输入、保存条件分析法，多层系烃源的微观、超微观、微量样品精细分析法和干酪根碳同位素分析法。

第二节 油气地质异常理论与方法

"地质异常"及"地质异常致矿"理论，是根据世界上各种大型、特大型金属、非金属矿床都形成于特异地质条件下的实际情况提出的（赵鹏大等，1991）。油气地质异常是金属、非金属地质异常概念在石油地质领域的拓广和应用。由于开展油气地质异常分析是查明油气生成与就位（圈定）有利空间的重要手段与方法，因此本书的分析和阐述均将以石油地质异常理论为指导。

一、油气地质异常的概念

地质异常是指在成分、结构、构造或成因序次上，与周围环境有着明显差异的地质体或地质体组合（赵鹏大等，1991）。如果用一个数值（或数值区间）作为阈值来区分异常和背景场，那么，凡是超过或低于该阈值的场，就构成地质异常。它具有一定的空间范围和时间界限，其表现形式不仅在物质成分、结构构造和成因序次上与周围的环境不同，而且还表现在地球物理场、地球化学场及遥感影像的异常等。因此，地质异常往往是综合异常。地质异常也是不同地质历史时期演化发展的产物，其形成的地质时代、构造背景、地质环境和岩石类型，决定了地质异常的性质及其可能赋存的矿产资源种类和规模大小。随着地质历史的演化，地质异常性质也相应变化。

从油气地质异常的角度看，油气生成于各种控烃要素有效匹配的区域，油气被圈闭于具有显著变化的地质界面处，且充填于显著不连续空间内（赵鹏大等，2002）。在地壳范围内的这种与成矿、成藏事件密切相关的特殊地质异常空间和异常状态，称为“致矿（藏）地质异常”。以地质异常理论为指导寻找地下油气藏，主要是依靠地质、物探、化探、钻井和测井等数据体中的异常信息，对研究对象的油气成藏和保存条件进行定量综合评价和优选预测。一般来说，地下油气藏的物理、化学性质，不会因为油气藏的成因不同而有较大差异，因此，我们可以突破已有的成藏模式或规律，按提取的油气地质异常数据直接预测油气藏的存在及其位置。

把物探异常、化探异常与地质异常结合起来考虑，可以提高预测的可靠性，避免出现多解性。实践表明，钻探数据包含有油气直接信息，而物探、化探数据包含有油气藏的间接信息。只有同时提取这几种信息，并加以充分挖掘和利用，才能做好油气藏预测工作。就油气藏定位预测而言，油气地质异常研究的具体任务是：①为一维参数划出变异界线；②为二维参数圈出变异范围；③为三维参数定出变异空间。这也是把地质异常理论与方法应用于油气藏寻找与评价的基点。

我们把油气地质异常当作是一个场，或是一个系统来进行研究，进一步则需要将其当作一个复杂系统，从整体上、动态上、各种结构的相互关系上来分析、描述，揭示出其中的本质属性和内在规律性，预测油气地质异常变化趋势，并基于地质异常致矿理念和地质异常分布规律，解决油气资源预测的实际问题。

二、油气地质异常的尺度水平

地质异常的分布范围和表现形式依研究目的和对象不同而有差异。其尺度可大到控制含油气盆地形成分布及其内部构造的区域性乃至全球性大型地质异常，也可小到反映岩性变化以及岩石内部孔隙结构变化的微型地质异常。广义的油气地质异常还包括与地质背景有关的各种物理、化学、生物等参数的异常。在大规模的地质异常之内，往往包含了小规模的或者是微型的地质异常。

致矿（藏）油气地质异常的尺度，按照工业评价对象可分为 4 级：①区域地质异常：其分布范围相当于含油气区、含油气省或巨型含油气盆地，主要标志是区域地质结构、构造、沉积特征和区域性元素丰度的水平分带，以及所形成的各类区域性物探、化探、遥感异常等；②盆地（区块）地质异常：其分布范围相当于含油气盆地或巨型含油气盆地中的大区块，主要标志是盆地或区块的地质结构、构造、沉积特征和元素丰度的水平分带，以及所形成的各类盆地级物探、化探、遥感等异常；③区带地质异常：其分布范围相当于含油气盆地内的二级构造带（拗陷或隆起）和油气田，主要标志是拗陷或隆起的地质体结构、构造、沉积特征和元素丰度的水平分带，以及所形成的各类物探、化探、遥感等异常；④圈闭地质异常：其分布范围相当于含油气盆地内的三级构造带和油气藏，包括构造圈闭、岩性圈闭和地层圈闭等，主要标志是地质异常的轴向、形态，以及异常正负性、异常形态叠加和异常走向穿插等。

致矿（藏）油气地质异常的尺度还可以按照异常分布的空间规模分为 5 级：①巨型油气地质异常：其规模相当于区域地质异常；②大型油气地质异常：其规模相当于盆地（区块）地质异常；③中型油气地质异常：其规模相当于区带和油气田地质异常；④小型油气地质异常：其规模相当于圈闭地质异常；⑤微型油气地质异常：其规模相当于圈闭结构要素、岩性相和有机地球化学相等。

各级工业评价对象的油气地质异常，通常采用低一级规模的空间异常尺度来描述，而采用同一级规模的空间异常尺度来约束和综合。例如，当研究对象为圈闭油气地质异常时，采用微型油气地质异常来描述，在研究中主要分析圈闭结构要素、构造复杂度（圈闭内的断裂密度、断块破碎度、褶皱频度和闭合度等）、岩性相、岩石组合、岩石结构特征、岩石物理性质（孔隙度、渗透率等）、烃源岩有机岩石特征、烃源岩有机地球化学特征、孔隙压力梯度、油水界面异常等，并采用小型构造异常、小型沉积异常、小型压力异常和小型地化异常的框架来加以约束和综合。这样做易于抓住问题的关键，也易于从较大的地质背景场中突出局部地质因素。表 1-1 中反映了不同规模的地质异常分析与油田地质勘探工作阶段及其工作任务的关系。

表 1-1 地质异常尺度与油气田地质勘探主要阶段和任务表

勘探阶段	地质异常尺度		对象	致矿地质异常 矿致地质异常	任务
	评价对象	空间规模			
区域预测	区域地质异常 盆地地质异常	巨型地质异常 大型地质异常	油气聚集区 含油气盆地	构造异常 沉积异常 地热异常 地化异常 物探异常	确定找油气 可行地段

续表

勘探阶段	地质异常尺度		对象	致矿地质异常 矿致地质异常	任务
	评价对象	空间规模			
区段预测	盆地地质异常 区带地质异常	大型地质异常 中型地质异常	含油气盆地 大油气圈闭	构造异常 沉积异常 地热异常 地化异常 物探异常	确定找油气 有利地段 钻探参数井
普查	区带地质异常 圈闭地质异常	中型地质异常 小型地质异常	大油气圈闭	构造异常 沉积异常 水文异常 地化异常 物探异常	钻探普查井 发现油田 勘探决策
勘探	圈闭地质异常	小型地质异常 微型地质异常	已发现油田	构造异常 沉积异常 水文异常 地化异常 物探异常	计算储量 油田开发设计

三、油气地质异常的类型

以求异思维分层次地充分挖掘各类石油地质异常信息，包括构造的、沉积的、地热的、有机质的异常信息，选择与油气成藏、保存条件相关的地质异常变量进行计算分析，定量研究不同层次或等级的地质异常及其相互关系，建立油气地质异常的GIS空间模型和预测应用模型，开展新区综合评价及有利区块优选。

1. 油气地质异常类型的划分

我们把沉积盆地内能决定（或产生）含油气性的各类地质异常，称为致矿（藏）油气地质异常；反之，把因油气的存在而造成的地质异常，称为矿（藏）致油气地质异常，二者既有联系也有区别。在一般情况下，根据从已知到未知的原则，致矿（油气）地质异常是通过矿致（油气）地质异常来认识的，而矿致（油气）地质异常则是通过对各种检测数据的求异分析来获取的。特异的油气地质条件控制了盆地内的含油气性和油气藏分布，而特异的油气地质条件是受诸多地质因素及其有机组合共同制约的，油气地质异常正是诸多特殊地质因素及其有机组合的表征。从地质因素及其组合的角度看，控制油气藏生成的要素包括：①源岩特征、②生储盖组合、③烃类的生排运聚，以及④圈闭的形成、⑤成藏配套和⑥保存条件六个方面。

根据油气控制因素分类，致矿地质异常又可分为：沉积异常、构造异常、地热异常、水文地质异常、地层压力异常、地球化学异常、地球物理异常等，可用相应的地质异常分析方法计算得到。这些地质异常是根据各种不同的油气检测技术来加以区分的，如物探（重、磁、电、震、测井）异常、化探异常、钻探异常，等等。具体地说，有关信息又可分为：振幅异常、速度异常、密度异常、压力异常、温度异常、成分异常、成熟度异常，等等。根据显示形式，地质异常可分为两类：显式地质异常和隐式地质异常。显式地质异常是有形的，也称为实体异常，如地质体的不连续界面或不同地质体的分界面、地质体内部及外部特征的突变，不同成因地质体的嵌入等；隐式地质异常是无形的，也称为数值异常，如单位面积或体积内的各种地质体或同一地质体不同属性组合熵的异常、具有不同演化历史的地质体、地质构造的复杂程度，以及地质体之间的相似或关联程度等。

2. 各类油气地质异常含义和例析

（1）沉降异常

是用地壳升降指数（G 值）法计算圈定的致藏地质异常区域，可以用来研究地壳升降运动及其所形成的地质异常。它代表各时代沉降中心的位置，是研究区沉降幅度的相对指标。G 值越大，说明基底沉降幅度越大，或者地层保留的厚度越大；G 值为零时，说明处于升降平衡状态，基底在地史发展过程中相对稳定；G 值为负时，说明基底处于隆升状态，绝对值越大，隆升越激烈，或者地层残留厚度越小。

在沉降中心与沉积中心一致的地方，分析沉降异常不但可以揭示沉降中心位置及其变化过程，而且可分析沉积中心的变化、岩性和岩相变化、烃源岩分布、生储盖组合等。如大庆徐家围子断陷区沙河子组的地壳沉降指数（G 值）分布图（图 1-1），间接地表达了烃源岩的分布范围，揭示了徐家围子断陷北部的杏山一兴城凹陷是主力供烃区，而南部的丰乐凹陷为非主力供烃区。

（2）构造异常

构造异常是地质构造复杂程度的一种致矿地质异常，可用信息熵（H 值）法来计算和圈定。熵是信息论中度量信息量的一种方法，反映了事物发生的不确定度。一般来说，沉积盆地中地质构造特征越复杂，其不确定度越大，熵值也越大。

只要参数选择得当，构造异常能描述盆地内部断裂分布的位置和走向，以及盆地内部油气的运移途径；同时也可以描述盆地内部局部圈闭的分布区域。如图 1-2 所示，临清拗陷东部沙四段顶部的高熵值区形态表达了局部圈闭的轮廓，低熵值区范围暗示了稳定沉积区（或烃源岩区）的位置，二者之间的接触带（等值线梯度变化强的带）则指示了断裂（图中粗实线）分布位置及走向。如果能够结合其他地质资料进行分析，还有可能进一步厘定研究局部圈闭的含油气性和有利目标位置。

在含油气盆地的形成、演化过程中，构造异常和沉积异常总是相互联系的，大多数沉积盆地中都有基岩岩石裂隙的高度发育带和相伴生的一系列断裂。它们在盆地构造发育、

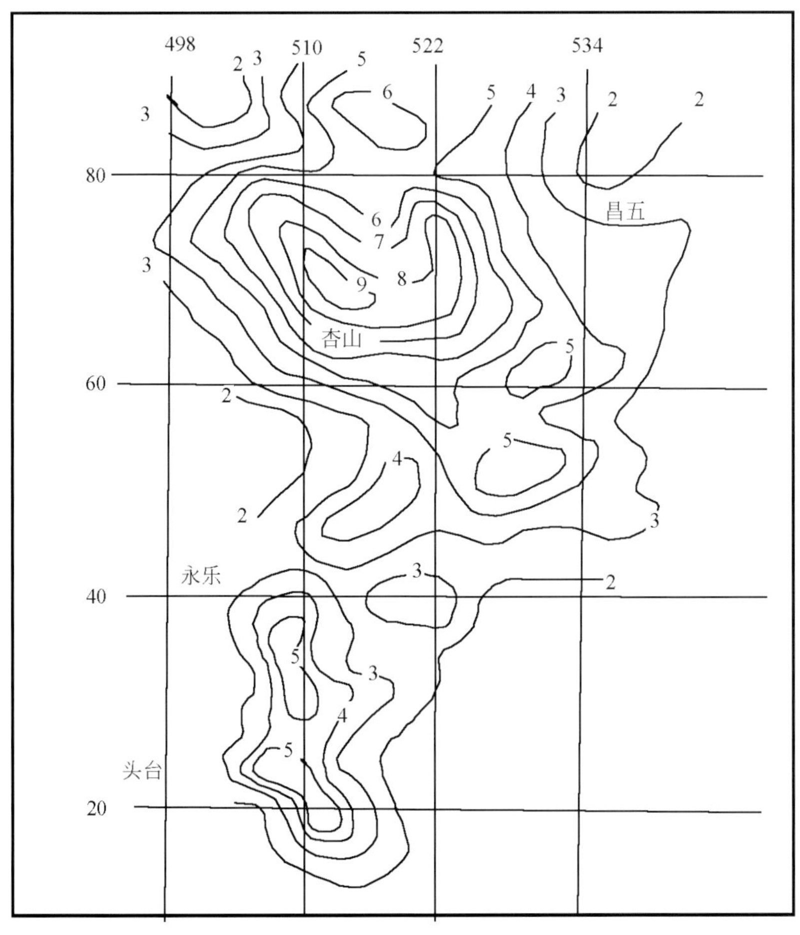

图 1-1 徐家围子地区沙河子组烃源岩 G 值分布区（李玉喜，2000）

油气运聚中都起到了非常重要的作用，并且在重力场、磁力场上都有明显的异常表现，在熵图上也有显示。这些断裂的组合分布范围和形成规律具有一定的特征，根据研究资料统计，这些构造异常又可分为负向和正向构造异常两大类。负向构造异常可进一步划分为阶状裂陷构造异常、前陆拗陷构造异常、前陆隆后拗陷构造异常、区带相对沉降构造异常和局部强烈沉降构造异常 5 个亚类；正向构造异常可进一步划分为造山带构造异常、造山带前缘挤出构造异常、造山带前隔槽式构造异常、造山带前隔挡式构造异常、前陆隆起构造异常 5 个亚类。

(3) 地球化学异常

地球化学异常即油气藏中烃组分构成的异常，用它可分析油气运移作用与其他致矿（油气）地质异常联合研究，也可以描述油气运移通道和保存位置。

俄罗斯的 T. Л. 萨福洛诺娃等根据有机地化特征将石油分为两种基本类型（Ⅰ型和Ⅱ型）及混合型，认为利用石油的烃组成资料可以了解油气运移的问题。

Ⅰ型石油的构成特点：①在高含异戊二烯烷石蜡中，分支结构占优势；②环烷烃含量极高，且其中高含甾族和萜族多环结构；③在主要的异戊二烯烷烃中，植烷和姥鲛烷是否占优势则因地而异；④在该型石油低沸点分馏物中，异构烷烃含有较多的分支结构，而环烷烃则以环戊烷为主。

Ⅱ型石油的构成特点：①在石蜡烃中，正构烷烃占绝对优势；②类异戊二烯烷含量低，几乎没有甾族和萜族多环物；③在主要的类异戊二烯烷烃中，一般是姥鲛烷占优势，在高含气区，姥鲛烷和植烷的比值 K 升高；④在该型石油汽油馏物的石蜡烃中，正构体占优势，并有少量异构体，而在环烷烃中环己酮烃占优势。

混合型石油的构成特点：由不同比例的Ⅰ型和Ⅱ型石油混合而成，各型石油的特征指标均为中间值。对于一个含油气盆地，同一型石油的烃在色谱图上的集中分布性特别相似，同一型石油的多样性主要是由其分馏组分和族组分的差异造成的。

显然，Ⅰ型油藏与相对早期的运移有关，而Ⅱ型油藏与相对晚期的运移有关，且这一阶段的运移可能会延续到现在。各运移阶段的关系可以通过Ⅰ型石油和Ⅱ型石油含量的百分比来说明。如果在已知的属于Ⅰ型石油的油藏里含有相当数量的Ⅱ型石油，就可以推断出含有Ⅰ型石油的Ⅱ型油藏在所研究剖面之下的可能位置。

如果按照石油混合的异常百分数一一进行分段，就可以确定油气的异常运移。这样，凡是运移作用异常活跃的地区，Ⅱ型石油占75%；在运移作用活跃的地区，Ⅱ型石油占50%；在运移作用微弱的地区，Ⅱ型石油不足20%。根据这些分析数据，就可以做出对下伏地层进行补充勘探的建议。

(4) 地层压力异常

低于或高于静水压力（或压力系数＜1，或压力系数＞1）的地层压力，即为地层压力异常，简称压力异常。当地层孔隙间的流体（油、气、水）压力等于地表到某一地层深度的静水压力时，为正常的地层压力，压力系数（实测压力/静水压力）为1；若压力系数＜1，为低压异常；若压力系数＞1，为高压异常。正常压力与异常压力之间的压力递变带，为压力过渡带。过去，人们主要是在常压带找油，20世纪80年代以后，在超压带发现大量油气，人们开始认识到超压带也是油气的储集场所。

统计结果表明，压力过渡带是天然气的富集带，超压下不仅有气田，而且有大气田。最为典型的是美国墨西哥湾盆地的超压油气田，图1-2说明了墨西哥湾地区工业油气藏分布数量与压力梯度的关系。美国埃克森（Exxon）公司根据墨西哥湾地质情况，提出了一个分类方案（表1-2）。在该分类系统中，明确把压力过渡带划分出来，并划分出超压异常和强超压异常两个带，而超压体的过渡带是找油气的有利地带。

表1-2　压力分类表（Exxon）

压力系数	压力梯度/(psi/ft)	压力梯度/(kPa/m)	泥浆相比密度/PPG*	分类
＜1	＜0.433	＜10	＜8.34	低压
1.0～1.27	0.433～0.55	10～12.7	8.34～10.5	常压
1.27～1.5	0.55～0.65	12.7～15.0	10.5～12.5	过渡带

续表

压力系数	压力梯度/(psi/ft)	压力梯度/(kPa/m)	泥浆相比密度/PPG*	分类
1.5～1.73	0.65～0.75	15.0～17.3	12.5～14.5	超压
1.73～1.96	0.75～0.85	17.3～19.6	14.5～16.5	强超压

* 1PPG=1bf/gal≈0.12g/cm³。

超压是多种因素相互作用的结果，归纳起来主要有 4 种观点：①以快速沉积所形成的不平衡压实作用造成的超压，如大部分古近系和新近系沉积盆地；②由于生烃作用形成的超压，如美国墨西哥湾盆地；③随着埋藏深度增加而发生的孔隙水膨胀增压；④进入高岭土一伊利石转换带后脱水造成的孔隙水体积膨胀增压。表 1-3 列出了前两者对油气分布的影响（马启富等，2000）。

表 1-3 快速沉降和热生烃对油气分布影响对比（据马启富等，2000）

快速沉降	烃类生成
1. 新地层（古近系、新近系）	1. 老地层
2. 快速沉降	2. 可快可慢
3. 常见于三角洲环境，特别是海退三角洲	3. 很多环境都可以生成
4. 成岩作用与充气同时进行，物性很好	4. 多发生在成岩作用后期，物性差
5. 常规油气聚集，油气可远离烃源岩	5. 常规或非常规油气聚集并分布在烃源岩附近
6. 水尚未被排出，地层均有边、底水	6. 水被排出，超压面以下充气，水在气层上

四、油气地质异常的研究方法

1. 油气地质异常的研究工作方式

油气地质异常的研究是油气勘探开发工作的一项新内容，由于采用求异思维的方法处理分析问题，弥补了传统相似类比研究方法正向思维的不足。地质异常的查明是指示油气生成与就位有利空间的重要手段与方法。

地质异常研究的基本工作方式是：对各类参数（一维、二维或三维，如地质观测数据、录井数据、物探数据、化探数据等）进行组合熵、复杂度、相似度、分维数等计算；查明各种地质、物化探参数的变异特征，包括变异性质、变异程度、变异结构；最终查明并圈定出变异界线与变异空间。对于一维参数而言，要划出变异界线；对于二维参数而言，要圈出其变异范围；对于三维参数而言，要定出变异空间。在以上三方面的研究中，要结合进行地质异常的四定量研究（定阈值、定位置、定概率和定资源量），这一切既是地质异常研究的任务和目的，又是地质异常致矿与找矿理论在油气寻找与评价中应用的基点（赵鹏大等，1993；1996；2002）。

其具体方法是以求异思维充分挖掘各类新信息，选择出与油气成藏相关的地质异常变量进行计算分析，定量研究不同类型、层次或等级的地质异常及其之间的相互关系，系统地开展不同层次致矿地质异常分析和多元信息定量综合预测。其过程从包含多元信息的有效数据提取，到地质异常定量化分析，再到异常时空结构分析与矿体定位空间耦合关系厘定，直到成矿体定位预测（图 1-2）。

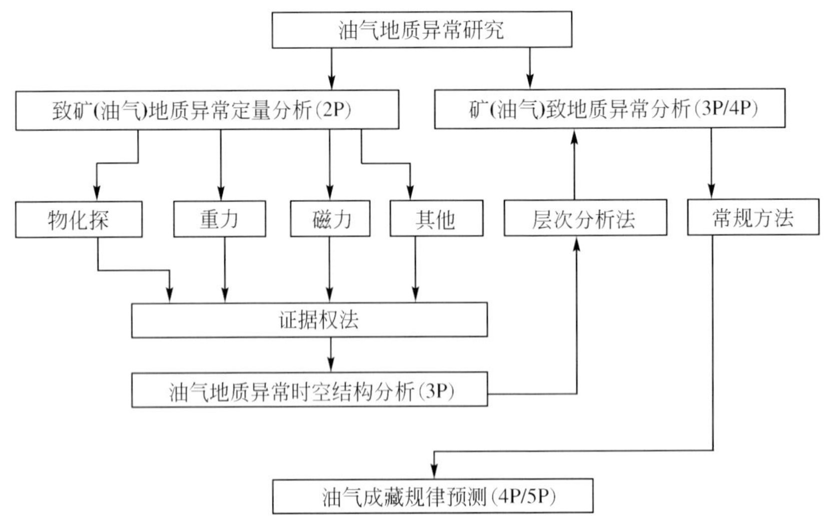

图 1-2　多元地质异常信息系统分析流程框图

油气地质异常研究是以地质异常预测理论和组合新概念为指导，按照地质异常致矿→构造物质组合控矿→物化探异常示矿→综合信息和组合方法找矿的研究思路，采用以结构分析为主导，将多元信息场（地球物理场、地球化学场、地热场、孔隙压力场、构造应力-应变场、流体势场、成岩作用场、有机质成熟作用场）定量分析，与地质异常的时空结构分析相结合的方法。这是一种从包含多元信息的有效数据提取，到地质异常定量化分析，再到异常时空结构分析与矿体空间耦合关系厘定，最后实现矿体（油气藏）定位预测的方法。

要解决以上问题，首先要对多元信息进行有效提取，进行定量分析、解释，认清局部地质异常的结构特征，进而揭示出地质异常的时空结构特征。然后，根据本地区各地质体与构造-沉积作用在动力和空间上的关联性和对应匹配情况，研究地质异常场、物化探异常场与矿床（油气藏）结构和定位规律的对应耦合。

2. 油气地质异常的定量研究方法

各类成因的地质异常以及各类矿床，都具有丰富的成因信息和表现特征，只有在进行有效的数据提取的基础上，我们才能系统地研究和综合分析各类地质、地球物理、地球化学的数据信息。把这些信息进行组合，可将成矿的关键信息转化为组合的预测参数，并由此找出异常成矿信息，为矿体的定位预测提供科学依据。因此，信息数据的有效提取，是取得找矿突破的关键，是成矿预测的一个重要环节。

（1）有效信息的定量提取原则与方法步骤

在本项目的研究中，我们遵循以下原则：

1）准确性：即在一定置信度下，选取准确反映成藏信息的资料和数据；

2）相关性：即所提取的信息要与成矿内容密切相关；

3）对应性：即预测信息和预测对象之间，尺度要对应匹配；

4）独立性：即在同一模型中，各预测信息之间彼此相对独立，避免信息混合；

5）实用性：即所提取信息具有简单实用，有较普遍的实用意义和推广价值；

6）研究性：努力探索深层次信息和组合信息。

由于地质异常是在正常地质背景场中的异常场，具有可度量的三维空间规模、形状和方向性。同时，在不同尺度规模上的表现不同，具有等级性和层次性。因此，在进行地质异常研究时，首先要进行等级划分，分别研究不同等级各种地质异常的强度、方向、分布、组合规律和成因联系等；并在此基础上，进行不同等级或层次地质异常的相互关系研究。对于具体矿产的致矿地质异常研究，首先要进行致矿地质异常的筛选，选择与具体矿产成矿有直接联系的致矿地质异常进行上述分析。

地质异常的具体研究方法可以归纳为：①信息分类和分级；②信息的归纳；③信息的推理；④信息的统计分析；⑤信息的综合 5 个方面。

与传统油气研究的方法不同，地质异常研究的具体步骤是，按照“地质异常致藏→局部异常控藏→藏致异常筛选→异常结构分析→异常结构与油藏定位耦合关系厘定→多参数综合预测”这一主导思路展开的。由于地质异常结构、油气藏结构、信息结构的同型性，这一预测方法可能具有普适性。

（2）油气地质异常的定量计算方法

地质异常的分析方法分定性、定量分析方法和二者相结合的分析方法。目前常用的地质异常定量识别与圈定方法主要有：地壳升降指数（G 值）法、地质复杂系数（C 值）法、熵（H 值）法、地质相似系数（S 值）法和地质关联度（R 值）法等；此外，还有证据权法、层次分析法和人工神经网络法等。其中，地壳升降指数（G 值）法已经在前面做了介绍，证据权法、层次分析法和人工神经网络法将后面章节专门介绍，下面仅对其他 4 种方法（C 值法、H 值法、S 值法和 R 值法）做些简单介绍。

1）地质复杂系数（C 值）法

地质复杂系数是衡量某一单元子区相对于研究区平均复杂程度的度量。首先根据研究区的地层、构造、岩浆活动、变质作用等地质变量进行统计，取平均值作为研究区平均复杂程度的度量（大背景或理想的正常场）。用向量

$$\overline{\boldsymbol{X}} = (\overline{x}_1, \overline{x}_2, \cdots, \overline{x}_p)' \tag{1-1}$$

根据式（1-2）计算出每一单元子区的相对于平均复杂程度的地质复杂系数

$$C_{ij} = \sum_{j=1}^{p} (x_{ij} - \overline{x}_j)^2 \quad (i = 1, 2, \cdots, n) \tag{1-2}$$

式中，i 为单元网格编号；n 为单元数；X_j 为第 j 个向量分量，共计 p 个分量，这里 $p=3$。

当 C_{ij} 为 0 时，表示该单元的复杂程度与研究区的平均复杂程度（正常场）相当；当 C_{ij} 值为正时，表示该单元的地质条件比正常场简单，数值越小则地质条件越简单。因此，根据每个单元的 C 值，可以圈定地质条件复杂或简单的地质异常区。

2）组合熵（H 值）法

熵是信息论中度量信息量的一种方法，它也反映事物发生的不确定度。一般来说，事物越复杂，不确定程度越高。因此，地质体的特征越复杂，其不确定程度就越大，在熵值上表现为高值。多个地质变量的组合熵可以反映一定区域内地质结构的变异程度，而结构的变异程度对成矿具有控制作用。

$$H_i = -\sum_{j=1}^{p} x_{ij} \log x_{ij} \quad (i = 1,2,3,\cdots,n) \tag{1-3}$$

式中，p 为变量数；n 为单元数；X_{ij} 为第 i 个单元的第 j 个变量的原始数据，对数 log 可取自然对数或以 10 为底的普通对数。

对于非定和数据，

$$H_i = -\sum_{j=1}^{p} \left(\frac{x_{ij}}{\sum_{i=1}^{n} x_{ij}} \right) \log \left(\frac{x_{ij}}{\sum_{i=1}^{n} x_{ij}} \right) \quad (i = 1,2,3,\cdots,n) \tag{1-4}$$

3）地质相似系数（S 值）法

地质相似系数是衡量某一地质单元与周围单元之间相似程度的度量。首先对研究区进行网格单元划分，并分别统计各网格单元的地层、构造、岩浆岩等变量的取值。某一单元与周围的地质特征存在差异时，相似程度就小，据此可圈定出地质异常区的分布。根据式（1-5）先求出每一单元与周围相邻单元的相似系数，再用式（1-6）求算单元的 8 个邻域相似系数（S_{i1}，S_{i2}，S_{i8}）的平均值作为该单元的相似系数。

$$S_{ij} = \frac{\sum_{k=1}^{p} x_{ik} x_{jk}}{\left(\sum_{k=1}^{p} x_{ik}{}^2 \sum_{k=1}^{p} x_{jk}{}^2 \right)^{\frac{1}{2}}} \quad (i,j = 1,2,\cdots,n) \tag{1-5}$$

式中，n 为单元总数；p 为变量数；i 为某一求算单元；j 为 i 相邻的 8 个邻域，k 为变量的取值。

$$S_i = \frac{1}{8} \sum_{j=1}^{8} S_{ij} \tag{1-6}$$

为了便于圈定地质异常，可将相似系数转换为不相似系数，即不相似系数＝1－相似系数，最后可通过圈定等值线或趋势分析等处理确定地质异常。

4）分维（F 值）法

分形揭示了自然界中所形成的无规则体的内在规律性，即标度不变性，作为描述分形结构复杂性定量参数的分维，则具有更重要的意义。

本次研究选用 R/S 分析方法。对于一个二维空间序列数据（设有 m 行和 n 列），求出这个序列的 $\sum$ 个极差和标准差，建立 R/S、$\sum$ 的数据对；然后求出 ln（R/S）－ln $\sum$ 的拟合直线斜率，即为赫斯特指数 H，这里也可将其理解为极差、标准差的结构分维。对于空间数据，先算出总体的分维值 A，再算出每行、每列的分维值，形成分维矩阵

$$d_{ij} = (a_i, b_j) \quad (i = 1,2,3,\cdots;\ j = 1,2,3,\cdots) \tag{1-7}$$

于是，空间每个单元的分维

$$d_{ij}=\sum((A-a_i)^2+(A-b_j)^2\quad(i=1,2,3,\cdots;\ j=1,2,3,\cdots)\tag{1-8}$$

式中，d_{ij}代表了各单元对总体分维背景的异常，所作平面等值线图为分维异常图。

5）地质关联度（R值）法

关联分析是灰色系统中定量研究两个事物之间关联程度的一种方法，即通过曲线间几何形状的分析和对比来计算曲线间的关联程度。其几何形状越接近（相似）的曲线，其发展变化的趋势越接近，则关联程度越大，单元之间的关联度越大，则这两个单元的地质条件越相似。因此，首先对研究区进行网格单元划分，分别统计各网格单元的地层、构造、岩浆岩等变量的取值。计算每个单元（参考单元）与周围相邻单元（被比较单元）之间的关联度，取平均值作为该单元与周围单元的关联程度。

根据式（1-9）分别计算每个变量的关联系数：

$$\xi_i(k)=\frac{A}{B}\tag{1-9}$$

式中，$A=\min\limits_i\min\limits_k|x_0(k)-x_i(k)|+\xi\max\limits_i\max\limits_k|x_0(k)-x_i(k)|$；$B=|x_0(k)-x_i(k)|+\xi\max\limits_i\max\limits_k|x_0(k)-x_i(k)|$；$\xi$（$k$）是第$k$个变量被比较单元与参考单元的相对差值，这个相对差值称为关联系数。

根据p个变量的关联系数，取其平均值作为两个单元之间的关联度，即

$$R_{ij}=\frac{1}{p}\sum_{k=1}^{8}\xi_i(k)\quad(j=1,2,\cdots,8)\tag{1-10}$$

式中，R_{ij}表示参考单元（i）与被比较单元（j）之间的关联度。

计算了某一个单元（参考单元）与周围8个单元（被比较单元）的关联度之后，根据式（1-11）取平均值作为该单元与周围单元的关联度

$$R_i=\frac{1}{8}\sum_{j=1}^{8}R_{ij}\tag{1-11}$$

为了便于圈定地质异常，可将关联度转换为不关联度，即不关联度＝1－关联度，最后可通过圈定等值线或趋势分析等处理确定地质异常。除了计算每个单元与周围相邻单元的不关联度（不关联系数）外，还可计算每个单元与平均值之间的不关联度。

此外，用于地质异常定量计算的方法还有分形和混沌的特征提取法、块褶积滤波法等，应用效果也比较好。

3. 油气地质异常的资源预测方法

可以认为，油气生成于各种控烃要素有效匹配的区域，油气被圈闭于具有显著变化的地质界面处，油气充填于显著不连续的空间内。通过油气地质异常的定量研究（定位置、定阈值、定概率和定资源量），将综合的油气地质异常结构、致矿（油气藏）结构、数值结构进行耦合分析，将关键预测信息与优化相匹配，圈定出油气地质异常区域，有可能实现油气成藏可能、可行和有利地段的高精度预测。

（1）主要研究内容

利用油气地质异常进行油气成藏预测时，主要研究内容包括：

1）油气地质—地球物理场异常结构特征：①预测对象的局部地质异常特征；②油气藏岩石物性参数的分级；③物理场及物探异常场结构特征（强度及形态等）；④干扰因素及其影响；⑤与油气成藏密切联系的断裂构造在覆盖条件下的地球物理异常结构解释和推断。

2）油气地球化学场异常结构特征：①生油元素和指示元素种类；②化探原生晕或次生晕的组合关系及其元素分带性；③油气藏种类、组合及空间变化特征；④同类油藏在不同埋深条件下指示元素的异常结构特征及其变化规律。

3）地质、地球物理、地球化学综合异常结构模型：①地质异常和物化探异常参数的空间结构特征（用几何结构及物性结构图表征）；②与目标物的对应耦合关系。

4）油气藏不同层面上的地质、物探、化探异常场的组合结构特征。

5）油气藏内干扰场消除情况下的地球物理场、地球化学场的异常结构特征。

6）油气藏定位预测的关键预测标志或最佳预测标志组合。

通过建立上述综合异常结构模型，从复杂的油气藏（体）概括出关键性的预测评价标志，并展示它们之间的相互关联。高精度预测模型是在典型油气藏研究的基础上建立的，无论是在异常组合特征方面，还是在时、空结构方面，都应具有足够的代表性。模型中所描述的油气藏主要控制因素及其一些关键性的预测标志，应当是本类油气藏的有效识别标志。利用这些标志能转化为导致隐伏油气藏发现的直接或间接信息，并且能以油气藏产状模型或异常结构模型的形式表达出来。

（2）预测靶区的级次

根据赵鹏大院士对固体矿产的定量预测评价思想，矿床形成的条件是：①矿源、热源和水源的有机组合和匹配；②导矿、散矿、运矿通道的组合和匹配；③赋矿、聚矿、成矿的空间场所和充分时间；④导致矿质沉淀的失衡、失稳、失常的物理、化学和生物环境；⑤导致矿床形成的富集—耗散—富集的过程。所有上述与成矿有关的条件，都表现为地质演化过程中的地质异常事件，在地壳范围内应是一种特殊的地质异常空间，这类异常被称为“致矿地质异常”。因此，查明地质异常是成矿预测的基础、找矿的前提和选择靶区的依据。系统地应用地质异常理论及相应的方法，可以使不同层次的成矿预测研究有机地结合成为一个整体（图 1-3）。

根据地质异常信息量的多少，矿床预测靶区的圈定包括以下几个级次：

成矿可能地段（Probable ore-forming area，1P）：通过各种方法和途径圈定出的与成矿有关的地质异常或“致矿地质异常”，都是“成矿可能地段”。

找矿可行地段（Permissive ore-finding area，2P）：在一个地区进行找矿，必须根据所要寻找的矿种和矿床类型，在众多的可能成矿的地质异常中确定专属地质异常或异常带，有可能找到预期类型矿床的地区，称作“找矿可行地段”。

找矿有利地段（Preferable ore-finding area，3P）：在“找矿可行地段”范围内，结合更多的直接和间接地质找矿信息，如物化探异常、区域性的围岩蚀变及矿化显示等，确定更有希望找到预期类型矿床的部位，这些部位称作“找矿有利地段”。

潜在资源地段（Potential mineral resources area，4P）：在“找矿有利地段”确定的具有潜在工业价值的矿化地质异常体，称作“潜在资源地段”。

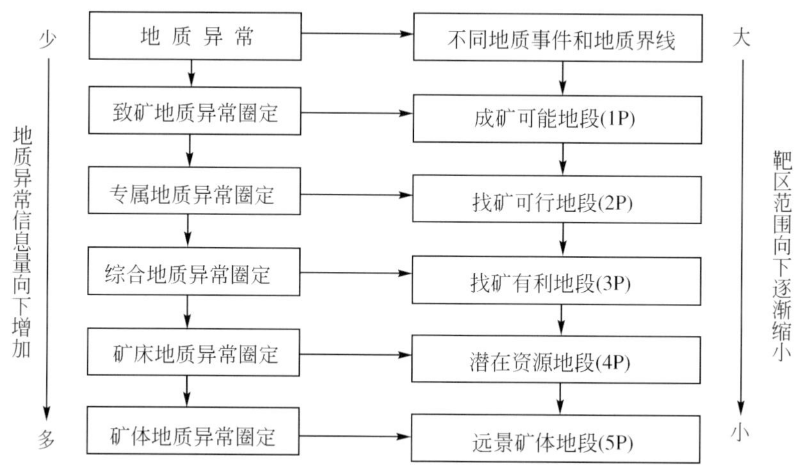

图 1-3　不同类型地质异常与对应的矿床预测地段的级次

远景矿体地段（Perspective ore-bodies area，5P）：在“潜在资源地段”确定的具有矿体形态、规模品级和空间定位信息的地质异常体，称作“远景矿体地段”。

与此相对应，油气藏形成的条件是：①烃源、热源和水源的有机组合和匹配；②排驱体系、输导体系和封盖体系的组合和匹配；③汇聚、捕集、成藏的圈闭形成和关键时刻的适配；④导致烃类析出、保存并实现动态平衡的聚集—散失—聚集过程。所有与油气成藏有关的条件，也都表现为地质演化过程中的地质异常事件，在地壳范围内应是一种特殊的地质异常空间，而这类异常可称为“致藏地质异常”。因此，地质异常分析也可以作为成藏预测的基础、找油气的前提和选择靶区的依据。系统地应用地质异常理论及方法，可以使不同层次的油气成藏预测研究有机地结合成为一个整体。对于油气藏预测而言，“5P”地段是：①油气成藏可能地段（1P）；②找油气可行地段（2P）；③找油气有利地段（3P）；④潜在油气藏地段（4P）；⑤远景油气藏地段（5P）。为此，图 1-3 也相应改为图 1-4 的形式，但其方法和参数明显具有油气资源预测的特色。

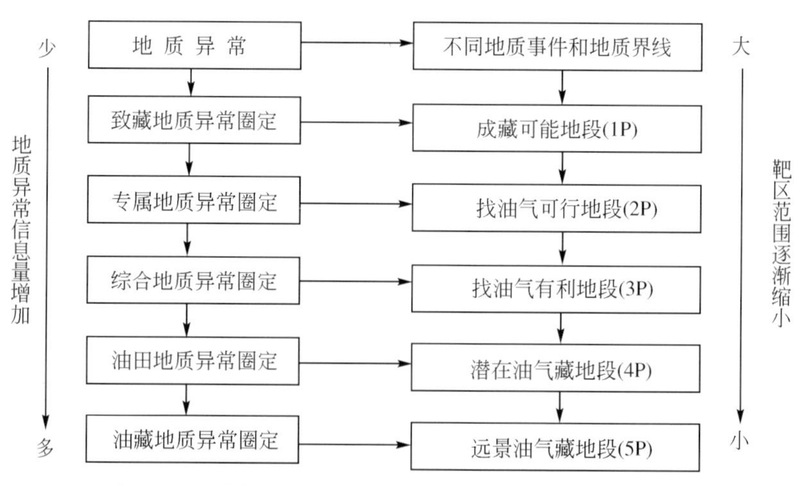

图 1-4　不同类型地质异常与对应的油气藏预测地段的级次

第三节 主要研究内容和技术路线

一、主要研究内容和关键技术

1. 主要研究内容

中国南方中—古生界海相下组合成藏条件研究涉及一系列基础地质问题的探讨，其内容可归纳并具体化为如下几个方面：

1）完善油气地质异常的理论、方法和技术

通过南方海相下组合典型区块的解剖和面上资料分析，研究反映海相残留盆地烃类生成、排放、运移、聚集、保存条件的宏观地质异常定性分析、定量分析和提取的理论、方法、模型；完善油气地质异常的基本理论、基本方法和基本技术，并且应用于全区的油气成藏、保存条件分析和选区评价；编制各重点区块下组合反映油气成藏与保存条件的地质异常系列图件，其中包括：烃类生排体系地质异常图、烃类输导体系地质异常图、烃类储集保存体系地质异常图。

2）分析海相下组合残留盆地原型及其演化

通过南方海相下组合典型区块的解剖和面上资料分析，分析各块区下组合海相残留盆地的地质结构特征，进一步查明川东南一黔中和鄂西一渝东区块及其外围下组合海相残留盆地的原型、构造格架、地层格架及其地热场的演化（形成、发展、改造和破坏）历史，着重从盆山耦合的角度分析下组合各残留盆地的并列叠加和改造史、构造变形序列及其地球动力学条件，并揭示其盆地动力学机制及对油气成藏的控制；编系列剖面图和平面图：各阶段盆地原型分布图、构造纲要图、构造演化模式图、古地热场分析图、油气保存的盆地动力学条件分析图。

3）查明海相下组合残留盆地烃源岩特征

分析川东南一黔中、鄂西一渝东区块及其外围海相下组合各套烃源岩的有机质演化史、生烃史（包括一次、二次、多次生烃和古油藏），探讨有效烃源岩形成、分布及生烃作用的特异性；研究各种沥青演化阶段、组成特征、成因及其油气地质意义，探讨其形成、改造和破坏的演化过程及其再次生烃能力；分析各区块下组合各套烃源岩排烃作用的动力学条件和时空演化特征，研究控制排烃作用的地质条件特异性，以及生排烃作用对区域构造和盆地演化的响应及其特异性；编制烃源岩、有机地化和生排烃作用的系列图件，包括各种平面图、剖面图和生排组合模式图。

4）分析海相下组合成藏保存条件的特异性

在前人关于中国南方海相油气保存条件综合评价的基础上（马永生等，1999；2006）分析川东南一黔中和鄂西一渝东等重点区块及其外围海相下组合残留盆地的输导体系、储集体系和动力体系特征、类型、时空分布及其与盆地演化的关系；分析海相下组合残留盆地油气成藏保存方式、类型及其地质条件组合、时空配置、演化历史的特异性，进一步查明成藏保存条件在区域构造和盆地演化过程中的变化；编制上述各重点研究区块的海相下组合油气运聚和保存条件分析的系列图件，其中包括各种剖面图、平面图和成藏、保存模式图。

5）总结构造、盆地演化对油气成藏、保存的影响

总结重点区域自早古生代以来的区域大地构造史、岩石圈结构与演化史、岩浆-热事件时空分布及地热史；归纳该重点研究区海相下组合的盆地原型及其构造史、沉积史、地热史和改造史；总结该重点研究区下组合海相残留盆地各油气系统烃源岩类型、特征及其烃类成生、成藏和保存条件的变化对区域构造和盆地演化的响应，并开展特殊保存条件和区域的分析评价；编制下组合大地构造演化、盆地演化和油气系统的成藏、保存条件分析系列图件（含剖面图、平面图和模式图）。

2. 面临的关键技术

在开展上述各项研究的过程中，将面临如下关键技术问题：

1）宏观和微观油气地质异常描述、区域油气地质异常的特征综合分析与表征、深部油气地质异常的特征综合分析与表征；

2）地质异常的GIS分析处理技术与多参数、多变量油气地质异常的分级定量识别、定量提取和定量评价技术的研究；

3）各重点区块下组合的盆地原型恢复、盆山演化及耦合关系研究、成藏条件，特别是有效烃源保存的控制因素及古水文地质系统评价技术；

4）中—古生界下组合海相残留盆地的同沉积构造-地层格架分析和后沉积构造-地层格架分析、盆地古构造应力场-应变场分析和再造技术；

5）海相高成熟沉积有机质的鉴定、恢复、对比，海相烃源岩原生沉积条件恢复和富生烃洼陷的分析再造，沥青光性演变程度标定与生烃转化模拟实验技术；

6）区域性含烃地质流体运动规律分析、古油藏的烃类运移方式和路径分析，以及包裹体及其激光拉曼光谱示踪技术；

7）研究区的区域岩浆-热事件类型、强度分布和演化时序研究，以及下组合各残留盆地地热场多热源叠加多阶段演化历史分析及其动态恢复技术；

8）研究区中—古生界下组合海相古油藏中各种沥青的演化阶段、化学组成、形成、改造和破坏的演化过程及其油气地质意义的研究；

9）研究区的大地构造性质、岩石圈结构特征、盆地原型演化的大地构造背景和区域性古构造应力场时空特征及演化分析、模拟研究；

10）基于油气地质异常的重点区块勘探对象的多因素综合评价与优选研究。

本书将通过重点地区中—古生界海相下组合盆地原型及其演化、烃源特征及其演化剖析，以及重点地区中—古生界海相下组合油气成藏保存条件剖析，阐述油气成藏可能地段（1P）和找油气可行地段（2P）的预测和评价，再通过重点地区海相下组合油气地质异常分析与选区评价的专门研究，解决找油气有利地段（3P）和潜在油气藏地段（4P）的预测和评价。至于远景油气藏地段（5P）的预测和评价，在级次上相当于常规的油气勘探

目标评价，需要有更加详尽的资料，暂未列入本书研究范围。

二、本书的技术路线

1. 借鉴前人成果，从基础地质分析入手

尽量借鉴前人的研究成果，立足于对已有资料的再学习、再利用、再分析、再认识，其中也包括油气勘探公司现行研究项目的成果。对于油气成藏条件分析，应从烃源、动力、通道、储层和圈闭等基础石油地质分析和归纳做起，同时考虑盆地地热场和有机质热演化问题，甚至可能涉及盆地演化及其大地构造背景。对于勘探区带评价，应以油气地质异常理论为指导，立足于多因素综合分析，将定性与定量结合起来，开展多层次多目标综合评价，由区域到局部、由粗犷到细致，逐步逼近。对于各重点区块下组合的烃源和成藏机理研究，则应选择若干个已知典型油气藏（田），解剖其形成条件、改造、再分布、保存的演变历史；同时选择若干个典型油气显示和古油藏，系统采集沥青样品，分析各种沥青演化阶段、化学组成和成因及其油气地质意义，探讨其成因、形成、改造和破坏的演化过程。

在这里，关键的措施是把前人所取得的研究成果和自己所获取得的各种基础地质资料放在统一的平台上，进行整体分析、关联分析、动态分析、控制分析、异常分析和定量分析，注重其主控因素分析和整体规律性体现。

2. 突出重点、点面结合，分层次实施

滇黔桂石油勘探局、中国石油化工股份有限公司南方石油勘探开发公司和许多研究机构经过多年研究，已经初步确定了一批值得进一步开展工作的区块，并且划分为战略展开区、战略突破区和战略准备区。考虑到中一古生界海相下组合在构造、沉积和烃源条件的相似性和区域的连续性，以及研究的时间限制，我们将鄂西一渝东区块、川东南一黔中区块和湘鄂西区块作为本次研究的重点区块加以解剖。同时，对这几个重点区块之间及其周缘地区（暂称川黔渝鄂边区）展开面上的调查研究和地质异常分析。

3. 采用以条为主、纵横交叉的课题分割和管理方式

中国南方中一古生界海相下组合分属于不同的大地构造单元，具有不同的深部构造背景和盆地原型，以及不同的构造-岩浆-地热演化体制、演化历史和油气成藏保存条件。为便于深入研究，采用了条块结合的方式，以大地构造及其对海相盆地演化的控制、海相残留盆地的演化及其对油气成藏的控制、烃源岩特征及其生排烃作用对区域构造和盆地演化的响应、油气运聚条件的特殊性及其演化、油气藏保存条件形成及其演化历史、区带资源潜力和资源序列 6 个待解决的问题为纲，将研究任务归纳为“4 条”（油气地质异常理论与方法、盆地原型与盆地演化、烃源特征及其演化、油气成藏保存条件研究与选区评价），

并进行深入的交叉研究。

“4 条”均以川东南＋黔中和渝东－鄂西登记区块为重点进行解剖，兼顾川黔渝鄂片区的面上研究，并且要求把重点区块的油气成藏条件研究与油气地质异常分析密切结合起来，不同研究方向之间实行信息共享、交叉融合。

4. 基本工作流程

根据本书所倡导的技术路线，基本工作流程如图 1-5 所示。

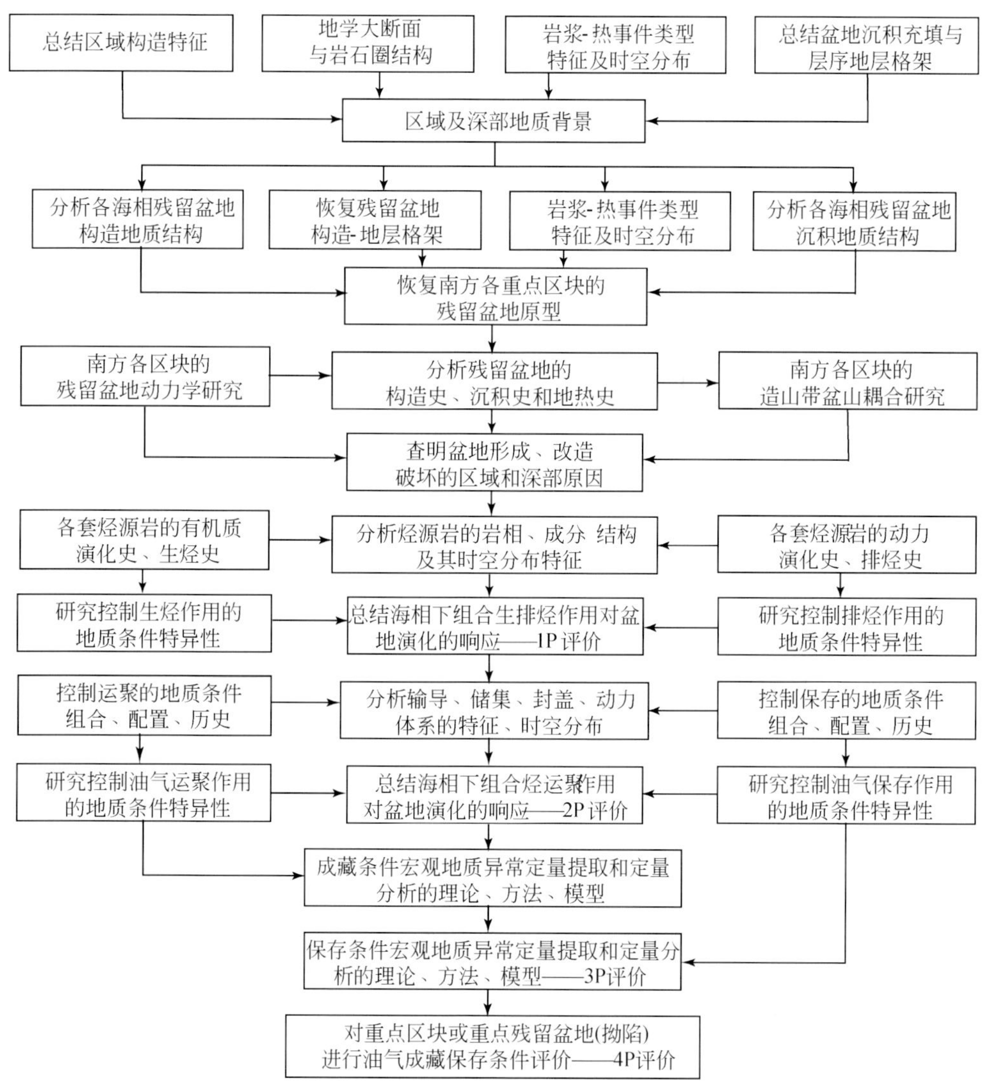

图 1-5 中国南方海相下组合成藏条件与勘探目标优选课题的技术路线

第二章 南方及邻区海相盆地原型及改造

中国南方是我国震旦系一古生界一三叠系海相岩系（包括碳酸盐岩系和碎屑岩系）发育最完整的区域，也是最重要的海相烃源岩分布区和潜在的油气远景区。华南内部和边缘都经历了元古宙以来的长期多旋回裂离、汇聚、俯冲、碰撞的造盆和造山作用，特别是南华洋盆地、南秦岭洋盆地、扬子克拉通盆地、华夏克拉通盆地及其叠加的各期前陆盆地的原型格局及演化，对华南地区海相生、储、盖及其组合特征与展布起了重要控制作用。因此，研究这些海相盆地原型及其叠加改造史，对认识中国南方海相油气成藏及保存条件有重要意义。

第一节 特提斯多岛洋与中国南方海相盆地格局

一、特提斯多岛洋的概念

全球二叠纪、三叠纪和侏罗纪的古地理再造格局表明，在劳亚大陆与冈瓦纳大陆之间的一个东宽西窄的“特提斯”楔形大洋。这个古海洋最后闭合消亡在欧亚大陆南部，转化成巨型的造山带，其现今相似物是“地中海”。

Sengor（1979，1989）和 Sengor 等（1984）按大洋闭合的时代，将北部的一套中生代形成的缝合带解释为 P—T 联合古陆的赤道洋残留体（古特提斯），南部一套新生代形成的缝合带标定为中新生代特提斯洋闭合消亡的位置（新特提斯）；任纪舜、姜春发等（1980）根据地理位置把喜马拉雅地槽褶皱区称为南特提斯地槽带（属冈瓦纳大陆北缘）；滇、藏地槽褶皱区称为北特提斯地槽带（属古亚洲大陆南缘）。随后，黄汲清、陈炳蔚（1987）也按大洋闭合的时代，将特提斯分为古特提斯（古生代）、中特提斯（中生代）及新特提斯（古近纪）；李兴振（1991）、刘增乾（1993）则根据中国大陆板块早期演化的研究成果，进一步将其划分为原特提斯（Z_2—S）、古特提斯（D—T）、中特提斯（J—K）和新特提斯（E）。

Klemme（1995）也将特提斯的演化过程划分为原特提斯（Proto-Tethys）、古特提斯（Paleo-Tethys）和新特提斯（Neo-Tethys）三个阶段，但与前面的划分不同。他把早古生代出现在冈瓦纳大陆系与劳亚大陆系之间的古海洋体系称为原特提斯（图 2-1a），此时属劳亚大陆的北美洲、欧洲、西伯利亚、哈萨克和华北各陆块互相分离，华南为冈瓦纳大陆群北缘的一个小陆块。他认为晚古生代原特提斯关闭，陆块相互碰撞形成劳亚大陆向南增生的海西褶皱带，同时在增生带边缘与冈瓦纳大陆裂开，形成古特提斯洋；至石炭纪—二叠纪，两大陆系开始拼合成为晚联合大陆，古特提斯只剩下一个向东开口的喇叭口状海湾（图 2-1b）。晚二叠世至三叠纪，联合大陆逐渐解体，欧亚大陆与冈瓦纳大陆分离。同时，从原始冈瓦纳大陆的北缘分离出若干个碎块，近乎有序地向北漂移，阶梯式地与欧亚大陆拼合。他将其间出现的海槽和洋盆，称为新特提斯洋（图 2-1c）。

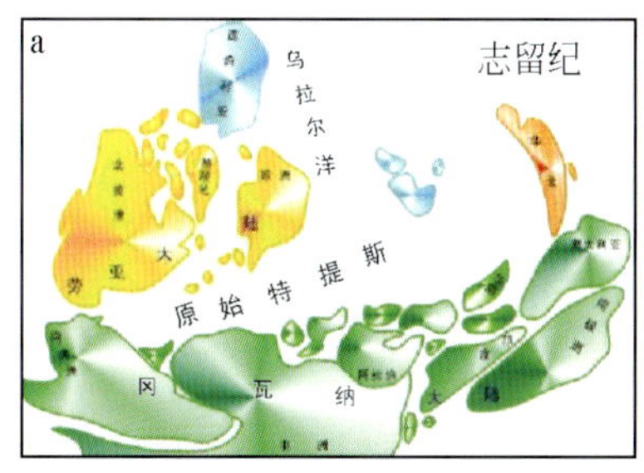

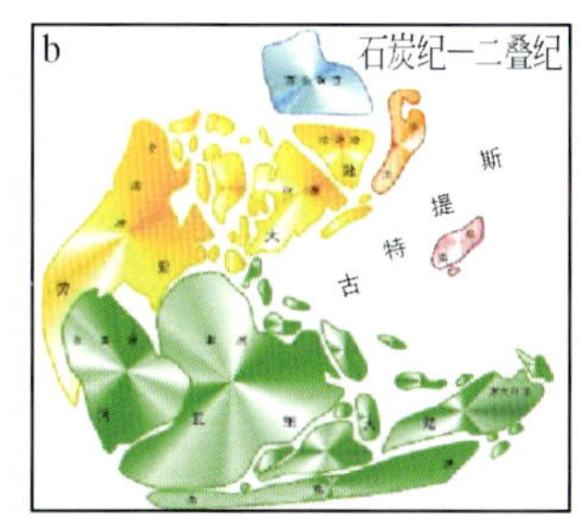

图 2-1　原特提斯（a）、古特提斯（b）、新特提斯（c）洋及古大陆（Klemme，1995）

目前对特提斯沉积模式概括有三种观点（殷鸿福等，1999）：

第一种是古典的浅海道（Shallow seaway）模式。该模式认为：从阿尔卑斯山到喜马拉雅山，所发现的大量底栖生物群、碳酸盐岩及浅海碎屑岩相说明，地史上从未存在过分隔欧亚大陆与冈瓦纳大陆的特提斯大洋，特提斯是由陆表海和相对深的海道组成。为了解释由古地磁、古气候和生物地理资料所得出的南部与北部超大陆间相距数千公里之遥的判断，此模式部分地借助于地球膨胀学说，即认为这个距离是由地球膨胀造成的。要造成这个距离，即便地球的膨胀集中于此，也必须有 20%甚至 40%的膨胀率。但是，根据地球物理和地质资料，地球有史以来达到这样的膨胀率是不大可能的。随着古地磁资料的积累，不可避免地要接受南部和北部超大陆之间曾经远距离分开的观念。

第二种特提斯的模式是“干净”的大洋模式。该模式认为，古特提斯的西端尖灭于西阿尔卑斯山，而向东开口于泛古大洋（图 2-2a）。这个模式综合了现代古地磁、古气候及古生物资料，但它不能解释以下事实：①沿特提斯发现的大多数生物群和岩相都属于浅海类型，尽管最近报道发现越来越多的复理石、放射虫及其他深水沉积，但沉积物的整体仍然属于陆壳类型，洋壳证据很少；②沿特提斯发现的大多数蛇绿岩属于岛弧型和边缘海型，典型的洋中脊蛇绿岩很少。

第三种模式为特提斯多岛洋（Archipelagic ocean）模式（图 2-2b）。该模式认为，中国大部分介于冈瓦纳古陆（及其前身 Pannotia 或泛南方古陆）与以西伯利亚为核心的欧亚古陆之间，经历了前原特提斯（新元古代）、原特提斯（早古生代）、古特提斯（晚古生代）和中特提斯（中生代）等几个演化阶段。这些演化阶段是由两大古陆之间的块体群在漂移（通常是向对方块体漂移）过程中拼合和裂解交替进行而构成的。一种可能是漂移前方旧的特提斯洋盆萎缩、消亡，后方则由裂谷发展为新的特提斯洋盆；另一种可能是裂解、漂移和消亡的多幕次过程同时存在。因此，特提斯与大西洋、太平洋等“干净”的大洋不同，在其各个演化阶段中始终是个充满着裂解地块（Block）与裂谷（Rift）、海道（Seaway），微板块（Microplate）与小洋盆（Micro-ocean），岛弧（Arc）、边缘海（Marginalsea）与海沟（Trough）等不同裂离程度的、海陆相间的多岛洋盆。其情况类似于现代中国与澳大利亚之间包括印度尼西亚、菲律宾和南海在内的东南亚多岛洋盆。这一模式既允许南、北大古陆间有遥远距离，又可容纳多量块体，可以解释浅海广布而洋中脊不发育的现象，较好地处理了前述矛盾。

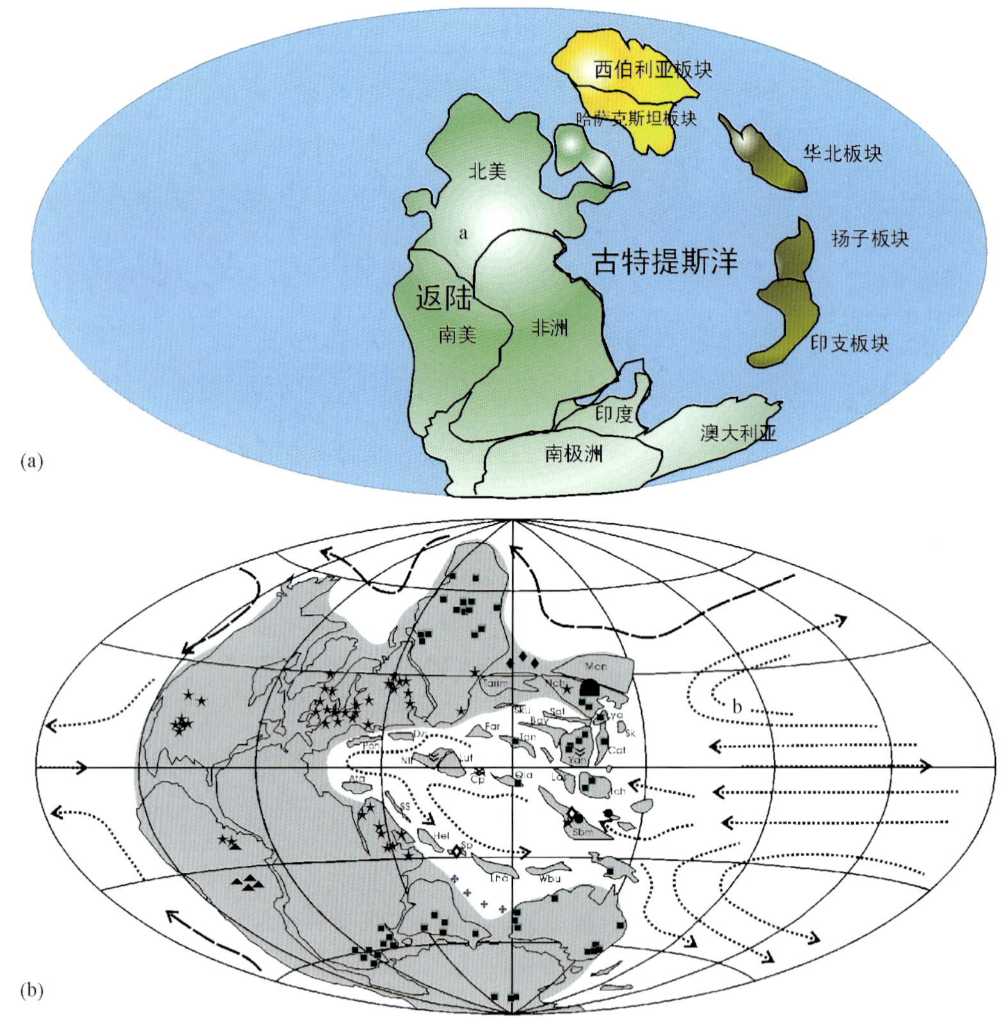

图 2-2　二叠纪古特提斯“干净”的楔形洋模式（Scotese，1997）（a）和多岛洋模式（颜佳新等，1999）（b）

本书将各块体性质分为 3 类：①板块（Plate）。有较大面积，并且其周缘被缝合线（或洋中脊、转换断层，下同）圈定的块体有长期（至少震旦纪—三叠纪）独立（区别于相邻板块）的演化历史，如扬子板块、华北板块。②微板块（Microplate）。被缝合线圈定且面积较小的块体，独立演化的历史较短，如秦岭微板块（古生代）。③（裂解）地块（Block）。从板块边缘裂解的块体，与母体板块以裂谷分开，其他侧面以缝合线隔开，一般面积也比较小，存在时间比较短。

二、华南及邻区海相盆地格局

本书的研究对象——华南及邻区正是特提斯多岛洋体系的一部分。这个区域是由冈瓦纳（及其前身 Pannotia）裂离、北移而拼合于欧亚大陆的，包含着许多大大小小的板块、微板块和地块（图 2-3）。华南及邻区的海相盆地格局正是由这些块体间的大小洋盆、海道和海沟，以及各陆块边缘盆地和陆内克拉通盆地所组成的。随着块体的聚合拼接和碰撞造山，各洋盆和海道、海沟均转化成了复杂的结合带（古缝合带），而各大小块体边缘盆地和陆内克拉通盆地也随之发生变形。

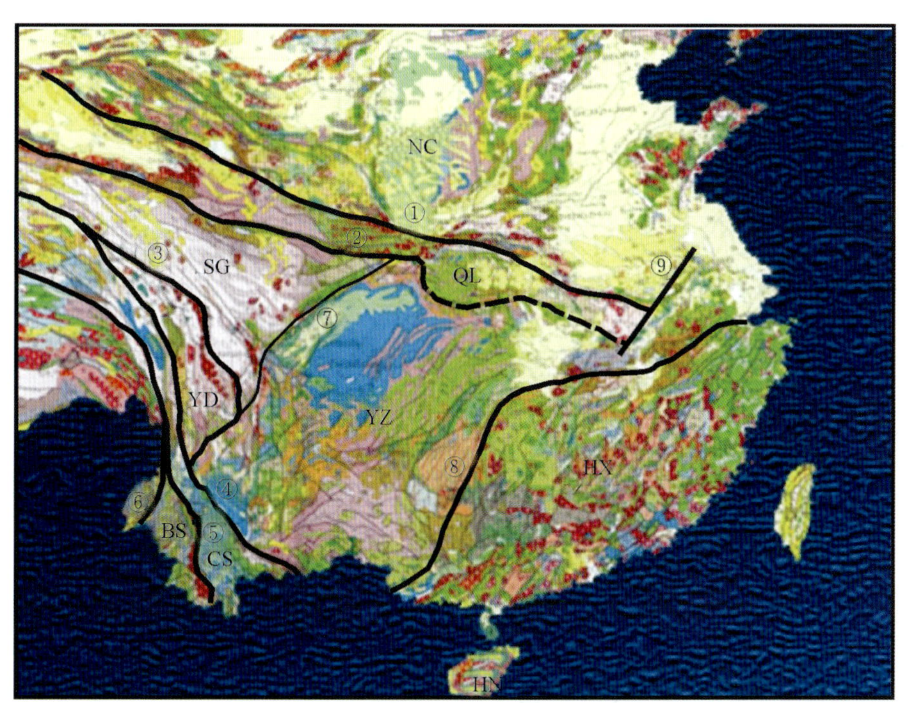

图 2-3　华南及邻区块体群及其结合带示意图

NC. 华北板块；YZ. 扬子板块；QL. 秦岭微板块；SG. 松潘—甘孜地块；YD. 义敦微板块；CS. 昌都—思茅微板块；BS. 保山微板块（滇缅泰马板块）；HX. 华夏板块；HN. 海南地块
①商丹古缝合带；②勉略古缝合带；③甘孜—理塘古缝合带；④金沙江古缝合带；⑤北澜沧江—昌宁—孟连古缝合带；⑥怒江古缝合带；⑦龙门山—虎跳峡古缝合带；⑧南华洋；⑨郯庐断裂

第二节　中国南方海相盆地原型及其演化

震旦纪—三叠纪时期，中国南方的扬子板块、华夏板块及其他微板块、地块为古特提斯洋中华夏陆块群（多岛洋或多岛海）的一部分，“大洋小块”的全球背景决定了华南及邻区海相盆地原型的形成与演化，处于复杂多变的构造体制下。

一、中国南方南华纪—震旦纪盆地原型

南华纪—震旦纪相关的地质记录缺损严重，古地磁资料的应用也十分有限，因此要准确地进行南华纪—震旦纪盆地原型恢复及其演化分析是比较困难的。这里仅根据已有的资料和认识，简要论述中国南方南华纪—震旦纪几个主要块体的相互关系，进而剖析盆地原型及其演化特点。与中国南方盆地原型形成演化有关的南华纪—震旦纪的主要块体有 4 个：华南板块、华北板块（南缘）、海南微板块和保山微板块，其中华南板块包括扬子板块、华夏板块、秦岭微板块及思茅地块，是中国南方的主体（图 2-4）。

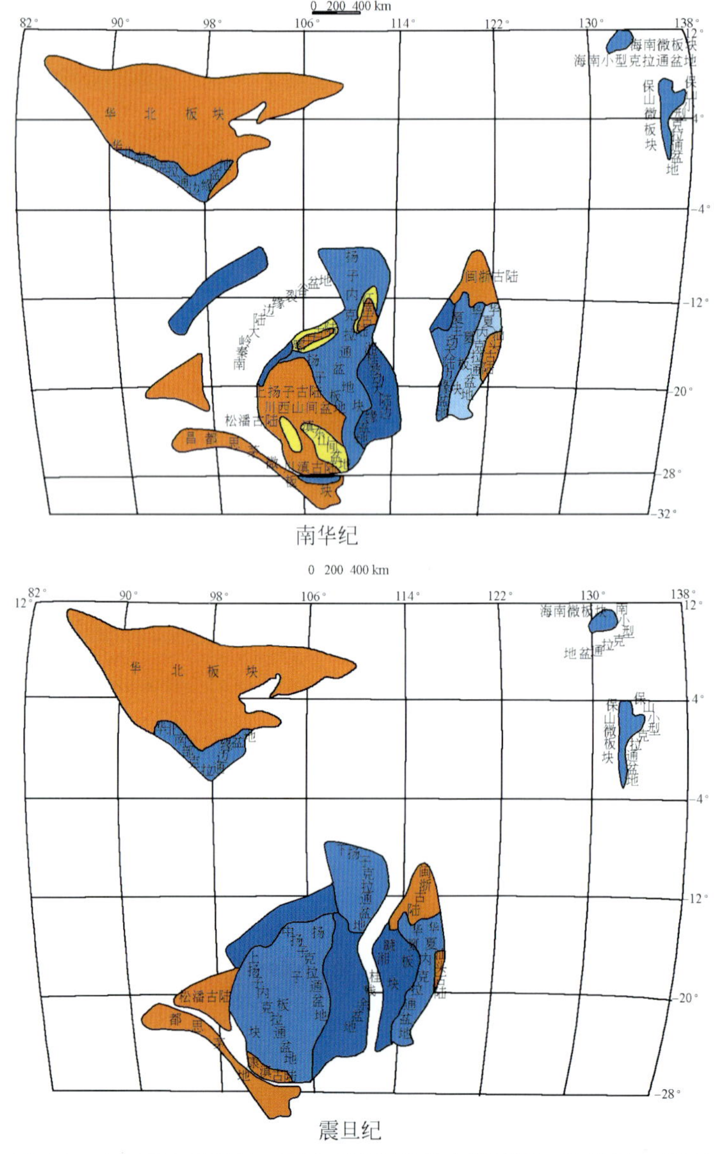

图 2-4 中国南方南华纪—震旦纪原型盆地古海洋图（殷鸿福，2004）

1. 华南板块南华—震旦纪盆地原型

在早震旦世，上扬子区大部分抬升为古陆，包括上扬子古陆、川滇古陆以及它们之间的川西山间盆地、滇东山间盆地。中—下扬子区统称为扬子内克拉通盆地，主要沉积了一套浅海的碎屑岩组合，其中包括一些小型岛陆，如江南古陆、鄂中古陆。扬子板块的南缘则为湘桂被动大陆边缘盆地，沉积了一套半深海的碎屑岩组合。此时松潘古陆已与上扬子古陆拼合，成为扬子板块的一部分。思茅地块从南华纪开始局部拼接在扬子板块的西南缘，相互间有余留一个向西北敞开的喇叭口，至震旦纪由于松潘地块的楔入而拼为一体，三者间为陆间海盆地。这时，秦岭微板块已经拼接在扬子板块的北缘，成为大陆边缘裂谷盆地，有火山碎屑岩沉积。

华夏板块与扬子板块的对接线较长，此时东北段仍未对接上，但西南段已基本对接。因此华夏板块的西北部分成为华夏主动大陆边缘盆地，它与扬子板块东南部的湘桂被动大陆边缘盆地相对应。华夏板块的东南部则为克拉通盆地，其北端与东南分别为闽浙古陆和汕头古陆。在晚震旦世，扬子板块与华夏板块的对接进一步加强，两者基本成为一个整体，湘桂被动大陆边缘盆地和华夏主动大陆边缘盆地，已经统一成为赣湘桂残余海盆地。秦岭微板块边缘完全拼合在扬子板块之上，成为秦岭大陆边缘浅海盆地。扬子板块本身的海侵范围进一步扩大，上扬子区也已转化成为上扬子内克拉通盆地，广泛接受浅海碳酸盐岩沉积。在扬子板块西缘的川西—滇中地区，沉积物以澄江组、南沱组或同期的粗碎屑为主。滇中地区的澄江组和川西地区的开建桥组、列古六组均夹中基性或碱性火山岩沉积，标志川滇裂陷盆地的存在。在晚震旦世，该裂陷盆地夭折，其西缘成为川滇古陆或古岛，呈西陆东海的古地理格局，陡山沱组和灯影组主要为滨岸碎屑岩和浅水碳酸盐岩沉积。

2. 华北板块（南缘）震旦纪盆地原型

华北板块在震旦纪是一个整体，华北古陆占了绝大部分面积，只有南缘一部分为华北克拉通边缘盆地，沉积一些碎屑岩与碳酸盐岩过渡类型组合。华北板块的南界为商县—丹凤带（商丹带）。它与勉略带构成了华北板块、秦岭微板块和扬子板块两条大致平行的缝合线。但在震旦纪，由于秦岭微板块已大体拼接到扬子板块北缘，华北板块与秦岭微板块之间的距离较大，其间存在商丹小洋盆。

3. 海南微板块南华纪—震旦纪盆地原型

海南微板块一般被认为是东冈瓦纳（澳大利亚）的裂解块体，因此它的相对位置是参考了当时的澳大利亚和印度的古地理位置而确定的。由于资料缺乏，该板块的南华纪—震旦纪盆地原型及演化历史和特征不清楚，其北侧与华南板块之间的南华洋盆地原型及演化状况，将合并在华南板块一节中作介绍。

4. 保山微板块南华纪—震旦纪盆地原型

保山微板块是掸邦板块的北部。它在位置上与印度板块、西藏板块相近。同样由于资料缺乏，该板块的南华纪—震旦纪盆地原型及演化历史和特征不清楚，其东侧与华南板块之间的盆地原型及演化状况也不清楚，这里暂不涉及。

二、中国南方加里东期海相盆地原型

在加里东期（寒武纪—志留纪），华南及邻区海相盆地原型的形成与演化，主要与两个大板块（扬子板块和华夏板块）的活动及相互作用相联系（图 2-5）。这个时期昌宁—孟连洋以东的义敦、昌都—思茅、松潘—甘孜块体，均与扬子板块连为一体，是扬子板块的组成部分。商丹洋以南的中秦岭地区在加里东早期（震旦纪—寒武纪），也属于扬子板块的北部边缘，奥陶纪以后随着南秦岭裂陷槽的开裂，才从扬子板块逐渐分裂出去。江南隆起带可能是早古生代扬子板块和华夏板块主要结合带。

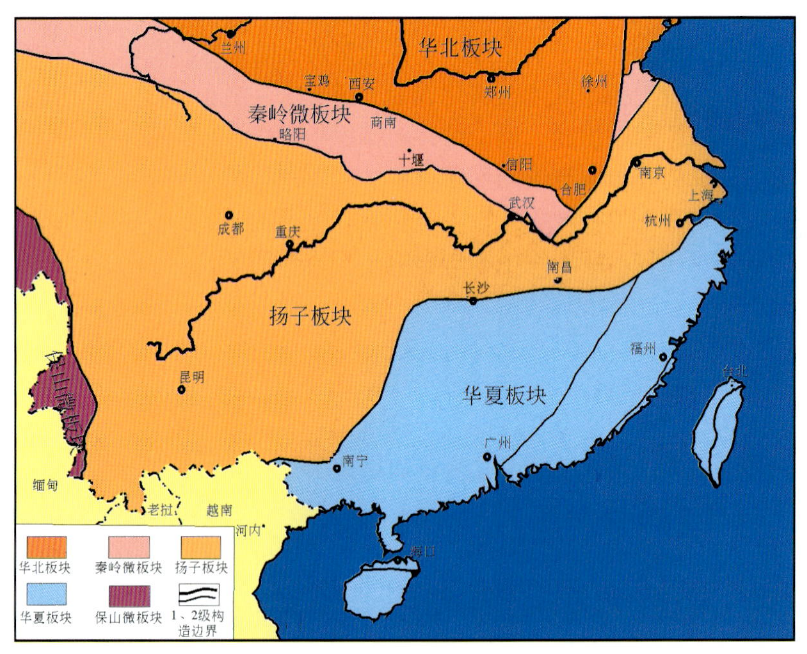

图 2-5 华南及邻区加里东期古板块及其边界的现今位置

1. 中国南方寒武纪的盆地原型

寒武纪华南及邻区可以分为 6 个块体，即华北板块、扬子板块、华夏板块、南海板块、中秦岭微板块、保山板块。其中，前两者的关系最为重要（图 2-6）。

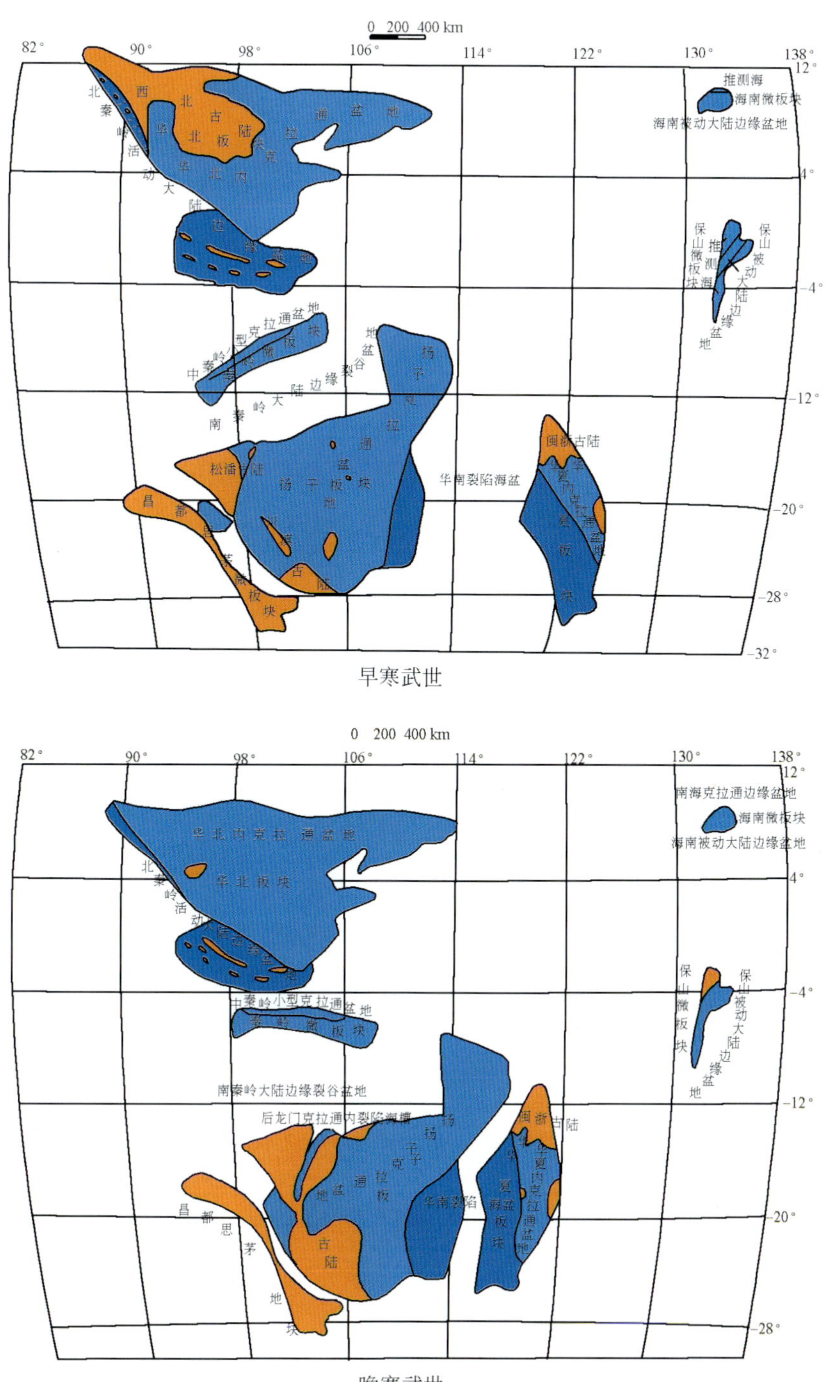

图 2-6　华南及邻区寒武纪盆地原型与古海洋图①

① 殷鸿福，吴顺宝，杜远生等，1997，中国南方恢复原型海相沉积盆地，中国石油化工股份有限公司。

(1) 扬子板块和华夏板块的盆地原型

华南板块（含中秦岭微板块）与华北板块以商丹断裂为界，并各有自成体系的陆缘区。华北板块大陆区为华北克拉通盆地，南部陆缘区为活动大陆边缘，其东段为北秦岭区，由陶湾裂陷海盆、二郎坪弧后盆地和宽坪列岛、秦岭列岛组成，它们与华南板块之间为商丹小洋盆（殷鸿福等，1999）；其西段为北祁连山区，在早古生代为活动大陆边缘，有证据表明寒武纪时的海沟在称连清水沟等地（代表消减带），岛弧在白银厂一带（任有祥等，1991）。

扬子大陆壳周围为被动大陆边缘，即南秦岭大陆边缘裂谷盆地、华南裂陷海盆以及西侧的被动大陆边缘（川西巴塘、白玉一带）。在早中寒武世，南秦岭大陆边缘裂谷盆地由断裂控制的两个构造隆起带和两个构造沉降带组成。两个构造隆起带即镇渐隆起带和平利—武当隆起带，特点是地层厚度小，或地势相对上隆；构造沉降带即北大巴山沉降带和郧西—均县沉降带，特点是地层厚度大，沉积物以泥质、灰质为主，砂质及火山岩系少，火山岩只具陆壳性质。在晚寒武至早志留世，随县响水台有大量钙碱性玄武岩以及类似深海蛇绿岩套和深海硅质岩组合，表明本区具有过渡壳和新生洋壳的特征（倪世钊等，1994）。由此而推测，分布于随县以北地区的基性玄武岩中，有部分形成于海底隆起或海底裂谷中脊部位。果真如此，则说明中秦岭微板块在此时已经开始形成（殷鸿福等，1999）。该区西缘在早寒武世发展为川滇古陆，古陆以东在早寒武世早中期接受滨岸浅水碎屑岩沉积，早寒武世晚期至中寒武世接受滨岸浅水碳酸盐岩沉积。晚寒武世时川滇古陆范围扩大，尤其是滇中和滇东地区基本处于被剥蚀状态，仅川西接受滨岸浅水含碎屑的碳酸岩沉积。

在地壳运动特点上，华北克拉通盆地在早寒武世沧浪铺期开始海进，晚寒武世中期（长山期）达到最高点，且早、中世地势特点是北高南低，而晚世则相反；扬子克拉通盆地在整个寒武纪时期都接受沉积，以梅树村后期至筇竹寺早期为最大海进期，而后连续海退，原有零散古陆、古岛连成大川滇古陆，显示地壳较均一抬升。这种构造上的区域性沉降、抬升可判断华北与扬子为不连接的两个块体。

上述各方面论述使我们确信华北板块与扬子板块在寒武纪是各自独立的。扬子板块南部大陆边缘为华南裂陷海盆，它是震旦纪华夏板块与扬子板块拼接之后的一个巨大海槽，原生地域宽广，具残留海性质（蒲心纯等，1993），碎屑沉积物巨厚（近5000m）。寒武系厚度小于800m。大致以长汀—清远—玉林为界，分为西北部的赣粤次深海盆地及东南部的闽粤浅海盆地。早寒武世的海槽具拉张性质，寒武统为黑色碳质页岩、硅质页岩夹硅质层，水平纹层发育，含放射虫和海绵骨针，偶见浮游型三叶虫，局部夹磷结核、黄铁矿团块等，代表缺氧的还原环境；其张裂中心继承了震旦纪板块俯冲带，位于茶陵—彬县—兰山断裂带（杨巍然等，1986）。中寒武统为深灰、灰黑色碳质页岩、页岩和灰岩相，含漂浮型的球接子类及海绵骨针，显示还原条件大大减弱，但仍属非补偿海盆；上寒武统主要为泥岩、泥质灰岩。

(2) 中秦岭微板块的盆地原型

从震旦纪至早、中寒武世，南、中秦岭成为扬子板块的一部分，除了陡山沱组底部为滨岸碎屑沉积，寒武系底部夹碳质泥岩、硅质岩之外，沉积物以滨岸或浅水碳酸盐岩为主。从晚寒武世开始，在南秦岭的安康、紫阳、竹溪一带形成二道桥组第一段的火山岩沉积，表明南秦岭裂陷槽的形成和秦岭微板块与扬子板块的分离。此时，在裂陷槽北侧的秦岭微板块镇安、淅川一带，沉积浅水碳酸盐岩；在裂陷槽南侧的扬子北缘基本上保持了克拉通边缘的陆架碳酸盐岩沉积，镇坪、岚皋（南）一带为斜坡相碳酸盐岩；在商丹断裂以北的华北板块南部活动大陆边缘，则沉积岛弧型火山岩及碎屑岩（丹凤群、李子园群，寒武系—奥陶系未分）。

(3) 海南微板块的盆地原型

这个时期的海南微板块为一克拉通盆地区，其北侧的东方等地为陆缘海，具被动大陆边缘性质。从中寒武世大茅群磷矿的产状和三叶虫的特征看，与澳大利亚极为相似。因此，虽无古地磁资料，但我们还是把它置放在澳大利亚附近。

(4) 保山微板块的盆地原型

保山微板块作为亲冈瓦纳大陆的掸邦板块北端的一部分，其东部以澜沧江—昌宁—孟连洋与昌都—思茅地块分隔，总体处于稳定的小型克拉通盆地背景下。在早、中寒武世时期，保山地区西部为陆缘区，晚寒武世为克拉通盆地。晚寒武世的三叶虫属扬子台缘生态区的分子（杨家禄，1988），显示出与扬子板块的密切关系，但它位置上与印度板块、西藏板块相近。腾冲古陆东部接受以陆架浅海—半深海砂泥岩为主的沉积；晚寒武世保山地区接受以浅海陆架灰岩和砂泥岩为主的沉积，含三叶虫化石；早奥陶世，沿腾冲古陆东缘发育滨海砂砾岩沉积，向东变为浅海碎屑岩沉积。

2. 中国南方奥陶纪的盆地原型

到目前为止，奥陶纪古地磁资料很少，且并不完全一致，因此在各板块古地理位置再造时，需结合各方面可供利用的资料。在奥陶纪，华南及邻区涉及的块体也主要是华北板块、扬子板块、华夏板块、南海板块、中秦岭微板块合保山板块（图 2-7）。下面主要讨论华北板块和华南板块的相对位置及其盆地原型。

(1) 华北和扬子板块的位置及关系

根据古地磁资料（刘育燕等，1993；翟永健等，1989）确定：秦岭微板块与华北板块及扬子板块的相对距离分别为 160km 和 900km，华北板块与扬子板块的距离为 1060km；扬子板块与华夏板块的主要运动方式是从寒武纪始顺时针旋转，并从南向北运移；早奥陶世和晚奥陶世华北与华南古板块的位置大致如图 2-7 所示。

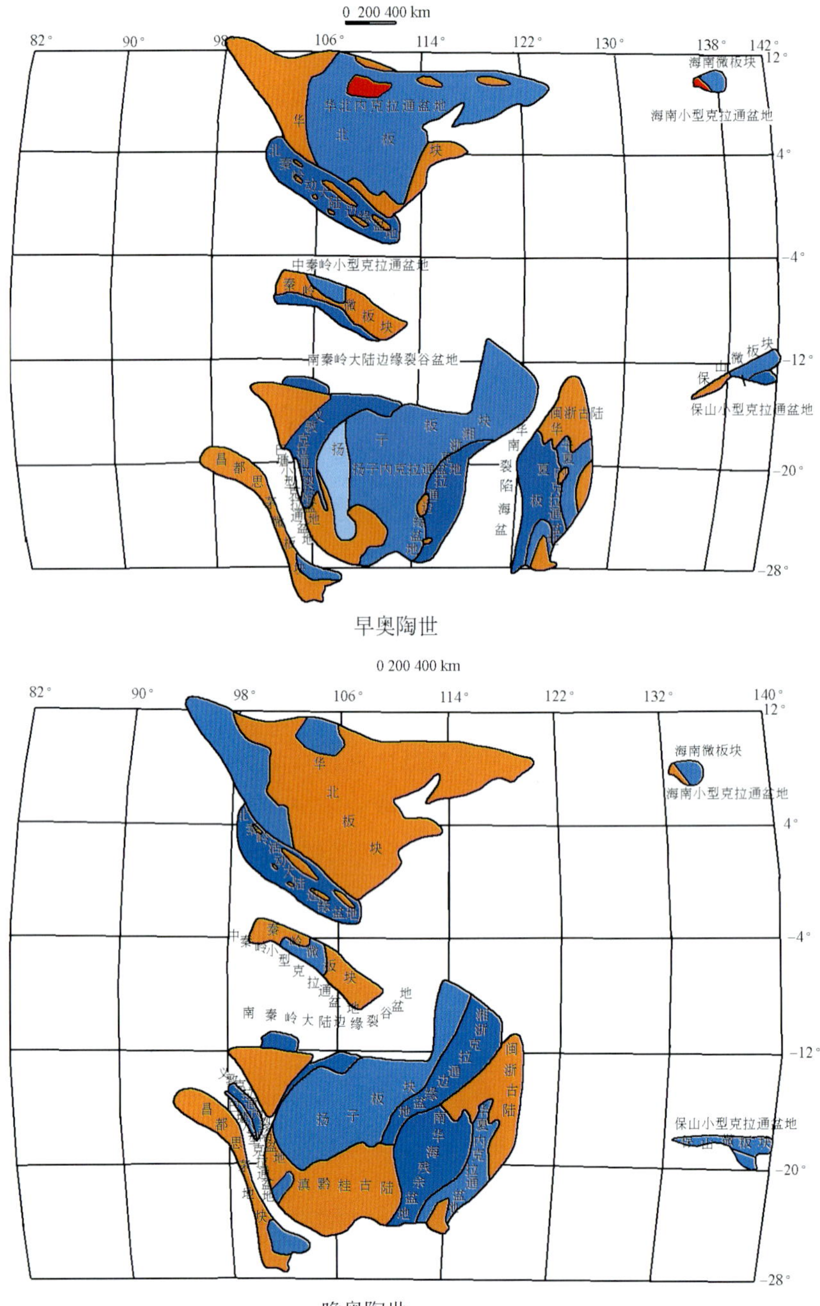

图 2-7 华南及邻区奥陶纪盆地原型及古海洋图①

华北和扬子板块以商丹断裂为界，商丹断裂之北发育了完整的沟一弧一盆体系。秦岭古隆起的北侧在早奥陶世发育了边缘海型蛇绿岩及陆缘浊积；东侧（二郎坪一带）火神庙组也含有类似洋脊蛇绿岩组成和地球化学特征，同时含有较多深海放射虫硅质岩，为弧后

① 殷鸿福，吴顺宝，杜远生等，1997，中国南方恢复南方原型海相沉积盆地，中国石油化工股份有限公司。

盆地。在秦岭古隆起的南侧堆积了不同构造环境中形成的蛇绿岩，它们可能有俯冲刮削下来的洋壳残片，而更多属于碰撞造山挤入的岛弧蛇绿岩块及边缘海蛇绿岩片（张国伟，1988），为弧前盆地。这些事实一方面说明华北板块南缘为活动大陆边缘，另一方面说明扬子板块和华北板块在奥陶纪是独立存在的。

（2）中秦岭微板块与扬子板块的关系

奥陶纪中秦岭缺少古地磁资料。在随县响水台的奥陶系中发育有大量的钙碱性玄武岩，并出现类似深海蛇绿岩套和深海硅质岩组合，表明具有过渡壳和新生洋壳特征（倪世钊等，1994）；在紫阳一平利以及若尔盖，也发育有深水含炭泥岩和硅质岩。由此推测，随县以北地区的基性玄武岩有部分处于海底隆起或海底裂谷中脊部位。在中秦岭微板块上，古生物群的面貌与扬子板块更加接近，因此推测中秦岭是由扬子板块分离出去的小块体，中间为深水相的裂谷盆地所隔。

（3）南海板块和保山微板块

海南微板块（南海板块的一部分）在奥陶纪的古纬度为10°（刘育燕，1993），由于动物群的性质与澳大利亚相似，其位置仍应与澳洲板块接近。

保山微板块为掸邦板块的一部分，其奥陶纪的动物群面貌与寒武纪一样，仍是扬子型的，因此它与扬子板块的距离不会很远。

（4）盆地原型及其演化

1）扬子板块和华夏板块内各盆地的演化

早奥陶世的扬子板块盆地格局与寒武纪相似，也由闽粤浅海相和赣粤桂次深海相控制，但由于寒武纪末郁南运动影响，云开地区和粤东地区上升成陆，沿着两个古陆的周缘有规律地出现滨海、陆架环境。扬子板块与原华夏板块之间在寒武纪拼合后，至早奥陶世又一次裂解扩张成为小洋盆。盆地内沉积较多的火山碎屑岩和类复理石建造，也沉积滞流环境的笔石页岩相。在中奥陶世，扩张幅度达到最大，川滇古陆依然存在，但川西接受滨海潮坪细碎屑岩及碳酸盐岩沉积。晚奥陶世以后，扬子海域萎缩，扬子板块西部边缘基本上处于古陆状态，仅川西北地区有海域覆盖。到了晚奥陶世，又一次遭受挤压，表现在中、北部最明显。晚奥陶世晚期整体抬升成陆，形成非典型的前陆盆地，沉积了巨厚的浅水浊积岩，厚度愈千米。伴随构造的扩张和挤压，扬子内克拉通盆地和湘浙克拉通边缘盆地，出现海水升降旋回。在湘、浙克拉通边缘盆地的东侧，晚奥陶世晚期沉积了一套复理石，表明这里已经由早、中奥陶世的克拉通盆地转变为前陆盆地。扬子板块内拉通盆地表现为一个海进、海退旋回，而其西缘的巴塘小型克拉通盆地和义敦克拉通内裂陷盆地性质，在整个奥陶纪变化不大。

2）华北内克拉通盆地和北秦岭活动大陆边缘盆地

华北板块内克拉通盆地在早奥陶世表现为陆表海，至中奥陶世晚期抬升成陆，海水仅限于西缘。北秦岭活动大陆边缘在早奥陶世时，弧后盆地（二郎坪一带）发展成有一定宽度的有限“小洋盆”；至晚奥陶世，有限“小洋盆”因洋壳俯冲而闭合，随后演化为陆壳并沉积了大庙组的厚层碳酸盐岩，而弧前盆地（商丹断裂带之北）一直具有岛弧型优地槽性质，继续接受复理石沉积。

3）中秦岭小型克拉通盆地和南秦岭裂谷盆地

中秦岭小型克拉通盆地（镇安—淅川一带）在早奥陶世形成浅海碳酸盐台地，至中、晚奥陶世由于向华北地块靠近，盆地变浅，出现了滨岸环境的滩相和以群体珊瑚为主的补丁礁。其北缘部分地区隆起成陆，而南秦岭发生强烈裂陷，成为槽盆。由于南秦岭伸展裂陷的影响，中秦岭微板块一度向北漂移，使中秦岭的动物群由早奥陶世接近扬子型，转为中、晚奥陶世的华北、华南混生型。

南秦岭裂陷槽中出现洞河群的双峰式火山岩和碱性火山岩及泥质岩、硅质岩等沉积；裂陷槽南侧的镇坪、岚皋（南）为斜坡相的泥质碳酸盐岩沉积，北侧的镇安、淅川一带为浅水碳酸盐台地沉积；北秦岭仍为活动大陆边缘盆地，盆内沉积丹凤群、李子园群的岛弧型火山岩及碎屑岩地层，而以陆架细碎屑岩—泥质岩沉积为主。

4）保山板块、南海板块和掸邦板块

中、晚奥陶世保山地区接受砂泥岩、泥质或含泥质灰岩及灰岩混积型的陆架浅海沉积。早志留世时期，保山地区接受以含笔石泥质页岩为主的沉积，中晚志留世变为浅海碳酸盐岩沉积。南海板块一直接近华夏板块，而掸邦板块接近于扬子板块，这两个板块在奥陶纪一直是顺时针方向的漂移和旋转。

3. 中国南方志留纪的盆地原型

在早志留世早期，华北板块、华南板块、保山微板块（隶属于掸邦板块）、海南微板块（隶属于南海板块）、秦岭微板块五个块体处于再度分离状态（图 2-8）。随着晚加里东晚期运动的发展，位于华北和华南之间的秦岭微板块，在早志留纪时逐步与北部的华北板块对接、碰撞，至中志留世开始与华南板块拼合。南侧秦岭微板块和扬子板块持续向北俯冲及碰撞，使其南部的奥陶纪残留弧前盆地（商丹断裂带之北）的岛弧型优地槽于志留纪末最后关闭，扬子板块和华夏板块基本连为一体，成为统一的华南板块，仅在桂东、粤西一带仍残留海盆地——钦防残余洋盆。

这时在华南小洋盆褶皱的前期沉积物之上，发育新的前陆盆地。随着华夏板块持续向扬子板块推挤，其沉降中心和沉积中心盆地不断地向西北迁移，成为叠置在扬子东南部大陆边缘上的湘赣浙前陆盆地。此时的扬子板块主体处于稳定的内克拉通浅海环境，沉积稳定的内克拉通浅海相。在早志留纪，上扬子区发育碳酸盐、碎屑岩沉积组合，分布较为广泛，且生物分异度、丰度都很高，常出现小型点礁；下扬子区则发育了碎屑岩沉积组合。到了中晚志留纪，海水逐步退出，区内发育碎屑岩沉积组合，且分布面积逐渐缩小。在钦防残余海盆地中，持续发育深水浊积岩，直到志留纪晚期海水才逐渐变浅。钦防地区的志留系发育齐全，下志留统在湘中一带称周家溪群，主要为泥砂质类复理石沉积，含丰富笔石的页岩，厚度巨大。中统为泥质粉砂岩、页岩，上统是泥质粉砂岩夹砂岩、页岩，属深水海槽复理石沉积组合，代表原特提斯洋的分支海。上志留统未见，可能是这里在中晚志留世过早结束沉积造成的。有迹象表明，在南华洋残留沉积区内，那些有机质热演化程度合适的地方，有可能找到有效烃源岩。

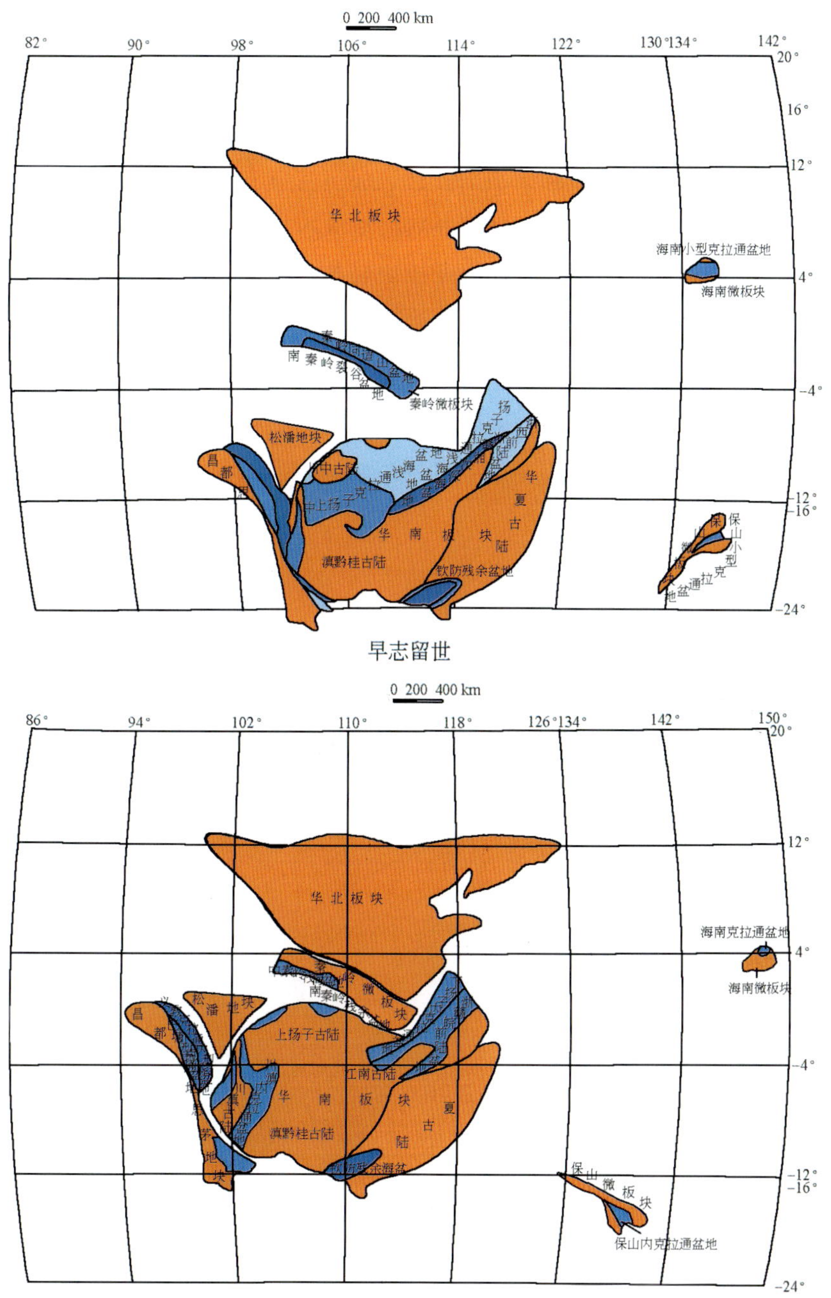

图 2-8　华南及邻区志留纪盆地原型及古海洋图①

在这个时期，华南板块西缘的北部是较稳定地区。其中，巴塘地区发育小型克拉通浅海碳酸盐建造，义敦地区成为克拉通内裂陷槽。二者毗邻，水体深度不大。在华南板块西

① 殷鸿福，吴顺宝，杜远生等，1997，中国南方恢复原型海相沉积盆地，中国石油化工股份有限公司。

缘的南部墨江一带，从志留纪到泥盆纪则连续沉积深水相。昌宁—孟连一带泥盆系底部所发现的放射虫硅质岩与笔石页岩，证明大洋还未完全封闭。

秦岭古海洋处于南侧被动大陆边缘裂谷、北侧活动大陆边缘盆地的南张北压背景下。由于秦岭微板块与华北板块的斜向、不规则陆—陆碰撞，北秦岭洋逐渐闭合，并形成了不成熟的造山带。北秦岭与中秦岭的大部分地区隆起成古陆或山地，在中秦岭南缘和南秦岭的残余盆地沉积了复理石。南秦岭裂陷槽有所萎缩或局部关闭，但尚未完全闭合和碰撞造山。在扬子克拉通北缘，中志留世仍接受碎屑岩系沉积；晚志留世大部地区上升为陆，未接受沉积。这个时期的海南微板块、保山微板块与各自所在的地块一起，与华北—华南板块继续呈分离状态。海南微板块仍为南海克拉通的组成部分，发育稳定的碎屑岩沉积，与澳大利亚关系密切；保山微板块仅局部有稳定的碎屑岩夹碳酸盐沉积，生物群面貌显示出与扬子板块关系密切。

三、中国南方海西—印支期海相盆地原型

华南及邻区海西—印支期仍然存在着由扬子板块、华夏板块、秦岭微板块、义敦微板块、昌都—思茅微板块、保山微板块及其间的小洋盆、海沟和边缘海盆等组成的多岛洋格局（图 2-9）。这一阶段的华南海相盆地形成与演化历史，就是这个多岛洋格局的演变历史，同时也是这些块体相对运动及相互作用的历史。

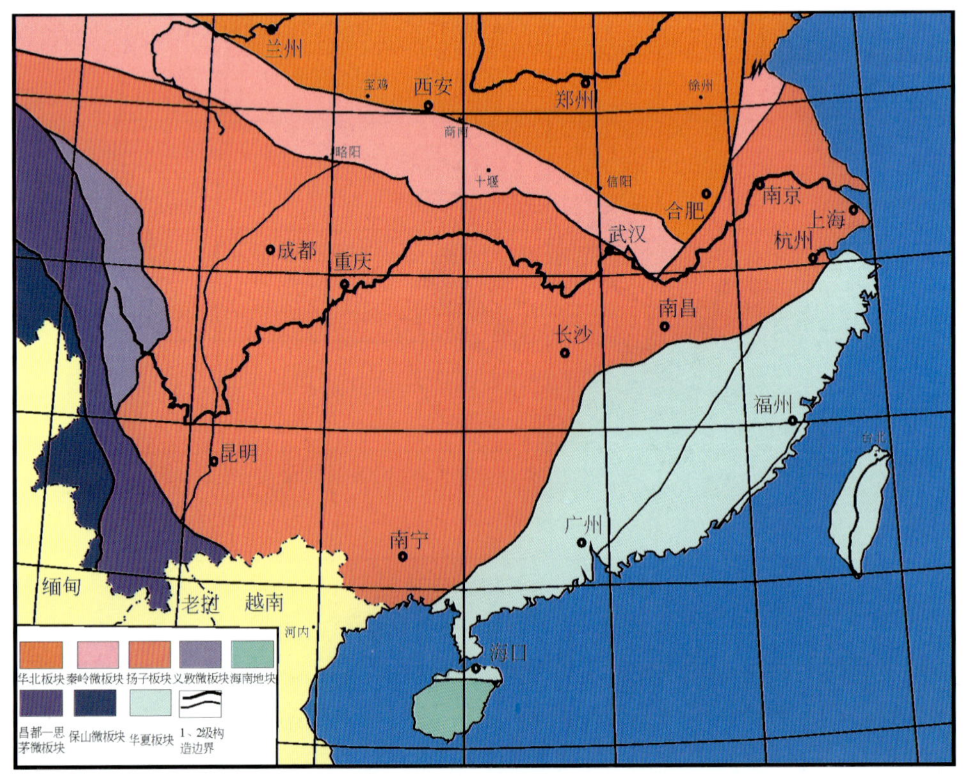

图 2-9　华南及邻区海西—印支期古板块及其边界的现今位置

1. 海西—印支期华南海相盆地演化概况

在泥盆纪时期，秦岭微板块与华北板块的挤压碰撞继续加强，在秦岭微板块北缘接受同造山盆地的复理石（舒家坝群）、类复理石（刘岭群）和磨拉石（大草滩群）沉积。作为秦岭微板块主体的西汉水、成县、镇安、旬阳、淅川等地，泥盆系均为浅水碎屑岩和台地碳酸盐岩沉积。南秦岭裂陷槽于泥盆纪时期又有所开裂，槽内接受三河口群的中基性和碱性火山岩及深水泥质岩、硅质岩沉积。在裂陷槽以南和扬子西北缘的摩天岭、龙门山一带，为浅水碎屑岩和台地碳酸盐岩沉积。

扬子北缘的勉略洋于泥盆纪开裂，到石炭纪形成小洋盆，将秦岭微板块完全与扬子板块分开。统一的华南板块又在海西运动中随着钦防海槽开裂并扩展成新的南华小洋盆而再度离散，但最终在海西运动后期经历了俯冲、消减、聚合和软碰撞。与此同时，在扬子板块西缘，由于金沙江洋在海西—印支期的开裂和扩展，昌都—思茅微板块与扬子板块分裂。随后，三叠纪甘孜—理塘洋的打开，又使义敦微板块与扬子板块分开。

从晚古生代至早中生代，虽然局部构造单元的活动性有所变化，但华南区的总体构造古地理格架仍是以小洋盆为核心的多岛洋环境。晚二叠世早期，南华洋以软碰撞的型式（殷鸿福等，1998）闭合，而扬子板块西部开始大规模伸展裂陷（以峨眉山玄武岩溢出为标志）。东吴印支期裂谷海盆地的沉积中心随之逐步向西迁移，并连续沉积在多岛洋沉积序列之上。印支运动最后结束了古、中生代海盆的演化历史，形成了在陆块和洋岛部位微弱而在海盆中心相对强烈的印支构造运动面。褶皱变形的古、中生代地层和岩浆岩岩体，以统一基底形式又承载了中新生代裂陷盆地与火山物质的沉积。

晚古生代南华小洋盆的沉积序列较完整地出露在钦州地区的小董—板城一带（王玉净，1994；吴浩若，1994）。这里是扬子与华夏陆块间的海西—印支褶皱造山带南端。露头为一套呈狭长条带状、褶皱紧密的硅质“岩片”（图 2-10），西北和东南侧分别被充填于边界断层的两条带状后造山期花岗岩体所围限。“岩片”内除下泥盆统为浅变质的细复理石沉积之外，中泥盆统至中、上二叠统连续发育条带状硅质岩。硅质岩系整合于志留系浅变质页岩之上，硅质岩系之上为上二叠统上部的磨拉石沉积。该硅质岩系的沉积序列和“岩片”式保存状况表明，这个硅质“岩片”是古海洋盆地的残存部分。根据所含的放射虫动物群化石，把这套硅质岩地层划分为三个组（王玉净，1994），即：①石梯组（上泥盆统弗拉斯阶和法门阶）；②石夹组（下石炭统杜内阶和维宪阶）；③板城组（上石炭统至上二叠统）。

根据薄片岩石微相分析和放射虫组合特征及稀土元素分析结果，在广西小董—板城硅质岩带中（图 2-10）区分出如下 8 种成因类型的硅质岩：①含远洋型放射虫组合的硅质岩；②球形放射虫结构硅质岩；③混杂型放射虫硅质岩；④碧玉岩；⑤残余火山凝灰结构硅质岩；⑥均一结构硅质岩；⑦海绵骨针硅质岩；⑧内碎屑结构硅质岩。其中，深水型泥盆系代表残留海槽，中—晚泥盆世至二叠纪的放射虫硅质岩系代表再裂谷型小洋盆的残留部分（张宁等，1998）。

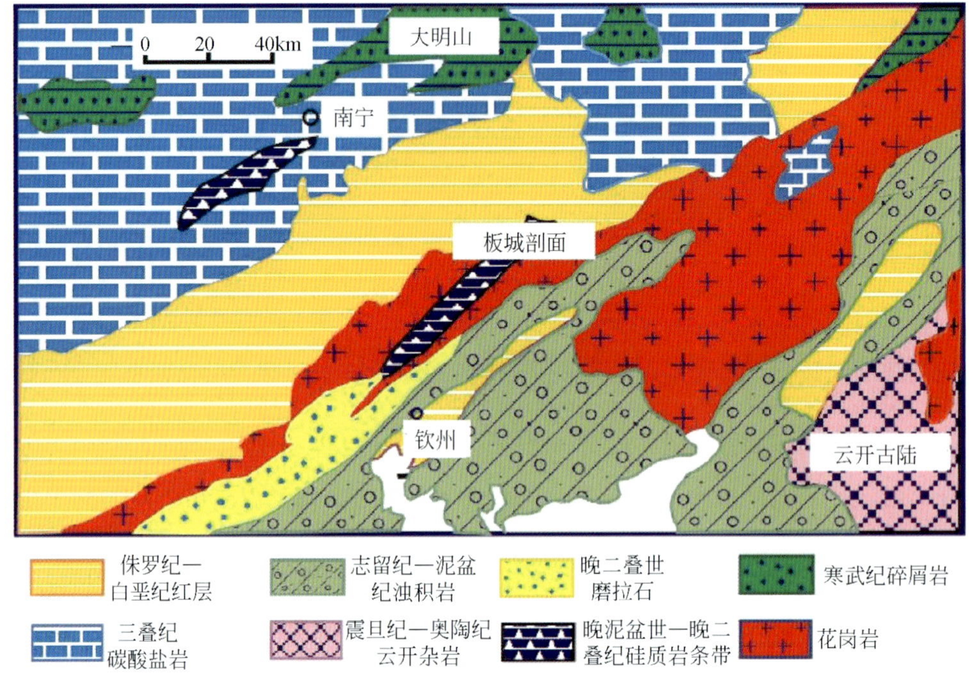

图 2-10 广西钦州地区地质简图（据 1∶1000000 广西地质图改编）①

2. 中国南方泥盆纪盆地原型

华南地区的泥盆纪古构造和古地理，较早古生代有很大改变。首先，在加里东后期，由于扬子板块与华夏板块的对接碰撞，形成了规模更大的华南板块；而秦岭微板块与华北板块的碰撞，形成了初具规模的北秦岭造山带，南秦岭裂陷槽也开始消亡。其次，华南板块内部又进入一个新的伸展裂陷期，在原有南华海区形成克拉通盆地和克拉通内裂陷槽盆地间列的局面。在扬子板块北部和西南部大陆边缘，泥盆纪的伸展裂陷作用更为剧烈，铸成南秦岭裂陷槽再度扩张、金沙江裂谷盆地形成。再次，由于全球海平面上升，大规模的海侵发生在华南及秦岭等地。在华南，大致以滇、黔、桂为中心，海水向北、东、西方向侵进，尤以北东向最为明显。在早泥盆世时期，华南板块内部的海域范围仅限于南华海域的滇东、黔南、桂、湘南一带；至中泥盆世，海侵范围向北、东扩展到川东、鄂西，湘中、赣西及闽粤一带；到了晚泥盆世，海侵范围进一步扩展，长江中下游地区的巨型河湖盆地也不断受到海水的侵蚀。秦岭从早泥盆世到晚泥盆世，海域范围由南西向北东方向扩展，总体呈北高南低的格局（图 2-11）。

① 杜远生，杨坤光，张宁等，2005，华南及邻区大地构造、海相原型盆地演化，中国石油化工股份有限公司南方分公司科研项目子课题研究报告。

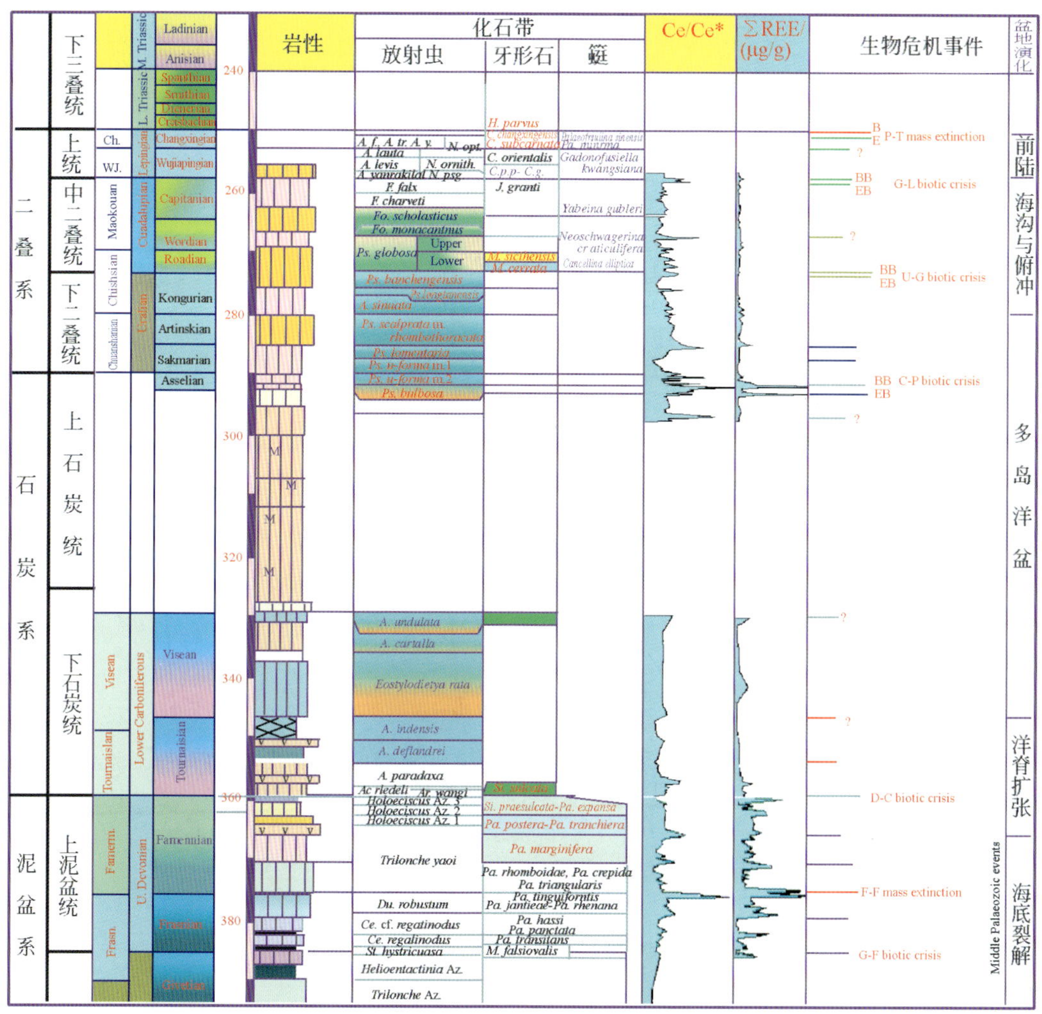

图 2-11　广西小董—板城硅质岩带泥盆纪—二叠纪的沉积序列及 REE 地球化学特征①

与华南及邻区大地构造格局及盆地原型形成演化相关的古板块包括：华北板块、华南板块、秦岭微板块、兰坪—思茅微板块、保山微板块、海南微板块 6 个（图 2-12）。根据古地磁、古生物地理、古岩浆活动及古缝合线特征分析，华南板块内部的泥盆纪盆地体系包括华南海盆地、川鄂浅海盆地和下扬子河湖盆地。其中以华南海盆地具有重要烃源岩层，包括滇、黔、桂、湘泥盆系埃姆斯阶—弗拉斯阶的陆架—深水盆地相的地层。自埃姆斯期以后，华南海地区进入盆地裂陷期，形成碳酸盐台地和台内裂陷槽间列的局面。台内裂陷槽包括北西向的丹池盆地、右江盆地、广宁盆地和北东向的柳桂盆地、贺连盆地。这些盆地泥盆系以富有机质的泥质、泥灰质及硅质沉积为主，为重要的烃源岩层。在碳酸盐台地相区，其较深水的浅海陆架沉积（如郁江组或落脉组、应堂组，东岗岭组下部，望城坡组或谷闭组）也是重要的烃源岩层。上述烃源岩沉积与华南海盆地形成演化的密切关

① 杜远生，杨坤光，张宁等，2005，华南及邻区大地构造、海相原型盆地演化，中国石油化工股份有限公司南方分公司科研项目子课题研究报告。

系，受区域海平面变化和盆地基底构造沉降双重因素控制。埃姆斯期开始的台内裂陷作用形成的台内裂陷槽是烃源岩的重要沉积场所，从空间展布上控制了烃源岩的分布。区域海平面上升形成的饥饿期沉积也控制了烃源岩在时间上的公布。

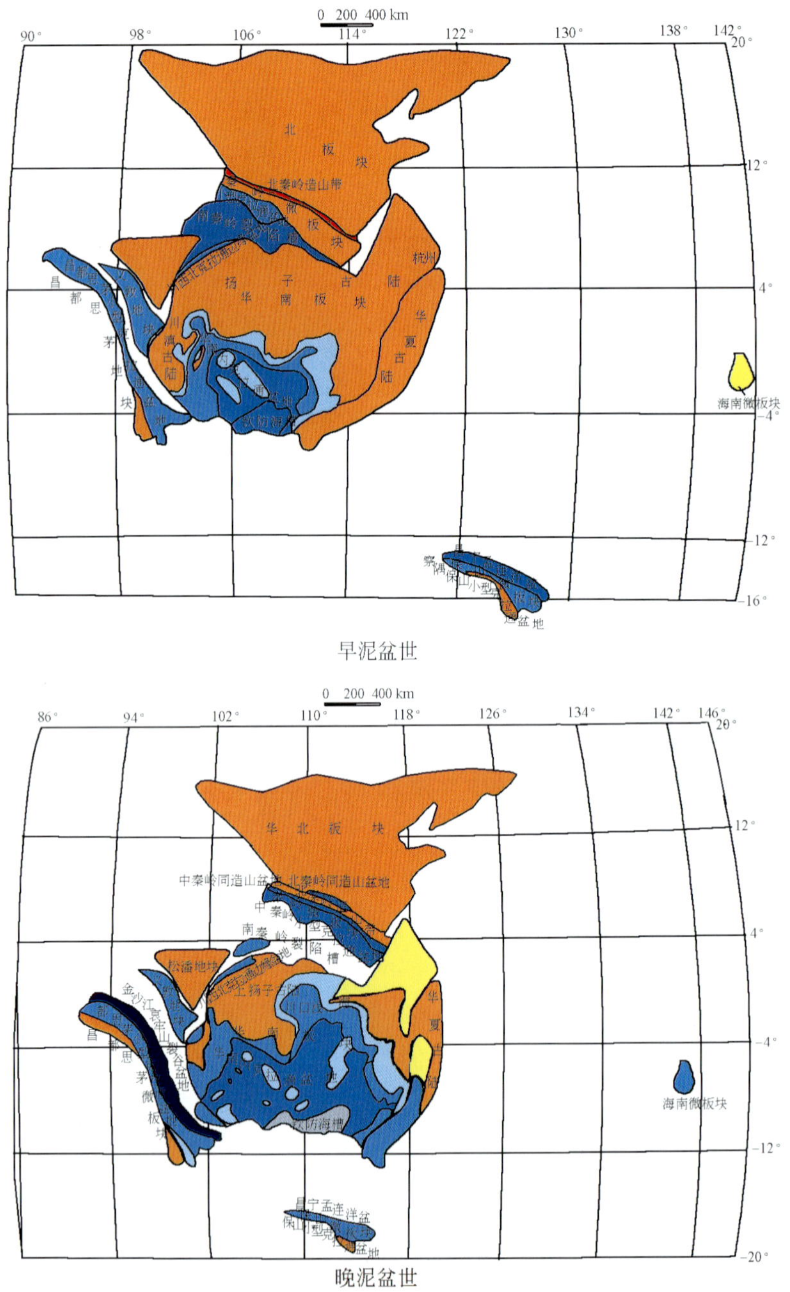

图 2-12 华南及邻区泥盆纪盆地原型及古海洋图①

---

① 殷鸿福，吴顺宝，杜远生等，1997，中国南方恢复原型海相沉积盆地，中国石油化工股份公司。

南秦岭裂陷槽是在早古生代南秦岭裂陷槽基础上进一步发展而成的，其发育标志为东秦岭洞河群的双峰式火山岩和碱性玄武岩等，以及西秦岭白水江群的火山岩和深水细粒沉积。加里东末期，东秦岭仅存在残余盆地沉积，西秦岭从舟曲群到白龙江群也呈海水变严趋势。因此受加里东运动影响，南秦岭裂陷槽在加里东末期有萎缩的趋势。该盆地在泥盆纪进一步扩张，可能在晚泥盆世形成小洋盆。该洋盆一直持续到石炭纪，二叠纪之后的演化细节有待进一步研究，但其最终在三叠世早期缝合而消失。在南秦岭裂陷槽以北，中秦岭小型克拉通盆地在早、中泥盆世自南向北遭受海侵，形成埃姆斯期—艾费尔期古岛屿沉积体系域和吉维－弗拉斯期的碳酸盐台地和生物礁沉积体系，法门期以深水盆地和浊流沉积。秦岭微板块与北秦岭造山带之间为同造山盆地的复理石（舒家坝群、南湾组）、类复理石（刘岭群）和磨拉石（大草滩群和北桐峪寺组）沉积。中秦岭小型克拉通盆地洛赫科夫－布拉格期（迭部一带下普通沟组和上普通沟组）、艾费尔－吉维期（鲁热组和下吾那组下部），都曾形成过烃源岩。南秦岭裂陷槽以南的文县一带泥盆系的浅水滨岸－陆架碎屑岩和台地－陆架碳酸盐为主。其布拉格阶（西沟组）、艾费尔阶－吉维阶（冷堡子组上部和朱家沟组）也有过烃源岩层。

华南板块西部大陆边缘和大洋盆地体系包括华南板块西部被动大陆边缘盆地、金沙江大洋盆地、兰坪思茅小型克拉通盆地、昌宁－孟连大洋盆地、保山小型克拉通盆地。金沙江大洋盆地于泥盆纪开裂，到晚泥盆世－早石炭世成洋，二叠纪开始俯冲，三叠纪早中期闭合。此时义敦微板块尚未自扬子西缘分裂出去，因此泥盆纪该区仍为华南西部被动大陆边缘沉积。昌宁－孟连洋盆是继早古生代洋盆的进一步发展，该洋盆在早三叠世才最终闭合。保山微板块泥盆纪时期处于南纬 16°～26°，与兰坪－思茅微板块处于相对独立的状态。兰坪思茅微板块与保山微板块均为小型克拉通盆地的滨浅海沉积，其海侵过程形成的饥饿层为重要的烃源岩层。

3. 中国南方石炭纪的盆地原型

中国南方石炭纪各海盆的性质、大陆边缘特征、沉积类型、构造活动多有差异，而且在整个石炭纪经历了不同的演化历程。与这些盆地原型形成演化相关的古板块包括：华北板块、华南板块、秦岭微板块、兰坪－思茅微板块、保山微板块、海南微板块（图2-13）。根据古地磁资料（翟永健等，1989；曹宣铎等，1995），早石炭纪东秦岭海盆宽 620～700km，西秦岭海盆宽 1420～1700km，晚石炭世东部宽 1090km，西部宽 2210km。利用地壳收缩量恢复估算，中秦岭裂陷海盆地的宽度东部为 240km，西部为 325km（曹宣铎等，1995；翟永健等，1989）。整个秦岭海盆呈东部收敛、西部扩张的喇叭形。海盆中线位于赤道附近，其南、北缘约处在赤道两侧 10°左右。

由生物群和沉积类型判断，整个石炭纪，秦岭海盆处于温暖潮湿的热带－亚热带气候区，这与古地磁表明的古纬度相一致。植物群广泛分布的特征及其演变，表明当时秦岭区与华北及华南陆块有着广泛的联系。

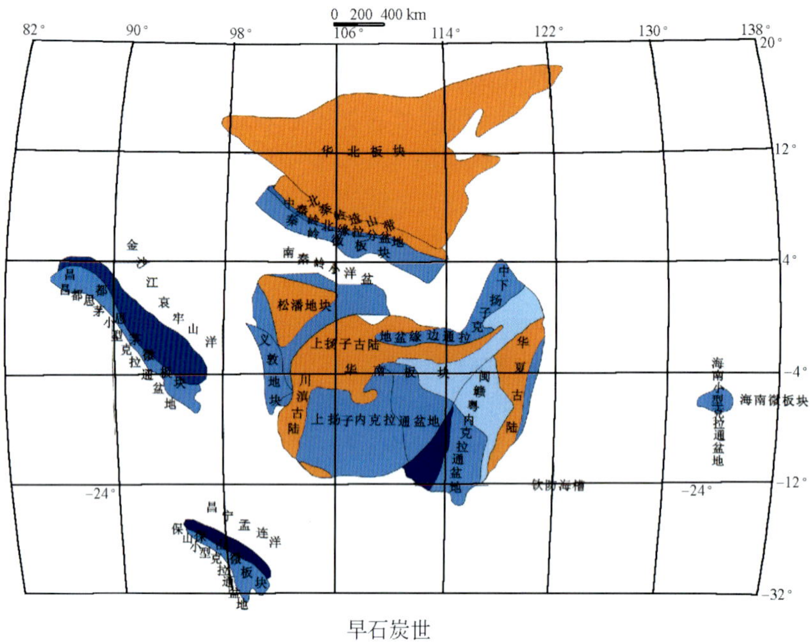

早石炭世

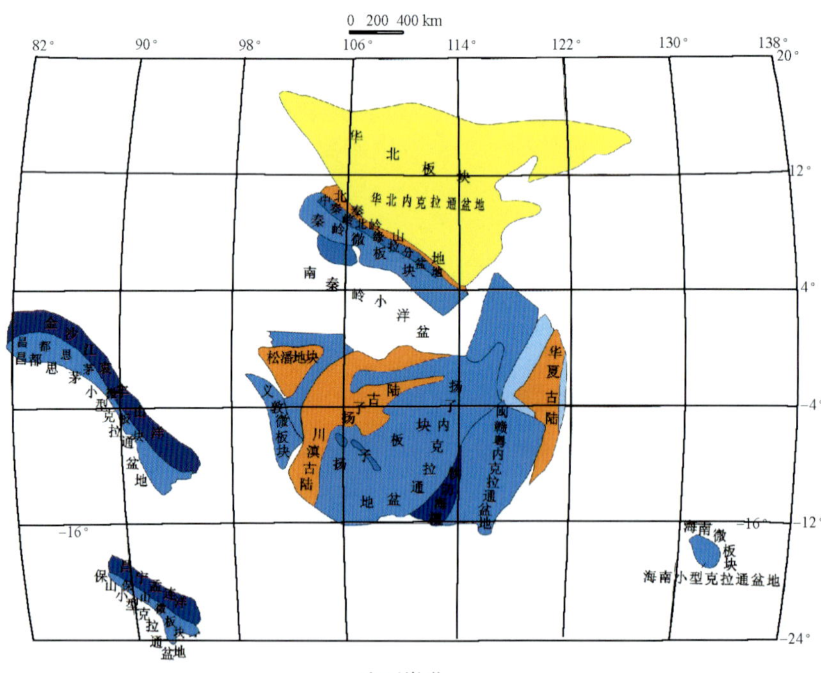

晚石炭世

图 2-13 华南及邻区石炭纪盆地原型及古海洋图①

① 殷鸿福，吴顺宝，杜远生等，中国南方恢复原型海相沉积盆地，中国石油化工股份公司。

在早石炭世早期，滇黔桂海盆范围与泥盆纪相似，为典型的陆表海，以台地碳酸盐沉积类型为主，珊瑚、腕足类、层孔虫都很发育；但在海盆中部的贵州郎岱、罗甸、广西河池、柳州一线出现北西向硅质、泥灰质相带，底栖生物不发育，代表陆壳上由微型张裂作用形成的台间海槽及其深水环境；海盆北缘仍有滨海碎屑相带。贵州以北为广阔的上扬子古陆。雪峰隆起以东的湖广海盆，沉积特点与滇黔桂海盆相似，湘中地区的岩关阶亦为陆表海碳酸盐和碎屑沉积。湖广海盆东缘自湘赣交境至广东陆丰一带，发育有滨海碎屑沉积；更东的赣东和闽浙一带则以陆相沉积为主。在下扬子海区，以前认为接受海侵较晚，与黔南汤耙沟组相当且含 Pseudouralinia 的金陵灰岩，厚仅数米，直接覆盖在泥盆系五通砂岩之上，两者之间具沉积间断。近年发现五通砂岩与金陵灰岩之间有早石炭世早期的生物化石，而且岩相特征也证明，由五通砂岩至金陵灰岩是一个连续沉积序列。

早石炭世晚期海侵不断加大，在许多海盆边缘造成超覆。滇黔桂的沉积以浅海碳酸盐为主，厚达数百米，所含生物群以大型长身贝类（*Gigantoproductus* 等）和大型单体珊瑚（*Koteivhouphyllum*、*Heterocaninia* 等）为特征。大塘阶下部，以黔南旧司组和滇东万寿山组为代表，属滨海沼泽成煤环境沉积，由短暂海退所形成。湖广海盆的沉积类型仍与滇黔桂海相似，以碳酸盐为主；但以湘中测水组和广西寺门组为代表的滨海沼泽成煤环境出现在大塘中期，比滇黔桂海盆较晚。更东至江西境内，以梓山组为代表的滨海沼泽含煤沉积代表了整个大塘阶的层位，表明已接近盆地东缘，且成煤环境持续得更晚。再向东至闽浙地区，出现以林地组和叶家塘组为代表的陆相碎屑沉积，时有含煤岩层，已属华夏古陆西缘。

下扬子海盆的大塘阶（高骊山组及和州组），厚度较小，反映地壳沉降微弱；但该区早石炭世动物群有一定的特殊性，推测其海侵方向可能来自东北。

晚石炭世，华南海域海侵范围进一步扩大。古陆范围缩小，各海盆的沉积类型均以台地碳酸盐为主，䗴类化石发育。滇黔桂海盆灰岩遍及各地，含燧石团块，厚逾 800m，所含化石以䗴类为主，珊瑚次之，普遍存在藻球灰岩，反映浅水环境。靠近上扬子古陆、康滇古陆等滨岸潮坪带，普遍发育白云岩。海侵向东直达闽中地区，晚石炭世海相沉积可超覆在下石炭统的陆相地层或泥盆纪—前泥盆纪的变质岩系之上。

海南岛中部五指山地区的岩关期地层，含具特提斯南缘色彩的腕足类 *Neospirifer* 及 *Fusella* 等，早石炭世晚期地层常与下伏地层呈角度不整合，反映海侵扩大。晚石炭世的碳酸盐沉积，与华南的黄龙组、船山组相近，生物群一致。据此可推测，南海—印支地块可能在早石炭世晚期与华南大陆拼合。

在古南华海聚合带上，从石炭系中发现的 5 种不同成因类型的硅质岩序列，分别代表了 5 种不同的构造古地理环境。如前所述，小董—板城型硅质岩序列代表华南陆块与云开地体间陆间小洋盆阶段，南宁型、南盘江型和湘西—江绍型硅质岩序列，分别代表陆源和陆内多旋回裂谷过程；而南京型硅质岩序列，则是扬子北缘被动大陆边缘盆地对秦岭—大别洋俯冲—闭合过程的响应。

石炭纪秦岭海盆的演化可以中秦岭裂陷盆地的演化为代表。中秦岭盆地的裂陷有多个期次，这一裂陷盆地的演化，可分为以下四个阶段：①晚泥盆世法门期—早石炭世大塘早期，继承了晚泥盆世的沉积格局，形成以碳酸盐为主的凹陷沉积。盆地中央出现碳酸盐及硅泥质静水沉积，属欠补偿、贫—缺氧环境，只有放射虫、牙形石、有孔虫等微体古生物。盆地北缘发育河口—海湾相带和滨海—沼泽相带，具碳酸盐风暴沉积和浊流沉积，陆源碎屑含量较大；南缘出现典型的细粒碳酸盐浊流沉积。②大塘晚期—晚石炭世滑石板早期，首次出现强烈裂陷。北缘发育断崖塌积及碳酸盐浊流沉积，之后渐趋稳定，遂出现陆架碳酸盐及河口、沙坝沉积。盆地中央发育碳酸盐及陆源碎屑远源低密度碎屑流沉积。南缘未见明显的裂陷活动，出现细粒陆源碎屑和静水环境。③滑石板晚期—马平早期，再次发生强烈裂陷，继而转向相对稳定状态。此次裂陷是石炭纪中秦岭海盆裂陷最强烈的一次，对盆地演化影响较大。盆地北缘出现规模较大的碎屑流和浊流沉积，形成裂陷沉积组合，之后发育风暴沉积和浅海陆架沉积，属稳定充填组合。盆地中央受强裂陷影响，沉积组合由陆源碎屑水道沉积、复成分块状碎屑流沉积及正常陆源浊流沉积组成；后期转为稳定充填，沉积组合包括以石英质砾岩为主的碎屑流沉积、陆源碎屑流沉积及碳酸盐陆架沉积。盆地南缘亦受此次强烈裂陷作用影响，出现陆源碎屑流和叠瓦状碎屑流沉积。④马平晚期，除盆地南缘局部地区仍有微弱裂陷活动并形成碎屑流外，整个秦岭海盆总体上出现了统一的碳酸盐浅海陆架环境。这表明石炭纪秦岭海盆，已由强烈裂陷活动转为正常的稳定状态，完成了凹陷—裂陷—充填盆地发展演化的全过程。

川滇西部三江地区构造复杂，根据断裂构造、岩性岩相及生物相特征，参考古地磁资料，可分为金沙江—哀牢山洋盆、昌都—思茅小型克拉通盆地、昌宁—孟连洋盆及察隅—保山小型克拉通盆地等单元。

1）金沙江—哀牢山洋盆。位于华南陆块（含义墩地块）与昌都—思茅陆块之间。早石炭世迅速扩张，广泛发育火山岩和深水相沉积。滇西南墨江地区，枕状熔岩十分发育，夹有层状硅质岩。岩石地球化学研究表明，这些熔岩具有初始洋壳特征，层状硅质岩中的放射虫化石保存较好，能够与土耳其、法国、德国早石炭世放射虫动物群对比。滇西北德钦县霞若一带，早石炭世地层主要由深水相泥灰岩、硅质岩、泥质岩组成，夹有细粒浊积岩。泥灰岩和硅质岩中含有丰富的放射虫化石，其组成分子具有全球可对比性。总之，金沙江—哀牢山构造带地层、古生物特征表明，在早石炭世这里已是洋流畅通的深水盆地；晚石炭世该洋盆进一步扩张，规模增大，川西、滇西北地区的金沙江构造带发育大陆斜坡相浊积岩、滑塌混杂岩、岛弧型火山岩等。其中，在岛弧型火山岩的灰岩、硅质岩夹层中，分别发现䗴、放射虫等化石。在滇西南哀牢山构造带，虽然晚石炭世地层很少，但二叠纪深海浊积岩、蛇绿混杂岩十分发育，表明早石炭世洋盆在晚石炭世仍在继续发展。

2）昌都—思茅地区小型克拉通盆地。其中，昌都地区的早石炭世地层出露较好，分布广泛，而思茅地区仅见于盆地边缘，绝大部分地区被中生代红层覆盖。这些地区下石炭统以灰岩为主，夹有泥质岩和少量碎屑岩，厚度不大，生物群以珊瑚、腕足类为主，可与华南地区动物群对比，为稳定的温暖浅海盆地。在晚石炭世，这里依然是稳定的克拉通浅海盆地，沉积岩以灰岩为主，夹有少量泥质岩，很少见到碎屑岩；动物群以珊瑚、䗴、腕足类为主，分异度较高，大体可与华南地区对比，代表低纬度地区的温暖浅海环境。在该区西缘，思茅至德钦一带普遍发育火山沉积，局部地区出现张裂性弧后盆地沉积，可能是昌宁—孟连洋向昌都—思茅陆块俯冲所致。

3）昌宁—孟连洋盆。位于昌都—思茅陆块与察隅、保山微陆块之间，其残留痕迹沿澜沧江、昌宁—孟连构造带分布。目前，已发现的该洋盆残余痕迹有深海硅泥质岩、洋岛火山岩、洋岛碳酸盐岩及洋壳火山岩、硅质岩组合。硅、泥质岩存在多种类型，其沉积特征、地球化学特征和古生物群面貌有明显差异，表明洋盆已存在分异格局。放射虫动物群保存较好，可与法国、德国等地的放射虫动物群进行精细对比。总之，早石炭世昌宁—孟连洋是规模较大、洋流畅通、生物丰富的大洋盆；晚石炭世的洋盆沉积记录保存较好，洋盆轮廓仍较清楚，广泛发育硅质泥质岩、洋岛碳酸盐岩及洋岛火山岩。其东侧发育岛弧火山岩、碳酸盐岩及浊积岩；西侧（耿马一带）发育了保山微陆块被动大陆边缘型浊积岩和硅质岩。总之，在昌宁—孟连地区，从石炭系中揭示出了沉积环境比较复杂的洋盆特征。

4）察隅—保山小型克拉通盆地。包括察隅、腾冲、保山地区，早石炭世为稳定浅海，以灰岩为主，夹有泥质岩及少量碎屑岩，厚度不大，含有珊瑚、腕足类、三叶虫、双壳类等化石，与华南地区动物群有明显差异。晚石炭世，盆地内部出现明显分异。在保山地区，除浅海灰岩、泥质灰岩外，还发育玄武岩。岩石地球化学研究表明，该玄武岩为陆内喷发产物。灰岩飞泥灰岩中动物化石十分丰富，但分异度较低，以小型珊瑚、腕足类、苔藓虫为主，笼化石十分稀少。玄武岩古地磁分析表明，其古纬度大致为南纬30°左右。有腾冲、察隅地区，未见火山岩，灰岩也十分贫乏，通常呈薄层或透镜体，主要由生物碎屑组成，含砾泥的砂质板岩十分发育，其沉积环境与冰川活动十分密切。总之，该盆地为南半球中纬度地区的浅海盆地，受冰川作用影响，发育一套凉温水动物群和沉积地层，推测为冈瓦纳大陆的一部分。

4. 中国南方二叠纪盆地原型

根据二叠纪华南地区的古构造、古地理和盆地分析，与华南及邻区大地构造格局及盆地原型形成演化相关的古板块包括：华夏板块、扬子板块、义敦地块、昌都—思茅地块、若尔盖地块、保山微板块和海南微板块（图2-14）。在扬子板块与华夏板块之间有湘黔桂

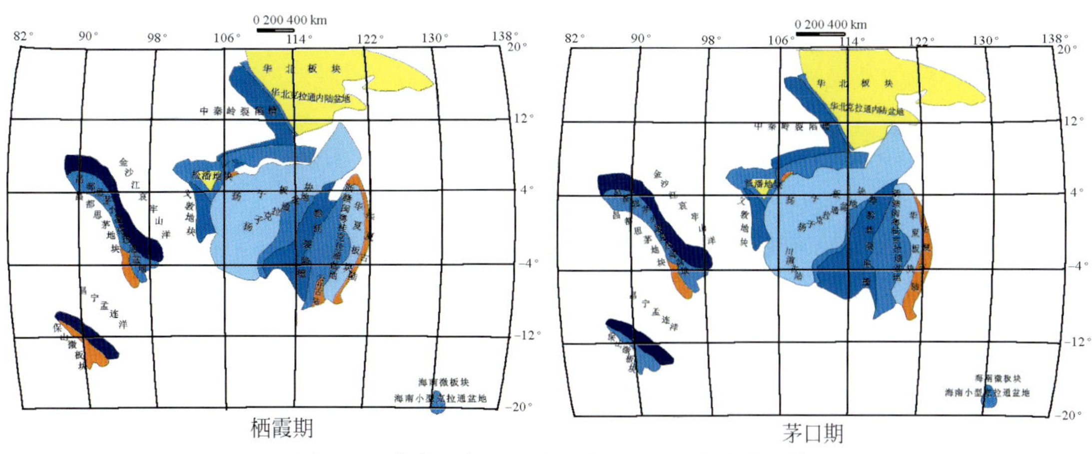

图2-14 华南及邻区二叠纪盆地原型及古海洋图①

① 殷鸿福，吴顺宝，杜远生等，1997，中国南方恢复原型海相沉积盆地，中国石油化工股份有限公司科技部项目研究报告。

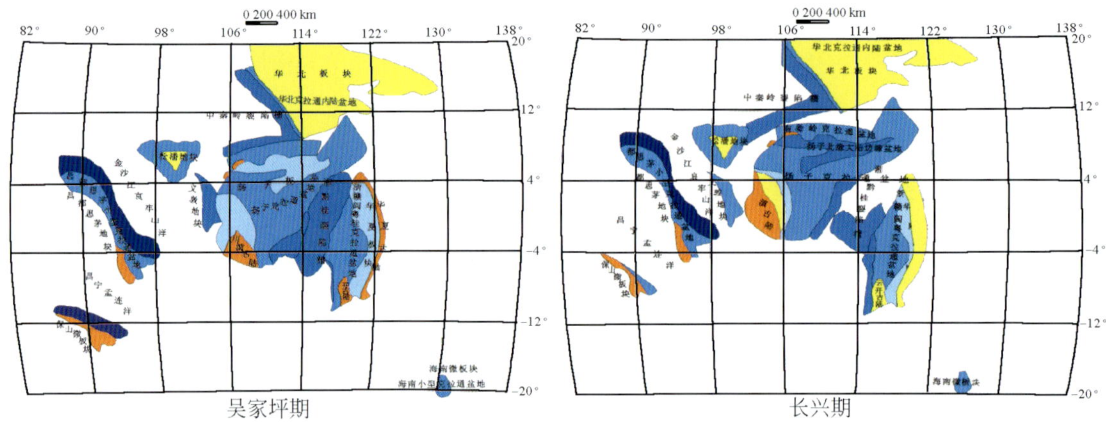

图 2-14 华南及邻区二叠纪盆地原型及古海洋图（续）

裂陷槽，扬子板块与昌都—思茅地块之间有金沙江—哀牢山洋，昌都—思茅地板之西有昌宁—孟连洋，扬子板块北面有南秦岭浅海盆地，再向北就是中秦岭海槽。此外，还有从扬子板块分离出来的下扬子地块和义敦地块，它们与扬子板块之间仅是陆块的移离断陷，并未形成洋盆。

中国南方二叠纪的盆地原型，主要是扬子板块上的克拉通盆地及其周围海域，其次是华夏板块、昌都—思茅地块边缘盆地及其周围海盆（图 2-14）。

（1）栖霞期盆地原型及其演化

在这个时期，上扬子内克拉通盆地海水较浅，总体环境分异不明显，主要沉积环境是碳酸盐台地。在台地周缘，有局部环境分异现象。克拉通盆地东部和东南受湘桂黔裂陷作用影响，海水加深，沉积物颜色较深、硅质成分增多。克拉通盆地北部濒临秦岭海槽，海水也有加深趋势，成为一种台地边缘盆地。南秦岭浅海盆地与上扬子海盆关系密切，沉积相、生物群可进行对比，岩性为深灰色夹硅质条带，含燧石结核。扬子板块西缘处于被动大陆边缘的浅海至边缘斜坡盆地；义敦地块从上扬子板块分离，沉积碳酸岩、碎屑岩。下扬子克拉通盆地也是碳酸盐岩台地，但海水比上扬子的要深些，北缘有碎屑岩相带，物源在北面的胶南古陆。

在华夏板块上发育有浙赣闽粤克拉通盆地，沉积物以碳酸盐岩为主，东部有华夏古陆，水体浅；西部有湘桂黔裂陷槽，水体较深。在昌都—思茅地块上，也发育有小型克拉通盆地，沉积碳酸盐岩和碎屑岩，周围有深水相的碳酸岩、硅质岩及火山岩；在保山微板块上，同样发育小型克拉通盆地，沉积碎屑岩和碳酸盐岩，周围有深水相的硅质岩、碎屑岩和火山岩；海南微板块上的克拉通盆地沉积碎屑岩。

（2）茅口期盆地原型及其演化

上扬子克拉通盆地仍以台地相为主，但其周围海水加深，北缘和东南缘出现以硅质岩沉积为主的斜坡至半深海相。南秦岭浅海盆地仍以碳酸盐岩沉积为主，夹粉砂岩、角砾状灰岩。西部的义敦地块火山活动增强，下扬子海盆海水明显加深，以硅质岩和泥质硅质岩沉积为主，碳酸盐岩较少。华夏板块上的克拉通盆地受东部古陆影响，海水变浅，沉积物以碎屑岩为主，并出现成煤环境。西部邻近裂陷槽，以硅质碳酸岩沉积为主。昌都—思茅、保山和海南微板块周缘的海盆性质与栖霞期差别不大。

(3) 吴家坪期盆地原型及其演化

在吴家坪期，中国南方古地理面貌变化较大，形成两侧高中间低的古地理特征。东部华夏古陆和西部的川滇古陆抬升，提供较丰富的陆源物质，上扬子克拉通盆地和浙赣闽粤克拉通盆地以海陆交互相沉积为主，发育煤系地层；中部湘桂黔裂陷槽沉积硅质岩、硅质碎屑岩和火山碎屑岩。近裂陷槽的克拉通边缘盆地海水较深，达斜坡至半深海。上扬子块体西部及义敦地块地壳运动活跃，普遍发生火山喷发。

在这个时候，上扬子块体的东北角与华北板块已经相接触，中秦岭海槽仍是西宽东窄。南秦岭浅海盆地碎屑物沉积增多，以泥灰岩、页岩、粉砂岩为主，但未见煤系地层。下扬子地块上沉积海陆交互相，普遍发育含煤岩系。吴家坪的下部以陆相煤系为主，含丰富的植物化石，以 *Gigantopteris*、*Annularia*、*Tae-niopteris* 为代表；上部以海相沉积为主，含菊石 *Anderssonoceras*、*Planodiscoceras* 等。

上扬子以西的昌都—思茅地块上为滨浅海盆地，沉积碎屑岩、碳酸岩夹煤层，最厚可达 400m。保山微板块上未接受沉积，海南微板块上有碎屑岩沉积。金沙江—哀牢山洋盆和昌宁—孟连洋盆发育岛弧火山岩、硅质岩、蛇绿混杂岩等。

(4) 长兴期盆地原型及其演化

华南二叠纪海盆演化至长兴期，古地理格局进一步发生变化。扬子板块和华夏板块之间的湘桂黔裂陷槽、扬子板块与昌都—思茅地块之间的金沙江—哀牢山洋及中秦岭裂陷槽依然存在，并且进一步扩大，导致几个块体之间再次出现离散状态（图 2-14）。华夏古陆和川滇古陆仍是陆源碎屑物的主要供应者；上扬子克拉通盆地的碳酸盐岩台地面积比吴家坪期扩大，北缘和东南缘海水也比前期明显加深，达到斜坡至半深海环境。南秦岭浅海盆地碳酸盐岩沉积增多，出现厚层块状灰岩、白云质灰岩及含燧石灰岩等。浙赣闽粤克拉通盆地仍沉积浅海碎屑物，少量碳酸岩；西缘近裂陷槽海水较深，沉积硅质碎屑岩和灰岩。下扬子克拉通盆地海水也比前期加深，以硅质岩、硅质碎屑岩沉积为主，仅在苏南、浙北一带有一碳酸盐岩台地，其岩性有两种类型：①湖州—苏州一带为浅水灰白色厚层状灰岩，厚度达 100m 以上；②长兴煤山—宜兴九里山一带为水体较深的灰黑色含燧石条带灰岩，厚度仅有 50m 左右。义敦地块、昌都—思茅地块已不像吴家坪期那样活动，沉积物以泥质碳酸盐岩为主。保山微板块上大部分地区隆起成为陆地，仅有部分地区仍为海水淹没，沉积碳酸盐岩。

5. 中国南方三叠纪的盆地原型

中国南方三叠纪涉及的块体与二叠纪基本相同，即扬子、华夏两大板块，以及从扬子板块分离出来的下扬子微板块、若尔盖地块，还有西部的保山微板块、兰坪（昌都）—思茅地块、义敦微板块。扬子板块与华夏板块之间仍为湘黔桂裂陷槽；扬子板块与义敦微板块间为甘孜—理塘初始洋盆；兰坪—思茅地块与保山微板块间为澜沧江—昌宁—孟连残余洋盆；扬子板块与华北板块之间为中秦岭裂陷槽。

根据华北板块和扬子板块的古地磁数据，得出如下结论：①三叠纪时扬子和华北板块均向北移动，且扬子漂移速度大于华北，在追上华北地块后发生新一轮碰撞；②扬子、华北东部参考点之间不同时期的古纬度差均小于同时期扬子、华北西部参考点之间的古纬度差，这反映了三叠纪古秦岭海东窄西宽喇叭状特点；③早三叠世时，扬子、华北东部参考点之间海盆宽度为420km，峨眉与兰州之间早三叠世海盆宽度约为1080km。中、晚三叠世时，扬子、华北板块的古纬度差均有减小趋势，反映出华北板块与扬子板块不断靠拢、古秦岭海盆不断缩小的过程。三叠系的古地磁数据还表明，华夏板块与扬子板块之间在早三叠世仍以湘黔桂裂陷槽相隔，而在晚三叠世则拼接为一体。从保山微板块石炭纪至三叠纪的古地磁变化趋势来看，其由南半球向北半球漂移，纬度不断升高，同时也预示着保山微板块与兰坪－思茅微板块之间的三叠纪昌宁－孟连洋逐渐走向消亡。

(1) 早三叠世的盆地原型及其演化

早三叠世早期，中、上扬子克拉通盆地内沉积分异明显，自西向东依次发育以飞仙关组、夜朗组和大冶组为代表的沉积，代表海水自西向东的滨浅海至开阔浅海发展过程。早三叠世晚期，中、上扬子东部抬升，周缘障壁古陆、岛链发育，在上扬子区形成咸化海盆，沉积了以嘉陵江组为代表的地层。

下扬子克拉通盆地发育在由扬子板块分离出来的下扬子微板块上（图2-15），两个块

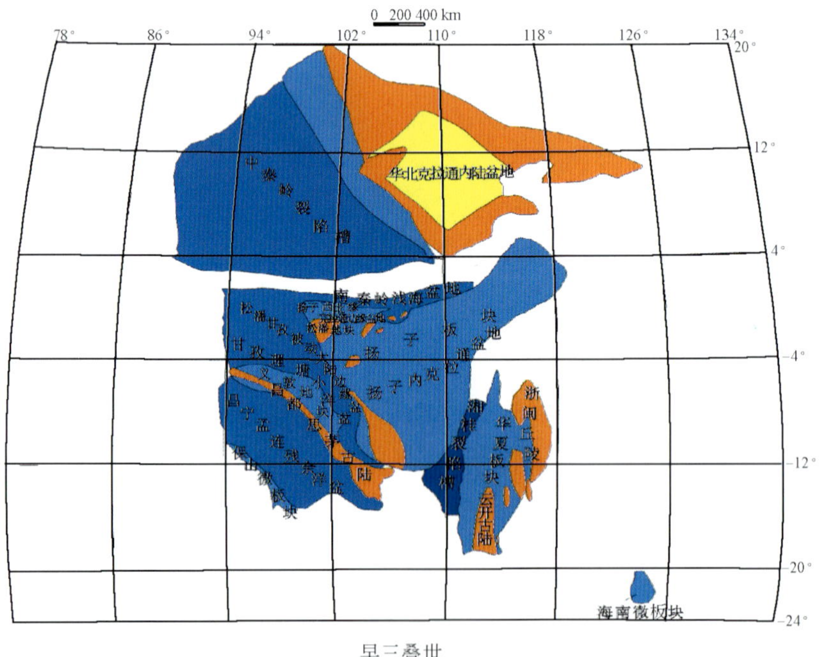

早三叠世

图2-15　华南及邻区三叠纪原型盆地古海洋图①

① 殷鸿福，吴顺宝，杜远生等，中国南方恢复原型海相沉积盆地，中国石油化工股份公司。

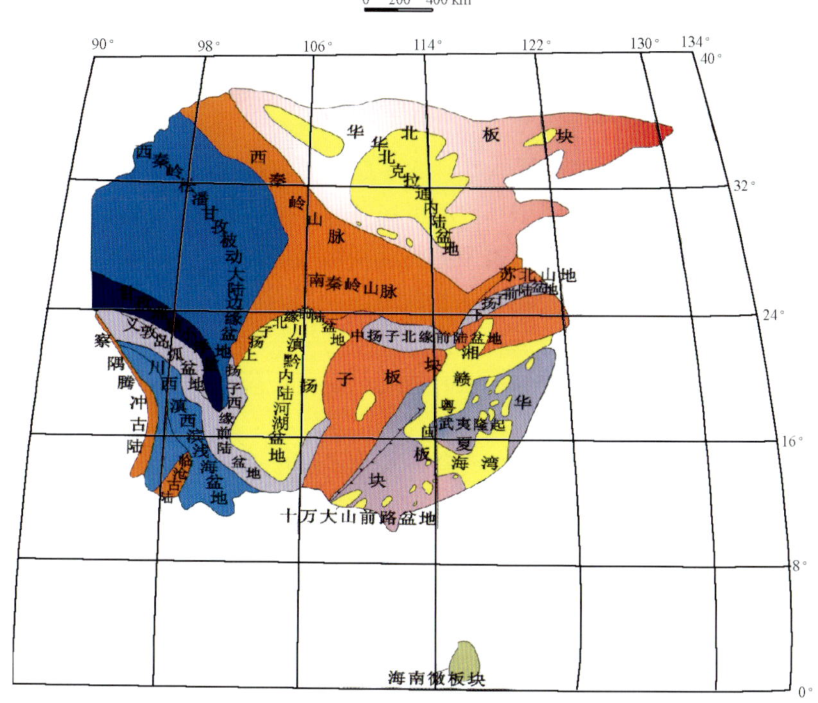

晚三叠世

图 2-15　华南及邻区三叠纪原型盆地古海洋图（续）

体间仍为陆壳相连，未出现洋壳。下扬子克拉通盆地的沉积变化亦与中、上扬子区相同，即发生了从早期开阔浅海到晚期局限海的转变。

在扬子东南缘的华夏板块上，自东向西发育闽粤赣滨浅海碎屑岩和湘桂浅海灰泥质沉积，表明自东至西海水加深，过渡到湘黔桂裂陷槽。

扬子板块西南缘继承性地发育了湘黔桂裂陷槽，形成了以罗楼组为代表的浊积岩型、深水盆地型的灰泥质沉积，并沿百色—隆安断裂和凭祥—东门断裂分布中酸性火山岩；桂西那坡一带发育洋壳型的拉魔玄武岩。在湘黔桂裂陷槽中的一些浅海碳酸盐岩台地沉积，实际上是围绕一些小块孤立海山（岛）发育的。

在扬子板块西缘，保山微板块及义敦微板块上发育以碳酸盐岩及灰泥质沉积为主的小型克拉通浅海沉积。义敦微板块自二叠纪从扬子分离出来后，在三叠纪进一步漂移，相互间发展成甘孜—理塘初始洋盆，沉积了洋壳型火山岩和放射虫硅质岩等。而随着保山微板块自南向北的漂移，二叠纪时的昌宁—孟连洋开始转化为残余洋盆，沉积了深水相硅质岩、泥灰岩及粉砂岩沉积。

在扬子西北缘，南秦岭浅海盆地的碳酸盐台地规模较大，且与扬子陆表海相通，属扬子北缘型沉积。中秦岭裂陷槽南侧，自南向北发育海陆交互相、浅海碳酸盐台地相和斜坡相沉积；中秦岭裂陷槽北侧自北向南发育海湾沉积和斜坡相沉积。裂陷槽北侧生物群面貌偏向于华北温带型生物区系，而裂陷槽南部的生物群面貌与扬子板块基本相同，属于热带、亚热带生物地理区系。生物面貌的差异说明裂陷槽有一定隔离作用，但不是很强，因为两侧仍有较多的共性分子。在华北板块南缘尚未发现大规模台地型沉积，可能与该区当时的沉积底盘较陡有关。早三叠世秦岭海盆的形态与现今白令海及印度洋东北部有些类似，呈喇叭状。

(2) 中三叠世安尼期的盆地原型及其演化

在扬子克拉通盆地内，由于周围古陆、水下隆起及岛链的逐渐抬升，特别是东部湘黔桂低山（雪峰古陆）的升起，改变了早三叠世扬子陆表海域西高东低的古地理景观，形成了西部以碳酸盐岩为主、东部以碎屑岩为主的沉积格局。

下扬子克拉通盆地由于南部隆起成苏浙低山区，又因与华北板块不断靠近而使其北缘抬升，从而形成以碳酸盐岩为主的蒸发海盆。

由于构造隆升，华夏板块西南部的云开古陆与东南丘陵区连成一片，仅存闽西海湾滨浅海碎屑沉积，以及湘赣桂残余盆地的碎屑及灰泥质沉积。华夏板块不断向扬子靠拢，致使扬子西南缘的黔桂裂陷槽向前陆盆地转化，充填了厚度数千米的浊积岩沉积。在扬子西缘的松潘甘孜海槽，也持续沉积了巨厚的陆源碎屑浊积岩。这时，义敦—思茅地块发育灰泥质沉积，甘孜—理塘洋进一步扩大，广泛发育火山岩及紫红色放射虫硅质岩；保山微板块仍发育浅海碳酸盐岩并继续向北漂移，澜沧江—昌宁—孟连残余洋盆沉积细碎屑岩夹放射虫硅质岩且逐步走向消亡。

扬子板块与华北板块同时向北漂移，古纬度升高，并且两大块体在东部下扬子区、大别山一带发生碰撞隆起，古秦岭海盆向西退缩。西秦岭地区仍以中秦岭裂陷槽为中心，裂陷槽两侧岩相分布与早三叠世基本相同，但在裂陷槽北侧的华北地台表现为海侵过程，在南祁连形成了宽广的碳酸盐台地沉积。在裂陷槽南侧的南秦岭，扬子克拉通边缘盆地广泛发育碳酸盐岩沉积，早三叠世成陆的若尔盖地块亦接受沉积，表现出显著的海侵特点。由于扬子、华北不断靠拢，因此秦岭海盆宽度变小，对生物隔离的能力减弱，使两侧生物相似率进一步提高。

(3) 中三叠世拉丁期的盆地原型及其演化

由于印支早期运动的影响，拉丁期的华南海盆古地理面貌发生了重大改变。

扬子板块（含下扬子微板块）与华夏板块整体抬升成陆，陆相沉积占主导地位，在闽西南—粤东北形成了开口向东的海湾盆地，沉积了海陆交互含煤岩系。由于华夏板块与扬子板块不断拼合，黔桂前陆盆地逐渐消亡，但仍沉积了巨厚的浊积岩。扬子板块西缘的昌宁—孟连洋盆进一步消亡，甘孜—理塘洋不断扩大。秦岭海盆东部的东秦岭一带抬升成陆，缺失拉丁期沉积；西秦岭北部的中秦岭区褶皱隆起，沉降中心南移；南秦岭及松潘—甘孜区开始沉降，接受巨厚的斜坡相浊积岩。

(4) 晚三叠世的盆地原型及其演化

由于周围块体的不断拼合、挤压，扬子板块周缘在晚三叠世形成了一系列的前陆盆地：扬子西缘前陆盆地（含楚雄盆地）、龙门山前陆盆地、荆当中扬子北缘前陆盆地等；而扬子板块腹地形成陆内克拉通河湖相盆地。

华夏板块与扬子板块完全拼合为一体，黔桂前陆盆地消亡。由于西侧遭受强烈的挤压与推覆作用，在华夏板块内部大面积褶皱抬升成山，武夷山东侧的闽粤海湾盆地进一步发育，海水自南向北侵入。此外，还形成一系列孤立的山间盆地。

在扬子板块西缘，保山微板块与义敦一思茅地块、中咱地块拼合，澜沧江一昌宁一孟连残余洋盆消失，在该地区主要为一些滨浅海碎屑沉积。甘孜一理塘海槽依然存在，并且发生基底向西俯冲事件，形成沟一弧一盆体系。

在扬子板块北部的秦岭地区，由于拉丁期的构造运动，东秦岭和中秦岭区褶皱隆起，开始进入大规模碰撞造山阶段，海域向西退缩到西秦岭的南秦岭区和松潘一甘孜的残余盆地区，沉积了巨厚的碎屑浊积岩系。

晚三叠世末的印支运动，最终结束了中国南方海盆的长期发育历史，残余海盆全部抬升为陆，特提斯海退至西部西藏地区。

第三节　扬子板块及其边缘海相盆地原型的叠加改造

盆地原型的改造，是指由后期构造运动和原型叠加所引起的沉积盖层变形和剥蚀、构造格架割裂和复合、盆地结构离散和破损，以及整体形态扭曲和错移（吴冲龙等，2006）。这四种改造类型之间，是相互联系相互依存的。本书研究的重点区域均在扬子克拉通及其边缘，其盆地原型的严重改造开始于印支运动。

一、扬子板块及其边缘在印支以来的演化概况

在印支运动过程中，扬子西缘的金沙江洋、甘孜一理塘洋、扬子北缘勉略洋和南东缘南华洋的逐步闭合，华夏板块与扬子板块、扬子板块与华北板块、扬子板块与昌都一思茅微板块相继拼合，古特提斯多岛洋逐步走向封闭。中国南方整体进入陆内造山、造山带周缘前陆盆地、弧后前陆盆地的形成、演化阶段，出现了“到处都在碰撞，到处都在造山，到处都在成盆（前陆或类前陆盆地）”的奇特构造景观。印支运动以后，由于扬子板块与华夏板块、华北板块最终拼合，古特提斯多岛洋封闭，中国南方地区整体进入陆内造山、造盆和盆山耦合演化阶段。

1. 海相盆地原型在印支一早燕山期的叠加改造

印支一早燕山运动对中国南方海相盆地的影响十分强烈，主要表现在：使绝大部分地区结束海相沉积，三江地区各块体重新拼贴到扬子板块西南缘；在碰撞造山带附近形成大型前陆盆地，造山带前缘发生大型挤压冲断褶皱带及大规模岩浆活动；早期各类先存断裂发生反转和逆冲，使江南隆起带以南地区晚古生代地层普遍发生褶皱及冲断，使江南隆起带及其以北地区普遍发生隆升剥蚀。

（1）扬子板块北部的盆地原型叠加改造演化

在扬子板块的北部，沿南大巴山一南秦岭一大别山南侧，在古生代大陆边缘形成了以

川东北拗陷、江汉盆地、下扬子东部盆地和苏北盆地为代表的北前陆盆地带。这些盆地是在被动大陆边缘稳定沉积基础上发育起来的，应属周缘前陆盆地（高瑞琪等，2001）。秦岭微板块北缘石炭纪一早三叠世的裂陷槽，以稳定的浅水碳酸盐岩沉积为主。随着扬子板块、秦岭微板块与华北板块在三叠纪中晚期的最终碰撞，形成早中三叠世北秦岭造山带和中秦岭的残余盆地或同造山盆地的复理石沉积。中下扬子区北缘前陆盆地早期沉积基本继承了中三叠世残留盆地格局，从中扬子区中、上三叠统大都以平行不整合接触关系分析，该时期中扬子区尚未造山；而下扬子区的二叠系与三叠系之间，以及三叠系内部大都以角度不整合和平行不整合接触。这表明从晚三叠世开始，下扬子地区的源区已遭受强烈隆升和剥蚀。中扬子地区的前陆盆地沉积响应仅保留在汉水断裂以南的当阳一沉湖复向斜一带。

（2）扬子板块西部的盆地原型叠加改造

在扬子板块的西部，由于伊一阿一冈微大陆群和印度板块的先后北上对接、甘孜一理塘洋盆基底的俯冲，以及西南各地块的拼贴碰撞，在扬子板块西部边缘形成了川西、楚雄、十万大山、南盘江一右江前陆盆地带。这些盆地是在弧后巨厚浊积岩沉积盆地基础上发育起来的，应属弧后前陆盆地（高瑞琪等，2001），但发育过程有明显差别。川西晚三叠世前陆盆地属于典型的前陆磨拉石沉积，楚雄晚三叠世盆地属于弧后前陆盆地沉积，并受喜马拉雅期的逆冲挤压冲断和走滑作用。十万大山盆地东南部充填了巨厚的上三叠统粗碎屑岩沉积，属于挤压背景下的前陆盆地沉积。南盘江一右江盆地在晚古生代属于古特提斯域的组成部分，中晚三叠世从弧后盆地转变成弧后前陆盆地，燕山期以来，南盘江地区经历了多期次的逆冲挤压褶皱和隆升改造作用。

早二叠世时期，扬子克拉通西缘主要为浅海碳酸盐岩沉积。晚二叠世一中三叠世时期川滇古陆隆升，古陆以西的滇西地区为滨海碎屑岩和碳酸盐岩沉积，川西、北可能与秦岭、川西海连通，以陆架浅海沉积为主。扬子克拉通西缘形成同造山的前陆盆地以陆源碎屑沉积为主，早二叠世的海相碳酸盐岩为主要的烃源岩层。

松潘一甘孜地块石炭纪至三叠世早期均为浅海碳酸盐岩沉积。中三叠世晚期至晚三叠世随着秦岭造山带的向南仰冲，该区沉积基底拗陷下沉，形成残余盆地或同造山盆地近万米的复理石沉积。晚三叠世后期，该区与南秦岭、巴颜喀拉一起造山、隆升。并在其东缘向扬子克拉通仰冲形成龙门山前陆盆地。

义敦小型克拉通盆地区二叠纪以浅海碎屑岩及碳酸盐岩为主，内夹火山岩。昌都一思茅地区在晚二叠世早期以浅海砂泥岩为主，晚二叠世晚期主要为浅海碎屑岩和灰岩沉积，昌都一带见有煤线。晚三叠世随着西部的澜沧江一昌宁一孟连洋的闭合，昌都一思茅大部分地区又形成山前拗陷盆地的碎屑岩沉积。

保山微板块总体处于稳定的小型克拉通盆地背景下，腾冲地区古生代大部分时期处于古陆剥蚀状态。晚古生代以后，一直到中三叠世，除腾冲古陆边缘有少量陆源碎屑沉积以外，大部分地区为浅海碳酸盐岩沉积。晚三叠世早期为残余细碎屑岩、灰岩及火山岩，晚三叠世晚期变为山前海相磨拉石沉积。

(3) 扬子板块东南边缘的盆地原型叠加改造

从晚古生代至三叠纪，受华夏板块俯冲影响，扬子板块的东南缘经历了再次拉伸裂陷一闭合的过程。泥盆纪时期，在滇黔桂湘地区首先形成北东和北西向的一系列裂陷槽，北西向的裂陷槽与金沙江—哀牢山—马江洋东段的构造线方向和构造背景一致，北东向的裂陷槽与钦防海槽的方向及构造背景一致。晚泥盆世晚期—石炭纪，上述海槽逐渐被充填变浅。二叠纪—早三叠世，裂陷作用加剧，在滇黔桂地区北西向的裂陷槽发育大规模的中基性火山岩，包括类似于大洋玄武岩的枕状玄武岩。在浙赣湘粤地区的绍兴、江山、鹰潭、罗定、云浮一带形成北东向裂陷海槽或小洋盆，组成华南小洋盆的两个主要分支。华南小洋盆从中三叠纪开始逐渐萎缩闭合，在滇黔桂一带形成同造山的前陆盆地，在浙闽粤造成向 SE 的大规模推覆作用。

2. 海相盆地原型在晚燕山—喜马拉雅期的叠加改造

燕山—喜马拉雅运动对中国南方海相盆地原型及印支—早燕山前陆盆地的影响主要表现在：①J_3—K_1 压扭背景下的挤压冲断及走滑改造；②K_2—E 走滑-伸展背景下的裂陷盆地叠加；③E—N 初期的大规模隆升剥蚀；④N—Q 区域性披覆层形成。

在 J_3—K_1 期间，由于华夏板块东部闽东古陆块的强烈推挤和俯冲，中、下扬子区以及华夏板块西缘处于强烈的压扭背景下，导致中—古生代海相盆地原型和印支—早燕山期的前陆盆地原型遭受强烈挤压和左旋走滑；在东南沿海地区发生大规模的火山喷发和岩浆侵入活动，局部地区形成张性和走滑-拉分盆地。

在 K_2—E 期间，由于印度板块向北的强烈推挤和俯冲，导致中国南方处于右旋张扭应力场和滑移线场的控制下，地壳发生区域性伸展，在印支—早燕山期的前陆盆地原型之上又叠加了一系列裂陷盆地。例如，扬子西缘的景谷盆地、宾川盆地、十万大山盆地，中扬子的江汉盆地、下扬子的沿江盆地和苏北盆地等。

在 E—N 初期，印欧板块的强烈造山和块体向 SE 滑移，致使南方地区出现大规模隆升剥蚀，导致中—古生界海相地层和印支—早燕山期的前陆盆地原型再遭破坏，晚中生代的伸展盆地褶皱回返，褶皱层被掀斜或冲断。在西部的楚雄盆地、十万大山盆地和南盘江盆地和东部的南陵盆地、金衢盆地，该时期的左旋走滑作用都十分显著。构造变形的强度，总体上从沿海向内陆逐渐发展。

在 N—Q 期间，中国南方进入区域性稳定隆升状态。其中，三江地区和上扬子地区隆升强烈，下扬子地区隆升稍弱但仍普遍抬升遭受剥蚀。在一些活动断裂附近形成小型走滑—拉分盆地，而在相对低洼的大中型盆地区形成了区域性披覆层。

相比较而言，印支—早燕山运动对中国南方海相盆地的影响最为严重。由于出现了多块体汇聚和整体进入陆内造山、造盆和盆山耦合演化阶段，各盆山体系之间互相影响、互相叠加、互相干扰的情况，甚至形成一种特殊的“复合盆山体系”（吴冲龙等，2006）。例如，四川盆地、江汉盆地、下扬子盆地、楚雄盆地、思茅盆地、南盘江盆地和十万山盆地，都分别与周边带状山脉构成类前陆型复合盆山体系。复合盆山体系有不同的组合类型，有两山一盆的，如下扬子复合盆山体系；有三山两盆的，如扬子西南缘复合盆山体系和扬子南缘复合盆山体系；有三山一盆的，如上扬子北部复合盆山体系。印支—早、中燕山期的陆内碰撞造山及复合盆山体系形成和耦合演化，使中国南方海相盆地由建造和叠加阶段进入改造阶段。分析这些复合盆山体系的盆山耦合演化特征和动力学机制，既是解开中国南方海相地层复杂变形之谜的一把钥匙，也是追溯南方海相盆地原型复杂改造历史的重要途径。

二、下扬子海相盆地原型在印支以来的叠加改造

1. 海相盆地原型在印支—早燕山期的叠加改造

下扬子古、中生代盆地原型在印支—早燕山旋回（T_2h-K_1）中的改造，是伴随下扬子复合盆山体系的形成演化而进行的[①]。下扬子复合盆山体系的形成，缘自于扬子与华北板块、扬子与华夏板块的最终拼贴，多期次强烈挤压导致下扬子类前陆盆地及其两侧一系列紧闭、平卧褶皱及逆冲-对冲推覆构造的发育。在晚燕山—喜马拉雅旋回（K_2-Q）中的改造，可能缘自于太平洋板块和印度板块的不均衡作用，主要表现为拉张-挤压作用的发生，以及大型拗陷与断-拗复合型盆地的叠加。

（1）下扬子复合盆山体系的形成演化

在中三叠世安尼期，随着华夏板块不断向扬子板块南侧靠拢，且由北向南逐步拼合，下扬子克拉通盆地南部隆起为苏浙低山区。接着，又因其北侧与华北板块不断靠近而抬升，形成了南北高、中间低的以沉积碳酸盐岩为主的蒸发海盆。随着扬子与华北板块以及扬子与华夏板块碰撞挤压的增强，苏鲁造山带与九岭怀玉山造山带逐步崛起，下扬子块体向南北两侧俯冲，下扬子复合盆山体系逐步形成，克拉通盆地发展成了复合型类前陆盆地。在北侧苏南地区广泛发育的中三叠统黄马青群，岩性为泥岩、粉沙质泥岩、泥质粉砂岩、砂砾岩夹泥质灰岩，属于大型海退三角洲相（黄马青组中、下部）和曲流河相（黄马青组上部），即为该前陆盆地的早期沉积物。

通过石油钻探发现：在苏北—南黄海及东海地区均缺乏黄马青组沉积记录，但有黄马青组下伏周冲村组及上覆南象山组，反映了在黄马青组沉积时，苏北—南黄海及东海已经隆起，成为该前陆盆地的物源区。黄马青群与下伏地层之间的接触关系呈角度不整合、平行不整合、整合等多种方式，表明下扬子克拉通盆地在印支期所遭受的第一个改造，便是古生界—中下三叠统的不均衡抬升与褶皱变形。

到了晚三叠世，随着南北两侧挤压作用加强，下扬子前陆盆地收缩并逐步封闭，在宁镇、无锡、常州等地形成一套细砂岩、粉砂岩、泥岩夹炭质泥岩夹煤线的三角洲-湖沼含煤岩系（范家塘组）。晚三叠世末，下扬子南北两侧均隆起成山并发育向盆对冲式的逆冲

---

① 吴冲龙，杜远生，梅廉夫等，2005，中国南方区域构造与海相盆地原型演化，国家“十五”科技攻关计划项目 2004BA616A-06-01 专题研究报告。

推覆构造，前陆盆地成为夹于南北造山带之间的中部凹陷带，发育了几套以不整合面和粗碎屑岩为特征的磨拉石沉积（图 2-16），反映出与本区相关的张八岭—苏北—胶南造山带碰撞过程中的阶段性。例如，下侏罗统南象山组（$J_{1-2}xn$）底部为砾岩或含砾砂岩，上部为灰、灰黑、灰绿、黄绿色粗粒石英砂岩、粉砂岩、砂质页岩、灰页岩夹煤层，体现了从河流相到河湖-沼泽相、从高能到低能、从氧化环境到还原环境的演变，反映了造山作用由强而弱的变化。

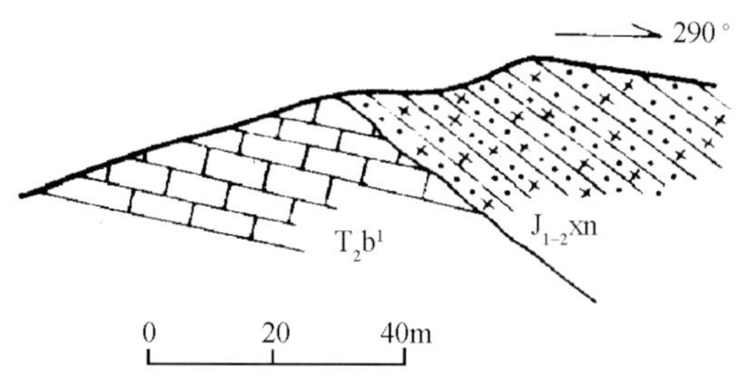

图 2-16　广德三叠系与侏罗系接触关系剖面

中侏罗统北象山群的分布范围与南象山组相似。岩石类型为长石石英砂岩、长石砂岩、粉砂岩夹泥岩、砾岩及泥灰岩透镜体。岩石颜色呈紫红、黄绿、灰白色，为干旱炎热气候的河湖相沉积。北象山群中下部为一套厚约 200～700m 冲积相—河流相砾岩、砂砾岩、长石石英砂岩、岩屑石英砂岩、细砂岩，向上逐渐变为内陆湖泊相的细碎屑岩（粉砂岩、黏土岩或页岩），厚约 600m。在南京灵古寺可见北象山群平行不整合于上三叠统范家塘组之上，其下部砾岩发育，仅底层灰白色厚层石英砾岩就达 30m，其上紧接 8m 厚的厚层石英岩状砂岩，为典型的磨拉石建造。象山群在江苏南部、安徽东南部、浙江西北部及江西北部的分布十分广泛。南北两侧靠近物源区，砾岩、砂岩发育，中部地区则变细。其沉积相带的分布格局，显示出前陆盆地特征。

象山群与下伏地层（黄马青群或更老的地层）为不整合接触，而与上覆地层之间也为不整合接触，并且在空间上的变化规律性不强，反映该群沉积前其下伏地层已经褶皱变形，而该群沉积期和沉积期后盆地继续遭受着挤压。这表明扬子与华北板块以及扬子与华夏板块在三叠纪初发生碰撞以后，挤压作用和（类）前陆盆地发育都持续了较长时间，结果除了形成多期次的逆冲断推构造外，还使前陆盆地中的不同时代地层形成了多个不整合。这些地层间的不整合关系，揭示了下扬子印支期前陆盆地变形的阶段性，其中最强烈的变形阶段是早三叠世末、晚三叠世末和中侏罗世末。

这一期间的复合前陆褶皱冲断作用大致以长江为界，南部由南向北逆冲，北部由北向南逆冲，黄马青组和象山群就发育在南北逆冲带前缘的长江河道及其两侧。该前陆盆地边发育边变形，所沉积的 T_3—J_2 地层有一部分因褶皱隆起而遭受剥蚀，另一部分隐伏于 J_3—K_1 火山岩系以及 K_2—E 陆相伸展盆地之下。苏北、无为、南陵、句容等盆地均已发现，在 K_2—E 之下有 T_3 或 J_{1-2}地层的存在。

马力等曾认为①，下扬子地块是一个元古宙至三叠纪游离于中—上扬子之外的独立单元，至侏罗纪才拼入统一的古中国大陆中。主要理由是：①郯庐断裂很难解释过江走滑的问题及下扬子复原后的归属问题；②自显生宙以来，下扬子与中上扬子的古地磁极位置不重合；③褶皱基底具多个结晶碎块，厚度大，活动性强；④海相三叠系古生物区系存在差异，中扬子属于扬子区，下扬子属于华南区；⑤形成与邻区明显不同的地块内部火山岩浆活动；

① 马力，吴少华，徐克定等，2001，中国南方海相中古生界天然气地质综合研究总结，中国石油化工股份有限公司南方海相油气勘探项目经理部项目研究报告。

⑥下扬子的晚燕山—早喜马拉雅期伸展方向为北东—东西，中扬子伸展方向为北西西及北东；⑦下扬子地块的重磁场与中、上扬子明显不同，具有相对独立性。显然，这些依据还不足以说明下扬子地块是游离于中—上扬子之外的独立单元。即使这个认识是正确的，下扬子地块并入扬子板块后，仍然会经历上述复合盆山体系演化和海相盆地原型改造的历程。

（2）下扬子南、北逆冲推覆构造带与海相盆地原型的改造

下扬子的印支—燕山期逆冲推覆构造，是华北和华夏板块从南北两侧推挤碰撞的前陆褶皱冲断作用所致，其构造样式为典型的对冲推覆。例如，在安徽境内，大致以长江为界，北侧主要呈向SE运动的推覆构造，褶皱轴面广泛倾向NW，而南侧则主要表现为由南向北的逆冲推覆构造（图2-17），在两侧逆冲带的共同前缘——长江干流一带沉积了黄马青组和象山群的磨拉石沉积。下扬子的逆冲推覆构造具有全区性格局，可划分为苏皖南逆冲褶皱带、苏皖北逆冲褶皱带和对冲带前缘三角区。

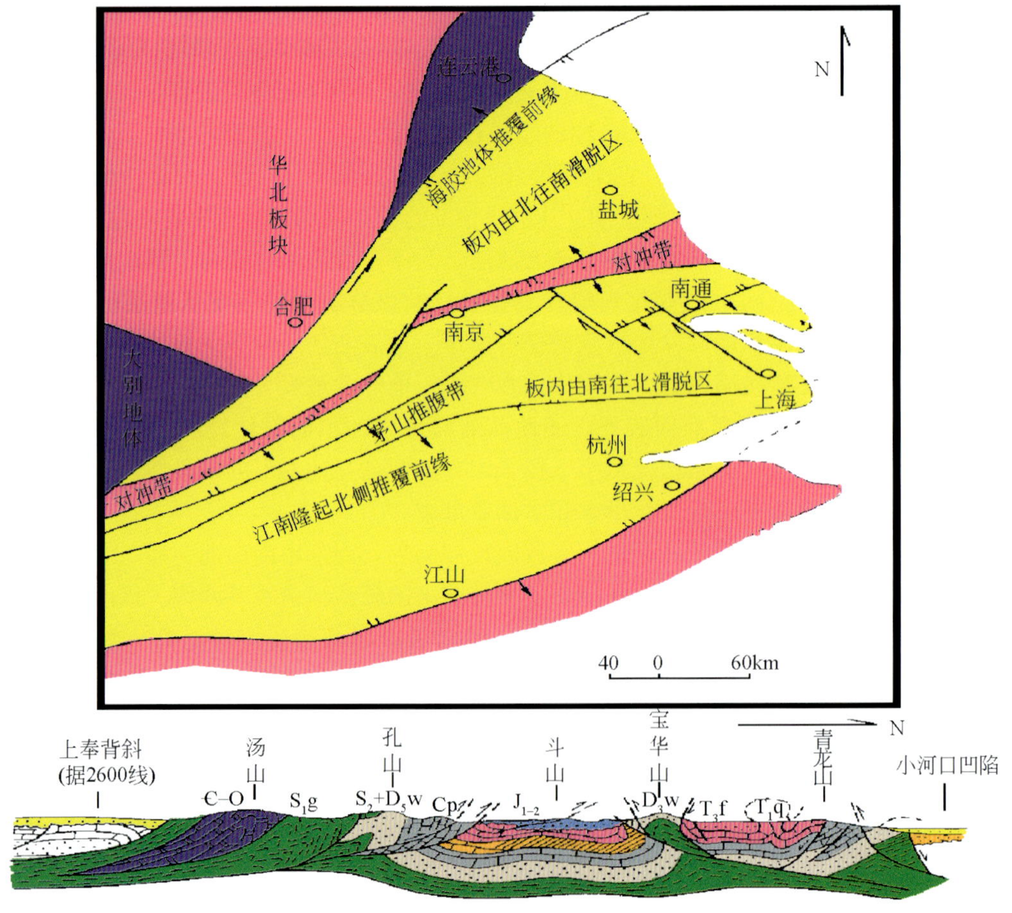

图2-17 下扬子对冲构造平面图和剖面图（江苏油田研究院，2000，转引自梅廉夫等，2004①）

① 梅廉夫，马昌前，徐思煌等，2004，南方中、古生界天然气富集规律研究，中国石油化工股份有限公司南方勘探开发分公司项目研究报告。

1）苏皖南逆冲褶皱带和苏皖北逆冲褶皱带

对冲推覆构造两侧的苏皖南逆冲褶皱带和苏皖北逆冲褶皱带，分属两个不同的构造系统。前者与江南隆起的基底逆冲有关，后者属于大别—苏鲁构造系统。卷入该对冲推覆构造的岩层，包括下扬子古生代克拉通盆地基底的变质岩系和早古生代以来各海相盆地原型的沉积盖层（Є—T_2 及 T_3—K）。除了两侧逆冲推覆构造带根部以外，大部分地区的推覆构造属于沉积盖层中的薄皮推覆构造。

以苏皖南逆冲褶皱带为例，在皖南地区所显示的层系叠置关系是：石台雍溪、泾县北贡、黄柏岭、贵池马衙以南等地，均为（Z）Є—O 推覆于 S 之上；贵池吴田、宣城北山与麻姑山、南陵丫山、铜陵里郎坑、繁昌红花山等地，均为 S—D 推覆于 C_2—T_2 之上；青阳丁桥、芜湖大龙岗、宣城九连山等地，均为 C_2—T_2 推覆于 K 地层之上；青阳寺门口与泾县纪村等地，S—D 推覆于 J—K 之上；南陵尖山、宣城塔山、贵池白云凹等地，C_2—T_2 推覆于 S—D 之上。按照上述岩片之间的相互叠置关系，自上而下大致依次为（Z）Є—O、S—D、C_2—T_2、T_3—K。岩片顺序总体呈倒置序列，时代越老所处的位置越高①，显示出多期次推覆特征。

苏皖北逆冲褶皱带为一西窄东宽、向东发散呈帚状、从北西向南东运动的逆冲推覆带，西段根部（张八岭一带）具有基底卷入的挤出高断块特征，向东南逐渐发育成多层滑脱，以叠瓦扇为主的基底卷入厚皮构造，前缘发育反冲断层和三角构造。苏皖南逆冲褶皱带同样具有西段较窄、向东发散变宽的特征，而且西段也有基底卷入的挤出高断块特征，东段主要发育分层滑脱和基底卷入的叠瓦状厚皮构造带，但前缘很少发育反冲断层和三角构造。

2）下扬子对冲带前缘三角区

下扬子对冲带前缘三角区呈向斜形态，是苏皖南和苏皖北两个逆冲褶皱带之间的前陆盆地发育区，也是（Z）Є—D（下组合）和 C—T（上组合）海相残留盆地区。从安庆经芜湖、南京到泰州一带，该三角区走向北东，宽度为 20～40km。其南西段在安庆、芜湖一带表现为明显的基底逆冲—对冲的向斜断块形式；向北东至南京、泰州—海安附近，均过渡为平缓的断块。卷入两侧推覆构造带的上、下组合海相地层由于断裂分割且翘倾出露，破坏较为严重，但在推覆体之下的上、下组合海相地层应当较为完整地保存着，特别是在东部的三角构造开阔处。

2. 海相盆地原型在晚燕山—喜马拉雅期的叠加改造

（1）在晚燕山—早喜马拉雅期的叠加改造

在晚燕山—早喜马拉雅阶段（K_2—E），下扬子地块转为拉张—断陷构造体制，大致可以划分为三个构造区：鲁苏隆起构造区、苏北盆地构造区和苏皖南盆地构造区。

---

① 周祖翼，杨凤丽，2001，下扬子区印支以来主要构造运动性质、表现及其对油气藏形成与改造的作用，中国石油化工股份有限公司南方海相油气勘探项目经理部项目研究报告。

自 K_2 起下扬子地区的构造应力体制，从先前的区域性挤压转换为区域性拉张，沿先存北东—北东东和北西—北西西等方向的断裂发生大规模伸展裂陷作用，形成一系列单断或半地堑式的箕状盆地或地堑型盆地。苏北盆地构造区是这次构造反转的核心区域，所发育的正断层十分密集，相互穿插成网状结构。其中，北东方向断裂是盆内的主要构造线，密度最大，并且被北西方向的断裂切割，说明北东向断裂发育早于北西向断裂。下扬子区的大型断陷区，例如苏北—南黄海盆地，基本上是由印支—燕山早期卷入程度最高的大型逆断层反转而成的。

在苏皖南盆地构造区，构造反转现象也非常普遍。在区域性拉张应力体制下，下扬子对冲带前缘三角区两侧的逆冲断层发生正断层反转作用，即由北西—南东方向的挤压逆冲转化为伸展正断。于是，对冲带前缘三角区演变成凸起的地垒式构造带，而背冲区发育成地堑式构造带，规律性比较强。

这个时期形成的盆地，叠置在不同基底或构造单元之上，与前期盆地有明显的差别。盆地的几何形态严格受断层控制。在箕状盆地的一侧，充填的粗碎屑反映出近物源、分选差、快速堆积的特征；箕状盆地的另一侧往往不整合或超覆于不同时代的地层之上。上白垩统浦口组（K_2p）和赤山组（K_2c），普遍不整合覆盖在各时代老地层之上（图 2-18）。从地表露头及钻孔揭露看，K_2p 虽广泛分布，但厚度却很不均匀（几十米至 2000 多米）。其岩性纵横变化大，成分也因地而异，颜色下深上浅，总的表现出下粗上细交替的韵律结构。一些钻井揭示在泥质岩中含自生黄铁矿，含膏、含盐沉积亦极为普遍，在淮安的苏 123、苏 131 两井曾揭示巨厚盐层。

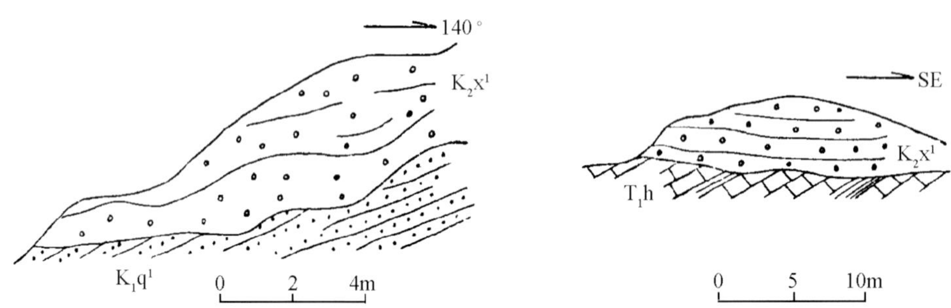

图 2-18 下扬子黄桥转换面接触关系（江苏油田研究院，2000，转引自梅廉夫，2004①）

下扬子块体的伸展裂陷持续至古近纪，但其主要伸展方向由北西—南东转为北北西—南南东，其主要断裂的走向转为北东—北东东向，在海域局部转变成东西至北西向。自新近纪以来，这些反转断层的控制作用逐步减弱甚至消失，沉积作用以向裂陷盆地周缘超覆充填的形式进行，区内出现了统一的规模较大的盆地。地质和地球物理勘查资料证明，江苏古近纪裂陷盆地的构造样式主要也是半地堑式（箕状），并且控制整个下扬子区裂陷的主要断裂位置与布格重力异常梯度密集带相符。在这个统一的大型盆地之下，原对冲构造三角区内的上、下组合海相地层，以及三角区南北两侧原背冲区外来岩席中那些被逆冲推覆作用破

① 梅廉夫，马昌前，徐思煌等，2004，南方中、古生界天然气富集规律研究，中国石油化工股份有限公司南方勘探开发分公司项目研究报告。

坏了的上、下组合海相地层，倘若有二次生烃的可能，应当能有较好的保存条件。

（2）在晚喜马拉雅期的叠加改造

在晚喜马拉雅期（从晚渐新世开始），下扬子地块的构造应力体制再度发生反转，即从晚燕山—早喜马拉雅期的伸展裂陷转为挤压逆冲。反转的结果是使下扬子的古—中生代海相盆地原型，连同其上叠加的中—新生代陆相盆地原型都受到进一步改造，表现为一系列新的逆冲推覆现象和局部海相地层的褶皱隆起。

例如，苏 135 井、N11 井分别在寒武系、震旦系之下见白垩系地层；肥东桥头集一带，可见变质岩系逆冲到上白垩统红层之上；无为盆地东缘可见青龙灰岩逆冲在古近系之上；南京幕府山可见二叠系地层逆冲在上白垩统红层之上；全椒盆地西缘，震旦系逆冲在古近系之上（龚与觐，1990）；望江盆地东缘见志留系逆冲在上白垩统之上；南陵盆地南缘的泥盆系逆冲在盆地内上白垩统红层之上。又如，控制直溪桥盆地东部边界的茅东断裂，上盘的 K_2—E_1 地层出现了显著的褶皱和逆冲现象，在新生代玄武岩内部还出现褶皱；在反射地震骨干剖面上，也可清楚地见到阜宁凹陷的北缘，三垛组逆冲在盐城组之上；全椒盆地、无为盆地、南陵盆地、宣广盆地、休宁盆地、句容盆地以及邻近的金衢盆地等盆地内的 K_2—E 红层多具有 10°～35°的倾角。这期构造反转的另一个显著特点是出现差异隆升，使句容地区原先的 K_2—E 断陷盆地被分割成一系列升-降式断块。其中，上升断块所遭受的剥蚀可达 2000m 以上，残留厚度仅为 200～400m，使浦口组作为区域盖层的作用大为削弱。在一些地方，如南陵盆地南部和宣广盆地南部，上白垩统大面积出露，古近系多已被剥蚀掉；而某些盆地（如全椒、南陵、宣广）的局部地区古生界基底已经裸露。

下扬子地区的这次构造反转，与中国大陆东部及海域的构造反转具有一致性，但强度较小，推测与太平洋板块的俯冲及其推挤作用有关。

三、中扬子海相盆地原型在印支以来的叠加改造

中扬子地区在印支运动以前是扬子克拉通盆地的一部分，没有形成一个独立的盆地。这里将它单独提出来，仅仅是为了分析和阐述的方便。

1. 中扬子复合盆山体系的形成演化

中扬子复合盆山体系由秦岭大别碰撞造山带、江南（雪峰）造山带和中扬子（古江汉）前陆盆地组成（吴冲龙等，2006）。该复合盆山体系的形成演化，与下扬子复合盆山体系有许多相似之处。由于华北板块和华夏板块从南北两侧推挤，该区在印支—早燕山期一直处于近 SN 向的挤压环境中，但只是在晚印支期伴随着秦岭碰撞造山带和江南（雪峰）造山带的崛起和推覆作用，才逐步沦为前陆盆地。中扬子前陆盆地大致呈 NW-SE 向展布，其北侧为秦岭造山带控制的巴洪冲断背斜带，南侧为雪峰山隆起控制的崇阳—通山冲断背斜带，西侧为黄陵隆起和宜都—鹤峰复背斜带（图 2-19）。

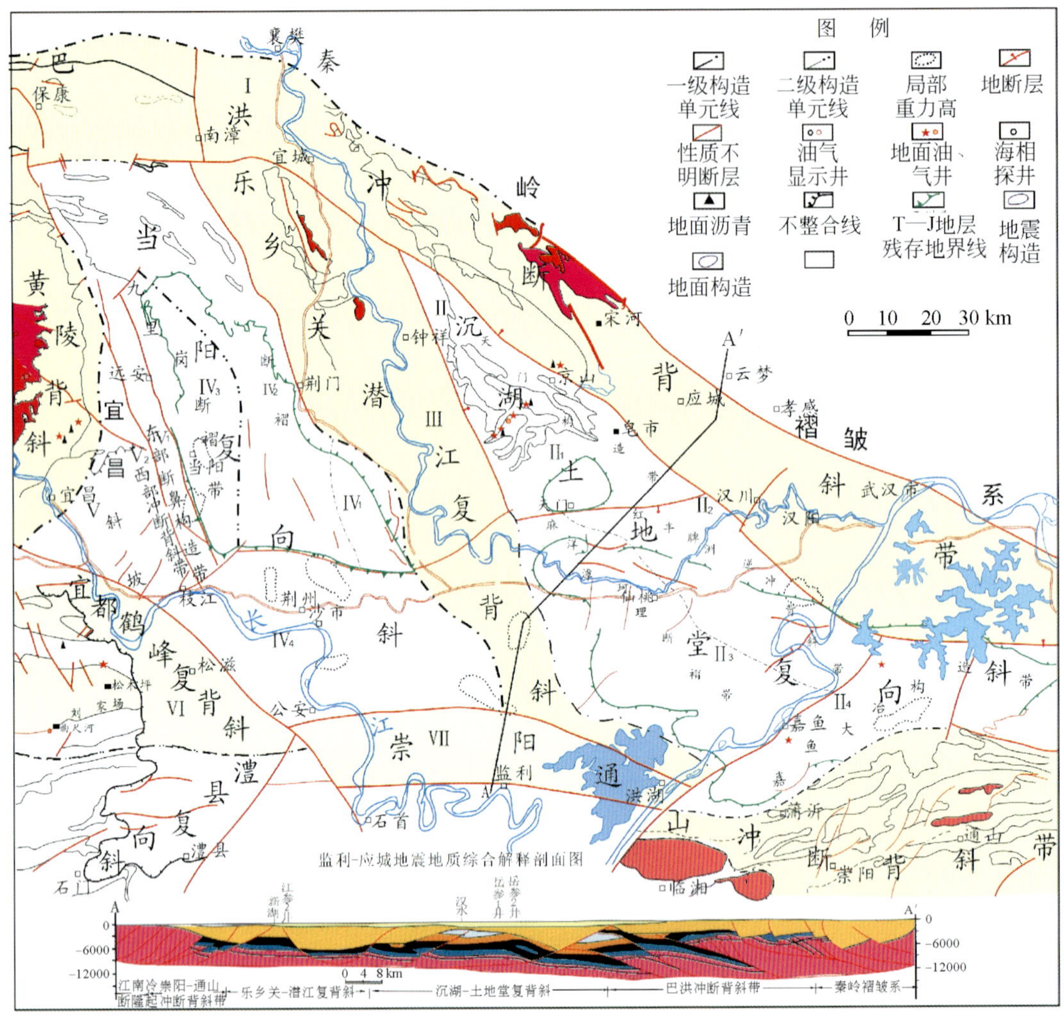

图 2-19　中扬子地区印支—早燕山期的区域构造格局①

在北部和南部两个冲断背斜带的挟持下，中扬子前陆盆地也逐步演化成为相对稳定的三角构造带（图 2-20）。在该盆地中沉积了巨厚的陆相暗色泥岩、煤系和河流湖泊相碎屑岩。其中，上三叠统最大厚度可达 1000m 以上，而下、中侏罗统的最大残余厚度大于 4000m。在该前陆盆地南西—北东两侧，古生界和下中生界海相岩系被切割成一系列叠瓦状岩片，向盆地中部推覆，而前陆盆地区下方的海相岩系，则被深埋至 5000m 以下，成为该前陆盆地的基底。图 2-20 揭示出北东侧秦岭—大别造山带的逆冲推覆作用较强，其 Z—O—S—C 外来岩席与南西侧江南隆起带的 Z—O—S—C 外来岩席在武汉南面（武 1 井）相接，形成一种如同包饺子似的歪斜三角构造带。在早燕山晚期之前，盆地内部变形总体较为轻微，只是形成了十分宽缓的同沉积褶皱，上下地层间为平行不整合（T_3/T_2 及 J_1/T_3），仅有在拗陷边缘才出现微角度不整合。例如，在南部蒲圻县城附近的剖面上，中

① 中国石化南方海相油气勘探项目经理部，2001。

三叠统与下三叠统大冶群呈整合接触，与上三叠统蒲圻组呈平行不整合接触。上三叠统下部的蒲圻组与上三叠统上部的鸡公山组呈局部平行不整合、局部微角度不整合接触；鸡公山组与上覆的下侏罗统武昌组呈平行不整合接触。其他三叠系各统与下侏罗武昌组（J_1wc）之间，也为平行不整合或整合接触。在早燕山晚期，两侧造山带推挤作用进一步加强，盆地两侧开始出现地层倒转，基于主滑脱面的叠瓦状冲断作用，促成了大量牵引背斜圈闭的形成。

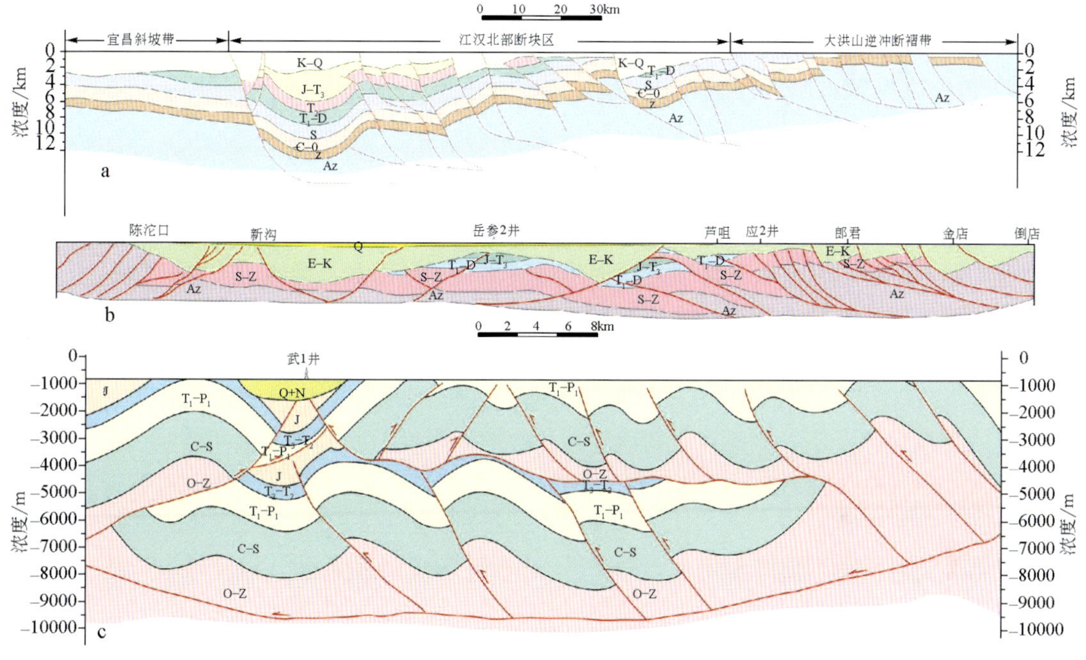

图 2-20　中扬子构造剖面①

a. 宜都—随州剖面；b. 监利—应城剖面；c. 武汉南剖面

在中扬子前陆盆地中，地震剖面显示出燕山构造运动面与下伏地层之间呈现明显的削截现象，反映了燕山早期构造作用有较高的强度。在沉湖—土地堂复向斜，燕山早期构造的特点是：①背斜狭窄，向斜宽广；②背斜 SW 翼为弯转的祖师殿逆断层所切断，断层规模巨大，将震旦系推覆到二叠系、三叠系之上；③背斜 NE 翼发育一些规模较小的逆断层，逆冲方向与 SW 翼断层相反，在燕山晚期反转为正断层；④向斜较完整，局部发育一些规模较小的逆断层，顺志留系滑脱，后期重新活动。在当阳复向斜，燕山早期构造较为复杂，物探资料揭示在前新生代基底——古一中生界海相岩系中，普遍发育 NE、NW、EW 三组断裂构造。例如，在松滋—江陵一带，走向 NE 的问安寺断层和万城断层，长达数十千米，断距几千米，通过地震剖面和钻井岩心资料证实，均为长期发育、先逆后正的区域性大断裂，属于西部黄陵背斜周缘环形构造带的组成部分。在当阳复向斜北东翼发育

① 梅廉夫，马昌前，徐思煌等，2004，南方中、古生界天然气富集规律研究，中国石油化工股份有限公司南方勘探开发分公司项目研究报告。

的NW向构造，如纪山寺断层、清水口断层，同样具长期活动特征。在江陵地区南部，因靠近江南隆起，主要发育近EW向构造，如资北、资南断裂，它们也都具有先逆后正的特征。

2. 北部巴洪冲断背斜带

中扬子复合盆山体系北部的巴洪冲断背斜带包括大巴山冲断背斜带和大洪山冲断背斜带。二者连接成向北突出的弧形，是在华北板块与扬子板块碰撞造山过程中所形成的前陆逆冲推覆构造带。该带从后缘到前缘卷入程度均很高，具有分层滑脱、基底卷入的特点，前缘的复背斜和复向斜均为断层切割解体的产物，其剖面上叠瓦构造极为发育，局部残留双重构造和反冲断层。

该冲断背斜带形成于印支期，现今构造格局是在侏罗纪末（燕山早期）定型的。大巴山逆冲褶皱带主要表现为叠瓦状的冲断系统，后缘为厚皮构造、前缘为薄皮构造，在不同段落有不同的结构。北西段前缘以断褶逐步过渡消失，断层具高角度。中段以宽缓的背向斜自然过渡，两翼发育背冲和对冲逆断层。例如京山一随州地区，褶皱和断裂十分发育；又如钟祥市雁门口镇建材厂处栖霞组地层中，断裂、牵引褶皱和对冲现象发育，主断面产状为333°∠20°，为低角度断层，整体构造带宽>100m，可能为推覆构造前锋带。在上震旦统一三叠系海相层系中多处观测到地层强烈收缩，发育一系列无根紧闭褶皱，褶皱轴向均为NW—SE向，背斜轴面倾向NE，南翼较北翼陡。南段因接近雪峰山构造带，反冲断层及三角构造发育。

巴洪冲断背斜带的北缘是走向NW—SE的襄樊一广济断裂带，它是现今中扬子地块与秦岭一大别地块的边界，西接巴山弧形逆冲推覆断裂带，向东叠加在十堰逆冲推覆和走滑断层上，接着又先后与新城一黄陂断裂带、广水一浠水韧性剪切带复合。多期次逆冲推覆构造和蛇绿混杂岩块的发育，是其重要特征。

3. 南部崇阳一通山冲断背斜带

中扬子复合盆山体系南部的崇阳一通山冲断背斜带，发源于江南隆起在印支运动中由南向北的逆冲推覆作用。由于卷入的最新地层为J_{1-2}，推测这次推覆作用持续发展至燕山早期。其中的幕阜山山前的逆冲褶皱带，是一个狭窄的（宽度不到40km）近东西向叠瓦状推覆构造，基底卷入特征显著，局部发育反冲断层。

在九宫山一咸宁地区的幕阜山东、西两侧，古生宙海相地层大面积出露，主要岩性为碳酸盐岩和碎屑含煤岩系。上三叠统的岩石特征、沉积序列、古气候标志等方面证据表明，属半干旱型冲积扇组合，为同造山期的磨拉石建造。在九宫山麓，九岭群变质岩沿大型主滑脱面拆离，由南向北逆冲于古生界之上。在下伏的志留系中见到倒转同斜褶皱和层间剪切褶皱，又在中寒武统薄层泥质灰岩中见肠状方解石脉。这种肠状方解石脉指示经历过热剪切作用。目前在该区尚未发现有印支期的岩浆活动，但见有一些燕山早期的花岗岩体分布。

梅廉夫等在崇阳县大源铺的幕阜山峰尖处，见到新元古界板溪群泥质板岩、粉砂质板岩逆冲在下震旦统南沱组厚层砾岩之上。上盘板溪群已片理化，滑劈理产状：190°∠51°；在下盘的厚层状砂砾岩中，也发育一组密集的挤压破劈理带。整个 Z_1—$Є_1$ 地层倒转，产状：180°∠51°，并发育 195°∠30°的擦痕 a 线理（图 2-21）。

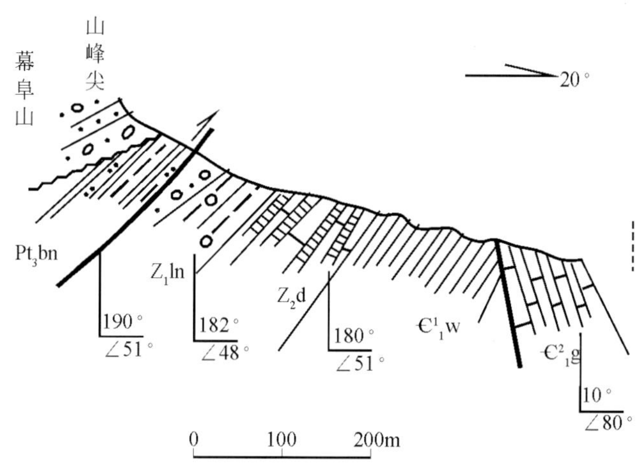

图 2-21　幕阜山锋尖—大源乡信手剖面示意图①

4. 黄陵穹状背斜及其环形构造

黄陵穹状背斜（也称黄陵隆起）位于中扬子中段的鄂西地区，为一近南北向穹状短轴背斜，南北长 73km，东西宽 36km。其核部出露黄陵（崆岭）杂岩和黄陵花岗岩基，翼部主要由南华系—三叠系海相碳酸盐岩和碎屑岩组成，并围绕核部向四周倾斜。其东翼平缓，地层倾角<15°；西翼较陡，地层倾角一般为 30°～40°，南北两端更为平缓，地层倾角<12°。其发展经历了四堡（神农，Pt_2）、晋宁（花山，Pt_3）、澄江—加里东（Nh—S）、海西—印支（D—T）、燕山（J—K）、喜马拉雅（R—Q）等亚旋回。

但作为隆起带，它在印支运动之前是不存在的。根据对周围残存二叠系—三叠系的回剥分析（刘学峰等，1999），它从中三叠世初时以水下隆起的状态现出雏形，控制了中—上三叠统沉积厚度的减薄，但一直到三叠纪末都未能出露水面，只是到侏罗纪末（燕山早期）才强烈隆起并遭受剥蚀，成为两侧的秭归凹陷和当阳凹陷的物源区。目前在该隆起的核部，古生界和中生界海相地层已经被剥蚀殆尽，核部出露的古老基底变质岩系（崆岭杂岩）的最大同位素年龄为 3290Ma（马大铨等，1999）。

由于黄陵穹状背斜这一特殊地质体的存在，形成了一个在广大区域内围绕该背斜的环形构造带。该环形断裂带从高家堰到芝兰、香溪镇、兴山、板庙、店垭、远安以及罗家畈，由榛子断层、仙女山断层、天阳坪断层、远安断层等组成的。这些断层均向四周倾斜，在燕山早期主要显示压性、个别为压扭性。

---

① 梅廉夫，马昌前，徐思煌等，2004，南方中、古生界天然气富集规律研究，中国石油化工股份有限公司南方勘探开发分公司项目研究报告。

四、上扬子海相盆地原型在印支以来的叠加改造

上扬子地区的构造演化历程与中扬子基本一致，但因周缘的构造环境及板块相互作用状况而更为复杂，对震旦纪以来的海相盆地原型改造也更为强烈。这种改造主要发生于上扬子复合盆山体系的形成演化过程中。

上扬子复合盆山体系由龙门山盆山体系、米仓山一大巴山盆山体系和雪峰山盆山体系复合而成（吴冲龙等，2006）。这三个盆山体系是在龙门山、米仓山一大巴山和雪峰山的印支一燕山造山作用中形成的，其复合时间有同期也有准同期，其复合形式有联合也有叠加。叠加在震旦纪以来的多种海相盆地原型之上的四川盆地，正是由这些盆山体系的前陆盆地复合而成的，对上、下组合海相烃源岩起了很好的保护作用。就造山带的形成而言，龙门山南段最早，为晚三叠世；龙门山北段与大巴山其次，为早侏罗世；雪峰山最晚，为中侏罗世。造山作用的持续进行，使各前陆盆地受到不同程度的改造。遭受晚燕山运动改造最强的是雪峰山前陆盆地，其次是大巴山前陆盆地，最弱是龙门山前陆盆地；遭受喜马拉雅运动改造最强的是龙门山前陆盆地，其次是大巴山和雪峰山前陆盆地。川中低凸起为其共同前陆隆起，在两期构造作用中的变形都很微弱。雪峰山前发育广阔的侏罗山式褶皱，并由隔槽式向隔挡式渐变；大巴山前也为侏罗山式褶皱，但以隔挡式褶皱为主，后缘有较大推覆逆掩；龙门山前的前陆褶冲带较窄，发育由北西向南东的逆冲-推覆构造。上述 3 个盆山体系在演化过程中，由于地缘关系而曾两两复合，形成了龙门山一大巴山（含米仓山）复合盆山体系、大巴山—雪峰山复合盆山体系和龙门山—雪峰山复合盆山体系，进而由三者联合构成龙门山一大巴山一雪峰山复合盆山体系，简称为上扬子复合盆山体系。因而，在四川盆地，到处都可以看到它们互相叠加、互相干扰，而有时候又互相协调的影子。

1. 龙门山一大巴山复合盆山体系

龙门山东北端与大巴山西端相连接。二者先后卷入向东和向南的造山和逆冲推覆作用中去，并且有相当长的一段时间同时作用，联合控制了一个复合型的盆山体系——龙门山一川西一大巴山一川东北盆山体系的形成和演化。为了叙述方便，我们将这个复合盆山体系简称为龙门山一大巴山复合盆山体系，而将它们各自的盆山体系称为龙门山盆山体系和大巴山盆山体系，将它们各自的前陆盆地称为龙门山（类周缘）前陆盆地和大巴山（类周缘）前陆盆地。

（1）龙门山一大巴山复合盆山体系的形成

龙门山前陆拗陷的形成始于晚印支期。在晚三叠世初的卡尼期末，义敦地块与扬子板块拼合；从中三叠世晚期开始至诺利阶，甘孜理塘洋盆以东迅速挠曲沉降，形成了巨厚的被动大陆边缘增生楔。晚三叠世中晚期，察雅芒康地块再次向东增生，形成新龙稻城带增生楔。金沙江洋盆逐渐被填满，沉积了从含浊积岩的深水盆地体系到含碳酸盐岩的浅海陆架体系。到晚三叠世末（瑞替阶），甘孜—理塘洋的闭合使松潘—甘孜地块普遍发生走向

NW的褶皱变形，同时又使四川盆地西部发生挠曲沉降，海水向东侵进，直逼威远、潼南、通江一带。到了小塘子组沉积期末，冈底斯地块的碰撞挤出致使松潘—甘孜块体的主压应力方向由原来的NE—SW变为NW—SE，前陆挠曲作用不断增强，导致NE走向的前陆盆地，即川西拗陷形成（图2-22）。该前陆盆地为白垩系和古近系及新近系所覆盖，北侧位于广元—旺苍之间，南缘处在乐山—雅安之间，沉积了由海相转陆相的须家河组（T_3x）。在须三段沉积末期（诺利末期），安县运动（王金琪，1990）使松潘—甘孜块体的NW—SE向挤压进一步强化，在与扬子板块拼合处发生强烈逆冲作用，形成了龙门山逆冲推覆构造带，在川西前陆盆地内的T_3x^3之上留下了不整合面。

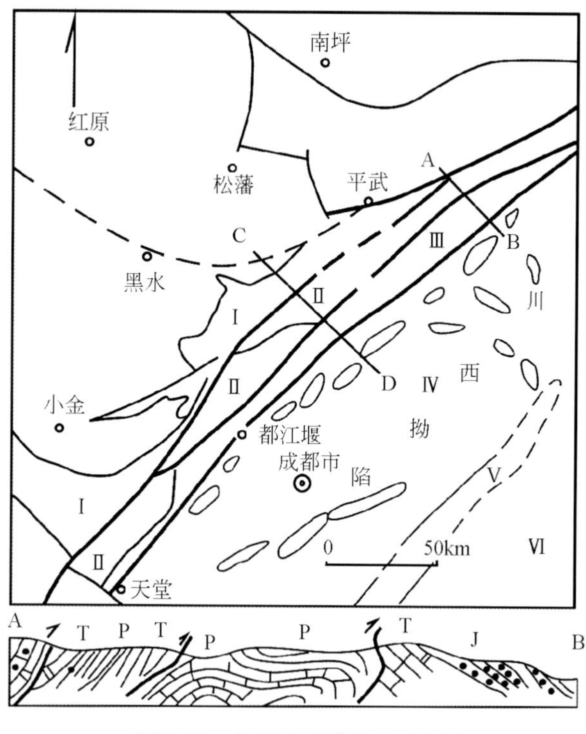

图2-22 龙门山区域构造示意图

Ⅰ.茂汶韧性剪切带；Ⅱ.龙门山叠瓦冲断带；Ⅲ.龙门山逆掩推覆构造带；Ⅳ.川中隆后拗陷带；Ⅴ.龙泉山前陆隆起带；Ⅵ.川西拗陷带（杨克明等，2003，修改）

大巴山（类周缘）前陆盆地形成于中印支期而强化于燕山期。在早三叠世时，南秦岭洋继续扩展，扬子地块的北缘斜坡带以及相关的拗拉槽进一步沉降，出现典型的被动大陆边缘沉积环境。到中三叠世，华北板块与扬子板块最终拼合，南秦岭洋逐步封闭。在雷口坡组（T_2l）沉积期，米仓山—大巴山系尚处于低幅稳定隆升状态。在雷口坡组沉积期末，米仓山—大巴山造山作用增强，在隆起顶部的雷口坡组和须家河组之间形成了低角度不整合面和云岩溶蚀角砾岩层；至雷口坡组沉积期末，大巴山前陆地区还是连接米仓山—大巴山隆起与川东向斜构造带的一个斜坡带；在须家河晚期（T_3x^{4-6}），米仓山—大巴山进入强烈构造挤压和均衡隆升阶段（乐光禹，1996），川东北开始进入前渊沉降阶段，沉积厚度迅速加大，形成了大巴山（类周缘）前陆盆地。该前陆盆地东起城口、开县，西达广元、剑阁、盐亭，北至南江、万源，南抵达川、营山等地，川中拗陷的北缘隆起可视为其前陆隆起，而川中拗陷可视作其隆后拗陷。该前陆盆地以须家河早—中期组海陆交互相含煤岩系为沉积基底，依次沉积了须家河上部（T_3x^{4-6}）和下—中侏罗统下部的陆相碎屑岩系。

龙门山和米仓—大巴山前陆盆地的形成和改造，都受到甘孜—理塘造山带和秦岭造山带的双向控制（许志琴，1992；罗志立等，1994；张国伟等，2000）。有证据表明，这两个造山带的前展式推进、挤压和褶皱冲断作用一直延续到喜马拉雅期，由于这两个盆山体系形成有先后，便出现了既有联合又有叠加的关系——须家河上部（T_3x^{4-6}）、下—中侏罗统和第四系沉积期为叠加改造关系，而晚侏罗世—早白垩世、晚白垩世—古近纪为联合作用关系。

(2) 龙门山—大巴山复合盆山体系的组成与变形特征

在这个复合盆山体系中，震旦系以上海相地层连同中生界陆相地层都被卷入，形成了复杂的多层次盆山耦合变形。龙门山盆山体系由 6 个构造单元组成（杨克明等，2003）：茂汶韧性剪切带、龙门山叠瓦冲断带、龙门山逆掩推覆带、川西拗陷带、龙泉山前陆隆起带和川中隆后拗陷带。其中，龙门山逆掩推覆带可以分为前山推覆带和山前隐蔽带两个亚带，前者位于北川映秀断裂之东至彭灌断裂之间，发育一系列逆掩断裂和由推覆或滑覆体构成的飞来峰群，表现出盖层滑脱型的薄皮构造特征；后者位于彭灌断裂之东，发育一系列由三叠系和侏罗系组成的褶皱构造，如中坝、磁峰场、平洛坝等构造。龙门山（类周缘）前陆盆地大致以江油为界，可分为南北两段。南段主要受甘孜一理塘造山带的控制，形成于晚三叠世，发育须四段冲积扇砾岩和须四一须六段楔状磨拉石建造；北段主要受米仓山一大巴山逆冲推覆作用的控制，形成于早侏罗世（晚印支期），发育下侏罗统白田坝组冲积扇砾岩。在龙门山南部的灌县青城山一带，白田坝组与须家河组四段呈假整合接触，更南至芦山大川一带，白田坝组与须家河组呈整合接触，白田坝组砾岩也明显变薄，说明晚印支期的米仓山一大巴山一秦岭造山作用对龙门山南段没有明显的影响。晚侏罗统莲花山组和下白垩统天马山组的冲积扇砾岩在广元至宝兴普遍分布，则表明龙门山前陆盆地的南、北段从中燕山期开始就受到统一构造体制控制。根据沉积厚度分析，米仓一大巴山在中燕山期的推挤-造盆作用比龙门山更为强烈。两个逆冲推覆带的联合作用，在龙门山前陆盆地中坝一九龙山、孝泉一丰谷、新津一邛崃的侏罗系一白垩系盖层中，形成了 3 个等间距排列的低幅度隆起和一系列弧形小型背斜构造（图 2-22）。

米仓山一大巴山盆山体系由米仓山一大巴山主造山隆起带、米仓山前缘构造带、大巴山前缘构造带、川东北残留前陆盆地和川中前陆隆起等几个单元组成。其中，米仓山前缘构造带（Ⅰ，图 2-23）包括广元一旺苍东西向弧形构造带，东连大巴山前缘构造带，西接龙门山北段前缘构造带，南邻与通南巴构造带，由一系列向南逆冲推覆的叠瓦状断片组成。大巴山前缘构造带（Ⅱ，图 2-23）即南大巴山褶皱冲断带，也称“南大巴山弧形断褶带”，是秦岭褶皱冲断带的组成部分。这两个构造带所卷入的地层均为 T_3—K，构造变形比北侧主造山带明显减弱，断裂密度也明显降低。在侏罗系和三叠系之间存在滑脱面，主要变形样式为台阶状逆断层及相关褶皱，构成台阶式断坡、断坪和叠瓦状逆冲推覆-滑覆构造。褶皱中常发育分别倾向 NE 和 SW 的逆冲断层，构成对冲式或背冲式构造；次级褶皱的变形样式明显与岩性的能干性有关，大部分背斜两翼地层的产状北东缓南西陡，地层倾角为 30°～80°，轴面向北东倾斜。

多盆山体系的多期次复合作用，使得大巴山（类周缘）前陆盆地区（Ⅲ，图 2-23）的变形较强烈，形成了垂向上多个构造层叠覆，而平面上 NE 向与 NW 向褶皱-断裂叠加的格局。在靠近大巴山前缘构造带的地方，逆冲推覆现象较为强烈，向盆的方向则逐步弱化。在大巴山前缘构造和米仓山前缘构造带交汇处南侧是通江向斜，总体上是一个宽缓的短轴向斜，反映了两个前缘构造带过渡区的应力场特征。在通江向斜轴部的东侧，上形变层中伴生有 2 个同走向的宽缓背斜和向斜，同时还叠加了多个走向 NW 的短轴褶皱，反映了不同方向构造应力作用的影响。

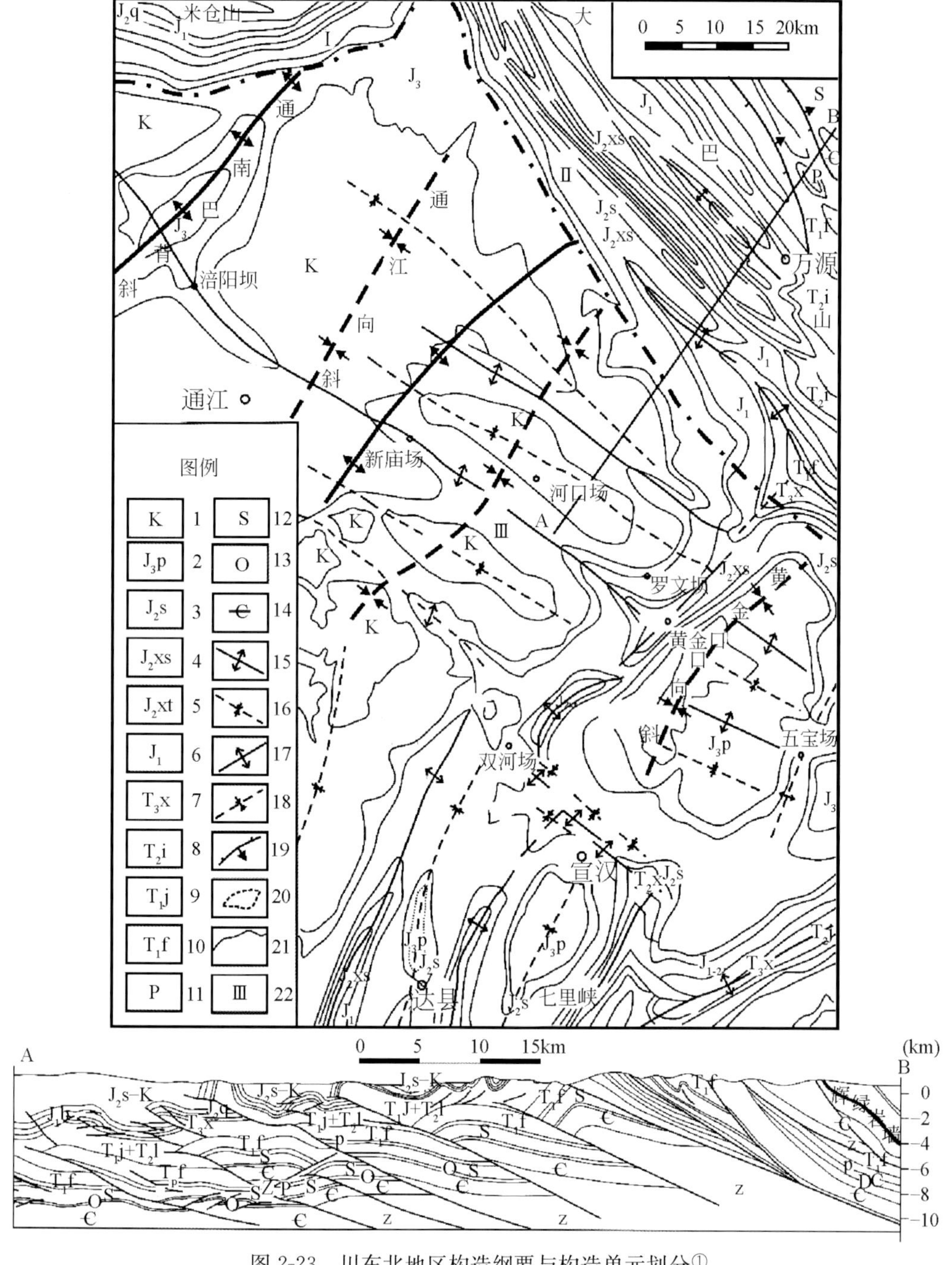

图 2-23 川东北地区构造纲要与构造单元划分①

1. 白垩系；2. 上侏罗统；3. 上沙溪庙组；4. 下沙溪庙组；5. 新田沟组；6. 下侏罗统；7. 须家河组；8. 雷口坡组；9. 嘉陵江组；10. 飞仙关组；11. 二叠系；12. 志留系；13. 奥陶系；14. 寒武系；15. NW 向背斜轴；16. NW 向向斜轴；17. NE 向背斜轴；18. NE 向向斜轴；19. 断层；20. 隆起；21. 地质界线；22. 构造单元编号（详见正文）

① 梅廉夫，马昌前，徐思煌等，2004，南方中、古生界天然气成藏富集规律研究，中国石油化工股份有限公司南方勘探开发分公司项目研究报告。

(3) 龙门山—大巴山复合盆山体系对海相地层的改造

在主造山带及其前缘，这种改造表现为全部海相层被卷入逆冲推覆-滑覆作用中，甚至解体成叠瓦状岩片；在前陆区域，则表现为拗陷沉降并被前陆盆地的沉积物掩埋，又随造山带前展式逆冲推覆作用增强而逐步变形，甚至被推覆体所覆盖。由于变形期次和强度不同，以震旦系（或志留系）页岩、下三叠统飞仙关组薄层泥灰岩（或上三叠统须家河组含煤岩系）等几个滑脱层为界，在垂向上形成了 3 个有差异的变形层：上形变层（T_2—J）、中形变层（Є—T_1）和下形变层（Z—Pt）。

在龙门山（类周缘）前陆盆地区，发生于侏罗系一白垩系沉积盖层中的各种构造变形，对作为其直接基底的上、下组合海相地层的影响比较微弱（罗志立，1994）。

在米仓山一大巴山（类周缘）前陆盆地区，沉积盖层的变形较强烈，上、下组合海相地层均已卷入。其北部的构造主体是 NE 向的通南巴背斜和通江向斜。在通南巴背斜所在处，震旦系到白垩系均卷入变形，从 SW 到 NE，构造高点由下而上逐步偏离，褶皱两翼则由对称到向 SE 歪斜；上形变层的断层由少到多、由简单到出现背冲和对冲式构造，而中一下形变层的断层则由多到少。这表明从 SW 到 NE、由下而上，龙门山构造带的影响减弱，而米仓一大巴山构造带的影响增强了。通江向斜总体上比通南巴背斜更为宽缓，但在靠近大巴山前缘处，逆冲推覆现象逐步强化。

从大巴山前缘构造带向盆地方向，构造变形的分带性表现在：①背斜核部出露地层由老变新，在构造带北缘的镇巴一鸡鸣寺一带，背斜核部为寒武系、震旦系，向南西至构造带边缘逐步变为三叠系；②褶皱变形强度由强变弱，由背向斜紧密转变为背斜紧密、向斜开阔的隔挡式；③变形样式由叠瓦式逆冲断层和简单褶皱，转变为轴部和翼部次级褶皱发育的复式褶皱（图 2-23）。

2. 大巴山-江南隆起复合盆山体系

米仓山一大巴山盆山体系与江南隆起盆山体系（即雪峰一武陵盆山体系）遥相呼应，共同构成了一个大规模的复合盆山体系。其典型表现是在两个前陆盆地之间，联合而成一个开口向西的喇叭形褶皱冲断体系。

(1) 江南隆起盆山体系的结构与组成

前人早已注意到该区构造的多期复合特征（郭正吾等，1996），本书结合 ESR 年龄分析确认该盆山体系经历了 4 个发展阶段：①第一挤压造山阶段（>180Ma，印支期）；②第二挤压造山阶段（160～130Ma，燕山早期）；③伸展裂陷阶段（120～85Ma，燕山晚期）；④反转挤压逆冲阶段（65～25Ma，喜马拉雅期）。这种情况表明，江南隆起盆山体系本身也是由两个盆山体系叠加而成的复合盆山体系。

1）第一挤压造山阶段的盆山体系

形成于 180Ma 之前，包括湘赣周缘前陆盆地、江南隆起带、湘鄂西一黔渝东类后（前?）陆盆地、川东类后陆（前?）隆起和川中拗陷。江南隆起带是一个不对称的双侧逆冲推覆陆内造山带，元古宇变质基底遭受强烈的流变和韧性剪切作用并大面积露出地表，SE 缘形成反冲-对冲构造带并对湘赣周缘前陆盆地造成影响。湘鄂西—黔渝东类后（前?）陆盆地发育于江南隆起 NW 侧前缘，界于江南断裂与齐岳山—南川—遵义—都匀一线之间，走向由 NEE→NE→NNE，呈弧形展布。这里从早三叠世开始由碳酸盐岩陆架环境过渡到碳酸盐岩台地，进而转变为残留海盆地，中三叠世转变成残留山间盆地；晚三叠世转化成类后（前?）陆盆地，沉积了厚达数千米的浅水湖泊-沼泽体系，随后也被卷入向 NW 的推覆与褶皱变形中，成为川—渝—鄂—湘—黔推覆-滑覆构造带组成部分。

川东类后陆隆起由北侧的开江古隆起和南侧的泸州古隆起组成。雷口坡组（T_2l）的等厚线反映出，早印支期的开江古隆起高点在沙罐坪一带，泸州古隆起高点在泸州一带。在近 $2.2\times10^4km^2$ 的隆起范围内，雷口坡组全部缺失，地层剥蚀到下三叠统嘉陵江组嘉三段，最大剥蚀厚度超过千米。在印支晚期，泸州古隆起的须家河组厚度变化与雷口坡组相似，等值线走向也是 NE 向，由 SE 向 NW 地层厚度逐渐增大，但开江古隆起的表现开始减弱。从动力学机制上分析，这些古隆起的成因可能与江南隆起第一挤压造山阶段的 NW—SE 向挤压作用有关，因此，推测为该盆山体系的类后（前?）陆隆起。在川东隆起西侧的川中坳陷，是该期盆山体系的类后（前?）陆隆后坳陷。

2）第二挤压造山阶段的盆山体系

主要成分有衡阳（类周缘）前陆盆地、雪峰山中部褶皱冲断带、雪峰山西缘逆冲带、沅江—麻阳类后（前?）陆盆地和武陵山类后（前?）陆隆起带。

中部褶皱冲断带位于雪峰山主体部位，主要发育基底卷入式的厚皮式的背冲、对冲构造，具有向 NW 和 SE 双向逆冲推覆的特征，但向 NW 逆冲远比向 SE 逆冲更为强烈。雪峰山西缘逆冲带位于溆浦—石宝断裂和沅江—麻阳盆地之间，是高角度厚皮式逆冲推覆构造与低角度薄皮式滑脱构造的过渡带，构造样式以叠瓦状逆冲-滑脱为主，也常见对冲和背冲构造（图 2-24）。该带上仅残留少量震旦系和寒武系，奥陶系以上海相岩系不复存在。沅江—麻阳类后（前?）陆盆地位于溆浦四堡断裂和古丈凤凰深断裂间，宽约 105km，走向 NE—NEE，沉积了中侏罗统陆相碎屑岩系。盆地下方是江南—雪峰基底拆离逆冲推覆构造带，由多个由 SE 向 NW 逆冲的岩片组成，构造带变形强烈但岩浆活动较弱。在沅江—麻阳类后（前?）陆盆地中部的辰溪—怀化一带，中侏罗统之上发育许多由上三叠—下侏罗统构成的飞来峰，通过 ESR 年龄值分析，证实其强烈活动发生在 160～130Ma（燕山早期），结束于 100Ma（燕山晚期）。武陵山类前陆隆起带位于沅陵—麻阳盆地西北侧，主要发育基底卷入式的叠瓦式逆冲推覆构造，断面倾向 SE，多具有先逆冲、再左行平移、然后正滑的特点。

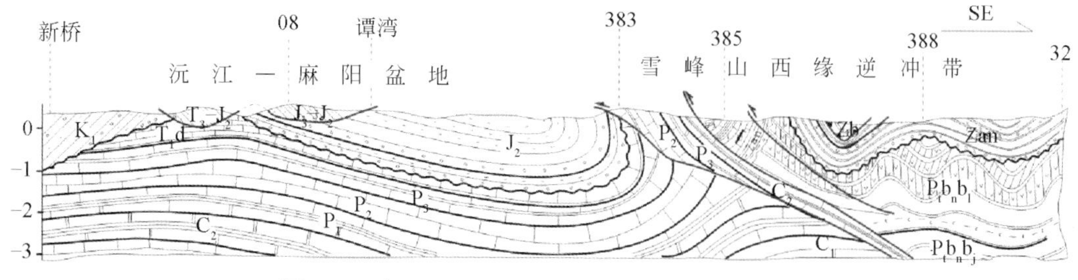

图 2-24　湘西沅江—麻阳盆地东缘地质构造剖面

(2) 江南隆起盆山体系的形变特征

两期盆山体系的复合叠加使江南隆起带类后陆区域出现了广阔的川—渝—湘—鄂—黔推覆-滑覆构造带。已有的研究表明（吴冲龙等，2006），仅仅用薄皮构造和厚皮构造（Howell，1991）的概念，难以对此变形特征和机制作出准确的描述。根据变形特征及其与基底关系，自SE向NW可分为3个形变带，即挤出式冲断-褶皱带、隔槽式褶皱带和隔挡式褶皱带（图2-25～图2-27）。

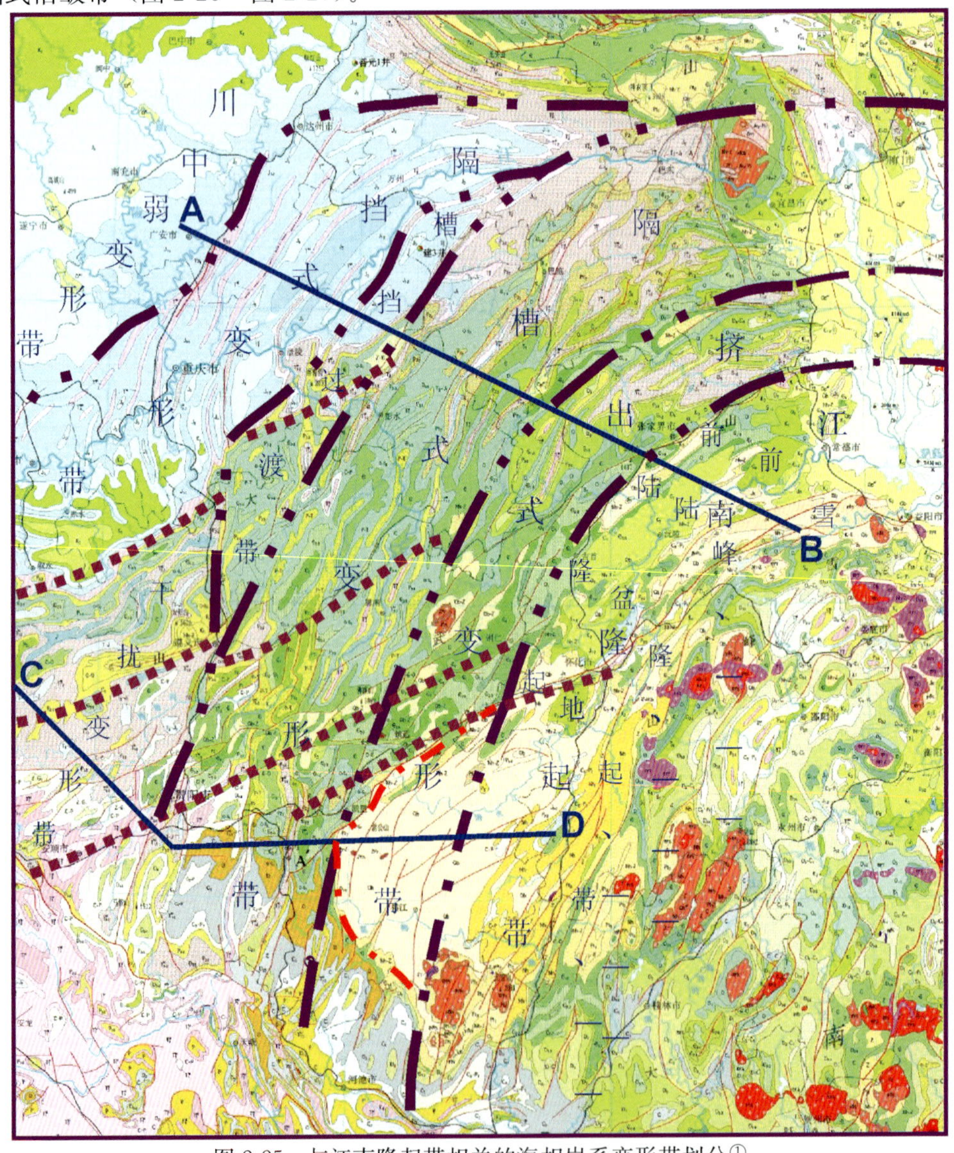

图2-25　与江南隆起带相关的海相岩系变形带划分①

（地质底图据1∶50万四川幅、湖北幅、贵州幅、湖南幅地质图拼接）

① 吴冲龙，杜远生，梅廉夫等，2005，中国南方区域构造与海相盆地原型演化，中国石油化工股份有限公司南方分公司项目研究报告。

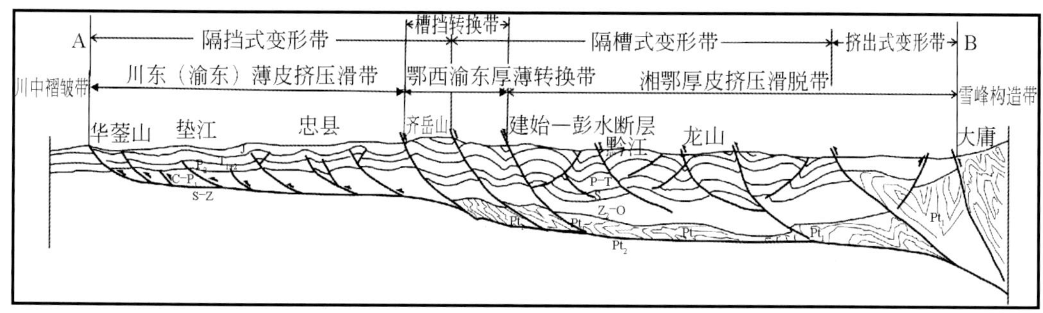

图 2-26　湘鄂渝交接区大庸—华蓥山综合地质剖面图的变形带划分

（地质剖面图引自孙肇才等，1991）

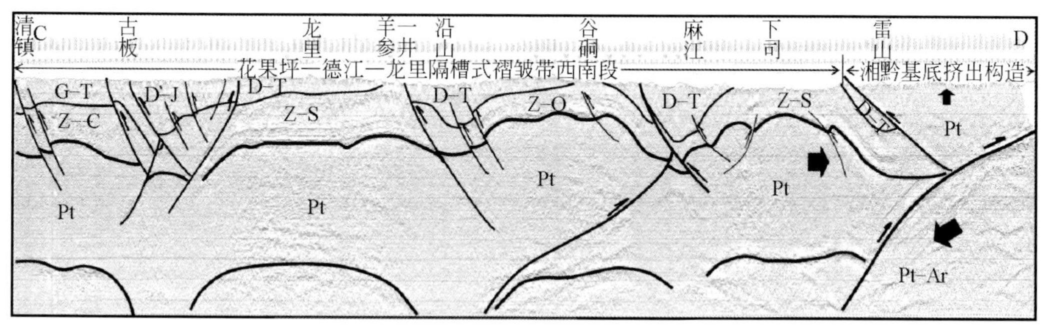

图 2-27　过清镇—龙里—麻江—锦屏反射地震剖面的构造解释①

单箭头代表断层运动方向，大箭头表示块体运动方向

从江南隆起经渝东—鄂西—湘西到川东，该推覆-滑覆构造连续传播距离超过 360km，具有显著的 SE 强 NW 弱的递进变形特征，而且构造变形有显著的规律性。在江南断裂（江南隆起北缘）至宜都—龙潭坪断裂的 75km 范围内，是基底卷入式的基底挤出式变形带，元古宇变质基底与上覆海相地层一起卷入叠瓦状推覆和滑覆作用中；在宜都—龙潭坪断裂至齐岳山背斜的 150km 范围内，即渝东—湘鄂西半基底卷入式的隔槽式（背斜宽缓向斜窄陡）变形带；而在齐岳山背斜至华蓥山背斜的 135km 范围内，即川东—渝东盖层卷入式隔挡式变形带（向斜宽缓背斜窄陡），震旦系及其以上的海相地层均卷入分层滑脱和逆冲推覆作用中。在这 4 个变形带之间，都有一定范围的转换带或过渡带。由于其传播距离大，对四川盆地的影响主要表现为造成海相沉积盖层的分层滑脱与隔槽-隔挡式褶皱冲断。若算上川中拗陷上近 200km 的低缓背斜变形带，则该构造带的变形分带规律性更加明显。这种有规律的变形分带，应当是在统一的构造应力-应变场控制下形成的，并且与卷入地层的刚性有关。

（3）大巴山—江南隆起复合盆山体系对下、上组合海相地层的改造

严格地说，大巴山前缘构造带也可以划分出规模较小的挤出变形带和隔槽-隔挡式变

① 吴冲龙，杜远生，梅廉夫，周江羽等，2005，中国南方区域构造与海相盆地原型演化，中国石油化工股份有限公司南方分公司项目研究报告。

形带。大巴山盆山体系与江南隆起盆山体系复合的典型产物，是大巴山前缘构造带与川东—渝东隔挡式褶断带交汇处的喇叭形联合构造（图 2-22，图 2-24）。在该联合构造的喇叭口处，发育一个对角线走向近 SN 和近 EW 的菱形构造盆地，在构造盆地内发育走向 NNE 的宽缓短轴向斜——黄金口向斜、峰城向斜和南坝向斜，在向斜之间局部出现了线状的高陡背斜，如双河场—毛坝背斜和五宝场背斜。这实际上是走向 NE 和 NW 的两套隔挡式褶皱的特殊叠加形式。在喇叭口处之北，NW 向的隔挡式变形带较强大；而在喇叭口处之南，NE 向隔挡式变形带较强大，NW 向叠加褶皱较微弱。

在川东北残留前陆盆地南部的宣汉—达县地区，江南隆起盆山体系的影响进一步增强。除了在双河场—宣汉一线发育有一些规模较小的 NW 向叠加褶皱之外，构造主体逐步转变成 NE、NNE 走向的隔挡式褶皱和断裂。其中，上形变层主要发育 NW 向断层，中形变层主要发育 NNE 向断层。中形变层的断层数量多、断距大，还发育走向 NE 的对冲构造带，表明印支运动前的 SE—NW 向挤压作用强烈。在横向上，由于所处构造位置的差异，海相地层的改造有 4 种类型：①强改造型。一般为高陡构造主体或两翼潜伏构造，核部常出露 T_3x，正常压力带底界可到 T_1j^1，或根本就没有高压带，天然气富集性较弱，如七里峡主体、铁山北等构造；②中改造型。一般为高陡构造两翼断层下盘的潜伏构造，核部常出露 J_1z，正常压力带底界可到 T_1j^4，天然气富集性中等，如温泉井等构造；③弱改造型。一般为高陡构造中背冲构造或宽背斜，核部常出露 J_2，正常压力带底界可到 T_1j^5，天然气富集性较高，如五百梯、铁山坡等构造；④未改造型。一般为高陡背斜之间的宽缓向斜带，核部出露 J_{1-2}或 J_3，构造完整且高度和面积都大，天然气富集性高，如宣汉普光气藏，实际上就形成于 NE 向的宣汉向斜与 NW 向的分水岭背斜叠加而成的大型构造圈闭中。

进入川东—渝东隔挡式褶皱变形区的主体，前震旦系基底埋深 7000～9000m，仅有上、下组合海相层轻微卷入，属于薄皮式滑脱推覆变形区（图 2-25，图 2-26），其盖层变形受到 4 套岩石强弱组合的控制（马力等，2004）。在川东—渝东隔挡式褶皱变形区，主滑脱面是第一滑脱层（震旦系底部）、第三滑脱层（志留系）和第四滑脱层（下三叠统膏盐层）。尽管上、下组合海相岩系也都遭到推覆切割，但滑脱距离较小，岩层的整体性较好，不仅下组合保存较为完整，而且上组合也仅有局部遭受剥蚀，区域性盖层基本上没有遭受严重破坏，虽然上部盖层（T_2—J）在隔挡式高陡背斜处遭受破坏较为严重，但下组合的两套区域盖层（S、ϵ_1）连片分布，早期处于油气横向运移的平缓斜坡区，气藏形成时位于古隆起边缘，下组合的油气藏保存条件总体上比较好。

隔槽式褶皱冲断变形带属于半厚皮式逆冲推覆变形带——上、下组合海相层与元古宇基底在一定程度上卷入，在靠近挤出变形带的地方被切割成叠瓦状逆冲岩片。上组合海相层在多数地方剥蚀严重，上部区域性盖层（T_2—J）遭到损毁，但在远离挤出变形带的地方下组合背斜完整性好且圈闭巨大，油气藏保存条件较好。隔槽式褶皱冲断变形带的形成，与基底和下组合强岩组卷入变形有关。从地震剖面上可以清楚地看到（图 2-28），这种隔槽式褶皱一直到元古宇基底都有明显的表现。在中浅部强岩组之间的滑脱层形成拖曳褶皱，其中主背斜上产生的不对称拖曳褶皱常成带分布。在第三滑脱层处，因弯滑褶皱作用和塑性流动作用，故常形成顶厚翼薄的不协调褶皱。背斜中常发育压扭成因的“Y”字形断裂，其主干多数深达基底。第四滑动层形成顶薄翼厚的不协调褶皱，可能与嘉陵江组嘉二段和雷口坡组（或巴东组）石膏层的塑性流动。显然，第四滑动层之下的宽缓背斜，具有良好的勘探前景。受应力作用方式控制控制，在石柱复向斜以东背斜轴面主要倾向SE，方斗山背斜带以西背斜轴面主要倾向 NW；主干逆断层则以倾向 SE 为主，倾向 NW 为辅，断面常呈上陡下缓的犁状。

基底挤出式变形带属于厚皮式逆冲推覆变形带，元古宇和震旦系均卷入变形。在挤出变形体之上，志留系以上地层已经被剥蚀殆尽，而残留奥陶系、寒武系和震旦系中的变形较为复杂，局部也见有相对宽缓的褶皱。在挤出变形体前缘，可能掩盖着上、下组合的海相岩层（图 2-25），具有一定的天然气勘探前景。

3. 龙门山—大巴山—江南隆起复合盆山体系

龙门山盆山体系与江南隆起盆山体系，也在一定程度上发生过联合式和叠加式复合作用，但由于二者相距较远，除了形成共同的前陆隆后盆地——面积巨大的川中拗陷（或称川中低凸起）外，其他的复合变形表现不很显著。龙门山、大巴山、江南隆起构造带及其前陆盆地，在印支以来的长期盆山耦合演化和复合演化过程中，除了两两交叉形成复合盆山体系外，还最终形成了“三山一盆”的巨型复合盆山体系——龙门山－大巴山－江南隆起复合盆山体系，简称上扬子复合盆山体系。今天的四川盆地，实际上就是这个巨型复合盆山体系共同前陆盆地，包含了每个盆山体系自己的主控前陆盆地（川西拗陷、川东北拗陷、湘鄂西—黔渝东拗陷）及其前陆隆起（龙泉山隆起、川中拗陷北缘隆起、开江—泸州隆起）和共同的前陆隆后拗陷——川中拗陷。

根据对各自前陆盆地和川中拗陷的影响次序分析，这三个盆山体系的造山作用均开始于印支运动早期，但完成的时间有先后。其中，龙门山南段完成最早，为晚三叠世；龙门山北段与米仓山－大巴山其次，为早侏罗世；江南隆起经过两期叠加，完成时间最晚，大致是中侏罗世（刘树根等，2001）。上扬子巨型复合盆山体系在喜马拉雅期还遭受到来自印度板块推挤和滑移作用的影响。四川盆地成为今天的形状，特别是其西南侧的隆起和围限，与此有密切关系。就前陆盆地遭受同期和后期改造程度而言，最强烈的是江南隆起前陆盆地，其次是米仓山－大巴山前陆盆地，最弱的是龙门山前陆盆地。川中拗陷在各期构造作用中的变形都很微弱。

川中拗陷界于华蓥山断裂与龙泉山断裂之间，占据了广阔的地域。它相对于龙门山、大巴山和雪峰山造山带而言是拗陷，而相对于三者的前陆盆地而言是隆起——三个盆山体系的共同前陆隆起带。根据其下组合海相地层的厚度分布，它还是一个稳定基底上的加里东期古隆起。该隆起由震旦系至白垩系组成沉积盖层，其中泥盆系和石炭系缺失，二叠系、中－下三叠统厚度稳定，中、新生代地层较齐全，但厚度比较薄。由前震旦纪变质岩系组成的基底，能有效地抵抗松潘－甘孜地块的侧向挤压，因此后期变形表现为大型隆起背景上的平缓表层褶皱变形，属于盆地内变形最弱的地区。整体呈北西向倾的大单斜构造，倾角平缓，仅 1°～5°。其后期构造是一系列近东西向低幅度穹窿背斜、宽缓短轴背斜和鼻状构造——中、新生代的低缓背斜带，呈北东东－近东西向展布。卷入褶皱的地层多

数为 T_3—J，背斜至向斜间的幅度差仅为 100～200m，局部构造闭合度在 100m 以下。凡是有微弱褶皱发育的地方，地下一般都存在有与之垂直相交的断裂，断距向地腹深处变小消失。

在该构造区东部与川东—渝东隔挡式褶皱区交界处，NE 向延伸的华蓥山构造带的南北两端曾发育了两个古隆起，即北端的开江古隆起和南端的泸州古隆起（图 2-28），这是川东地区中部自海西期以来长期继承性发育的次级古隆起。石炭纪末的云南运动使开江梁平一带发育走向 NE 的隆起带，导致核部的石炭系被剥蚀殆尽；早二叠世末的东吴运动，又使开江梁平一带形成走向 EW 向的隆起，导致隆起核部被剥蚀到下二叠统栖霞组下段。在中三叠世末的印支运动早幕，开江古隆起走向转变为 NNE 向，南北分别与大巴山古隆起和泸州古隆起以鞍部相接。这些古隆起的成因至今还不明了，还有待进一步研究。根据与盆山体系的关系，推测可能是这三个盆山体系，或者是复合盆山体系在某个演化阶段所形成的前陆隆起。

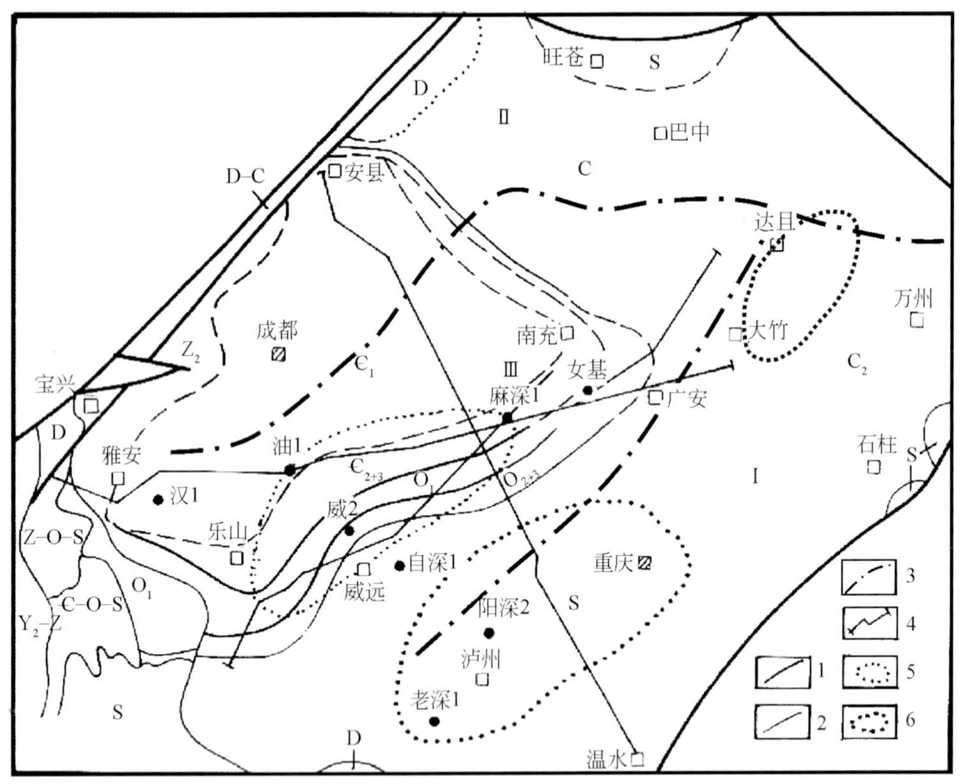

图 2-28 四川盆地印支—燕山期的变形分区与古隆起推测（马力等，2000①，修改）

1. 四川盆地边界；2. 地层界线；3. 变形分区界线；4. 地震剖面线；

5. 威远 T_3—J_2 隆起（潜伏构造）；6. 印支期古隆起；

Ⅰ. 川西—川东北前陆拗陷区；Ⅱ. 川东—渝东隔挡式褶皱变形区；Ⅲ. 川中隆起低缓背斜构造区

① 马力，吴少华，徐克定等，2000，中国南方海相中古生界天然气地质综合研究总结，中国石油化工股份有限公司油田勘探开发事业部南方海相油气勘探项目经理部项目研究报告。

雷口坡组（T_2l）的等厚线反映出，早印支期的开江古隆起高点在沙罐坪一带，那里的雷口坡组残留厚度<100m，向北西方向增厚，到川64井附近达到900m左右。泸州古隆起高点在泸州一带，地层剥蚀到下三叠统嘉陵江组嘉三段，往外依次升高为嘉四、嘉五段、中三叠统雷口坡组，在近$2.2\times10^4km^2$范围内，雷口坡组全部缺失，最大剥蚀厚度超过千米。在印支晚期，宣汉—达县及邻区仍处于龙门山盆山体系中，须家河组的厚度变化与雷口坡组有一定的相似性，等值线走向也是北东向，向北西地层厚度逐渐增大，但开江古隆起的表现已经不明显了。

从动力学机制上分析，泸州—开江印支期古隆起可能与四川盆地西缘龙门山以及江南地块的崛起所导致的北西—南东向挤压作用有关。

五、中国南方海相盆地原型的变形分区

从印支运动开始，中国南方大部分地区的海相盆地原型结束了并列叠加阶段，开始了以陆内造山变形和改造为主的构造演化局面。陆内A型俯冲、前陆拗陷、基底拆离、多层次滑脱、逆冲推覆、走滑-拉分、岩浆活动等，造成了南方地区极为复杂的构造-沉积-成矿（成藏）格局（陈焕疆等，1986；赵宗举等，2002，2003；马力等，2004；吴冲龙等，2006）。本书对前人成果作了进一步分析，结合地学断面、大量的区域主干地球物理剖面和盆地深地震反射剖面，以及地层接触关系，编制了印支期、燕山早期和燕山晚期—喜马拉雅期的中国南方构造变形分区图（图2-29～图2-31）。

如前所述，中国南方海相盆地原型在印支期以来的构造变形，具有明显的多块体汇聚和多盆山体系复合叠加特征（吴冲龙等，2006）。

1. 印支期构造变形分区及特征

中、晚三叠世的印支运动所引起的中国南方构造格局和性质变化，具有显著的特色。其主要表现是：在东部华北板块、秦岭微板块、扬子板块、华夏板块和海南地块陆续完成拼合，古特提斯多岛洋逐步走向封闭，海相盆地的多期次叠加演化的历史基本结束了；在三江地区随着甘孜—理塘洋盆、金沙江—哀牢山洋盆、昌宁—孟连洋盆闭合，使保山地块、昌都—兰坪—思茅地块、越北地块、义敦地块及松潘地块重新拼贴在扬子西南缘；沿秦岭—大别碰撞造山带两侧、龙门山东南侧、米苍山—大巴山南侧和雪峰山西北侧，以及扬子西南缘形成前陆盆地；早期各块体内克拉通及边缘盆地的同生正断层、走滑断层向冲断层转化；沿秦岭造山带（包括米苍山—大巴山）、龙门山造山带、江南造山带（包括雪峰山—武陵山）及扬子西缘等地区发生较强烈的中酸性岩浆活动；形成了一系列空间上连续、时间上同步的前陆型或类前陆型压性盆山体系，从此开始了中国南方特殊的复合盆山体系演化历史。

印支运动对中国南方海相盆地的影响，从沉积环境上讲，完成了总体由海至陆的转变；从原型改造上讲，造成了各块体结合带褶皱隆起和大规模逆冲推覆，以及造山带前缘的前陆或类前陆盆地叠加和角度不整合。印支运动对中国南方海相盆地的改造表现出了明

显的地区差异性：形成了以秦岭—大别—胶南造山带、龙门山造山带、江南隆起带、武夷—云开隆起带、三江造山带和桂西—越北造山带为相对强变形隆起区，其间为相对弱变形拗陷区的“隆拗相间-强弱相间”构造格局（图2-29）。海相地层在强变形隆起区遭受剥蚀，而在弱变形拗陷区被深埋。

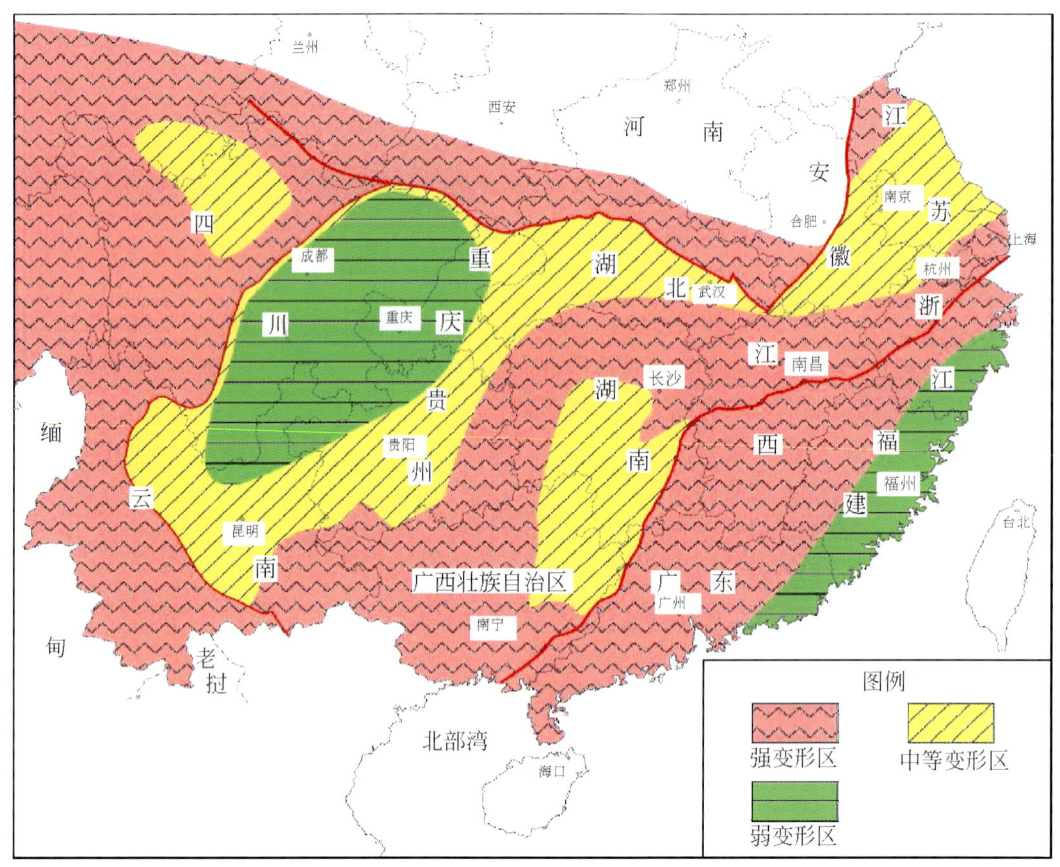

图2-29　中国南方印支期构造变形分区图①

2. 早—中燕山期构造变形分区及特征

在燕山早—中期，中国南方构造演化格局除了继承印支期多块体汇聚形成的陆内复合盆山体系演化外，还开始受到太平洋板块俯冲的严重影响。特别是在晚侏罗世—早白垩世，因受太平洋板块快速向亚洲及我国东部大陆之下俯冲的影响，以及由于太平洋转换断层在洋壳俯冲过程中的快速斜向消减，中国东南沿海地区晚侏罗世—早白垩世发生了大规模的同造山期中酸性火山喷发及岩浆侵入活动。这个时期主要表现为强烈的挤压冲断及大

① 周江羽，李星，王龙樟等，2005，南方海相盆地叠加改造及其油气藏保存条件的构造-岩浆热事件研究，中国石油化工股份有限公司南方勘探开发分公司项目研究报告。

规模左旋走滑和褶皱变形，如郯庐断裂带的大规模右旋走滑转换和南方东部浙－闽－粤地区的大规模向 NW 逆冲推覆及褶皱变形，在局部地区也形成了一些拉分盆地及反映拉张环境的“双峰式火山岩”。

在中国南方地区，上述各造山带的逆冲推覆作用不断地向前陆盆地方向扩展，除了齐岳山断裂以西的四川盆地中、古生界尚未发生明显褶皱变形外，其余地区均遭受了该期构造运动的改造，并形成了中、古生界的强烈冲断与褶皱。在南方中部和东部地区，江南隆起及武夷隆起进一步强烈上升并遭受剥蚀，在江南隆起北缘产生较强烈的向北逆冲，并与扬子北缘因受秦岭－大别－苏鲁造山带印支－燕山期的持续陆内造山及伴随的向南逆冲作用一起，共同形成了主要分布于中、下扬子区的南北对冲构造格局（丁道桂等，1991；张文荣等，1993）。同时，在江南隆起、九岭隆起及武陵－雪峰隆起的后缘，分别形成了鄱阳、衡阳及洞庭等拉分盆地。在扬子及华南其他地区，因受到 NE 及 NNE 向断裂的左行压扭性活动的影响，也形成了一些与断裂系有关的走滑-拉分盆地，例如下扬子小型走滑-拉分盆地。

在南方西部的上扬子和扬子西缘地区，海相盆地的改造主要表现为陆内造山背景下的持续挤压。四川盆地西部、西昌盆地、楚雄盆地及兰坪－思茅盆地均为持续沉降，叠加沉积了陆相的侏罗系－下白至统，地层间为整合或平行不整合接触关系。伴随着华夏板块对扬子板块挤压的增强，江南隆起向北西的逆冲推覆作用也有所强化，在江南隆起前陆区和四川盆地，沉积盖层开始发生褶皱及冲断变形，形成了湘鄂西隔槽式褶皱带和川东隔挡式褶皱带以及川西、川中地区的和缓背斜圈闭，并产生较大规模抬升剥蚀。下组合海相层在隆起带前缘的挤出变形带被卷入逆冲推覆，在隔槽式褶皱带被卷入同心褶皱，而在隔挡式褶皱带变形微弱。在南盘江地区，受到东部太平洋板块俯冲和西部中特提斯洋－班公错－怒江洋壳持续俯冲碰撞的双重影响，在燕山期基本形成了宽缓断褶带。中、下侏罗统与上三叠统以及泥盆系－三叠系各地层之间均呈连续沉积并被上白垩统甚至下白垩统角度不整合覆盖，说明南盘江区现今所见的中、古生界褶皱最初主要形成于晚侏罗世－早白垩世的燕山运动。

南方地区早燕山期构造变形分区的总体特点是除川滇黔周缘前陆盆地和类前陆盆地构造变形相对较弱外，其他大部地区处于强烈和较强构造变形区（图 2-30）。

3. 晚燕山－喜马拉雅期构造变形分区及特征

在中燕山期后，由于华北板块、华南板块、保山微板块和海南地块完全拼合，古特提斯多岛洋便最终封闭了。中国南方在继续进行着陆内造山作用和复合盆山体系耦合演化的时候，外部先后受到太平洋板块俯冲和印欧板块碰撞的强烈影响，致使区域构造应力场和区域构造运动体制进行了一系列调整。于是，南方海相盆地原型在晚燕山－喜马拉雅期经历了压扭背景下的挤压冲断及走滑、走滑伸展背景下的裂陷盆地叠加、初期的大规模隆升剥蚀和区域性披覆层形成等几个阶段的改造。

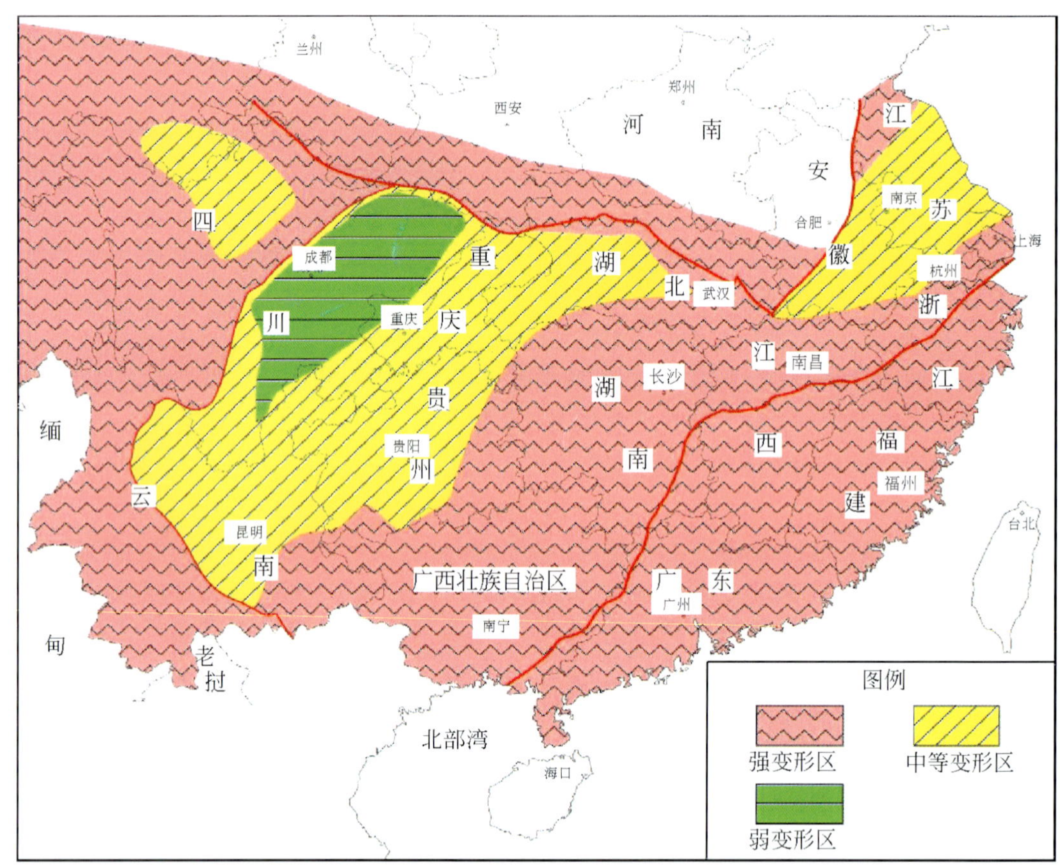

图 2-30 中国南方早—中燕山期构造变形分区图①

(1) K_2 压扭背景下的挤压冲断及走滑

持续的陆内造山作用，使上、下组合海相地层与上叠的印支—早燕山期前陆盆地一起，卷入大规模的挤压冲断及走滑变形，并伴随着大规模的火山喷发和岩浆侵入活动而发生热变质作用，同时还在总体挤压扭动背景下局部叠加了一些横向张性盆地。其结果造成中下扬子区中、古生界海相地层中对冲构造的强化、川—黔—渝—鄂—湘褶皱变形带的强化、东南沿海地区大规模晚燕山期岩浆活动，以及南方东部地区的一系列晚早白垩世走滑裂陷盆地的发育，等等。

(2) E 走滑伸展背景下的裂陷盆地叠加

在早喜马拉雅期（古近纪），中国南方出现了区域性伸展构造背景，复合盆山体系的耦合演化告一段落，在一些印支—燕山期前陆或类前陆盆地之上，又叠加了新的裂陷盆

① 周江羽，李星，王龙樟等，2005，南方海相盆地叠加改造及其油气藏保存条件的构造-岩浆热事件研究，中国石油化工股份有限公司南方勘探开发分公司项目研究报告。

地，在东南沿海地区伴随基性一超基性岩浆侵入和喷发。例如，扬子地块西缘的景谷盆地、宾川盆地，中扬子的江汉盆地、下扬子的沿江盆地、苏北盆地和浙闽粤地区的一系列小型箕状裂陷盆地等，均是这一时期伸展背景下的产物。裂陷盆地的形成，使得经历过印支一燕山期挤压变形的古一中生代海相地层，进一步解体成为一系列断块。在裂陷盆地发育处，古一中生代海相地层被深埋；而在裂陷盆地外缘隆起处，古一中生代海相地层被抬升剥蚀。于是，改变了该区生储盖组合的结构和完整性，同时也改变了海相烃源岩有机质的成熟度及其生烃性能。早喜马拉雅期伸展背景的产生，可能与中国南方岩石圈在经历长期持续挤压、缩短、增厚、造山和重力失衡之后的去根、减薄、调整和均衡回升有关，值得进一步探讨。

（3）N 初期的大规模隆升剥蚀

印度板块和太平洋板块从东侧和西南侧对欧亚板块的碰撞、俯冲和挤压，导致中国南方印支一早燕山期的挤压型盆山体系和晚燕山一早喜马拉雅期伸展盆地发生褶皱回返，伸展构造层被掀斜或褶皱，剥蚀强烈，形成古近系和新近系之间的角度不整合，一系列古近纪和新近纪盆地边界断层发生正反转，如四川盆地、苏北盆地、南陵盆地、景谷盆地、十万大山盆地和南盘江盆等。齐岳山断裂以西的四川盆地沉积盖层褶皱的强化，以及川一黔一渝一鄂一湘褶皱变形带的再次改造，都是这个阶段区域构造作用的产物。与此同时，在扬子西缘三江地区，沿近南北向的金沙江一哀牢山一红河断裂、澜沧江断裂及怒江断裂等，也产生了大规模走滑作用，并伴随有较强烈的中基性岩浆活动。该期左旋走滑在扬子西缘地区楚雄盆地的绿汁江断裂、易门断裂，南盘江地区的右江断裂和十万大山盆地北东侧的南丹一昆仑关断裂等表现得较为明显。这种褶皱回返和走滑活动，一方面使造山带和走滑断裂两侧的古一中生代海相地层进一步解体，并遭受严重剥蚀；另一方面却阻止了裂陷盆地所在处古一中生代海相地层的继续深埋，从而有利于冻结其烃源岩有机质的成熟度并保持其生烃性能。该时期挤压隆升作用总体上是从沿海向内陆、从西南向中部逐渐发展的。

（4）N—Q 区域性披覆层形成

在 N—Q 期间，中国南方处于均衡沉降的大、中型沉积盆地区形成了区域性披覆层。这种披覆层可以作为区域性盖层，不仅对中国南方古一中生代海相地层的油气成藏有利，而且对其中、新生代各期前陆盆地和裂陷盆地中的陆相地层油气成藏也有利。与此同时，由于印度板块和太平洋板块的持续作用，在西南三江地区、上扬子地区和下扬子地区，仍然发生继承性的隆升剥蚀作用。然而，在一些主要活动断裂附近，也形成了一些小型的走滑裂陷盆地。

综合上述几个阶段的构造作用结果，中国南方海相地层在晚燕山一喜马拉雅期构造变形的总体特点是：除了川中地区和江汉盆地变形相对较弱外，上、中、下扬子地区和阿坝地区变形中等，其他地区变形强烈（图 2-31）。

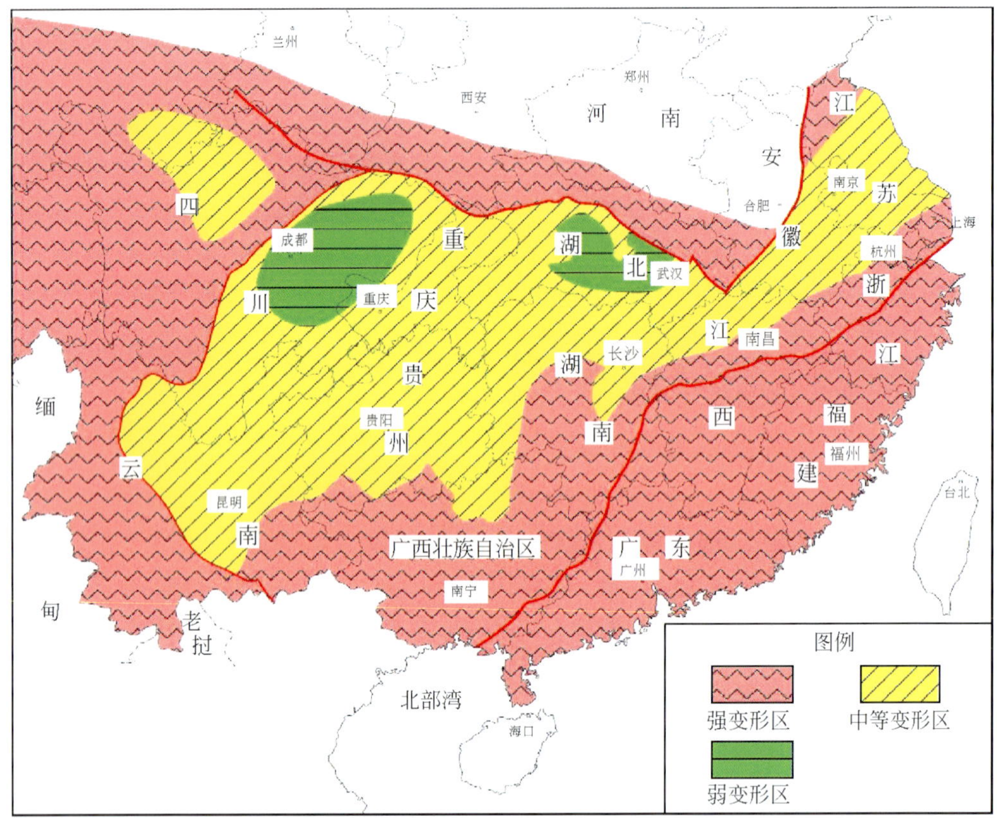

图 2-31 中国南方晚燕山—喜马拉雅期构造变形分区图①

① 周江羽，李星，王龙樟等，2005，南方海相盆地叠加改造及其油气藏保存条件的构造-岩浆热事件研究，中国石油化工股份有限公司南方勘探开发分公司项目研究报告。

第三章　烃源岩油气潜力及其地质成因

第一节　中国南方烃源岩的基本特征

一、有效烃源岩的划分标准

中国南方高演化烃源岩的划分依据，与低演化条件下的烃源岩指标相比，有很大不同。如氯仿沥青“A”、烃含量、S_1+S_2 等均变得非常低，无法与低演化条件下的已知烃源岩对比，烃源岩经过生烃，母质原始油气潜力大多耗竭。然而迄今为止，还无法准确恢复确定已经生成并运移的烃量及其沉积有机质的消耗，因此在高演化条件下不便用氯仿沥青“A”、烃含量和 S_1+S_2 来评价原始烃源岩的质量。在假定原始有机质中稳定成分与不稳定成分（即生烃成分）大体是成比例的条件下，唯有残余有机碳含量勉强可用来作为烃源岩评价的指标（马力等，2004）。

在国际上，对于 R^o 不高于 2%的碎屑岩烃源岩，一般采用 1%有机碳（TOC）作为有效烃源岩的下限。关于碳酸盐岩烃源岩的标准问题，则意见分歧较大。一般认为纯碳酸盐岩基本上不能作为烃源岩，认为泥质碳酸盐岩和生物灰岩具备生烃条件，而且碳酸盐岩中有机碳含量与泥质含量成正比。Palacas（1990）认为，其源岩有机碳下限值应不低于 0.4%；梁狄刚等（2000）建议对碎屑岩和碳酸盐岩均采用 0.5%的标准。由于我国南方海相岩酸盐岩烃源岩演化程度高，理应作演化恢复，但考虑到实际操作的困难，暂且把有利碳酸盐岩烃源岩的残余有机碳标准定为 0.4%。为此，把 R^o 在 0.5%～3.0%、碎屑岩残余有机碳含量>0.5%、碳酸盐岩残余有机碳含量>0.4%、有机质类型为腐泥型或腐殖腐泥型的烃源岩，作为“潜在的有效烃源岩”。

在研究过程中，吸收了大量前人的成果。其中，TOC 的数据主要来自于高瑞琪等（2001）、周祖翼等（2001）①、刘光祥等（2002）②、王津义等（2002）③、马力等（2004）的研究报告和论文中；R^o 数据主要来自李河名等（1996）、杨起等（1996）、陈鹏（2001）、

① 周祖翼，杨凤丽，2001，下扬子区印支期以来主要构造运动性质、表现及其对油气藏形成与改造的作用，中石化油田勘探事业部项目研究报告。

② 刘光祥，潘文蕾，吕俊祥等，2002，南方海相有效烃源岩研究及重点区块评价，中石化石油勘探开发研究院无锡实验地质研究所研究报告。

③ 王津义，余琪祥，袁玉松等，2002，南方海相油气勘探有利区带优选及 2002 年度勘探部署研究，中国石油化工股份有限公司油田勘探开发事业部项目研究报告。

高瑞琪等（2001）、刘光祥等（2002）[①]、马力等（2004）的科研报告及南方地区煤岩样品的测试结果。沥青反射率数据均已换算为等效镜质体反射率（丰国秀、陈盛吉，1998；Jacob，1985），煤岩样品均采用镜质组最大平均反射率 R_{max}。

根据上述有效烃源岩的标准，在中国南方可划分出 $Z_b$ds、ϵ_1、O_3-S_1、D_1、D_2、D_3、C_1、P_1、P_2、T_1、T_2、T_3 12 套烃源岩。其中，ϵ_1、O_3-S_1 烃源岩主要分布在扬子地块上，P_1、P_2 则广泛分布在中国南方各板块，均可看作区域性烃源岩。其他几套烃源岩的分布范围不广，属地区性烃源岩。例如，$Z_b$ds 烃源岩分布于扬子板块的局部位置，D_1、D_2、D_3、C_1 和 T_2 烃源岩主要分布在湘桂地块上，T_1 烃源岩除在湘桂地块分布外还在下扬子区分布，T_3 烃源岩分布在扬子克拉西南缘及古特提斯洋的块体结合处。中国南方烃源岩的这种分布，受大地构造、海平面升降和沉积环境的综合控制。

二、烃源岩发育的沉积环境

在早古生代，中国南方基本保持“两盆一台”的构造-沉积格局，可划分为扬子、秦岭（洋）和南华（洋）三个沉积域。中、上扬子浅海和下扬子浅海为稳定的碳酸盐台地，而两侧为深海盆地或斜坡，北面有南秦岭海槽和淮阴—张八岭缓斜坡，南侧为昭通—六盘水缓斜坡、扬子东南边缘斜坡和南华深海槽，从而构成扬子地块南北两个被动大陆边缘。下寒武统烃源岩发育在大陆边缘的内陆架盆地和斜坡区。南华（洋）地区包括湘桂地块和华夏地块西缘，虽然地质历史上曾因广泛发育深海、次深海而具备形成烃源岩的条件，但目前因浅变质或被剥蚀而失去烃源意义。

加里东运动后，扬子地块与华夏地块拼合形成华南板块。上奥陶统五峰组—下志留统（龙马溪组）烃源岩发育于中、上扬子浅海（台内斜坡相）及半深海相区域。在晚古生代—早中生代，华南板块南部伴随着古特提斯洋的打开，发育了离散型裂陷盆地和活动大陆边缘盆地，沉积了 D_1-T_2 烃源岩。在华南板块北部为被动大陆边缘，直至最大海侵期，才形成早、晚二叠世的区域性烃源岩。在印支运动中，华南板块南北边缘和江南隆起两侧均形成一系列前陆盆地，并且在前陆盆地挠曲阶段，沉积了上三叠统烃源岩。由于受新特提斯洋关闭的影响，华南板块南缘的滇黔桂湘地区整体隆升，海相地层大范围裸露，上三叠统沉积遭受剥蚀。上三叠统烃源岩残存于扬子克拉通北、西和西南缘。

三、海相烃源岩特征及其分布

1. 海相下组合区域性主力烃源岩

在中国南方，已经被证实的海相下组合区域性主力烃源岩有两套，即下寒武统泥质烃源岩和上奥陶统—下志留统泥质烃源岩。

---

① 刘光祥，潘文蕾，吕俊祥等，2002，南方海相有效烃源岩研究及重点区块评价，中石化石油勘探开发研究院无锡实验地质研究部研究报告。

（1）下寒武统泥质烃源岩

下寒武统泥质烃源岩主要赋存于筇竹寺组。与之相当的还有川黔鄂地区的牛蹄塘组或水井沱组、苏浙皖的荷塘组、冷泉王组，层位稳定。从空间上看，下寒武统烃源岩主要分布在滇东北—黔西北、川南、黔北；渝东—鄂西、江南隆起北缘；苏北—皖东、皖南—苏南和南秦岭。

在中国南方形成以下主要生烃区：①川南生烃区，烃源岩厚200～400m，有机碳含量为0.5%～1%；②渝东—鄂西、黔北生烃区，烃源岩厚50～300m，有机碳含量为0.5%～3%；③滇北—黔北生烃区，烃源岩厚50～150m，有机碳含量为0.5%～15%；④南秦岭生烃区，烃源岩厚100～500m，有机碳含量为0.5%～2%；⑤江南隆起北缘生烃区，烃源岩厚200～400m，有机碳含量为0.5%～2%；⑥下扬子西北生烃区，烃源岩厚50～120m，有机碳含量为0.5%～5%；⑦皖南、苏南生烃区，烃源岩厚50～400m，有机碳含量为0.5%～4%。

下寒武统烃源岩平均厚度为50～500m，岩性主要为暗色页岩、黑色碳质页岩、碳硅质页岩、黑色结核状磷块岩、黑色粉砂质页岩和石煤层。就总体而言，残余有机碳含量为0.5%～4.0%，以0.5%～2.0%为主，有机质以腐泥型为主，有机质组分分为以藻类为主的植物型和以被囊、海绵为主的动物型。已发现贵州瓮安古油藏、麻江古油藏、铜仁古油藏、岩孔古油藏、浙江泰顺古油藏、湘西南山坪、绍兴坡塘古油藏的烃源均来自该烃源岩。灰岩虽有发育，但一般有机碳含量达不到0.4%。

（2）上奥陶统—下志留统泥质烃源岩

主要包括上奥陶统顶部五峰组和下志留统龙马溪组底部笔石页岩段。五峰组烃源岩厚度仅数米至30m，但几乎遍及扬子区，岩性为灰黑—黑色硅质页岩、含砂质页岩、碳硅质页岩及含碳泥质页岩。下志留统烃源岩分布范围小于下寒武统烃源岩，主要在川东北、鄂西—渝东、江汉，以及下扬子地区，平均厚度为50～500m，残余有机碳含量为0.5%～2.0%，以0.5%～1.5%为主，主要为腐泥型。

在下扬子区，烃源岩集中分布在与龙马溪组层位相当的高家边组和霞香组底部笔石页岩段。该岩段厚约35～80m，主要岩性为碳硅质页岩和含碳泥质页岩，分布稳定且有机碳含量高。在高家边组下部的15件样品中，含量最高者可达2%，是良好的烃源岩。其中，有机碳含量>1%者占60%；0.5%～1%者占26.67%；<0.5%者占13.3%。高家边组上部烃源岩的有机碳含量很低，平均仅为0.26%。

在中扬子地区，龙马溪组底部的岩性也为黑色笔石泥页岩，厚度仅为35～50m，但分布范围广。就几处揭露的资料看，推测为大面积分布的优质烃源岩：

1）黄陵背斜东翼王家湾地区，浅井于井深134.23～151.37m，揭露为龙马溪组底烃源岩段，厚19.09m，25块样品，有机碳含量为0.19%～7.055%，平均为2.13%；

2）盆地西北保康竹溪出露S_1底部50m黑色泥岩，为含浮游型笔石的钙质页岩；

3）在宜昌、分乡场出露黑色泥岩厚40m，为富含浮游型化石的碳质页岩；

4）大庸田坪地区，黑色泥岩，有机碳含量平均为1.2%；

5）江汉盆地的海4井1835.7～1870m井段（层位：O_3—S_1l岩性为黑、深灰色泥岩，有机碳含量为 0.82%～2.42%，9 块样品平均为 1.28%）；海 1 井一块样品，有机碳含量为 2.4%；

6）武昌地区武 4 井 S_1l^1 泥岩平均有机碳含量为 0.56%；

7）在鄂西渝东区的利川复向斜，下志留统底部黑色、灰黑色页岩厚 46m，有机碳含量为 0.53%～3%，5 块样品平均为 1.74%；在石柱复向斜，下志留统底部烃源岩厚 40～80m，主要是黑色页岩，有机碳含量为 0.43%～4.92%，17 块样品平均为 2.06%；

8）在川东地区，下志留统底部暗色泥岩有机碳含量为 0.2%～1.78%。

上奥陶统顶部—下志留统底部烃源岩在南方形成了以下生烃区：①下扬子东部生烃区，烃源岩厚 65m，有机碳含量为 0.9%～1.24%；②中扬子西部生烃区，烃源岩厚 80m 左右，有机碳含量为 1.01%～1.22%；③江南盆地生烃区，烃源岩厚 35～54m，有机碳含量为 0.87%～1.65%；④上扬子区，烃源岩厚 40～80m，有机碳含量为 0.5%～2.34%。

2. 海相上组合区域性主力烃源岩

中国南方的海相上组合的区域性主力烃源岩也有两套，即下二叠统碳酸盐岩质烃源岩和上二叠统泥质烃源岩。

（1）下二叠统碳酸盐岩质烃源岩

发育在栖霞组中上部至茅口组底部。是一套以碳酸盐岩为主的烃源岩，岩性为黑色、深灰色生物碎屑灰岩夹富含燧石结核和条带的泥灰岩、泥岩及硅质岩，分布十分广泛。平均厚度为 100～400m，烃源岩的残余有机碳含量为 0.4%～1.0%，在下扬子最大可达 2.0%，有机质类型以腐泥—腐泥腐殖型为主。泥质烃源岩亦有分布，但厚度薄。江汉盆地东坊背斜茅口组油苗、慈利县回太乡凤鹤山煤矿采石场油苗、蒲圻北门岔茅口组油苗和东山雁门口二叠系油苗均来自本套烃源岩。桑植—石门复向斜苗市下二叠统油苗、安徽巢县马家山油苗和宣城新田油苗，以及滇黔桂地区的 586 处油气苗及沥青，其中不少来源于这套烃源岩。

在中国南方，下二叠统已经发现的生烃区有 9 个：①下扬子区，烃源岩厚 100～200m，有机碳含量为 0.4%～2.82%；②中扬子区厚 100～350m，有机碳含量为 0.4%～0.93%；③石柱—利川区厚 200～300m，有机碳含量为 0.4%～0.5%；④南盘江坳陷厚 300～600m，有机碳含量为 0.4%，六盘水地区厚 500～600m，有机碳含量为 1%～1.5%；⑤十万大山地区厚 50～150m，有机碳含量为 0.4%～1%；⑥思茅地区厚 200～300m，有机碳含量为 0.4%～0.57%；⑦湘中地区厚 100～400m，有机碳含量为 0.4%；⑧川南地区厚 100～200m，有机碳含量为 0.4%～0.8%；⑨川中地区厚 300～350m，有机碳含量为 0.4%～1%。

（2）上二叠统泥质烃源岩

主要赋存在龙潭组、大隆组，区域上主要分布在上扬子、滇黔桂、江汉盆地、湘中、下扬子地区，平均厚度为 20～200m，在思茅和十万大山盆地可达 300～2000m。下扬子烃源岩厚 50～200m，有机碳含量为 1%～3%。烃源岩的残余有机碳含量为 0.5%～3.0%，鄂西渝东地区可达 4.0%～6.0%，以腐泥型、腐泥一腐殖型为主。

上二叠统在南方有以下主要生烃区：①下扬子区、烃源岩厚 50～200m，有机碳含量为 1%～3%；②中扬子区，厚 20～40m，有机碳含量为 1%～3%；③石柱一利川区，厚 20～50m，有机碳含量为 4%～6%；④川南一滇东北一黔西北地区，暗色泥质岩厚 100～300m，有机碳含量为 0.5%～1%；⑤四川盆地，烃源岩厚 20～50m，有机碳含量为 1%～6%；⑥南盘江拗陷，暗色泥岩厚 50～200m，有机碳含量为 0.5%；⑦十万大山盆地，暗色泥岩厚 500～2000m，有机碳含量为 0.5%～1%；⑧思茅拗陷，暗色泥岩厚 300～600m，有机碳含量为 1%～2%；⑨湘中一鄱阳湖盆地，暗色泥岩厚 100～300m，有机碳含量为 0.5%～2%。

3. 海相局部性烃源岩

除上述四套主力烃源岩外，在中国南方还发育有一些局部性烃源岩：

1）震旦系陡山沱组泥质和灯影组富藻白云质烃源岩，分布于上、下扬子区；

2）泥盆系烃源岩在湘桂地块西部局部分布。其中，中、下泥盆统有泥质和碳酸盐岩烃源岩，上泥盆统仅有泥质烃源岩。十万大山盆地主要发育下泥盆统泥质烃源岩；

3）石炭系仅在下统有泥质和碳酸盐岩烃源岩，局部分布在湘桂地块西部地区；

4）下三叠统泥质和碳酸盐岩烃源岩分布在湘桂地块西部，中、下扬子地区及十万大山盆地（残余 TOC 为 0.25%～0.5%）；除了福建、云南和南盘江大部地区 R^o 大于 2.0% 外，其他地区均小于 2.0%；沉湖复向斜南部、当阳复向斜中部、石柱复向斜中北部厚度较大，一般均在 50～60m，其他地区相对较薄，一般为 10～30m；演化程度普遍较低，R^o 一般为 1.3%左右；主要处于过成熟早期凝析油一湿气阶段；下扬子苏皖地区主要生烃强度都在 0.5×10^9～$2.0\times10^9 m^3/km^2$；

5）中三叠统只有泥质烃源岩局部分布在湘桂地块西部及思茅拗陷；

6）上三叠统泥质和碳酸盐岩烃源岩发育在川西拗陷、楚雄盆地及思茅拗陷（残余 TOC 川西为 1.0%～4.0%，楚雄及思茅拗陷含量为 0.5%～3.0%）。

第二节　川黔渝鄂湘边区烃源岩沉积特征与分布

本书研究的重点区域为川东南、黔中、鄂西一渝东和湘鄂西 4 个区域，而重点层系为海相下组合。在这 4 个区域中，不仅 2 套区域性烃源岩发育良好，而且一些地区性烃源岩也发育良好。这 4 个区域彼此间相互邻接，位于 5 省区的交界处，为了方便暂时将其合并称为川黔渝鄂湘边区。

一、震旦系烃源岩

主要出露于研究区东南的三都、都匀、瓮安、印江以东地区，贵阳、金沙、遵义有零星分布。分为陡山沱组（$Z_b ds$）和灯影组（$Z_b dy$）。

1. 陡山沱组（$Z_b ds$）

为一套含磷碳酸盐岩-泥质岩组合，是“开阳式磷矿”产出层位。地层厚度变化大，达数十米至300m以上。由西北往东南呈地层增厚、泥质含量增高趋势。遵义一带为碳酸盐岩-泥质混合台地及潮坪沉积；开阳一带为台地浅滩沉积；镇远、台江为台缘斜坡相，黎平、丹寨为半深水滞流沉积。

据区测资料和对遵义松林、三都渣拉沟剖面观测，陡山沱组下部为浅灰色白云岩、泥质白云岩；中部为深灰色含粉砂泥岩；上部以灰黑色碳质泥岩为主，含磷硅质及磷结核，厚层—巨厚层状，夹薄层状、块状构造，薄层中水平纹理发育，质地脆硬，富有机质而染手且碳化程度高（图3-1）。

图3-1 陡山沱组灰黑色含磷硅质碳质泥岩（遵义松林）

2. 灯影组（$Z_b dy$）

零星出露于遵义、金沙、贵阳一带。厚20～526.12m。据清镇、开阳剖面资料，地层主要为碳酸盐台地相沉积，中、下部为灰、浅灰色厚层块状细晶白云岩、鲕状白云岩、藻白云岩、泥一微晶白云岩夹砂、砾屑白云岩及硅质条带，厚225.2m。上部为粉砂质黏土岩，厚23.1m；顶部为灰、深灰色薄层含磷白云岩，含磷或白云质硅岩，以及磷块岩等组成，厚19.5m。在遵义松林，灯影组底部见较多叠层石，溶洞发育，充填有崩塌角砾岩（较大溶洞者，直径达1m多）；小溶洞中充填有结晶方解石（直径为10～20cm）（图3-2）。灯影组与陡山沱组平行不整合接触，接触面为一薄层（厚15～30cm）黑色燧石岩，界面清晰，为平行整合或冲刷面。界面之上的灯影组为白云岩，厚层状，共约 3m；向上为薄灰岩，厚—巨厚层状（图 3-3）。

图 3-2 灯影组底部叠层石与溶洞构造发育（遵义松林）

图 3-3 灯影组与陡山沱组平行不整合接触（遵义松林）

值得注意的是，在金砂岩孔杏子树村灯影组顶部劈理发育，裂隙有沥青充填甚至呈条带状分布（条带水平、斜交或直立，宽 0.2～0.8cm），向下主体为中粗粒亮晶白云岩，晶间孔隙均充填有沥青，向下见厚层—巨厚层状藻灰岩，厚度约 10m，表面风化呈密集的细孔状，孔径为 1～2mm。小型溶孔发育，直径达 1～3cm，洞中充满方解石晶簇，晶间充填黑色沥青。这套含沥青富藻白云岩厚约50m。其下为贫藻段，仍为亮晶结构。这套白云岩残余有机碳含量高达5.44%，表明其中沥青无论是原地还是（临近牛蹄塘组）外来成因，地层作为源岩或次生源岩的意义都不可低估（图3-4）。

图3-4 灯影组顶部含沥青富藻白云岩（金砂岩孔杏子树村）

二、寒武系烃源岩

早寒武世早期受滇中古陆的扩大和西南牛头山古陆隆升的影响，研究区地势西高东低，由西往东分布开阔浅水台地至斜坡一台盆。台地西部筠连一威宁以西为陆源碎屑潮坪一潟湖；往东到务川、贵定一带从砂泥潮坪变为砂、泥与碳酸盐混合潮坪；继续往东为较深水斜坡一滞留台盆。早寒武世中期到晚寒武世，牛头山古陆向北北东方向扩展到黔西的兴义、盘县、水城、镇雄一带，海域为平缓而宽阔的台地，延伸至印江、石阡、都匀一带渐变为斜坡一台盆。在浅水开阔台地及缓坡地带，发育了一套受潮汐作用影响的鲕粒灰岩、细晶白云岩。

晚寒武世广阔的白云质台地以及台缘缓坡带封闭停滞，演变为潟湖环境，出现大量膏盐和含硅质条带、团块的泥质沉积。三都以东，斜坡一台盆中则发育了一套灰一黑色的碳质页岩、薄层泥灰岩、砾屑灰岩、瘤状灰岩沉积。

在上述沉积背景下，早寒武世早期开阔浅水台地营养丰富、生物繁盛，有机质大量积累，区域上形成以牛蹄塘组为主、明心寺组为次的烃源岩配置。在黔南和黔西南的斜坡一台盆中，有机质经早一中寒武世的长期积累，渣拉沟组、都柳江组乃至三都组都曾具有良好的烃源岩发育条件。

1. 牛蹄塘组（ϵ_1n）

本组分布广泛，下部为黑色碳质页岩，偶夹黑色硅质页岩；中、上部为黑色碳质页岩，薄层黄绿色粉砂质泥岩和碳质粉砂岩，含黄铁矿；富含盘虫类等三叶虫化石和软舌螺等小壳动物化石、海绵骨针等。由南向北变薄，在开阳－息烽－清镇一带厚约 210m，遵义牛蹄塘厚约 150m，金砂岩孔厚 125m，习水厚 12m。与下伏灯影组部分为整合接触，部分（如习水、息烽、丹寨等地）为平行不整合接触。上部以黑色碳质页岩的消失和灰色、灰绿色钙质砂岩的出现与明心寺组整合分界。

在黔北的金砂岩孔，牛蹄塘组底部为含磷黑色碳质岩（磷矿层），见 1～3cm 大小椭球状磷质结核，中部为薄－中厚层状黑色页岩，厚度＞30m，为灯影组 $Z_b$dy 古油藏的直接盖层。上部为薄层状水平纹理泥岩、粉砂质泥岩和泥质粉砂岩，色黑，有机质含量较高。质硬，页理较发育。为较好－好烃源岩（图 3-5）。

图 3-5　牛蹄塘组黑色页岩层序（金沙岩孔）

2. 明心寺组（ϵ_1m）

整体以黄绿、灰绿色粉砂岩、泥岩发育为特征。底部为钙质泥岩、泥灰岩，含三叶虫化石；中部夹薄层泥质条带灰岩、泥灰岩，含藻类和动物化石；上部主要由粉砂岩、泥岩组成，化石稀少，见波痕和虫迹，层面分布白云母。由于逐渐处在潮下高能环境，有机质保存条件差，不利于烃源形成。

金沙岩孔一带，明心寺组底部为粉砂岩中－厚层状，水平层理，厚约 5m。向上粒度渐粗，为细砂岩，层内见大量沥青条带（图 3-6a），顺层充填于水平裂隙或构成胶结物，局部沥青含量非常高（图 3-6b），构成一定规模的古油藏。地层厚约 40m；再向上转为泥质粉砂岩，厚约 6m，层位相当于黔中隆起东侧的黔东瓮安古油藏。这一现象或许表明含沥青的明心寺组地层可能为次生烃源。

图 3-6 明心寺组细砂岩中沥青顺层集中成带分布（a）及局部富集的沥青（b）（金沙岩孔）

3. 渣拉沟组（$\in_1 z$）、都柳江组（$\in_2 dl$）和三都组（$\in_3 s$）

这三个组是黔南斜坡－台盆环境中发育的一套烃源配置。

研究区渣拉沟组为半深水滞留海盆沉积。下部由灰黑色薄层、中一厚层碳质泥岩、含碳粉砂质泥岩等组成，近底部夹粉砂质页岩及砂岩薄层，块状层理和水平层里交互出现，岩石中常见有细粒黄铁矿均匀分布，岩石硬脆；上部为灰一深灰色页岩、粉砂质页岩，顶部为钙质泥岩条带，水平层理发育。据区域资料，渣拉沟组由南向北逐渐增厚，在三都北部达 248m，往西北过渡为黄灰、黄绿、灰一深灰色页岩为主，夹灰色泥晶灰岩、泥晶白云岩的下寒武统，层位与牛蹄塘组、明心寺组、金顶山组、清虚洞组相当。在三都渣拉沟，渣拉沟组底部以灰黑色碳质页岩与下伏震旦系灯影组土褐色风化壳成平行不整合接触，分界明显。

都柳江组为半深水滞留海盆与斜坡的过渡沉积。中、下部以深灰色粉砂质页岩、含硅碳质页岩、粉砂质页岩与灰一浅灰一黄灰色泥质粉砂岩不等厚互层为主，夹灰一深灰色中一厚层壮砾屑灰岩或砾屑白云岩，偶夹灰一深灰色薄一中层状细一微晶灰岩；上部为灰色薄一中层状含碳硅质粉砂岩夹碳质页岩。砂、页岩中水平层理发育，并多以细层纹出现，局部出现透镜状层理。砾屑灰岩中，砾屑多为菱角状、长板条状，大小一般为 2cm×10cm，其长轴多数与层面平行排列。都柳江组底部以灰色粉砂质页岩与下伏渣拉沟组灰黑色碳质页岩分界。在三都都柳江，该组总厚约 350m，页岩约占 1/3，其有机质丰度虽低于渣拉沟组，但仍不乏产出好一中等烃源岩。

三都组主要为斜坡沉积。以灰色、黄灰色、绿灰色薄一中层状泥质灰岩和泥晶灰岩为主，夹灰色中一厚层状砾屑灰岩，偶夹白云岩及砾屑白云岩。其中，砾屑灰岩主要集中分布于下部，底部以厚层壮砾屑灰岩与下伏都柳江组条带状含碳质粉砂岩分界，顶部以灰一深灰色泥质灰岩的消失和绿灰色页岩的出现与上覆锅塘组划界，总厚亦达到 350m 以上。在三都渣拉沟，三都组底部为竹叶状、条带状灰岩，砾屑多为菱角状、长板条状泥晶灰岩，大小一般为 2cm×10cm，大多杂乱排列，少数长轴与层面平行（图 3-7）。其中，条带状灰岩底部常见波状起伏，还见有砂球构造、冲刷面。当泥质灰岩、泥晶灰岩与黑色泥岩互层时，分层多为 3～5cm，有时出现 1～1.5cm 厚的灰岩薄层与黑色泥岩频繁交替。局部灰岩薄层被断成香肠状，从厚达 1m 的竹叶状灰岩及常见的香肠状、书写状构造，表明三都组沉积期间地震活动十分强烈。

所测三都组中上部厚层块状灰岩残余有机碳值为 0.51%，说明在相对低能状态下，偶尔出现有机质聚集并刚刚达到形成烃源岩的边界条件。

三、奥陶系烃源岩

早奥陶世早期，古地理面貌继承晚寒武世，在遵义一余庆以北，白云质台地逐渐被灰泥质台地取代，其余仍为开阔的白云质台地或潟湖。随后，“黔中古陆”和牛头山古陆加速隆升扩展，进而连成一体，在古陆周边分布砂泥质或灰泥质台地和潟湖。黔东南三都一带保留半深水台缘斜坡一台盆环境，随后海水变浅成为灰泥质台地，至中奥陶世成为近陆台地并进而隆起遭受长期剥蚀。

研究区奥陶系沉积或残留厚度一般在 300～600m 以上，其中盐津一桐梓及都匀一三都厚度较大，达 450～1000m 以上。黔中瓮安、普定、毕节、遵义等地全部缺失。被认为具有烃源岩性质的地层有湄潭组（O_1m）［大湾组（O_1d）］和五峰组（O_3w）。

图 3-7 三都组底部竹叶状灰岩（a）和条带状灰岩香肠构造（b）（摄于贵州三都渣拉沟剖面）

1. 湄潭组（O_1m）

据区域资料，本组一般厚 200m 左右。盐津城北 350m；湄潭五里坡 115m；毕节芭蕉沟 338m。岩性三分：上部以灰黄、灰绿、蓝灰色页岩为主，间夹粉砂质泥岩和薄层生物碎屑灰岩，向东灰岩夹层增多，往西砂质增多，层内富含笔石、三叶虫、腕足等化石；中部主要为灰色瘤状灰岩、中厚层细一粗晶生物碎屑灰岩、泥质条带灰岩，由东向西砂质页岩、钙质粉砂岩夹层增多，含腕足和腹足类化石；下部由灰、灰黄色砂质页岩夹薄层砂岩或页岩与砂岩互层，灰黑色页岩及灰色薄层灰岩组成，毕节一带砂岩增多，富含笔石、三叶虫、腕足等化石。

在川东南地区，本组暗色页岩剩余有机碳含量为0.2%～0.5%，暗色泥晶灰岩为0.1%左右。叙永仙洞村的泥质灰岩剩余有机碳仅为0.07%，多为差一非烃源岩范畴。在湄潭组沉积时，由于古陆迅速扩大，陆源碎屑供给充足，桐梓一金沙以西多为陆源碎屑滩相（甚而出现直立虫孔构造和贝壳滩）沉积，以东多为浅水开阔台地灰泥坪沉积，环境变更频繁，总体上不利于有机质连续积累而形成一定规模的优质烃源岩。

2. 五峰组（O_3w）

五峰组为较深水滞流台盆一生物礁滩相沉积。下部以黑色薄板状泥质灰岩、含硅碳质页岩为主，夹钙质页岩、粉砂岩，富含笔石；上部为灰一灰黑色薄一中厚层泥质灰岩、生物碎屑灰岩，富含笔石、三叶虫等化石，厚度一般不足20m，由北向南变薄直至尖灭。该组以黑色笔石页岩、碳质泥质粉砂岩与下伏宝塔灰岩龟裂顶面接触。粉砂岩见雨痕和双向波痕（图3-8），表明出现由短暂暴露、浅水近岸到较深水滞流沉积的转化，是随后形成龙马溪组优质烃源岩的前奏。当上部生物碎屑灰岩缺失时，与上覆龙马溪组黑色笔石页岩界线难以区分，因厚度小且同属较好烃源岩，可合并评价。

图3-8 五峰组粉砂岩层面雨痕（a）和双向波痕（b）（盐津牛寨）

图 3-8 五峰组粉砂岩层面雨痕（a）和双向波痕（b）（盐津牛寨）（续）

四、志留系烃源岩

早志留世早期，川滇古陆、滇黔桂古陆与华夏古陆连成一片，海水北退到毕节一遵义一余庆一线以北，地形南高北低，陆源输入有限，灰泥台地海水滞流，演变为封闭还原的海湾环境。生物稀少，以浮游笔石、三叶虫为主，在区域范围内形成高碳质页岩、粉砂质页岩。早志留世中期到中志留世，古地貌变化不大，但海水通畅，生物除浮游种类外底栖腕足、珊瑚等开始繁盛，沉积物由以砂泥为主转变为以灰泥为主。中志留世起，受广西运动影响，研究区整体抬升为陆地，遭受剥蚀。志留系总厚一般为 200～400m。通过检测，志留系龙马溪组岩样剩余有机碳含量大多在 0.6%以上，而其他志留系样品均未达到烃源岩标准。

龙马溪组（S_1l）区域分布广泛，规模连续宏大，岩性稳定，主要为黑色一灰黑色碳质页岩、碳质粉砂质页岩及碳质粉砂岩组成，夹薄层碳质泥晶灰岩，富含笔石但种属单调。细水平纹层发育，属较深水滞流台盆一较封闭海湾沉积，普遍见有少量黄铁矿，有时菱铁矿薄层、条带或透镜体，反映总体处在还原一弱还原环境（图 3-9，图 3-10）。

在桐梓九坝，黑色笔石页岩呈厚层一中厚层状。下部为薄层状粉砂质泥岩，页理发育，层面上见大量笔石化石碎片；上部具水平纹理，粉砂质较多，见多层中厚层粉砂岩，层面分布大量星点状白云母。内夹一层薄层菱铁质粉砂岩，顶底界面清晰，质硬。兴文中城镇龙马溪组笔石页岩质细，碳酸盐岩以薄夹层频繁出现（图 3-11），表明随着远离古陆或微环境的改变，沉积条件可能导致烃源发育更佳。

图 3-9　盐津牛寨龙马溪组（S_1l）大套笔石页岩

图 3-10　桐梓九坝龙马溪组粉砂质泥岩笔石顺层分布

图 3-11 龙马溪组笔石页岩中频繁出现碳酸盐岩夹层（兴文中城镇）

龙马溪组与上覆新滩组和下伏五峰组在川东南均为连续沉积，由此向南东逐步变薄，在正安—枧坝—毕节一线尖灭。

通过以上分析不难看出，陡山沱组虽然因隐伏暂时未知其确切分布，但根据其品质及其与古油藏的关系，应当是主力原始烃源层所在。牛蹄塘组及与其相当的渣拉沟组在研究区分布普遍，是黔中及其周边主力原始烃源层。龙马溪组连带五峰组构成黔北、川东南等北部主力原始烃源层。此外，湄潭组、都柳江组品质略次，规模不详，是可能的次要原始烃源层。值得强调的是，对于高演化、过成熟和天然气勘探来说，诸如灯影组、明心寺组等沥青聚集层位作为次生烃源的作用理应予以重视。

第三节 烃源岩有机岩石学特征

本次采样及前人（主要是无锡石油地质研究所的资料，在此深表谢意）资料共涉及32条剖面、237件样品。除川南—黔中—渝东—鄂西以外，还包括云南、广西、湖南、川东北及陕南局部地区。下古生界样品约占研究样品总数的70%，是本次研究的重点。上古生界样品主要采自下二叠统海相碳酸盐岩和上二叠统海陆交互相煤系地层，中生界样品主要来自鄂西渝东地区的下三叠统飞仙关组海相碳酸盐岩，这些层位中固体沥青广泛分布，有机质演化与下伏地层存在联系，采集少量样品附带进行了研究。

一、烃源岩岩石类型

烃源岩岩石类型主要有6种，即泥岩（页岩）、砂岩、泥灰岩、碳酸盐岩、硅质岩和煤。研究区烃源岩以泥岩（页岩及少量板岩）占明显优势，达54%；其次为碳酸盐岩，约占 30%，这两种类型是本区烃源岩最主要的岩石类型，其他各类岩石分别为 3%～6%，所占比例甚少（图 3-12）。

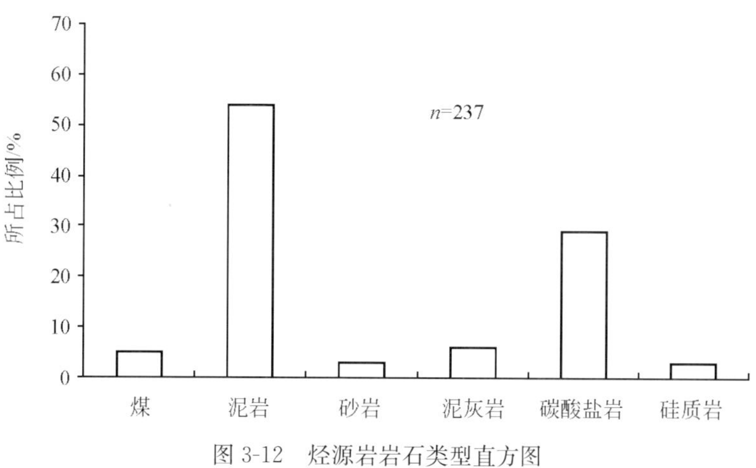

图 3-12　烃源岩岩石类型直方图

1. 泥岩（页岩）

泥岩包括灰质泥岩、粉砂质泥岩、碳质页岩、硅质页岩及少量菱铁质页岩等，往往彼此逐渐过渡。在遵义松林镇、三都城东和通江诺水河等地采集的 6 件陡山沱组样品中，5 件属于含粉砂质页岩和碳质页岩，可见陡山沱组烃源岩的基本岩石类型即为海相泥岩。在黔中三都、瓮安及金沙等地采集的 12 件下寒武统烃源岩样品中，有 11 件属于泥岩或碳质泥岩，在沅陵、城口及南江等地采集的 9 件下寒武统样品中全部属于碳质泥岩、粉砂质泥岩及硅质泥岩（腾格尔等，2006），在石柱、通江等地采集的 16 件下寒武统样品中，有 10 件属于碳质泥岩、灰质泥岩及暗色泥岩①。系统的剖面取样表明，研究区分布面积最广、厚度最大且有机质丰度最高的下寒武统烃源岩属泥质岩型烃源岩。下志留统烃源岩也有类似情况，两个地区共采集该层样品约 50 件，其中 92%属于暗色泥岩、碳质泥岩及钙质泥岩。统计结果表明，研究区上震旦统（陡山沱组）、下寒武统和下志留统烃源岩均以泥质岩占绝对优势。

泥岩（页岩）多呈薄层状或叶片状，少数呈厚层状（块状），暗灰至深黑色，普遍含微粒状或草莓状黄铁矿，一般含量为 0.5%～2.5%，部分达 3.7%～5.5%，尤以下寒武统底部黑色页岩含量最丰富；多为原地同生沉积的，表明岩石沉积时及埋藏初期处于强还原环境。页岩中普遍含生物遗体化石，特别在黔中地区连片分布的龙马溪组（S_1l）笔石页岩，笔石化石顺层分布颇为特征，有机质含量丰富。下古生界碳质页岩有机组分含量可高达 10%～15%，以腐泥质为主，实际上应归属于沥青质页岩，原始岩石类型属于油页岩，这类岩石原始生烃潜力是非常巨大的。

---

① 刘光祥，潘文蕾，吕俊祥等，2002，南方海相有效烃源岩研究及重点区块评价，中国石油化工股份有限公司石油勘探开发研究院，无锡实验地质研究所项目研究报告。

2. 碳酸盐岩

在所研究的样品中，碳酸盐岩数量仅次于泥岩，是最主要的岩石类型之一。在上古生界和中生界样品中只见个别白云岩，几乎全部为灰岩；在下古生界样品中，白云岩约占1/3。白云岩多呈厚层状或块状产出，灰岩产出形态变化较大，多呈薄层状及中厚层状，也见瘤状、竹叶状、碎屑状及鲕状等。纯净碳酸盐岩（如台地相沉积的块状碳酸盐岩）含原始有机质微少，多数属于非烃源岩，但各个层位中与泥岩呈互层状产出的薄层泥质灰岩原始有机质含量则相对较高，如下寒武统和下奥陶统及下志留统，都有一些碳酸盐岩达到烃源岩标准。我国南方碳酸盐岩中普遍含次生沥青（或称热变沥青），有的属于储层沥青，有的属于同层沥青，其含量由0.5%～10%以上。这些沥青无论产状如何，都当以半固态定位以后演化至今完全固态的碳沥青，必然裂解出相当数量的烃类物质，富含固体沥青的碳酸盐岩无疑可视为二次生烃作用的烃源岩。研究区下古生界白云岩常含脉状及侵染状碳沥青，在麻江一瓮安一带形成巨大规模，类似情况在广元一南江一西河一线也有发现，属于典型的古油藏（参阅第四章）。灰岩也有相同的现象。寒武一奥陶系灰岩中细分散状同层沥青普遍存在，二叠系灰岩中储层沥青屡见不鲜，如安顺石头寨长兴灰岩中的碳沥青脉，石柱、城口广元等地栖霞灰岩和茅口灰岩中的碳沥青等，尤其是川东北地区飞仙关组鲕粒灰岩中的孔隙充填碳沥青，不仅是巨大古油藏的充分证据，也是现今超大型气藏的重要烃源。

3. 泥灰岩

泥灰岩是一种过渡性岩石，为量不多，但很多层位均有见及，一般呈薄层状产出，多见于泥岩与灰岩互层中，与灰质泥岩及泥质灰岩难以准确区分。下古生界和上古生界所见泥灰岩含有机组分较多，一般能达到烃源岩标准。

4. 硅质岩

硅质岩呈灰至深灰色，薄层状，质坚性脆，主要矿物成分为隐晶质石英，含少量泥质和碳质。所采集的样品均分布在鄂西渝东地区，层位主要为奥陶系，上震旦统和下二叠统也有分布。下古生界的硅质岩样品普遍含有机组分较多，达到较好烃源岩标准。

5. 砂岩

细砂岩、粉砂岩和少量石英砂岩或多或少含有泥质，原始有机质含量低，均不构成烃源岩。但是部分砂岩孔隙中充填多量碳沥青，和碳酸盐岩一样，它们往往含有多量次生碳沥青，如川东北通江地区震旦系石英砂岩含碳沥青12%；广元上寺寒武系砂岩含碳沥青达5.1%，泥盆砂岩含碳沥青2.6%。作为可能的古油藏储层，这些砂岩对二次生烃有过贡献。

6. 煤

研究区所见煤层主要见于川南—黔中地区，属于二叠统梁山组海陆交互相煤系，同一层位的煤层也在鄂西—渝东的恩施、城口等地区出现，此种类型的煤层及与其共生的碳质页岩也具有较高的生烃能力。渝东及川东北地层还分布有上三叠统香溪煤系（须家河组），煤层和煤系地层厚度较薄，生烃意义不大。

二、有机显微组分分类命名及基本特征

1. 有机显微组分分类命名

早古生代时期尚未完成高等植物的进化，“海相下组合”烃源岩的生烃母质全部属于低等生物如菌藻类、浮游动物和细菌等。水生低等生物多数种群遗体抗降解力弱，其生物形貌特征和组织结构完整保存下来的很少，因此在下古生界烃源岩中能鉴别出来的有机显微组分很少，加之形体小、含量低，且热演化程度往往很高，研究难度很大。经过近二三十年来众多学者的共同努力，尽管迄今为止国内外尚未制定出统一的分类命名方案，但在分类原则及重要显微组分命名等主要方面都取得了一些共识。本书在此基础上，根据实际资料提出以下分类命名方案（表3-1）。

表3-1　下古生界烃源岩有机显微组分分类命名

显微组分组	显微组分
藻类组	藻类体
腐泥组	腐泥基质体
	矿物沥青基质
动物有机组	动物皮层体
	虫颚体
热变组（次生组）	碳沥青体
	微粒体

2. 有机显微组分基本特征

(1) 藻类组

藻类组显微组分的先体为各种藻类。在早古生代地层中已经定名的藻类有奥藻、团藻、盐藻及球状早藻等，新近又有“宏观藻”的报道（边立曾等，2002），是指具有假的

“根”、“茎”、“叶”分化的大型藻类化石，主要包括蓝藻、绿藻、红藻和褐藻门中的一些藻类，绝大多数为底栖藻类。本次研究所见藻类组分有两种产出形态，其一为透镜体状或不规则团块状，形体较大，一般为0.1～0.2mm，最大可达0.35mm，细胞结构保存程度不一，通常都经过明显的降解作用，严重降解的形成腐泥基质体。平行层面分布，比较规则。这种藻类体与前人描述的层状藻相似。研究区三都渣拉沟、湘西龙山及沅陵等地下寒武统黑色页岩中比较常见，同时在遵义松林镇陡山沱组和桐梓九坝等地下志留统龙马溪组灰质或粉砂质暗色泥岩中也见及。另一种常见的形态为细碎屑状形态不规则，一般为0.01～0.05mm，细胞结构已难认，多分散于黑色泥岩的黏土矿物中，可能系藻类残体在搬运和沉降过程中机械破碎所致，通常称为“藻屑体”；这种藻屑体在藻类组有机组分中所占比例最大，分布也最广。

（2）腐泥组

腐泥组包括腐泥基质体和矿物沥青基质两种组分，前人命名的无结构藻类体或藻类无定形体（金奎励等，1997），本方案并入腐泥基质体中。腐泥基质体原始母质主要为各种藻类，但在降解过程中加入了大量细菌等微生物的遗体及代谢产物；降解作用彻底，已经完全不显示生物结构，其成因和性质与藻类体有所不同，在诸多有机显微组分中可能其原始生烃潜力最大。腐泥基质体多半原地沉积，通常呈条带状或透镜体状平行层面排列。

腐泥基质体偶尔也呈碎块状，棱角多被磨圆，显然经过搬运和再沉积作用。形体较大的腐泥基质体甚少，研究区主要见于下寒武统黑色页岩或碳质页岩中，如三都渣拉沟、重庆城口及通江诺水河等地；上震旦统陡山沱组和下志留统龙马溪组也见及。矿物沥青基质作为一种有机显微组分在国际分类表中位置尚未最后确定，各家赋予的含义也不尽相同，但在各个时代的海相及湖相烃源岩中大量存在则是一个不争的事实。它主要由细分散腐泥有机质与黏土矿物和碳酸盐、硅质等无机组分均匀混合而成，与腐泥基质体一样属于典型的原地沉积成因。矿物沥青基质中有机质与无机质可以成任何比例混合，其构成端元分别为腐泥基质和黏土（或泥灰质），因此有机质与无机质比例不变，原始生烃潜力也在很大范围内变化。矿物沥青基质在高倍显微镜下（乃至电子显微镜下）也无法分辨腐泥基质与矿物质之间的界线，推测属于胶体或半胶体均匀混合物。低成熟烃源岩中的矿物沥青基质借助荧光显微镜可以识别，并根据荧光强度可以大致估计腐泥质与矿物质的混合比，但是，荧光方法对于研究区高、过成熟烃源岩已完全失去了作用。用化学方法（溶去矿物质）提纯的干酪根，其中占相当比例的所谓“腐泥无定形体”，它们主要来自矿物沥青基质。无论是原岩或干酪根，对于研究区高、过成熟烃源岩中的这部分细分散有机质的研究难度都很大。矿物沥青基质广泛分布于所研究的各类烃源岩，是最主要的有机显微组分。

（3）动物有机组

动物有机组分是近20多年来才最后确认的，在下古生界烃源岩中已经普遍发现。有的学者命名为动物有机体，再细分为动物碎屑体和动物软体（金奎励等，1997）；有的学者将动物有机碎屑再细分为笔石表皮体、几丁虫壳壁体、虫颚有机体和未明动物有机碎屑体（钟宁宁、秦勇，1995）。国内最早报道的尾海鞘动物体见于我国南方下寒武统地层中，是海相黑色页岩重要有机组分之一（张爱云等，1987）。本项研究沿用“动物有机组”这一名称，其下列出实际所见的动物皮（壳）层体和虫颚体两种。研究区所鉴定出的动物壳层体有下寒武统黑色页岩中的三叶虫壳壁体，上奥陶统和下志留统中的笔石皮层体及多个层位中的虫颚体，其中以下志留统龙马溪组中的笔石皮层体分布最广，含量最丰富。城口上奥陶统所见到的笔石皮层体细长完整，具有典型的双层结构，习水良村镇、叙永麻城镇和城口等地下志留统产出的笔石皮体细长，多分节，双层和单层结构均有；同一层位其他地区产出的笔石皮层体较厚实，但多破碎，含笔石皮层体丰富的暗色页岩往往含陆源碎屑（粉砂）也较多，这与近岸浅海环境的水动力条件有关。虫颚体一般认为生烃意义不大，笔石皮层体以前一致认为其化学组成为几丁质，生烃潜力有限；但近期研究认为笔石皮层主要是由含氮氧等杂原子基团的高分子聚合物蛋白质组成，成熟度低时具有较大的生烃潜力（刘大锰等，1996）。研究区下志留统黑色页岩也称“笔石页岩”，富含笔石皮层体，沿层面分布，长者达 5～10cm，形态完整，多属正笔石类。笔石皮层体富集的层位通常藻屑体等有机组分含量也较高。

(4) 热变组（次生组）

热变组也称次生组，是在地下深处封闭条件下烃源岩热演化形成的有机组分。本组包括碳沥青体和微粒体两种显微组分。一般认为，微粒体是分散有机质（主要为腐泥类）生烃之后残留在原地的固体微粒，而碳沥青则是烃源岩生成的液态烃经过初次运移或二次运移再经过热裂解之后沉淀富集成沥青，进一步热裂解最终演化成现今所见的固体沥青或碳沥青，乃至半石墨。

赋存于烃源岩中的碳沥青通常称“同层沥青”，赋存于输导层或储集层中的碳沥青称“储层沥青”，但是二者往往很难截然区分。研究区下古生界地层中普遍含有固体沥青，但其丰度和产状差异很大。泥质岩中所见的碳沥青多呈不规则小透镜体状或细脉状，细脉多围绕某种碎屑或充填于方解石包裹体微裂隙中，总体上多平行层面分布，如金沙岩孔镇下寒武统黑色页岩、三都渣拉沟中寒武统都柳组黑色页岩、沅陵下寒武统和中寒武统黑色页岩、习水良村镇下志留统深灰色笔石页岩。

这些黑色页岩中的碳沥青大体平行层面分布，是比较典型的同层沥青。在黑色页岩中还见到呈细脉状穿层分布的碳沥青脉。这种碳沥青脉的脉体细小且连通性差，例如，在金沙岩孔镇（ϵ_1n）、三都渣拉沟（ϵ_2d）和桐梓九坝（S_1l）等地，黑色页岩中的碳沥青就是如此。这种类型碳沥青的产状表明它们经过了一定距离运移，但可能只是短距离的层间运移，仍可归为同层沥青。

碳酸盐岩中所见的碳沥青有两种基本产状：一种为晶间孔或溶孔，另一种为构造裂隙充填。前者如南江灯影组灰质白云岩和三都细晶灰岩（ϵ_3s）中所见，显然是在成岩阶段充注形成的，应该属于运移沥青；后者脉体粗大，与围岩界线或平直或相互穿插，如丹寨固坝白云岩（O_1h）中的碳沥青脉、麻江白云岩（O_1h）中的碳沥青脉以及安顺石头寨灰岩（P_2c）中的碳沥青脉等。这后一种碳沥青（脉）通常被认为是古油藏的证据。至于微粒体，在研究区海相下组合中分布非常广泛，各种类型烃源岩中均可见及，但粒度小，细分散，总量不多。

三、有机显微组分组合及有机质类型

1. 有机显微组分组合

前述有机显微组分腐泥基质体、藻类体、动物有机组分、碳沥青体和微粒体等根据其形态和反射光特征在高倍油浸物镜下是可以鉴别的，进而也可以进行定量或半定量统计，唯矿物沥青基质在失去荧光效应的情况下很难识别，更难以对其中的细分散有机质（腐泥质）进行定量。以往经验表明，高、过成熟烃源岩中有机质的体积百分比和重量百分比已相当接近，即有机碳分析值与有机显微组分总含量之间在数值上大体相等。鉴于存在这种相关关系，本项研究权且采用差减法原理对各个样品中的矿物沥青基质中的分散有机质含量进行了估测。这些分散有机质在泥质烃源岩中往往占据主导地位，其生烃性质与腐泥基质体相似，二者合称为腐泥组。全部样品在油浸反光条件下分别进行了显微组分（组）含量测定，有关资料按岩性统计结果列于表 3-2，按层位统计结果列于表 3-3。

表 3-2 不同类型烃源岩有机组分含量统计表

地区	岩石类型	样品数	黄铁矿含量/%	有机组分总量/%	腐泥组含量/%	藻类组含量/%	动物有机组含量/%	碳沥青体含量/%	微粒体含量/%
川南—黔中	泥岩及页岩	41	0.1—3.4 0.9	0.3—12.5 2.7	45.6—91.0 67.4	1.2—25.1 6.9	0—36.1 8.0	2.3—30.7 12.7	2.5—9.9 5.0
	碳酸盐岩（含泥灰岩）	7	0.1—1.7 0.6	0.1—2.5 0.7	12.8—81.0 58.8	2.2—8.1 3.5	0—10.0 2.0	10.5—80.9 31.2	2.5—6.7 4.6
	硅质岩及砂岩	6	0.1—5.1 1.2	0.2—1.2 0.7	24.0—74.8 58.9	4.8—18.1 10.3	1.0—18.1 5.7	5.6—52.8 19.4	3.4—12.0 5.7
鄂西—渝东	泥岩及页岩	58	0.1—3.5 0.8	0.4—14.7 2.6	30.4—82.5 35.8	2.4—57.2 16.2	0—22.6 3.3	2.5—51.4 36.3	2.0—11.8 8.5
	碳酸盐岩（含泥灰岩）	17	0.1—2.7 1.2	0.5—3.2 1.0	3.7—78.2 25.9	1.5—21.8 6.0	0—5.6 1.8	11.7—92.3 56.8	5.0—12.2 9.5
	硅质岩及砂岩	8	0.3—5.2 1.10	0.3—4.5 3.0	13.8—82.1 41.2	1.0—8.9 4.0	0—0.8 0.4	4.0—75.4 42.2	5.0—32.5 12.2

注：①部分数据取自刘光祥（2002）、腾格尔等（2006）科研报告；②黄铁矿和有机质总量以样品为100%计算，其余以有机质总量为100%计算，均为体积百分比；③横线以上为范围值，以下为平均值。

表 3-3 不同类型烃源岩有机组分含量统计表

地区	地层层位	样品数	黄铁矿含量/%	有机组分总量/%	腐泥组含量/%	藻类组含量/%	动物有机组含量/%	碳沥青体含量/%	微粒体含量/%
川南—黔中	志留系 (S_1-S_2)	24	0.1—2.2 / 0.5	0.1—5.0 / 1.0	45.6—73.9 / 59.0	3.4—20.3 / 8.7	1.0—36.1 / 14.2	2.3—35.2 / 13.2	2.5—8.7 / 5.0
	寒武系 ($\epsilon_1-\epsilon_2$)	24	0.1—5.5 / 2.1	0.1—8.5 / 3.2	24.0—90.5 / 71.3	1.0—10.1 / 7.6	0—3.2 / 1.5	3.5—52.8 / 15.0	2.5—12.0 / 4.6
	震旦系 (Z_bd)	6	0.1—5.1 / 1.0	0.1—7.2 / 3.7	49.2—83.0 / 67.2	1.0—10.5 / 7.0	0—2.4 / 1.1	10.2—46.0 / 19.3	4.0—8.2 / 5.5
鄂西—渝东	志留系 (S_1-S_3)	21	0.1—2.5 / 0.9	0.1—8.6 / 1.9	37.8—67.5 / 48.7	4.3—44.0 / 25.3	0.8—13.6 / 5.5	3.0—21.5 / 15.8	3.8—5.6 / 4.7
	奥陶系 (O_1，O_3)	14	0.1—2.6 / 0.7	0.3—5.2 / 2.3	13.8—82.1 / 41.5	2.5—46.3 / 15.2	0—13.2 / 2.4	4.0—75.4 / 35.1	2.3—10.8 / 5.7
	寒武系 ($\epsilon_1-\epsilon_3$)	43	0.1—5.6 / 1.1	0.2—14.7 / 2.5	27.2—75.2 / 47.0	2.6—57.2 / 16.5	0—6.5 / 2.2	1.5—61.0 / 27.8	2.5—11.8 / 6.5
	震旦系 (Z_bd)	5	0.1—0.5 / 0.2	1.2—12.5 / 3.0	17.0—82.5 / 36.5	1.8—5.0 / 2.3	—	13.2—92.3 / 45.2	3.8—32.5 / 15.8

注：①部分数据取自中石化无锡石油地质研究所刘光祥（2002）、腾格尔等（2006）科研报告；②黄铁矿和有机质总量以样品为100%计算，其余五栏以有机质总量为100%计算，均为体积百分比；③横线以上为范围值，以下为平均值。

不同类型烃源岩有机组分的含量差异显著。泥岩和页岩有机组分总含量最高，不同区块的总平均数相近，分别为2.6%和2.7%。该类型烃源岩中出现许多碳质页岩，实际上属沥青质页岩，其有机组分含量高达10%左右，在低成熟阶段应为典型的油页岩。这类原始优质烃源岩主要赋存在下寒武统底部，如三都、瓮安等地的渣拉沟组（ϵ_1z），沅陵、通江等地的牛蹄塘组（ϵ_1n）。碳酸盐类烃源岩平均有机组分含量也比较高，接近1%，但是，纯净的厚层碳酸盐岩原生沉积有机质很低。灰岩有机碳分析值相当高，但有机岩石学研究证明其中的有机组分主要是后生充填的碳沥青，其相对比例可达80%～90%。碳酸盐岩有机组分含量与泥质有关，泥质灰岩特别是泥灰岩往往富含有机质，如三都（ϵ_2）、南江（ϵ_1）、通江（ϵ_1）和恩施（ϵ_3）等地产出的泥灰岩，有机组分含量达1%～2%。含有机质较高的砂岩均为泥质粉砂岩，但一般也不超过0.5%；通江诺水河剖面震旦系石英砂岩含有机质达12%，镜下观察为沥青（粒间孔隙）充填所致。然而，归并于同一栏中的硅质岩含同生沉积的有机组分则相当丰富，如沅陵（Z_b）、宣恩（O_3）、城口（S）产出的泥灰岩，有机质含量为1%～2.2%，个别样品达4.5%；所采的暗色硅质岩样品主要颁布在鄂西—渝东区块，川南—黔中区块甚为罕见。黄铁矿含量普遍较高，不同类型岩石没有发现明显的变化规律，总体上是有机组分含量高的烃源岩，一般来说黄铁矿含量也相应较高。不同类型岩石中的有机组分各不相同。在泥质烃源岩中，腐泥类有机组分所占比例相对较高，藻类组和动物有机组通常也相对较高，但是次生组分碳沥青则明显较少。动物有机组分含量似乎存在区域性变化，川南—黔中地区明显高于鄂西—渝东地区，在同一地区内泥岩（页岩）与其他类型岩石相比又明显较高。在碳酸盐岩中，碳沥青含量比其他类型岩石高出 1/3，因此碳酸盐岩更趋向于成为储集层或输导层，有机组分中的自然储层沥青相对较多。碳沥青体和微粒体区域变化也是明显的，鄂西一渝东地区明显高于川南一黔中地区。

表 3-3 所列资料表明，下古生界不同层位烃源岩有机组分含量变化明显，总体上是层位愈老的烃源岩系有机质丰度愈高。单样有机组分含量>10%的样品主要集中在上震旦统和下寒武统地层中。上震旦统陡山沱组和下寒武统渣拉沟组（或牛蹄塘组）两套黑色页岩是历史上两次全球性的海洋氧事件形成的产物，具有区域性分布的特点，是我国南方下古生界最重要的两套烃源岩系。川南一黔中地区奥陶系烃源岩不发育，仅在丹寨坝固采得红花园组（O_1h）一件样品，为含沥青细砂岩；在鄂西一渝东地区多条剖面上都见有奥陶系（O_1，O_3）烃源层分布，14 件样品平均有机组分含量高达 2.3%，属原始优质烃源岩。不同地区有机显微组分组合有一定变化，但同一地区不同层位则相对稳定，变化幅度不大。比较特别的是川南一黔中地区志留系烃源岩动物有机组分含量特别突出，平均达 14%，部分样品相对含量达 30%以上。该区下志留龙马溪组（S_1l）笔石页岩发育，出露很广，笔石等动物遗体化石含量丰富，成为重要的生烃组分。在鄂西一渝东地区的同一层位此种现象也存在，但不甚突出。各地的震旦系烃源层动物有机组分微少，碳沥青和微粒体所占比例则明显较高。下古生界地层系海相沉积，除特殊情况外，同一层位的沉积环境和生源组合具有大范围的稳定性，这使得研究区烃源层系都可以进行区域性对比，同时有机显微组分组合也基本一致。

2. 有机质类型

腐泥基质体和矿物沥青基质的有机质化学组成相似，是最典型的腐泥型有机质，原始生烃潜力最大。以藻类-腐泥组、有机动物组和热变组百分含量为端元，研究区众多样品的有机质组合及有机质类型特征如图 3-13 和图 3-14 所示，绝大部分样品靠近藻类-腐泥组端元，有机质类型属于腐泥型（即Ⅰ型）；少数碳酸盐岩和硅质岩样近藻类品靠近热变组（碳沥青+微粒体）端元，从原始有机质角度来说也属于腐泥型（Ⅰ型），动物有机组含量不高，只在川南一黔中地区少数样品相对含量达到 20%～30%，不改变其Ⅰ型有机质属性。

常规类型指数（或类型系数）的计算方法不能满足下古生界高、过成熟烃源岩研究的需要，对原岩和干酪根显微组分统计结果（如表 3-2 所列资料）采用以下系数计算类型指数：腐泥组和热变组为 1，藻类组为 0.75，动物组为 0.5，所计算出的类型指数全部>80，均属于腐泥型有机质（表 3-4）。在众多有机地化参数中，干酪根碳同位素 $\delta^{13}C$ 在热演过程中分馏效应不显著，是一项公认的有机质类型划分参数。本次研究共测定 5 件样品的碳同位素值，这些数值与显微组分组合之间的对比研究为我们提供了一些启发性的认识（表 3-4）。通常按 $\delta^{13}C$ 值划分有机质类型时将－28.0‰以下（轻）的有机质划为Ⅰ型（即腐泥型）有机质，五件样品测值为－28.0‰～－33.8‰，全部属于Ⅰ型，与有机岩石学研究结果一致。

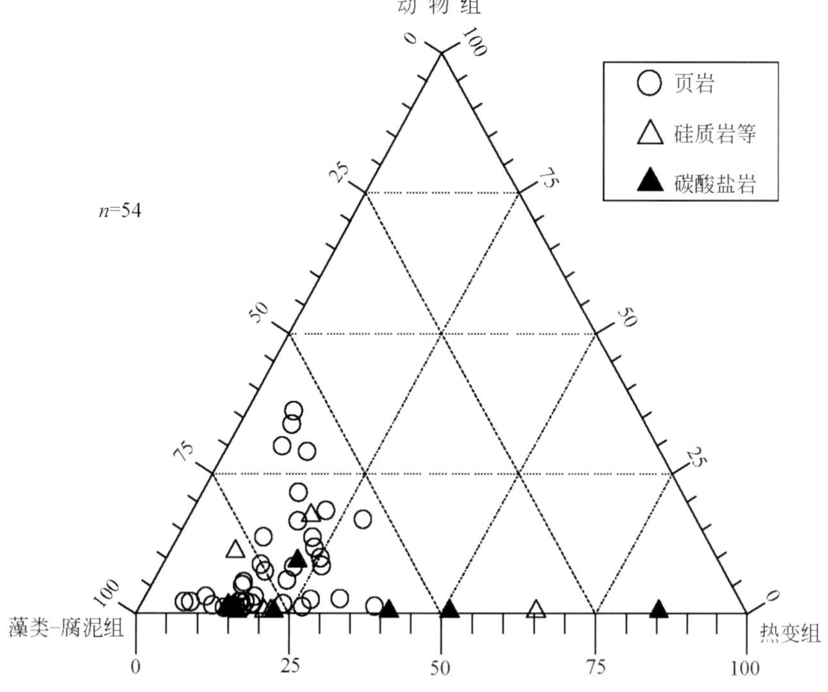

图 3-13　川南一黔中地区有机显微组分（组）三角图

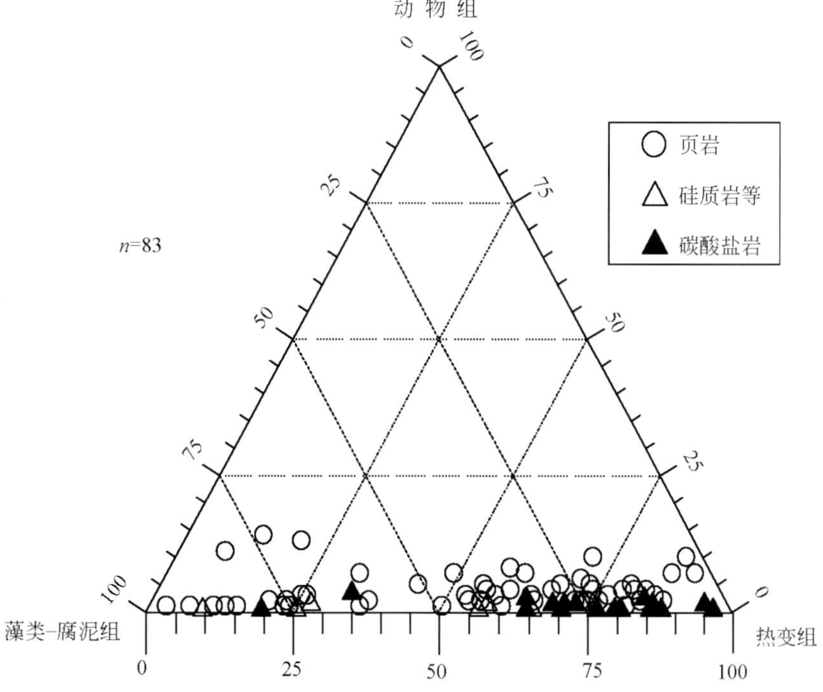

图 3-14　鄂西一渝东地区有机显微组分（组）三角图

表 3-4 有机质类型举例

样号	层位	产地	有机质总量/%	藻类一腐泥组含量/%	动物有机组含量/%	热变组含量/%	类型指数	有机质类型	$\delta^{13}C$/‰
CB40	S_1l	四川兴文	1.4	57.5	28.8	13.7	84	Ⅰ	−28.0
CB74	S_1l	四川叙永	5.0	75.6	13.5	11.0	92	Ⅰ	−30.4
9	ϵ_1z	贵州三都	3.0	80.2	1.7	19.9	96	Ⅰ	−31.8
16	Z_bds	贵州遵义	4.2	75.0	1.6	23.4	97	Ⅰ	−30.6
47	ϵ_1n	贵州金沙	6.5	81.7	2.0	16.3	90	Ⅰ	−33.8

有机质碳同位素值愈轻，其类型指数愈高，则有机质生油倾向愈强。所列 5 个 $\delta^{13}C$ 值相差约为 6‰，表明所研究的烃源岩有机质类型在Ⅰ型范围内仍有很大的差异。$\delta^{13}C$ 值大小取决定于有机组分组合。对比显示，藻类-腐泥组相对含量愈高，则 $\delta^{13}C$ 值愈轻；动物有机组分相对含量愈高，则 $\delta^{13}C$ 值愈重。藻类-腐泥组为海相下组合有机质的主体，其相对含量与 $\delta^{13}C$ 值之间的互相关系如图 3-15 所示，二者之间的正相关关系是显著的，相关系数（R）达 0.94。

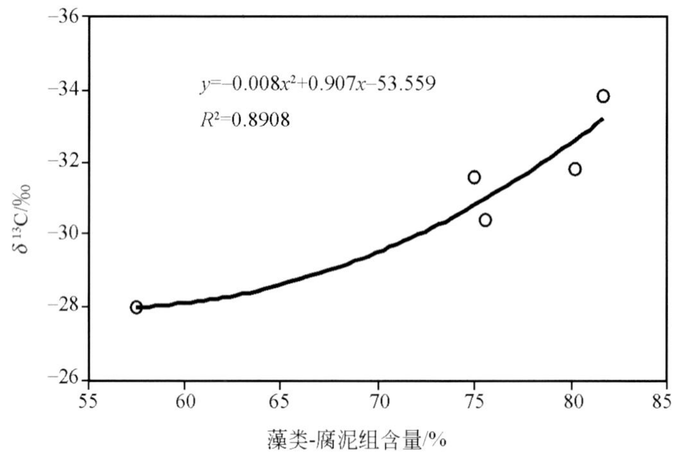

图 3-15 $\delta^{13}C$ 与藻类-腐泥组含量相关图

第四节 烃源岩油气地球化学特征

南方下组合发育多套烃源岩，均已达到高、过成熟阶段；各套层系均有沥青存在，但成因复杂，有过多次生烃过程。由于演化程度高，多项有机地化指标已不再适用于烃源岩评价。本次研究以川东南一黔中、渝东一鄂西为重点解剖对象，搜集整理了各区块下组合各套烃源岩的岩相、成分、结构、有机质丰度及有机质在烃源岩中赋存状态等相关资料，力求突破常规，采用新的思路和方法，对研究区的烃源特征进行深刻地剖析，通过有机岩石学与有机地球化学方法相结合，对不同层系、不同岩性烃源岩的形态与组合特征进行描述，确定有机质类型，分析烃源岩的物源、输入、保存及其油气潜力等。

一、烃源岩发育特征

烃源岩的展布严格受沉积环境控制，盆地相区的展布决定了烃源岩及其生烃中心的区域展布。早震旦世陡山沱期，扬子区发生较大规模的海侵，上扬子古陆被海水浸没，研究区西部处于近岸砂泥坪相区，东部处于开阔台地相区，接受碳酸盐岩沉积，为陡山沱组烃源岩发育时期。至灯影期，海侵范围进一步扩大，研究区主体处于局限台地相带，主要沉积白云岩、藻白云岩、粒屑白云岩等，原始烃源岩不发育。黔中野外考察发现，震旦系露头点不多，出露的上震旦统灯影组上部地层岩性为灰白色细—粗晶白云岩，几乎不含有机质，未构成原始烃源岩。

早寒武世早期是扬子区的一次海侵高峰期，上扬子区呈现“两盆夹一台”的构造-沉积格局，盆地分布于南北两侧，向东表现出收敛合并之势。研究区处于台地—盆地相区，沉积了深灰色—黑色泥页岩，有机质丰富。随着西部康滇地轴不断隆升，西部构成滨浅海环境，向东缓慢倾斜，海水加深，构成陆表浅海。在陆架和台地环境中形成的富有机质碳质页岩、石煤、碳酸盐岩分布广泛。

烃源岩纵向上主要发育在下寒武统中、下部，属泥质烃源岩和碳酸盐岩烃源岩类。牛蹄塘组（渣拉沟组）构成优质烃源岩（图 3-16）。在石柱都会剖面上，泥质烃源岩厚 135.1m，碳酸盐岩烃源岩厚 278.2m；有机碳含量前者为 0.04%～1.55%，平均为 0.42%，属差烃源岩，但其底部黑色页岩，有机碳含量高，平均为 1.37%，属好烃源岩；后者为 0.02%～1.10%，平均为 0.10%。在彭水太原剖面上，泥质烃源岩厚 179.45m，碳酸盐岩烃源岩厚 208.69m；有机碳含量前者为 0.06%～0.38%，平均为 0.18%，后者为 0.09%～0.23%，平均为 0.15%。结合四川局二次资评资料，推测研究区下寒武统泥质烃源岩厚 100～200m，有机碳含量为 0.4%～1.5%，属差—好烃源岩，好烃源岩主要为分布于下寒武统底部的黑色页岩，为研究区的重要烃源岩；碳酸盐岩烃源岩厚 200～300m，有机碳含量以小于 0.2%为主，属非烃源岩。

早寒武世中期之后，随着广泛海退，研究区逐渐演变为开阔台地至局限台地相带，沉积灰色泥岩、生屑灰岩、白云岩等，有机质匮乏。

奥陶纪时，总体继承寒武纪古地理格局。奥陶系烃源岩总体上厚度较小，在川东南呈由北向南逐渐变厚趋势，在涪陵至綦江一带最厚，再向黔中地区又有变薄趋势。至晚奥陶世，受到来自南方和东南方向的强烈推挤，黔中古隆起、乐山—龙女寺古隆起等相继崛起，上扬子地台东南部拗陷，原有的“两盆夹一台”的构造-沉积格局被打破，呈现“两台夹一盆”的构造。上奥陶统五峰组及下志留统龙马溪组笔石页岩为台盆低能相带沉积的深灰色—黑色页岩，有机质丰富，有机碳含量高；其他相带沉积的生屑灰岩、灰色泥岩等有机碳含量低。

志留纪的沉积面貌变化较大，经历了非补偿滞留还原海盆—正常陆表海—深水陆架海—残留海—陆相沉积环境的变迁。下志留统在川东为广海陆架沉积，烃源岩以龙马溪组黑色、灰色、深灰色泥页岩为主，厚度总体上较大，为研究区志留系的主力烃源岩。在綦江藻渡剖面，泥质烃源岩的有机碳含量最大值为 4.73%，最小值为 0.65%，平均为 1.45%；氯仿沥青“A”平均为 0.0023%。在武隆黄草场剖面，泥质烃源岩厚 202.92m，有机碳含量平均为2.22%。在石柱干河沟剖面，泥质烃源岩厚565.4m，有机碳含量也达到0.03%～2.88%。结合四川石油局二次资源评价资料，推测研究区下志留统暗色泥质烃源岩厚一般在200～600m之间，以涪陵－重庆为中心，厚度向东南和西北方向减薄，向西南和东北方向逐渐增厚，有机碳含量一般为1.0%～1.5%，烃源条件优越。

二、烃源岩有机质丰度

烃源岩中的有机质是油气形成的物质基础，烃源岩生烃潜力首先取决于其中所含有机质的数量和质量。有机质丰度指标主要包括有机碳含量、氯仿沥青“A”及总烃产率等。由于所测的是目前烃源岩中有机碳的剩余量，相对于原始烃源岩一般都有或多或少的一部分有机碳转化成油气并从烃源岩中运移到储集层或散失。南方下组合烃源岩成熟度均已达到高成熟甚至过成熟，绝大多数有机质在热演化过程中已转化成油气，经历过一次甚至多次生烃转化。其残余有机碳与原始有机碳相比有很大的差别，在数量上显著降低。此时，实测的有机碳作为有机质丰度的指标不能正确地评价这类高、过熟的烃源岩。因此，在有机质丰度评价时可采用如下两种方法：一种是需建立评价高过成熟度的有机碳评价标准，利用实测有机碳含量直接评价；另一种则涉及原始有机质丰度恢复的问题，即将烃源岩有机质丰度恢复到成熟阶段（生油门限附近），再用现有的烃源岩有机质丰度标准（表3-5）进行评价。

表3-5 烃源岩有机质丰度评价标准（黄帝藩，1990；王铁冠等，1992①）

烃源岩类别	有机地球化学指标				
	有机碳 TOC/%	氯仿沥青“A”/%	总烃 HC/ppm	产油潜量 S_1+S_2/(mg/g)	HC/TOC值 /(mg/g)
好	>1.0	>0.1	>500	>6.0	>80
较好	0.6～1.0	0.05～0.1	200～500	2.0～6.0	30～80
较差	0.4～0.6	0.01～0.05	100～200	0.5～2.0	10～30
非烃源岩	<0.4	<0.01	<100	<0.5	<10

1. 直接评价法

(1) 总有机碳（TOC）

由表3-6及图3-16可知，研究区志留系龙马溪组烃源岩有机碳含量介于0.12%～4.05%之间，其平均值为0.96%，17个样品中的12个有机碳含量大于0.6%；而且所测样品的T_{max}值介于470～587℃，平均值为558℃，15个样品超过500℃，均已达到过成熟阶段。即使以普通烃源岩有机质评价标准来看（表3-5），该套烃源岩仍然算较好的烃源岩。其他志留系样品如松坎组等的有机碳含量多数小于0.4%。

① 王铁冠，张林晔，钟宁宁等，1992，临清拗陷（东部）石油勘探地球化学综合研究项目研究报告。

表 3-6 志留系烃源岩热解分析结果（TOC、产烃潜量）

样号	地层	剖面地点	岩性	总硫 S /%	有机碳 TOC/%	游离烃 S_1/(mg/g)	热解烃 S_2 /(mg/g)	产烃潜量 S_1 $+S_2$/(mg/g)
CB10	龙马溪组 S_1l	双河镇荷叶村四队	碳质泥岩	0.51	1.25	0.04	0.01	0.05
CB13	龙马溪组 S_1l	双河镇荷叶村四队	笔石页岩	0.41	0.80	0.04	0.01	0.05
CB25	龙马溪组 S_1l	盐津新华村李家湾	灰岩	0.65	0.12	0.02	0.01	0.03
CB27	龙马溪组 S_1l	盐津新华村李家湾	笔石页岩	0.57	1.42	0.02	0.01	0.03
CB28	龙马溪组 S_1l	盐津新华村李家湾	灰岩	0.52	0.70	0.06	0.02	0.08
CB29	龙马溪组 S_1l	盐津新华村李家湾	钙质泥岩	0.08	0.82	0.03	0.01	0.04
CB30	松坎组 S_1sk	盐津新华村李家湾	白云岩	0.16	0.33	0.03	0.01	0.04
CB40	龙马溪组 S_1l	麒麟镇象鼻村	页岩	0.49	0.89	0.02	0.01	0.03
CB48	松坎组 S_1sk	兴文桐梓村	泥灰岩	0.02	0.08	0.01	0.01	0.02
CB67	龙马溪组 S_1l	叙永摩尼镇燕子村	页岩	0.23	0.44	0.02	0.01	0.03
CB74	龙马溪组 S_1l	麻城镇民华村	页岩	0.50	4.05	0.03	0.01	0.04
20	龙马溪组 S_1l	桐梓九坝箭竹杠	笔石页岩	0.03	0.77	0.03	0.01	0.04
21	龙马溪组 S_1l	桐梓九坝箭竹杠	粉砂岩	0.54	0.63	0.06	0.01	0.07
23	龙马溪组 S_1l	桐梓九坝箭竹杠	笔石页岩	0.60	1.02	0.05	0.01	0.06
26	龙马溪组 S_1l	桐梓九坝箭竹杠	粉砂质泥岩	0.75	0.93	0.11	0.04	0.15
27	龙马溪组 S_1l	桐梓九坝箭竹杠	笔石页岩	0.54	1.26	0.06	0.01	0.07
39	龙马溪组 S_1l	习水县良村镇吼滩村梅子沟	笔石页岩	0.02	0.59	0.03	0.01	0.04
40	龙马溪组 S_1l	习水县良村镇吼滩村梅子沟	泥岩	0.02	0.42	0.03	0.01	0.04
41	龙马溪组 S_1l	习水县良村镇吼滩村梅子沟	泥岩	0.01	0.24	0.04	0.01	0.05
45	石牛栏组 S_1s	习水县良村镇吼滩村梅子沟	沥青灰岩	0.01	0.11	0.04	0.01	0.05
46	石牛栏组 S_1s	金沙县岩孔镇杏子村	含沥青白云岩	0.13	0.07	0.03	0.03	0.06

由表 3-7 及图 3-17 表明，寒武系 11 个样品中，以牛蹄塘组（渣拉沟组）样品的有机碳含量较高，最低 2.42%，最高 10.18%，平均 5.04%，其 T_{max} 值均大于 540℃，可见有机质成熟度之高。都柳江组样品有机碳介于 0.07%～2.0%，平均为 0.86%，T_{max} 值均大于 570℃。所测陡山坨组样品的有机碳均高于 0.6%，最高为 5.44%，平均为 2.43%；T_{max} 值平均为 540℃，高过成熟。

即使以现今有机质丰度标准评判，上述三套烃源岩也堪称较好至优质烃源岩。

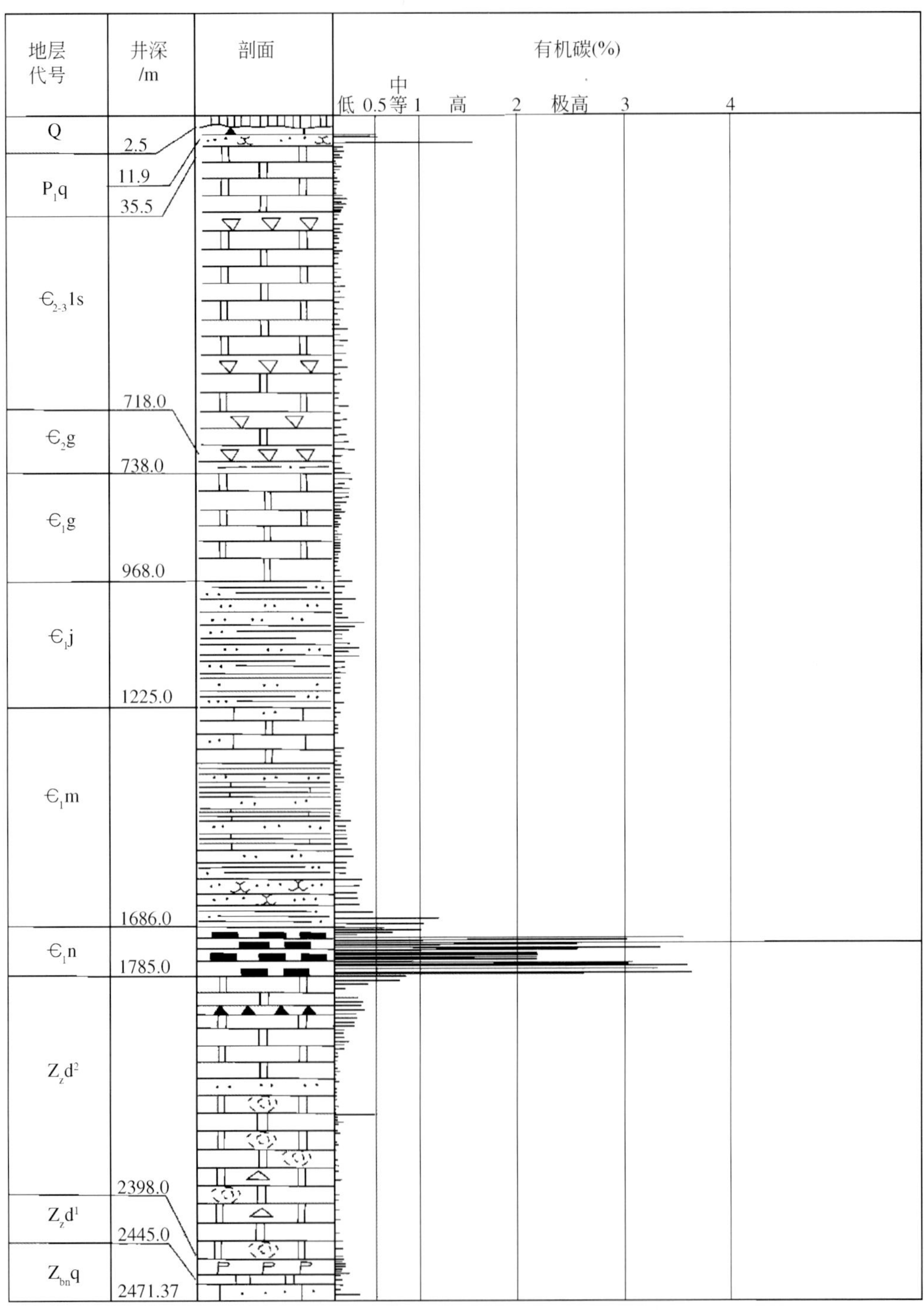

图 3-16 大方 1 井有机质纵向变化

表 3-7 寒武、震旦系烃源岩热解分析结果(TOC、产烃潜量)

样号	地层	剖面地点	岩性	总硫 S/%	有机碳 TOC/%	吸附烃 S_1 /(mg/g)	热解烃 S_2 /(mg/g)	产烃潜量 S_1+S_2/(mg/g)
3	翁项群 $S_{1-2}w$	丹寨坝固	沥青细砂岩	0.04	0.55	0.13	0.26	0.39
4	翁项群 $S_{1-2}w$	丹寨坝固	灰黑色泥岩	0.31	0.18	0.09	0.03	0.12
5	翁项群 $S_{1-2}w$	丹寨坝固	灰黑色泥岩	0.19	0.29	0.11	0.05	0.16
CB71	湄潭组 O_1m	叙永县仙洞村	泥质灰岩	0.05	0.07	0.01	0.01	0.02
14	三都组$Є_3s$	三都	块状灰岩	1.18	0.51	0.05	0.01	0.06
10	都柳江组$Є_2d$	三都渣拉沟	粉砂质泥岩	0.02	0.07	0.06	0.01	0.07
11	都柳江组$Є_2d$	三都渣拉沟	黑色泥岩	4.18	2.00	0.03	0.01	0.04
12	都柳江组$Є_2d$	三都渣拉沟	黑色泥岩	2.14	0.51	0.03	0.01	0.04
7	渣拉沟群$Є_1z$	三都渣拉沟	黑色泥岩	0.11	2.53	0.08	0.01	0.09
8	渣拉沟群$Є_1z$	三都渣拉沟	碳质泥岩	0.70	10.18	0.07	0.02	0.09
9	渣拉沟群$Є_1z$	三都渣拉沟	黑色泥岩	4.06	2.42	0.10	0.01	0.11
49	牛蹄塘组$Є_1n$	金沙岩孔镇杏子村	黑色泥岩	0.01	0.10	0.02	0.01	0.03
50	牛蹄塘组$Є_1n$	金沙岩孔镇杏子村	黑色页岩	0.01	0.25	0.02	0.01	0.03
51	牛蹄塘组$Є_1n$	金沙岩孔镇杏子村	灰色粉砂质泥岩	0.53	0.15	0.02	0.01	0.03
52	明心寺组$Є_1m$	金沙岩孔镇杏子村	含沥青细砂岩	0.01	0.21	0.02	0.01	0.03
15	陡山坨组$_bds$	遵义松林镇岩林村	黑色泥岩	0.04	2.21	0.04	0.01	0.05
16	陡山坨组$_bds$	遵义松林镇岩林村	黑色泥岩	0.07	3.20	0.07	0.01	0.08
17	陡山坨组$_bds$	遵义松林镇岩林村	黑色粉砂质泥岩	3.44	0.67	0.05	0.01	0.06
19	陡山坨组$_bds$	遵义松林镇岩林村	灰黑色硅质岩	0.03	0.64	0.03	0.02	0.05
47	灯影组 Z_bdy	金沙岩孔镇杏子村	黑色泥岩	0.07	5.44	0.02	0.05	0.07

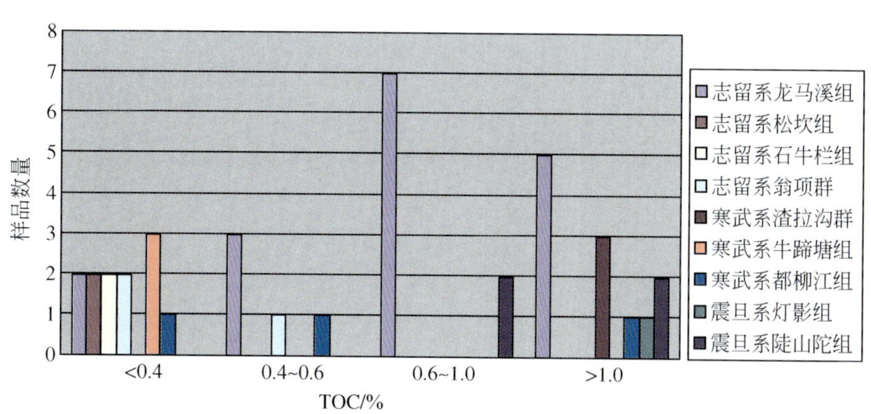

图 3-17 研究区下组合烃源岩有机碳分布频率图

(2) 产烃潜力 (S_1+S_2)

由表 3-6、表 3-7 可以看出，研究区南方下组合烃源岩样品所测的产烃潜量 (S_1+S_2) 均较小。龙马溪组烃源岩最高为 0.15mg/g，平均为 0.05mg/g；渣拉沟群烃源岩最高为 0.11mg/g，平均为 0.1mg/g；震旦系陡山坨组最高为 0.08mg/g，平均为 0.06mg/g。由此可知，用表 3-5 的产烃潜量作为丰度标准，显然低估了研究区高过成熟度的烃源岩原始生烃潜力。

2. 原始有机质丰度恢复评价

原始有机质丰度的恢复是基于干酪根降解成烃理论进行的。其步骤是首先建立有机质丰度指标随成熟度的变化关系，得出不同演化阶段有机碳恢复系数，然后通过烃源岩现今有机质类型和成熟度反推某一阶段的有机质丰度。有机质丰度或有机质性质和结构的某些指标与成熟度的关系，一般根据天然演化系列和热模拟演化系列研究来建立。由于缺乏天然演化系列样品，而且岩性、岩相的变化和有机质分布的非均质性等影响导致其可信度较差，因此目前大多采用热模拟方法解决这一问题。

建立不同类型烃源岩有机质丰度和性质、结构与成热度的关系是有机质丰度恢复的基础。研究中不仅需要考虑有机质数量的增减，也需考虑固体有机质（干酪根）的性质、结构的演化。本次采用了两种方法对烃源岩的原始有机质丰度进行恢复（郝石生等，1996）。

(1) 碳模型恢复法

本方法是利用岩样残余有机碳含量的变化对原始有机质丰度进行恢复。烃源岩演化过程中，其中原始有机质由于油气的不断形成和运移而不断消耗，随着演化程度的增加，生排烃量越多，有机碳损失量越大。

根据现在的有机碳含量来推断其原始含量（生油门限附近）可采取两种方法：一种是自然演化剖面法，一种是热模拟实验法。前一种方法困难较大，因为很难找到一个理想的剖面，要求整个剖面有机相相近，成熟度变化范围要大，岩性也要求类似；后一种方法相对简易，主要是选择好的样品（成熟度要低、丰度要高，同时还要据研究对象不同考虑有机质类型）（郝石生等，1996）。

设 C_0 为岩样原始有机碳，C_r 为某演化阶段样品残余有机碳，则有机质丰度恢复公式为

$$R_c=C_0/C_r \tag{3-1}$$

式中，R_c 即为有机质丰度恢复系数。

研究区海相烃源岩均属Ⅰ型，依据以前对高成熟高演化烃源岩丰度的恢复工作，把 R_c 与 H/C 原子比值、HI 及 T_{max} 进行多元回归，得到关系式为

$$H/C=0.361+0.00269HI-3.5\times10^{-6}HI^2+2.0845\times10^{-9}HI^3 \tag{3-2}$$

利用 HI-H/C 的相关关系式通过 HI 来确定出 H/C 原子比值，相关关系式为

$$R_c=1.14286-0.01812H/C-0.00145HI+0.00332T_{max} \tag{3-3}$$

表 3-8　川东南及黔中样品的 HI 值和 H/C 值

分析号	氢指数 HI/(mg/g TOC)	H/C	分析号	氢指数 HI/(mg/g TOC)	H/C
CB10	1	0.364	14	2	0.366
CB13	1	0.364	15	0	0.361
CB25	8	0.382	16	0	0.361
CB27	1	0.364	17	1	0.364
CB28	3	0.369	19	3	0.369
CB29	1	0.364	20	1	0.364
CB30	3	0.369	21	2	0.366
CB40	1	0.364	23	1	0.364
CB48	13	0.395	26	4	0.372
CB67	2	0.366	27	1	0.364
CB71	14	0.398	39	2	0.366
CB74	0	0.361	40	2	0.366
3	47	0.480	41	4	0.372
4	17	0.406	45	9	0.385
5	17	0.406	46	43	0.470
7	0	0.361	47	1	0.364
8	0	0.361	49	10	0.388
9	0	0.361	50	4	0.372
10	14	0.398	51	7	0.380
11	1	0.364	52	5	0.374
12	2	0.366			

注：分析号中含 CB 的为川东南样品，不含者为黔中样品。

表 3-8 是本次样品热解结果 HI 值和依据公式 3-2 计算得到的 H/C 值。再利用公式 3-3 可得出恢复系数值（表 3-9，表 3-10）。

表 3-9　黔中样品有机质丰度恢复系数数值表

分析号	层位	氢指数 HI /(mg/g TOC)	氢碳原子比 H/C	最高热解温度 T_{max}/℃	残碳模型法恢复系数 R_c	元素模拟法恢复系数 R_c
3	翁项群 $S_{1-2}w$	47	0.480	406	2.414	2.518
4	翁项群 $S_{1-2}w$	17	0.406	437	2.562	2.673
5	翁项群 $S_{1-2}w$	17	0.406	472	2.678	2.723
7	渣拉沟群$Є_1z$	0	0.361	560	2.996	2.916
8	渣拉沟群$Є_1z$	0	0.361	542	2.936	2.890

续表

分析号	层位	氢指数 HI /(mg/g TOC)	氢碳原子比 H/C	最高热解温度 T_{max}/℃	残碳模型法恢复系数 R_c	元素模拟法恢复系数 R_c
12	渣拉沟群$∈_1z$	2	0.366	570	3.026	2.922
14	三都组$∈_3s$	2	0.366	572	3.032	2.925
17	陡山坨组 Z_bds	1	0.364	540	2.928	2.883
19	陡山坨组 Z_bds	3	0.369	567	3.014	2.914
21	龙马溪组 S_1l	2	0.366	575	3.042	2.929
23	龙马溪组 S_1l	1	0.364	569	3.024	2.924
26	龙马溪组 S_1l	4	0.372	580	3.056	2.928
27	龙马溪组 S_1l	1	0.364	585	3.077	2.947
39	龙马溪组 S_1l	2	0.366	501	2.797	2.823
40	龙马溪组 S_1l	2	0.366	500	2.793	2.822
41	龙马溪组 S_1l	4	0.372	470	2.691	2.771
45	石牛拦组 S_1s	9	0.385	464	2.663	2.743
47	牛蹄塘组$∈_1n$	1	0.364	477	2.718	2.793
49	牛蹄塘组$∈_1n$	10	0.388	530	2.881	2.833
50	牛蹄塘组$∈_1n$	4	0.372	480	2.724	2.785
52	明心寺组$∈_1m$	5	0.374	483	2.732	2.786

表 3-10 川东南样品有机质丰度恢复系数数值表

分析号	层位	氢指数 HI /(mg/g TOC)	氢碳原子比 H/C	最高热解温度 T_{max}/℃	残碳模型法恢复系数 R_c	元素模拟法恢复系数 R_c
CB10	龙马溪组 S_1l	1	0.364	586	3.080	2.949
CB13	龙马溪组 S_1l	1	0.364	582	3.067	2.943
CB25	龙马溪组 S_1l	8	0.382	502	2.791	2.801
CB27	龙马溪组 S_1l	1	0.364	587	3.084	2.950
CB28	龙马溪组 S_1l	3	0.369	551	2.961	2.891
CB29	龙马溪组 S_1l	1	0.364	586	3.080	2.949
CB30	松坎组 S_1sk	3	0.369	506	2.812	2.826
CB40	龙马溪组 S_1l	1	0.364	584	3.074	2.946
CB48	松坎组 S_1sk	13	0.395	492	2.750	2.767
CB67	龙马溪组 S_1l	2	0.366	581	3.062	2.938
CB71	湄潭组 O_1m	14	0.398	490	2.742	2.760
CB74	龙马溪组 S_1l	0	0.361	582	3.069	2.947

（2）元素模型恢复法

干酪根的演化过程实际上是油气不断生成、残余生烃潜力不断降低的过程，相应的与干酪根化学性质和物理性质密切相关的一些参数发生规律的变化，如 H/C 原子比值、O/C 原子比值、镜质体反射率、氢指数、芳碳率、芳香片层间距等。

根据干酪根及产物的元素比值及有机质演化程度同样可以求得有机质丰度恢复系数。经计算，恢复后的烃源岩有机碳数值如表 3-11、表 3-12 所示，前述三套烃源岩原始有机碳含量大多高于 1%，有机质丰度高，属优质烃源。个别明心寺组粉细、砂岩样品因富含分散沥青也达到烃源岩标准，而作为储层的碳酸盐岩沥青分布不均，样品原始有机碳低，一般达不到烃源岩下限（郝石生等，1996）。

表 3-11 川东南样品有机碳含量恢复数值表

分析号	层位	测试残有机碳 TOC/%	残碳模型恢复系数 R_c	元素模拟恢复法	残碳法恢复后有机碳含量	元素法恢复后有机碳含量
CB10	龙马溪组 S_1l	1.25	3.080	2.949	3.850	3.686
CB13	龙马溪组 S_1l	0.80	3.067	2.943	2.454	2.354
CB25	龙马溪组 S_1l	0.12	2.791	2.801	0.335	0.336
CB27	龙马溪组 S_1l	1.42	3.084	2.95	4.379	4.189
CB28	龙马溪组 S_1l	0.70	2.961	2.891	2.073	2.024
CB29	龙马溪组 S_1l	0.82	3.08	2.949	2.526	2.418
CB30	松坎组 S_1sk	0.33	2.812	2.826	0.928	0.933
CB40	龙马溪组 S_1l	0.89	3.074	2.946	2.736	2.622
CB48	松坎组 S_1sk	0.08	2.75	2.767	0.220	0.221
CB67	龙马溪组 S_1l	0.44	3.062	2.938	1.347	1.293
CB71	湄潭组 O_1m	0.07	2.742	2.76	0.192	0.193
CB74	龙马溪组 S_1l	4.05	3.069	2.947	12.429	11.935

表 3-12 黔中、黔北样品有机碳含量恢复数值表

分析号	层位	测试残有机碳 TOC/%	残碳模型恢复系数 R_c	元素模拟恢复法	残碳法恢复后有机碳含量	元素法恢复后有机碳含量
3	翁项群 $S_{1-2}w$	0.55	2.41	2.52	1.33	1.38
4	翁项群 $S_{1-2}w$	0.18	2.56	2.67	0.46	0.48
5	翁项群 $S_{1-2}w$	0.29	2.68	2.72	0.78	0.79
7	渣拉沟组$Є_1z$	2.53	3.00	2.92	7.58	7.38
8	渣拉沟组$Є_1z$	10.18	2.94	2.89	29.89	29.42

续表

分析号	层位	测试残有机碳TOC/%	残碳模型恢复系数 R_c	元素模拟恢复法	残碳法恢复后有机碳含量	元素法恢复后有机碳含量
12	渣拉沟组ϵ_1z	0.51	3.03	2.92	1.54	1.49
14	三都组ϵ_3s	0.51	3.03	2.93	1.55	1.49
17	陡山坨组 Z_bds	0.67	2.93	2.88	1.96	1.93
19	陡山坨组 Z_bds	0.64	3.01	2.91	1.93	1.86
21	龙马溪组 S_1l	0.63	3.04	2.93	1.92	1.85
23	龙马溪组 S_1l	1.02	3.02	2.92	3.08	2.98
26	龙马溪组 S_1l	0.63	3.06	2.93	1.93	1.84
27	龙马溪组 S_1l	1.26	3.08	2.95	3.88	3.71
39	龙马溪组 S_1l	0.59	2.80	2.82	1.65	1.67
40	龙马溪组 S_1l	0.42	2.79	2.82	1.17	1.19
41	龙马溪组 S_1l	0.24	2.69	2.77	0.65	0.67
45	石牛拦组 S_1s	0.11	2.66	2.74	0.29	0.30
47	牛蹄塘组ϵ_1n	5.44	2.72	2.79	14.79	15.19
49	牛蹄塘组ϵ_1n	0.10	2.88	2.83	0.29	0.28
50	牛蹄塘组ϵ_1n	0.25	2.72	2.79	0.68	0.70
52	明心寺组ϵ_1m	0.21	2.73	2.79	0.57	0.59

三、烃源岩品质区域变化

烃源岩厚度和 TOC 含量等值线图，可大致反映烃源岩品质的区域变化。

下寒武统烃源岩的厚度高值区处在川东南—黔中—鄂西—渝东地区，向迅速周边降低（图 3-18，图 3-20，图 3-24）；下寒武统烃源岩的有机质丰度则呈现出在黔东—湘西北一带升高，而向两侧降低的趋势（图 3-19，图 3-21，图 3-25）。

下志留统烃源岩的厚度高值区处在川东南地区，整体上也呈向周边快速降低的趋势（图 3-22，图 3-26）；下志留统烃源岩的有机质丰度则呈现出向黔北—渝东南—湘西北一带升高，而向周围降低的趋势（图 3-23，图 3-27）。

从前面关于烃源岩的沉积特征、区域分布及有机岩石学特征分析可知，烃源岩品质出现这种区域变化，既与烃源岩形成时的区域大地构造环境及扬子克拉通盆地性质有关，又与烃源岩当时的原始沉积环境有关。

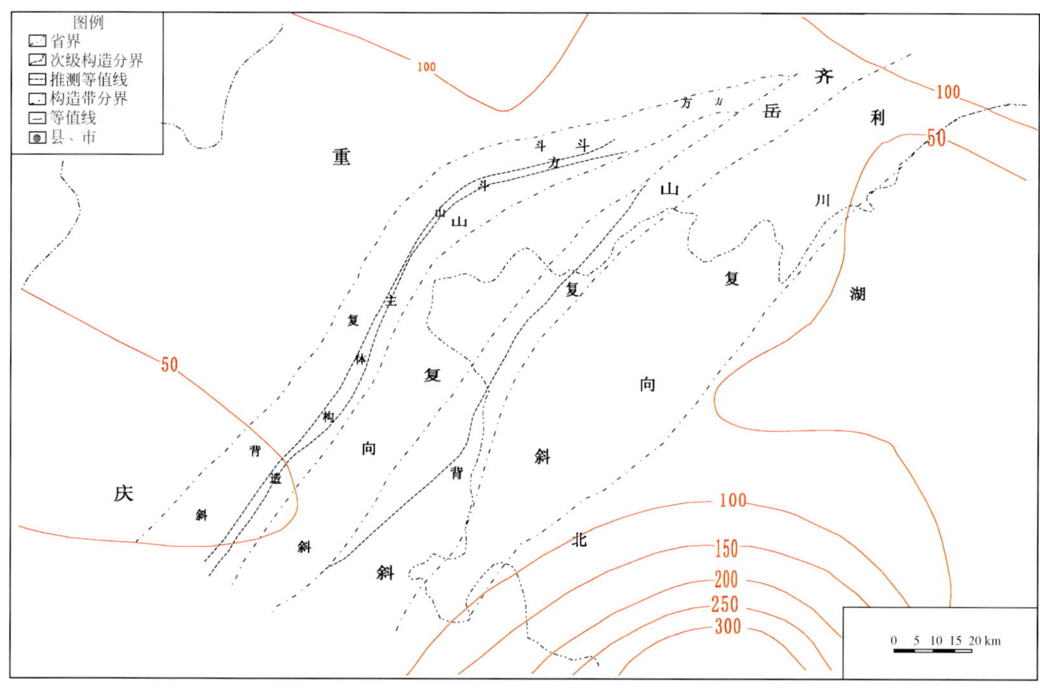

图 3-18　鄂西—渝东下寒武统烃源岩厚度分布图

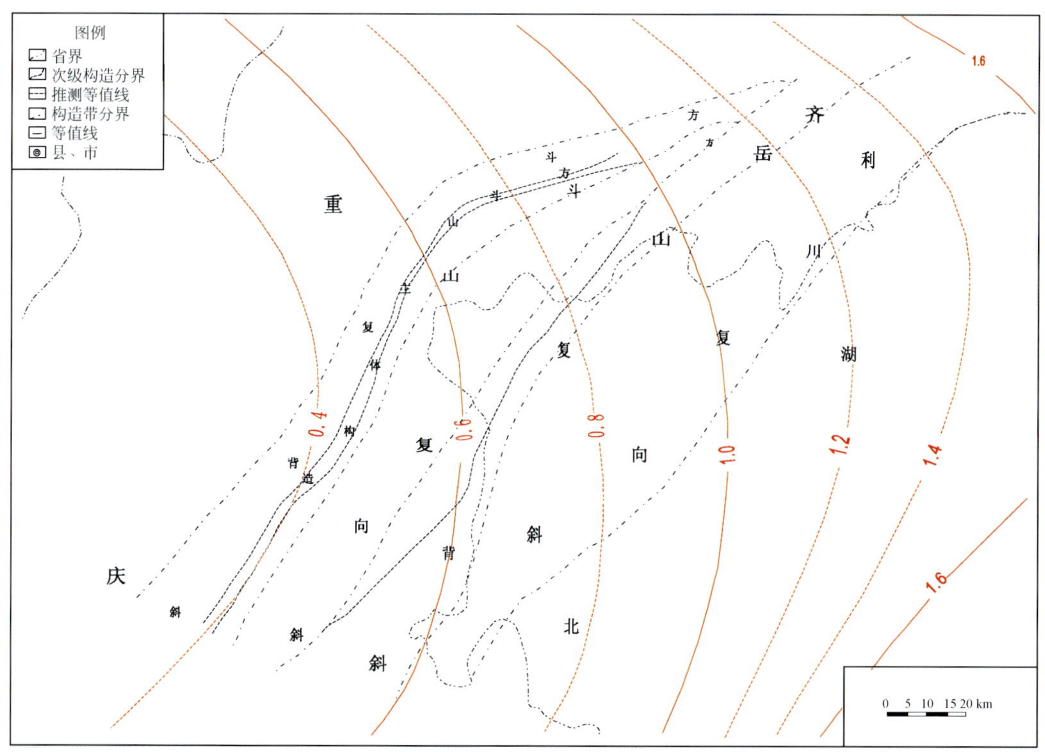

图 3-19　鄂西—渝东下寒武统烃源岩 TOC 含量分布图

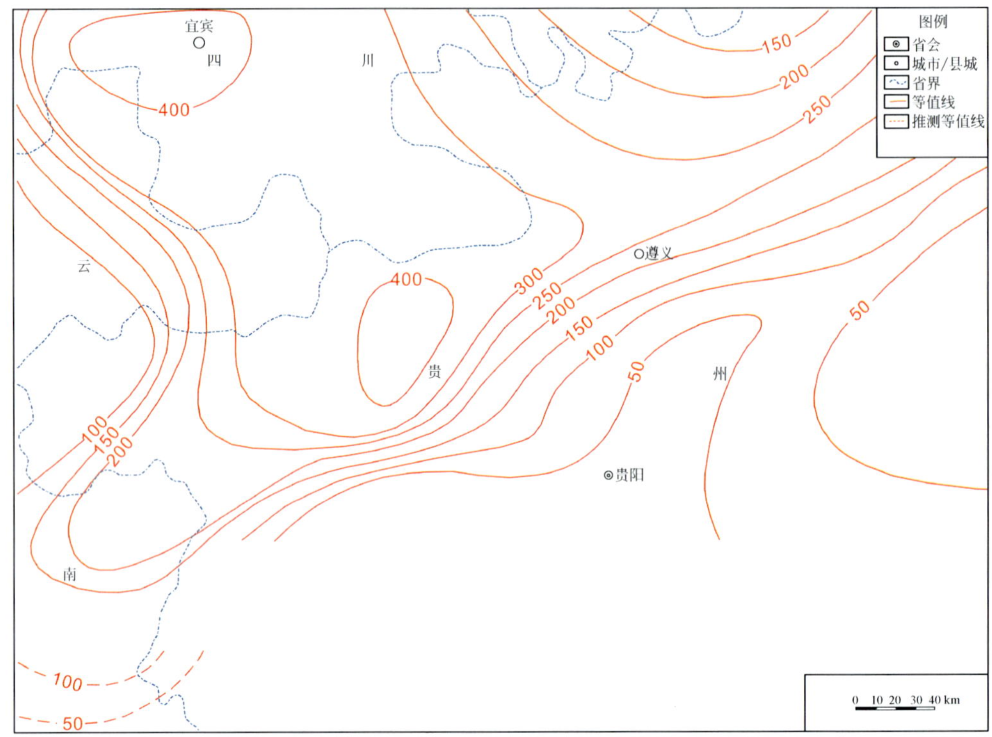

图 3-20 川东南—黔中下寒武统烃源岩厚度分布图

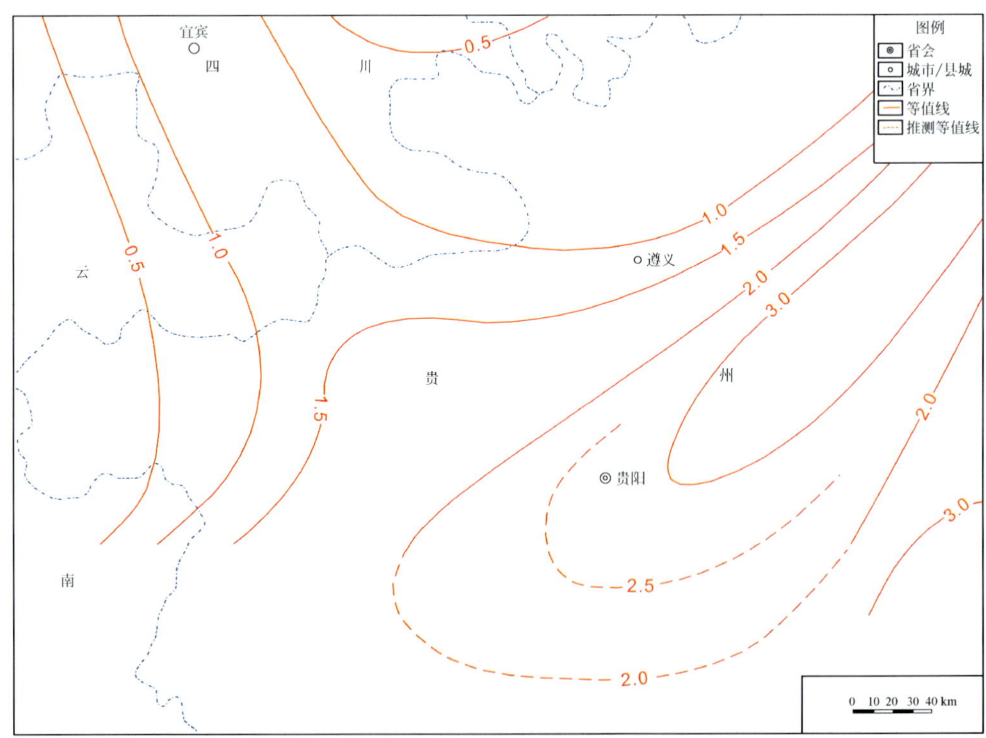

图 3-21 川东南—黔中下寒武统烃源岩 TOC 含量分布图

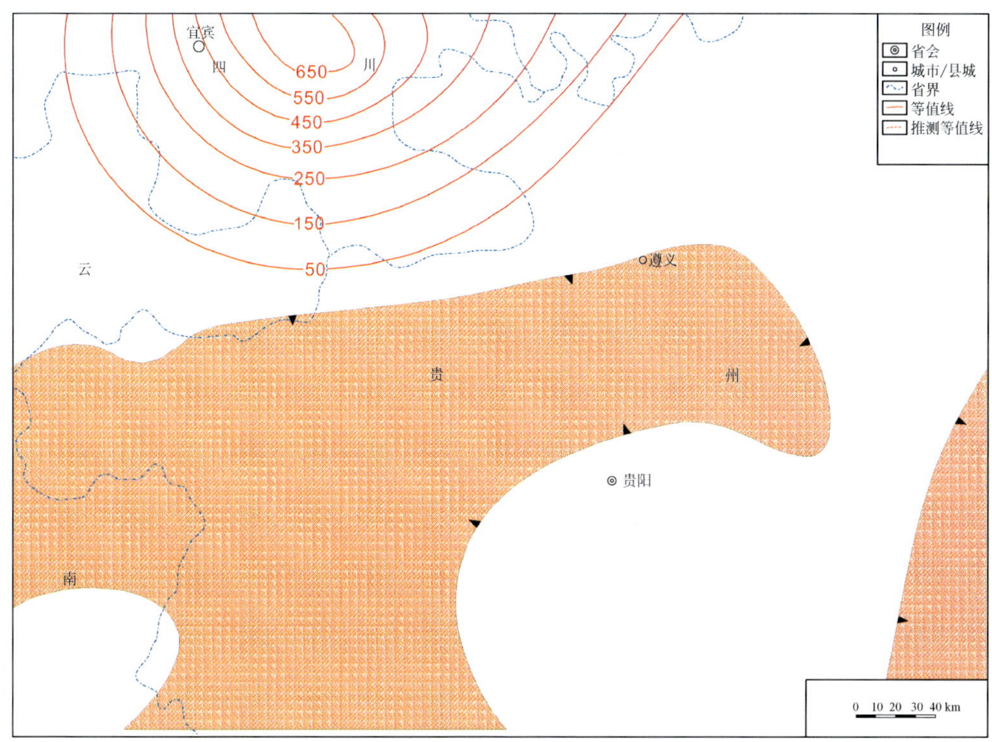

图 3-22 川东南—黔中下志留统烃源岩厚度分布图

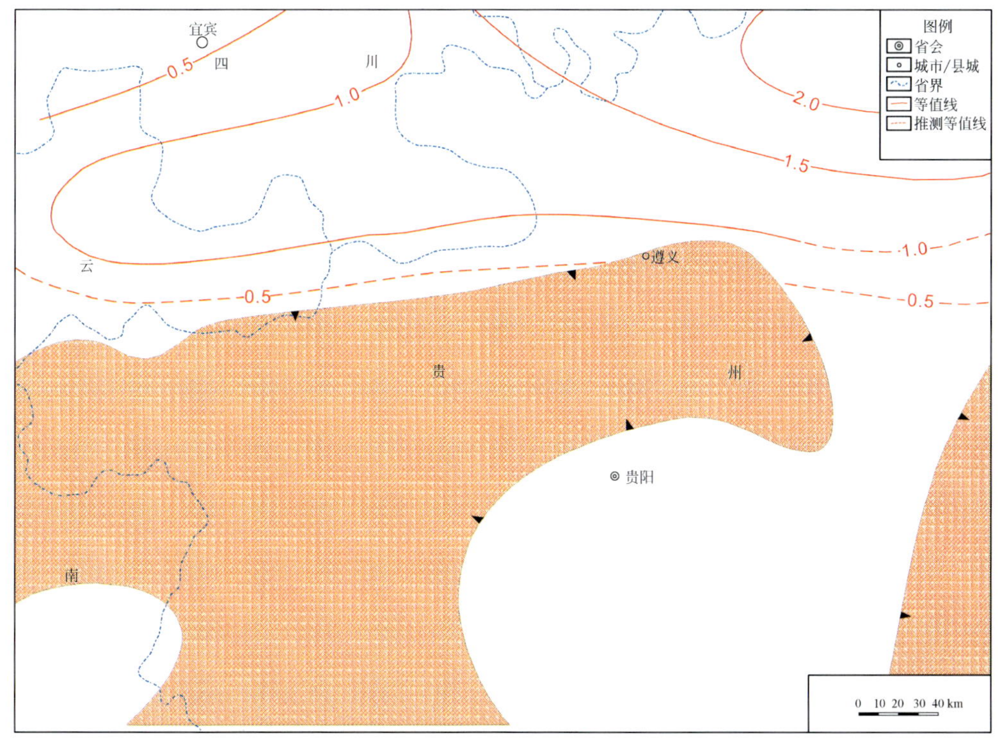

图 3-23 川东南—黔中下志留统烃源岩 TOC 含量分布图

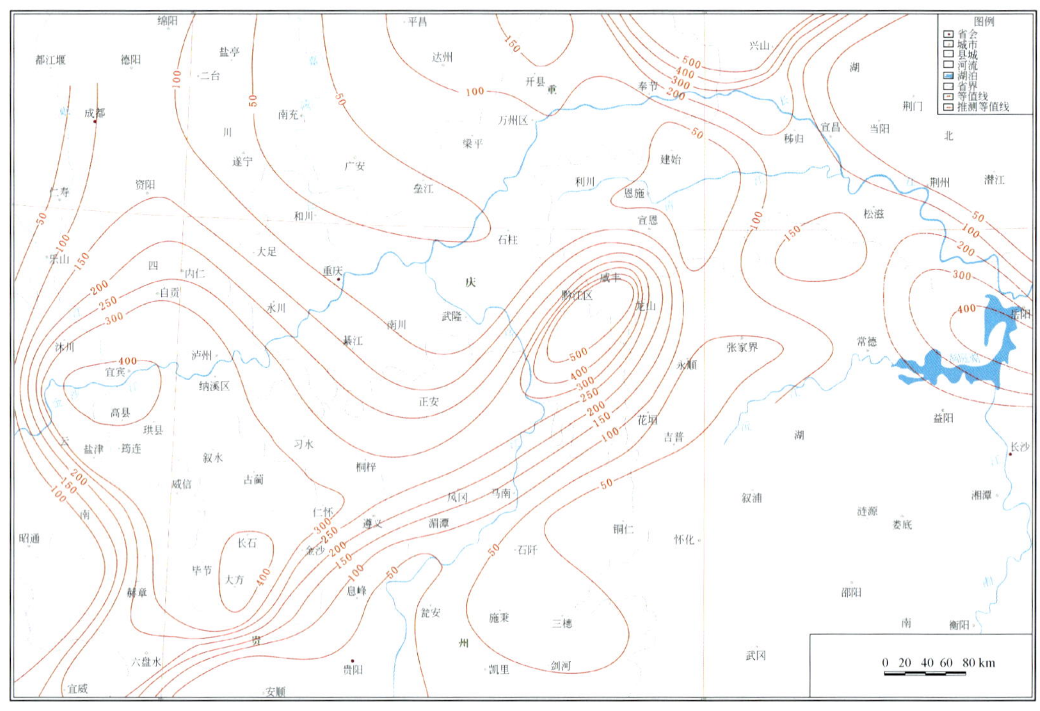

图 3-24　川东南—黔中—鄂西—渝东下寒武统烃源岩厚度分布图

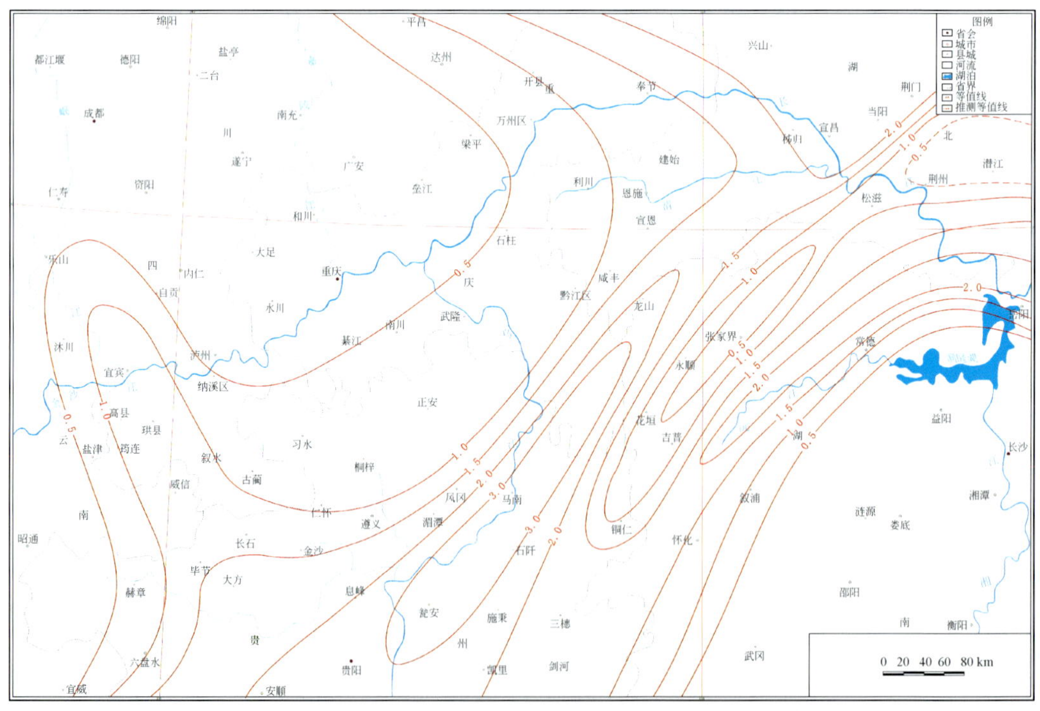

图 3-25　川东南—黔中—鄂西—渝东下寒武统烃源岩 TOC 含量分布图

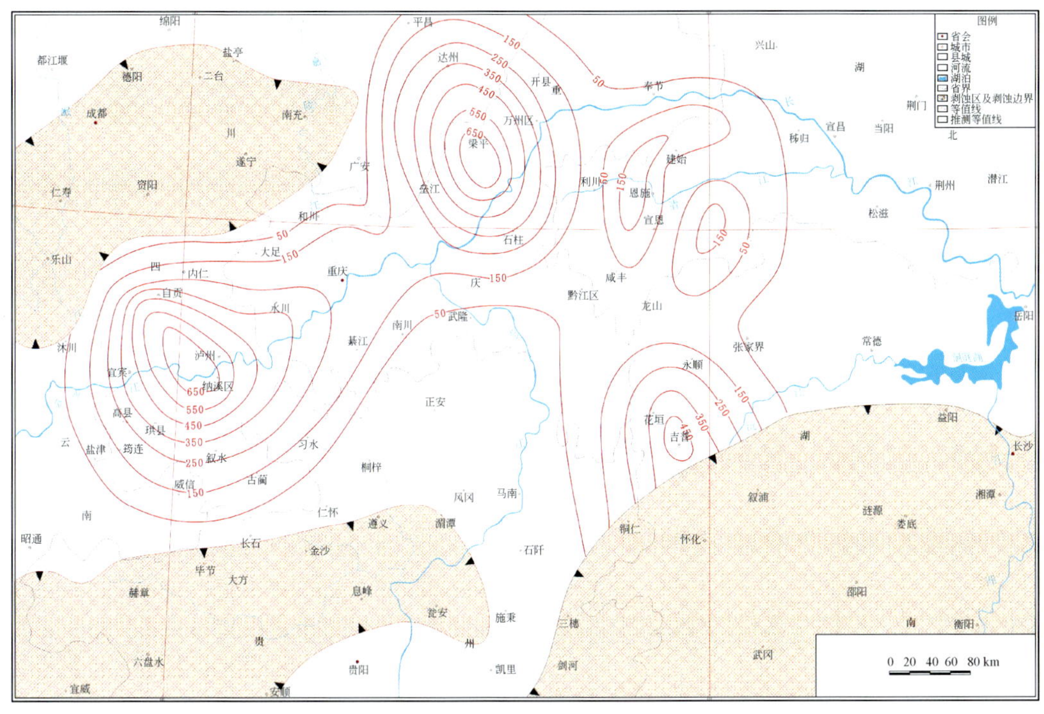

图 3-26　川东南—黔中—鄂西—渝东下志留统烃源岩厚度分布图

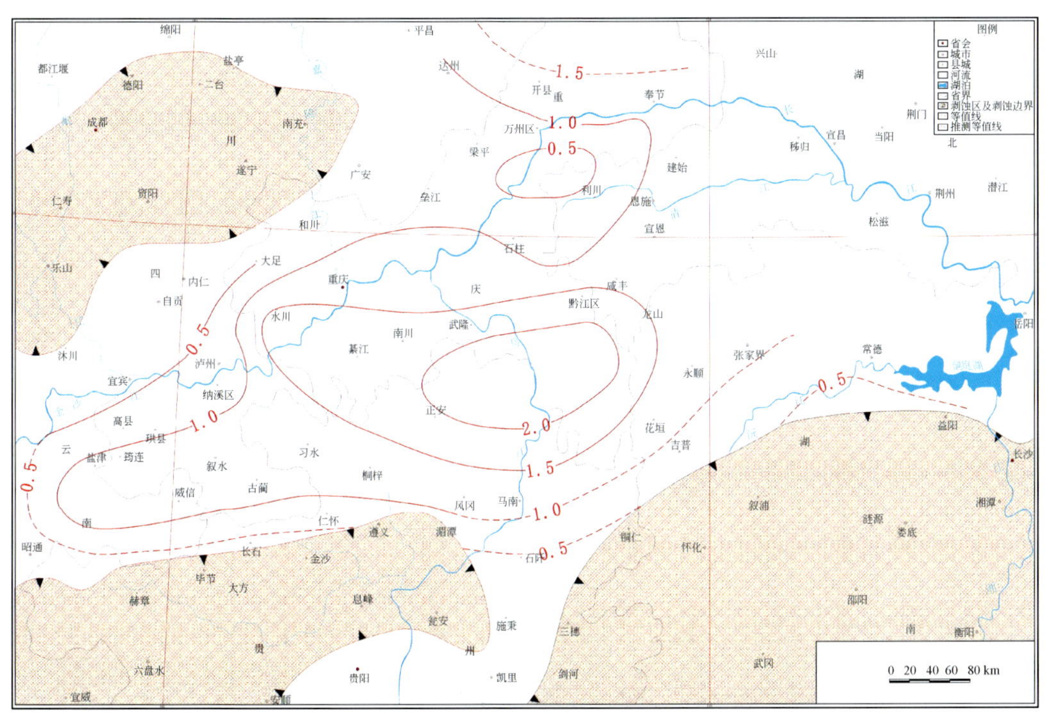

图 3-27　川东南—黔中—鄂西—渝东下志留统烃源岩 TOC 含量分布图

第五节 烃源岩地质地球化学成因

一、烃源生物相

1. 震旦纪至晚奥陶世中期富藻烃源

震旦纪至晚奥陶世中期，研究区的沉积环境多为浅海，水体较浅且阳光能透进海水，水中氧气充足，地势较平坦，坡降较缓，常受波浪作用影响。

早震旦世，研究区大部分为陆相；进入晚震旦世后直至寒武纪，随着一系列的裂谷拉张、构造热沉降作用，海侵广泛，研究区逐渐被海水所淹没。晚震旦世灯影组沉积时期至寒武纪，碳酸盐台地相在扬子地区最为发育，特别是在寒武纪，该区基本为台地相沉积，分布面积广泛，在中寒武世—晚寒武世，碳酸盐台地相沉积达到鼎盛时期。而后接受海侵，水域逐渐变深，进一步接受沉积。沉积相带由台地相、斜坡相、盆地相构成（图 3-28）。

相		近台陆源区	台地相区(Ⅲ)				斜坡相区(Ⅱ)		盆地相区(Ⅰ)		活动陆源区
			近岸台地(Ⅲ$_4$)	局限台地(Ⅲ$_3$)	开阔台地(Ⅲ$_2$)	台缘(Ⅲ$_1$)	浅陆棚(Ⅱ$_2$)	深陆棚(Ⅱ$_1$)	欠补偿盆地(Ⅰ$_1$)	补偿盆地(Ⅰ$_2$)	
模式图		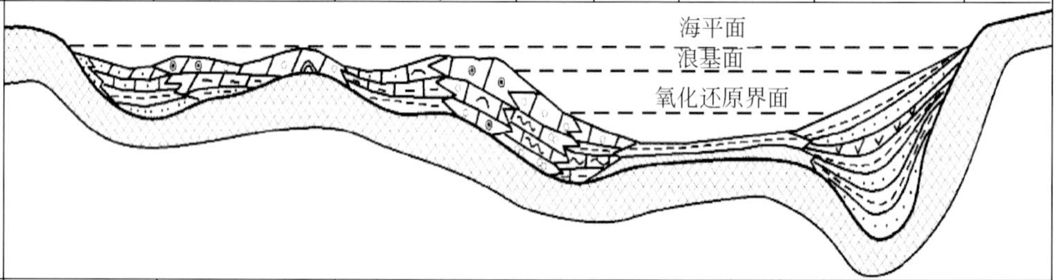 海平面 浪基面 氧化还原界面									
沉积特征	颜色	紫红—黄绿—深灰		灰、浅灰	灰、深灰	灰、浅灰	灰	深灰	深灰、黑	深灰—灰—黄绿—紫红	
	沉积构造	波状层理、交错层理、水平层理		交错层理、水平层理	水平纹层	块状层理、交错层理	透镜层理、包卷层理、条带状、瘤状	水平层理、条带状	水平纹层	正粒序层 包卷层理 ↓ 反粒序层 ↓ 交错层波痕	
	生物	古杯、腕足、小壳、三叶虫		蓝绿藻、小壳动物、三叶虫	三叶虫 腕足 棘皮	三叶虫、藻腕足、刺皮、古杯海绵	底栖、三叶虫、球接子、	球接子	硅质海绵骨针超微化石	硅质骨针、腕足	
	主要岩石组合	砂质白云岩 砂质灰岩、砂岩和泥岩		白云岩、泥质云岩夹藻云岩、核形石云岩和砂、砾屑云岩	泥质灰岩含生物灰岩夹泥岩和云岩	鲕状灰岩、生物灰岩和砂屑灰岩	条带灰岩、瘤状灰岩夹砾屑灰岩	泥质灰岩、条带灰岩夹泥岩	炭质泥岩和硅质岩夹灰岩透镜体	砂岩、泥岩互层、夹凝灰岩、硅质岩和炭质泥岩	

图 3-28 晚震旦—寒武纪沉积模式示意图（徐志川，2000）

继晚寒武世沉积之后，早奥陶世连续沉积。早奥陶世，新海侵开始，海水逐渐加深；中奥陶世时，海平面继续上升，水域相对开阔，海侵范围扩大。

藻类输入成为这一时期主要生物来源。川南—黔中—渝东—鄂西大片区域主要处于台地相区，黔东南处在斜坡相区，但烃源岩生物构成变化不大，藻类及其降解产物腐泥在有机质中占有绝对优势。

2. 晚奥陶世—早志留世笔石页岩相

晚奥陶世，环境有明显变化，由稳定的碳酸盐岩台地变为停滞缺氧的台盆环境，沉积相为台内斜坡相。早志留世早期川滇古陆、滇黔桂古陆与华夏古陆连成一片，海水北退到毕节—遵义—余庆一线以北，地形南高北低，陆源输入有限，灰泥台地海水滞流，演变为封闭还原的海湾环境。与晚奥陶世沉积连续，早期研究区内海水加深，一些地区过渡到半深海沉积环境，地势变陡。由于水深较深，阳光基本不能到达，贫氧，为还原环境，水动力也相对较弱，为低能环境，晚奥陶世早期沉积相为碎屑岩浅海—半深海相，而后海盆逐渐抬升开放，至中晚志留世沉积相为开阔浅海相。龙马溪期至韩家店期，沉积相带具一定继承性。海盆以抬升或下降的振荡运动为主；回星哨期海水逐渐变浅，浅水相带逐渐向北迁移。加里东末期，海盆整体上升成陆，从而结束了志留纪沉积历史。

笔石页岩在研究区分布较广，厚度变化为0～200m，由北向南逐渐变薄，厚度最大达200m以上。南至周家坝、三道水等地减薄为100m左右，在田坝、石阡凯峡河等地减为1～2m，再向南则尖灭。川南黔北地区、川东南地区、鄂西渝东地区都有产出。其中川南黔北地区由于区内缺失部分上志留统，中、下志留统发育齐全，研究区内的笔石主要为雕刻雕笔石。龙马溪组中部，产笔石 *Pristiograptus* cf.、*Monograptus* sp. 等；下部产笔石 *Pristiograptus* sp.、*Glyptograptus* sp. 等。下伏的奥陶系除古陆边缘外多为连续沉积，下伏的上奥陶统观音桥组也含有笔石 *Stomatograptus sinensis Wang*、*S. shiqianensis Mu-etal*、*Monograqtus flexilis muetal* 等（穆恩之、陈旭，1962）。

(1) ***Glyptograptus persculptus*** **（雕刻雕笔石）**

正笔石目，有轴亚目，双笔石科，雕笔石属。浮游生活。体长30mm左右，宽2～2.5mm，两侧大致平行，胞管轴向扭曲，腹缘及口缘略作波形弯曲，口部稍向外扩张，中轴完整，两列胞管形成两行波状构造为其特征。胞管长2mm，掩盖1/2，10mm中有8～10个胞管（图3-29）。

(2) ***Akidograptus acuminatus*** **（尖削尖笔石）**

正笔石目，有轴亚目，两形笔石科，尖笔石属。浮游生活。体直或微弯，长10～30mm，宽1.5mm，始端尖削。胞管非常细长，约2.5mm。胞管形状如同雕笔石，倾斜角20°，掩盖1/2，在10mm长度中有10个胞管。中轴细长，伸出笔石体末端之外，产于下志留统龙马溪组底部（图3-30a）。

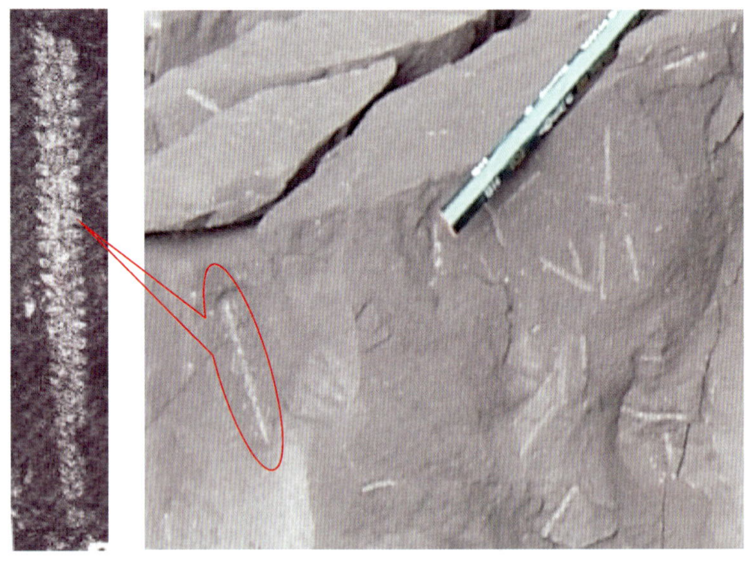

图 3-29 雕刻雕笔石（盐津县新华村李家湾龙马溪组）

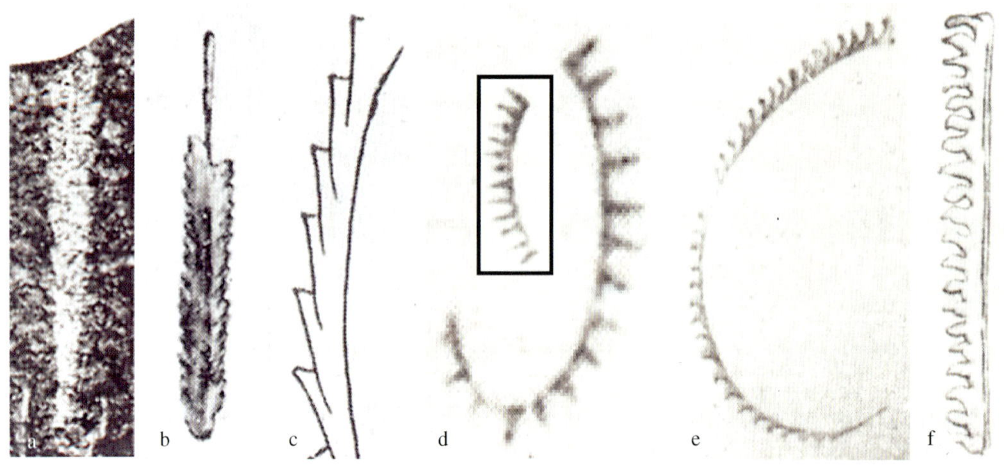

图 3-30 笔石化石形态

a. 尖削尖笔石图；b. 轴囊直笔石；c. 曲背锯笔石；d. 三角半耙笔石；e. 通常奥氏笔石；f. 赛氏单笔石

（3）*Orthograptus vesiculosus*（轴囊直笔石）

正笔石目，有轴亚目，双笔石科，直笔石属。浮游生活。笔石体粗大，长 30～60mm，宽 3～4mm，中轴常伸出笔石体末端之外，而且逐渐膨大。胞管为直管状，相当宽大，长达 2mm 左右，掩盖 1/2。口缘宽，口部稍扩展。在 10mm 长度中有 8～10 个胞管，产于下志留统龙马溪组底部（图 3-30b）。

纪和志留纪受黔中隆起和雪峰山隆起的影响，黔中部分地区的 V/Ni 值低于 1，但大部分地区此值基本在半深海、深海或滞流海域 V/Ni 值范围内，与 Sr/Ba 值环境指向基本一致。

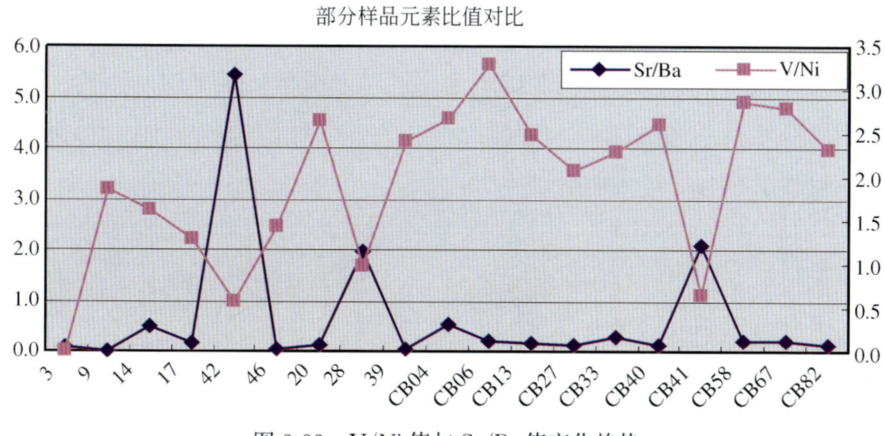

图 3-33　V/Ni 值与 Sr/Ba 值变化趋势

6. Sr/Ca 值

Sr/Ca 值也常用来推测古盐度，淡水以 Sr/Ca 值明显低于咸水为特征。Sr 与 Ca 相比，Sr 在海水与大洋水中都表明有绝对的和相对的富集，但也有作者根据我国陆相盆地研究结果认为该比值受钙含量影响比较大，当钙的含量过高时，较咸水沉积物的 Sr/Ca 值反而低于淡水沉积物（邓宏文、钱凯，1993）。本次研究所获得 29 件样品有近半数为灰岩、白云岩，其 Ca 含量相对较高，这使 Sr/Ca 值与样品中 Ca 含量（非灰岩样品为 0.36‰～59.86‰）具有一定的相关性，会受 Ca 含量的影响，故在此暂不考虑灰岩样品。Ca 是常量元素，在自然界分布很广，而 Sr 属于微量元素，海水中平均含量约为 8ppm，在页岩和黏土中可达 300～450ppm。Sr/Ca 值与水介质盐度之间尚未建立起确切的量化关系，但相对关系是存在的，即该比值高，则盐度相对高。区内地层 Sr 含量为 9.75～617ppm，平均为 197ppm，比全球页岩及黏土平均值明显偏低，Sr/Ca 值为 3.507～655。各时代烃源岩的总体情况是：寒武系泥岩段 Sr/Ca 值普遍偏高，表明沉积介质盐度普遍较高，如样号 9、11；奥陶系、志留系的页岩、灰岩在川东南地区表现出相对稳定的状态，Sr/Ca 值基本上在 25 左右，如样号 20、CB06、CB07、CB13、CB27、CB40 和 CB67；而在灰岩、白云岩中由于 Ca 含量的增加，Sr/Ca 值普遍偏低（图 3-34），如样号 24、28、42、46、CB25、CB33、CB41、CB53、CB73 和 CB76。

7. Ca/Mg 值

Ca/Mg 值在以白云岩为主的蒸发台地、局限台地相中最低，在潮下开阔台地、台地边缘浅滩沉积中则由于白云岩不发育而比较高。区内寒武纪碳酸盐岩主要是局限台地云坪

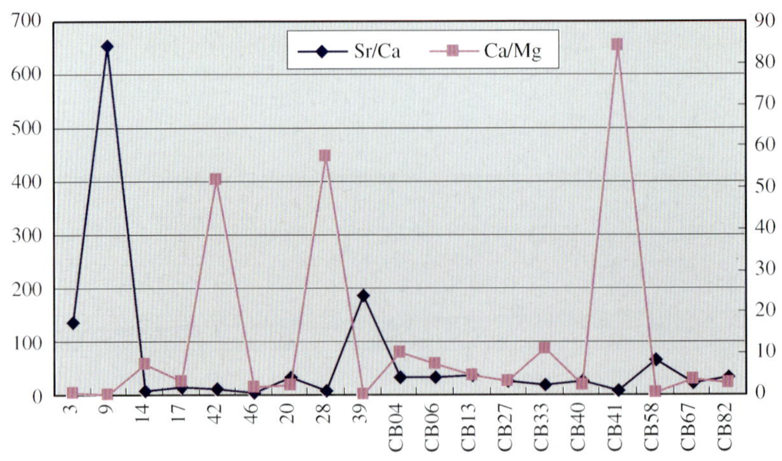

图 3-34 部分样品的 Sr/Ca 值与 Ca/Mg 值变化趋势

相白云岩，因此其 Ca/Mg 值较低，一般都<5；奥陶纪为以开阔台地为主的环境，沉积物主要为白云质灰岩和石灰岩，因此，其 Ca/Mg 值较高，显示为从 10～100 的剧烈变化，如样号 24、28、CB04、CB41、CB53、CB73 和 CB76，早志留世由于页岩沉积占主要地位，其中黏土矿物中的蒙脱石含量一般较高，所以其中的 Mg 含量也偏高，所以其 Ca/Mg 值亦偏低，并且因为有石灰岩层的发育，这一比值也有波动，多在 1～10，如样号 20、CB07、CB13、CB25、CB27、CB40、CB67 和 CB82。

8. Th/U 值

风化过程铀易氧化和淋失，钍则残留在沉积物中或被黏土矿物吸附，于是在风化产物中，如在某些陆相页岩和三水铝土矿中，Th/U 值高达 7 以上；而从水下沉积的黑色页岩、石灰岩等岩层中 Th/U 值不到 2。因此可以用 Th/U 值来判断海陆相地层。正常海水中平均含钍 0.0007ppm，平均含铀 0.003ppm，Th/U 值<1；页岩和黏土中平均含钍 7～12ppm，平均含铀 1.3～3.7ppm，Th/U 值≈4。研究区岩石含钍 0.15～18.7ppm，平均为 8.68ppm；含铀 0.213～36.5ppm，平均为 3.60ppm，Th/U 值平均为 4.15，钍铀丰度及比值与全球页岩和黏土相近。前人曾以 Th/U 值等于 7 为界，小于 7 的为海相沉积，大于 7 的为陆相淡水沉积。按此标准划分，该区地层除个别样品（样号 24、28、CB41 均为川东南地区奥陶系灰岩样品）外均属海相沉积无疑（图 3-35），但平面上海水盐度的微弱变化和纵向上的明显变化是存在的。以平均 Th/U 值衡量，川东南地区海水盐度相对黔中地区稍低，纵向上的变化以黔中地区为例，从底部到顶部 Th/U 值逐渐增大，表明该区海水盐度逐渐降低，属海退系列沉积。其中奥陶系样品 24、28 的 Th/U 值过高是由 U 含量过低引起的，这与岩性有关。

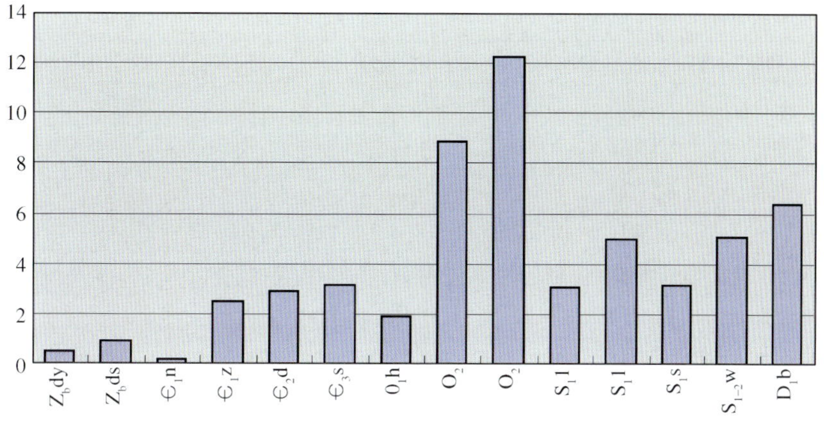

图 3-35 黔中地区不同地层的 Th/U 值变化

9. 稀土元素

稀土元素分为轻稀土元素和重稀土元素。轻稀土元素总量（LREE），是指从 La—Eu 各稀土元素含量总和。重稀土元素总量（HREE），是指从 Gd—Lu 各稀土元素含量总和。稀土元素配分模式可用于沉积环境分析（表 3-14）。

表 3-14 川东南—黔中地区不同烃源岩系稀土元素环境参数

样号	地层	地点	LREE	HREE	$\sum$ REE	LREE/HREE	La/Yb	δEu	δCe
2	红花园组 O_1h	丹寨	46.03	5.74	51.77	8.03	6.53	28.92	0.69
3	翁项群 $S_{1-2}w$	丹寨	23.31	2.35	25.66	9.92	9.88	0.81	0.76
6	邦寨组 D_1b	丹寨	41.52	3.56	45.08	11.67	12.90	0.75	0.89
9	渣拉沟群€$_1z$	三都	121.20	17.25	138.45	7.03	6.67	1.26	0.69
11	都柳江组€$_2d$	三都	123.08	14.35	137.43	8.58	7.60	1.25	0.72
14	三都组€$_3s$	三都	44.11	5.69	49.80	7.75	9.08	0.80	0.79
17	陡山坨组 Z_bds	遵义	113.02	20.12	133.14	5.62	7.39	0.95	0.69
20	龙马溪组 S_1l	桐梓	193.32	17.51	210.83	11.04	12.53	0.72	0.79
24	宝塔组 O_2b	桐梓	60.97	7.05	68.02	8.65	10.02	0.73	0.88
28	宝塔组 O_2b	习水	46.67	5.21	51.88	8.96	10.88	0.78	0.80
39	龙马溪组 S_1l	习水	184.68	17.37	202.05	10.63	12.94	0.73	0.76
42	石牛拦组 S_1s	习水	28.34	3.68	32.02	7.70	8.54	0.72	0.74
46	灯影组 Z_bdy	金沙	7.19	1.35	8.54	5.32	6.10	4.46	0.45
47	牛蹄塘组€$_1n$	金沙	119.22	25.26	144.48	4.72	5.43	1.22	0.50
CB04	宝塔组 O_2b	双河	134.87	13.88	148.75	9.72	11.38	0.79	0.77
CB06	五峰组 O_3w	双河	154.80	15.93	170.73	9.72	11.82	0.85	0.74
CB07	龙马溪组 S_1l	双河	151.71	14.53	166.24	10.44	12.47	0.83	0.77

续表

样号	地层	地点	LREE	HREE	$\sum$ REE	LREE/HREE	La/Yb	δEu	δCe
CB13	龙马溪组 S_1l	双河	168.94	16.02	184.96	10.55	12.39	0.79	0.78
CB25	龙马溪组 S_1l	盐津	99.88	8.90	108.77	11.23	12.94	0.90	0.78
CB27	龙马溪组 S_1l	盐津	163.61	15.71	179.32	10.41	11.85	0.76	0.77
CB33	松坎组 S_1sk	盐津	121.58	12.62	134.20	9.64	11.00	0.82	0.80
CB40	龙马溪组 S_1l	麒麟	171.93	16.64	188.57	10.33	11.72	0.70	0.76
CB41	宝塔组 O_2b	麒麟	36.68	4.67	41.35	7.86	10.33	0.80	0.67
CB53	湄潭组 O_1m	石林	6.84	0.93	7.77	7.36	11.13	0.59	0.60
CB58	松坎组 S_1sk	叙永	180.20	16.90	197.10	10.66	12.03	0.72	0.81
CB67	龙马溪组 S_1l	叙永	175.33	15.35	190.68	11.42	13.14	0.71	0.80
CB73	宝塔组 O_2b	叙永	9.02	1.18	10.21	7.62	9.95	0.52	0.62
CB76	宝塔组 O_2b	茅台	30.23	2.97	33.20	10.18	12.55	0.70	0.76
CB82	龙马溪组 S_1l	茅台	180.32	17.78	198.10	10.14	10.93	0.77	0.78

$\sum$REE 表示从 La－Lu 各稀土元素含量总和，球粒陨石中$\sum$REE ＝ 3.46μg/g。本次所测 29 件样品的$\sum$REE 为 7.77～210.83μg/g，其中来自各地区奥陶系的样品$\sum$REE 值明显偏低，而来自川东南地区志留系样品$\sum$REE 值均在 100μg/g 以上。特别是部分含沥青质的样品及生物礁灰岩的稀土元素$\sum$REE 很低，例如，来自黔北石林的 53 号样品（奥陶系生物礁灰岩），$\sum$REE 仅为 7.77。

陆源物质搬运过程中，轻稀土元素易被细粒沉积物吸附，越靠近物源区轻稀土元素越相对富集。轻稀土与重稀土的比值（$\sum$LREE/$\sum$ HREE）大小，反映稀土元素的分异程度。

在同类地质体中，比值越大，轻稀土元素的富集程度越高，重稀土元素亏损越严重。研究区烃源岩系研究区 $\sum$ LREE 为 6.84～193.32μg/g，$\sum$ HREE 为 0.93～20.12μg/g，大部分在 10 左右，具有轻稀土元素微弱富集的配分型式，整体上呈随地层时代变新数值增高的变化趋势。同样意义的 La_N/Yb_N 值是稀土元素球粒陨石标准化图解中分布曲线的斜率，反映曲线的倾斜程度（Worash et al.，2002）。如 La_N/Yb_N 值>1，曲线为右倾斜，属轻稀土富集型；如 La_N/Yb_N 值<1，曲线为左倾斜，属轻稀土亏损型；而 La_N/Yb_N 值≈1，曲线为近水平状，属球粒陨石型。研究样品 La_N/Yb_N 值也在 10 左右（表 3-14）。

δCe（或 Ce/Ce*）反映稀土元素 Ce 异常价态变化。通常稀土元素大都呈＋3 价状态，三价稀土元素在自然界发生变价的情况很有限，但在碱性介质和高氧化电位的表生作用带，Ce^{3+}氧化成 Ce^{4+}而与其他三价稀土元素（RE^{3+}）发生分离，致使在表生带出现亏损 Ce 的岩石和矿物（Wang et al.，1986；Sholkovitz and Schneider，1991；Kuhn et al.，1995）。因此，如 δCe 向低值迁移，则可作为碱性氧化介质环境的标志。在海水 pH、Eh 条件下，Ce^{3+}易于转化成 Ce^{4+}，造成 Ce 亏损。一般 δCe>1.05 为正异常，δCe<0.95 为

负异常。实测样品均呈现负异常，并随地层变老和灰岩岩性异常增强，灯影组灰岩 δCe=0.45，牛蹄塘组藻灰岩 δCe=0.50。

δEu（或 Eu/Eu*）指稀土元素 Eu 异常价态变化情况。在酸性介质中或强还原条件下，Eu^{3+} 还原成 Eu^{2+} 而与其他三价稀土元素发生分离。因此，如 δEu 出现负异常，则可作为酸性还原环境的标志。陆源物质一般继承 Eu 的亏损。δEu>1.05 为正异常，δEu<0.95 为负异常。研究区样品 δEu 为 0.52～28.92，其中红花园组灰岩 δEu 高达 28.92，灯影组灰岩也达到 4.46，这两个样品均含被沥青充填的方解石晶洞，异常可能起因于后期风化溶蚀并有陆表物质进入所致。大部分样品的 δEu 都<0.95，为弱的负异常，唯寒武系渣拉沟群、都柳江组、牛蹄塘组样品 δEu 都>1.05，均为正异常，正好印证了深水陆架和远离陆源的沉积环境。

结合 Ce、Eu 亏损状况，明显可区分出四种稀土元素配分型式：Eu 高富集型、Eu 较高富集型、Eu 平衡型和 Eu 亏损型，循此顺序，Ce 负异常减弱（图 3-36）。

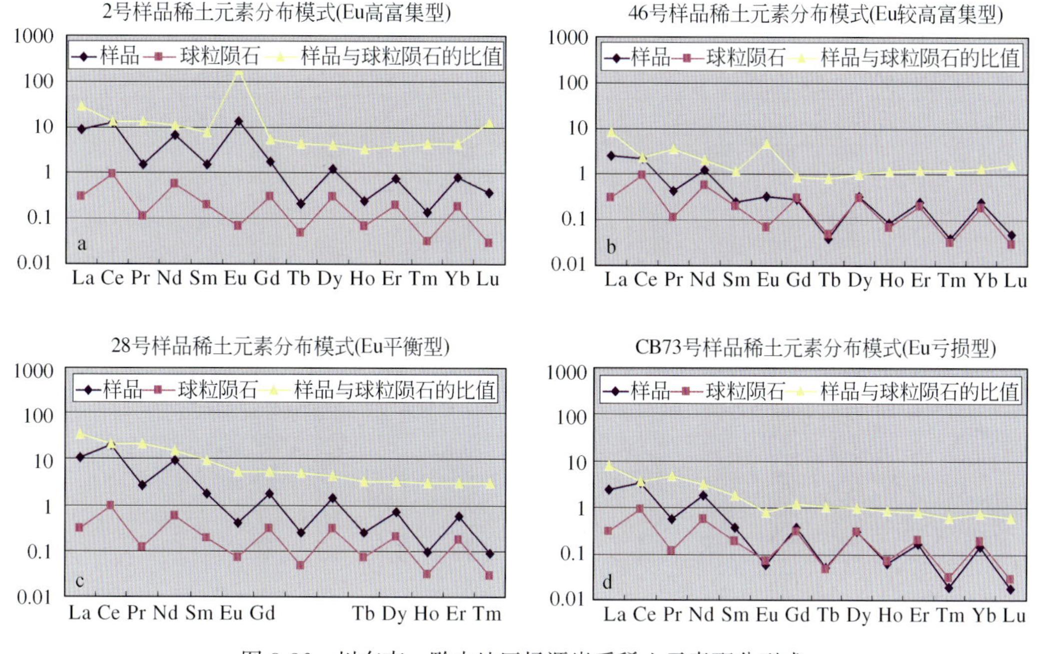

图 3-36　川东南—黔中地区烃源岩系稀土元素配分型式

三、沉积有机相

1. 氯仿沥青“A”及其族组成

研究区下组合海相烃源岩的氯仿沥青“A”及其族组成，受有机质丰度、生源构成、沉积环境及有机质热演化程度等多种因素控制。由于高度成熟，样品可溶有机质产率极其有限（表 3-15）。本次所测样品多具饱和烃优势，饱/芳值>1，显示腐泥型母质输入的特点（图 3-37）。非烃/沥青质比高，表示有机质含杂原子基团的化合物含量较高，可从另一方面反映出研究区低等生源的特征。

表 3-15 川东南—黔中地区烃源岩氯仿沥青“A”及其族组成

样号	地点	层位	氯仿沥青“A”/%	氯仿沥青族组成/%				总烃/%	饱/芳	非/沥
				饱和烃	芳烃	非烃	沥青质			
9	三都渣拉沟	$\epsilon_1 z$	0.0033	43.08	7.91	38.24	10.77	50.99	5.45	3.55
16	遵义松林	$Z_b ds$	0.0071	52.09	4.20	39.47	4.24	56.29	12.40	9.31
47	金沙岩孔	$\epsilon_1 n$	0.0068	70.14	3.89	22.61	3.36	74.03	18.03	6.73
CB40	兴文麒麟	$S_1 l$	0.0092	0.39	2.79	57.00	39.82	3.18	0.14	1.43
CB74	叙永麻城	$S_1 l$	0.0090	9.55	0.92	29.93	59.60	10.47	10.38	0.50
CB27	盐津	$S_1 l$	0.0099	84.93	2.66	8.89	3.52	87.59	31.93	2.53
50	金沙岩孔	$\epsilon_1 n$	0.0058	69.82	4.37	21.41	4.40	74.19	15.98	4.87
45BP	习水良村	$S_1 s$	0.0040	71.76	4.13	19.99	4.12	75.89	17.38	4.85
48	金沙岩孔	$Z_b dy$	0.0042	75.76	1.38	18.70	4.16	77.14	54.90	4.50
CB35	盐津	$S_1 sk$	0.0036	59.42	2.56	29.23	8.79	61.98	23.21	3.33

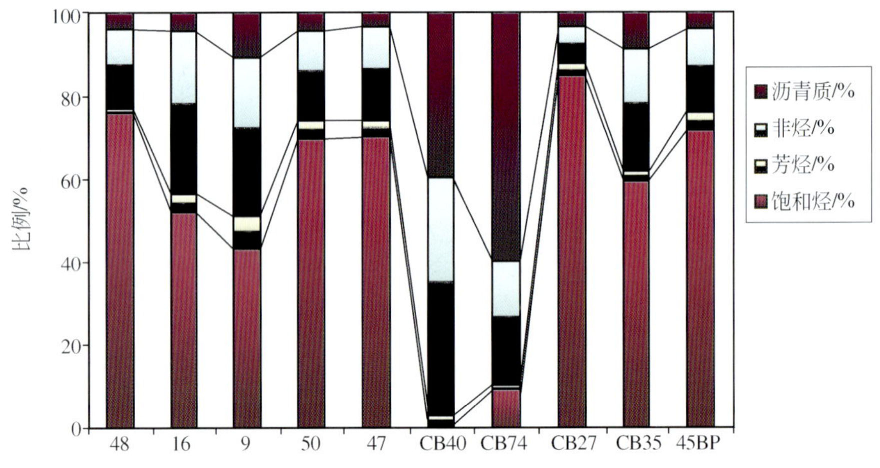

图 3-37 川东南—黔中地区烃源岩氯仿沥青“A”及其族组成

有一个特殊情况出现在两件川东南下志留统龙马溪组笔石页岩样品（CB40、CB74）中。其测试结果显示饱和烃+芳烃含量极低，而非烃和沥青质的含量几乎各占一半。这种特殊情况的出现，是因为后期氧化降解造成的，或者是浮游生物（笔石）物质的大量输入所致，有待进一步研究。

2. 生物标志物特征

(1) 姥鲛烷/植烷

烃源岩样品 Pr/Ph 值<1，表现出明显的植烷优势，代表还原沉积环境（Didyk et

al.，1978；程克明等，1995；Peters et al.，2005）。作为对比的储层碳酸盐岩（样品48、45）则具有一定的姥鲛烷优势，Pr/Ph值>1，与正常海水介质环境有关。寒武系以低的Pr/Ph值反映出相对较强的还原性，而与分层海水底部沉积有关的黔东南渣拉沟三都组比黔中相当层位还原性更强（表3-16）。

表3-16 川东南—黔中地区烃源岩还原性参数

样品号	9	16	47	CB74	CB27	CB35	48	50	45
层位	$€_1z$	Z_bds	$€_1n$	S_1l	S_1l	S_1sk	Z_bdy	$€_1n$	S_1s
地点	三都渣拉沟	遵义松林	金沙岩孔	叙永麻城	云南盐津	云南盐津	金沙岩孔	金沙岩孔	习水良村
岩性	黑色泥岩	黑色泥岩	黑色泥岩	笔石页岩	笔石页岩	砂状灰岩	藻灰白云岩	黑色页岩	沥青灰岩
Pr/Ph	0.623	0.945	0.734	0.804	0.957	0.583	1.315	0.867	1.157
Pr/nC_{17}	0.230	0.396	0.353	0.405	0.336	0.340	0.657	0.484	0.381
Ph/nC_{18}	0.340	0.469	0.444	0.622	0.390	0.340	0.492	0.538	0.457

（2）Ts/（Ts+Tm）值

Ts/(Ts+Tm）值受成熟度与生源的影响，对黏土催化剂反应敏感。来自碳酸盐岩的原油与页岩的油相比，具有异常低的Ts/(Ts+Tm）值。从沉积指相意义看，酸性还原条件下Ts/(Ts+Tm）值相对较低。研究样品Ts/(Ts+Tm）变化不大，多分布在0.52～0.57（表3-17）。志留系龙马溪组样品Ts/(Ts+Tm）值明显较低且变化较大，表明在近岸地带环境变化相对复杂，滞流和生物快速堆积降解，促进了环境的酸化还原。

（3）盐度指标

伽马蜡烷是一种C_{30}——三萜烷，被认为来源于喜盐生物，为高盐度海相和非海相沉积环境的标志。在各种环境中都产出伽马蜡烷，但随着水体盐度的增加，伽马蜡烷的含量增加，特别是在膏盐环境下出现伽马蜡烷的最高值（Damste et al.，1995；李政等，2006）。寒武系样品总体具有相对高的伽马蜡烷指数值，各时代碳酸盐岩数值中等，龙马溪组高低值均有出现，亦反映环境演变、海陆双重影响的特征。四环萜烷、孕甾烷+升孕甾烷也具有咸化环境的指相意义，数值变化与伽马蜡烷指数表征一致（表3-17）。

表3-17 川东南—黔中地区烃源岩甾萜类环境参数

样号	层位	地点	岩性	Ts/(Ts+Tm）值	伽马蜡烷指数	孕甾烷+升孕甾烷	四环萜烷
48	Z_bdy	金沙岩孔	藻灰白云岩	0.5169	0.1055	0.758	0.726
16	Z_bds	遵义松林	黑色泥岩	0.5648	0.1658	1.494	0.455
9	$€_1z$	三都渣拉沟	黑色泥岩	0.5545	0.1543	1.910	1.097
50	$€_1n$	金沙岩孔	黑色页岩	0.5628	0.1248	2.454	0.997
47	$€_1n$	金沙岩孔	黑色泥岩	0.5687	0.1706	2.873	0.832

续表

样号	层位	地点	岩性	Ts/(Ts+Tm) 值	伽马蜡烷指数	孕甾烷+升孕甾烷	四环萜烷
CB40	S_1l	兴文麒麟	页岩	0.4209	0.1628	1.094	0.470
CB74	S_1l	叙永麻城	页岩	0.5451	0.1536	2.041	0.803
CB27	S_1l	盐津	页岩	0.4720	0.0962	0.902	0.585
CB35	S_1sk	盐津	砂状灰岩	0.5361	0.1252	1.185	0.979
45BP	S_1s	习水良村	沥青灰岩	0.5362	0.1057	0.728	0.675

(4) 甾萜类指纹特征

甾萜类化合物起源复杂，热演化迅速，研究区样品都已达到这两类化合物终极演化阶段，其分布特征仍具有一定指相意义。

C_{27}和$C_{29}\alpha\alpha\alpha$（20R）甾烷被认为分别来自海相和陆相生源，研究区$\alpha\alpha\alpha$（20R）甾烷类分布一般具有$C_{29}\alpha\alpha\alpha$（20R）甾烷分布优势（表 3-18）。

表 3-18 烃源岩系甾类化合物生物标志

样号	层位	地点	岩性	$\alpha\alpha\alpha$（20R）甾烷/%			$\alpha\alpha\alpha$（20R）	$C_{29}\alpha\alpha\alpha$
				C_{27}	C_{28}	C_{29}	C_{27}/C_{29}	20S/（20S+20R）
9	$Є_1z$	三都渣拉沟	黑色泥岩	1.139	0.618	0.732	1.556	0.475
16	Z_bds	遵义松林	黑色泥岩	0.276	0.136	0.154	1.792	0.505
47	$Є_1n$	金沙岩孔	黑色泥岩	0.391	0.195	0.221	1.769	0.493
CB40	S_1l	兴文麒麟	页岩	1.577	0.932	1.830	0.862	0.387
CB74	S_1l	叙永麻城	页岩	0.869	0.424	0.520	1.671	0.474
2	O_1h	丹寨坝固	沥青白云岩	0.829	0.626	0.903	0.918	0.366
46	Z_bdy	金沙岩孔	白云岩	1.384	0.938	1.284	1.078	0.380
52	$Є_1m$	金沙岩孔	泥质细砂岩	1.411	0.871	1.572	0.898	0.242
53	P_2c	安顺紫云	长兴灰岩	1.263	0.853	1.212	1.042	0.369
CB27	S_1l	盐津新华村	页岩	0.320	0.380	0.525	0.609	0.422
CB35	S_1sk	盐津新华村	砂状灰岩	0.464	0.474	0.522	0.889	0.528
50	$Є_1n$	金沙岩孔	黑色页岩	0.447	0.384	0.338	1.322	0.636
48	Z_bdy	金沙岩孔	藻灰白云岩	0.631	0.751	0.968	0.652	0.487
45BP	S_1s	习水良村	沥青灰岩	0.394	0.583	0.527	0.748	0.397

分析样品检出的萜类化合物主要为三环萜烷和三萜类。三环萜烷主要由微生物细胞膜中三环类异戊二烯醇形成的（Aquino Neto et al.，1983），与某些菌藻类具有成因联系（Azevedo et al.，1992）。三萜类为细菌生源标志物（Schoell et al.，1993），与藿烷系列具有相似的生源母质（Moldowan et al.，1991；Peters and Moldowan，1993）。在黔中和川东南的震旦系和寒武系烃源岩中，都具有三环萜类分布优势（图 3-38），而志留系烃源岩除具有这一分布形式外，同时出现藿烷系列高于三环萜类分布状况（图 3-39）。前者反映了广海和物源稳定的沉积环境特点；后者则反映了物源与沉积环境出现变异的特征。

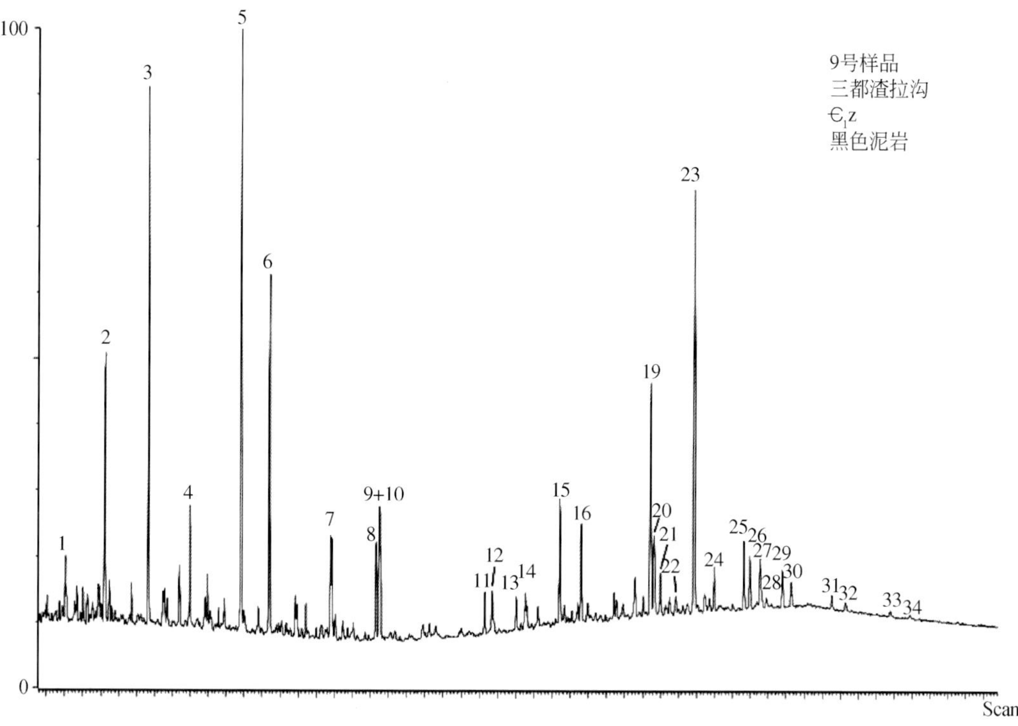

图 3-38　寒武系烃源岩三环萜类（1～14）与藿烷（15～30）分布特征

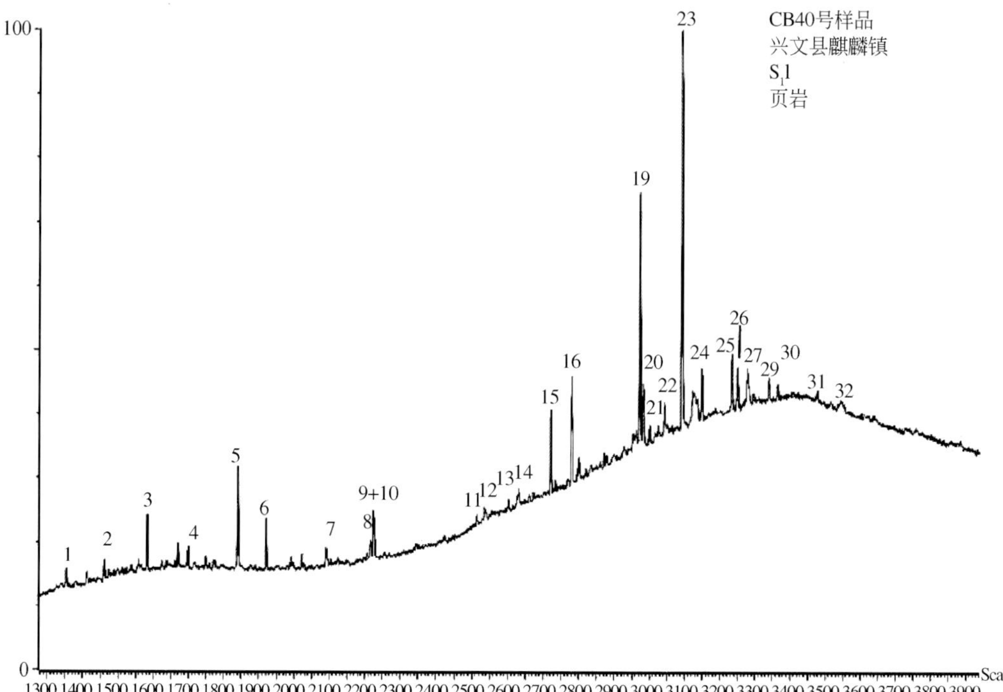

图 3-39　志留系烃源岩三环萜类（1～14）与藿烷（15～30）分布特征

3. 沉积有机相

沉积有机相是指在相似沉积环境下，由来自相似的成烃生物母源而表现出的在有机显微组分、有机质类型、生物标志物及成烃能力等方面特征均大体相似的、可用于工业制图的沉积岩石地层单位。本书根据研究区下组合海相烃源岩的特点，采用了有机岩石学、沉积环境及有机地球化学特征参数作为沉积有机相的划分标志，划分出了动荡局限海笔石相、滞流局限海笔石相、碳酸盐台地藻积相、泥质台地藻积相和深水陆架藻积相沉积五类沉积有机相（表 3-19）。

表 3-19　南方下组合烃源岩沉积有机相

沉积有机相		动荡局限海笔石相	滞流局限海笔石相	碳酸盐台地藻积相	泥质台地藻积相	深水陆架藻积相
有机岩石学特征	藻类—腐泥组/%	<50	50～75	>70	>75	>75
	动物有机组/%	5～10	10～25	<5	<5	<5
	生源	藻类为主，夹浮游动物	藻类为主，多浮游动物	藻类为主，夹浮游、底栖动物	藻类为主，夹浮游动、底栖动物	藻类为主，夹浮游动物
沉积环境	介质条件	波动、微淡化	停滞、咸化	正常海水	弱扰动海水	停滞、微咸化
	氧化还原性	弱氧化—还原	弱还原—还原	还原—弱氧化	弱还原—还原	强还原
有机地球化学特征	H/C	0.36～0.38	0.36～0.40	0.36～0.38	0.36～0.40	0.36～0.42
	剩余 TOC/%	<0.7	>0.7	<0.4	>1	>1
	生烃潜力	较弱	较强	弱	强	强
主要分布层域		五峰组 O_3w 龙马溪组 S_1l	龙马溪组 S_1l	各层组	陡山坨组 Z_bds 牛蹄塘组Є$_1$n	渣拉沟群Є$_1$z 都柳江组Є$_2$d 三都组Є$_3$s

第四章 烃源岩成熟演化与生排烃作用

从地质异常的角度看，烃源岩的成熟演化与生排烃作用是区域尺度地质异常和盆地尺度地质异常的产物，是在成分和成因序次上控制油气藏形成的重要因素，因此它们反过来也就成为开展油气成藏条件区域预测和盆地尺度预测的基本依据。

第一节 有机质成熟度及其区域变化

一、高熟有机质热演化特征

当有机质进入后生作用阶段后期（R^o＝1.3％～2.0％），地温超过液态烃临界温度，大量C—C链断裂，液态烃减少，甲烷及其气态同系物等低分子烷烃剧增，进入高成熟阶段。埋深继续增加，沉积物进入变生作用阶段（R^o＞2.0％），以高温高压为特征，已形成的液态烃和重质气态烃强烈热裂解，变成热力学条件下最稳定的甲烷。此时出现了有机质演化的最终产物干气甲烷和碳沥青或次石墨，进入过成熟阶段（表4-1）。

表4-1 烃源岩成熟度划分方案

成熟度指标		未成熟	生油	凝析油	湿气	干气
镜质组反射率		＜0.5	0.5～1.3	1.0～1.5	1.3～2	＞2
T_{max}	Ⅰ类	＜437	437～460	450～465	460～490	＞490
	Ⅱ类	＜435	435～455	447～460	455～490	＞490
	Ⅲ类	＜432	432～460	445～470	460～505	＞505

镜质体反射率在油气勘探中虽然作为评价烃源岩成熟度的最佳方法被广泛采用，但对于缺少真正镜质体的下古生界海相烃源岩成熟度而言却无法采用。为了弥补镜质体反射率应用中的客观缺陷，本次分别采用固体沥青反射率、镜状体及无定形体（微粒体）反射率、藻类体反射率、动物碎屑反射率等指标。其中，主要测试、分析对象是在研究区下古生界海相烃源岩中广泛存在的沥青和动物碎屑。

固体沥青（Solid Bitumen）或运移沥青（简称沥青），是指由富氢有机质形成的烃类经一系列地质作用转变而成的固体物质。沥青反射率作为成熟度指标的可靠性，与成因类型关系密切。在研究区下古生界海相烃源岩和储集岩中，沥青的成因类型、产出形式和赋存状态都较为复杂。由于烃源岩中的沥青大多属于前油沥青或原生同层沥青，其反射率可以作为成熟度的评价指标；而储层中的沥青可能来自原油的热蚀变作用，也可能由于天然气注入而发生过脱沥青作用、生物降解作用和水洗作用，其反射率常常已经改变，不能作为源岩有机质成熟度的评价指标。

镜状体是指泥盆系前地层中光性类似于镜质组的有机显微组分，也称海相镜质体。镜状体一般呈碎屑颗粒状，形态多不规则，内部结构上为相对均一状。烃源岩中镜状体具有与镜质体相似的光性特点，即反射率及其各向异性随埋藏深度或成熟度增高而明显增高。

分子有机地球化学方法的生物标志物在热成熟过程中，通常经历立体异构化（包括环系和非环系差向异构）、芳构化和侧链裂解过程。根据热成熟过程这些变化所提出的生物标志物成熟度参数，目前已经广泛应用于石油地球化学。但是，由于分子有机地球化学参数在镜质体反射率为1.0％以前早已达到端点或平衡点，显然不宜作为高过成熟阶段烃源岩的成熟度指标。

热解峰温（T_{max}）是评价热演化程度的可靠标志（Tissot and Welte，1984），但对于高、过成熟的下古生界烃源岩，热解峰温（T_{max}）几乎达到仪器极点而失去效果。因此，在本书研究过程中，热解参数只被用于辅助测试分析。

二、有机质成熟度评价

1. 有机质反射率

在采集下古生界烃源岩的剖面附近也采集了上古生界煤样，研究区北部（川东南—黔北）五个煤样镜质体反射率（R^o）为2.01％～2.74％，南部（黔中—黔南）五个煤样（R^o）值2.95％～3.43％全区均达到有机质热演化的过成熟阶段；相对而言，北部成熟度稍低，南部成熟度较高，两地平均镜质体反射率相差0.82％。

海相下组合烃源岩中不存在真正意义上的镜质组，但普遍分布碳沥青，在34件样品中测得了碳沥青反射率（R_b）。在川东南—黔北下志留统11件样品中，R_b值为2.10％～3.85％，变化范围较大，平均为2.66％，平均值与同地区二叠系煤样平均值（2.46％）在数值上相近。在黔中—黔南的海相下组合中共测得碳沥青反射率23组，其值为2.05％～3.19％，平均为2.30％，比北部地区低，比同一地区二叠系煤样也明显要低。这种系统偏低的现象目前知道的原因可能有两点：一是样品受到风化作用影响，降低了本来的反射率；二是被测对象形体太小，致使测值偏低。此外也可以有一种地质解释，即碳沥青是在热演化不同阶段充注于岩石孔隙的，没有经历热演化作用的全过程，所以其反射率比对应原生沉积的煤层要低。例如，在川东南盐津剖面一件样品中的微量碳沥青，其反射率（R_b）仅为1.34％，就可能与较晚时期充注有关。

沥青等效镜质体反射率（R'^o）的概念已被广泛接受，常用的换算公式主要有两种：

$$R'^o=0.618R_b+0.4 \text{（Jacob，1985）} \quad (4\text{-}1)$$

$$R'^o=0.6569R_b+0.3364 \text{（丰国秀、陈盛吉，1988）} \quad (4\text{-}2)$$

上列两种公式换算结果相似，所得等效镜质体反射率比对应的煤层镜质体反射率都低，由此得到的本区许多数值在 2.0%以下，显然与实际情况不符。

在缺失镜质体的早古代地层中，动物有机体反射率特征也可作为评价有机质成熟度的一项参考指标。本次研究在下志留统地层中，共测得 9 组笔石体的随机反射率平均值（R_m^G）。其中，川东南地区 4 组，R_m^G 值为 1.97%～2.85%，地区平均为 2.57%；黔中地区 5 组 R_m^G 值为 2.55%～2.76%，地区平均为 2.65%，黔中比川东南略高，笔石体反射率实测值与煤镜质体反射率实测值在数值上相近，变化趋势也基本相同。笔石体反射率与镜质体反射率如何对应的问题，当前还没有统一的认识。有的学者通过热模拟实验证明笔石体最大反射率和随机反射率与镜质体反射率可以直接对比；有的学者则认为，在低成熟阶段笔石体反射率略低于镜质体反射率，而在热解干气阶段笔石反射率与镜质体反射率趋于一致（Bertrand，1990）。由此而论，笔石反射率可以直接替代镜质体反射率用于评价烃源岩成熟度。但也有不少学者认为，在低成熟阶段笔石体反射率低于镜质体反射率，而在高、过成熟阶段笔石体反射率则明显高于镜质体反射率（Goodarzi，1985，1989）。因此，在实际应用中，采取将笔石体反射率（R_m^G）先转换成"海相镜质体"反射率（R_{mv}^o），再将"海相镜质体"反射率转换成陆相镜质体（即通常所言镜质体）反射率（R_m^o）的做法。这种等效镜质体反射率的经验公式（钟宁宁、秦勇，1985）为

$$R_{mv}^o = 0.882R_m^G - 0.366 \tag{4-3}$$

$$R_m^o = R_{mv}^o + 0.025 \div 1.082 \tag{4-4}$$

然而，在本研究区，用这种方法换算所得的笔石等效镜质体反射率，与实测值相差甚远。例如，川东南地区实测平均值为 2.57%，换成等效镜质体反射率为 1.80%；黔中地区实测平均值为 2.65%，换算后得 1.84%。由此而论，实测笔石体反射率在研究区条件下大体与镜质体反射率相当，可以不必换算。

工作中还测得了腐泥基质体的 13 组反射率值（R_h），变化从 1.74%～2.15%，平均值为 1.86%。腐泥基质体反射率如何对应镜质体反射率也是一个有争议的问题。通过上述"中介"方法将腐泥基质体反射率转换成海相镜质体反射率，再转换成镜质体反射率（钟宁宁、秦勇，1985），前一步骤采用以下经验公式（4-5），后一步骤仍采用式（4-4）。

$$R_{mv}^o = 2.092R_h - 1.079 \tag{4-5}$$

平均腐泥基质体反射率实测值为 1.86%，换算成"海相镜质体"反射率值（等效）为 2.81%，与同地换算成等效镜质体反射率为 2.82%。这结果与同层笔石体实测值和邻近的煤层镜质体反射率值都比较接近。

2. 热解峰温 T_{max}

由热解测试得知，85%以上样品测试的 T_{max} 都在 500℃以上，有些样品的 T_{max} 太高而无法测量。这与有机质反射率一致，同样表明烃源岩已达到高、过成熟特征，有机质目前降解生烃潜力消耗殆尽，靠近终点（图 4-1）。

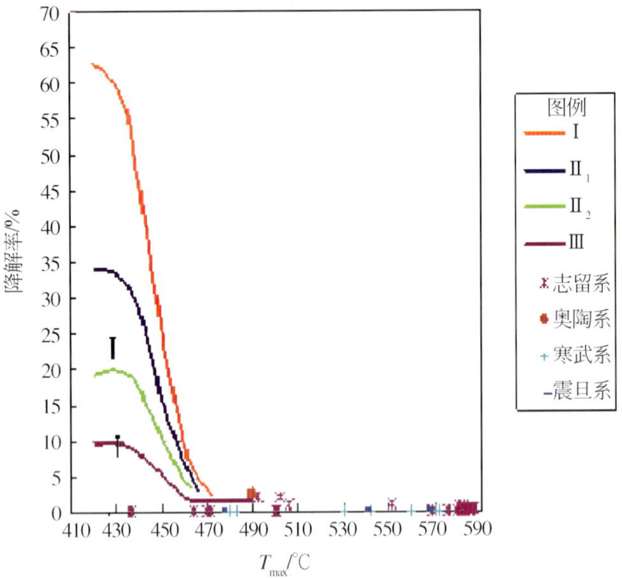

图 4-1　热解峰温 T_{max} 与降解率关系图

三、成熟度变化趋势

如图 4-2、图 4-3 所示，研究区下组合有机质总体处在高、过成熟阶段。川东一重

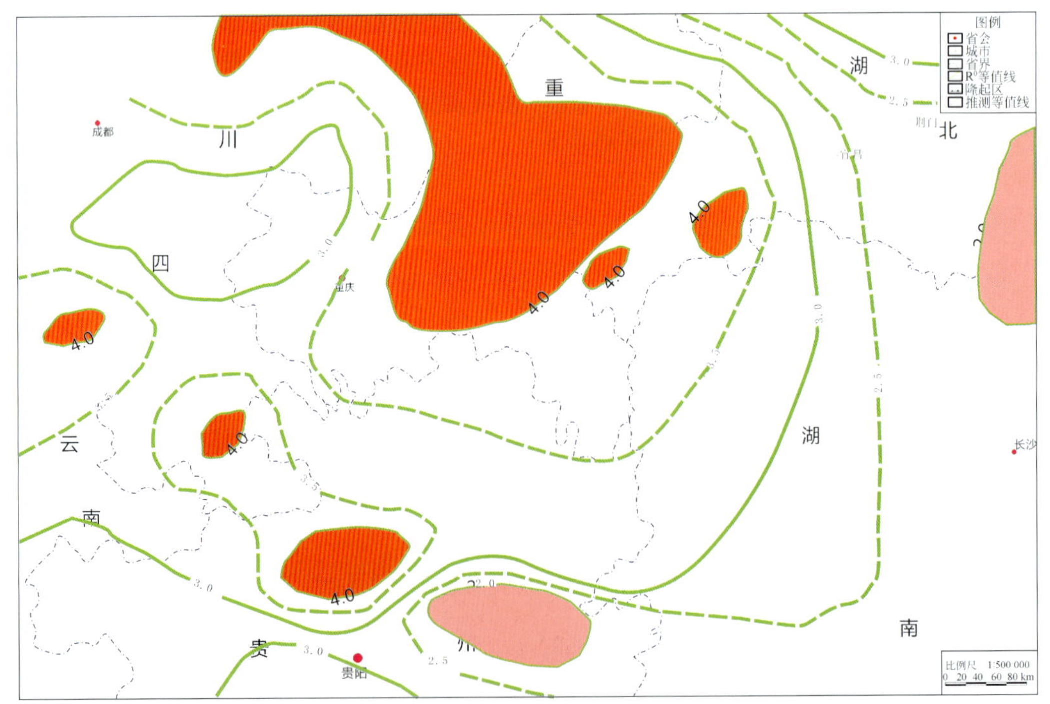

图 4-2　研究区下寒武系有机质等效镜质体反射率（R^o）区域分布

庆一鄂西是区域连片的高演化中心，寒武系等效镜质体反射率达 4.0%以上，志留系等效镜质体反射率达 3.0%以上，向周边逐渐降低。在黔东南、湘西以及湖北荆州的局部地区，烃源岩成熟度相对最低，但寒武系等效镜质体反射率值也达到 2%左右，志留系残存等效镜质体反射率值也达到了 1.3%以上，同样超过了液态烃门限。

图 4-3 下志留统源岩有机质等效镜质体反射率（R^o）区域分布

第二节 烃源岩成熟演化

一、区域地热背景

1. 大地热流值

南方海相各区块现今大地热流平均为 55～103mW/m^2。川一黔一渝一鄂片区大地热流值为 30～70mW/m^2，自东向西呈总体增长趋势（图 4-4）。地温梯度最大值为 3.51℃/100m，最小值为 1.43℃/100m，平均值为 2.469℃/100m（袁玉松等，2006）。

马力等[①]（2001）根据中国南方的古今地温场特征，以郯庐一郴州一岑溪一博白断

① 马力，吴少华，徐光定等，2001，中国南方中古生界天然气地质综合研究总结，中国石油化工股份有限公司南方海相油气勘探项目经理部项目研究报告。

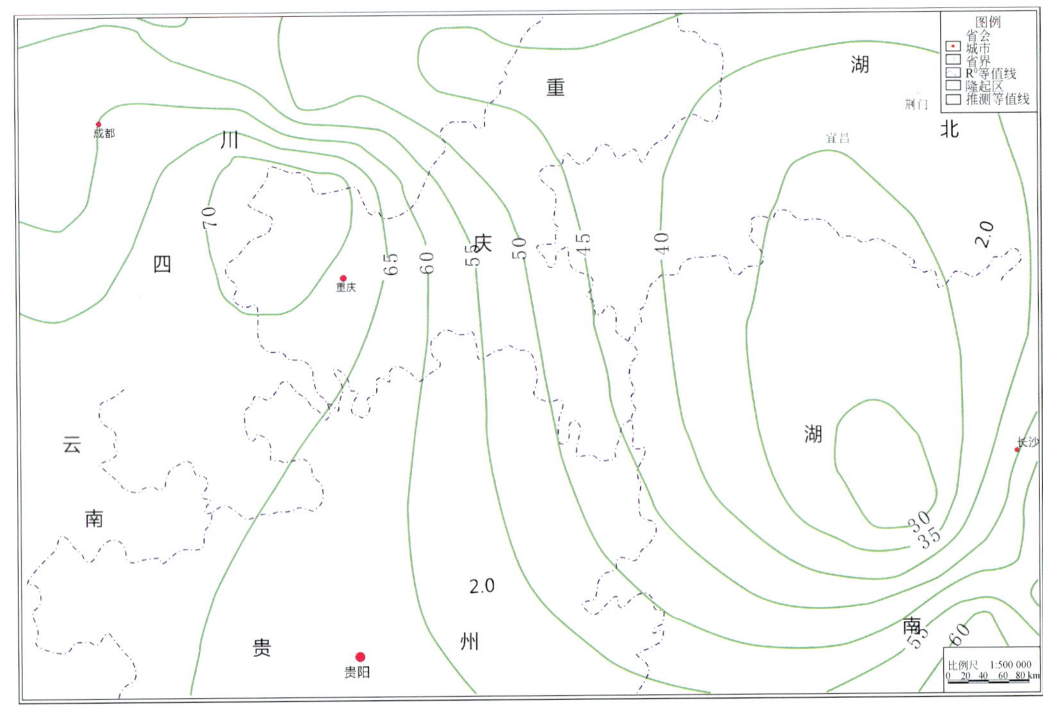

图 4-4 川一黔一渝一鄂片区大地热流值分布图

裂、龙门山一红河断层为界划分为东部、中部、西部。通过与西部的塔里木、准噶尔盆地的对比，认为东部和西部热流值明显偏高，而中部偏低。上二叠统龙潭组 R^o 值也有这个趋势，但下扬子相对要低，造成这种变化的主要因素有以下 4 个方面：

1）东部、西南部分别位于环太平洋高热流区与喜马拉雅高热流区，古今地温梯度高，热流值高，中部相对稳定，古今地温梯度不高，热流值也不高。

2）热岩石圈厚度中间厚、东西薄，构造活动性东西强、中间稳定；基底性质中间稳定、东西活动，是造成地温场变化的主要原因。

3）同一盆地内热演化程度和热流值大幅度变化的原因，主要与盆地内部不均一有关。上、中、下扬子以及楚雄、十万大山等前陆盆地都是原特提斯、古特提斯海相原型盆地和前陆盆地、陆相盆地叠加的结果，埋深差异很大。在很多地方出现深埋藏，造成 R^o 值偏高；而在差异隆升区埋深浅，造成 R^o 值偏低。

4）地块小、碰撞挤压多。在地块边缘及内部会产生同造山期及后造山期的火成活动和差异构造变动，产生局部热场，使局部地区热演化程度特别高。

从已知的情况看，中国南方的油气显示和油苗广泛分布在低地热区，大地热流一般在 30～50mW/m^2，大地热流较高的地区仅有零星分布，如南盘江拗陷、宜山构造带、罗平断拗、曲靖断褶带；沥青主要分布在大地热流为 50～70mW/m^2 的高地热地区，如三江造山带和华南地块等；大地热流为 70～100mW/m^2 的特高地热地区，则几乎没有油气显示、油苗和沥青出现。一般地说，高的大地热流反映构造活动强烈，会导致油气藏破坏并在地表出现油气显示。但研究区的情况似乎与此相悖，如在川东南一渝西南的中高热流区中未见油气显示，可能与地表巨厚的中新生代地层覆盖有关。在黔中隆起周缘、黔东南、湘鄂西和江南隆起（雪峰构造带）等低地热区所出现的沥青分布，则可能与强烈的隆升剥蚀，古生代地层暴露地表导致油气变质有关。

2. 区域岩浆作用

(1) 中国南方中生代岩浆活动概况

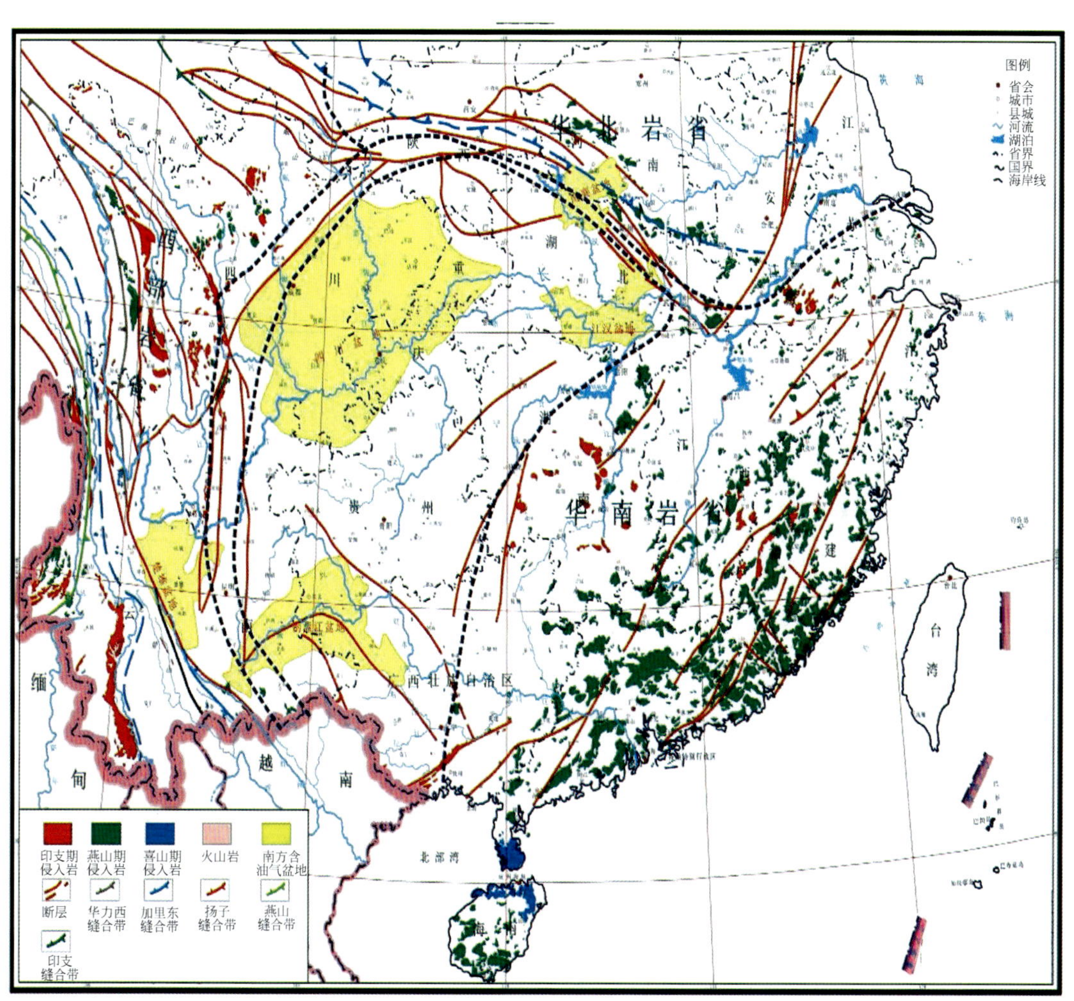

图 4-5　中国南方印支期以来侵入岩分布图

中国南方中生代花岗岩主要分布于秦岭—大别山、长江中下游、南岭地区和东南沿海（图 4-5），而新生代火山岩主要沿东南沿海出现（图 4-6）。它们的时空分布受地质构造演化和不同方向同生断裂的控制，一般沿隐伏基底断裂和深大断裂成带分布。在岩浆侵入过程中，将伴随有巨大的热动力作用，并使地层中的孔隙水、层间水等变成热水，并可能形成热液对流循环，对有机质的成熟演化产生影响（吴冲龙等，1999）。

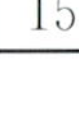

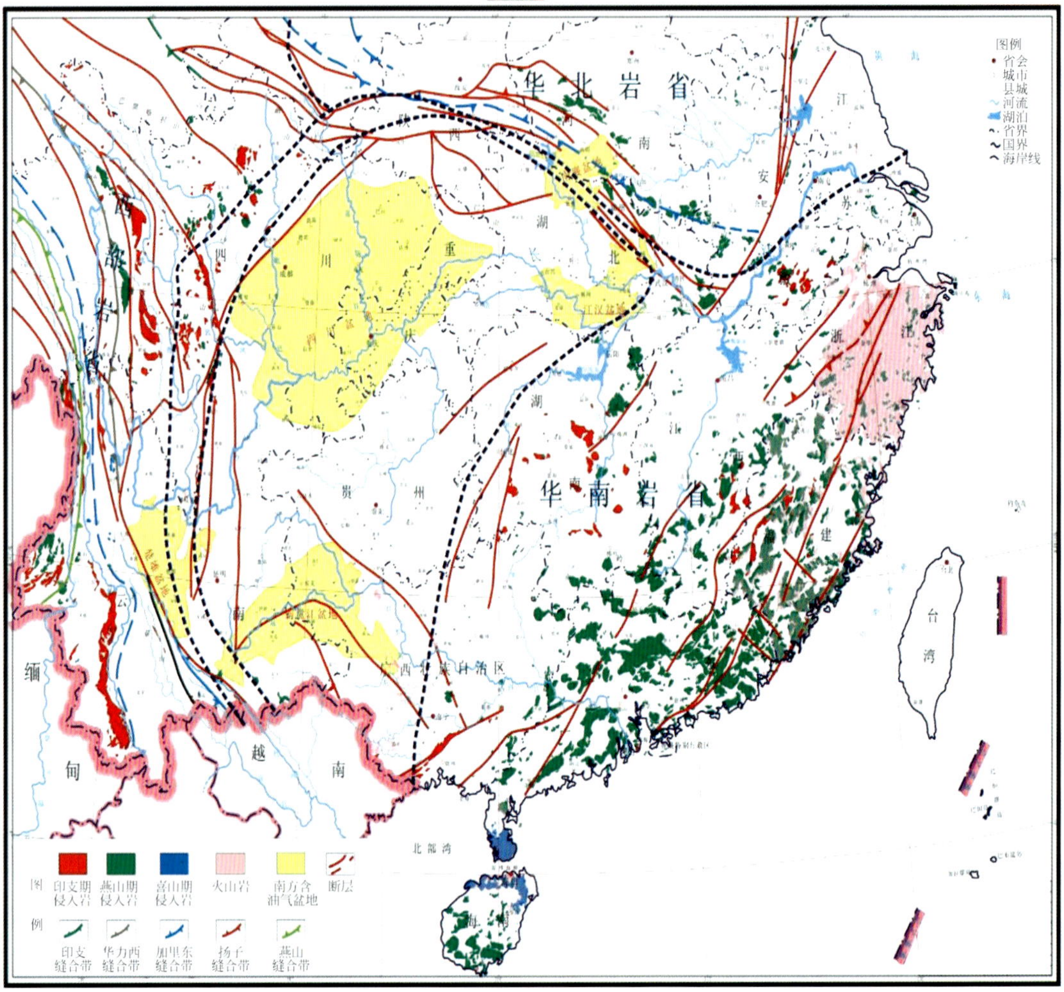

图 4-6　中国南方印支期以来火山岩的分布图

（2）川—黔—渝—鄂岩浆活动状况

在中国南方中、西部，从寒武纪至新近纪，火山岩和侵入岩在各时代均有产出。它们的活动期次频繁，岩石类型多样，主要分布于滇黔桂及邻区。火山岩厚度大，常呈大陆溢流或海底喷发相产出；侵入岩分布比较广泛，部分与火山岩同源同生。各期岩浆活动的时空分布均有差异，受本区地质构造演化和断裂的控制，可以分为加里东期、海西—印支期、燕山期和喜马拉雅期四个阶段。①

1）加里东期岩浆活动

加里东期的岩浆活动表现十分微弱。在黔东的镇远、三穗一带见有偏碱性超基性岩侵

① 梅廉夫，马昌前，徐思煌等，2004，南方中、古生界天然气成藏富集规律研究，中石化股份有限公司南方勘探开发分公司项目研究报告。

入体。这些超基性岩体规模甚小，一般仅数米至数十米，最长达400余米，多呈岩墙、岩脉、岩枝状。其侵入层位以中、上寒武统碳酸盐岩为主，与围岩均呈突变接触，一般没有明显的接触变质，只表现出退色和重结晶现象。在雪峰山隆起带西北侧零星分布有加里东期的小花岗岩体，但都属于非A-型、非M-型花岗岩体，表明这些花岗岩主要由中元古代地壳的相当物经部分熔融形成的。

2）海西—印支期岩浆活动

在早、晚二叠世之间的东吴运动，发生了大规模的峨眉山玄武岩类喷发。峨眉山玄武岩的分布范围是一长轴近南北向的菱形，西南和西北均以大断裂同三江构造带相连，西南为红河断裂，西北为小金河—龙门山断裂（何斌等，2003）。在滇东、黔西、川西南及川东华蓥山等地，地表均见有玄武岩和辉绿岩发育于上二叠统底部。玄武岩喷发主要发生于陆上，但少数地方（如南盘江拗陷）可见海相碳酸盐岩夹层，为水下喷发而成。根据近几年获取的一系列同位素年龄资料，峨眉山玄武岩主要喷发时间为257～256Ma。该玄武岩喷发与断裂活动有关，特别是受到吕梁期、加里东期隐伏基底断裂和深断裂活动的影响，沿小江断裂、师宗弥勒断裂岩层厚度较大（图4-7）。

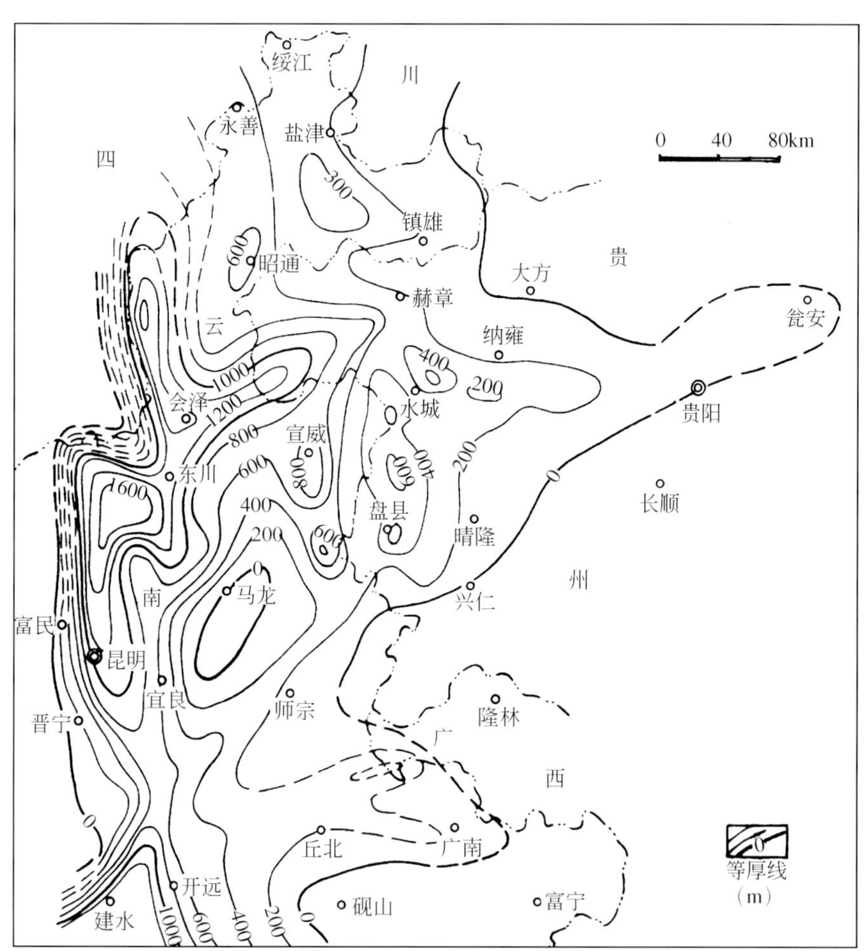

图4-7 滇黔桂地区二叠纪玄武岩分布厚度等值线图（滇黔桂石油地质志编写组，1992）

除了峨眉山玄武岩类喷发并形成大面积的覆盖外，海西一印支期尚有分布于康滇古隆起、桂西南及滇东南地区的各类基性及中酸性侵入岩和喷出岩。在康滇古隆起上，岩体多沿南北向大断裂成带分布，以辉绿岩类为主，侵入的最新围岩为二叠纪玄武岩，沉积于其上的最新地层为上三叠统。在桂西南的刭西、凭祥、龙州等地，在泥盆纪、早一晚石炭世及二叠纪均有中基性火山岩喷发。中基性火山岩呈层状夹于沉积岩中，每层厚 5～50m。在黔西北及黔南等地，也见有辉绿岩侵入下二叠统和下石炭统中、上部的石灰岩中，产状以岩床居多，厚数十米，大致顺层侵入。在早、中三叠世，滇东南、桂南和桂东南等地也见有火山岩的喷出及花岗岩的侵入。

3）燕山期岩浆活动

燕山期火山岩主要见于下侏罗统和上白垩统。研究区的下侏罗统火山岩分布于北流县六麻盆地边缘，岩性有沉凝灰岩和沉火山角砾岩两类。上白垩统火山岩主要沿博白一岑溪断裂带呈北东向断续展布，在垂向由酸性向中性过渡；其次在灵山一藤县断裂带的玉林县石南佛香山、藤县的太平亦有零星的酸性火山岩分布。火山活动以桂东南云开大山边缘地区为最强，火山岩系多不整合覆盖于古生界、下白垩统或燕山早期花岗岩体之上。晚白垩世火山活动属间歇性陆相喷发，以猛烈的爆发紧接着溢流为特征，喷发类型属中心-裂隙式，具有断续的线状展布特点。在强度上由北西向南东增强，表现为喷发规模，火山岩厚度逐渐增加，在成分上由中性向中酸性过渡。此外，沿南丹一都安断裂带的都安县六良、武鸣县府城两地有少量中性火山岩。

本研究区的燕山期侵入岩零星发育于深大断裂带，以中酸性为主，也有少量基性、超基性岩及偏碱性岩。燕山期的基性侵入岩主要发育于晚白垩世，空间上主要分布于都安县六良和武鸣县仙湖一带。

4）喜马拉雅期岩浆活动

喜马拉雅期岩浆活动十分微弱，仅在滇东的楚雄盆地和思茅盆地发现有基性喷发岩和碱性侵入岩，在桂中拗陷大厂地区发现有闪长玢岩岩脉。楚雄盆地基性喷发岩岩性为玄武岩，仅在南华吕合地层中厚约 10m。碱性侵入岩岩性为正长斑岩、花岗岩、粗面岩等，分布在盐丰一永仁、姚安一南华及祥云以北等地区。同位素年龄显示楚雄盆地岩浆岩侵入时间为 36.2～57Ma（K一Ar），大厂地区闪长玢岩岩脉侵入时间为 55～65Ma。思茅盆地少量碱性一中酸性侵入岩，仅分布在拗陷外，拗陷内少见。

二、有机质成熟演化

1. 川东分区

以涪陵一綦江为例，地层发育及其接触关系如表 4-2 所示（四川省地矿局，1992）。

表 4-2　川东（涪陵—綦江）地区地层发育特征

地层系统			厚度/m	年龄/Ma	接触关系
界	系	统			
新生界	第四系				
	新近系+古近系			23.5	不整合
				65	
中生界	白垩系		0～520	135	不整合
	侏罗系	上统	900～1500	208	
		中统	1350～1800		
		下统	200～900		
	三叠系	上统	300～450		
		中统	189～655	250	不整合
		下统	800～1200		
古生界	二叠系	上统	80～600	290	不整合
		下统	303～523		
	石炭系	中统	0～96	302	不整合
	泥盆系		缺失	409	不整合
	志留系	中统	0～700	439	
		下统	276～450		不整合
	奥陶系	上统	13.23		
		中统	52.51	510	
		下统	258.81		
	寒武系	中、上统	1095.97	570	
		下统	575.76		不整合
元古界	震旦系		516		

在志留纪末期，受加里东构造运动的影响，全区广泛抬升，上志留统被剥蚀殆尽，区内仅残存中、下志留统，剥蚀厚度不大，约 315m。中、晚三叠世的印支运动使中国南方构造格局和性质发生了巨大变化，最为主要的是使古特提斯多岛洋闭合，华北、秦岭大别、华南等地区全部拼接在一起，全区基本结束了海相沉积环境，总体上造成南方由海至陆的转变。这次运动也导致南方部分地区广泛抬升，遭受剥蚀，但总体剥蚀厚度都不大，约 241m。晚侏罗世—早白垩世，燕山运动造成南方大部分地区遭受剥蚀，剥蚀厚度较大，本区剥蚀厚度可达 2100m（图 4-8）。

生烃模拟的结果表明，震旦系烃源岩于早寒武世初开始生烃，到中寒武世初进入主要生油期，早奥陶世初进入后期生油期，至晚奥陶世末期大量生气。下寒武统烃源岩沉积厚度较大，在中寒武世早期开始生烃，晚寒武世末开始进入主要生油阶段，晚志留世早期进入后期生油阶段，而于早三叠世末进入干气生成阶段。下志留统烃源岩于早三叠世末开始生烃，志留纪末的加里东运动对此套烃源岩得影响不大，没有造成间断生烃，至中三叠世末进入主要生油阶段，生油时间较短，很短时间内进入后期生油阶段和主力生气阶段（图 4-9）。

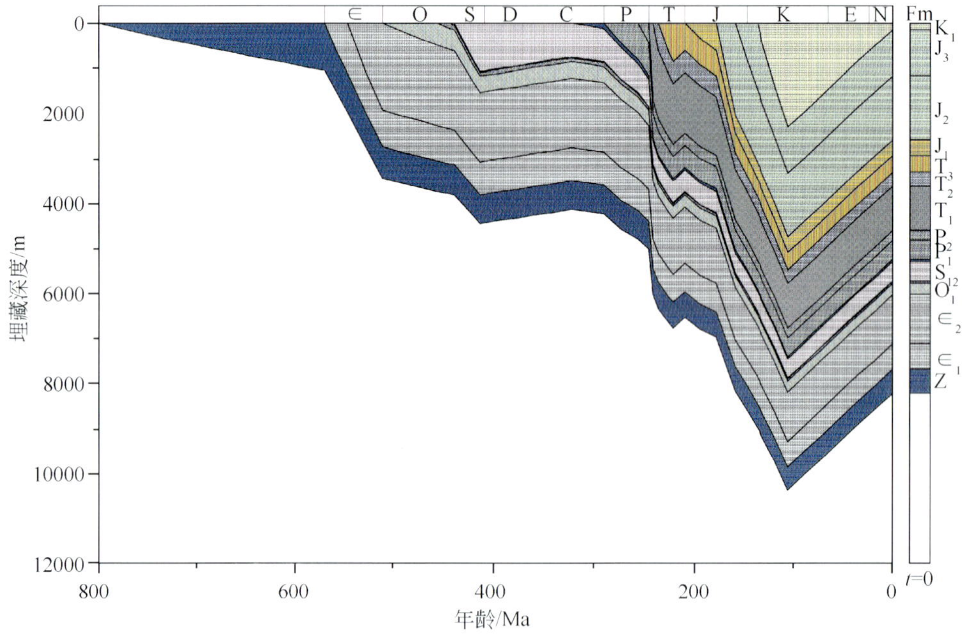

图 4-8 川东分区烃源岩沉降埋藏史

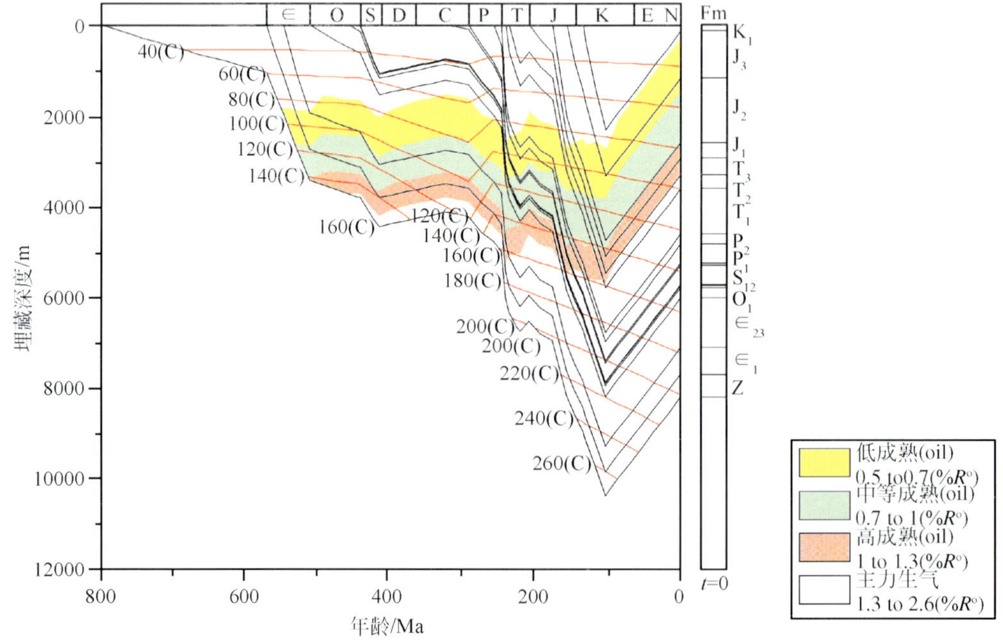

图 4-9 川东分区烃源岩成熟演化史

2. 黔北一川东南分区

分区出露地层有梵净山群、“板溪群”、震旦系、寒武系、奥陶系、志留系、二叠系、三叠系、侏罗系、古近系、新近系及第四系；缺失泥盆系、石炭系、白垩系，二叠系超覆于下古生界之上。依据地层分布和岩相变化特征，分为筠连镇雄小区（贵州部分）、遵义南川小区（贵州部分）、思南酉阳小区（贵州部分）及江口小区（贵州部分）四个地层小区。以遵义一南川小区为例，地层发育及其接触关系如表 4-3 所示（贵州省地矿局，1992）。

表 4-3 黔北一川东南分区（遵义一南川）地层发育特征

地质年界			厚度/m	年龄/Ma	接触关系
界	系	统			
新生界	第四系				
	新近系			23.5	
	古近系		122.6	65	不整合
中生界	白垩系		缺失	135	
	侏罗系	上统	277	157	不整合
		中统	1280	177	
		下统	407.7	208	
	三叠系	上统	157	235	
		中统	348.8	240	
		下统	803	245	不整合
古生界	二叠系	上统	282.9	256	
		下统	140.9	290	不整合
	石炭系		缺失	361	不整合
	泥盆系			409	
	志留系	中统	246	430	不整合
		下统	453.6	439	
	奥陶系	上统	18.7	463	不整合
		中统	52.6	476	
		下统	211.2	510	
	寒武系	中、上统	1212.5	570	
		下统	843.1		
元古界	震旦系		698.8	800	不整合

本区所经历的构造运动分别为志留纪末的加里东运动，中、晚二叠世的印支运动以及晚侏罗世—早白垩世的燕山运动。在历次运动中，中上奥陶统被剥蚀约 109m，上志留统被剥蚀约 353m，三叠系被剥蚀约 250m，中生界被剥蚀约 2300m（图 4-10）。

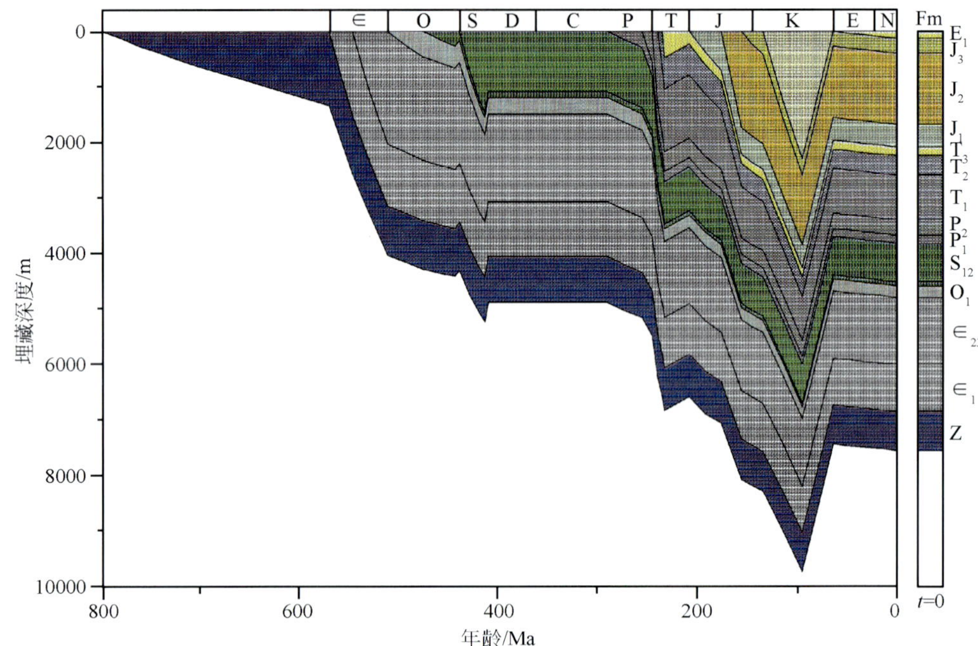

图 4-10 黔北—川东南分区烃源岩沉降埋藏史

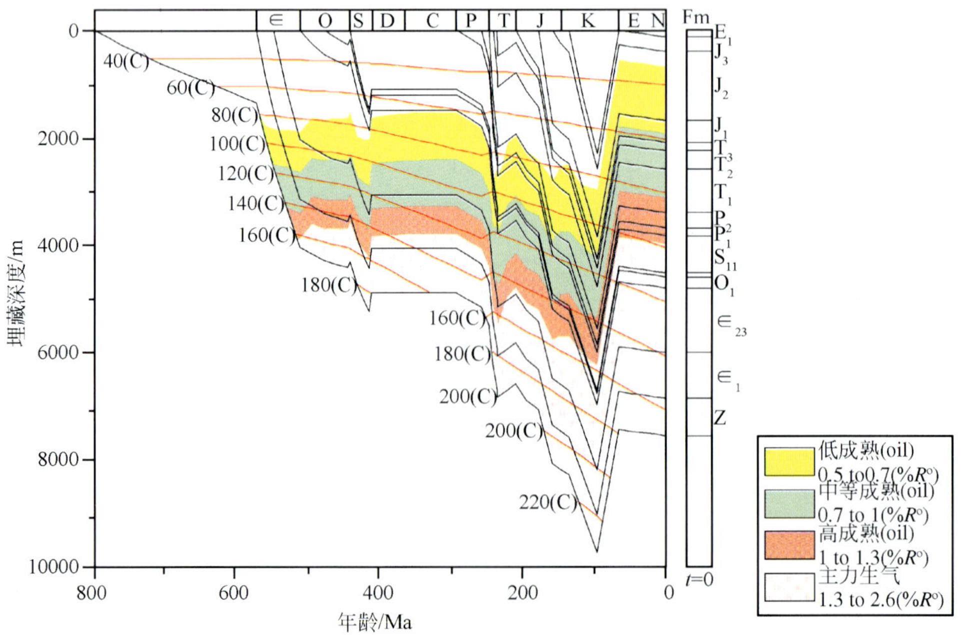

图 4-11 黔北—川东南分区烃源岩成熟演化史

本区震旦系烃源岩于早寒武世早期进入低熟期，早寒武世末大量生烃，中寒武世进入成熟晚期，晚寒武世进入过成熟期，主力生气。下寒武统烃源岩于早寒武世末开始生烃，中寒武世晚期主力生油，至早奥陶世进入成熟晚期，至早志留世进入过成熟期。下志留统烃源岩于中三叠世初开始生烃，晚三叠世中期进入主力生油期，晚侏罗世晚期进入成熟晚期，至中白垩世中期达到过成熟，开始大量生气。三套烃源岩都没有经历演化间断（图4-11）。

3. 黔中分区

本分区出露地层有：板溪群、震旦系、寒武系、奥陶系、石炭系、二叠系、三叠系、侏罗系、古近系、新近系、第四系；缺失：志留系，泥盆系及白垩系。以全区缺失志留系、泥盆系，大部地区缺失奥陶系，石炭系为主要特征。本分区自奥陶纪至石炭纪期间，地壳升出海面，长期遭受剥蚀，沉积厚度较薄，习称“黔中隆起”。包括织金、大方、开阳三个小区。以大方小区为例，地层发育及其接触关系如表4-4所示（贵州省地矿局，1992）。

表4-4　黔中分区（大方）地层发育特征

地质年界			厚度/m	年龄/Ma	接触关系
界	系	统			
新生界	第四系				
	新近系		缺失	23.5	
	古近系			65	不整合
中生界	白垩系			135	不整合
	侏罗系	上统		157	
		中统	658～1594	177	
		中下统	394	208	
	三叠系	上统	168.3	235	
		中统	637.3	240	
		下统	731.3	245	不整合
古生界	二叠系	上统	147.5	256	
		下统	440.8	290	不整合
	石炭系		缺失	361	不整合
	泥盆系			409	
	志留系			439	不整合
	奥陶系			510	不整合
	寒武系	中、上统	714.1	570	
		下统	1047		
元古界	震旦系		50～960	800	不整合

由于受加里东运动的影响较大，黔中地区在此次运动中广泛隆起，形成所谓的“黔中隆起”。受其影响，区内志留系被剥蚀殆尽；印支运动再次造成黔中地区遭受剥蚀，剥蚀

量约 1125m，燕山运动所造成的剥蚀量约 2350m（图 4-12）。

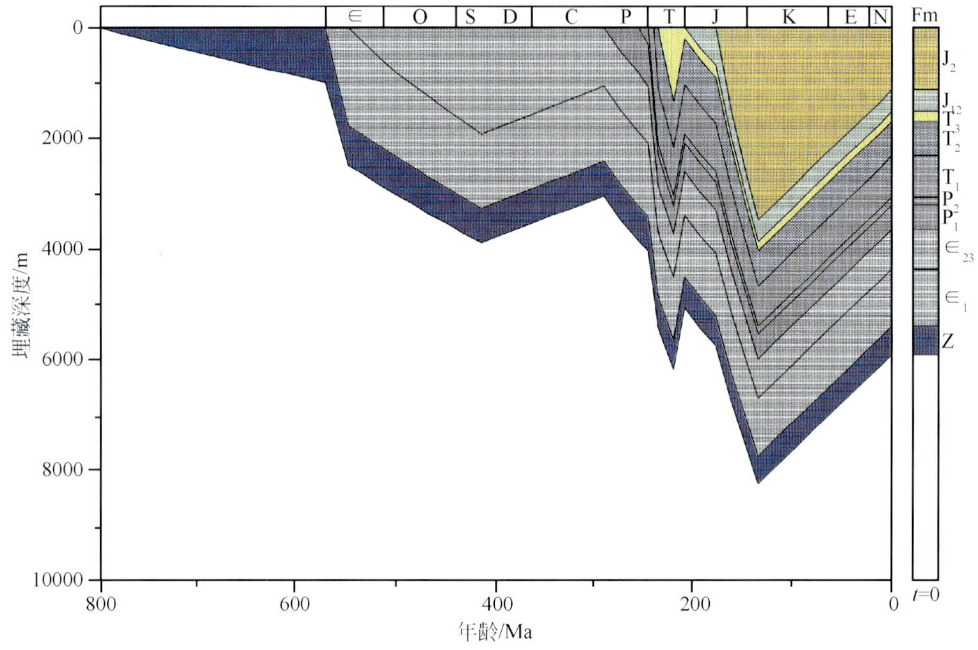

图 4-12 黔中分区烃源岩沉降埋藏史

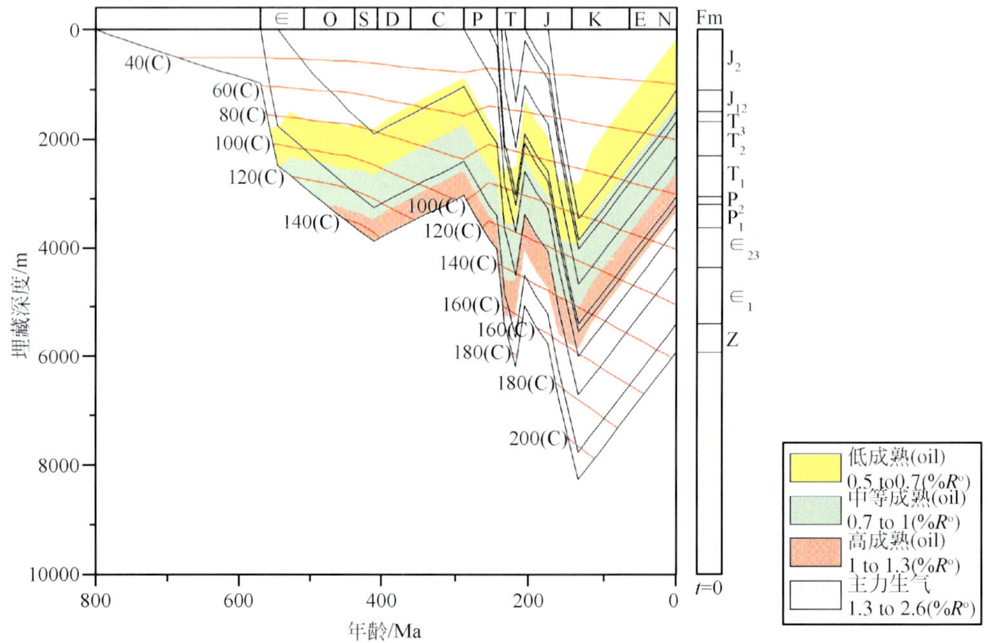

图 4-13 黔中分区烃源岩成熟演化史

本区震旦系烃源岩于早寒武世开始生烃，早寒武世末期进入主力生油期，中奥陶世末进入成熟晚期，中三叠世末一晚三叠世初进入过成熟阶段。下寒武统烃源岩于早寒武世晚期进入低熟期，早奥陶世晚期进入生油高峰期，晚三叠世初进入成熟晚期，晚三叠世中期进入主力生气阶段。由于受加里东期都匀运动的影响，地层抬升剥蚀，下寒武统烃源岩生成湿气阶段到晚三叠世中期才结束，而受印支期运动和晚燕山运动的影响，下寒武统烃源岩生（成）气态烃至今尚未结束（图 4-13）。

本区震旦系烃源岩于早寒武世早期开始生烃，早寒武世末期进入主力生油期，中奥陶世末进入成熟晚期，中三叠世末一晚三叠世初进入过成熟阶段。下寒武统烃源岩于早寒武世晚期进入低熟期，早奥陶世晚期进入生油高峰期，晚三叠世初进入成熟晚期，晚三叠世中期进入主力生气阶段。由于受加里东期都匀运动的影响，地层抬升剥蚀，下寒武统烃源岩生成湿气阶段到晚三叠世中期才结束，而受印支期运动和晚燕山运动的影响，下寒武统烃源岩生（成）气态烃至今尚未结束（图 4-13）。

4. 黔东南分区

分区除侏罗系外，自前震旦系九龙群至第四系均有存在，但分布极不平衡。以板溪群分布集中，面积宽广，古生代和中生代地层大部分地区缺失；寒武系、下奥陶统具有扬子地层区向华南地层区过渡性质为主要特征。本分区除西部边缘地区外，地层缺失较多，为一长期上升地区，习称“江南古陆”或“江南地轴”。分玉屏、榕江、三都三个地层小区。以三都小区为例，地层发育及其接触关系如表 4-5 所示（贵州省地矿局，1992）。

表 4-5 黔东南分区（三都）地层发育特征

<table>
<tr><th colspan="3">地质年界</th><th rowspan="2">厚度/m</th><th rowspan="2">年龄/Ma</th><th rowspan="2">接触关系</th></tr>
<tr><th>界</th><th>系</th><th>统</th></tr>
<tr><td rowspan="3">新生界</td><td colspan="2">第四系</td><td></td><td></td><td rowspan="3">不整合</td></tr>
<tr><td colspan="2">新近系</td><td rowspan="9">缺失</td><td>23.5</td></tr>
<tr><td colspan="2">古近系</td><td>65</td></tr>
<tr><td rowspan="7">中生界</td><td colspan="2">白垩系</td><td>135</td><td rowspan="2">不整合</td></tr>
<tr><td rowspan="3">侏罗系</td><td>上统</td><td rowspan="3">208</td></tr>
<tr><td>中统</td><td rowspan="3"></td></tr>
<tr><td>下统</td></tr>
<tr><td rowspan="3">三叠系</td><td>上统</td><td rowspan="3">245</td></tr>
<tr><td>中统</td><td rowspan="2">不整合</td></tr>
<tr><td>下统</td></tr>
</table>

续表

地质年界			厚度/m	年龄/Ma	接触关系
界	系	统			
古生界	二叠系	上统	85	290	不整合
		下统	200		
	石炭系	下统	缺失	361	不整合
	泥盆系	上统	850	409	
		中统	595		不整合
		下统	251.1		
	志留系	中统	402	430	
		下统	65.9	439	不整合
	奥陶系	上统	缺失	510	
		中统	20		
		下统	769		
	寒武系	中、上统	1780	570	
		下统	95		不整合
元古界	震旦系		550	800	

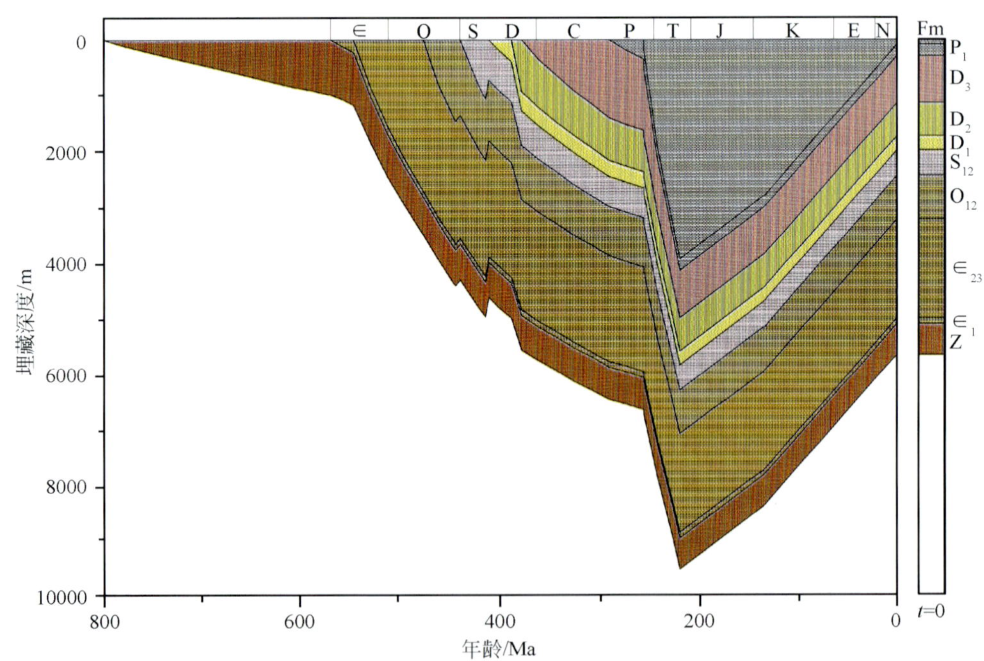

图 4-14　黔东南分区烃源岩沉降埋藏史

本区地层受加里东运动影响遭受的剥蚀厚度仅约 460m，印支运动造成的剥蚀厚度约 1150m，燕山运动造成的剥蚀厚度约 2700m（图 4-14）。

本区震旦系烃源岩中寒武世早期开始生烃，晚寒武世末进入成熟早期，开始大量生油，于早奥陶世中晚期进入成熟晚期，晚奥陶世中期达到过成熟阶段。下寒武统烃源岩厚度不大，于中寒武世末进入低熟期，早奥陶世末期进入成熟早期，晚奥陶世中期进入成熟晚期，中志留世进入过成熟期。下志留统烃源岩于早石炭系早期开始生烃，至晚二叠世早期进入成熟早期，晚三叠世早期进入成熟晚期，此阶段时间较短，很快至晚泥盆世末即进入过熟期（图 4-15）。

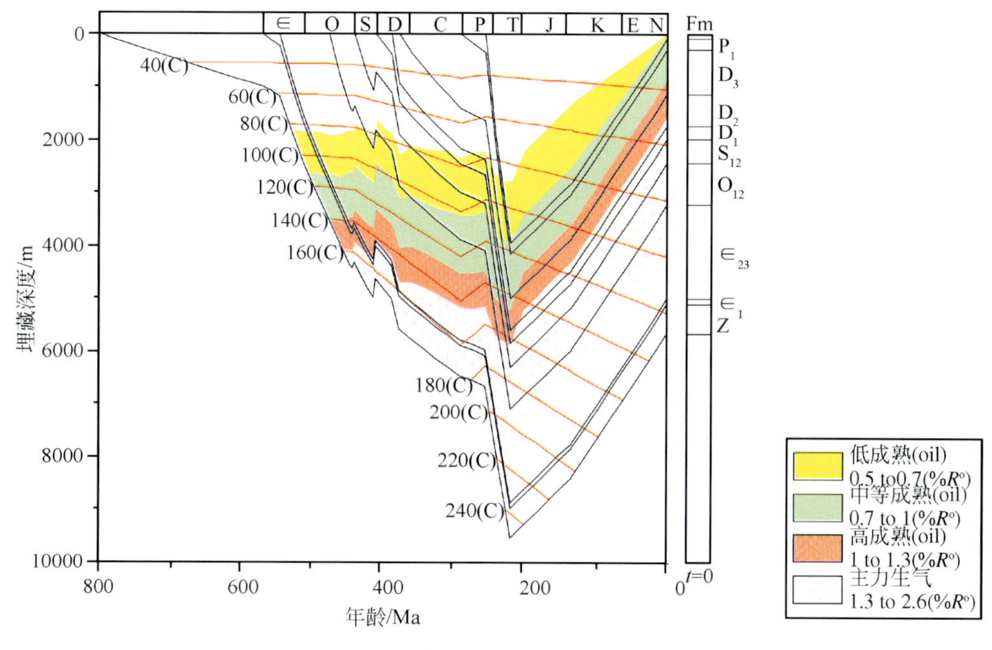

图 4-15　黔东南分区烃源岩成熟演化史

5. 黔南分区

本分区出露地层有：板溪群、震旦系、寒武系、奥陶系、志留系、泥盆系、石炭系、二叠系、三叠系、侏罗系，缺失白垩系。古生界和中生界齐全，分布广泛，泥盆系、石炭系发育良好，为本区主要特征。自晚古生代以来，地壳长期下沉，沉积巨厚，习称“黔南拗陷”。以都匀小区为例，地层发育及其接触关系如表 4-6 所示（贵州省地矿局，1992）。

本区地层在加里东运动中被剥蚀厚度约 424m，在印支运动中被剥蚀厚度约 175m，而在燕山运动中被剥蚀厚度达 2300m（图 4-16）。

表 4-6 黔南分区（都匀）地层发育特征

<table>
<tr><th colspan="3">地质年界</th><th rowspan="2">厚度/m</th><th rowspan="2">年龄/Ma</th><th rowspan="2">接触关系</th></tr>
<tr><th>界</th><th>系</th><th>统</th></tr>
<tr><td rowspan="3">新生界</td><td colspan="2">第四系</td><td></td><td></td><td rowspan="3">不整合</td></tr>
<tr><td colspan="2">新近系</td><td>134.44</td><td>23.5</td></tr>
<tr><td colspan="2">古近系</td><td>4.34</td><td>65</td></tr>
<tr><td rowspan="5">中生界</td><td>白垩系</td><td colspan="2"></td><td>135</td><td rowspan="2">不整合</td></tr>
<tr><td>侏罗系</td><td colspan="2"></td><td>208</td></tr>
<tr><td rowspan="3">三叠系</td><td>上统</td><td></td><td rowspan="3">245</td><td rowspan="3">不整合</td></tr>
<tr><td>中统</td><td>1729</td></tr>
<tr><td>下统</td><td>111～600</td></tr>
<tr><td rowspan="14">古生界</td><td rowspan="2">二叠系</td><td>上统</td><td>358～651</td><td rowspan="2">290</td><td rowspan="2">不整合</td></tr>
<tr><td>下统</td><td>133～433</td></tr>
<tr><td rowspan="3">石炭系</td><td>上统</td><td>3.5～15</td><td rowspan="3">323</td><td rowspan="3">不整合</td></tr>
<tr><td>中统</td><td>0～220</td></tr>
<tr><td>下统</td><td>0～1077</td></tr>
<tr><td rowspan="3">泥盆系</td><td>上统</td><td>21～645</td><td rowspan="3">409</td><td rowspan="5">不整合</td></tr>
<tr><td>中统</td><td>205～806</td></tr>
<tr><td>下统</td><td>0～627</td></tr>
<tr><td rowspan="2">志留系</td><td>中统</td><td>114～458</td><td>439</td></tr>
<tr><td>下统</td><td>0～97</td><td></td></tr>
<tr><td rowspan="3">奥陶系</td><td>上统</td><td></td><td rowspan="3">510</td><td rowspan="3">不整合</td></tr>
<tr><td>中统</td><td>0～56</td></tr>
<tr><td>下统</td><td>166.1～818.7</td></tr>
<tr><td colspan="2">寒武系</td><td>1714～3193</td><td>570</td><td rowspan="2">不整合</td></tr>
<tr><td>元古界</td><td colspan="2">震旦系</td><td>146～909</td><td></td></tr>
</table>

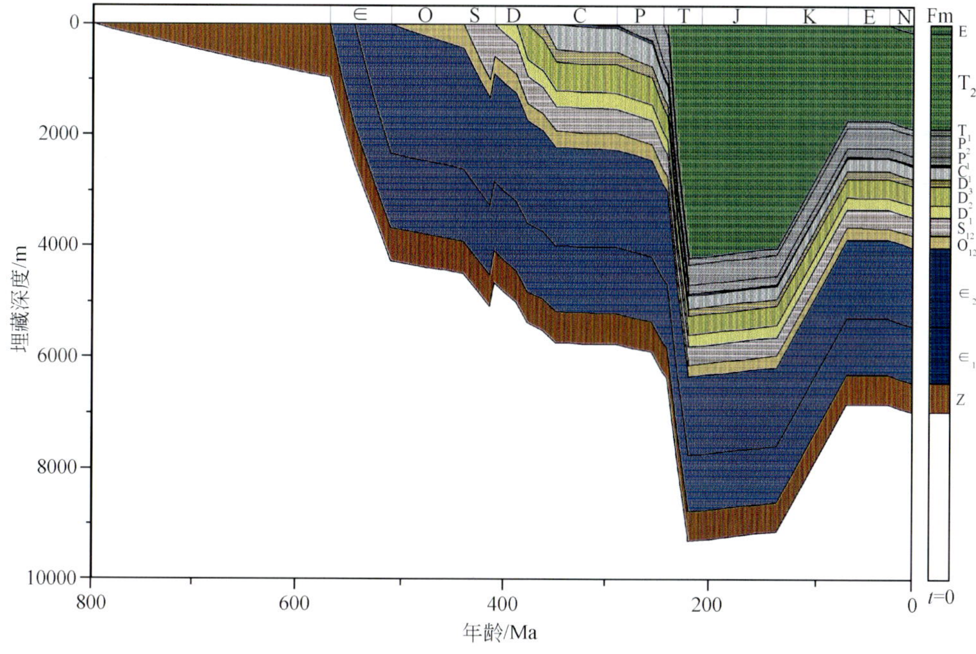

图 4-16 黔南分区烃源岩沉降埋藏史

模拟结果表明，本区震旦系烃源岩于早寒武世开始生烃，早寒武世末进入生油高峰期，中寒武世末进入成熟晚期，至早奥陶世中期进入过熟阶段。下寒武统烃源岩于早寒武世末进入低熟阶段，于中寒武世中期进入成熟早期，早奥陶世早期进入成熟晚期，至早志留世晚期进入干气阶段。下志留统烃源岩于晚泥盆世中期进入低熟期，于早二叠世中晚期进入生油高峰期，中三叠世末期—晚三叠世早期达成熟晚期，并很快进入过成熟期（图 4-17）。

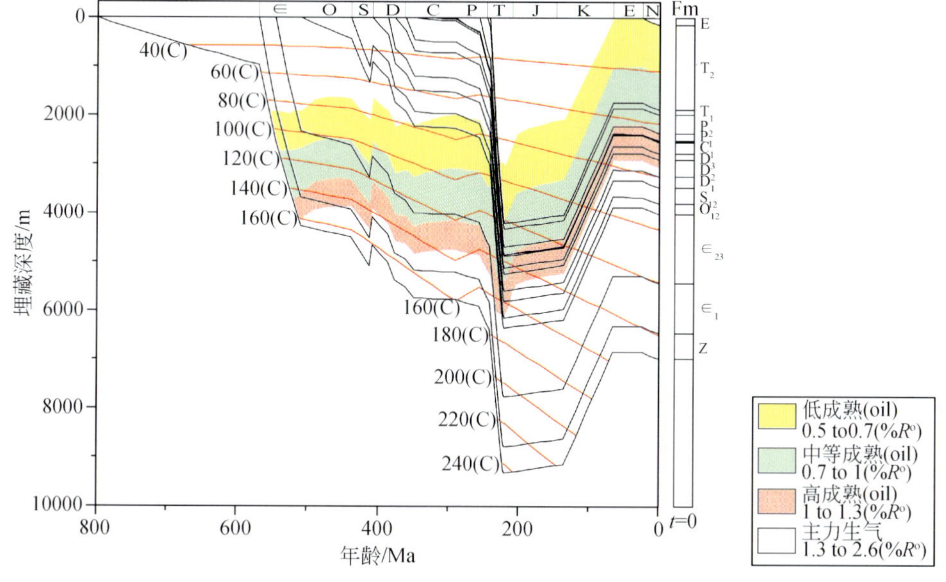

图 4-17 黔南分区烃源岩成熟演化史

6. 鄂西—渝东分区

该区地层隶属扬子区之川东分区，主体走向呈北北东—北东向，出露最老者为上震旦统，最新者为上侏罗统。前者见于齐岳山背斜核部，后者位于石柱向斜核部。缺失上志留统、下泥盆统和部分下石炭统。地层发育及其接触关系如表 4-7 所示。

表 4-7 鄂西—渝东分区地层发育特征

地层系统			厚度/m	年龄/Ma	接触关系
界	系	统			
新生界	第四系				
	新近系		70	23.5	不整合
	古近系		600	65	
中生界	白垩系	上统	400～1324	96	
		中统		135	不整合
		下统			
	侏罗系	上统	538～1189	154	
		中统	2010～2108	175	
		下统	1400～1813	203	
	三叠系	上统	27～262	245	
		中统	200～600		不整合
		下统	1000～1200		
古生界	二叠系	上统	149～461	290	不整合
		下统	301～646		
	石炭系	上统	0～50	362	不整合
		下统			
	泥盆系	上统	0～127	409	
		中统	0～81		不整合
		下统			
	志留系	中统	0～140	439	
		下统	1123～1380		不整合
	奥陶系	上统	20～59	510	
		中统	171～303		
		下统	184～260		
	寒武系	中、上统	1066～1176	570	
		下统	402～1391		不整合
元古界	震旦系	上统	246～580	800	
		下统	114～400		

在鄂西一渝东分区，加里东期的地层遭受剥蚀厚度约 310m，印支期的剥蚀厚度约 300m，燕山期的剥蚀厚度达 1920m（图 4-18）（湖北省地矿局，1992）。

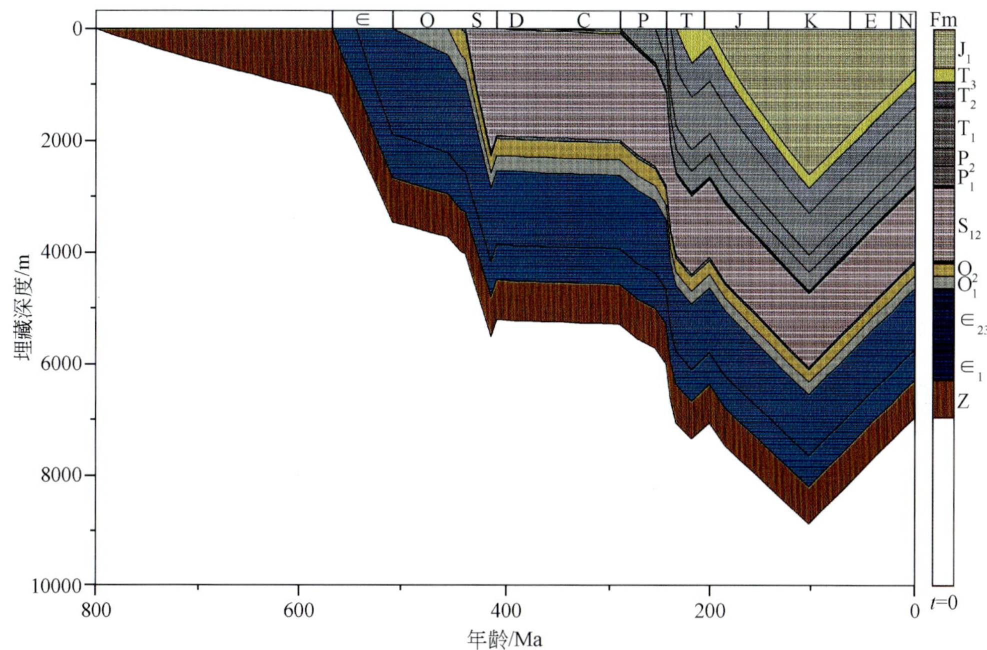

图 4-18　鄂西一渝东分区烃源岩沉降埋藏史

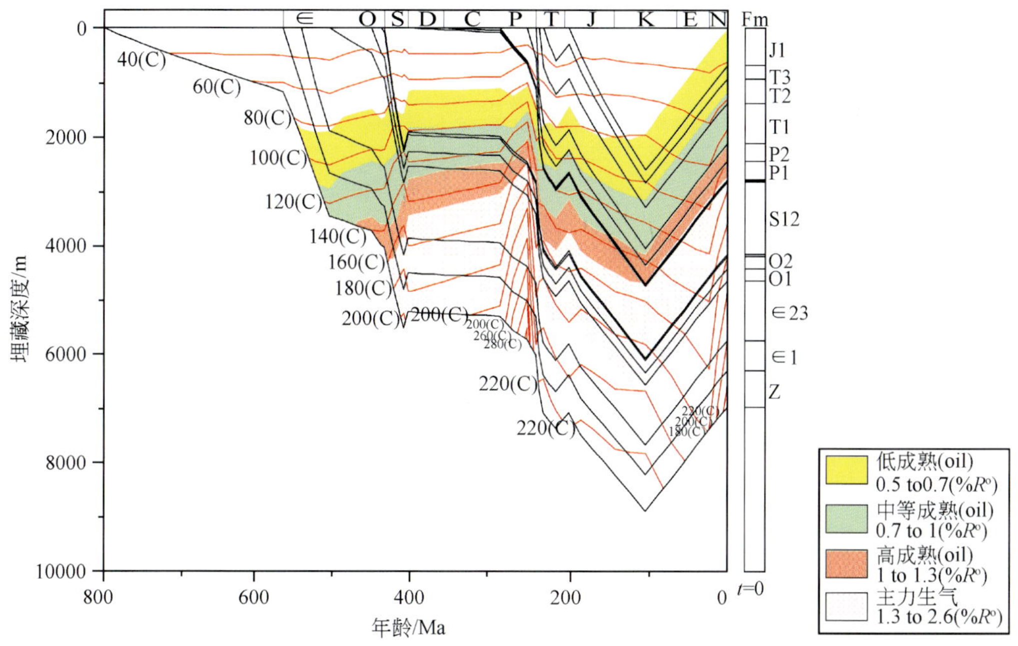

图 4-19　鄂西一渝东分区烃源岩成熟演化史

本区震旦系烃源岩于早寒武世中期开始生烃，中寒武世末进入生油高峰期，中奥陶世末进入成熟晚期，至早志留世中期进入过熟阶段。下寒武统烃源岩于中寒武世早期进入低熟阶段，于早奥陶世中期进入成熟早期，早志留世中期进入成熟晚期，至中志留世晚期进入干气阶段。下志留统烃源岩于中志留世晚期—晚志留世早期进入低熟期，于晚志留世晚期进入生油高峰期，早二叠世中期达成熟晚期，早二叠世晚期—晚二叠世早期进入过成熟期（图 4-19）。

7. 湘西北分区

本区地层发育及其接触关系如表 4-8 所示。震旦系出露于会同、黔阳、溆浦、湘潭一线以北地区。寒武系在研究区东南界已达花垣、保靖、大庸、慈利、岳阳一线；奥陶系出露于会同、怀化、沅陵、桃源、平江一线以北；志留系出露于吉首、沅陵、常德、临湘一线以北，在永顺、石门一带最发育。泥盆系出露于花垣、大庸、慈利、临澧一线以北；石炭系出露于保靖、大庸、石门、澧县一线以北；二叠系出露于通道、洞口、溆浦、安化、汨罗、平江一线以北，底界及上、下统之间均有明显间断，为假整合或不整合接触；三叠系出露于吉首、沅陵、安化、益阳、汨罗一线以北；侏罗系分布于怀化泸阳、花桥、辰溪、沅陵松溪铺等地，靖县、麻阳、溆浦、桑植、慈利、石门等县有零星分布；白垩系以洞庭盆地为主体，除西部桃源、常德、石门、临澧等地出露地表外，大部分隐伏于湖区第四系之下。古近系及新近系出露于常德、桃源一带（湖南省地矿局，1992）。

表 4-8 湘西北分区地层发育特征

<table>
<tr><th colspan="3">地层系统</th><th rowspan="2">厚度/m</th><th rowspan="2">年龄/Ma</th><th rowspan="2">接触关系</th></tr>
<tr><th>界</th><th>系</th><th>统</th></tr>
<tr><td rowspan="3">新生界</td><td colspan="2">第四系</td><td></td><td></td><td rowspan="3">不整合</td></tr>
<tr><td colspan="2">新近系</td><td>20～150</td><td>23.5</td></tr>
<tr><td colspan="2">古近系</td><td>600</td><td>65</td></tr>
<tr><td rowspan="7">中生界</td><td rowspan="2">白垩系</td><td>上统</td><td>700～1100</td><td>96</td><td rowspan="2">不整合</td></tr>
<tr><td>下统</td><td>1100～3100</td><td>145</td></tr>
<tr><td rowspan="2">侏罗系</td><td>中统</td><td>0～1000</td><td rowspan="2">209</td><td rowspan="3"></td></tr>
<tr><td>下统</td><td>70～150</td></tr>
<tr><td rowspan="3">三叠系</td><td>上统</td><td>300～400</td><td rowspan="3">245</td></tr>
<tr><td>中统</td><td>0～3600</td><td rowspan="2">不整合</td></tr>
<tr><td>下统</td><td>50～280</td></tr>
</table>

续表

地层系统			厚度/m	年龄/Ma	接触关系
界	系	统			
古生界	二叠系	上统	130～947	290	不整合
		下统	130～943		
	石炭系	中统	4～20	361	不整合
		下统	30～50		
	泥盆系	上统	20～120	409	
		中统	40～600		不整合
	志留系	中统	200～850	439	
		下统	1776～2554		不整合
	奥陶系	上统	0.3～40	510	
		中统	12～80		
		下统	300～600		
	寒武系	中、上统	1100～1600	570	
		下统	500～1300		不整合
元古界	震旦系	上统	100～610	700	
		下统	100～1000	800	

据统计，本区地层在加里东期被剥蚀厚度约207m，在印支期被剥蚀厚度约250m，在燕山期被剥蚀厚度达1560m（图4-20）。

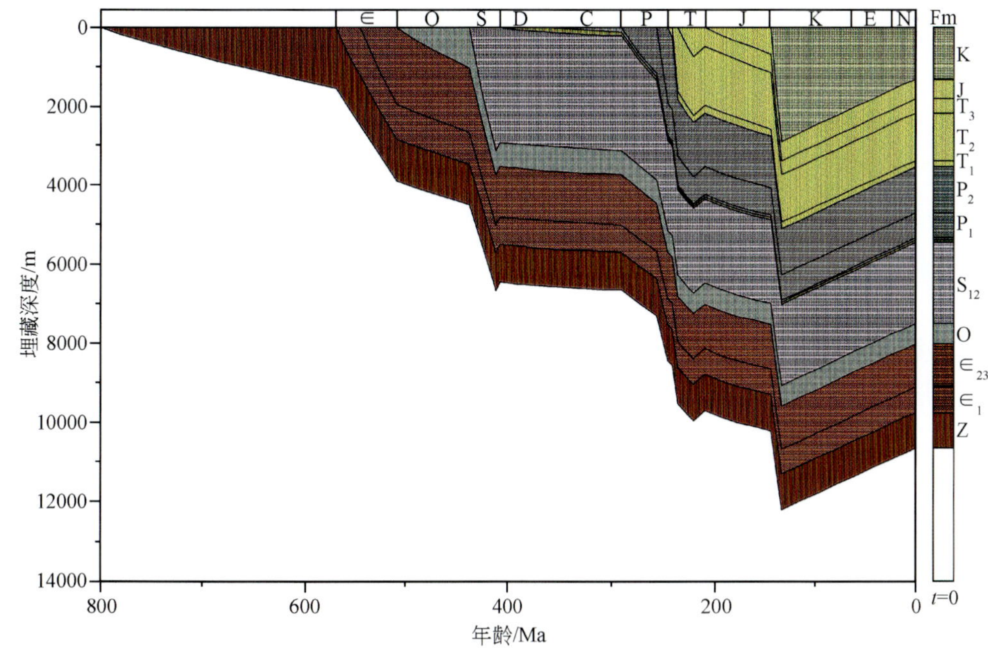

图4-20 湘西北分区烃源岩沉降埋藏史

根据烃源岩沉降埋藏史模拟结果，本区震旦系烃源岩于早寒武世中期进入低熟期，中寒武中期大量生烃，早奥陶世末进入成熟晚期，早志留世晚期进入过成熟的主力生气期。下寒武统烃源岩于中寒武世中期开始生烃，早奥陶世中期主力生油，至早志留世中期进入成熟晚期，至晚志留世初进入过成熟期。下志留统烃源岩于晚志留世早期开始生烃，晚志留世末进入主力生油期，晚二叠世初进入成熟晚期，至晚二叠世晚期—早三叠世早期达到过成熟，开始大量生气（图 4-21）。

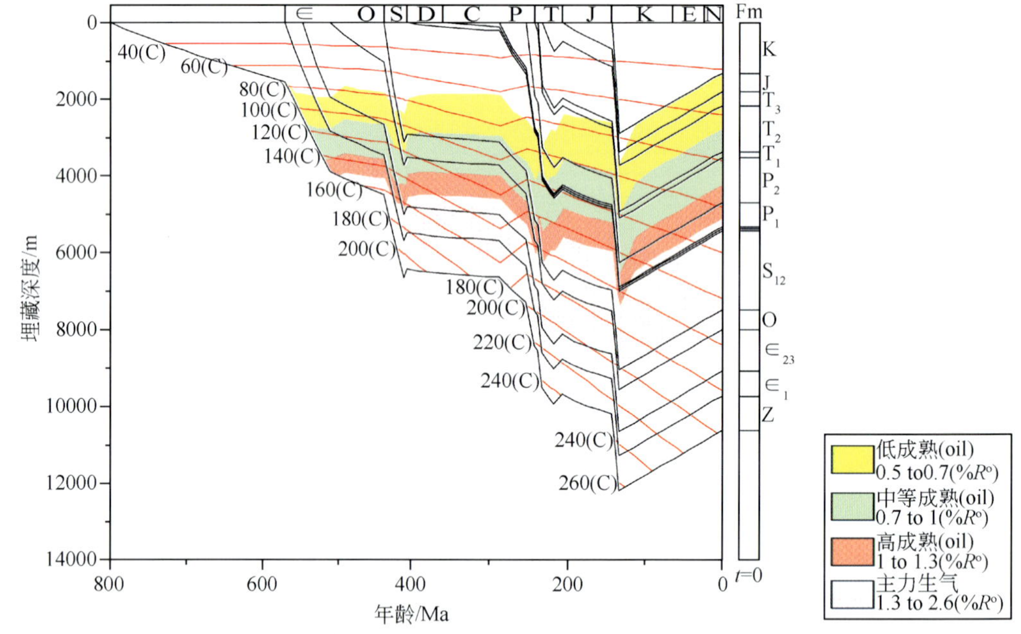

图 4-21　湘西北分区烃源岩成熟演化史

三、生排烃作用

1. 生排烃史

本次研究选择了具代表性的下寒武统和下志留统烃源岩，利用 Basinmodle 软件对各分区分别进行了生排烃史模拟。模拟结果大致如下：

(1) 川东区

川东地区下寒武统烃源岩主要生排烃时期有两期，分别对应晚志留世末期和晚三叠世早期（图 4-22）。下志留统烃源岩主要生排烃时期为中侏罗世末期（图 4-23）。

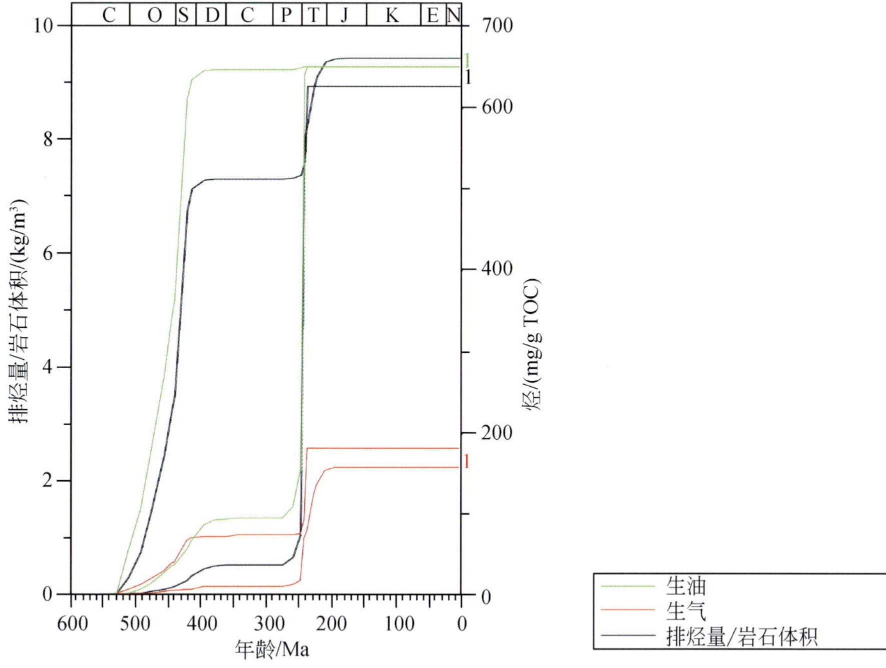

图 4-22 川东区下寒武统烃源岩生排烃史图

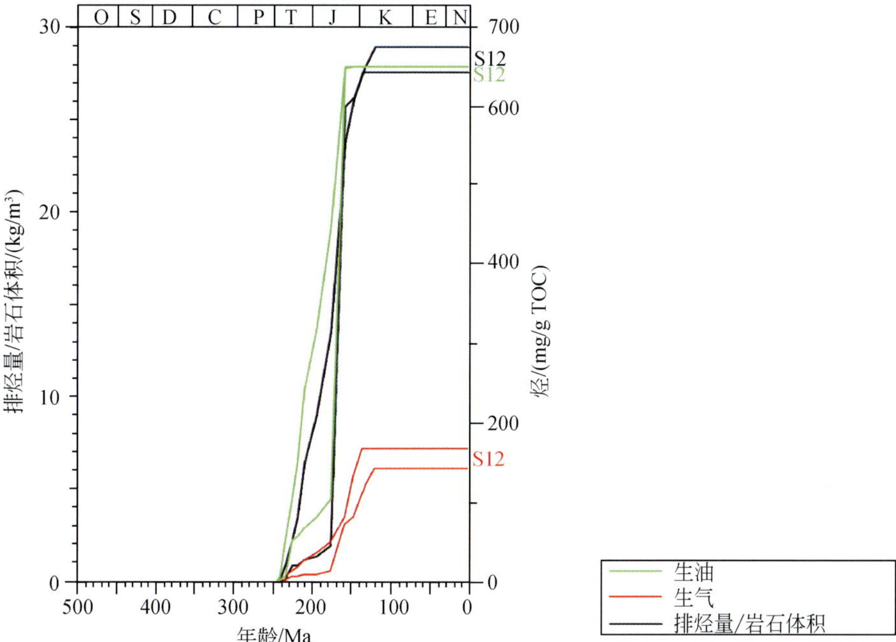

图 4-23 川东区下志留统烃源岩生排烃史图

(2) 鄂西—渝东区

鄂西—渝东区下寒武统烃源岩主要生排烃期为中志留世（图 4-24）。下志留统烃源岩主力生排烃期有两期，分别对应早二叠世末和早白垩世（图 4-25）。

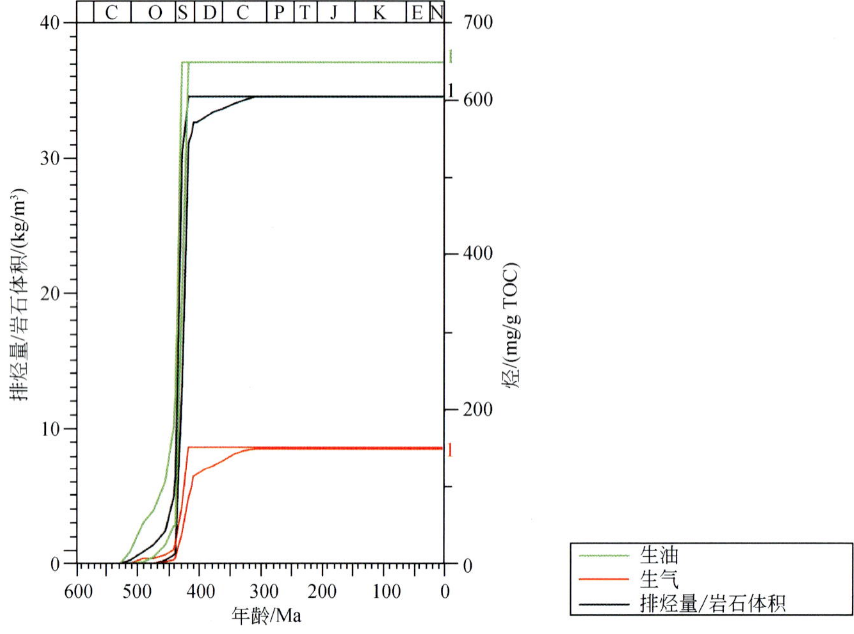

图 4-24 鄂西渝东区下寒武统烃源岩生排烃史图

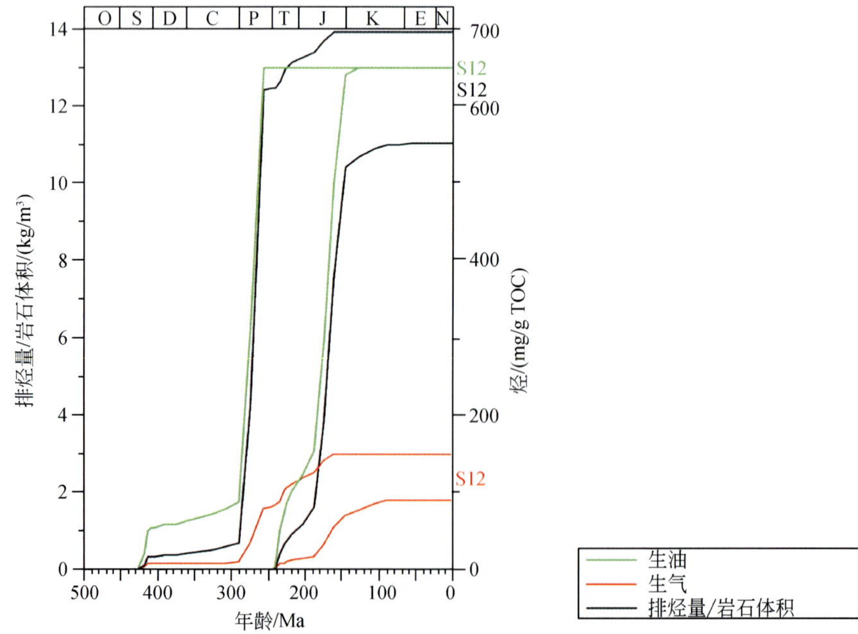

图 4-25 鄂西渝东区下志留统烃源岩生排烃史图

(3) 黔北—川东南区

黔北—川东南区下寒武统烃源岩主要生排烃期有两期，分别对应早奥陶世中期和晚侏罗世早期（图 4-26）。下志留统烃源岩主要生排烃时期有两期，分别对应晚侏罗世末—早白垩世初和中白垩世晚期（图 4-27）。

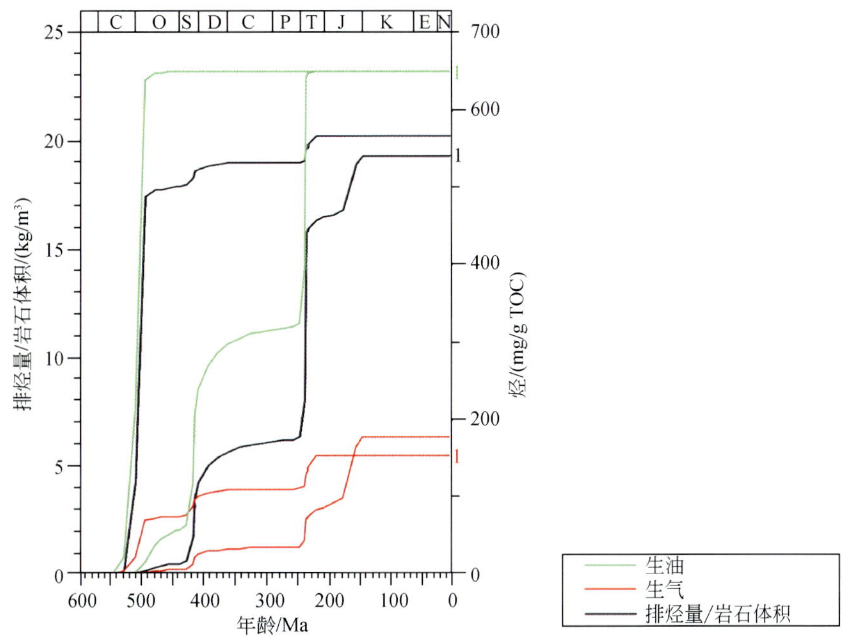

图 4-26 黔北川南区下寒武统烃源岩生排烃史图

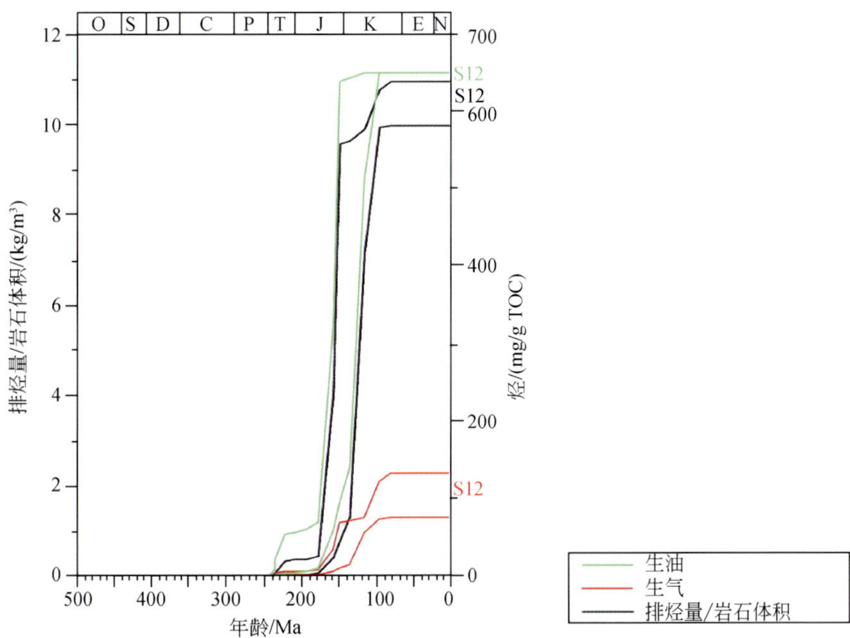

图 4-27 黔北川南区下志留统烃源岩生排烃史图

(4) 黔东南区

黔东南区下寒武统烃源岩主要生烃期为晚奥陶世晚期（图 4-28）。下志留统烃源岩主要生烃时期为晚三叠世早期（图 4-29）。

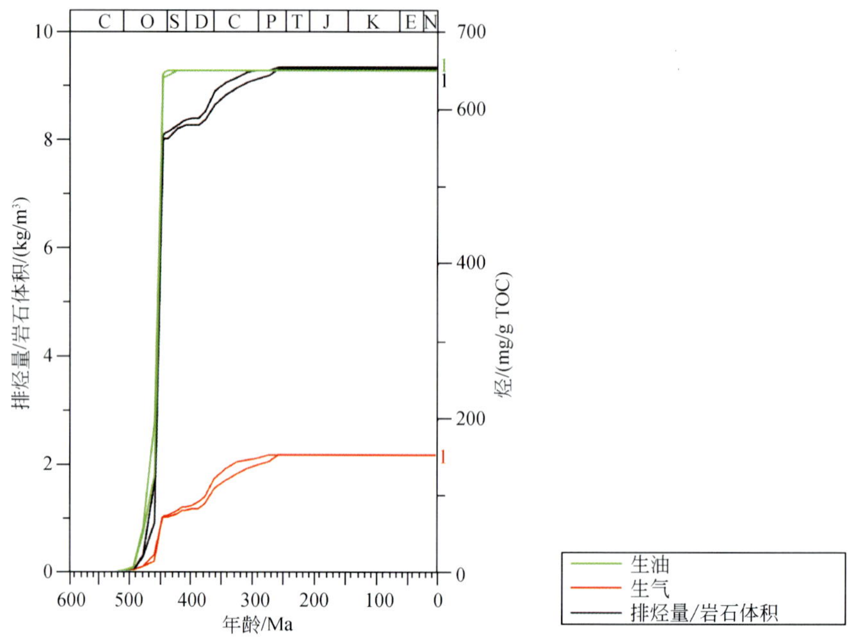

图 4-28 黔东南区下寒武统烃源岩生排烃史图

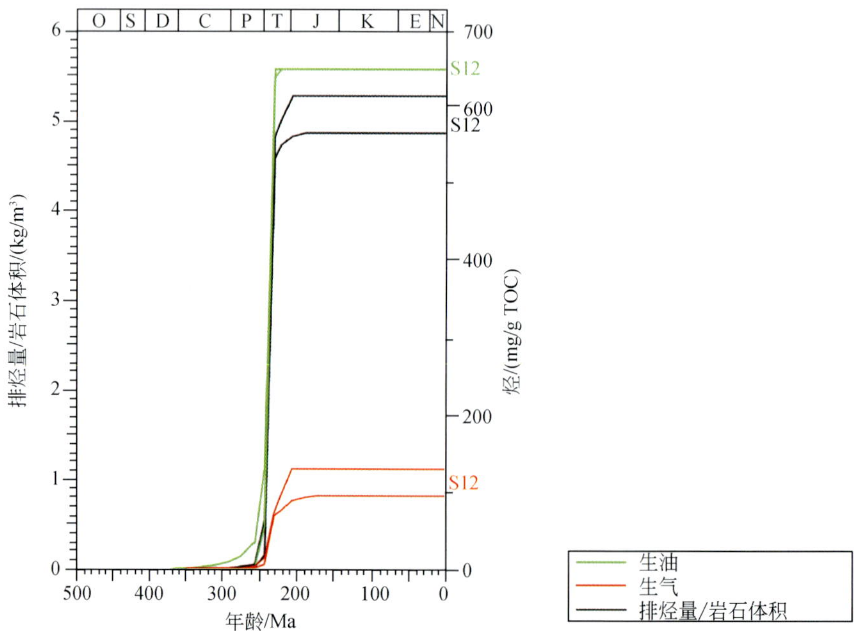

图 4-29 黔东南区下志留统烃源岩生排烃史图

（5）黔南区

黔南区下寒武统烃源岩主要生排烃期有两期，分别对应早奥陶世中期和晚三叠世早期（图 4-30）。下志留统烃源岩主要生排烃期为晚三叠世中期（图 4-31）。

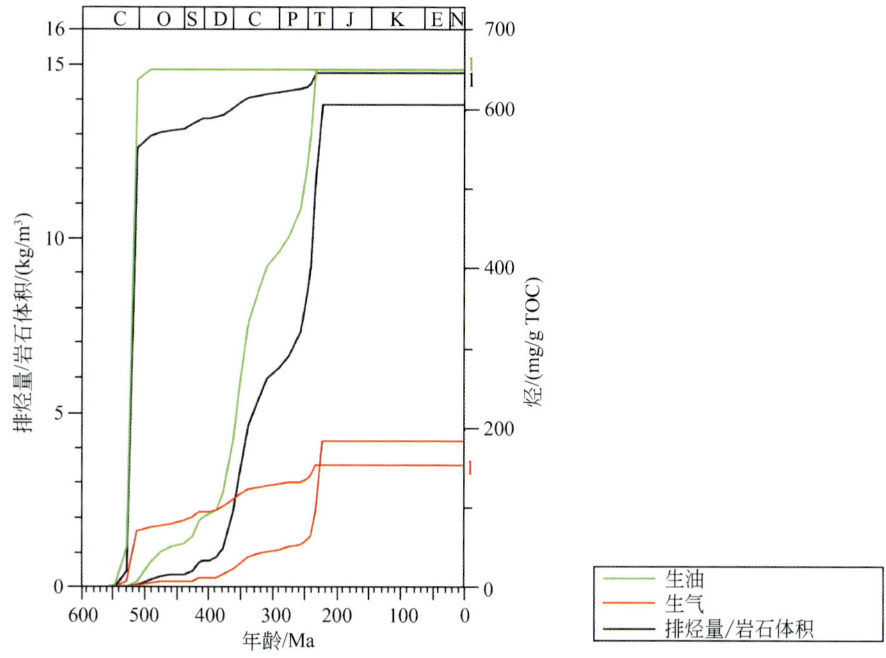

图 4-30　黔南区下寒武统烃源岩生排烃史图

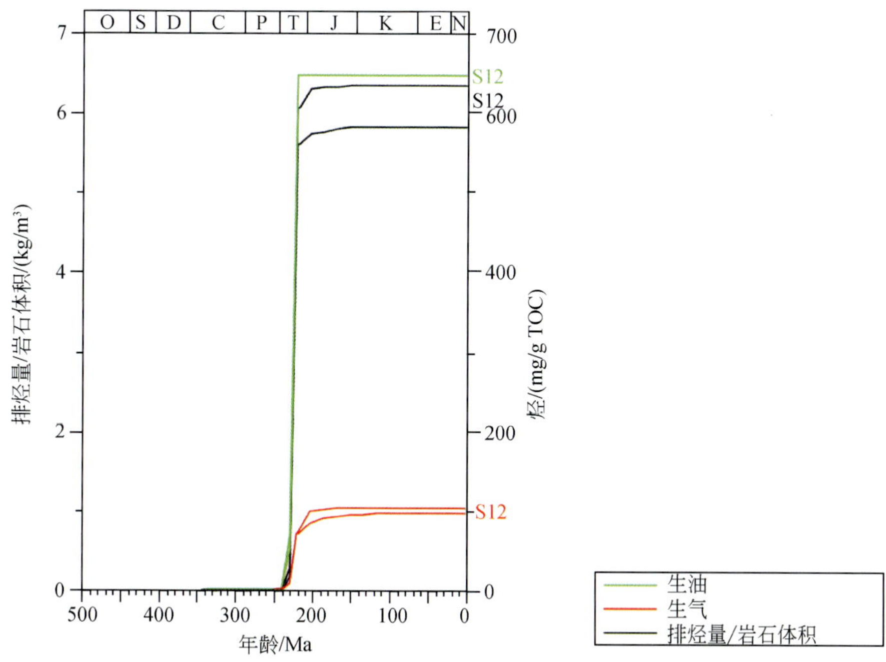

图 4-31　黔南区下志留统烃源岩生排烃史图

(6) 黔中区

黔中区下寒武统烃源岩主要生排烃期有三期，分别对应早泥盆世末期、晚三叠世早期和晚侏罗世末期（图 4-32）。

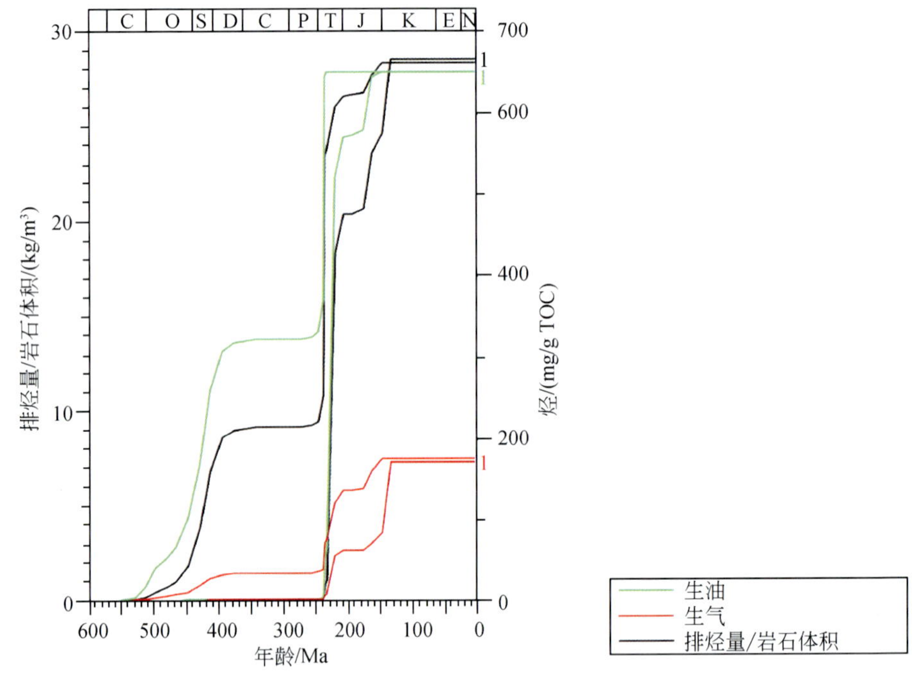

图 4-32 黔中区下寒武统烃源岩生排烃史图

(7) 湘西北区

湘西北区下寒武统烃源岩主要生排烃期为晚志留世初（图 4-33）。下志留统烃源岩主要生烃期有两期，分别对应中三叠世初和早白垩世晚期（图 4-34）。

上述模拟结果中可以看出，除了鄂西一渝东区外，研究区各分区的下寒武统和下志留统烃源岩都有 2～3 个生排烃期，但所发生的时间有所不同。其中，下寒武统烃源岩的第一生排烃期在黔北一川东南、黔东南和黔南区最早，为早奥陶世中期；在川东和黔中区最晚，为早泥盆世末期。下寒武统烃源岩的第二生排烃期除了黔北一川东南区为侏罗世早期外，基本上都在晚三叠世早期。

值得注意的是，黔中区的下寒武统烃源岩在晚侏罗世末期，还出现第三生排烃期。各分区的下志留统烃源岩主要生烃期有两期和有一期的各占一半。其中，鄂西一渝东区下志留统烃源岩的第一生排烃期出现最早，为早二叠世末；黔北一川东南区出现最晚，为晚侏罗世末；其他多数出现在晚三叠世。下志留统烃源岩的第二生排烃期都出现于早、中白垩世。

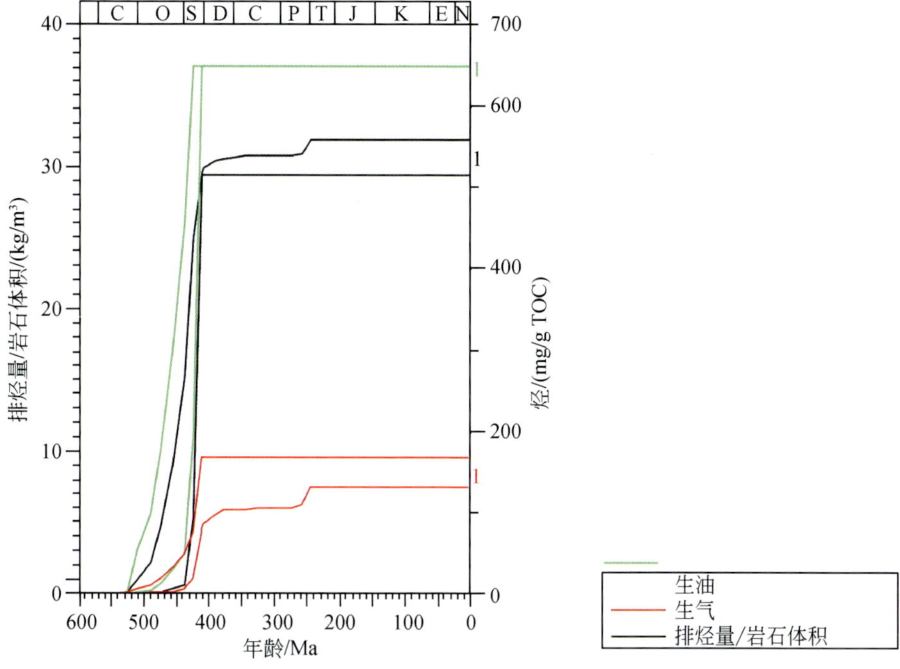

图 4-33　湘西北区下寒武统烃源岩生排烃史图

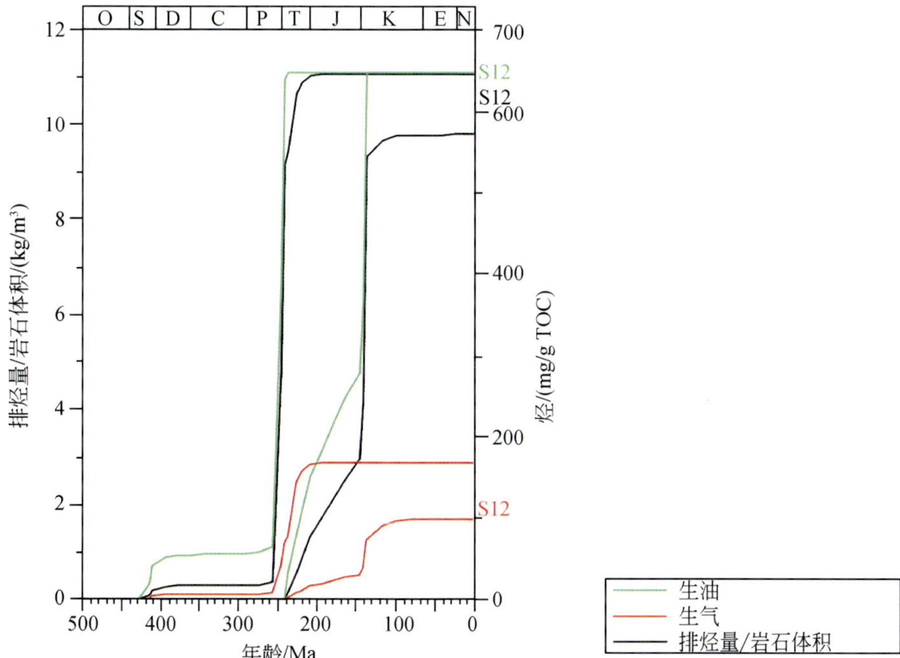

图 4-34　湘西北区下志留统烃源岩生排烃史图

2. 烃源岩生排烃强度

为便于计算资源量时应用，生烃模拟的输出结果设计为单位体积烃源岩的生烃重量（即生烃强度）。首先根据烃源岩生烃热解模拟实验资料，建立起产烃率（即单位重量有机碳的生烃重量）与成熟度 R^o 之间的关系，再应用上述埋藏史至成熟史模块的输出结果，按以下基本式再现生烃史（郝石生等，1996）。

$$G_i(t) = C_{org}(t) \cdot \beta_i[R^o(t)] \cdot \rho_r(t)$$

式中，$C_{org}(t)$ 表示地史时期的有机碳，由现残余有机碳恢复得到；$\rho_r(t)$ 为地史时期烃源岩的密度，由埋藏史模块提供；$\beta_i[R^o(t)]$ 即不同成熟度下单位有机碳的生烃量，下角标 i 表示气、油与总烃；$G_i(t)$ 即作为时间函数的生烃强度，下角标 i 也表示气、油与总烃。岩石密度取通用的地层平均密度（$2.3\times10^3 kg/m^3$）。

研究区烃源岩现已处于高过成熟阶段，烃源岩干酪根类型也都为Ⅰ型，所以单位质量有机碳最大生油强度定值，生气差异不大（表 4-9），Basinmodle 软件模拟出来的各个小区的最大生烃（总烃）强度值如表 4-10 所示。以区块模拟值为基点，生排烃强度区域变化如图 4-35～图 4-38 所示。

表 4-9 单位有机碳最大生烃（总烃）强度

分 区	下寒武统 $\beta_i[R^o(t)]$ 总烃值 [HC (mg/g TOC)]	下志留统 $\beta_i[R^o(t)]$ 总烃值 [HC (mg/g TOC)]
川东区	826.3	814.0
鄂西一渝东区	796.5	794.7
黔北一川南区	798.2	778.9
黔东南区	800.3	776.8
黔南区	829.8	749.1
黔中区	821.0	
湘西北区	815.8	815.8

表 4-10 区块最大生烃强度

分 区	烃源岩平均厚度（下寒武统/下志留统）	烃源岩单点厚度（下寒武统/下志留统）	TOC（下寒武统/下志留统）	干酪根类型	平均生烃强度（下寒武统/下志留统）/（$10^8 m^3/km^2$）	单点生烃强度（下寒武统/下志留统）/（$10^8 m^3/km^2$）
川东区	320/350	160/400	0.88/2.80	Ⅰ型	53.5/183.47	26.75/209.68
鄂西一渝东区	315/215	60/70	3.12/1.36	Ⅰ型	180.04/53.45	34.29/17.40
黔北一川南区	315/300	235/30	1.89/1.22	Ⅰ型	128.84/65.4	96.12/6.54
黔东南区	80/55	60/30	0.91/0.50	Ⅰ型	13.43/4.88	10.07/2.66
黔南区	65/50	70/50	1.34/0.58	Ⅰ型	16.68/4.96	17.96/4.96
黔中区	370/—	400/—	2.77/—	Ⅰ型	193.39/—	209.07/—
湘西北区	350/440	350/440	2.93/1.14	Ⅰ型	192.29/93.79	192.29/93.79

研究区下寒武统烃源岩生排烃强度出现三个中心值（图 4-35，图 4-37），分别对应川南、黔中及鄂西渝东分区。其中川南分区生烃强度中心值可达 $163\times10^8m^3/km^2$，排烃强度中心值达 $100\times10^8m^3/km^2$，平均生烃强度约 $128.84\times10^8m^3/km^2$；黔中区块生烃强度中心值达 $209.07\times10^8m^3/km^2$，排烃强度中心值达 $113.52\times10^8m^3/km^2$，平均生烃强度约 $193.39\times10^8m^3/km^2$；鄂西渝东区生烃强度中心值达 $600\times10^8m^3/km^2$，鄂西渝东区排烃强度中心值达 $300\times10^8m^3/km^2$，平均生烃强度 $180.04\times10^8m^3/km^2$。

下志留统烃源岩生排烃强度出现四个中心值（图 4-36，图 4-38），分别对应川东、黔北—川南、湘西北及鄂西渝东分区。其中川东分区生烃强度中心值 $>105\times10^8m^3/km^2$，排烃强度中心值 $>65\times10^8m^3/km^2$；黔北—川南分区生烃强度中心值可达 $209.68\times10^8m^3/km^2$，排烃强度中心值可达 $115.64\times10^8m^3/km^2$，平均生烃强度约 $65.4\times10^8m^3/km^2$；湘西北区块生烃强度中心值达 $93.79\times10^8m^3/km^2$，排烃强度中心值达 $58.6\times10^8m^3/km^2$，平均值约 $93.79\times10^8m^3/km^2$；鄂西渝东区生烃强度中心值达 $96\times10^8m^3/km^2$，排烃强度中心值 $>35\times10^8m^3/km^2$，平均生烃强度 $53.45\times10^8m^3/km^2$。

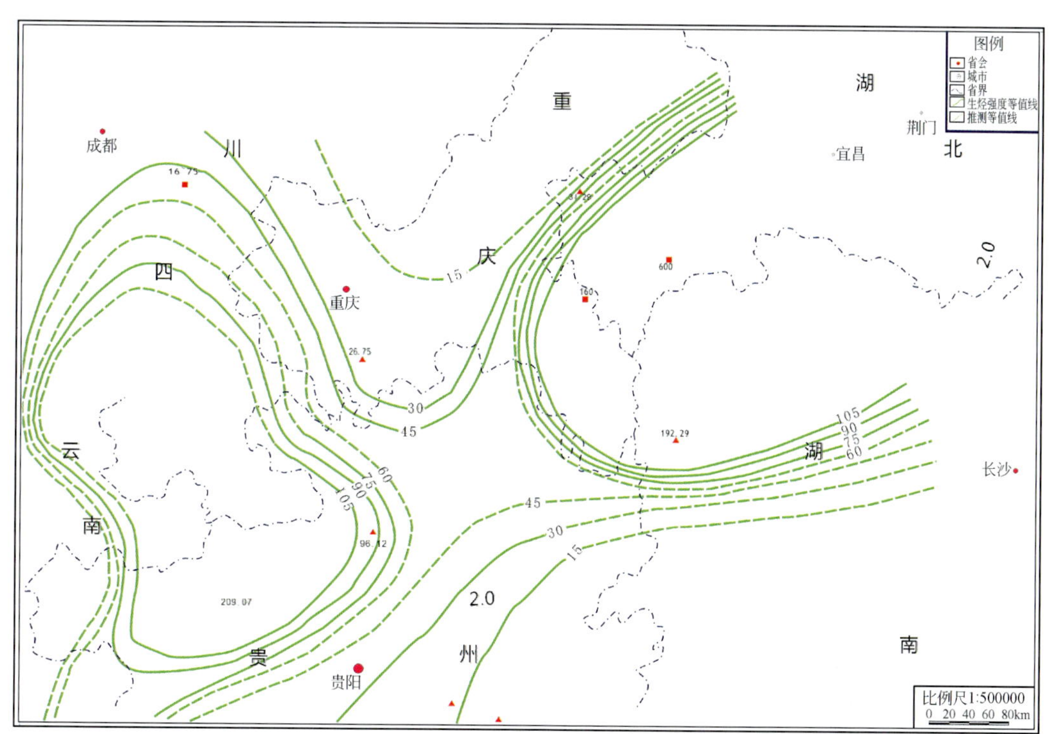

图 4-35 川东南—黔中—鄂西下寒武统生烃强度（$10^8m^3/km^2$）区域变化

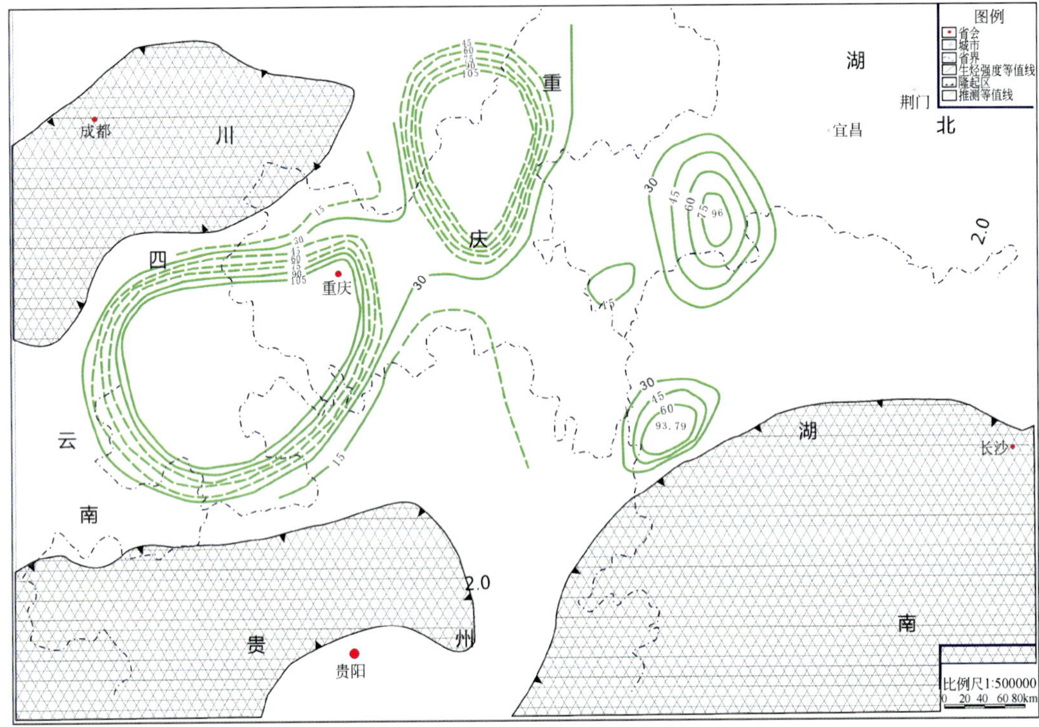

图 4-36 川东南—黔中—鄂西下志留统生烃强度（$10^8m^3/km^2$）区域变化

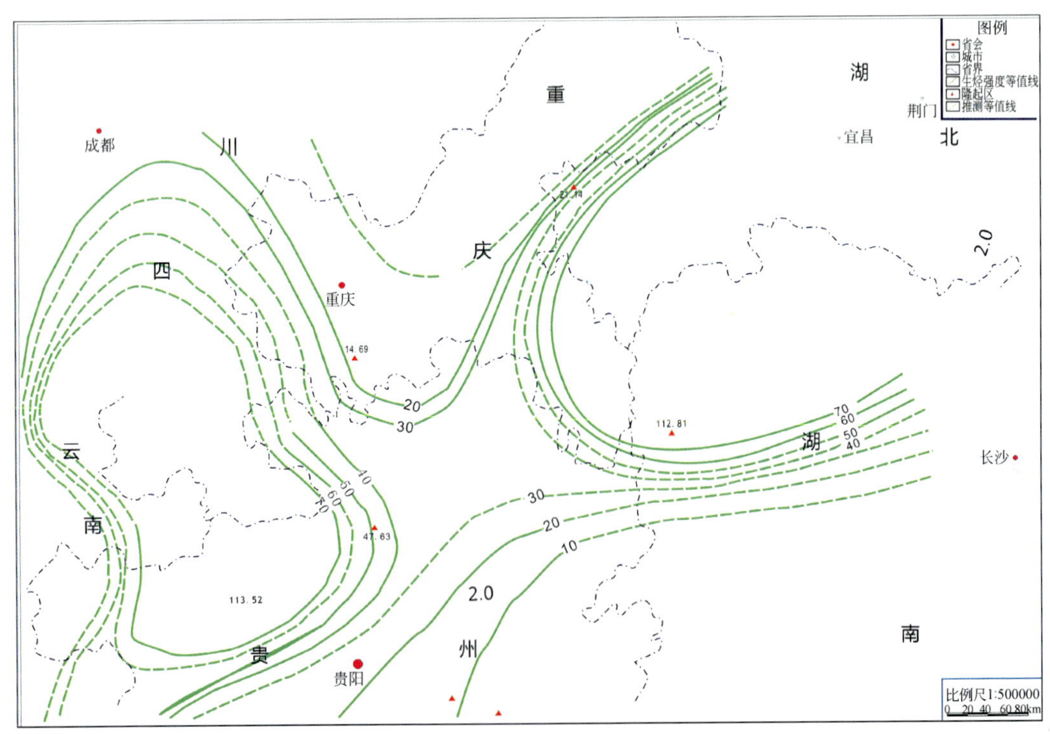

图 4-37 川东南—黔中—鄂西下寒武统排烃强度（$10^8m^3/km^2$）区域变化

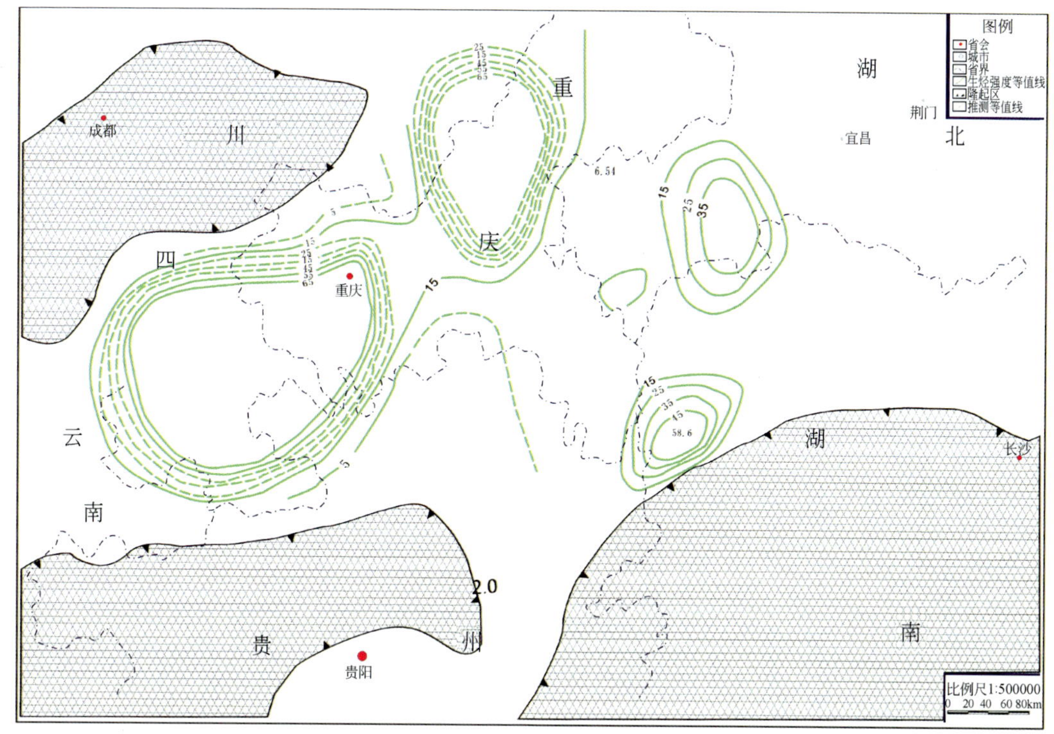

图 4-38 川东南—黔中—鄂西下志留统排烃强度（$10^8 m^3/km^2$）区域变化

四、生排烃期次

南方下组合共发育三套烃源岩，因此必定不止一次地发生生排烃作用。生烃史是通过BasinMod盆地模拟软件来进行恢复的。关于排烃机制，目前尚无完全统一的认识，但多数学者认为连续游离烃相是初次运移的主要相态，此外也有溶解相与扩散相（顾家裕、周兴熙，1994）。烃类排出的数量取决于排烃期源岩孔隙系统中多相流体之间的压力和浓度平衡。当源岩中的烃类物质饱和度达到某一程度，致使现今的压力和浓度平衡系统无法再维持，排烃作用就开始，直到这种平衡系统再一次达到平衡。由于沉降作用的影响，排烃作用可能是多期次的、间歇性或幕式的。本书应用的BasinMod盆地模拟软件排烃机制采用的烃类饱和度门限方法，该方法还考虑到了构造运动对于排烃作用的影响。一般来说，大量排烃期都发生在大量生烃期和构造强烈活动期。从虚拟单井的生排烃史曲线来看，排烃作用紧随生烃作用发生，基本上是属于同期发生的。

模拟结果表明，研究区在整个地质历史过程中主要发生三次生排烃作用，分别为加里东中晚期、印支期和燕山早中期（表 4-11）。

表 4-11 主要生排烃时限

区块	主要生油时期/Ma	主要生气时期/Ma	主要排烃时期/Ma
川东区	396～412，233～237，156～160	407～413，210～234，122～132	402～415，211～233，118～133
鄂西—渝东区	415～426，247～256，129～141	383～413，150～159	389～415，245～254，125～144
黔北—川南区	483～497，227～235，131～143	220～231，142～152	489～497，222～235，144～155
黔东南区	436～443，220～231	318～344，205～210	422～445，205～210
黔南区	493～512，219～231	495～510，205～227	491～510，217～229
黔中区	385～396，220～231，148～156	214～229，125～146	220～431，148～156
湘西北区	411～423，233～240，134～138	411～415，241～248，210～219	411～425，233～238，132～136

流体包裹体是研究油气来源、油气充注、油气运移和成藏事件的有效手段。研究区原生包裹体是由主矿物结晶生长期间捕获沉积有机质转化成的各种烃类形成的，它为烃源岩生排烃提供了直接证据。金沙岩孔震旦系灯影组地层流体包裹体的均一温度分别构成105～115℃，125～135℃，145～155℃三个峰簇，主要有三期油气注入，与黔北川东南区震旦系烃源岩的热成熟史相对应，分别相当于生油—主生油过渡期、主生油期及湿气主生期，对应的时间为加里东期（图 4-39）。黔北奥陶系、志留系储层包裹体均一温度分别在80～100℃和 120～140℃出现三个峰簇，并以后者为主，也对应加里东期的烃源岩生排烃主要时期（图 4-40）。

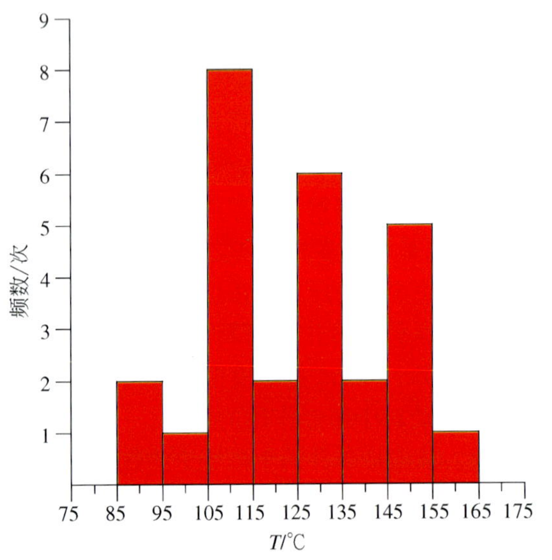

图 4-39 金沙岩孔灯影组古油藏碳酸盐岩储层中包裹体均一温度分布

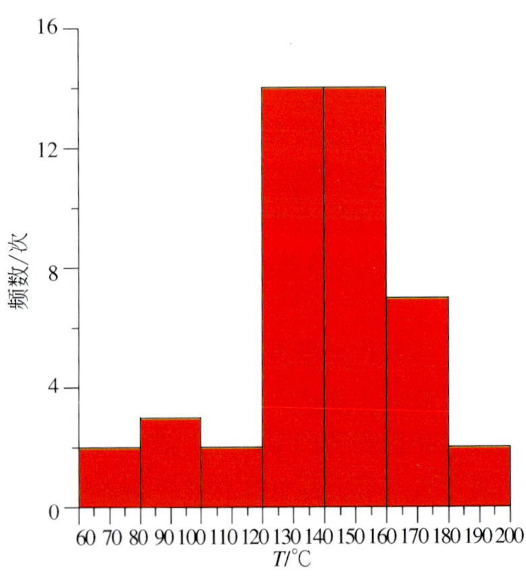

图 4-40 黔北奥陶系、志留系储层包裹体均一温度分布（样点集中于习水）

第三节　生排烃作用模拟实验

一、实验目的与流程

1. 试验目的

当前的油气地质理论研究和勘探实践，已不满足于对不同类型有机质总的热演化轨迹的认识。然而，南方下组合海相烃源岩缺乏可资对比的低成熟样品，极大限制了对油气演化序列的认识。为了分析烃源岩演化的地质地球化学条件，再现烃源岩生烃过程、排烃效率、物质成分与相态转化，借以探讨高过成熟海相烃源岩油气发生与分配规律，本次研究特地安排并实施了生烃模拟实验。

2. 试样选择与试验操作

研究区内选择黔东南三都渣拉沟群泥岩及云南盐津龙马溪组灰岩，同时选择Ⅰ型有机质的准噶尔南部泥质烃源岩作为对比样品，源岩同以藻类生源为主（表 4-12）。

表 4-12　烃源岩实验样品背景值

样品编号	样品产出层位	TOC/%	R^o/%	T_{max}/℃	产烃潜量 S_1+S_2 /（mg/g）	产烃潜量 S_1+S_2 /（mg/g TOC）
Z（对比样）	准噶尔芦草沟组 P_2l	19.20	0.63	440	92.57	482.10
9#	三都渣拉沟群$Є_1z$	2.42	2.30	587	0.36	14.88
CB28	盐津龙马溪组 S_1l	0.70	2.13	551	0.08	11.43

就对比样品，分别进行无水变温（200℃，300℃，400℃，500℃，560℃）、等温（300℃）变水量（10mL，20mL，30mL，40mL，50mL）和等水量（5mL）变温（200℃，300℃，400℃，500℃，560℃）的三种系列试验。水量调节主要体现在介质影响和体系压力方面，针对研究区烃源岩深埋高成熟特点，进行了等水量（30mL）变温（200℃，300℃，400℃，500℃，560℃）系列试验。人工热解在天然气多源模拟实验台进行，后续实验包括油、气、固体残渣的定性定量检测，详细操作过程见课题分报告。

二、试验结果与讨论

1. 生烃历程

随着实验温度的提高热解产物及其产率发生规律性变化。原始对比样已达到低熟程度

(R^o=0.63%)，模拟过程经历生油→凝析油→湿气→干气的演化。在200～300℃时以产油为主，T_{max}变化不大；至400℃时转为产气为主并进入相当于干气的演化阶段，T_{max}迅速增大到570℃以上，表明Ⅰ型干酪根凝析油→湿气→干气演化过程发生于较窄的温度区间内；至500℃以上，烃类产物几乎全部为气体，T_{max}再次递增迟缓，反应内容表现为已成烃类的裂解和干酪根生烃潜力的逐渐耗竭（表4-13）。

表4-13 模拟试验烃类产率表

样品号	加水量/mL	试验温度/℃	原样TOC/%	残渣TOC/%	残渣T_{max}/℃	排出油产率/(mg/g TOC)	剩余油产率/(mg/g TOC)	总油产率/(mg/g TOC)	气体产率/(mg/g TOC)	总烃产率/(mg/g TOC)
Z-D-200	0	200	19.20	6.07	442	38.5	3.1	41.7	78.1	119.8
Z-D-300	0	300	19.20	11.37	442	149.0	15.6	150.5	54.7	205.2
Z-D-400	0	400	19.20	14.00	579	17.2	4.7	21.9	167.2	189.1
Z-D-500	0	500	19.20	12.55	580	0.16	0.52	0.68	35.42	36.1
Z-D-560	0	560	19.20	14.82	/	5.7	1.6	7.3	264.1	271.4
Z-5W-200	5	200	19.20	15.44	440	267.2	24.5	291.7	226.0	517.7
Z-5W-300	5	300	19.20	11.55	436	314.6	13.5	328.1	58.9	387.0
Z-5W-400	5	400	19.20	13.59	572	21.9	8.3	30.2	256.8	287.0
Z-5W-500	5	500	19.20	14.50	587	2.1	1.6	3.6	391.7	395.3
Z-5W-560	5	560	19.20	12.78	589	6.8	4.2	10.9	264.1	275.0
Z-10W-300	10	300	19.20	10.81	439	422.9	12.5	435.4	64.1	499.5
Z-20W-300	20	300	19.20	11.15	443	262.5	8.9	266.1	64.6	330.7
Z-30W-300	30	300	19.20	12.42	438	163.0	51.0	214.1	32.8	246.9
Z-40W-300	40	300	19.20	12.07	437	117.2	8.3	125.5	26.0	151.6
Z-50W-300	50	300	19.20	13.35	439	194.8	13.0	207.8	52.6	260.4
9#-30W-300	30	300	2.42	2.58	584	—	—	—	—	—
9#-30W-400	30	400	2.42	2.30	590	—	—	—	9.50	9.50
9#-30W-500	30	500	2.42	1.28	594	—	—	—	12.70	12.70
CB28-30W-300	30	300	0.70	0.86	551	—	—	—	—	—
CB28-30W-400	30	400	0.70	0.76	581	—	—	—	8.43	8.43
CB28-30W-500	30	500	0.70	0.76	598	—	—	—	11.29	11.29

注：表中Z表示组合，D表示未加水。

原始研究区样品已经处于过熟的干气阶段（R^o=2.13%～2.30%，T_{max}=551～587℃），热解峰温已经与对比样品400℃热解后相当，模拟过程只有少量气态烃产出。

2. 生排烃效率

所选样品基本代表了研究区下组合目标层位最低演化程度，高度碳化的干酪根、已成油气以及次生热变组分（沥青）进一步热解是烃类的主要来源。

（1）生烃效率

Rock-ever 烃源岩热解产烃潜量（S_1+S_2）伴随烃类生成逐渐衰减。据此可以表达不同阶段生烃量和生烃效率。

对于热解残渣，生烃效率为

$$G_1=[(S_1+S_2)_{原样}-(S_1+S_2)_{残渣}]/(S_1+S_2)_{原样}$$

对于油气产物，生烃效率为

$$G_2=[排出油+剩余油+气]/(S_1+S_2)原样=总烃产率/(S_1+S_2)原样$$

理论上，G_1、G_2 应该相等。由于 Rock-ever 热解与模拟试验条件存在差异，模拟试验产物（如碳数<14 的液态烃基本挥发殆尽）收集过程中发生损失，G_1、G_2 显示系统误差，在评价生烃效率（或油气产率）时 G_1 更为可靠。

在无水变温系列中，大致相当油→凝析油→湿气模拟温度（300～400℃）阶段，生烃效率达到 70%；至干气（模拟温度 400℃）阶段，生烃效率达到 96%；终极反应（温度 500℃）时生烃效率达到 98%以上。在注水变温系列中，对应于所述阶段，低温（300～400℃）时生烃效率明显受到抑制，至干气（模拟温度 400℃以上）阶段生烃效率与无水反应结果相近（表 4-14）。Hoering（1984）对干酪根进行加水、加重水和纯有机化合物的方法生烃模拟，提出了水参与反应的机理：①与干酪根有机键联的 H 容易与 D_2O 发生均相交换。②伴随着烯烃的生成而发生的自由基链式反应，水的主要作用：一是形成大量的自由基，促进链式反应的进行；二是水可作为氢源。300℃温度点改变水量对比实验更显著地表现为蒸汽压对烃类产生和排出起了阻碍作用。

表 4-14　烃源岩生烃效率

试验系列	原始生烃潜量 (S_1+S_2) 原样 /（mg/g TOC）	残渣生烃潜量 (S_1+S_2) 残渣 /（mg/g TOC）	Rock-ever 热解生烃效率 G_1/%	模拟总烃产率 /（mg/g TOC）	模拟生烃效率 G_2/%
Z-D-300	482.1	129.82	73.07	205.2	42.56
Z-D-400	482.1	16.86	96.50	189.1	39.22
Z-D-500	482.1	1.91	99.60	36.1	7.49
Z-D-560	482.1	9.11	98.11	271.4	56.30
Z-5W-200	482.1	463.80	3.80	517.7	107.38
Z-5W-300	482.1	208.83	56.68	387.0	80.27
Z-5W-400	482.1	26.05	94.60	287.0	59.53
Z-5W-500	482.1	7.03	98.54	395.3	82.00
Z-5W-560	482.1	6.34	98.68	275.0	57.04
Z-10W-300	482.1	210.64	56.31	499.5	103.60
Z-20W-300	482.1	327.62	32.04	330.7	68.60
Z-30W-300	482.1	351.69	27.05	246.9	51.21
Z-40W-300	482.1	331.90	31.16	151.6	31.45
Z-50W-300	482.1	409.36	15.09	260.4	54.01

可以注意到，干气生成阶段烃源岩生烃效率增长很慢，表明气态烃主要来自重烃裂解而不是高度演化的干酪根本身。400℃热解之后，生烃潜量降至16.86（干模）～26.05（湿模），剩余生烃率大约为5%左右，研究区实验样品与此水平相当。

（2）排烃效率

地质过程中，烃源岩油气饱和状况是排烃作用的关键，其中有机质丰度、烃类生成量、储集空间、物理化学条件等可能造成排烃差异。这里仅能根据模拟结果，简化讨论有机质生烃过程相关的油气排放特征，严格地说只是针对有机质的排烃效果分析。

排出油产率、气体产率可直接反映不同试验条件下与烃类产率相关的排烃效应，还可以引入排油效率（E_O）、排烃效率（E_H）进一与步油气转化与分配相关的排烃效应：

$$E_O = \text{排出油产率}/\text{总油产率}$$

$$E_H = （\text{排出油产率}+\text{气体产率}）/\text{总油产率}$$

实验结果显示，从液态窗到气态窗有机质的排油效率迅速降低，实质是因为高温反应时液态烃大量裂解，导致相对排出量大为减少。更有价值的试验结果是，加水反应条件明显降低液态烃的排放，在液态窗内（温度300℃）排油效率降低约4%，进入气态窗后排油效率降低幅度更大（表4-15）。

表 4-15 烃源岩排烃效率

试验系列	排出油产率 /(mg/g TOC)	气体产率 /(mg/g TOC)	排出油＋气 /(mg/g TOC)	总烃产率 /(mg/g TOC)	排油效率 E_O	排烃效率 E_H	油气比
Z-D-300	149.0	54.7	203.7	205.2	99.00	99.27	2.75
Z-D-400	17.2	167.2	184.4	189.1	78.54	97.51	0.13
Z-D-500	0.16	35.42	35.58	36.1	23.53	98.56	0.02
Z-D-560	5.7	264.1	269.8	271.4	78.08	99.41	0.03
Z-5W-200	267.2	226.0	493.2	517.7	91.60	95.27	1.29
Z-5W-300	314.6	58.9	373.5	387.0	95.89	96.51	5.57
Z-5W-400	21.9	256.8	278.7	287.0	72.52	97.11	0.12
Z-5W-500	2.1	391.7	393.8	395.3	58.33	99.62	0.01
Z-5W-560	6.8	264.1	270.9	275.0	61.82	98.51	0.04
Z-10W-300	422.9	64.1	487	499.5	97.13	97.50	4.12
Z-20W-300	262.5	64.6	327.1	330.7	98.65	98.91	6.53
Z-40W-300	117.2	26.0	143.2	151.6	93.39	94.46	4.83
Z-50W-300	194.8	52.6	247.4	260.4	93.74	95.01	3.95

随着油气比的降低，排烃效率呈增高的趋势，最高达99%以上，表明源岩对气态烃的束缚能力十分有限。南方下组合试验样品仅有气态烃产出（表4-12），烃类输出能力强，合适的圈闭对气藏的形成至关重要。

3. 烃类相态与组成变化

如上所述，南方下组合海相烃源岩已进入干气发生阶段，烃类组成变化有助于阐明地球化学反应机理。

(1) 油组成

a. 族组成 模拟试验油产物组成如表 4-16 所示，原始对比样品与研究区烃源岩原始品质相似，以Ⅰ型有机质高的饱和烃和非烃比例为特征。

表 4-16 油产物族组成分布

样品编号	饱和烃含量/%	芳烃含量/%	非烃含量/%	沥青质含量/%
Z-原样	14.01	8.66	69.33	8.00
Z-D-200	16.43	20.17	56.36	7.04
Z-D-300	5.86	33.85	44.15	16.14
Z-D-400	2.75	54.79	37.10	5.36
Z-D-500	33.95	5.07	50.99	9.99
Z-D-560	30.79	18.98	44.54	5.69
Z-原样	14.01	8.66	69.33	8.00
Z-5W-200	2.84	5.42	43.08	48.66
Z-5W-300	17.17	17.05	46.56	19.22
Z-5W-400	0.67	50.19	39.03	10.11
Z-5W-500	17.78	5.85	55.96	20.40
Z-5W-560	31.52	20.12	44.03	4.33
Z-原样	14.01	8.66	69.33	8.00
Z-10W-300	13.43	13.36	46.99	26.22
Z-20W-300	2.80	4.66	50.08	42.46
Z-30W-300	3.17	4.78	51.79	40.26
Z-40W-300	2.57	4.93	51.93	40.57
Z-50W-300	4.43	6.40	55.06	34.11

对生油过程的最主要影响来自反应体系能量的变化。饱和烃在低温和极端高温时相对比例高；芳烃比例变化波动较大，在中温（400℃）达到最大值，在高温（500℃）跌至最低值；非烃、沥青质相对比例变化与芳烃正好相反（图 4-41）。加水量对产物构成变化无显著影响。

上述变化反映生烃反应内容为：低到中温阶段（200～400℃），已经生成并聚集在岩石中的油类物质（包括非烃和沥青质）弱键裂解，杂原子官能团脱离，导致缩合程度较高的非烃和沥青质降解而向芳烃为主的产物转化；高温（500℃左右）条件下，裂解产物仅来自油页岩中真正意义上的生油母质（干酪根）的热降解，并且在极端高温时（560℃左右）进一步裂变为低分子量烃类。

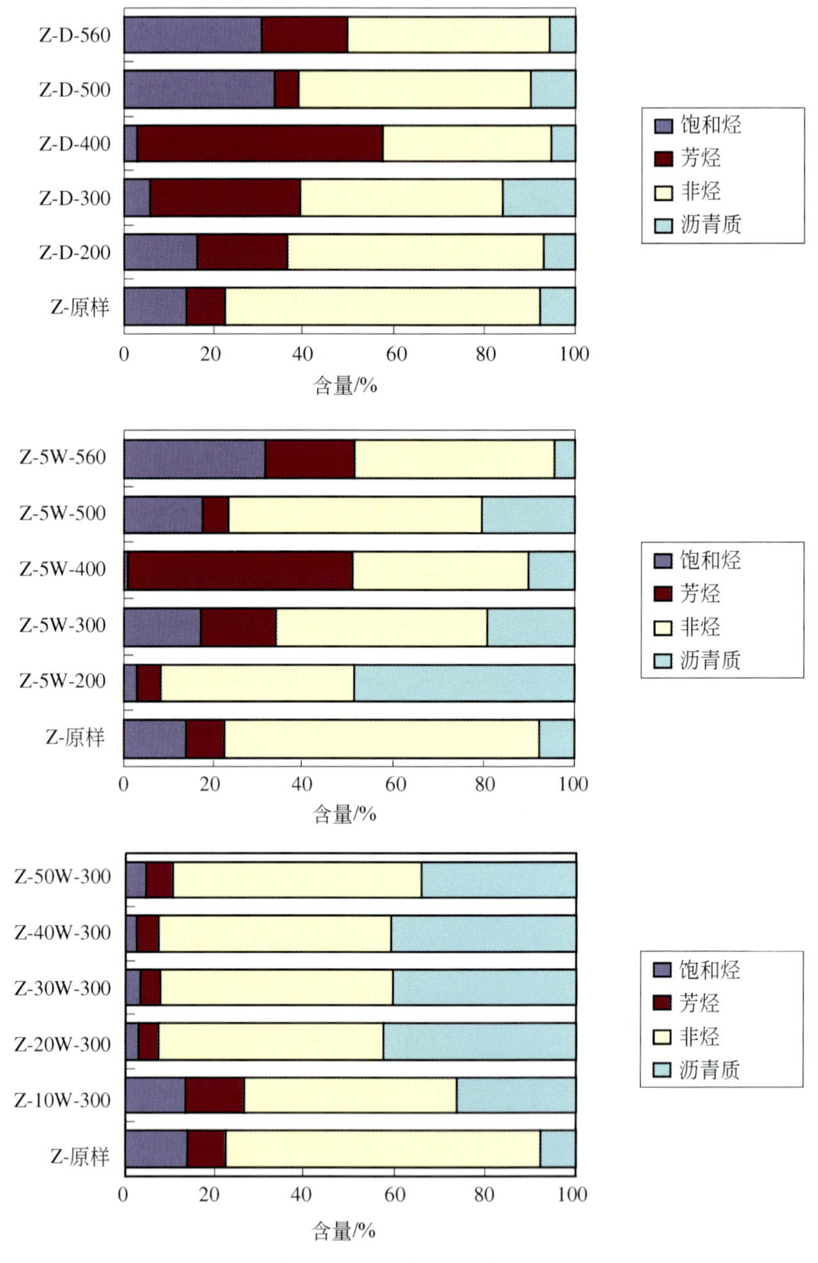

图 4-41　油产物族组成分布

b. 饱和烃　不同实验条件下，饱和烃中均以正构烷烃为绝对优势组分，占 65%～90%，其次是异构烷烃和烷基环己烷衍生物系列。原岩初始分布较高的甾、萜类化合物热解过程不稳定，数量随温度升高而锐减。加水对饱和烃组成也无显著影响。

c. 芳烃　以三环、四环芳烃为主，实验过程中苯、萘系列的挥发导致单环、二环芳烃数值起伏较大。随着干馏温度增高，三环芳烃增多，四环芳烃减少，在500℃时四环芳烃比例有一次回升变化，与前述高温（500℃左右）条件下已成烃类（沥青）及真正意义上的生油母质（干酪根）高温热解有关。五环芳烃占产物的比例很小，并在高温时消失。含氧、含硫化合物仅微量出现，一般不足2%，随干馏条件变化不大。

（2）气产物组成

烃类气体主要为甲烷，其次是乙烷、丙烷，更高碳数的烷烃和烯烃以微量产出。检测的非烃类气体主要有 CO_2、CO 和 H_2，随着温度增高，烃类在气体中的比例增多，但在极端高温时（560℃），非烃类的气体比例有所回升（表4-17），推测模拟高温快速反应氢元素补充不足所致。随着反应体系水量增多，不仅抑制了前述气体总量的发生，也使气体中烃类相对比例减少。

三、实验小结

通过烃源岩生烃过程、排烃效率、物质成分与相态转化的模拟实验，证明了研究区烃源岩已进入干气阶段，烃类产物全部为气体。T_{max}递增迟缓，生烃效率增长很慢，反应内容表现为已成烃类的裂解和干酪根生烃潜力的逐渐耗竭，气态烃主要来自重烃裂解而不是高度演化的干酪根本身。参照烃源岩对比样品生、排烃效率，南方下组合烃源岩进入干气阶段后仍然具有5%左右的生烃潜量。

表 4-17 南方下组合烃源岩生排烃模拟实验结果的气产物组成和产率

化合物名称	对比样					对比样				对比样		南方样品		
	干蒸	干蒸	干蒸	干蒸	干蒸	5mL 水	5mL 水	5mL 水	5mL 水	30mL 水	50mL 水	9＃30mL 水	9＃30mL 水	CB28-30mL 水
	200℃	300℃	400℃	500℃	560℃	200℃	300℃	500℃	560℃	300℃	300℃	400℃	500℃	500℃
甲烷	13.62	42.8	62.27	59.69	59.18	21.08	25	75.16	62.2	17.42	16.35	15.97	2.23	4.84
乙烷	5.91	21.1	17.49	2.69	4.69	12.12	12.58	1.7	1.82	8.22	7.8	0.05	0.1	1.01
丙烷	2.84	11.42	1.64	0.58	2.42	8.19	7.39	0.58	0.77	4.72	4.48	0.04	0.09	1.3
二氧化碳	61.45	9.4	12.01	18.82	16.24	41.88	34.04	11.66	16.29	52.53	54.86	82.21	96.77	89.63
一氧化碳	1.5	0.27	0.89	3.03	4.13	2.08	1.79	1.66	6.08	0.38	0.2	1.29	0.18	0.31
氢气	12.14	8.34	4.56	14.69	11.02	9.87	13.66	8.73	12.07	12.97	13.37	0	0	0
乙烯	0.24	0.32	0.19	0.22	0.27	0	0	0.1	0.15	0.1	0	0	0	0.05
环丙烷	0	0	0	0	0	0	0	0	0	0	0	0	0	0
丙烯	0.45	0.68	0.27	0.15	0.47	0	0.43	0.16	0.2	0.26	0.23	0	0.02	0.24
异丁烷	0.21	1.05	0.07	0	0.17	0	0.54	0	0.05	0.45	0.43	0.01	0.01	0.19
正丁烷	0.8	2.45	0.28	0.09	0.61	3.46	2.57	0.15	0.2	1.64	1.52	0.05	0.07	0.95
丙二稀	0	0	0	0	0	0	0	0	0	0	0	0	0	0
乙炔	0	0	0	0	0	0	0	0	0	0	0	0	0	0
反-2-丁烯	0.09	0.2	0.04	0	0.08	0	0.11	0	0	0.09	0	0.01	0.01	0.15
丁烯	0.07	0.17	0.07	0	0.12	0	0.11	0	0	0.07	0	0	0.01	0.17
异丁烯	0	0.12	0	0	0.05	0	0.05	0	0	0	0	0	0.01	0.08
正-2-丁烯	0.07	0.2	0	0	0.08	0	0.12	0	0	0.09	0	0.02	0.02	0.21
异戊烷	0.07	0.26	0	0	0.05	0	0.23	0	0	0.19	0.17	0.02	0.01	0.16
正戊烷	0.23	0.64	0.09	0	0.17	1.33	0.83	0.05	0.08	0.53	0.47	0.07	0.05	0.62
1,3 丁二烯	0	0	0	0	0	0	0	0	0	0	0	0	0	0
m-乙炔	0	0	0	0	0	0	0	0	0	0	0	0.01	0	0.08
戊烯	0.12	0.4	0.07	0.04	0.14	0	0.25	0.05	0.08	0.19	0.13	0.14	0.12	0
正己烷	0.11	0.11	0	0	0.04	0	0.19	0	0	0.11	0	0	0	0
C6+烃	0.07	0.09	0.05	0	0.05	0	0.09	0	0	0.03	0	0.11	0.3	0
氮气	0	0	0	0	0	0	0	0	0	0	0	0	0	0
氧气	0	0	0	0	0	0	0	0	0	0	0	0	0	0
合计	100	100	100	100	100	100	100	100	100	100	100	100	100	100

注:模拟实验的样品选自黔东南三都渣拉沟群泥岩及云南盐津龙马溪组灰岩。

第五章　中国南方海相油气成藏保存条件分析

第一节　中国南方海相残留盆地油气成藏可能地段（1P）

根据前述中国南方海相残留盆地的基本油气地质特征，我们可以总结出其中的致藏油气地质异常，进而预测其油气成藏可能地段（1P）。如第一章所指的那样，这种油气成藏可能地段（1P），相当于 Magoon（1992，1994）所划分的推测级油气系统。中国南方海相油气系统的形成演化可分为三个阶段：①原始油气系统形成阶段：前造山期海相原型演化（大陆克拉通与边缘盆地）阶段；②油气系统改造阶段：同造山期复合盆山体系演化阶段；③油气系统残留阶段：后造山期残留盆地演化阶段。其基本特征可概括为：先天十分优越、后天强烈改造、保存条件较差。

一、中国南方海相原始油气系统与致藏地质异常分析

1．原始超油气系统的划分

马永生等（2002）根据多旋回板块开合演化与原盆沉积构造格局及其对历史油气成藏条件的控制，在中国南方划分出了五大原始超级油气系统（图 5-1），即：Ⅰ．扬子晚震旦世—早古生代超油气系统；Ⅱ．扬子晚古生代—中三叠世超油气系统；Ⅲ．湘桂晚古生代—中三叠世超油气系统；Ⅳ．兰坪—思茅晚古生代—中三叠世超油气系统；Ⅴ．扬子西缘前陆盆地超油气系统。鉴于华夏板块及其周缘曾经发育过与扬子板块同样的陆内克拉通盆地和大陆边缘海盆地，在历史上同样可能构成原始超油气系统。同样，在松潘—甘孜陆块上也发育过三叠纪克拉通及其边缘盆地，本项目组增加 3 个超油气系统，即：Ⅵ．华夏震旦世—早古生代超油气系统；Ⅶ．华夏晚古生代—中三叠世超油气系统；Ⅷ．松潘—甘孜早、中三叠世超油气系统。其中，Ⅱ系统叠加在Ⅰ系统之上，Ⅴ系统叠加在Ⅱ系统之上，而Ⅶ系统叠加在Ⅵ系统之上。从某种意义上说，自震旦纪以来的中国南方油气成藏演化历史，就是这 8 个原始油气系统的形成、叠加和改造历史。下面，我们将对中国南方原始油气系统的状况作进一步分析。

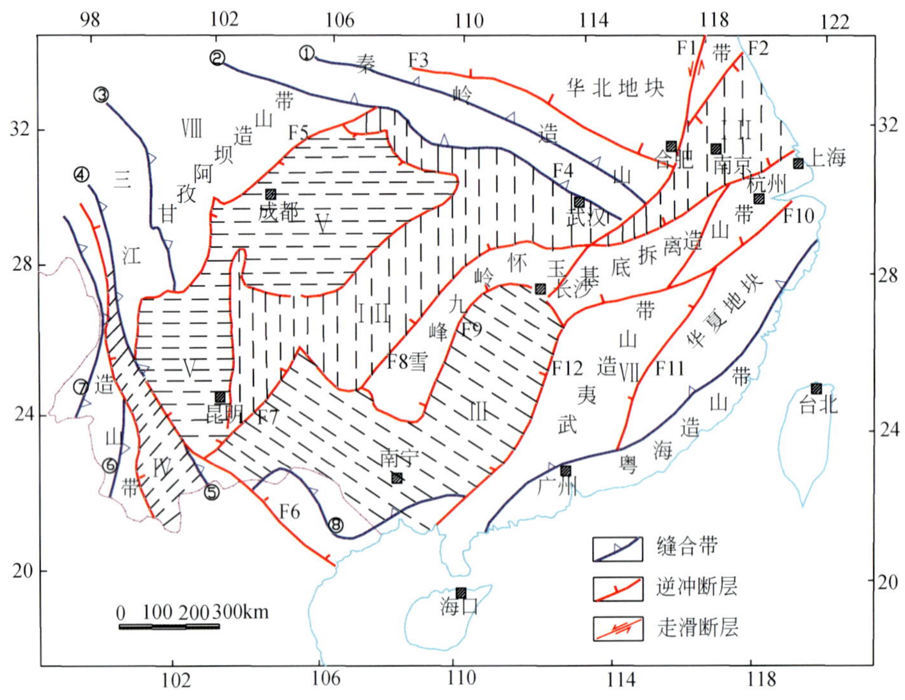

图 5-1 南方海相超油气系统划分图（马永生等，2002，修改）

线条交叉表示系统部分叠加

2. 两个世代的有效烃源岩

通过第三章、第四章详细地分析，我们已经了解中国南方和本重点研究区海相烃源岩的特征，及其现今的生烃潜力。可以说，在中国南方的海相地层中，仍然拥有两个世代的4套区域性有效烃源岩和多套局部性有效烃源岩。这4套区域性有效烃源岩分别是：下组合的下寒武统泥质烃源岩和上奥陶统一下志留统泥质烃源岩；上组合的下二叠统碳酸盐岩质烃源岩和上二叠统泥质烃源岩。局部性有效烃源岩是：①震旦系陡山沱组泥质和灯影组富藻白云质烃源岩；②中泥盆统有泥质和碳酸盐岩烃源岩；③石炭系下统泥质和碳酸盐岩烃源岩；④下三叠统泥质和碳酸盐岩烃源岩；⑤中三叠统泥质烃源岩；⑥上三叠统泥质和碳酸盐岩烃源岩。

据杭州地质研究所1996年估算，中国南方海相烃源岩的原始生烃总量：3.85万亿t，其中下组合（震旦系一下古生界）1.63万亿t，上组合（上古生界一三叠系）2.23万亿t。在下组合中，下寒武系生烃量最大，为1.16万亿t，占下组合的71.2%，占上、下组合总量的30.1%；在上组合中，二叠系生烃量最大，为1.32万亿t，占上组合的59.2%，占上、下组合总量的34.3%。如果按照本书所得的目前仍有5%生烃能力计算，则中国南方应当还有0.19万亿t油当量的生气潜力。

3. 较好的区域性盖层条件

(1) 泥质岩盖层

1）下寒武统区域性盖层

下寒武统的区域性盖层，在盆地相区以泥岩为主（本身又是烃源岩），在台地相区以碳酸盐岩为主。主要分布在滇东、川东南和川北、鄂西渝东、江汉盆地和下扬子地区，厚度为100～1000m。最厚处位于渝东大巴山地区为1000m。盆地相区盖层条件较好，可分为以下有利区域：①宜宾－泸州地区，泥质盖层厚200～400m；②大庸－吉首、酉阳地区，泥质盖层厚300～700m；③大巴山地区，泥质盖层厚300～1000m；④江汉盆地南部地区，泥质盖层厚150～250m；⑤皖南－宁国地区，泥质盖层厚200～400m；⑥苏北地区，泥质盖层厚100～150m。而台地相区，如川中和川西地区、江汉盆地北部和下扬子区的南京－南通一带，沉积以碳酸盐岩为主，在原始油气系统形成阶段，次生孔隙和裂隙还未形成前，也许能起一定封盖作用。

2）下志留统区域性盖层

下志留统在南方除滇中古陆、大巴山隆起、华夏古陆、粤中古陆、闽浙古陆外均有分布。其泥质岩可作为盖层，但加里东期以来抬升剥蚀强烈。在四川盆地内，以乐山－龙女寺隆起为中心，志留系剥蚀殆尽，向外厚度由100m逐渐增大。向南至泸州－宜宾地区厚800～900m，向北至大巴山地区厚300～700m，向东至湘鄂西地区达1000m。在中扬子区，除乐乡关隆起上遭受剥蚀外，志留系基本连片分布，如当阳地区厚800m，江汉盆地南部达1000m，通山附近增至1800m。在下扬子区，除南京－海安一带的前志留纪古潜山外，志留系大体保存完整，厚度800～2000m。最厚处位于下扬子浙西临安地区，达2290m。在黔南的贵阳、黄平、都匀一带，缺失上志留统，中、下志留统一般厚度＜500m，其中泥质岩厚200m左右。在华南板块南部和东南部的湘桂褶皱隆起区、华南造山隆起区、华夏褶皱隆起区和闽粤褶皱隆起区，下古地层均被剥蚀掉，仅钦防海槽区志留系保存完整，但已浅变质，丧失封盖能力。

3）上三叠统－下白垩统区域性盖层

现今保存较好的上三叠统－下白垩统区域性盖层主要分布在四川盆地及其周缘、兰坪－思茅、楚雄盆地、十万大山和江汉盆地。岩性以泥质岩为主，局部夹泥灰岩和膏盐岩层。残留盖层厚度为500～2000m，最大为5000m，见于楚雄盆地。根据各方面的综合评价，川东及川东北地区属Ⅰ－Ⅱ类盖层①，四川盆地和鄂西渝东地区属Ⅱ－Ⅲ类盖层，江汉及下扬子区属Ⅲ类盖层，楚雄盆地属Ⅱ－Ⅲ－Ⅳ类盖层，思茅拗陷属Ⅲ－Ⅳ类盖层（马力等，2004）。

4）上白垩统－第三系区域性盖层

现今保存较好的中白垩统－新近系区域性盖层主要分布在晚燕山－喜马拉雅期形成的

---

① 潘文蕾，刘光祥，吕俊祥等，2002，南方海相重点区块油气保存条件，中国石油化工股份有限公司石油勘探开发研究院，无锡实验地质研究所项目研究报告。

张性盆地中，如四川盆地南部、兰坪—思茅盆地、江汉盆地、麻阳盆地、南鄱阳拗陷和下扬子地区。岩性以泥质岩为主，局部夹膏盐岩层，残留盖层厚度为50～500m，最大为2000m。盖层厚度最大者是江汉盆地。在膏盐岩分布地区的盖层，一般为Ⅱ类盖层，如江汉盆地和楚雄盆地（马力等，2004）。

（2）膏盐岩盖层

膏盐岩是最理想的天然气藏盖层，这已被国内外众多大气田所证实。中国南方的膏盐岩盖层分布广泛，在中、上扬子地区的四川盆地及其周缘、江汉盆地、下扬子地区的句容—海安等地均有寒武系、中—下三叠统、侏罗系及白垩—古近系膏盐岩盖层分布，在滇黔桂地区也有零星分布。

1）四川盆地膏盐岩盖层及分布

四川盆地膏盐岩主要发育于下三叠统嘉陵江组和中三叠统雷口坡组，下三叠统飞仙关组的飞四段亦有少量发育。膏盐岩盖层厚度为70～250m：在川中南充一带最厚，超过200m；在川东和渝东断褶带北部分布较稳定，厚度一般为70～90m，向南厚度增大，达130～170m；在川南断褶带厚度一般为110～130m；川西及川西南断褶带一般为70～90m；米苍山前缘断褶带一般为90～110m；在米苍山川东对冲过渡带一般为110～130m，在南部的双石庙、雷西构造一带达250m以上，最厚为541m（双石1井），东岳寨一带最薄，为77.5～120.4m，往北至付家山一带复又增厚至230m①。在川东北地区，三叠系膏盐层单层层数累计为34～84层，最多达108层（川涪82）；单层厚度也比较大，一般为18～40m，最大达61.5m（雷西1井）。其中，嘉陵江组嘉四段的膏盐岩具有厚度稳定、对比性好、连续性好、单层厚度大、总厚度大等特点，膏盐层累计厚度在川巴88井为93.5m、川涪82井为81m；嘉二段的膏盐岩总厚度及单层厚度虽不如嘉四段，但也具有层位稳定、对比性好、连续性好的特点；其余层位的连续性和对比性则较差。

雷口坡组膏盐岩段虽总厚度较大，但较分散，单层厚度小，横向可对比性相对较差。在通南巴地区，雷口坡组膏盐岩主要发育于雷一段（T_2^1）至雷三段（T_2^3）。其中T_2^{1-1}和T_2^{1-3}膏盐岩横向稳定，可对比性较好，其余各段横向变化较大。在宣汉—达县地区，雷口坡组缺失雷四段，西南部甚至缺失雷三段及雷二段（如双石1井、雷西2井）。雷口坡组各层段累计总厚度较大，但层数多，单层厚度小，纵向上连续性差、横向变化大、可对比性较差。

膏盐岩由于可塑性高，能够有效地改善盖层因断层破坏而降低的封闭性能，尤其是可增强盖层对天然气的封闭能力。所以四川盆地嘉陵江组—雷口坡组膏盐层的存在，对其下伏的海相层位天然气的聚集及保存起到了重要的作用。

2）鄂西—渝东区膏盐岩盖层及分布

在鄂西—渝东地区，膏盐岩主要发育在嘉陵江组嘉四段、嘉五段以及嘉二段。其中嘉四段膏盐岩主要分布于上部，厚度为11～96m，占各自地层厚度的6.6%～86.5%。中三叠统巴东组也有少量膏盐岩发育，分布零星，纵向上连续性差、横向变化大，基本不具封

---

① 梅廉夫，马昌前，徐思煌等，2004，南方中、古生界天然气成藏富集规律研究，中国石油化工股份有限公司南方勘探开发分公司项目研究报告。

闭性能。下三叠统的膏盐岩盖层在石柱复向斜南部较厚，一般为 175m；在石柱复向斜北部一般为 150m。由于其层位稳定、厚度变化稳定，构成了石柱复向斜和万县复向斜最重要的区域盖层。在利川复向斜、方斗山复背斜、齐岳山复背斜区，因为后期的褶皱隆起而大部分或者全部暴露，遭受了剥蚀和破坏。

3）江汉盆地膏盐岩盖层及分布

江汉盆地的膏盐岩盖层从层位上可分为两套，分别赋存于下三叠统及白垩—古近系。下三叠统的膏盐岩盖层，在江汉南部断块区的牌洲、红丰、天门等地区厚度较大，最厚处位于复向斜中心的牌参 1 井、丰 1 井，达 135m 和 339.5m，向西北减薄，到天门地区的岳参 1 井，仅剩 12.5m。在宜昌斜坡带的当阳地区，连片性也较好，但厚度稍小，如当深 3 井嘉五段为 103m、嘉四段为 65m。在澧县地区也有局部分布，最大膏盐层的厚度为 13.5m，但在裸露区基本上已被溶蚀，现今只能作为局部的直接盖层。此外，在鄂东南断褶带的武 1 井，也钻遇嘉陵江组膏盐岩 45m。

白垩系—第三系为一套红色砂泥岩类夹膏盐层，总厚度约 1500～3000m。其中泥岩和膏盐岩层累计厚度约 700m，最大单层厚度可达 100m。膏盐岩相对集中于新沟咀组上段顶部（称为一大膏），新沟咀组下段底部（称为二大膏）和白垩系顶部（称为三大膏）。白垩系膏盐岩厚度最大在潜江凹陷，累计 96m 以上；小板凹陷、江陵凹陷和沔阳凹陷厚度其次，介于 2～50m，局部也能达到巨大的厚度，如陈参 1 井的膏盐岩累计厚度为 165m。古近系膏盐岩在小板、潜江、江陵凹陷及通海口凸起、岳口低凸起均有分布，其中小板凹陷的膏盐岩累计厚度最大，在板参 1 井区达 363.4 m。显然，这些膏盐岩对海相地层的油气均能起到一定的封盖作用。

4）句容—海安地区膏盐岩盖层及分布

句容—海安地区膏盐岩盖层也赋存于两个层位，即中三叠统周冲村组（安徽为东马鞍山组），以及白垩系的浦口组。三叠系膏盐岩主要分布在南京—镇江、南陵—无为盆地以及黄桥地区等几个残留中心，厚度为 56～272m。其中，无为地区的石膏层主要发育于中三叠统黄马青组（T_2h）和扁担山组（T_2b）。白垩系的盐岩、膏岩主要赋存于浦口组蒲二段和蒲三段。据钻井揭示，淮安地区膏盐岩最为发育。例如，在苏 131 井的浦口组二段和三段，膏、盐岩累计厚度达 1050m；N 参 1 井蒲三段的膏、盐岩厚达 324m。建湖地区膏盐岩分布范围较小，厚度也相对较薄，在建 1 井揭示的膏盐岩累计厚度为 292m。另外，在盐城地区的苏参 1 井、溱潼地区的苏 103 井、泰州地区的苏 4 井、黄桥地区的 N6 等井，也发现浦口组中夹有石膏层。

4. 优越的油气运移储集条件

油气运移的基本控制因素是通道和动力，因此油气输导系统由通道和动力两个子系统组成。油气运移通道包括四种基本类型：一是连通的岩石孔隙，二是岩石裂缝带，三是断层，四是不整合面。在碳酸盐岩地区，还应当增加第五种，即溶洞。由这 5 种通道及其相关介质的组合体，就是油气运移聚集的通道子系统。其中，具有孔隙、裂缝、溶洞的岩层和不整合面，既是输导层（体）也是储集层（体）。在某种特定的条件下，某一组通道与相关介质有机组合起来，可以成为油气运移的主干通道，例如背斜脊（或称构造脊）、断层带、溶洞群和不整合面。油气在运移通道子系统中运移，总是在偏流机制的控制下分段选择某一主干通道进行的。油气运移的动力主要是流体势，而流体势由孔隙压力、浮力、毛管阻力、地下水动力和构造应力联合而成。一般认为，油气二次运移总是从高势区向低势区，沿着垂直于等势线（面）的方向按最短的路线流动。在静水条件或接近静水条件下，油（气）以凹陷的分隔槽为界开始向四周运移。当输导层均一时，运移方向主要受等势线的几何形态控制，运移形式有汇聚流、发散流和平行流三种。其中，汇聚流最利于油气的聚集。本书的研究表明，仅仅考虑这些因素是不够的，还应当考虑“偏流机制”控制下的主干通道问题。在“偏流机制”控制下，油气不可能总是沿着垂直于等势线（面）的方向按最短路线流动，而总是优先选择高孔、高渗的主干通道，即油气运移的有效通道系统。

对于中国南方而言，上述各种类型的运移通道都有大量发育。

海相碎屑岩以连通孔隙为油气运移的通道，是油气运移的最重要输导层。其质量的好坏，主要取决于它的孔渗性。砂体原始孔渗性，主要取决于埋深和成岩演化阶段；其次，生孔渗性取决于沉积的各种改造作用和暴露阶段的风化、溶蚀等作用。在原始油气系统形成阶段，与烃源岩相邻的砂体，由于埋深一般不超过 4000m，孔隙度一般不低于 8%，有利于油气的运移。在南方海相地层剖面上，下震旦统砂体全区发育；上震旦统主要在华夏地块分布，以海相浊积岩为特征；下寒武统以页岩为主，但沧浪铺组发育有高水位体系域的碎屑岩；在中、晚寒武世，扬子区主要沉积碳酸盐岩、华夏地块则主要为碎屑岩沉积；志留系主要为碎屑沉积，砂体发育。

不整合面由地表造山隆升、侵蚀，沉积间断暴露风化等地质作用形成，其作为油气运移通道的好坏，主要取决于不整合面形成的风化壳的孔渗性及分布范围。在南方海相地层剖面上，发育有九种不同成因的层序不整合面（陈洪德等，2002）。从震旦系至上三叠统，共划分出了 19 个准二级层序。每个层序之间，都是不同性质的不整合面。特别值得指出的是，震旦系顶面、志留系与泥盆系之间、石炭系顶面，以及中、上三叠统之间的不整合面，均属于隆升侵蚀或水下间断的不整合面界面，风化剥蚀的时间较长，更是油气横向运移的重要通道。因而，就整体而言，在南方海相地层剖面上不整合面广泛发育，是原始油气系统内油气横向运移的有利通道。

由于经历了两大旋回多个期次的多岛洋闭合和多块体会聚碰撞，以及印支运动以来的复合盆山体系演化，中国南方海相地层中的断层和裂隙带极为发育，因此作为油气垂向运移通道的断层和裂隙带不是缺乏而是太多了，甚至成为油气藏保存的不利因素。当然，在造山带前缘的构造变形带中，仅有海相上组合和陆相中生界卷入的隔挡式变形带，以及有部分海相下组合卷入的隔槽式变形带，下组合所受的影响较弱，加上在海相上组合中有多层厚膏盐层，一些切入下组合的断裂带不至于通天。来自下组合的油气可沿断层、裂隙带向上运移，并终止于塑性盖层。

在自然界中，各种通道和介质相互组合，可形成砂体-不整合面、砂体-断层，不整合面-断层，砂体-断层-不整合面等通道系统，还可以与褶皱形变相配合，形成各种类型的构造脊，使油气运移呈现纷繁复杂的状况。

海相原始储集层主要是礁、丘、滩相的沉积颗粒灰岩体和白云岩等。从总体上看，原始油气系统形成阶段的储集条件比现今好。第一，当时仍保持了部分原生孔隙，特别是礁、丘、滩相的沉积颗粒灰岩体和白云岩等，均可能成为原始油气系统形成阶段的良好储集层；第二，有些次生孔隙也已经形成，如震旦系顶部的风化壳对灯影组白云岩的改造作用已经发生，甚至一些由于欠压实作用产生的裂隙也已形成。此外，从岩孔下寒武统明心寺组细砂岩古油藏的情况看，潮坪砂体、水道砂体、水下重力流砂体、浊积砂体和盆底扇砂体等，也是重要的储层。因此，在原始油气系统形成阶段，岩层中的油气储集条件总体上应当比现今好。

5. 关键时刻有构造圈闭形成

“关键时刻”是指由研究者确定的、用于描述油气系统中大部分油气生成－运移－聚集过程的最重要时刻。它是烃源岩达到一定埋藏深度而开始大规模生成油气，并且储层、盖层（包括区域盖层和直接盖层）已经形成，油气开始大规模运移并聚集在最初的圈闭中的持续过程即将结束的时刻。关键时刻同时也是油气系统基本要素与地质作用时空有效配置的最佳时刻。

由于烃源岩生油阶段的时间跨度比较长（对于腐泥型干酪根，R^o＝0.6％～1.3％），而且在油气系统内，不同地区烃源岩的埋深不同，进入生油门限和生油高峰的时间也不同，要准确确定一个油气系统形成的关键时刻是很困难的。在一般情况下，油气系统形成的关键时刻与大的构造运动幕匹配。正是大的构造运动幕形成圈闭，并使形成的油气作区域性运移。如果这时地层剖面上烃源岩埋深达到成熟门限深度，储、盖层的有效性已具备，油气系统就必然形成。因此，把烃源岩从进入生油门限至生油终止时间内发生的大构造运动幕，定为该油气系统形成的关键时刻。

根据上述原则，中国南方海相油气系统形成的关键时刻，大体是 4 个时期[①]：①加里东运动（463.9～408.5Ma）；②海西-印支运动（256.1～203Ma）；③燕山中、晚期运动（135～88.5Ma）；④喜马拉雅中、晚期运动（23.3 Ma 以来）。其中，Z_2dn、ϵ_1 油气系统形成的关键时刻为加里东期，印支期转化为含气系统；S_1、D-P 油气系统形成的关键时刻为印支期，燕山期转化为含气系统；中、上三叠统的油气系统，形成的关键时刻为燕山期，喜马拉雅期转化为含气系统。这 4 个关键时刻与区内大规模构造圈闭的形成时刻基本一致，这种异常条件无疑有利于油气成藏。

二、川黔渝鄂湘边区典型古油藏剖析

在川黔渝鄂湘边区所发现的多处古油藏，充分证明了中国南方原始油气系统的成藏条件是极其优越的。下面拟对其中几个典型的古油藏进行解剖。

---

① 马力，吴少华，徐克定等，2001，中国南方海相中古生界天然气地质综合研究，中国石油化工股份有限公司油田勘探开发事业部南方海相油气勘探项目经理部项目研究报告。

1. 黔东南地区麻江古油藏

麻江古油藏位于黔南拗陷的东部，处于江南隆起前缘隔槽式构造变形带东部，临近挤出构造变形带。这是中国南方最大的古油藏之一，共发现有 6 个露头点，即麻江城西 O_1h 沥青点、都匀洛邦 O—S 沥青点、都匀牛场 O—S 沥青点、丹寨坝固 O—S 系沥青点、丹寨河口 S 沥青点和凯里大中舟溪 O—S 沥青点（图 5-2）。古油藏位于加里东晚期形成的古凸起上，轴向近南北向，为构造圈闭-岩性遮挡复合型油藏，面积为 2450km²，现残存 800km²，原始最大闭合高度约 900m。

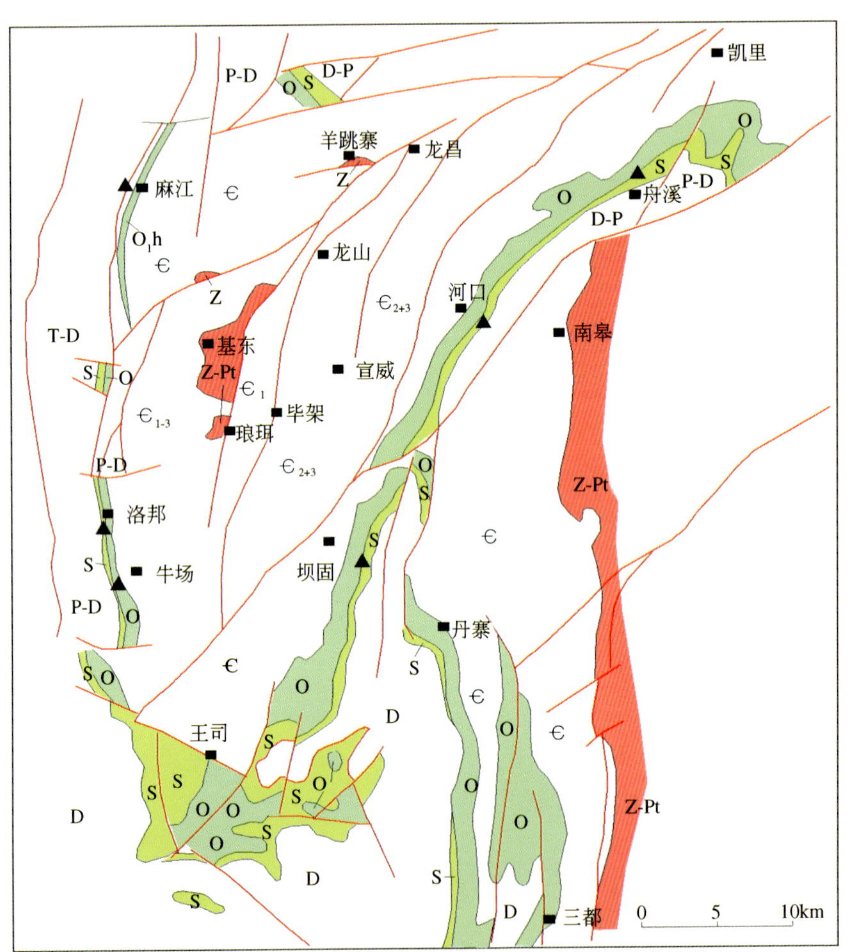

图 5-2 麻江 O—S 系古油藏今构造地质简图

(1) 油气显示特征

麻江古油藏油气显示类型为碳沥青，主要赋存于下奥陶统红花园组碳酸盐岩和志留系翁项群第三段砂岩中，其产出状态具有明显的差异。

坝固古油藏是麻江古油藏主要沥青裸露点之一，主要储层有奥陶系红花园组碳酸盐岩块状储层和志留系翁项组第三段砂岩储层。主力生油层为下寒武统盆地相一陆架相的黑色泥页岩，生油高峰期为志留纪末期一早泥盆世初期。红花园组和翁项组第三段储层的盖层分别为志留统翁项组第二段和第四段泥页岩，其封闭性能好。

图 5-3　碳沥青填充的奥陶系碳酸盐岩溶洞（丹寨坝固）

图 5-4　白云岩溶孔中细鳞片状结构的碳沥青

2 号样，O_1h，丹寨固坝；油浸，正交偏光，×300

1）奥陶系岩溶古油藏产状

坝固下奥陶统红花园组为一套巨厚层状灰白、深灰、灰褐色中、粗粒灰岩夹白云岩。储集层段在其顶部，厚10～25m，普遍发育溶蚀孔、洞、缝。碳质沥青充填于白云岩储层的孔隙、溶洞和裂缝以及方解石脉中的缝隙中（图5-3）。碳质沥青呈块状，非均质性强，与围岩界线清晰，亮黑色及黑色，具贝壳状断口，染手，高度碳化，致使镜下呈现鳞片状结构（图5-4）。

2）志留系砂岩古油藏产状

翁项群（S_{1-2}w）顶为褐灰色粉砂岩、粉砂质泥岩；底为中厚层状沥青砂岩，中细粒，灰黑色。沥青呈颗粒或浸染状，产于砂岩孔隙中，分布稳定，均质性强（图5-5）。

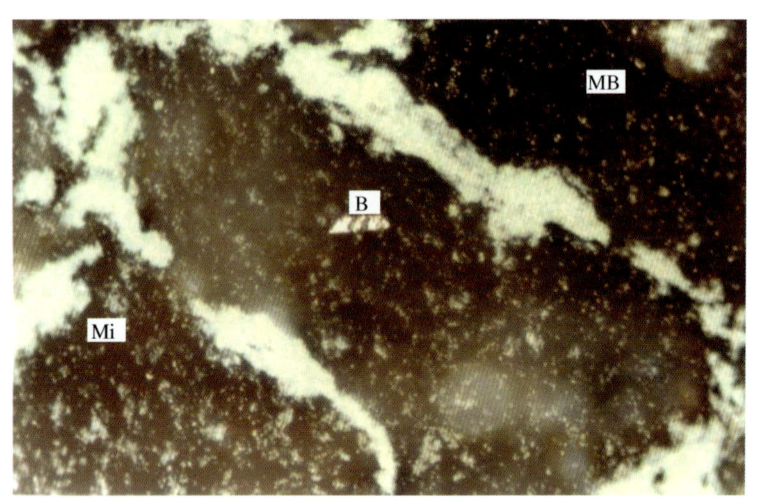

图5-5 细砂岩孔隙中的碳沥青（B）、微粒体（Mi）和矿物沥青基质（MB）

3号样，S_{1-2}w，丹寨坝固；油浸，单偏光，×300

在同一样品（2号样）中，沥青反射率出现双峰态分布（图5-6），而且不同期的沥青在裂隙中分别呈颗粒镶嵌和蓖状镶嵌结构产出（图5-7）。这种情况表明，上述两种储层至少曾被两次高饱和充注过。

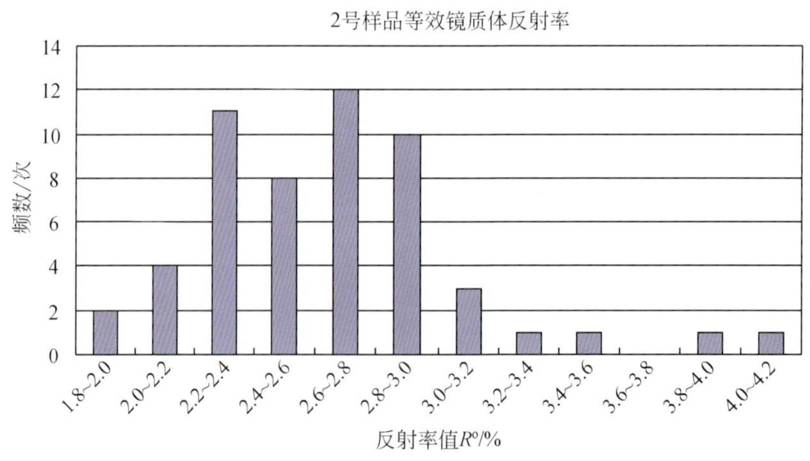

图5-6 沥青反射率出现双峰态分布

图 5-7　两期沥青分别呈颗粒镶嵌和蓖状镶嵌结构

(2) 烃源岩主要特征

麻江古油藏的生油岩主要以下寒武统泥质页岩为主，包括渣拉沟组、九门冲组、变马冲一杷榔组。此外，东部地区的寒武系都柳江组、三都组、清虚洞组页岩，以及灰岩也有一定的生油能力（表 5-1）。

表 5-1　麻江地区九门冲组、变马冲一杷榔组烃源岩有机质丰度及环境参数

层　位	地　区	C 含量/%	氯仿沥青“A”含量/ppm	S 含量/%
九门冲组	镇远、三穗、台江	4.68～7.16	28～112	0.24～2.26
	余庆、翁安、黄平	2.09～4.64	11～52	0.09～0.64
	麻江羊跳寨、基东	3.29～3.76	29～30	0.71～0.83
变马冲一杷榔组	麻江、黄平	0.22～0.74	27～109	0.29～0.52
	台江、三穗	1.02～1.87	21～53	0.57～1.55

渣拉沟组有效烃源岩厚 101～450m，以深黑色碳质页岩为主，有机质丰度高，是麻江古油藏东南部最佳的烃源岩①。有机碳最高达为 9.05%，最低为 1.35%，一般为1.35%～3.3%，平均为 4.12%（13 块样），下部高于上部。氯仿沥青“A”含量最高 3390ppm，最低 10ppm，一般为 35～390ppm，平均为 372ppm。

九门冲组下段以黑色碳质泥页岩为主，上段为石灰岩局部夹碳质泥岩，厚度为 114～216m，西厚东薄。变马冲一杷榔组泥、页岩多含砂质和灰质，在麻江地区厚度最大，达

① 李昌全，吴正永，张正华等，2003，黔南“麻江古油藏”“凯里残余油藏”研究，南方勘探开发分公司勘探开发研究院贵州勘探开发研究室项目科研报告。

687m，一般厚度为350m左右。

下寒武统烃源岩有机质干酪根的碳同位素$\delta^{13}C$值均在－28‰以下，多集中于－30‰～33‰之间。此外，气相色谱分析显示以正构烷烃为主，占76.99%，芳烃仅占23.09%，饱和烃优势明显。由此反映出烃源岩有机质具腐泥型特征。

(3) 储集岩段主要特征

1）下奥陶统红花园组

下奥陶统红花园组（O_1h）为一套巨厚层状灰白、深灰、灰褐色中、粗粒灰岩夹白云岩。其顶部的10～25m储集层段普遍发育溶蚀孔、洞、缝。这些溶洞多沿层面发育，平行而密集，呈囊状、串珠状，大者为$1.5m^3 \times 1.2m^3 \times 0.6m^3$，一般为20～30cm。储集空间以次生孔隙及裂隙为主、原生孔隙为辅，属后生淋滤溶蚀孔洞缝储层。据野外采样物性分析，红花园组灰（云）岩具有低孔低渗性能。

2）志留系翁项群第三段

志留系翁项群第三段（$S_{1-2}wn^3$）为20～38m厚的细粒石英砂岩、粉砂岩夹厚度不等的粉砂质泥岩、泥岩。其中砂岩厚度变化于11～35.7m，砂岩中残余沥青含量在2%～5%之间，部分可达8%～10%。储集性能南北好而中部较差，东部好而西侧明显变差。据贵州石油地质科研所“八五”期间对麻江古油藏附近凯里旁海剖面采样作压汞分析（表5-2），其排驱压力为0.46～0.47MPa，中值压力为67.55～78.82MPa，中值半径为0.009～0.01μm，表现为低排驱压力、低中值半径。压汞曲线呈中一细歪度，砂岩优势孔隙喉道为0.0025～0.0065μm约占70%，表明至今仍具一定的孔渗性能。

表5-2 麻江古油藏$S_{1-2}wn^3$含沥青砂岩物性

采样地名	有效孔隙率/%	密度/（g/cm^3）	渗透率/$10^{-3}\mu m^2$
都匀洛邦	1.64	2.62	<0.3
都匀坡脚寨	1.98	2.68	<0.3
三都中岩寨	3.72	2.65	<0.3
丹寨南皋岩寨	4.48	2.50	<0.3
凯里落棉	1.38	2.71	<0.3

(4) 盖层主要特征

麻江古油藏的主要盖层为中、下志留统翁项群泥页岩盖层，其岩性主要为泥页岩、砂质泥岩，夹灰质砂岩、泥质粉砂岩等，为均质盖层。

在麻江地区及周缘，下志留统翁群项第二段和第四段泥页岩分别厚24～168m、130～512m，是下奥陶统红花园组及志留系翁项群第三段的直接盖层和区域盖层。本统泥页岩孔隙度一般为3.58%～7.89%，渗透率低，一般在1.20×10^{-6}～$4.99\times10^{-6}\mu m^2$。

据凯里地区旁海、里王一带的中、下志留统翁项群第四段泥岩压汞分析数据（表5-3），该泥岩地层较为微密，具有一定的封盖能力。

表 5-3　凯里地区中下志留统翁项群第四段泥岩压汞分析数据表

地　区	排驱压力/MPa	中值压力/MPa	中值半径/μm	优势孔喉/μm
凯里洛棉	75.02	不存在	不存在	0.0025/0.004
凯里旁海	0.47～1.87（4）	1.236～49.24（4）	0.015～0.6（4）	0.0025～0.15（4）

（5）古油藏形成与破坏

1）烃源岩的演化及成藏模式①

麻江地区的上寒武统及下奥陶统沥青反射率最大为 3.09%，最小为 1.55%，大多在 2%～2.78%之间变化（表 5-4）。由此估算ϵ_1 沥青反射率值在 2%～4%之间，推测下寒武统烃源岩都已经进入过成熟干气阶段。

表 5-4　麻江地区沥青 R_b 值数据表

地　点	时代（岩性）	R_b/%*	计算 R^o 值
三　都	ϵ_3y_1	3.09	2.37
丹　寨	ϵ_3y_2	2.74	2.14
丹　寨	ϵ_3y_4	1.55	1.35
坝　固	O_1h	2.58	2.03
麻　江	O_1h	1.99	1.64
兴　仁	O_1h	2.78	2.16
麻江磨刀石*	S_{1-2}^3（沥青砂岩）	2.44	2.10
都匀洛邦*	S_{1-2}^3（沥青砂岩）	2.32	1.99
南皋河口*	S_{1-2}^3（沥青砂岩）	2.26	1.95
坝固坡脚寨*	S_{1-2}^3（沥青砂岩）	2.73	2.30

*南方公司 2004 年采样分析结果，R^o 值按公式 $R^o = 0.3364 + 0.6569 R_b$ 转换。

油藏内岩石热解试验结果呈现出高有机碳含量、低热解烃的特征。岩石热解可溶性烃（S_1）与热解烃（S_2）总量，即生烃潜量（S_1+S_2），泥岩为 0.01～0.65mg HC/g 岩石，石灰岩为 0.01～0.07mg HC/g 岩石。其最高裂解温度（T_{max}）$\epsilon_1$bm+pl 为 445～524℃，$\epsilon_1$jm 为 446～600℃（表 5-5），反映现今烃源岩残余干酪根的成烃能力已经枯竭，有机质已进入了过成熟演化阶段，即进入了干气阶段。

表 5-5　麻江地区及附近烃源岩有机质参数表

层　位	岩　性	岩石热解			干酪根红外光谱	T_{max}/℃
		S_2/S_1	IH/（mg HC/g）	IO/（mg HC/g）	1700cm^{-1}，1600cm^{-1}	
$\epsilon_1$jm	泥、页岩	0.32	2.58	49.25	0.38	446～600
$\epsilon_1$bm+pl	泥、页岩	0.21	8.25	54.25	0.09	445～524

麻江地区ϵ_1 烃源岩生油始于晚寒武世晚期，生油高峰在早奥陶世晚期，但由于都匀

① 梅廉夫，马昌前，徐思煌等，2004，南方中、古生界天然气成藏富集规律研究，中国石油化工股份有限公司南方勘探开发分公司项目研究报告。

运动的抬升，ϵ_1 烃源层主要生油高峰延缓至早志留世初期—早泥盆世中期（436～394Ma）（图 5-8），生油结束于晚石炭世中期，湿气结束于中三叠世末期。至今，下寒武统中部及上部的烃源岩生（成）气态烃尚未结束，因而麻江地区尚存在“保存区”，其储层“$O_1—S_{1-2}$”沥青仍可以二次生烃，成为主要的烃源。由此建立该地区的成藏模式（图 5-9）：当ϵ_1 主力烃源岩在志留纪—早泥盆世进入生油高峰期时，油气垂直向上或沿 S/O 侵蚀面侧向向古凸起上的储层运移聚集，进而形成油藏。

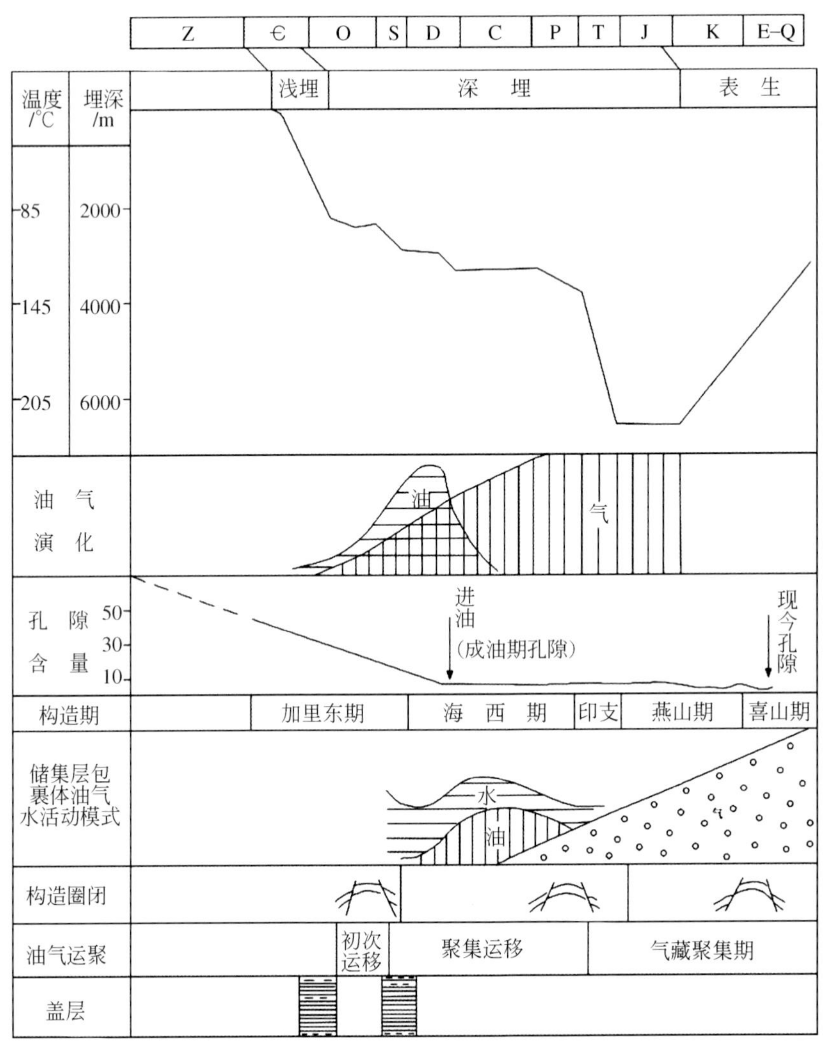

图 5-8 凯里地区九门冲组石灰岩储层油气成藏条件模式①

① 李昌全，吴正永，张正华等，2003，黔南“麻江古油藏”“凯里残余油藏”研究，南方勘探开发分公司勘探开发研究院贵州勘探开发研究室项目科研报告。

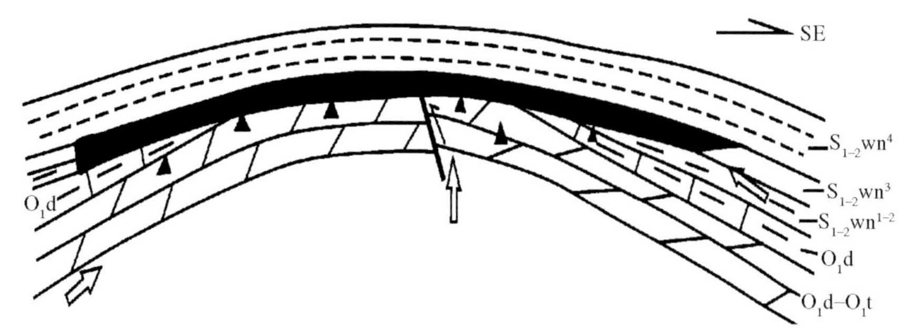

图 5-9　黔南麻江古油藏成藏模式图①

2）成藏主控因素分析

a. 丰富的油源　黔南拗陷广泛地分布着下寒武统黑色一深灰色泥质烃源岩岩。其厚度大、有机质丰富，富含类脂化合物，而且还具有排烃率高的特点。

b. 良好的储层　黔南拗陷主要储集层志留系翁项群第三段细砂岩及粉砂岩，成层展布，厚度较稳定，一般为 8～20m。在油气聚集期的原始孔隙十分发育，为理想的孔隙型储集岩。下奥陶统红花园组上部，为经古侵蚀面改造的碳酸盐岩储集层，以溶孔（洞）一裂隙型储层为主，为本区另一个良好的重要储集层。

c. 良好的盖层　麻江古油藏在成藏之前，志留系翁项群第四段泥质岩大面积连片覆盖于 $S_{1-2}wn^3$ 储层之上，厚 168～512m，形成了储层的直接盖层和区域盖层。由于 $S_{1-2}wn^4$ 泥质岩较致密且所占比例很大，为均质盖层，具有较好的封闭能力。

d. 良好的运、聚、圈闭条件　在加里东运动中、晚期，麻江地区进入了生油高峰期。随着广西运动的兴起，黔南拗陷出现轻微构造变形，断裂、O_1h 古侵蚀面和 $S_{1-2}wn^3$ 孔隙砂体为油气运移提供了良好通道，而宽缓的背斜和优质区域性盖层之下的 O_1h 古侵蚀面和 $S_{1-2}wn^3$ 孔隙砂体，又为油气聚集提供了良好的储层和圈闭条件。

e. 生、储、盖、运、聚、保配置良好　麻江古油藏生油期、储层孔隙发育期、油气运移聚集期和构造形成期在时间上的良好匹配，以及生油区、储层砂体展布区在空间上的良好配置，是形成麻江古油藏重要的条件。

3）麻江古油藏的破坏

麻江古油藏形成之后，随着广西运动持续进行，出现了区域性的过度抬升，麻江背斜轴部的盖层被剥蚀殆尽，导致储层直接暴露而油气藏遭受强烈氧化，成为沥青状稠油。从晚古生代开始，该油藏随着古特提斯洋的开裂而被海相上组合掩埋。一直到燕山运动造成区域褶皱和抬升时，古油藏经历了近 3 亿年的埋藏，最大埋藏深度达 4000～5000m，最大埋藏温度达 110～225℃，烃类保存状态进入了裂解及缩聚的沥青阶段，沥青状稠油完成了向碳质沥青的转变。在燕山一喜马拉雅期，强烈的抬升造成了古油藏的彻底破坏。由此可见，“麻江古油藏”的破坏可能是多阶段改造的产物，其中主要是海西期深埋导致的原

① 梅廉夫，马昌前，徐思煌等，2004，南方中、古生界天然气成藏富集规律研究，中石化股份有限公司南方勘探开发分公司研究报告。

油裂解和燕山—喜马拉雅期的抬升剥蚀。

2. 黔中隆起北缘金沙岩孔古油藏

金沙岩孔古油藏位于黔中古隆起北坡。这里的 Z_2dy 地层长期深埋地腹，其白云岩溶蚀孔、洞、缝从Є—J 长期输导油和干气，促进了原生岩性古油藏的形成。燕山运动使岩孔背斜出现，而随后的抬升和剥蚀，使古油藏裸露。

(1) 油气显示特征

在金沙岩孔镇附近的公路边上，见裸露的 Z_2dy 上部白云岩溶蚀孔洞缝中充填了大量黑色碳质沥青（图 5-10）。碳质沥青丰度很高，几乎填满了白云岩的溶蚀孔洞和裂缝，其中裂缝宽 1～5mm，局部地方密集成带。在公路边露头东侧 4km 处的黑石头村有一个油气勘探浅井，所采取的白云岩岩心也显示出孔洞缝中充满了黑色碳质沥青。这种情况清楚地说明，金沙岩孔地区大面积分布的碳沥青露头，是一个由 Z_2dy 岩性控制的大型古油藏的组成部分。该古油藏露头在平面上围绕岩孔背斜核部分布，范围约 $40km^2$，在垂向上则主要见于岩孔背斜顶部（图 5-11）。

图 5-10 黔北金沙岩孔镇杏子树村公路边 Z_2dy 古油藏露头

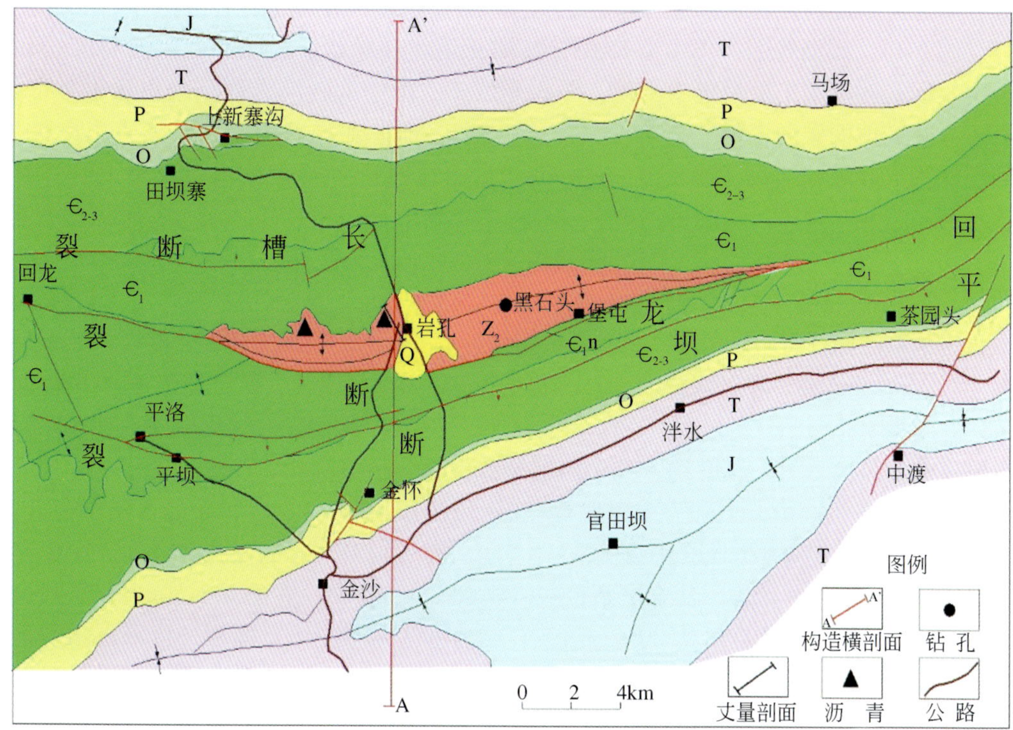

岩孔背斜金沙—岩孔—鲁班西构造横剖面图

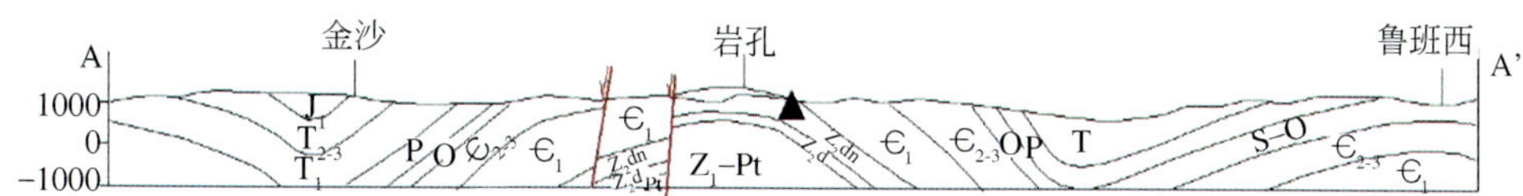

图 5-11 黔北金沙岩孔地质图及 Z_2dy 古油藏露头分布图

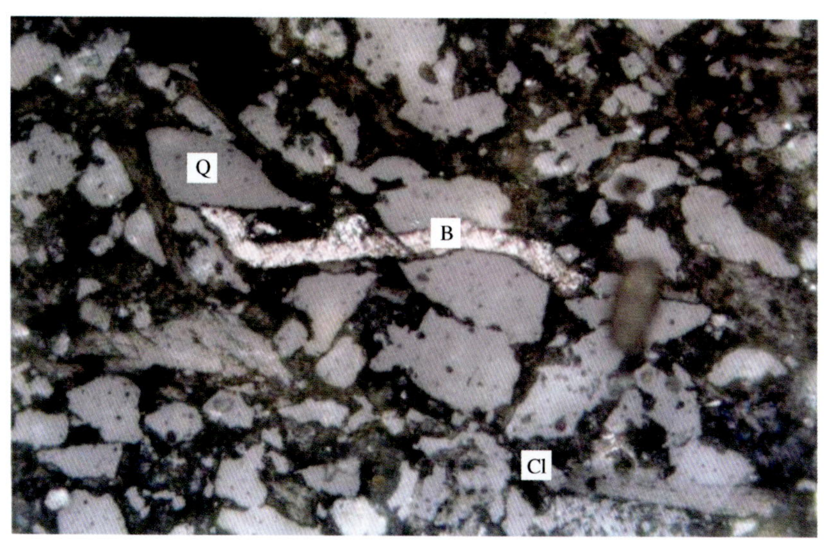

图 5-12 $Є_1m$ 粉细砂岩碳沥青呈脉状或孔隙充填状产出

B. 沥青；Q. 石英；Cl. 黏土矿物金沙岩孔

在野外考察期间，作者们还在金沙岩孔杏子村发现下寒武统明心寺组（ϵ_1m）沥青砂岩（图 5-6）。碳沥青的产出主要形式有孔隙充填状和脉状。在明心寺组的粉砂岩和细砂岩中，因孔隙沿水平层理集中出现，那些充填于空隙中的碳沥青便呈现出水平条带状，而沿着裂隙充填的碳沥青则呈现出脉状形态（图 5-12）。在局部位置，碳沥青丰度极高，呈油浸状构成砂岩胶结构（图 3-6）。这种沥青砂岩在厚达 40m 的明心寺组中，沿公路剖面连续分布，显示规模巨大的古油藏。

（2）储集层特征

该古油藏的储层有两套，其一是上震旦统灯影组（Z_2dy）上部的白云岩储层，其二是寒武系明心寺组（ϵ_1m）砂岩储层。其中，上震旦统灯影组的白云岩储层位于 ϵ_1n 黑色泥岩之下，Z_2dy 花斑白云岩（标志层）之上，残存厚度 133m，具良好的储集性能。其顶部为中厚—厚层状隐晶白云岩，厚度约 15m，构造裂隙发育，呈劈麻状，部分裂隙中充填有 1～5mm 宽的沥青条带。中一上部为中厚层状亮晶白云岩，细晶白云岩和局部含鲕粒白云岩、针孔白云岩等，厚度约 62m，孔隙度为 4%～5%，最高达 12%。晶间孔隙及裂隙中也充填有大量沥青，中部尤为富集，甚至呈条带状，缝宽 10～30mm，最宽 50～80mm。洞穴一般为 5cm×10cm，沥青充满度可达 30%～50%，最高可达 80%。下部厚层—巨厚层状的富藻（纹层状）白云岩，厚约 34m，具明显平行纹理，层间溶蚀孔洞缝较发育，实测孔隙度为 1.53%～5.52%，平均为 2.8%。溶蚀缝中充填有碳沥青脉，溶蚀孔洞则被方解石晶体充填，晶体间也填满了碳沥青。再向下为贫藻白云岩，厚约 22m，花斑状，但剖面未见沥青。

寒武系明心寺组（ϵ_1m）储层位于牛蹄塘组（ϵ_1n）黑色泥岩之上，金顶山组（ϵ_1j）黑色泥岩、粉砂岩之下，为中厚—厚层状粉砂—细砂—中砂岩，厚约 40m。其下部为水平纹理状粉砂岩，厚约 5m，向上渐粗，转变为水平层理细砂岩夹中砂岩。由于不同粒度的砂粒呈条带状相间排列，碳沥青充填于孔隙较大的中粒砂条带中，结果显现出特殊的黑灰相间的水平层理（图 5-13a）。在局部的中—粗粒水道砂体分布处，由于孔隙度大，填隙的碳沥青比率增大，相互间连接而成网状，使砂体整体变黑（图 5-13b），成为典型的沥青砂岩。这种情况表明，寒武系明心寺组（ϵ_1m）储层可能是一种纯净的海滩砂，而且在后期的成岩改造中孔隙未被次生矿物充填。显然，在ϵ_1n 黑色泥岩之上、ϵ_1j 黑色泥岩之下的ϵ_1m 也具有良好的储集性能。

（3）生储盖组合

从露头剖面的观察分析得知，黔中隆起北缘的金沙岩孔古油藏存在着两个优越的生储盖组合，即①Z_1ds 泥岩、Z_2dy 富藻白云岩－Z_2dy 溶蚀孔洞缝白云岩－ϵ_1n 黑色泥岩；②ϵ_1n黑色泥岩－ϵ_1m 细砂、粉砂岩－ϵ_1j 黑色泥岩。

在第一个生储盖组合（图 5-13）中，生油岩可能是 Z_1ds（下震旦统陡山沱组）泥岩和 Z_2dy 富藻白云岩；储集层（体）为 Z_2dy（上震旦统灯影组）溶蚀孔洞缝白云岩，因纵、横向孔洞缝发育程度差异明显，成为非均质储集体；盖层为ϵ_1n（牛蹄塘组）黑色炭质泥岩，厚度>150m。在第二个生储盖组合（图 5-14）中，生油岩是ϵ_1n（牛蹄塘组）黑色炭质泥岩，有机碳含量高达 9%，一般为 3%～5%（测得 1.49%～6.53%）；储层为

ϵ_1m（明心寺组）细砂、中砂、粉砂岩；盖层是ϵ_1j（金顶山组）黑色的具水平纹理的泥岩和粉砂质泥岩，厚度>100m。需要指出的是，两套生储盖组合的联合，可能有助于提高第一个生储盖组合的有效性。因为ϵ_1n生油岩既可以作为上一个生储盖组合的烃源岩（向上运移），也可作为下一个生储盖组合的烃源岩（向下运移）和烃浓度盖层。此外，ϵ_1m（明心寺组）中还夹有大量的深灰、灰色泥页岩，累计厚度达上百米，有机碳含量为0.004%～0.08%，个别达0.88%，本身既有生油条件，也有封盖条件。

图5-13　岩孔第一个生储盖组合

a. ϵ_1n黑色泥岩；b，c. Z_2dy溶蚀白云岩；d. Z_2dy富藻白云岩

（4）流体包裹体特征

对金沙岩孔剖面Z_2dy所取得的流体包裹体样品，进行了流体包裹体激光拉曼及均一温度测试。仪器为英国Renishaw公司生产的LM-1000型显微激光拉曼光谱仪。测试条件是：氩离子激光器，激光波长为514.5nm，狭缝宽为25μm，激光器输出功率为10mW。流体包裹体均一温度由中国地质大学流体包裹体实验室测定。测试结果均显示，本地区灯影组中发生过烃类的聚集：①流体包裹体基本都发育于方解石裂缝中，包裹体类型为原生包裹体，形态不规则，其个体较小，为1～10μm（表5-6）；②纯气相烃类包裹体的拉曼位移1603cm^{-1}、1344cm^{-1}（图5-15）；③流体包裹体均一温度为105～115℃、125～135℃、145～155℃（图5-16，表5-6），表明该古油藏存在三期充注。

图 5-14　岩孔第二个生储盖组合

a. Є$_{1}$j 黑色泥岩；b，c. Є$_{1}$m 中一细砂、粉砂岩；d. Є$_{1}$n 黑色泥岩

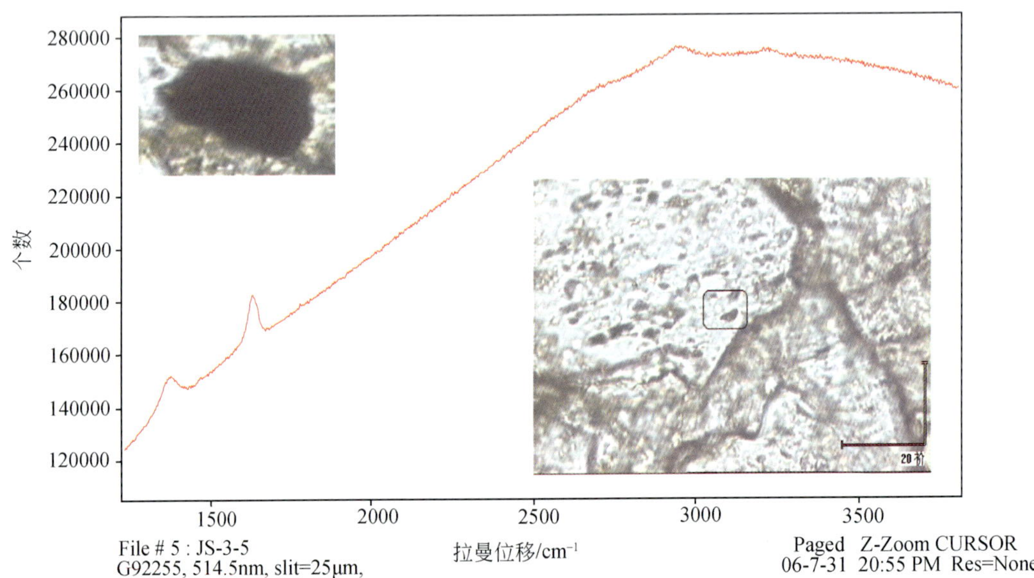

图 5-15　金沙岩孔 Z$_{2}$dy 白云岩流体包裹体样品激光拉曼光谱特征图

表 5-6　黔中隆起北缘金沙岩孔及邻区 Z_2dy 流体包裹体均一温度

样　　号	主矿物名称	包裹体类型	大小/μm	气液比/%	均一温度/℃
ZY—4	方解石	原生	6	20	110
ZY—4	方解石	原生	7	5	145
ZY—4	方解石	原生	10	10	148
ZY—4	方解石	原生	10	5	125
ZY—4	方解石	原生	8	10	98
ZY—4	方解石	原生	10	1	89
ZY—4	方解石	原生	10	10	106
ZY—4	方解石	原生	6	5	134
ZY—4	方解石	原生	7	10	127
ZY—4	方解石	原生	3	3	109
ZY—4	方解石	原生	15	10	107
JS—3	方解石	原生	6	7	131
JS—3	方解石	原生	6	7	138
JS—3	方解石	原生	5	5	117
JS—3	方解石	原生	5	5	108
JS—3	方解石	原生	3	5	129
JS—3	方解石	原生	3	5	149
JS—3	方解石	原生	3	5	153
JS—3	方解石	原生	3	5	145
JS—3	方解石	原生	5	5	161
JS—3	方解石	原生	5	5	135
NY—1	方解石	原生	1.5	5	108
NY—1	方解石	原生	2	1	92
NY—1	方解石	原生	1	1	113
NY—1	方解石	原生	1.5	2	111
NY—1	方解石	原生	2	2	117
NY—1	方解石	原生	2	1	134

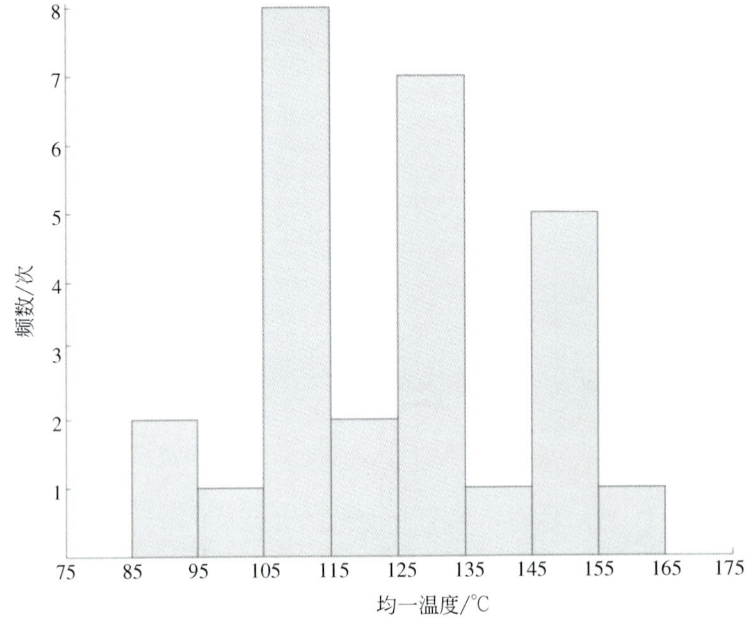

图 5-16 金沙岩孔古油藏碳酸盐岩储层中包裹体均一温度分布

(5) 油气的演化历史

以主要生油岩 Z_2dy 富藻白云岩和ϵ_1n 黑色泥岩生油岩为代表，其油气演化时间为：开始生油时期为中晚寒武世晚期，生油高峰始于早奥陶世晚期，但由于都匀运动的抬升，ϵ_1 烃源层主要生油高峰延缓自早志留世初期至早泥盆世中期（436～394Ma），生油结束于晚石炭世中期，湿气结束于中三叠世末期，而干气高峰在 J_2 中期。燕山运动以来，气态烃逸散，古油藏被破坏（图 5-17）。现今 Z_2dy 沥青的 R^o 为 3.5%。

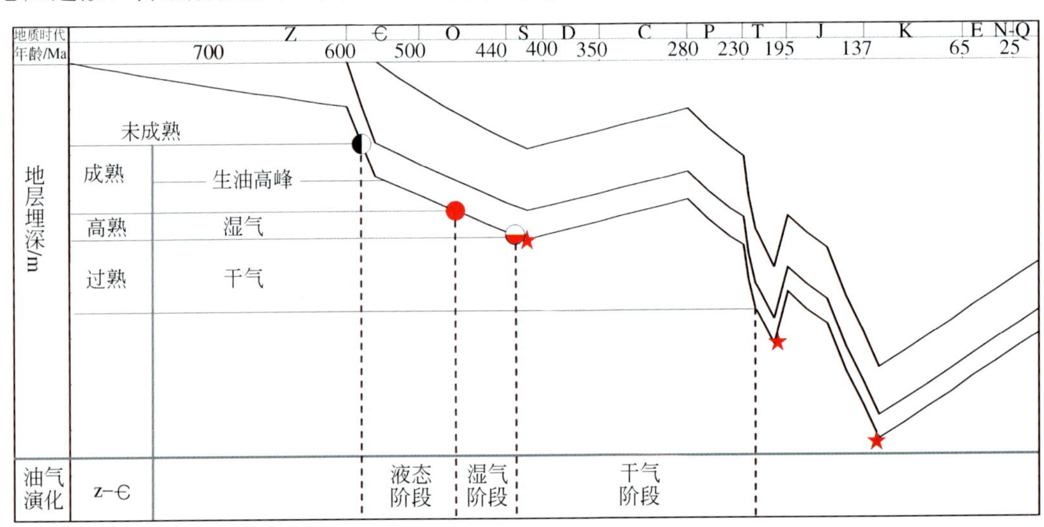

图 5-17 金沙岩孔及黔中隆起 Z_2dy 和ϵ_1n 古油藏的成藏模式

3. 黔北—川南地区良村古油藏

(1) 古油藏概况

该古油藏位于黔北习水县良村镇梅子沟下志留统石牛栏组（S_1sh）底部（图 5-18）。露头中部为生物礁体，礁体下方为 0.8m 厚的厚层状砾屑化石层，主要是一些珊瑚个体和亮晶灰岩碎块。颗粒圆球状，直径为 1.5～3.0cm。砾屑化石层之下为龙马溪组薄—中厚层状泥灰岩。礁体透镜状，造礁生物主要是珊瑚。礁体为透镜状（图 5-19c），中部厚约 3.0m，长约 14m。上部过渡为巨厚层状砂屑含砾亮晶灰岩，在礁顶之上厚约 1m，在礁边之上厚约 3m。在砂屑含砾亮晶灰岩之上，为巨厚层状黑色含沥青砾屑、粗砂屑灰岩，灰岩屑结晶程度高，内含大量海百合茎、珊瑚和层孔虫等生物碎屑，厚约 10m。顶部为厚约 2m 的厚层状含砾砂屑灰岩。自礁体以上全层含沥青，且向上含量增多，顶部含砾砂屑灰岩粒间空隙几乎全为碳沥青所充填。

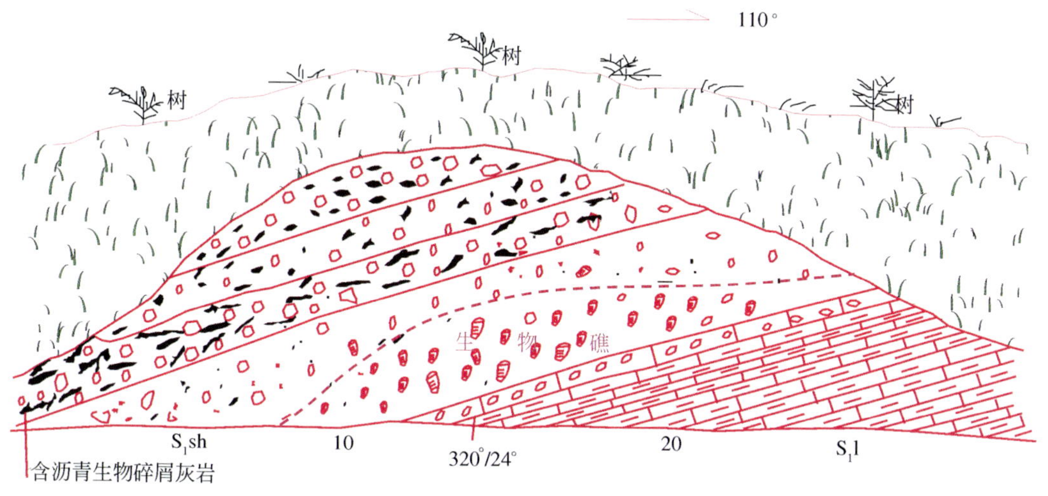

图 5-18 习水良村镇梅子沟石牛栏组（S_1sh）底部古油藏露头素描

此外，在该剖面上的石牛栏组（S_1sh）中上部，还有多个含有大量珊瑚和腕足化石碎片的砾屑和砂屑灰岩夹层（图 5-19b）。在这些砾屑和砂屑灰岩夹层中，孔隙和裂隙里常见有碳沥青充填，局部充填率比较高。显然，这些砾屑和砂屑灰岩夹层也可以作为储集体看待。由此而论，良村古油藏的储集层为下志留统石牛栏组（S_1sh）底部和中、上部的砾屑—砂屑灰岩及生物礁；烃源可能来自下志留统龙马溪组（S_1l）的笔石页岩（图5-19d），而盖层为中志留统韩家店组（S_2h）的暗色泥岩（图 5-19a）。

图 5-19　良村古油藏生储盖组合

a. S_2h 黑色泥岩；b，c. S_1sh 碎屑灰岩；d. S_1l 黑色泥岩

（2）古油藏形成与破坏

根据光薄片境检结果，沥青呈近于垂直的两个方向穿插（图 5-20），而且沥青反射率分布出现双峰态，推测至少有两期充注（图 5-21）。

傅里叶红外光谱 Karo 为 $870cm^{-1}$、$820cm^{-1}$ 和 $750cm^{-1}$ 的芳香 CH 变形振动吸收频带强度，Kbrob 为 $1800cm^{-1}$ 和 $930cm^{-1}$ 间的芳环 C=C 伸缩振动吸收频带强度。在同一样品中，沥青的 Karo 出现两组值，为 0.37 和 0.65；Kbrob 也出现两组值，为 0.88 和 1.08。这表明存在两组演化程度明显不同的碳沥青。前者演化程度较低，而后者演化程度较高，显然是不同期次充注的碳沥青（图 5-22）。同样，在良村石牛栏组碎屑灰岩样品中，检测到气、气液、液、固相各类流体包裹体的均一温度，也与沥青反射率相应呈多峰态分布，反映出古油藏的多期充注过程（图 5-23）。

包括良村在内的黔北—川南地区，先后受到志留纪末的加里东运动、三叠纪的印支运动以及晚侏罗世—早白垩世的燕山运动影响，但其受加里东运动的影响没有黔中地区强，在相当长的时间中稳定深埋，致使下寒武的烃源岩演化程度高，到侏罗纪末已近于枯竭。但区内下志留统烃源岩（龙马溪组笔石页岩）于早三叠世开始生烃，晚三叠世进入生油高峰期，晚侏罗世末进入成熟晚期，至早白垩世中期达到过成熟，开始大量生气，至今仍有一定的生气潜力（图 5-24）；同时也不排除储层沥青的裂解生气的可能。古油藏的破坏作用主要来自中、晚白垩世以来的构造抬升，由于存在良好的生储盖组合，如果构造条件合适，还有形成气藏的可能性。

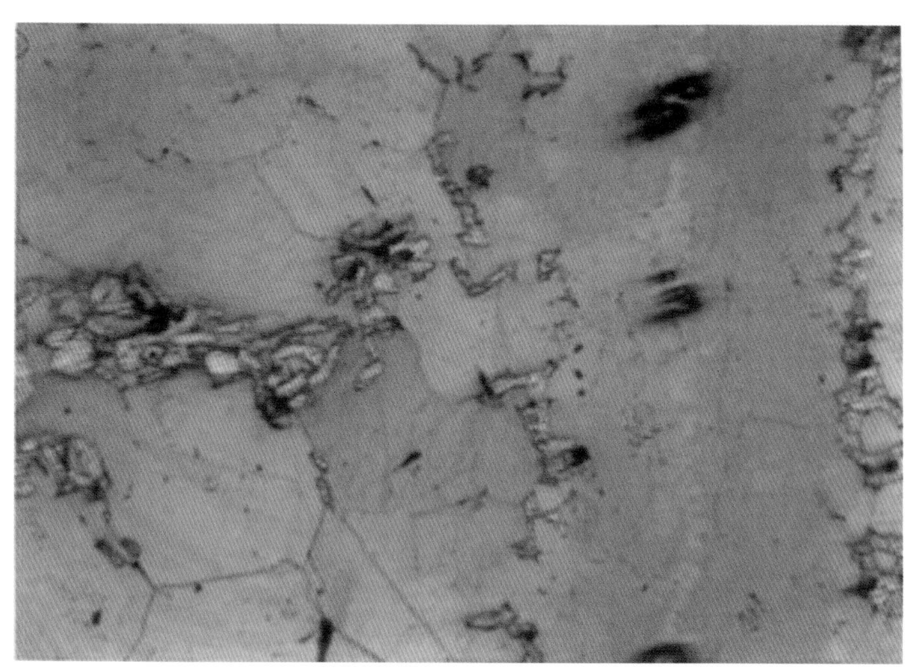

图 5-20　习水良村石牛栏组碎屑灰岩中不同期次沥青

（45 号样，S_1s；油浸反光，300x）

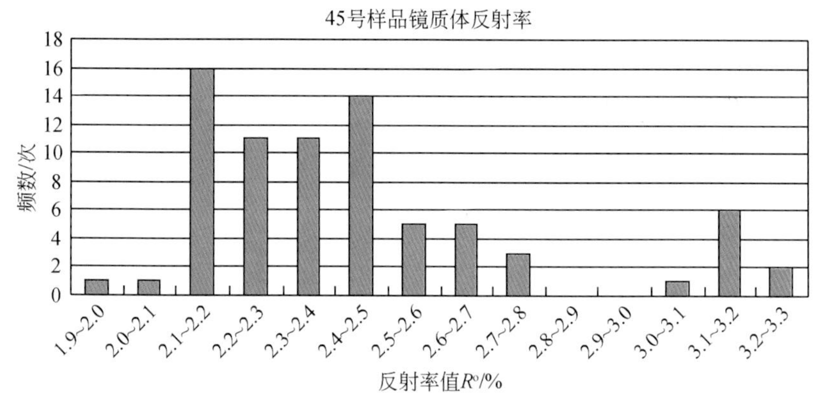

图 5-21　良村石牛栏组碎屑灰岩中沥青反射率分布特征

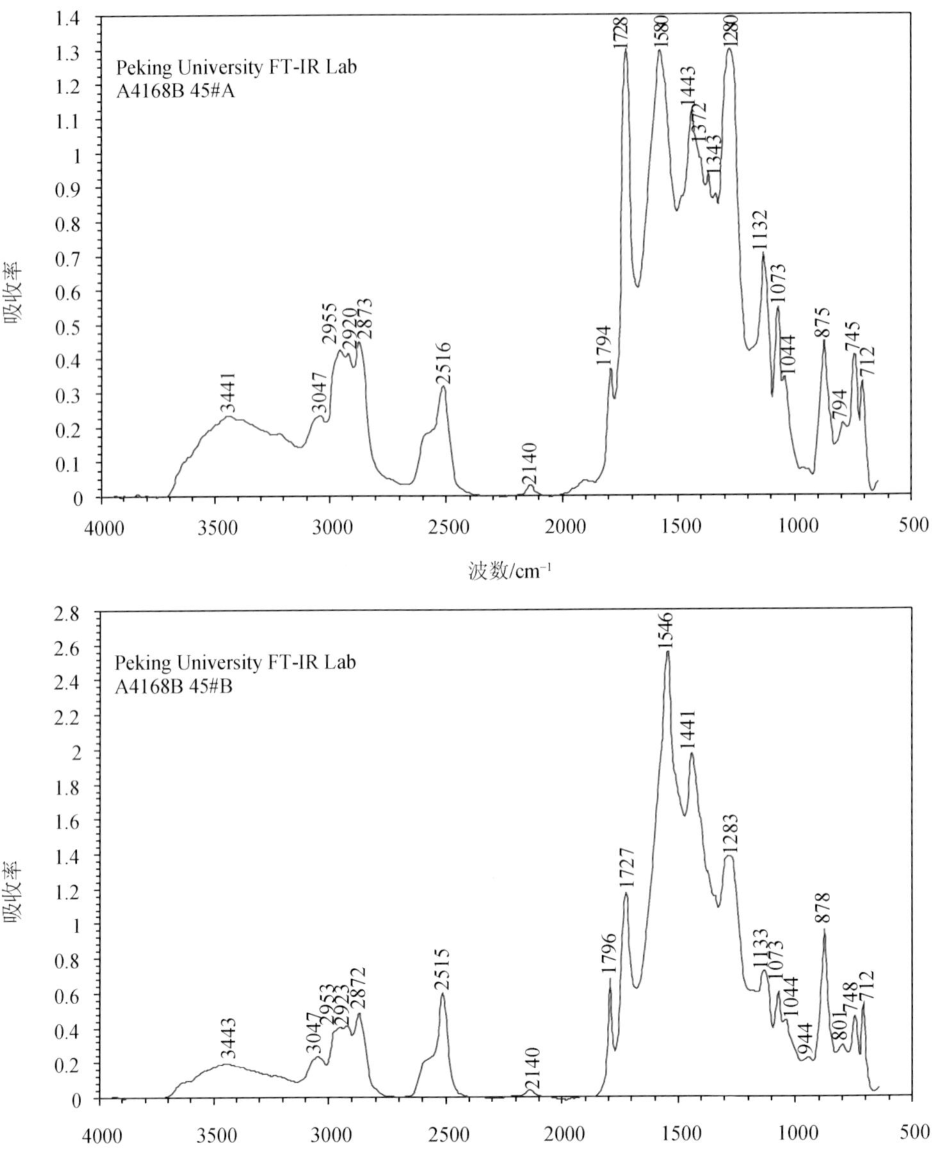

图 5-22 良村龙马溪组上部碎屑灰岩傅里叶红外光谱 Karo 与 Kbrob 吸收频带强度

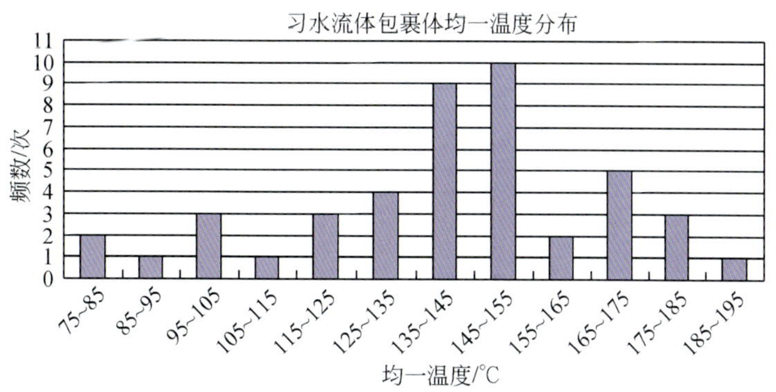

图 5-23　良村龙马溪组上部碎屑灰岩中流体包裹体的均一温度分布特征

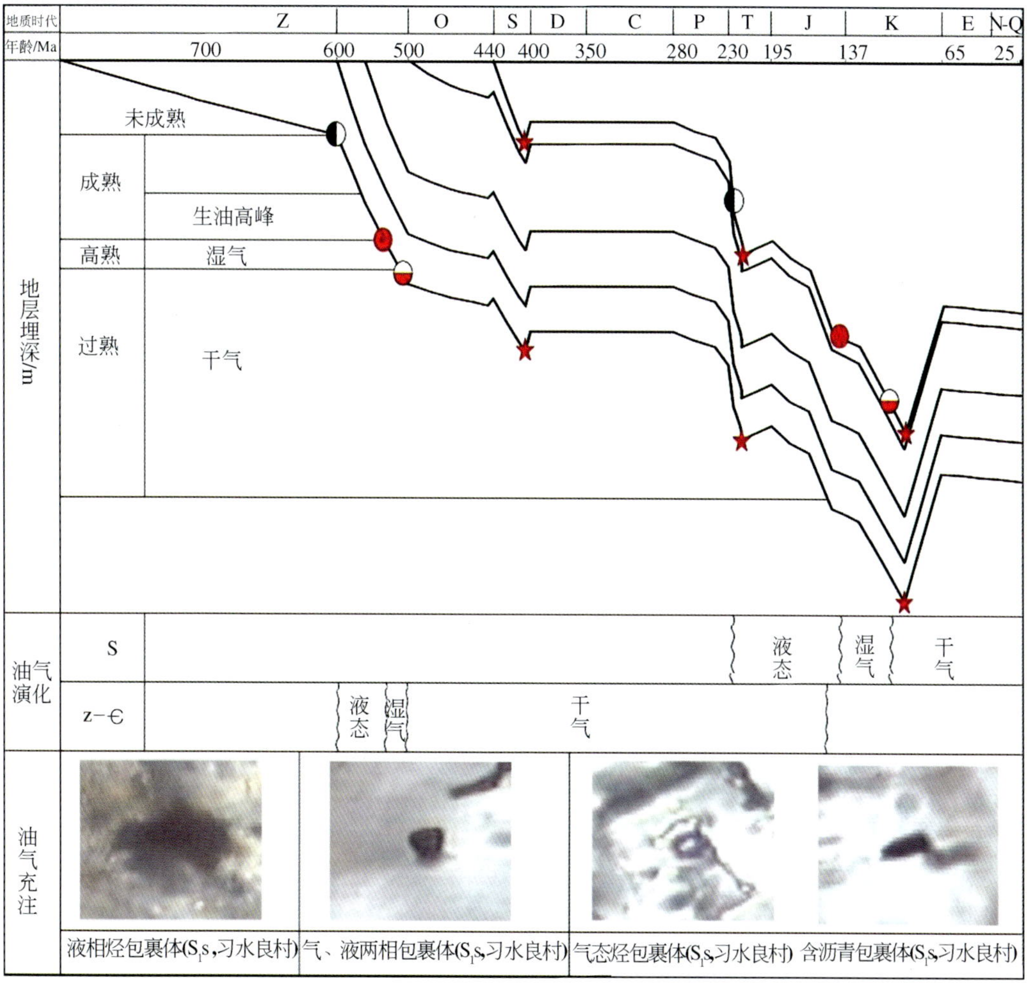

图 5-24　川南—黔北地区古油藏的成藏模式

4. 黔西南紫云古油藏

紫云古油藏位于紫云县东郊石头寨公路边。储层为长兴组灰岩，在露头上见大量碳沥青充填于长兴组的多个生物礁灰岩层中，珊瑚和海绵化石呈单体密集分布，腹足、腕足、䗴类化石分散其中，总厚度约 200m。

在紫云县东郊石头寨的公路边剖面上，生物礁灰岩与亮晶灰岩呈互层状，偶夹砂屑灰岩。每层礁灰岩厚度大约为 10～15m，而每层亮晶灰岩厚度大约为 20～30m。在各类灰岩中发育大量倾斜裂隙和垂向裂隙，以及微小的溶蚀孔洞缝和大型喀斯特溶洞。一般裂隙宽约 1～5cm，充填有方解石脉；微小溶蚀孔洞的直径为 1～3cm，大型溶洞的直径为 5～30m，分布凌乱。大型溶洞成层分布，相互间有落水洞连接。沥青在方解石脉、晶洞和生物礁孔隙中，以填屑物形式产出（图 5-25～图 5-27）。填充于方解石脉中的沥青往往以中心方解石细脉为对称，呈现规则的细条带状。这种情况可能反映了该裂缝的多次脉动式张开和多次脉动式注入方式。

在显微镜下，沥青与围岩界线清晰，结构均匀但形态多种多样，有时与方解石脉互相穿插（图 5-28），有时与方解石脉相互平行。沥青镜质体反射率分布集中于 1.75～2.25 之间，峰值也只有一个，反映沥青的充注主要在一个时段内完成（图 5-29）。从沥青镜质体反射率看，沥青的演化程度显然低于下组合地层。

图 5-25　碳沥青充填于长兴灰岩的方解石脉（紫云石头寨，多期次充填）

图 5-26　紫云石头寨二叠系长兴灰岩的方解石晶洞中充填沥青

图 5-27　紫云石头寨二叠系长兴灰岩生物礁海绵集合体孔隙被沥青充填

图 5-28 沥青呈微细脉状分布于二叠系长兴灰岩中（紫云石头寨）

53－2 号样，P_1c，紫云石头寨；油浸反光，300x

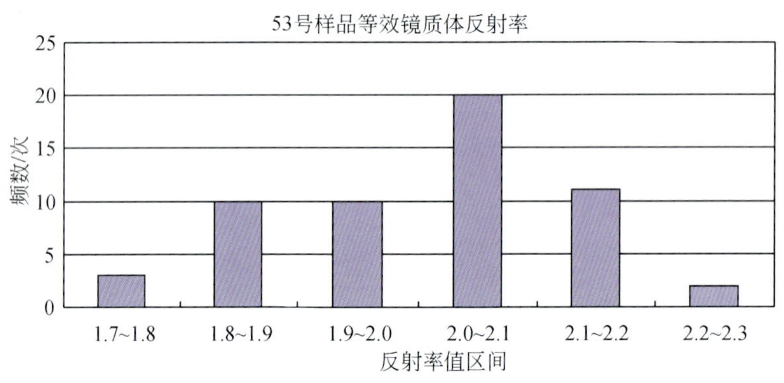

图 5-29 长兴灰岩沥青反射率分布特征

5. 翁安古油藏

瓮安古油藏位于贵州东部瓮安、福泉、余庆、开阳一带，构造位置为黔中隆起东侧倾没端。该古油藏的圈闭属构造-岩性复合圈闭，储集层出露的面积达 1758km^2。沥青主要充填于中一粗粒石英砂岩的次生孔隙中，平均含量为 2%～4%，最高达 6.2%。原始沥青储量估计为 3.2×10^{8}t，仅次于麻江古油藏。

(1) 烃源岩

根据露头宏观沉积学分析、生储盖组合分析和碳沥青测试分析结果，推断该古油藏的烃源岩主要是下寒武统牛蹄塘组（$\epsilon_1 n$）黑色含炭质泥岩。作为古油藏储层的明心寺组（或变马冲组）沥青砂岩，就直接覆盖在牛蹄塘组（$\epsilon_1 n$）黑色含炭质泥岩之上，显然是牛蹄塘组（$\epsilon_1 n$）生成的油气初次运移首先进入的储层。此外，变马冲组的黑色碳质泥岩也具有良好的生烃条件，可以提供部分油源。饱和烃色－质环测试分析表明，明心寺组（或变马冲组）的碳沥青单环＋双环/四环＋五环及单环＋双环/总环分别为 4.52 及 0.69；而牛蹄塘组（$\epsilon_1 n$）黑色含炭质泥岩分别为 4.01 及 0.61（平均值），二者数据相当接近，可以视为同源（武蔚文，1989）。同时，铜仁坝黄下寒武统变马冲组黑砂岩（与明心寺组沥青砂岩层位相当）的沥青 A 红外吸收光谱图，也与下寒武统牛蹄塘组（$\epsilon_1 n$）生油岩的 A 红外吸收光谱图酷似（图 5-30）。

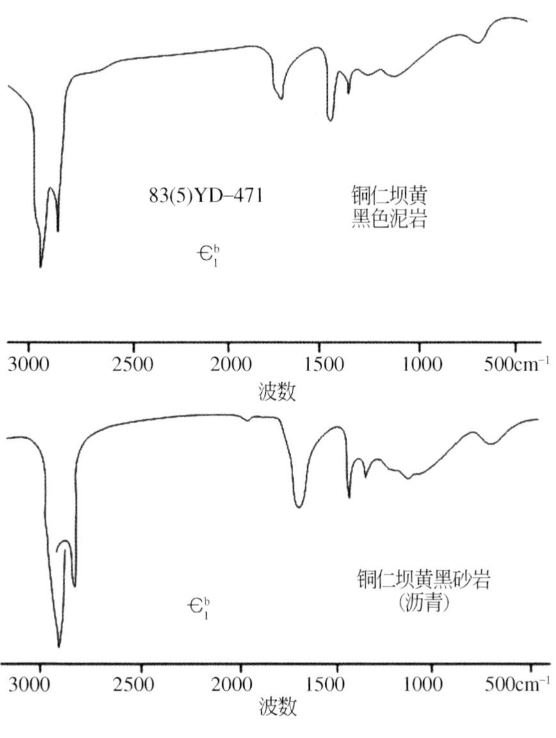

图 5-30　铜仁坝黄$\epsilon_1 b$ 沥青 A 红外谱图（据武蔚文，1989）

（2）储集层

该古油藏的储集层主要为下寒武统明心寺组（$\epsilon_1 m$）上部石英砂岩、含砾石英砂岩及钙质粉－细砂岩，厚 5～20m。储集类型为粒间孔隙及粒内溶孔。明心寺组砂岩位于下寒武统主力生油层（牛蹄塘组）之上，离生油岩最近，储集性能和圈闭条件又好，无疑会成为下寒武统生油岩油气初次运移的首选储层。明心寺组往东称为变马冲组（$\epsilon_1 b$），砂岩颗粒的粒度逐渐变小，泥质含量增多，储集性能随之逐步变差。

（3）盖层

该古油藏的盖层是金顶山组（$\epsilon_1 j$）泥质岩类，向东南称杷榔组（$\epsilon_1 p$）。这些泥岩与砂岩呈互层，总厚 188m，泥质岩累计约 100m，有较强的封盖能力。

（4）古油藏的形成

1）生油岩的成油期和初次运移

据生油岩的埋藏史、受热史和埋藏时间-深度-温度综合分析，下寒武统$\epsilon_1 n$ 生油岩的生油门限期为奥陶纪（表 5-7），翁安古油藏于中奥陶世开始生油，中石炭世进入生油高峰，结束期为中二叠世（晚海西期）。一般认为，烃源岩一旦开始生油，便进入油气初次运移期，而生油高峰期则是油气初次运移最盛时。因此，加里东中晚期至海西早中期是翁安下寒武统生油岩的油气初次运移时期。

表 5-7　下寒武统生油岩油气生成阶段推测（据武蔚文，1989）

生油阶段	翁安古油藏	铜仁一万山古油藏	麻江及丹寨古油藏
门限期	中奥陶世	早奥陶世	早奥陶世
高峰期	中石炭世	中志留世	早志留世
结束期	中二叠世	晚志留世	晚志留世

2）油气（二次）运移、聚集

进入储层的油气如遇适时的动力学条件即发生二次运移，并于有利的构造部位聚集成藏。发生于中奥陶世末的都匀运动和晚志留世的广西运动，促成了黔中隆起的形成并使其东侧斜坡部位发展成为有利于油气聚集的场所。此时瓮安古油藏的构造-岩性复合圈闭基

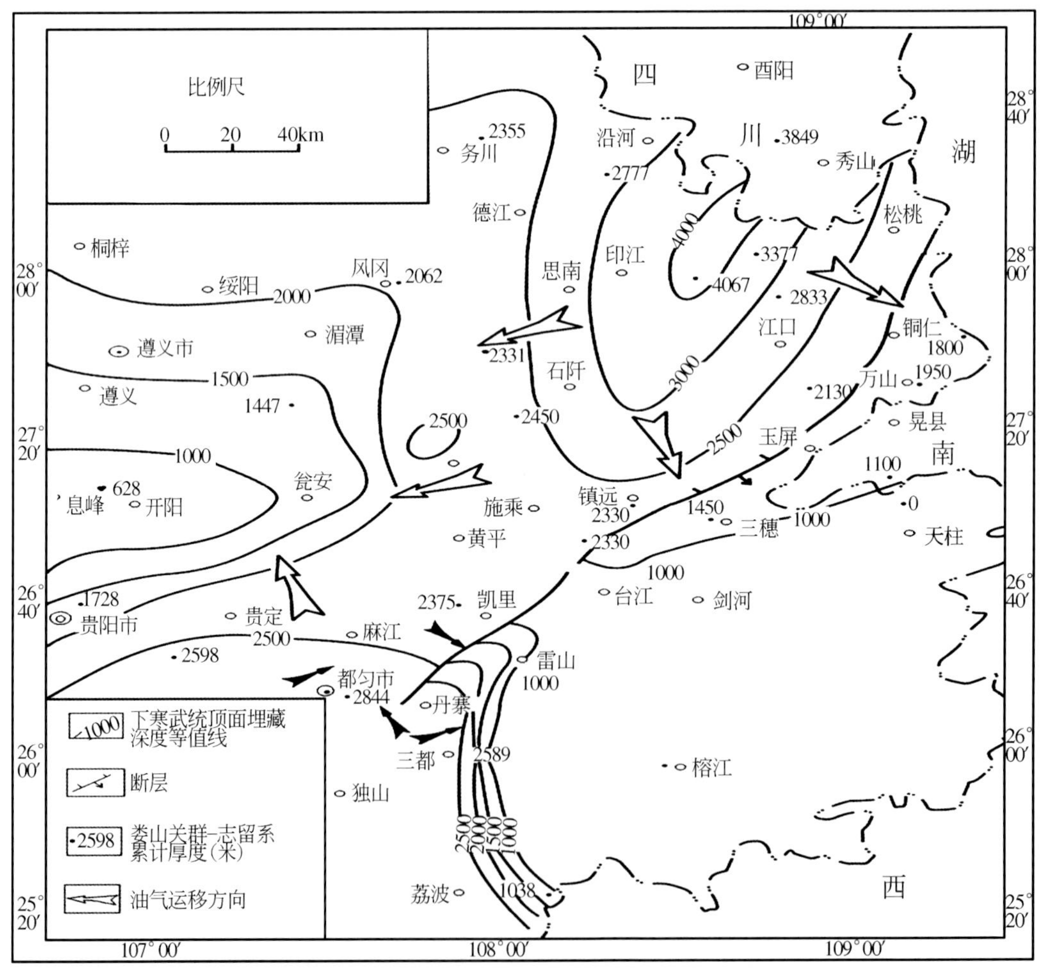

图 5-31　贵州东部加里东期油气运移方向示意图（据武蔚文，1989）

本定型，油气二次运移的总趋势是：由黔东拗陷带向西部的黔中隆起、东南部的雪峰隆起及南部的麻江古背斜方向运移、聚集（图 5-31）。瓮安古油藏定位于黔中隆起东部倾没端的明心寺组砂体分布区内，正是这个时期进行的生排烃作用、油气二次运移作用与构造-岩性复合圈闭形成作用有机配合的结果。

（5）古油藏的破坏

从海西期开始至燕山早期，黔东地区沦为扬子克拉通边缘盆地，沉积了巨厚的上古生界。随着沉积作用的不断进行，瓮安古油藏被深埋，温度不断上升，储层中的石油持续进行热演化。当 $R^o>2.0$ 以后，石油裂解为干气和固态沥青（图 5-32）。

层位	地史埋深/m	干酪根			洛巴金法推算		R^o_{max}/%（实测）	演化阶段	
		颜色	H/C（原子比）	T℃（高峰热解温度）	埋藏温度/℃	R^o/%			
T		棕褐		434				成熟阶段	低成熟期
		棕褐		441			0.90—1.20（煤）		
P_2	3500				120	1.07			高峰期
P_1				475					
Є$_{2-3}$	4000 4500								高成熟期
Є$_1$q	5000		0.34		162	2.25		过成熟阶段	初期
Є$_1$j									
Є$_1$m	5500						>2.1（沥青）		前期
Є$_1$n	6000		0.32		188	3.40			
Zb							3.38~3.70（沥青）		

图 5-32　翁安古油藏热演变参数数据及演化阶段划分（据武蔚文，1989）

至燕山晚期，强烈褶皱及大面积区域抬升，使盖层遭受强烈剥蚀，储集层也完全暴露，石油裂解殆尽，唯遗沥青，古油藏遭受彻底破坏。

6. 威远气田成藏条件分析

在剖析了川黔渝鄂湘边区若干海相下组合古油藏的成藏条件与破坏原因之后，我们有必要对区内现有保存较好的同时代油气藏作进一步剖析。从目前已知情况看，在研究区内保存较好的典型油气藏是川东南威远气田。

威远气田位于四川省威远县、资中县和荣县之间，气田发现井为威基井。该井于1956年5月在地面构造高点曹家坝开钻，在井深2852.00～2859.39m发生井漏，经中途测试获得工业气流，从而发现了我国乃至世界上储层最老（震旦系灯影组）、气源岩最老（九老洞组）的气田——含气面积216km^{2}的川东南威远气田。在威远气田所钻遇地层，自上而下从晚三叠统香溪群至前震旦系花岗岩（图5-33）。这里与四川盆地其他大部分区域一样缺失志留系、泥盆系和石炭系，显示一个晚加里东—早海西期古隆起的面貌；海相二叠系直接覆盖在奥陶系之上。

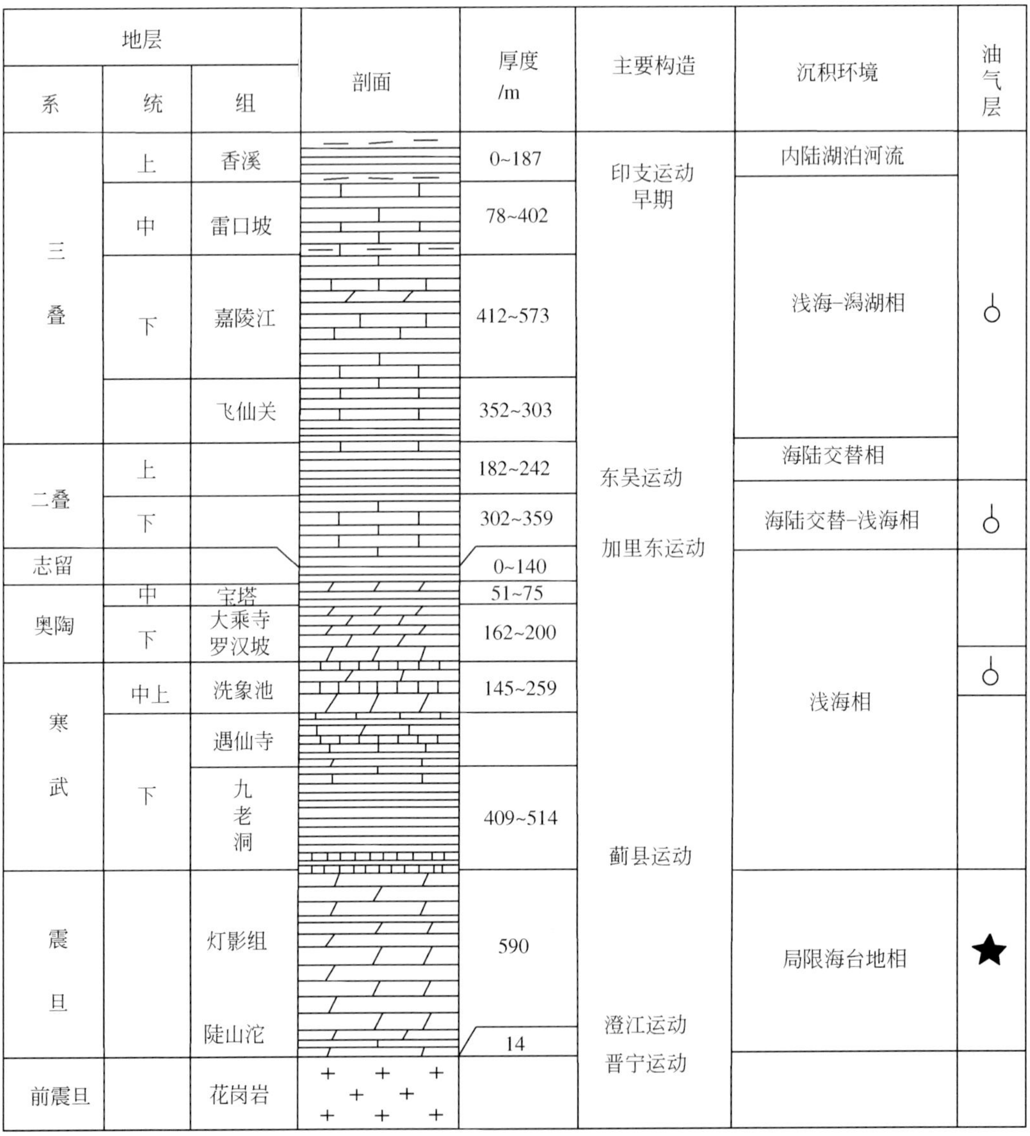

地层			剖面	厚度/m	主要构造	沉积环境	油气层
系	统	组					
三叠	上	香溪		0~187	印支运动早期	内陆湖泊河流	
	中	雷口坡		78~402		浅海–潟湖相	
	下	嘉陵江		412~573			
		飞仙关		352~303			
二叠	上			182~242	东吴运动	海陆交替相	
	下			302~359		海陆交替–浅海相	
志留				0~140	加里东运动	浅海相	
奥陶	中	宝塔		51~75			
	下	大乘寺 罗汉坡		162~200			
寒武	中上	洗象池		145~259			
	下	遇仙寺					
		九老洞		409~514	蓟县运动		
震旦		灯影组		590		局限海台地相	★
		陡山沱		14	澄江运动		
前震旦		花岗岩			晋宁运动		

图5-33 川南威远气田地层柱状图（戴金星，2003）

作用——已发现了威远震旦系气藏、寒武系气藏，资阳震旦系气藏和龙女寺震旦系气藏、奥陶系气藏。

发生于早、晚二叠世之间的东吴运动（晚海西期）在中国南方普遍存在，造成中国南方广大地区的总体隆起抬升，部分地区遭受一定程度的剥蚀。而印支运动结束了中国南方长达400Ma的海相沉积历史，使之进入了一个陆内造山、造盆和前陆型复合盆山耦合演化为主要特征的地质历史阶段。它导致扬子板块周缘地区的海相中、古生界发生褶皱、冲断，同时诱发了显著的岩浆活动和变质交代作用；在扬子板块内部则形成了由周缘向内的前陆盆地叠加和规律性复合变形，以及随后的整体抬升。此时，上奥陶统一下志留统黑色泥岩已进入生油高峰，上古生界源岩在部分地区也已成熟，加里东期后保存下来的先期原油及氧化沥青也裂解生气。这些烃源在适当的条件下于海相上组合地层中聚集成藏，开始了中国南方第二个油气聚集期。例如，泸州、开江古隆起周边的卧龙河、沙罐坪、建南、榕山镇等处发现了C_2，P_1，P_2ch，T_1等多层位的印支期储层沥青；四川米仓山古油藏、贵州瓮安古油藏及南丹大厂D_2礁型古油藏等，也在此聚油气期形成（肖开华等，2006）。形成于海西一印支运动的泸州一开江古隆起为一继承性隆起，至今仍对中、下三叠统油气藏分布起着重要的控制作用。该隆起轴向北东，缺失下、中三叠统嘉陵江组三段至雷口坡组二段地层，面积约$3\times10^4km^2$。川东南地区发现的石炭系及中、下三叠统海相整装气田和川中、川西北地区发现的中、下三叠统海相整装气田，如五百梯、罗家寨、阳高寺、磨溪、中坝等典型气田，均分布在海西一印支期古隆起的高部位（冉隆辉等，2006）。

由上述分析可知，大致以江山一绍兴断裂及三都一大庸断裂为界，印支期及其以前的构造运动，使得北西侧的扬子区主要形成“大隆大拗”的构造格局，以及地层间呈假整合或平行不整合接触，构造变形弱，保存条件较好，故而形成了沿江南一九岭一武陵一雪峰隆起北侧分布的震旦系一下古生界古油藏群、南盘江一十万大山地区的上古生界一下三叠统古油藏群，以及四川盆地内乐山一龙女寺隆起的震旦系、泸州隆起及开江隆起的石炭系一下三叠统古油气藏等。这些古油气藏在当时，均为大型乃至特大型油气藏。然而，在江山一绍兴断裂及三都一大庸断裂的南东侧，印支期及以前的构造运动却使南华海和华夏区遭受了强烈褶皱一冲断，并使下古生界浅变质，对油气藏产生了强烈的改造与破坏，并以破坏作用为主。

印支运动以后，中国南方进入了陆内造山和前陆盆地改造阶段，随后逐步过渡为断陷盆地发育阶段。在燕山早期，随着前陆盆地沉积的增厚、深埋，促进下伏海相烃源岩热演化，并使古油气聚集带已生成的原油裂解成天然气，使原始海相油气系统向纯天然气系统转化。同时，随着盆山体系和复合盆山体系的发展和改造，形成了一系列具有特色的前陆变形带和复合前陆变形带，一些旧的圈闭和油气藏遭到改造和破坏，而一些新的圈闭和油气藏则得以形成和发展。在燕山中期，因受太平洋板块快速俯冲的影响，中国东南沿海地区发生了大规模的同造山期中酸性火山喷发及岩浆侵入活动。强烈的挤压冲断及大规模左旋走滑作用强化了江南隆起北西侧的前陆变形带，同时使江南隆起及其南东侧海相地层全面褶皱隆起，区内古油气藏遭受强烈改造和破坏。但是，前陆盆地斜坡带、前陆隆起带、前陆盆地区变形带和多个盆山体系复合前陆盆地区的变形带，仍然有可能存在有利的油气聚集带。

例如，在江南（雪峰山）隆起西北侧的广阔前陆盆地区构造变形带中，几个变形分带都有可能成为油气聚集带。在隔挡式变形带，虽然因为上组合盖层被卷入褶皱冲断作用，所形成的高陡背斜因冲断强烈而丧失保存条件，但在宽缓向斜中的次级褶皱却常能形成大型圈闭（图 5-37a）；在隔槽式变形带，尽管局部基底卷入造成的大范围隆升使上组合遭受剥蚀，但因下组合卷入变形而出现的宽缓背斜，却是形成巨型圈闭的良好基础（图 5-37b），巨大的麻江古油藏和瓮安古油藏就产于此带；在挤出式变形带，基底卷入逆冲推覆使整个上组合和局部下组合遭受剥蚀，但在推覆体的下方或侧下方，也可能是油气聚集保存的有利位置（图 5-37c）。

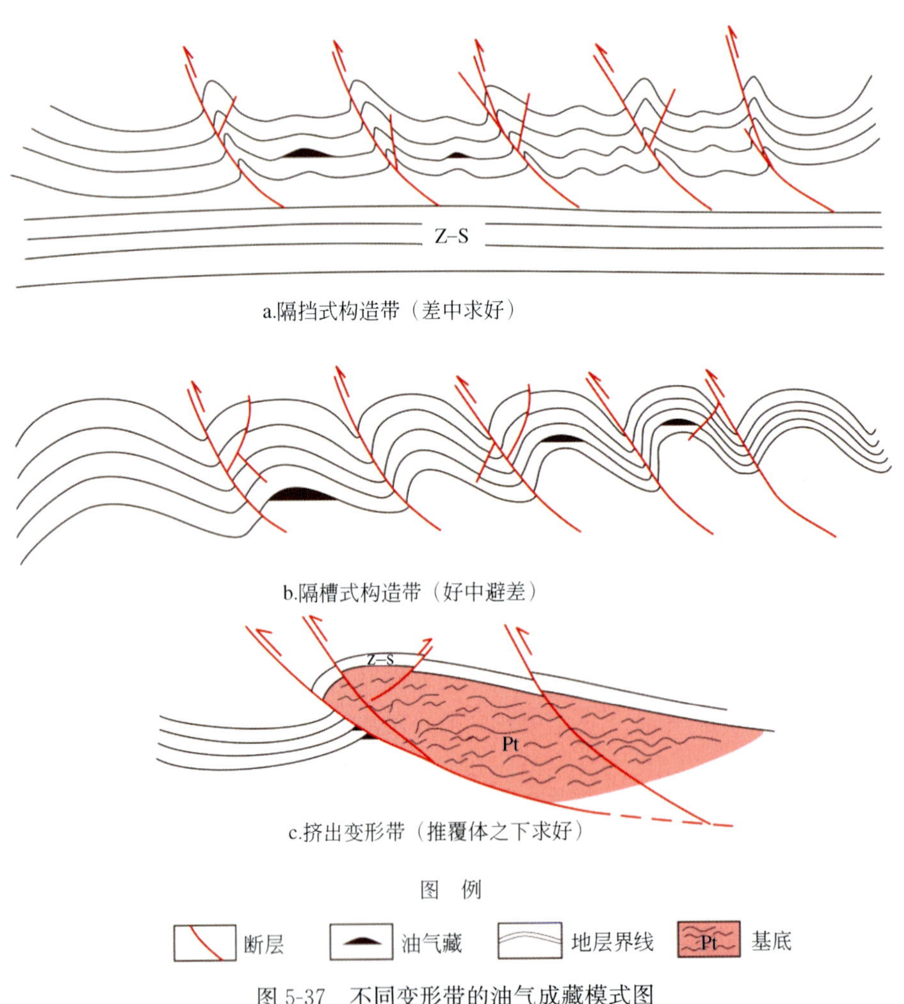

图 5-37 不同变形带的油气成藏模式图

川东北喇叭状构造变形带，是多个盆山体系复合控制典型产物。在那里，隶属于大巴山盆山体系的 NW—SE 向褶皱，与隶属于雪峰山盆山体系的 NNE—SSW 向褶皱相互叠加，也可以构成有利的大型构造圈闭。例如，著名的普光构造就是 NW—SE 向背斜与 NNE—SSW 向向斜中的次级背斜叠加的产物。此外，一些盆山体系的前陆隆起或复合盆山体系的前陆隆起，例如四川盆地的乐山—龙女寺隆起、泸州隆起、开江隆起，也可能是古油藏裂解气和海相上、下组合二次（甚而三次）生成气的汇聚指向场所。如果有上三叠统和侏罗系盖层的有利配合，应当有较大的勘探前景。

在中燕山期后，由于华北板块、华南板块、保山微板块和海南地块完全拼合，古特提斯多岛洋便最终封闭了。中国南方在继续进行着陆内造山作用和复合盆山体系耦合演化的时候，外部先后受到太平洋板块俯冲和印欧板块碰撞的强烈影响，致使区域构造应力场和区域构造运动体制进行了一系列调整。海相盆地原型在晚燕山—喜马拉雅期经历了压扭背景下的挤压冲断及走滑、走滑伸展背景下的裂陷盆地叠加、初期的大规模隆升剥蚀和区域性披覆层形成等几个阶段的改造。这个过程对扬子区海相油气保存系统和再生气系统的整体重建，具有明显的建设作用。

在喜马拉雅期初，南方中、东部地区在燕山期普遍褶皱抬升的基础上，局部地区发生裂陷，形成江汉、苏北、百色等古近纪断陷盆地及其自生自储的原生油气藏（以油藏为主）。也正是这一裂陷及古近系沉积深埋作用，造成了苏北、江汉沉湖地区、南鄱阳等地烃源岩热演化程度较低的中生界、古生界源岩“二次生烃”，进而形成诸如苏北盆地盐城凹陷朱家墩气田、江汉盆地沉湖地区开先台西油藏等再生烃油气藏（赵宗举等，2002）。中生界、古生界源岩具备“二次生烃”条件的地区主要分布于中、下扬子区，其中，古生界源岩经历了燕山期以前的一次生烃、燕山运动造成抬升剥蚀及可能的生烃中止、喜马拉雅期再次深埋而致成熟度增加及“二次生烃”。

一般认为，上扬子区因中生界、古生界燕山期以前已达高过成熟阶段、喜马拉雅期埋深未能造成其热成熟度的增加，故不具备形成再生烃油气藏的条件。然而，已有的大量有机地化测试数据表明，那里的海相下组合烃源岩的生气能力仍未枯竭，而且仍然深埋在地下，其上覆的海相上组合中不乏良好的区域性盖层，特别是二叠系和三叠系中的巨厚膏盐层，应当具有一定的再次生气能力。

在古近纪与新近纪之交的喜马拉雅主幕，印度板块的强力推挤使四川盆地、湘鄂西盆地和楚雄盆地的下、上组合海相地层，以及中生代前陆盆地进一步遭受改造，川—黔—渝—鄂—湘褶皱变形带和三江构造带更加强化。喜马拉雅主幕运动所造成较大规模抬升剥蚀，致使古（油）气藏中的油气（特别是天然气）发生重新分配及调整运聚（孙肇才等，1991；邱蕴玉等，1994；李一平，1996），或者可能是深部那些具有再次生烃能力的海相烃源岩所生成的天然气，运移到新生的构造圈闭内聚集，从而形成了现今所见的川东、川西、楚雄及南盘江地区众多的次生中生界、古生界气田。

晚喜马拉雅期是四川盆地、江汉盆地、下扬子诸盆地和滇桂诸盆地结束沉降转向褶皱抬升的转折期，对这些盆地内的油气系统和上、下组合海相天然气系统的调整与最终定型，无疑具有重要影响。

综上所述，中国南方印支期以前的构造演化控制了大陆边缘和陆内克拉通盆地的多期次并列叠加，从而控制了下、上组合海相烃源岩及其原生古油气藏的形成；印支期的多岛洋封闭和多块体聚合碰撞，使中国南方结束了海相沉积，进入了以挤压作用为主的陆内造山、造盆阶段，开始了陆内盆山体系的耦合演化，下、上组合海相地层在隆起区遭剥蚀，而在拗陷区被深埋，海相原生油气藏遭受改造与破坏；燕山期陆内造山作用的继承性发展和太平洋板块俯冲作用的强大影响，使江南隆起及其南东侧海相地层全面褶皱隆起，江南隆起北西侧的川一黔一湘一渝一鄂复合前陆变形带发展到波澜壮阔的巨大规模，一些旧的圈闭和油气藏遭到改造和破坏，而一些新的圈闭和油气藏则得以形成和发展；晚燕山期以来压扭背景下的挤压冲断及走滑、走滑伸展背景下的裂陷盆地叠加、初期的大规模隆升剥蚀和区域性披覆层形成，使南方下、上组合海相盆地原型及其中的油气系统进一步经历了强烈改造。但是，在残留的中生代前陆盆地斜坡带、前陆隆起带、前陆盆地区变形带和多个盆山体系复合前陆盆地区的变形带，仍然有可能存在源自海相地层的油气聚集带。

二、岩浆活动与油气保存

岩浆岩及岩浆活动对油气的影响主要有两个方面：一是对烃源岩的增熟作用；二是对油气的破坏作用，并以破坏作用为主。南方地区岩浆岩分布较为广泛，主要分布于两大区域：一是雪峰一江南隆起以南的东南地区；二是川西一黔西一滇西地区。其时代涉及各构造时期，但对油气保存影响最大的是印支一燕山期岩浆岩。下扬子南部地区较发育，对其上古生界油气系统进行评价时，必须重视岩浆岩和火山活动对油气的影响。喜马拉雅期岩浆岩主要为基性玄武岩喷发，分布范围较小，对油气保存影响较小。

下扬子区岩浆活动强烈，以火山岩为主，侵入岩次之。主要为中性、酸性岩类、钙碱系列。活动方式以喷溢为主，火山岩喷发时或喷溢时温度很高，冷却较快，对深埋地下的油藏破坏不是很大，也不会使油气发生强烈的热变质。浙西北、安徽巢县等地区的实例，火山岩对油气藏的破坏不是很大。

侵入岩侵入温度较火山岩喷出温度低，但长期深埋地下，保持较高温度，对提高有机质成熟度、加快生烃是有帮助的。在明显受到岩浆侵入影响的地区，如镇江石马岩体所在区、高淳大花山、松岭一砺山煤田，宜兴湖滏、小张墅煤田，常州一上黄煤田，无锡、江阴、张家港、常熟、苏州西部等区，由于影响程度不同，其上古生界源岩 R^{o} 达到了1.3%～3.1%的高一过熟阶段。

对于下古生界的油藏而言，本来油藏中的石油变质程度已很高，进一步加温，只会加快石油热演化，油气向固体沥青发展，岩浆活动还会刺穿和破坏圈闭，破坏构造的完整性和封闭性。显而易见，侵入活动对油气藏保存是不利的。

三、水文地质条件与油气保存

水文地质条件是油气保存条件的综合反映，主要受盖层条件、目的层埋深、断裂等影响。反映水文地质条件好坏的指标主要有总矿化度、水型、变质系数和脱硫系数。基于上述参数的地层水水文地质开启程度判别指标如表 5-8 所示。

表 5-8 海相油气保存条件的水文地质地球化学综合判别指标体系（据楼章华，2005）

保存条件 / 参数		很好（Ⅰ类）	好（Ⅱ类）	中等（Ⅲ类）	差（Ⅳ类）
地层水成因		沉积埋藏水	短暂受大气水下渗影响	较长期受大气水下渗影响	长期受大气水下渗影响
矿化度/（g/L）		＞40	30～40	20～30	＜20
变质系数		＜0.87	0.87～0.95	0.95～1.0	＞1.0
脱硫系数		＜8.5	8.5～15	15～30	＞30
盐化系数		＞20	1～20	0.2～1	＜0.2
水型	苏林	$CaCl_2$ 为主，$MgCl_2$ 次之，偶见 $NaHCO_3$，Na_2SO_4		以 $CaCl_2$ 为主，常见 Na_2SO_4	$NaHCO_3$ Na_2SO_4
	苏哈列夫	Cl－Na		Cl－Na 为主，Cl－Na・Ca 次之	Cl－Na，Cl・HCO_3－Na，Cl・SO_4－Na 等
水文地质分带		交替停滞带		交替阻滞带	自由交替带

在鄂西—渝东（建南）、川东北、川西拗陷和威远地区，侏罗系覆盖下的三叠系、石炭系和震旦系海相层中的水型，除了局部穿越流矿化度较低（＜4300mg/L）为 Na_2SO_4 型外，均属 $CaCl_2$ 型水，水动力封闭条件很好。

在湘鄂西地区，由于没有中、新生界覆盖，海相层大片裸露，一般地下水自由交替带深度很大，水动力封闭性很差，如地下水的矿化度只有数百至千余 mg/L，为 $NaHCO_3$ 型和 Na_2SO_4 型水。区内 14 口井志留系—震旦系地层水矿化度一般＜9g/L，纵向上均属自由交替带，说明保存系统曾经被改造、破坏过。

在江汉盆地，钻于盆地边缘的一些井除鄂深 1 井的下三叠统矿化度较高，为 24.61679g/L，以及咸 2 井为 14g/L 外，其余各井的矿化度均＜10g/L，水型主要为 Na_2SO_4 型，其次是 $NaHCO_3$ 型，均处在自由交替带。钻于盆地腹地的井矿化度相对较高，大多在 20000 mg/L 以上，处于交替阻滞带。其中，沉湖地区夏 3 井 P、T 地层水的矿化度在 41317～66788mg/L，属 $CaCl_2$ 或 $MgCl_2$ 型水，表明该井区有较好的水动力封闭条件。在盆外隆起区的井位，也多处于自由交替带。

在下扬子苏北兴化地区，兴参 1 井见高矿化度地层水（85.2 mg/L），盐城—建湖—柘垛—高邮凹陷和溱潼—海安凹陷的海相层系地层水矿化度也达到 10～35g/L，处于交替阻滞带。其他地区及苏南基本都＜10g/L，处于自由交替带。

此外，根据富含 N_2 井段的地层水矿化度分析①，桂中拗陷和黔东南断褶带的油气保存条件也较为不利（表 5-9）。

① 梅廉夫，马昌前，徐思煌等，2004，南方中、古生界天然气成藏富集规律研究，中国石油化工股份有限公司南方勘探开发分公司项目研究报告。

表 5-9 鄂尔多斯、塔里木和四川盆地海相油气田储层地层水化学特征参数统计表（据楼章华，2006）

地区	地层	样品数	矿化度/（mg/L）			变质系数			脱硫系数			盐化系数			水型
			最小	最大	平均	最小	最大	平均	最小	最大	平均	最小	最大	平均	
鄂尔多斯	Om^5	121	16421	276279	118005	0.02	0.94	0.19	0	4.33	1.38	54.02	2084.2	197.65	$CaCl_2$
塔河油田	O	26	133508	248757	201953	0.18	0.9	0.73	0.05	1.36	0.28	63.64	2025.7	653.24	$CaCl_2$
塔里木盆地	O	7	62232	165904	101961	0.41	0.86	0.69	0.27	8.19	2.66	57.48	518.85	250.13	$CaCl_2$
	S	10	71289	211614	104455	0.34	0.89	0.74	1.11	4.11	2.01	50.54	13480	2762.1	
	C	14	37596	123511	81829	0.66	0.98	0.83	0.84	5.89	2.79	41.99	595.27	222.79	
川西拗陷	T_3	26	21220	174800	69381	0.36	1.08	0.81	0.00	4.59	0.39				$CaCl_2$
威远气田	Z	10	63352	84850	73046	0.61	0.97	0.88				24.36	99.96	50.02	$CaCl_2$
川东地区	C	22	8349	143100	57017	0.01	0.97	0.64	0.01	5.16	0.94				$CaCl_2$
建南气田	C	86	2189	173060	40183	0.33	0.99	0.74	0.001	12.21	0.39	3.22	250.83	65.03	$CaCl_2$
	P_2ch	128	5421	542897	106762	0.07	3.71	0.75	0.006	16.83	0.62	0.27	133.36	37.19	$CaCl_2$
	T_1j	26	4479	229163	89455	0.14	0.9	0.39	0.07	43.92	3.04	1.03	480.61	40.04	$CaCl_2$
	T_1f	79	1835	179123	75125	0.0007	0.91	0.59	0.0004	60.44	3.16	0.04	843	62.75	$CaCl_2$
桂参1井	D_{2-3}		5756.24	11253											$NaHCO_3$
南盘江盆地秧坝	C_2，P				29852.9			0.89			0.26				$CaCl_2$
十万大山盆地		5	914.00	1872.86	1446.14	2.68	7.44	4.17	30.07	63.56	40.22	0.017	0.441	0.13	Na_2SO_4 $NaHCO_3$

按照上述判别指标进行衡量，上扬子四川盆地海相古生界地层水总体处于交潜停止带（部分地区如高背斜带仍有水交替现象），反映油气保存条件好；中扬子江汉盆地南部和下扬子苏北盆地东部的主体地层水处于交替阻滞带，反映油气保存条件一般；其余地区基本均处于自由交替带，反映油气保存条件差。

但是，即便在主体处于地层水自由交替带的地区，也可能出现保存条件好的交替阻滞带甚至交潜停止带。例如，在南盘江盆地坝林构造上的盘参井，在井深4251～4279m深处，C_2地层水的矿化度只有3570mg/L，为$NaHCO_3$型水，处于自由交替带。这是因为盘参井位于右江断裂带上，断裂带的开启性十分强烈，现今大气水下渗循环深度大，油气保存条件差。而南盘江盆地秧坝构造中的秧1井，二叠系地层水矿化度为29852.9mg/L，氯离子浓度为15275mg/L，水型为氯化钙型，变质系数0.89，脱硫系数为0.26，脱硫作用较强，处于交替阻滞带。显然，地层水文地质条件的差别与局部构造的关系极大。对于各个地区的地层水文地质条件，不可一概而论，应当根据具体情况进行分析，特别应当注意各区块所处的构造部位。

第三节　油气成藏组合模式、油气保存单元与找气可行地段（2P）

从油气地质异常的角度看，“油气成藏组合模式”及其类型划分依据，实际上就是专属地质异常，而“油气保存单元”则与找气可行地段（2P）有一定的对应关系，只是着眼点有所不同，所采用的方法与评价参数也有所差异。

一、油气成藏组合模式与专属地质异常

中国南方海相盆地原型经历了多个世代的并列叠加和改造破坏，铸成了今天的油气成藏保存格局。杨志强等（2005）根据现今区内地质结构特征、生储盖组合的静态关系，以及诸成藏要素的时空匹配演化史，将现今的成藏组合类型划分为准原生型成藏组合、改造型成藏组合、再生型成藏组合和后生型成藏组合四种基本类型。不同类型的成藏组合具有不同的油气地质条件，表现出不同的专属地质异常。

1）准原生型成藏组合。生、储、盖层均为海相层系，生储盖组合形成后未遭受过大的改造与变动，油气保存条件较好（图5-38a）。这种成藏组合以发育“准原生型”油气藏为特征，具有良好的油气勘探前景。从地质异常角度看，这种准原生型成藏组合可能分布于川—黔—渝—鄂—湘边区的隔槽式变形带和隔挡式变形带中，其中最佳的分布区是隔槽式变形带北段（鄂西—渝东）和南段（黔东）。

2）改造型成藏组合。生、储、盖层均为海相层系，生储盖组合形成后受构造运动的影响，遭受过大的改造与变动，保存条件较差，只能发育小型“残存型”或“次生型”油气藏（图5-38b），油气勘探前景较差。从地质异常角度看，这种改造型成藏组合目前可能主要分布于邻近江南隆起带的挤出式变形带的局部地区（逆冲推覆构造下盘），以及中、

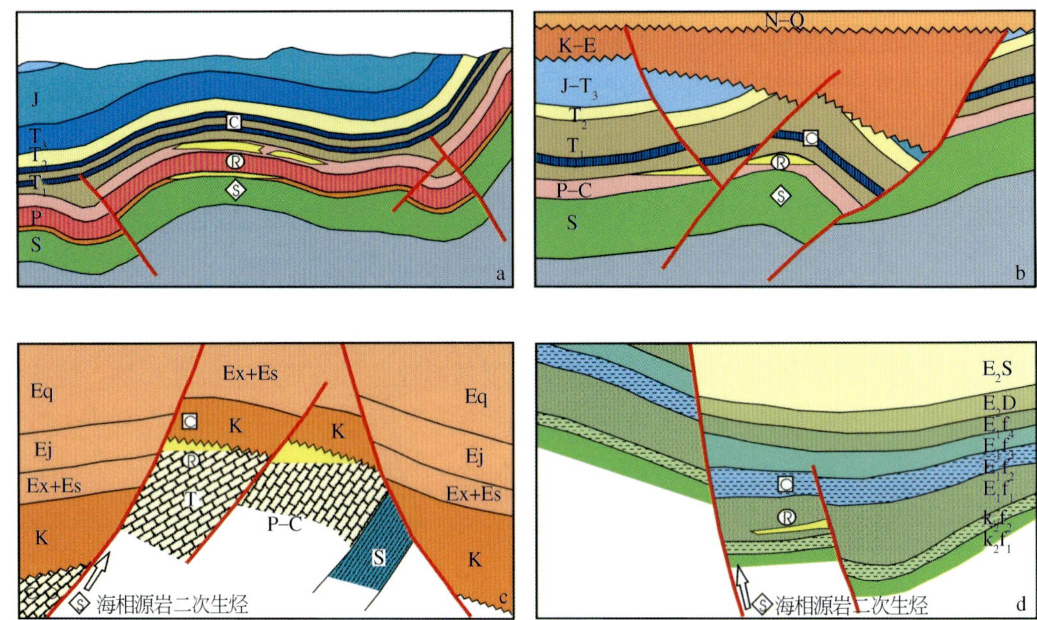

图 5-38　中国南方海相油气勘探领域成藏组合类型模式图（沃玉进等，2006）

a. 准原生型成藏组合；b. 改造型成藏组合；c. 再生型成藏组合；d. 后生型成藏组成

下扬子和滇、桂，以及江南隆起南东各地。

3）再生型成藏组合。生、储层为海相层系，盖层为上覆陆相地层。海相原始生储盖组合受到后期构造运动的破坏，但中、新生代陆相地层叠加覆盖后重建了封闭保存系统，形成了新的生储盖组合（图 5-38c），仍由海相烃源岩“二次生烃”提供油气，是一种劫后再生型油气藏，具有一定的勘探前景。从地质异常角度看，主要分布于中、下扬子区和滇西、滇东南一桂西北陆相中生界盖层发育区。

4）后生型成藏组合。在这种成藏组合中，烃源岩为海相层系，而储盖层为中新生代陆相层系。烃源岩“二次生烃”并排出的油气，沿新生代断陷盆地边界断裂向上运移，至上覆陆相岩层中成藏（图 5-38d）。由于成藏时间较晚，所经历的构造运动少，保存条件相对较好。目前已发现的苏北朱家墩小型气田，即具有此类成藏组合。从地质异常角度看，这种后生型成藏组合可能分布于中、下扬子区和滇西、滇东南一桂西北，以及江南隆起南侧的湘一赣一粤陆相断陷盆分布区。

在上述四种成藏组合类型中，前两种的烃源可能来自烃源岩早期生烃（一次）和“二次生烃”，而后两种成藏组合的烃源则完全来自烃源岩“二次生烃”。对于前两种成藏组合，需要着重进行烃源岩成熟度评价和封盖保存条件评价；而对于后两种成藏组合，则应着重进行烃源岩“二次生烃”条件评价。分布于无“二次生烃”条件地区的“烃源岩”，不能提供烃源而成为无效烃源岩，应排除在有效成藏组合之外。

二、油气保存单元与找油气可行地段（2P）评价

1. 油气保存单元与找油气可行地段分类

“油气保存单元”的概念是滇黔桂石油勘探局在“七五”期间针对地史上曾遭受强烈构造变动、古海盆彻底解体、含油层系保存区与古海盆生烃区不一致的情况而首先提出来的。他们把“含油层系被统一盖层覆盖而深埋地腹的地区称为含油层系保存区”，并指出其“含义主要是着重于早期石油地质条件和现今的盖层条件”；而把其中按照一定的地质结构和条件区划出来、能够保存油气藏的石油地质单元称为油气保存单元。从油气地质异常的角度看，这种油气保存单元相当于找油气可行地段（2P），只是分析评价的方法和侧重点不同而已。

参照滇黔桂石油勘探局的油气保存单元分类标准，找油气可行地段（2P）也可相应分为三类：一类最有利保存单元（2P-A）：潜在有效烃源岩残余 TOC＞1.0％，R^o 在 0.5％～2.5％之间，具有直接盖层和区域性盖层稳定分布，盖层厚度＞500m，发现古油藏和生物礁，构造变形强度弱，岩浆活动影响弱，岩体古地温梯度增量＜50℃/km，薄皮推覆体厚度在 1km 以内；二类有利保存单元（2P-B）：潜在有效烃源岩残余 TOC＞0.5％，R^o 在 0.5％～2.5％之间，具有 2 套以上区域性盖层稳定分布，盖层厚度为 500～300m，构造变形强度较弱，或构造变形较强但盖层厚度较大且连续性较好，岩浆活动影响较弱，岩体古地温梯度增量为 50～80℃/km，薄皮推覆体厚度在 1～2km 以内；三类较有利保存单元（2P-B）：潜在有效烃源岩残余 TOC＞0.5％，R^o＞3.0％，有 1 套稳定分布的区域性盖层，盖层厚度为 300～100m，构造变形强烈或较强，岩浆活动影响较大，岩体古地温梯度增量＞80℃/km，薄皮推覆体厚度在 2km 以上。

2. 下组合有利保存单元和找油气可行地段（2P）

根据上述评价标准，在南方下古生界划分出了若干有利保存单元。

（1）一类最有利保存单元和找油气最可行地段（2P-A）

1）四川盆地东北部

下寒武统泥质烃源岩厚 50～500m，残余 TOC 为 1.0％～2.0％，R^o＜3.0％的地区分布在北部，呈 NW 向展布。下志留统泥质烃源岩厚 50～200m，残余 TOC 为 0.5％～1.0％，R^o 为 2.0％～3.0％。有下寒武统和下志留统泥质盖层覆盖，盖层厚度大且连续性较好，厚度分别为 300～1300m 和 100～600m。这里处于米苍—大巴山印支—燕山期盆山体系的前陆盆地区和隔挡式褶皱发育区，背斜的冲断破坏远不如川东隔挡式褶皱带强烈，且宽缓的向斜中不乏由次级背斜构成的圈闭，岩浆活动也比较弱。

2）鄂西—渝东区

下寒武统泥质烃源岩厚100～500m，残余TOC为0.5%～1.5%；下寒武统碳酸盐岩烃源岩未达到有效烃源岩标准；下志留统泥质烃源岩厚150～550m，残余TOC为0.5%～1.5%。有下寒武统和下志留统泥质盖层覆盖，盖层厚度大且连续性较好，厚度分别为300～1300m和100～600m。这里处于雪峰—武陵山印支—燕山期盆山体系的前陆盆地区和山前隔槽式褶皱发育区，以及隔槽-隔挡式褶皱转换区，虽然向斜高陡且破坏强烈，宽缓的背斜却较为完整、连续，岩浆活动的强度较弱。

（2）二类有利保存单元和找油气次可行地段（2P-B）

1）滇东、黔中、黔北—川南和湘鄂西

下寒武统泥质烃源岩厚100～500m，残余TOC为0.5%～3.0%；下志留统泥质烃源岩厚50～150m，残余TOC为0.5%～2.0%；仅有下寒武统R^o为2.0%～3.0%。有下寒武统和下志留统泥质盖层，盖层厚度大且连续性好，厚度分别为100～400m和200～700m。岩浆活动和构造变形强度相对较弱。其中，黔中隆起处于雪峰—武陵山印支—燕山期盆山体系的山前隔槽-隔挡式褶皱转换区，为一形态完整的巨型背斜；湘鄂西区虽然处于雪峰—武陵山印支—燕山期盆山体系的山前挤出式变形带中，但区内基底卷入推覆程度相对较低，特别是上覆三叠系盖层厚度大且连续性好。

2）下扬子地区

下寒武统泥质烃源岩厚50～400m，残余TOC为0.5%～4.0%；下寒武统碳酸盐岩烃源岩厚50～350m，残余TOC局部地区达0.5%；下志留统泥质烃源岩厚50～100m，残余TOC为1.0%～1.2%。有下寒武统和下志留统泥质盖层覆盖，盖层厚度大且连续性好，厚度分别为100～400m和500～2000m。岩浆活动和构造变形强度较弱。

（3）三类较有利保存单元和找油气较可行地段（2P-C）

主要分布于黔南—黔东南和中扬子北部。

1）黔南—黔东南地区

下寒武统泥质烃源岩厚200～400m，残余TOC为1.5%～2.0%，下寒武统碳酸盐岩烃源岩未达到有效烃源岩标准；下志留统泥质烃源岩厚<50m，残余TOC<1.0%，R^o均已超过3.0%。仅有下志留统泥质盖层覆盖，盖层厚度为100～200m，古油藏已被彻底破坏，麻江古油藏即为典型例子。岩浆活动和构造变形强度较强。

2）中扬子北部

下寒武统泥质烃源岩厚50～400m，残余TOC为1.5%～3.0%，下寒武统碳酸盐岩烃源岩未达到有效烃源岩标准；下志留统泥质烃源岩厚50～150m，残余TOC为0.5%～1.5%。仅有下寒武统泥质盖层覆盖，盖层厚度<50m。该区处于秦岭—大别造山带前缘，相当一部分烃源岩和储集层被掩覆于元古界推覆体之下，虽然岩浆活动和构造变形强度较强，但上组合海相层仍有一定厚度，可能具有封盖保存条件。

3. 海相上组合有利保存单元和找油气可行地段（2P）

根据上述评价标准，在南方上组合海相层划分出了若干有利保存单元。

（1）一类最有利保存区和找油气最可行地段（2P-A）

主要分布在四川盆地、鄂西一渝东和南盘江盆地。

1）四川盆地、鄂西渝东地区

四川盆地区域性有效烃源岩为下二叠统碳酸盐岩、上二叠统泥岩，局部性泥岩有效烃源岩为上三叠统，厚度分别为150～350m、20～100m、50～700m；TOC含量分别为0.4%～0.9%、1.0%～10%、1.0%～5.0%。鄂西渝东地区区域性有效烃源岩为下二叠统碳酸盐岩和上二叠统泥岩，厚度分别为200～300m、20～50m；TOC含量分别为0.4%～0.5%、4.0%～6.0%。区域性盖层为中一下三叠统和上三叠统一下白垩统，厚度分别为100～900m和500～3500m。印支期以来岩浆活动较弱，构造变形在印支期和燕山早期相对较强（四川盆地除外），燕山晚期一喜马拉雅期较弱（图2-31～图2-33）。

2）南盘江盆地

区域性有效烃源岩为下二叠统碳酸盐岩和上二叠统泥岩，厚度分别为300～600m、50～200m；TOC含量分别为0.4%～1.5%、0.5%。区域性盖层为中一下三叠统，厚200～2000m。岩浆活动在印支期以来较弱，构造变形在印支期较弱，燕山一喜马拉雅期相对较强。但由于盖层厚度巨大，盖层的连续性较好。

（2）二类有利保存单元和找油气次可行地段（2P-B）

包括思茅盆地、楚雄盆地东北部、十万大山盆地、湘鄂西地区、江汉盆地。

1）思茅盆地

发育下二叠统碳酸盐岩、上二叠统泥岩和上三叠统泥岩三套区域性有效烃源岩，厚度分别为200～300m、300～600m、100～400m；TOC含量分别为0.4%～0.57%、1.0%～2.0%、0.5%～3.0%。区域性盖层为上三叠统一下白垩统和上白垩统一古近系，厚度分别为1000～3000m、500～1500m，连续性较好。印支期以来的岩浆活动比较弱，构造变形总体也比较弱。

2）楚雄盆地东北部（J-K_1）

发育上三叠统泥质烃源岩，厚度为300～2800m；TOC含量为0.5%～1.5%。区域性盖层为上三叠统一下白垩统、上白垩统一古近系，厚度分别为1000～6000m、500～1500m。其中，上三叠统一下白垩统盖层分布范围广、连续性较好。印支期以来的岩浆活动比较弱，构造变形总体也比较弱。

3）十万大山盆地

发育泥盆系和下三叠统碳酸盐岩烃源岩。下泥盆统泥岩厚度100～400m，TOC为0.5%～1.0%；中泥盆统泥岩为50～400m，TOC为0.5%～1.5%；中泥盆统碳酸盐岩厚度100～400m，TOC为0.5%～2.0%。区域性盖层为上三叠统一下白垩统，厚500～

1000m，分布范围广、连续性较好。印支期以来岩浆活动比较弱，印支—早燕山期构造变形总体上也比较弱，但晚燕山—喜马拉雅期构造变形比较强（图 2-31～图 2-33）。

4）湘鄂西地区

发育上二叠统泥质烃源岩，厚度 20～100m；TOC 为 4.0%～6.0%。盖层主要为中—下三叠统，厚度为 200～1000m，连续性较差。印支期以来岩浆活动比较弱，印支期和晚燕山—喜马拉雅期构造变形较弱，但早燕山期构造变形相对较强。

5）江汉盆地

有效烃源岩为下二叠统碳酸盐岩和上二叠统泥岩，厚度分别为 100～350m 和 20～40m；TOC 含量分别为 0.4%～0.5%和 1.0%～3.0%。盖层为中—下三叠统和上白垩统—古近系，厚度分别为 100～400m 和 1000～3000m，连续性较好。印支期以来岩浆活动比较弱，构造变形也相对比较弱，烃源岩保存于燕山期的对冲构造中。

（3）三类较有利保存单元和找油气较可行地段（2P-C）

主要分布于下扬子地区。区域性有效烃源岩为下二叠统碳酸盐岩和上二叠统泥岩，厚度分别为 150～200m、100～200m；TOC 含量分别为 0.4%～2.0%、0.5%～3.0%。区域性盖层为中—下三叠统和下白垩统—古近系，厚度分别为 100～200m 和 500～1500m。其中，下白垩统—古近系区域性盖层分布范围广，厚度较大。二叠系烃源岩 R^o＜3.0%。印支期以来岩浆活动较强，构造变形在印支期相对较弱，但在燕山—喜马拉雅期强烈（图 2-31～图 2-33），对油气保存条件造成严重影响。

第六章　找气有利地段和潜在资源地段评价

根据前面油气成藏基本地质条件分析所提取的致矿地质异常和专属地质异常，在中国南方大陆上除了江南隆起主体（结晶基底裸露区）、康滇隆起区、三江造山带、龙门山造山带和华夏板块主体部位外，其他地区都应该是油气成藏的可能地段（1P）和气藏发现的可行地段（2P）。本章将进一步提取综合地质异常和油田地质异常，分别对找气有利地段（3P）和潜在资源地段（4P）进行分析和评价。

第一节　南方古油藏与现代油气系统分布

关于中国南方古油气藏和现代油气系统分布，已经有许多人从不同的角度，如从构造地质、沉积地质、地热场、地球物理场和地球化学场角度进行了分析，为我们认识研究区油气成藏提供了借鉴。从求异的思想出发，任何油气藏的形成与金属矿的形成一样，都是多种因素复合控制下的一种地质异常现象，为了分析和提取中国南方的综合油气地质异常，对找矿有利区块（3P 地段）进行评价，有必要先了解中国南方古油藏和现代油气系统分布状况，进而从多因素复合控制的角度出发，分析其形成的特异地质条件和成藏破坏的特异地质规律。

一、南方古油藏及油气系统分布与区域构造的关系

从区域构造角度看，南方已知的海相古油藏主要分布于黔中隆起南东和北侧、江南隆起带北缘和南盘江地区（图 6-1），而目前已知的仍然保存着的海相油气系统（简称为现代油气系统）主要分布于川东一渝北地区、南盘江残留盆地和下扬子地区。从前面几章的分析已经知道，这种情况的出现绝非偶然现象。

出现于黔中隆起周缘和江南隆起带北西侧的古油藏，赋存于上震旦统灯影组及下古生界储层中，其主力烃源为下寒武统和下志留统，可能还有上震旦统灯影组。其圈闭类型既有构造圈闭，也有浊积砂体、生物礁和礁滩构成的地层圈闭。出现于南盘江地区的古油藏，主要产于上古生界储层中，分布于碳酸盐岩台地及孤立台地边缘，其烃源来自上古生界本身——以泥盆系、下碳统及二叠系为主（邓宗淮等，1993；罗槐章等，1992；韦宝东，2005），圈闭类型为岩性及构造圈闭。

这些古油藏均围绕长期发育的江南隆起、黔中一康滇隆起及乐山一龙女寺隆起分布。

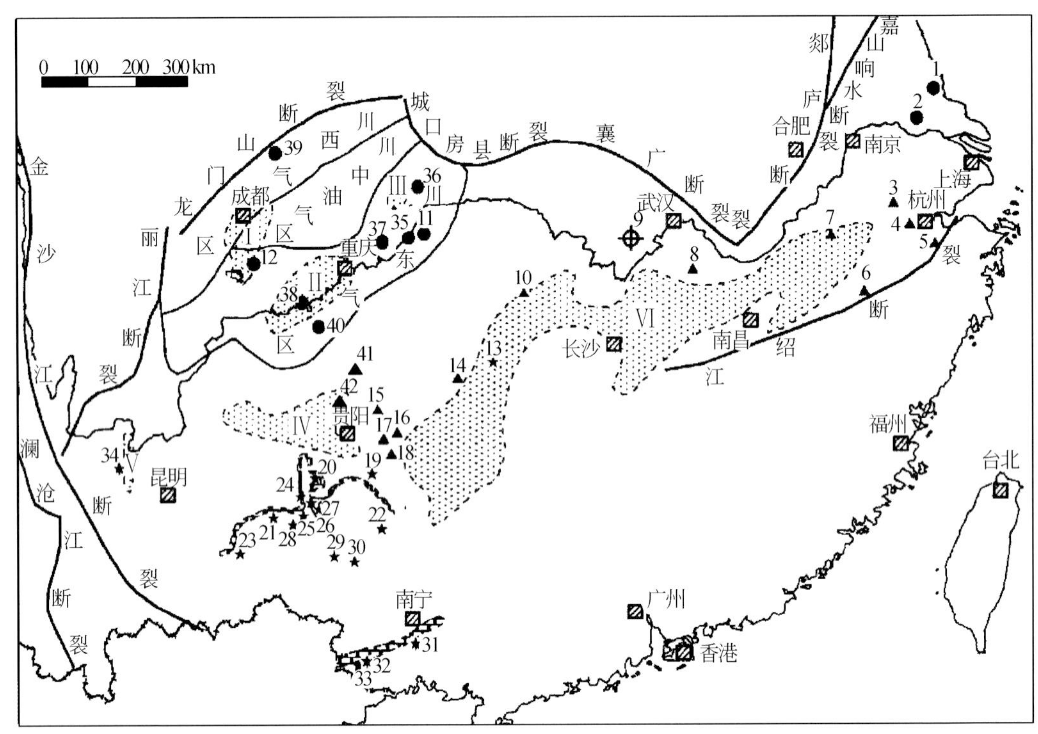

● 天然气田 ⊕ 含油构造 ▲ 震旦系及下古生界古油藏 ★ 上古生界古油藏 ★ 三叠系古油藏 二叠纪台缘礁带 古隆起

图 6-1 中国南方中、古生界古今油气藏分布与古隆起关系示意图（王根海等，2001）

Ⅰ. 乐山—龙女寺隆起；Ⅱ. 泸州隆起；Ⅲ. 开江隆起；Ⅳ. 黔中隆起；Ⅴ. 元谋隆起；Ⅵ. 江南隆起

1. 朱家墩气田；2. 黄桥气田；3. 浙西康山志留系碳沥青；4. 余杭泰山上震旦统古油藏；5. 绍兴坡塘上震旦统古油藏；6. 新塘坞上震旦统古油藏；7. 皖南太平西山志留系碳沥青；8. 湖北通山志留系碳沥青；9. 开先台西上白垩统含油构造；10. 湖南慈利南山坪上震旦统灯影组古油藏；11. 建南气田；12. 威远气田；13. 湖南辰溪上二叠统长兴组古油藏；14. 贵州铜仁中寒武统古油藏；15. 贵州瓮安下寒武统古油藏；16. 贵州凯里下奥陶统及下志留统古油藏；17. 贵州麻江下奥陶统及下志留统古油藏；18. 贵州丹寨上寒武统古油藏；19. 黔南平塘平火坝下石炭统古油藏；20. 黔南紫云上二叠统古油藏；21. 黔南安然二叠系古油藏；22. 广西南丹大厂中泥盆统古油藏；23. 滇东温浏上二叠统古油藏；24. 贞丰百层上二叠统古油藏；25. 册亨赖子山上二叠统古油藏；26. 望漠岜赖上二叠统古油藏；27. 望漠平绕二叠系古油藏；28. 册亨板街二叠系古油藏；29. 凌云二叠系古油藏；30. 巴马所略上二叠统古油藏；31. 邕西下三叠统古油藏；32. 崇左下三叠统古油藏；33. 宁明亭亮下二叠统古油藏；34. 云南元谋洒芷上三叠统古油藏；35. 大池干井气田；36. 五百梯气田；37. 卧龙河气田；38. 阳高寺气田；39. 中坝气田；40. 赤水气田；41. 习水良村下志留统古油藏；42. 金沙岩孔震旦系—下寒武统古油藏

例如，贵州铜仁中寒武统古油藏、瓮安下寒武统古油藏、凯里下奥陶统及下志留统古油藏、麻江下奥陶统及下志留统古油藏、丹寨上寒武统古油藏、浙西康山志留系碳沥青矿、皖南太平西山志留系碳沥青矿及湖北通山志留系碳沥青矿等，以及储层为上震旦统灯影组的威远气田、浙江余杭泰山古油藏、绍兴坡塘古油藏、新塘坞古油藏及湖南慈利南山坪古油藏等，均分布于上述隆起带接近隆起高部位的上斜坡（图 6-2）。又如，川东及川东南上石炭—下三叠统气田群、湖南辰溪上二叠统长兴组古油藏和南盘江—十万大山地区的一系列以上古生界—下三叠统为储层的古油藏均是如此（图 6-3）。从沉积相带上看，则属于台地及孤立台地的边缘。

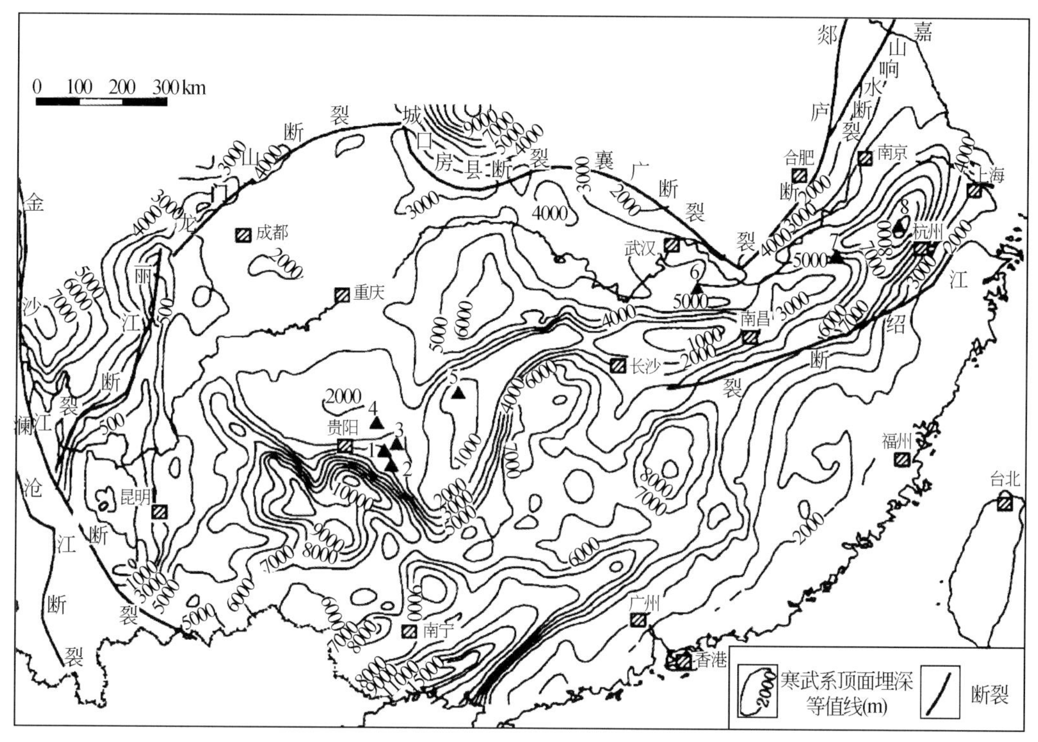

图 6-2　中国南方中三叠世末寒武系顶面埋深与古油藏分布图（王根海等，2001）

▲1. 贵州麻江 O、S 古油藏；▲2. 贵州丹寨Є$_3$ 古油藏；▲3. 贵州凯里 O—S 古油藏；▲4. 贵州瓮安Є$_1$ 古油藏；▲5. 贵州铜仁Є$_2$ 古油藏；▲6. 湖北通山 S 碳沥青；▲7. 浙西康山 S 碳沥青；▲8. 皖南太平西山 S 碳沥青

根据上述资料，我们有理由相信，继承性持续古隆起对油气运聚及油气藏的分布起到了十分重要的控制作用。首先，这些继承性持续古隆起的存在可能通过控制沉积相带的分布，进而控制了原始烃源岩和原始储层的分布；其次，这些继承性持续古隆起的演化与印支—燕山期的造山作用和岩浆作用有密切联系，进而控制了其邻接区域海相地层的前陆盆地叠加和变形、变质改造。显然，继承性持续古隆起在控制油气运聚及油气成藏的同时，也促成了油气藏的破坏，我们在进行旨在圈定找气有利区块（3P）的油气综合地质异常分析时，不可不注意这个问题。由此而论，应当更加注意与这些继承性持续古隆起相关的印支—燕山期前陆变形、变质的分带特征。

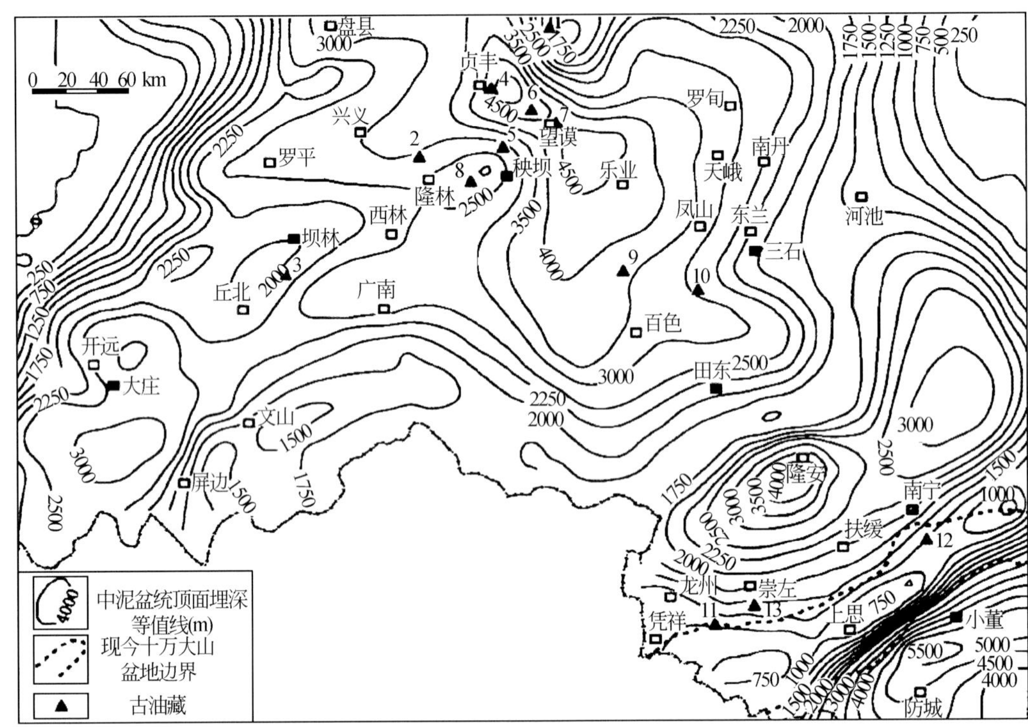

图 6-3 南盘江—十万大山地区中三叠世末下二叠统顶面埋深与古油藏分布图（王根海等，2001）

1. 紫云 P_2 古油藏；2. 安然 P 古油藏；3. 温浏 P_2 古油藏；4. 贞丰百层 P_2 古油藏；5. 册亨赖子山 P_2 古油藏；6. 望谟邑赖 P_2 古油藏；7. 望谟平绕 P_1m-P_2 古油藏；8. 册亨板街 P_1-P_2 古油藏；9. 凌云 P_1m-P_2 古油藏；10. 巴马所略 P_2 古油藏；11. 宁明亭亮 P_1 古油藏；12. 邕西 T_1 古油藏；13. 崇左 T_1 古油藏

二、南方古油藏及油气系统分布与地球化学急变带的关系

在中国大陆南部存在着一条由铅同位素急变带构成地球化学边界（图 6-4）。该地球化学边界与公认的板块缝合线之间具有总体趋势的一致性和具体位置的差异性，可能揭示了印支地块、湘黔桂地块和华夏地块的某种亲缘关系。

“八五”期间中国南方油气勘探与研究所确定的有前景的勘探区与研究区（南方油气勘探项目经理部等，1997；汪世忠等，1997），即一些现代油气系统分布区，与扬子—华夏—印支之间的地球化学急变带也有着密切的关系（图 6-5）。这种关系也从另一个角度说明了现代油气系统与继承性古隆起之间的内在联系——板块边界缝合线上的继承性造山带也控制了现代油气系统的形成与破坏。

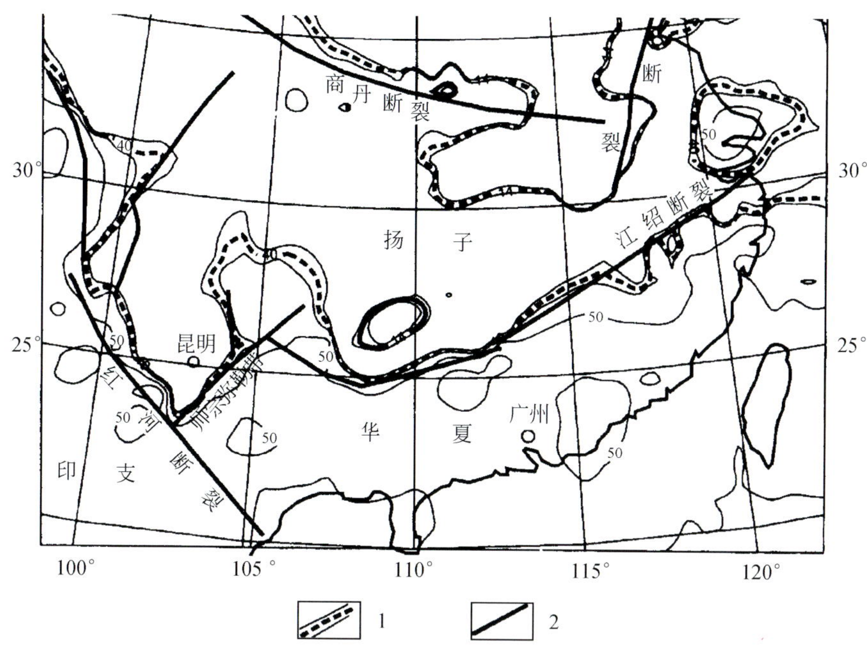

图 6-4 中国南方铅同位素急变带（朱炳泉等，1997）

1. 铅同位素急变带；2. 主构造线

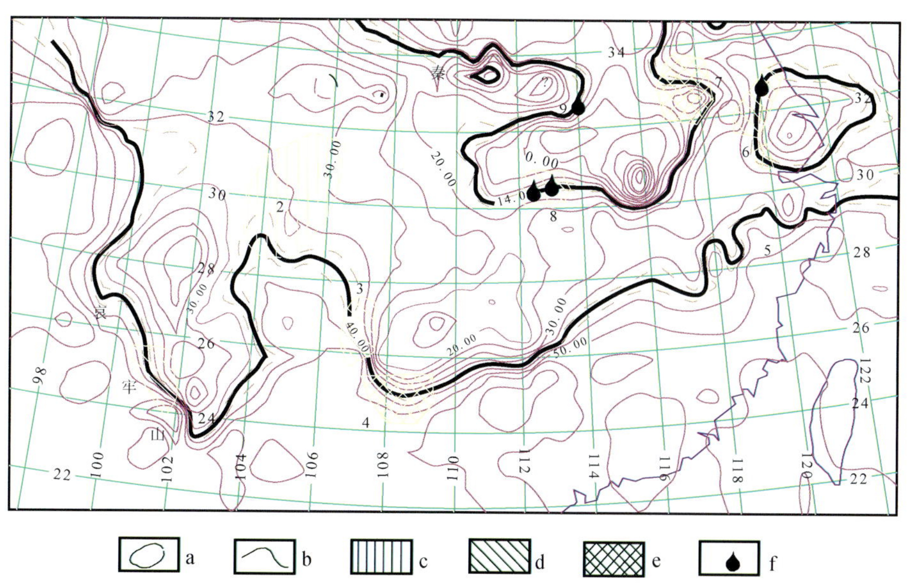

图 6-5 地球化学急变带与南方油气资源及勘探区

1. 楚雄盆地；2. 四川盆地；3. 黔南盆地；4. 桂中盆地；5. 金衢盆地；6. 苏北—太湖盆地；7. 合肥盆地；8. 江汉盆地；9. 南阳盆地；a. 铅同位素矢量（V_2）值等值线；b. V_2 值急变带；c. 非克拉通边缘含油气盆地；d. 已发现油气和有前景的克拉通边缘前盆地；e. 有潜在远景的克拉通边缘前陆盆地；f. 油气田

第二节　扬子地区综合地质异常与3P地段证据权重法评价

一、扬子地区有利地段（3P）证据权重法模型

由于本课题的重点研究区（鄂西—渝东—黔北—湘西、川东南、黔中隆起和湘鄂西）都处于扬子地区，这里的区域油气地质异常研究便主要是针对扬子地区的。由于面上的研究不可能顾及细节，因此便把区域油气地质异常研究的任务限定于圈定油气成藏有利地带（3P）上。其具体方法是采用证据权重法，提取前述的各种沉积异常、构造异常等参数来作为证据层，先计算出扬子地区各处油气成藏概率分布图，然后结合前面所得的各处具体油气成藏条件，对油气成藏有利地带（3P）进行综合评价。

1. 证据权重法原理

证据权重法是加拿大数学地质学家 Agterberg 提出的一种地学统计方法。该方法最初是采用基于二值图像的一种统计分析模式，通过对一些与矿产形成相关的地学信息的叠加复合分析，来进行矿产远景区的预测。其中的每一种地学信息都被视为成矿远景区预测的一个证据因子，而每一个证据因子对成矿预测的贡献均是由这个因子的权重值来确定的。

（1）先验概率

这里的先验概率是指根据已知矿点分布，计算各证据因子在单位区域内的致矿概率。假设研究区被划分成面积相等的 T 个像元单位，其中有 D 个矿点，则随机选取一个像元单位是矿点的概率为

$$P_{先验}=P(D)=\frac{D}{T}$$

先验几率（O）为

$$O_{先验}=O(D)=\frac{P(D)}{1-P(D)}=\frac{D}{1-D}$$

对于任一个证据因子二值图像（图 6-6），其存在区的像元数为 B，不存在区的像元数为 $\bar{B}=T-B$ 。则已知矿点图与证据因子图的重叠部分有 $B\cap D$，$\bar{B}\cap D$，$B\cap\bar{D}$，$\bar{B}\cap\bar{D}$，其条件概率分别为

$$P\left(\frac{D}{B}\right)=\frac{B\cap D}{B}$$

$$P\left(\frac{D}{\bar{B}}\right)=\frac{\bar{B}\cap D}{B}$$

$$P\left(\frac{\bar{D}}{B}\right)=\frac{B\cap\bar{D}}{B}$$

$$P\left(\frac{\bar{D}}{\bar{B}}\right)=\frac{\bar{B}\cap\bar{D}}{B}$$

也就是说，证据因子的先验概率估算是计算证据因子存在区域中矿点像元、非矿点像

元所占的百分比。

(2) 权重

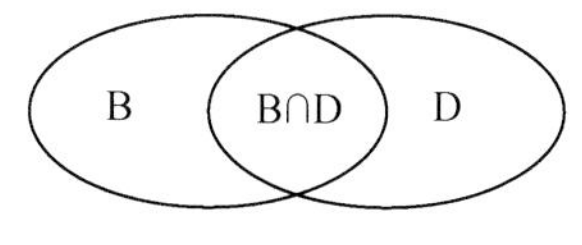

图 6-6 证据权维恩图

对任一个证据因子二值图像权重定义为

$$W^{+}=\ln\left\{\frac{P\left(\frac{B}{D}\right)}{P\left(\frac{B}{\overline{D}}\right)}\right\}$$

$$W^{-}=\ln\left\{\frac{P\left(\frac{\overline{B}}{D}\right)}{P\left(\frac{\overline{B}}{\overline{D}}\right)}\right\}$$

式中，W^{+}、W^{-}分别为证据因子存在区和不存在区的权重值，对于原始数据缺失区域权重值为 0。

用 C 表示证据层与矿床（点）证据层的相关程度，C 定义为

$$C=W^{+}-W^{-}$$

(3) 后验概率

证据权重法要求各证据因子之间相对于矿点分布满足条件独立。对于 n 个证据因子，若它们都关于矿点条件独立，后验几率对数为

$$W_j^K=\begin{cases}W^{+} & \text{证据因子存在}\\ W^{-} & \text{证据因子不存在}\\ 0 & \text{数据缺失}\end{cases}$$

后验几率表示为

$$O_{后验}=\exp\left\{\ln(O_{先验})+\sum_{j=1}^{n}W_j^K\right\}$$

则后验概率为

$$P_{后验}=\frac{O_{后验}}{(1+O_{后验})}$$

对于证据权，为了便于解释预测（证据）图通常采用二态赋值形式。应用地质判断或统计方法能够将这种形式主观地转换成其他形式以确定临界值，其临界值能够最大限度地揭示二态赋制图成果模式与数据模型的空间组合关系。证据权法最终结果是以权的形式或以后验概率图的形式表达的组合图。证据权法的优点在于权的解释是相对直观的，并能够独立确定，易于产生重现性。该方法亦适用于获取局部特征和区域模型的信息（如地球化学和地球物理异常）。

(4) 条件独立检验

在计算后验概率时，假设了各个证据权因子都关于矿点条件独立。下面简单的“冗余度”的例子表明，证据权法模拟对于条件独立性的背离是敏感的。假设二元图 A 有正权值 $W^{+}(A)=2$，且其模式与图层 B 一致。它也遵循 $W^{+}(B)=2$。例如，当追踪元素的

等值线图被用来预测与追踪元素相关的矿床出现时，这种情况可能会发生。

在 A 和 B 都存在的地方，证据权法的应用将产生很大的后验分对数值。当单元格面积很小时，意味着相应的后验概率为 $e^2=7.4$。很明显，这种情况在实际应用中应该避免。

过去，两种条件独立性检验被应用于：①偶然性表格检验；②全面或综合检验，为更好地拟合，该检测由 Kolmogorov-Smirnov 检验作补充。如果在实际的应用中，一个或更多的检验失败了，可以定义新类型的图层，使得存在可由新的条件独立性检测验证的近似条件独立性。在前面所举的例子中，追踪元素可以被组合成一个指数。

2. 油气区域地质异常定量评价模型的建立

研究区概念模型从研究区地质模型的具体描述中抽取建立，综合各类成因类型的成藏条件，形成进一步的概述性文字或图表。根据前述的扬子地区区域性盖层、储层和烃源岩分布及发育特征，本次建立的油气地质异常评价模型充分考虑油气成藏控制因素的各个方面，选取研究区的构造背景、大地热流及岩浆活动、生储盖分布及特征作为证据权的各个关键变量来对本地区油气成藏的有利区块进行预测（表 6-1）。变量选取充分考虑了本地区的地质状况及资料丰富程度，同时为了消除各种地质变量量纲及地质意义的差异，所有这些变量都进行了标准化。

表 6-1 油气区域地质异常定量评价的变量选取

类别	变量	意　义
构造活动	X_1	构造活动强度，通过综合考虑研究区变形强度与断裂频数获得
烃源岩演化	X_2	地温梯度
	X_3	岩浆活动
烃源岩特征	X_4	烃源岩有机质丰度
	X_5	烃源岩厚度
储层特征	X_6	储层级别，通过对储集层岩性、孔隙度、厚度、孔隙结构类型、储集类型和沉积相六项指标综合分析得到
	X_7	储层复杂程度，储层平面分布状况
盖层封闭性	X_8	盖层发育程度
	X_9	地层水矿化度

（1）构造活动

根据前述的地质模型，扬子地区在 Z—T 的漫长演化过程中所形成的海相盆地原型，在随后的中新生代剧烈的构造变动中，都遭受了严重的叠加、改造，成为一系列结构复杂、面貌不清的残留盆地，因此构造活动对油气成藏具有一定的破坏作用及贡献作用。本次研究中构造活动因子的选取主要考虑到扬子地区印支期和燕山期的构造变形强度，以及结合断裂发育频度的统计结果两个方面。

据相关研究成果，扬子地区印支期和燕山期的构造活动强度可以分为变形极强区、变形较强区、变形较弱区和变形极弱区，通过对每一种构造变形区内断裂的频数进行统计，可以得出每一变形区内构造活动的相对强弱，因此构造活动因子的计算采用各构造变形区内断裂的频数与变形程度权重的乘积，如式（6-1）所示：

$$X_1 = t \times f \tag{6-1}$$

式中，X_1 为证据权构造活动因子；t_i 为选择地区变形强度；f 为该区所统计的断裂频数。通过对全区的构造活动情况进行统计分析，可以得出如图 6-7 所示的扬子地区构造活动证据权专题图。

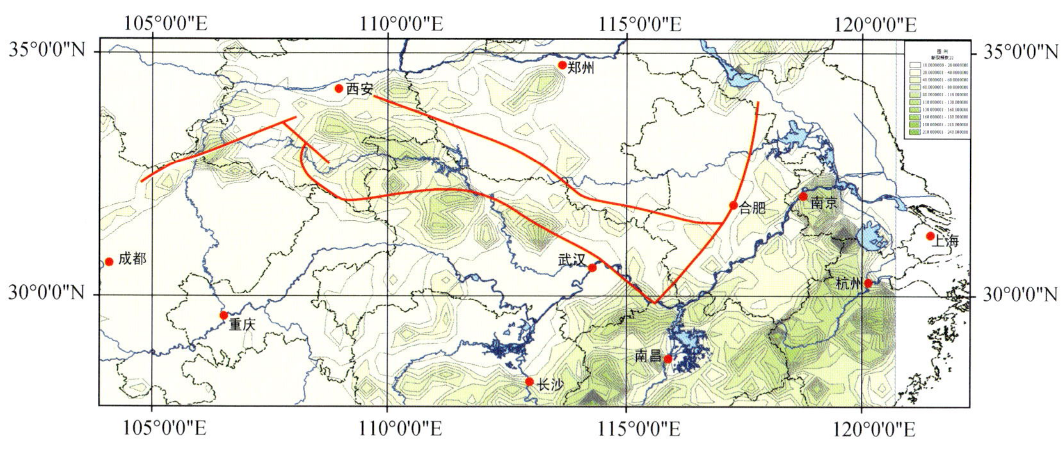

图 6-7 构造活动证据权专题图

（2）地温梯度

地温梯度是含油气盆地烃源岩演化重要的参数之一。古地温梯度控制着有机质的热演化历史和生烃历史，而现今地温梯度控制着有机质的现今成熟度和现今的生烃能力。因此。古、今地温梯度对区域油气成藏具有较强的控制作用。由于研究区海相上下组合经历了漫长的热演化历史过程，多数已经进入了过成熟阶段，而且由于它们很早就越过了生烃（气）高峰期，已有的油气藏不可能保存到今天，只能把希望寄托在那些还有一些残余的二次甚至三次生烃（气）能力的烃源岩。因此，本次研究的地温梯度因子是采用现今地温梯度平面图通过标准化处理之后得到的。地温梯度证据权专题图如图 6-8 所示。

（3）岩浆活动

一些局部性的岩浆活动会产生热异常。已有的研究证明（周江羽等，1997；Wu Chonglong et al.，2000），由岩浆活动引起的偏离背景地温梯度的热异常对烃源岩演化将带来巨大影响。为了反映扬子地区岩浆活动对下、上组合海相地层油气成藏的影响，选用了印支期岩浆活动产生的地温梯度增量、早燕山期岩浆活动产生的地温梯度增量、晚燕山期岩浆活动产生的地温梯度增量进行组合熵计算而得到。

熵是信息论中度量信息量的一种方法，它反映事物发生的不确定度。一般来说，事物越复杂，不确定程度越高。因此，地质体的特征越复杂，其不确定程度就越大，在熵值上

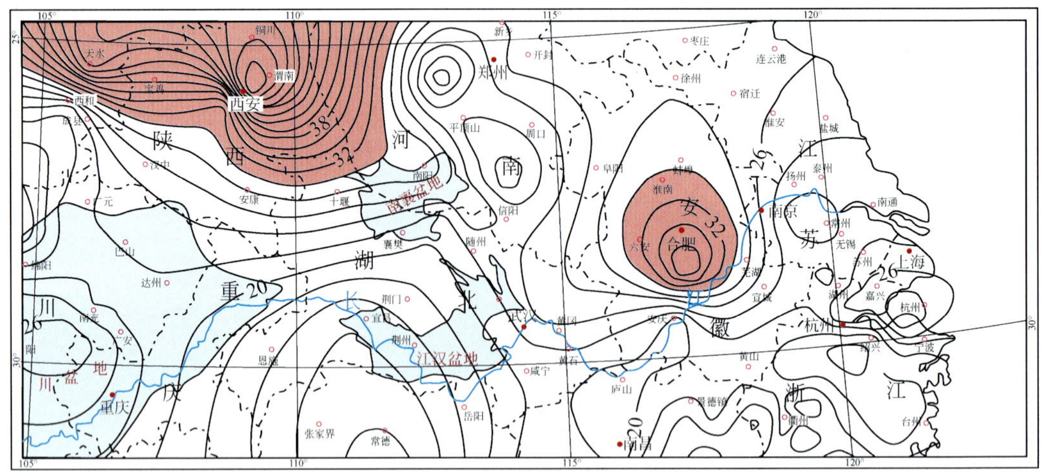

图 6-8 地温梯度证据权专题图（即通过标准化处理的地温梯度等值线图）

表现为高值。多个地质变量的组合熵可以反映一定区域内地质结构的变异程度，而结构的变异程度对成矿具有控制作用。计算公式如式（6-2）：

$$H_i = -\sum_{j=1}^{p} x_{ij}\log x_{ij} \quad (i = 1,2,3,\cdots,n) \tag{6-2}$$

式中，p 为变量数；n 为单元数；x_{ij} 为第 i 个单元的第 j 个变量的原始数据；对数 log 可取自然对数或以 10 为底的普通对数。

对于非定和数据，计算公式如式（6-3）：

$$H_i = -\sum_{j=1}^{p}\left(\frac{x_{ij}}{\sum_{i=1}^{n}x_{ij}}\right)\log\left(\frac{x_{ij}}{\sum_{i=1}^{n}x_{ij}}\right) \quad (i = 1,2,3,\cdots,n) \tag{6-3}$$

我们采用式（6-3）对三个地温梯度增量求熵来作为分析的一个因子，得到了岩浆活动矩阵权专题图（图 6-9），反映出岩浆活动对本区油气成藏的控制作用。

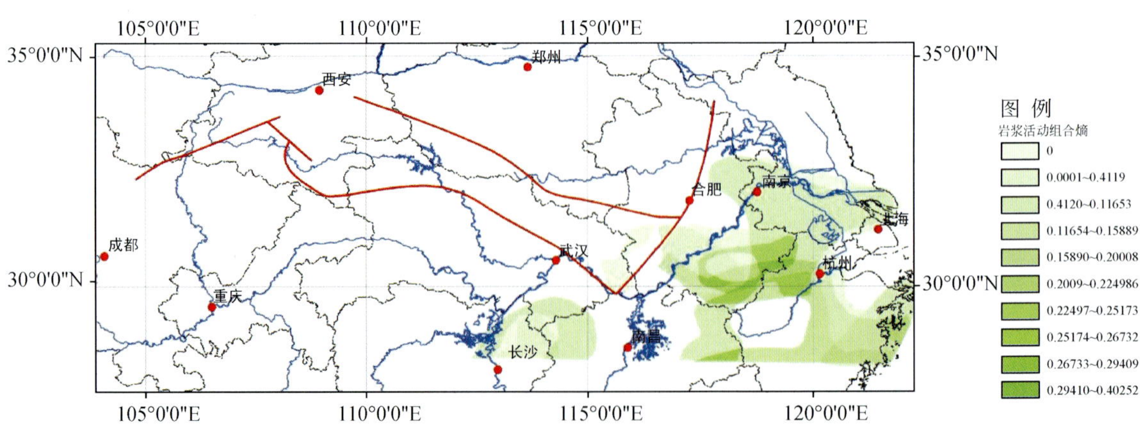

图 6-9 岩浆活动证据权专题图

(4) 烃源岩有机质丰度

烃源岩丰度是反映含油气盆地生烃能力的一个重要指标，由于资料所限，本次选用残余有机碳作为衡量有机质丰度的唯一指标。根据前述的研究结果，扬子地区油气成藏分为上组合和下组合，它们均具有多套烃源岩。为了综合评价多套烃源岩对各个区块油气成藏的控制作用，我们仍然采用组合熵法对各套地层的有机碳进行处理，从而使之能够作为一个评价油气成藏的一个重要因子。

烃源岩有机质丰度因子（X_4）应针对上油气成藏组合和下油气成藏组合分别进行处理，如针对下油气成藏组合，可以对其两套烃源岩：下寒武统烃源岩和下志留统烃源岩采用式（6-3）进行组合熵计算，从而得到下组合的烃源岩有机质丰度矩阵权主题图（图6-10），同理亦可得到上组合的烃源岩有机质丰度矩阵权专题图（图6-11）。

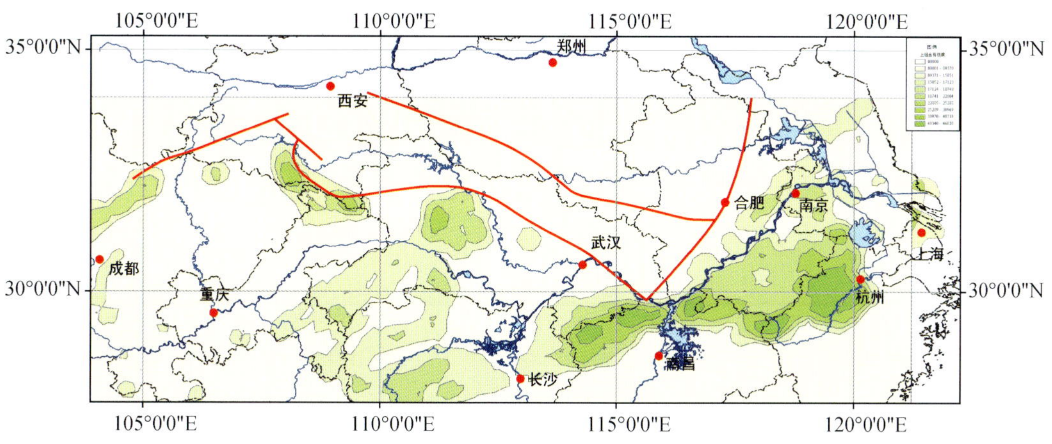

图6-10　上组合烃源岩有机质丰度证据权专题图

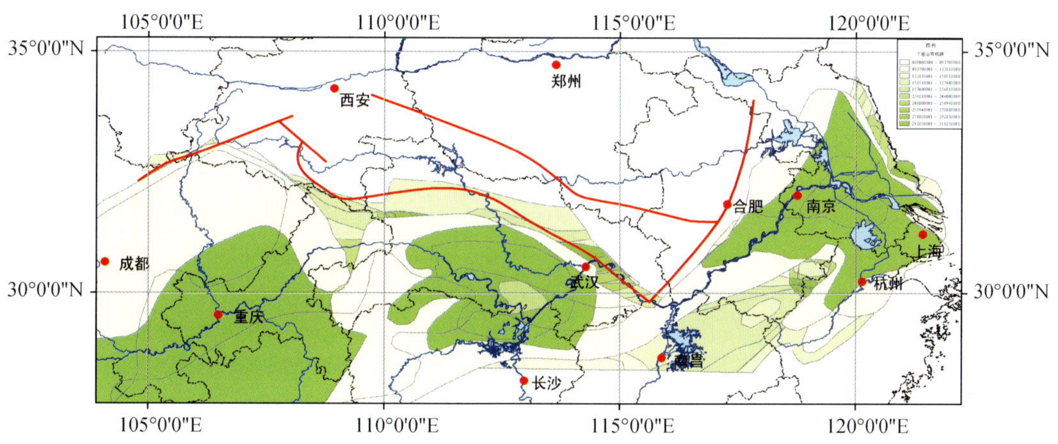

图6-11　下组合烃源岩有机质丰度证据权专题图

(5) 烃源岩厚度

在缺乏准确可靠的区域性油气地球化学指标的情况下，采用烃源岩厚度对盆地生烃量具有较好的控制意义。本次研究分别对上组合和下组合的烃源岩厚度进行组合熵计算，从而得到两个组合的烃源岩厚度矩阵权专题图（图 6-12，图 6-13）。

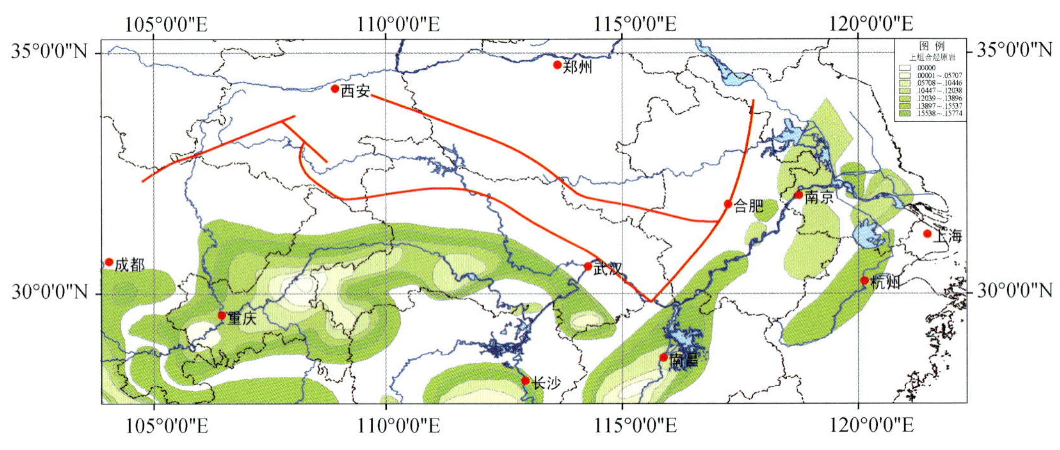

图 6-12 上组合烃源岩厚度证据权专题图

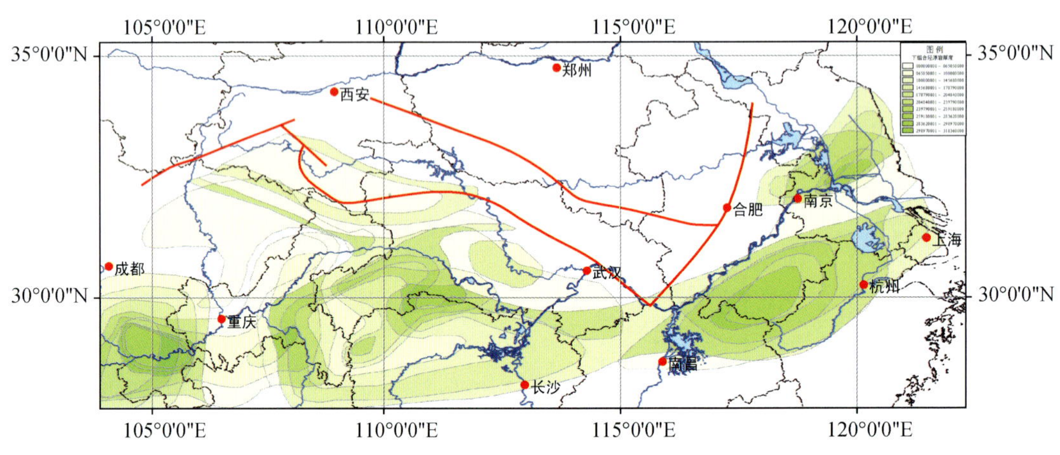

图 6-13 下组合烃源岩厚度证据权专题图

(6) 储层级别

储层级别是反映油气储集性能的重要指标之一，通过扬子地区各储集层岩性、孔隙度、厚度、孔隙结构类型、储集类型和沉积相六项指标综合分析，可以将本区储集层分为四种类型（表 6-2）。通过对分别上组合和下组合的各个储集层进行组合熵计算，可以得到两个油气成藏组合的储层级别矩阵权专题图（图 6-14，图 6-15）。

表 6-2　南方海相储层相对级别划分

储层级别	岩石类型	孔隙类型	Φ/%	$D/10^{-3}\mu m^2$	所在层位
Ⅰ	藻白云岩、残余颗粒白云岩	裂缝-溶孔、溶洞	5.0～20.0	0.84～2.22	T
Ⅱ	藻白云岩、礁滩相、交代白云岩	粒-晶间孔、溶孔	2.5～6.6	0.006～1.6	Z_2dy、S、C-P
Ⅲ	粉-中晶白云岩和滩相、砂岩	粒-晶间孔、溶孔	1.5～5.0	0.0052～0.14	ϵ_{2-3}、S
Ⅳ	台地边缘浅滩，细粉晶白云岩	晶间孔缝和溶孔	0.5～2	0.001～0.03	ϵ_{2-3}，O_1

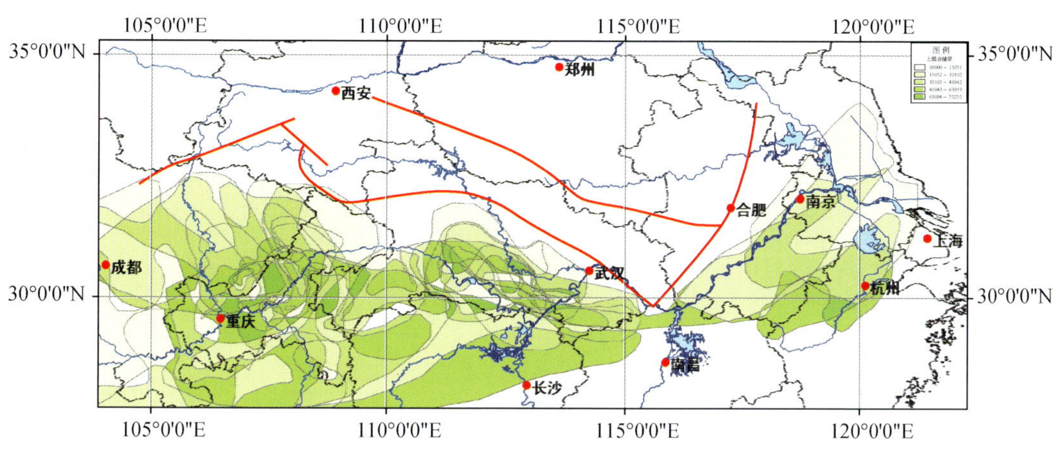

图 6-14　上组合储层级别证据权专题图

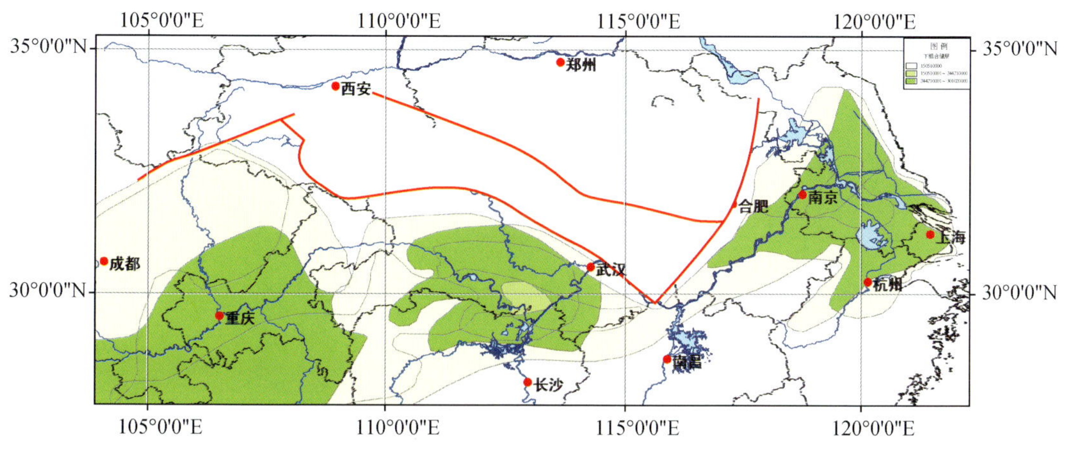

图 6-15　下组合储层级别证据权专题图

(7) 储层复杂程度

储层复杂程度是反映一定级别储层平面分布状况及非均质性的一个重要参数，平面上分布广泛的、储集性能较好的储层是油气成藏的有利区域。汤军等曾根据地震数据的瞬时频率、瞬时振幅计算出相似系数并以此来衡量储层平面上的复杂程度，而由于资料所限，本次无法对扬子地区储层作如此计算。

一定储层区域内断裂的发育程度可以作为衡量抗破裂程度的一个重要标志。中国南方碳酸盐岩储层的发育尤其与裂隙、岩溶密切相关，因此可以用平面上一定储层区域内的断裂密度来衡量该储层的复杂程度。这也是本次一个重要的证据权重因子，其计算公式如式(6-4)：

$$X_7 = f/S \tag{6-4}$$

式中，S 为某一级别储层平面分布的面积；f 为该级别储层区域断裂的条数。

对于扬子地区的上油气成藏组合和下油气成藏组合，分别对其计算每套储集层的 X_7 之后，再对所有这些层求组合熵，即可得到上组合和下组合的储层复杂程度矩阵权专题图（图 6-16，图 6-17）。

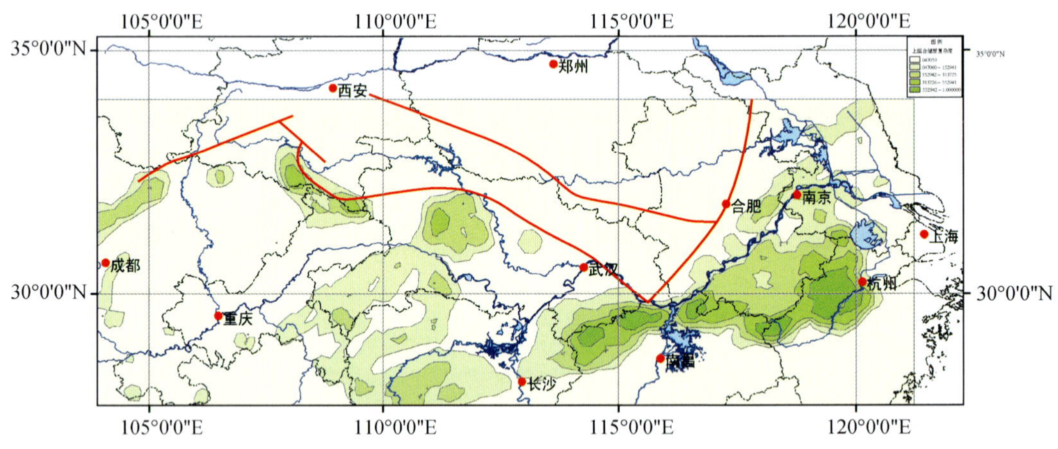

图 6-16 上组合储层复杂程度证据权专题图

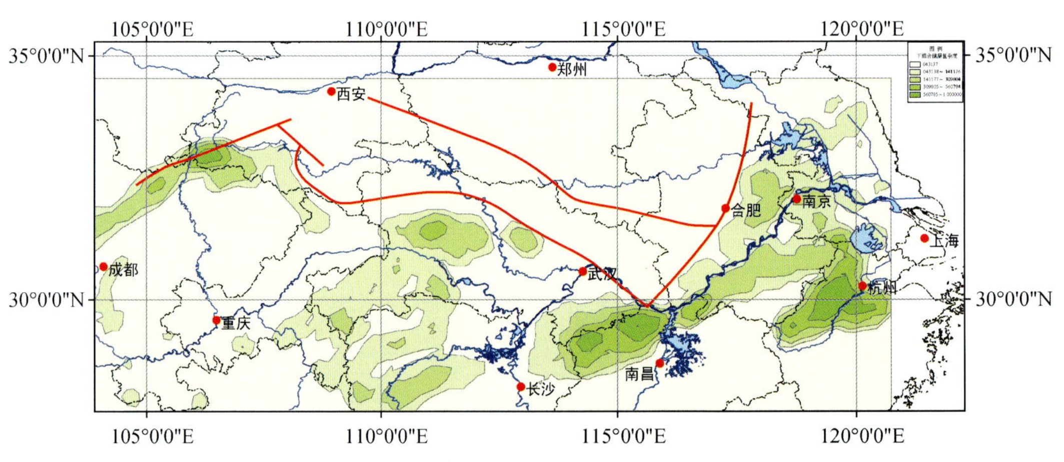

图 6-17 下组合储层复杂程度证据权专题图

(8) 盖层发育程度

前已述及，扬子地区上油气成藏组合和下油气成藏组合分别发育多套盖层。由于资料所限及计算模型抽象简化的需要，在衡量盖层发育程度时只是将上组合或下组合的盖层厚度进行组合熵计算，以衡量该地区的盖层发育程度（图 6-18，图 6-19）。

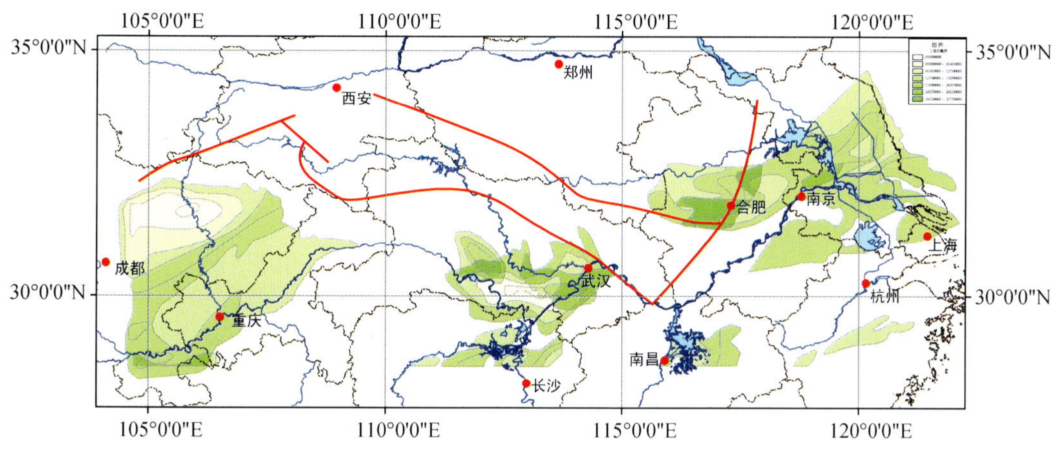

图 6-18 上组合盖层发育程度证据权专题图

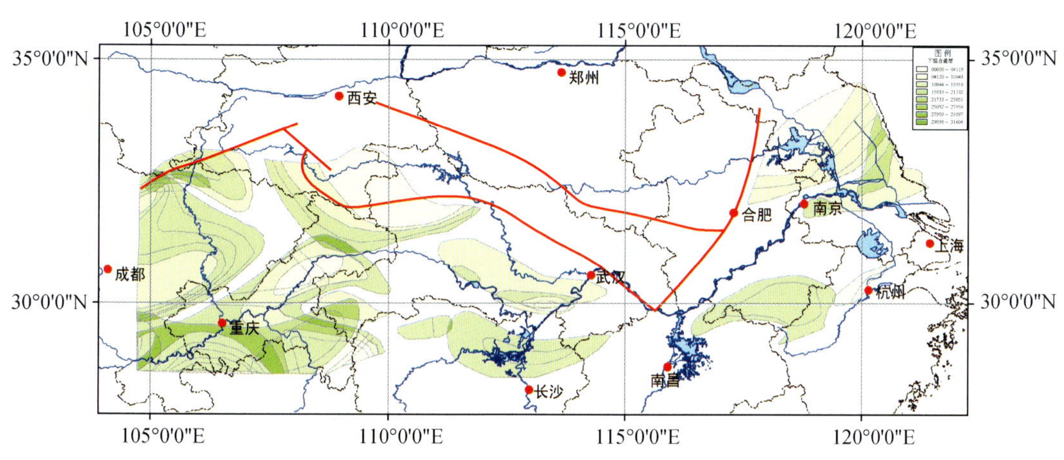

图 6-19 下组合盖层育程度证据权专题图

(9) 地层水矿化度

含油气沉积盆地在其形成演化过程中，地下水化学、水动力场也发生了一系列的变化，改造了盆地中油气运移、聚集的原始环境。从水文地质的角度分析，沉积体系中的烃源岩和油气总是与地下水伴生，是油气生成、运移、聚集的动力和载体，油气成藏是地下水在地史进程中循环活动的产物，它在一定程度上能够反映油气藏的封闭性能。为了衡量扬子地区地层水矿化度对油气成藏的控制作用，选择地层水矿化度作为一个矩阵权因子，其矩阵权专题图如图 6-20 所示。

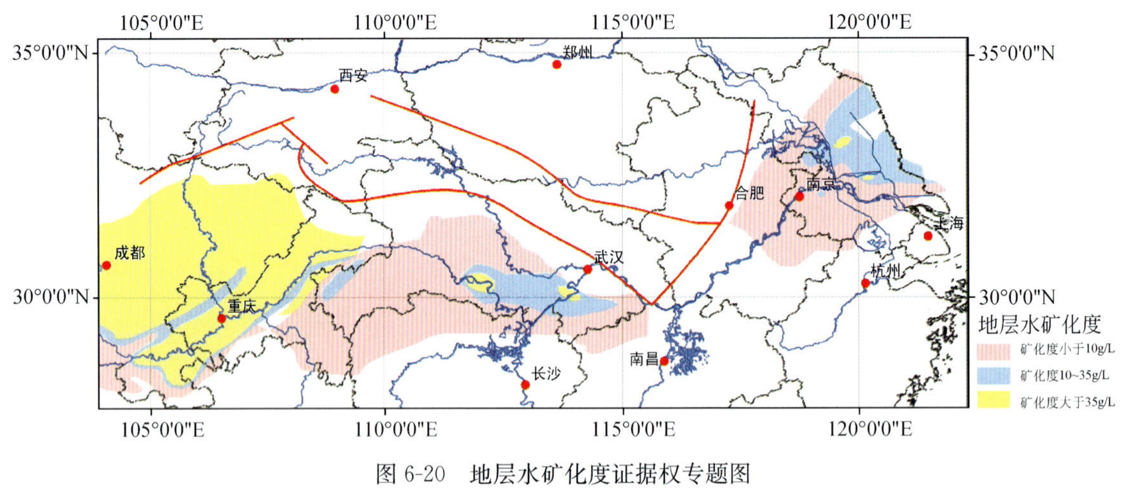

图 6-20 地层水矿化度证据权专题图

二、扬子地区有利地段（3P）证据权重法评价

本次应用中，依据前面所建立的模型，选取了上述 9 个证据权专题图，采用扬子地区区域勘探形式图作为已知训练点。在进行证据权计算前，先对研究区进行规则单元网格单元划分，这里按 63×30 网格单元将研究区划分为 1890 个单元网格。

证据权法的预测评价结果是一个成藏后验概率图，其值在 0～1 之间，后验概率值的大小对应着油气成藏概率的大小。证据权法应用的一个前提就是具备一定量的基础图件，并能够在成熟的地质模型的指导下，从这些基础图件中优选编制可应用于预测的各种辅助性图件。根据前面所建立的有利证据层的专题图件，分别针对扬子地区上成藏组合与下成藏组合计算各证据层与扬子地区油气成藏的相关程度和预测评价证据权值（表 6-3，表6-4）。

表 6-3 扬子地区上成藏组合各证据因子权值参数表

序号	证据因子	W^+	W^-	C
X1	构造活动强度	0.8572	−0.1203	0.9775
X2	地温梯度	0.0022	−0.1039	0.1061
X3	岩浆活动	−0.3807	0.0359	−0.4166
X4	有机质丰度	0.1875	−0.0149	0.2024
X5	烃源岩厚度	0.7151	−0.7770	1.4921
X6	储层级别	0.7167	−1.7145	2.4312
X7	储层复杂程度	0.6231	−0.1185	0.7416
X8	盖层发育程度	0.6331	−0.5432	1.1763
X9	地层水矿化度	0.7433	−0.6945	1.4378

表 6-4　扬子地区下成藏组合各证据因子权值参数表

序号	证据因子	W^{+}	W^{-}	C
X1	构造活动强度	0.6207	−0.1652	0.7859
X2	地温梯度	0.0159	−0.1032	0.1191
X3	岩浆活动	−0.4983	0.112227	−0.61053
X4	有机质丰度	1.1669	−0.7663	1.9332
X5	烃源岩厚度	0.8945	−0.9782	1.8727
X6	储层级别	0.6721	−1.1261	1.7982
X7	储层复杂程度	0.5501	−0.1232	0.6733
X8	盖层发育程度	0.6390	−0.5116	1.1506
X9	地层水矿化度	0.7433	−0.6945	1.4378

根据表 6-3、表 6-4 分析结果显示，对于上油气成藏组合，储层级别、烃源岩厚度、地层水矿化度、盖层厚度、构造活动强度明显的能够指示区域油气地质异常，且其相关性依次减小。上组合各套烃源岩的有机质丰度不能很好地指示区域油气地质异常。同时也可以看出，地温梯度＞30℃和岩浆活动明显与区域油气地质异常呈现负相关性。进一步对计算结果进行分析，可以得出以下几个基本认识：①储层级别和烃源岩厚度是控制本区油气成藏最重要的因素。而烃源岩有机质丰度与区域油气地质异常关系并不密切，但需要注意的是，这并不表明烃源岩有机质丰度对油气成藏没有明显贡献，只可能是本区普遍存在有利烃源岩，油气成藏主要受生烃量、储集性能和封闭性能的影响。②盖层厚度和地层水矿化度是衡量封闭能力的重要参数。在本次计算中都具有较高的相关值，这说明本地区盖层封闭性能对油气成藏具有重要意义，并且强烈的构造活动是破坏油气成藏的重要因素。③构造活动（断裂活动）与区域油气地质呈现较弱的正相关性。这说明本区的构造活动对二次成藏具有一定的意义。④地温梯度高于 30℃与油气地质异常呈现负相关，表明高地温梯度不利于成藏。这是因为高地温梯度易于使上组合烃源岩快速进入过成熟阶段，岩浆活动引起局部地区的热效应，加快了烃源岩的演化速度，从而对成藏具有不利影响。

同理针对下油气成藏组合，各证据层变量对油气区域地质异常指示作用的大小依次为：烃源岩有机质丰度、烃源岩有机质厚度、储层级别、地层水矿化度、盖层发育程度、构造活动。与上组合一样，过高的地温梯度和岩浆活动仍然与油气地质异常呈负相关关系。可以看出，与上组合不同的是，对于下组合，烃源岩有机质丰度对油气成藏具有较大的控制作用，尤其是下志留统的烃源岩有机质丰度与油气区域地质异常相关性最大，这说明对于下组合，烃源岩及其演化是决定成藏的关键因素，对这类组合，应注意考虑二次生烃和次生油藏等。

对于上组合和下组合的 9 个证据层进行条件独立性检验，表明二者的 9 个因素基本上都满足条件独立性。因此，上述评价的数学有效性显著。

三、预测结果及综合评价

后延概率反映了在各种证据因子下油气成藏的概率，根据此次针对上下组合计算的后延概率，结合区域油气成藏条件、勘探现状等信息，对扬子地区海相上、下组合油气成藏有利区块（即找油气有利地段，3P）进行了综合评价。

1. 扬子地区海相上组合油气成藏有利区块预测结果

根据所建立的扬子地区上组合证据权模型，计算出了各个预测单元的油气成藏有利区域（以后延概率值来代表）。图 6-21 所示者为扬子地区区域油气地质异常的后验概率等值线图。将上述评价结果与本地区的地质研究成果综合起来考虑，可以将扬子地区上组合找油气有利区块的分布区域圈定如下。

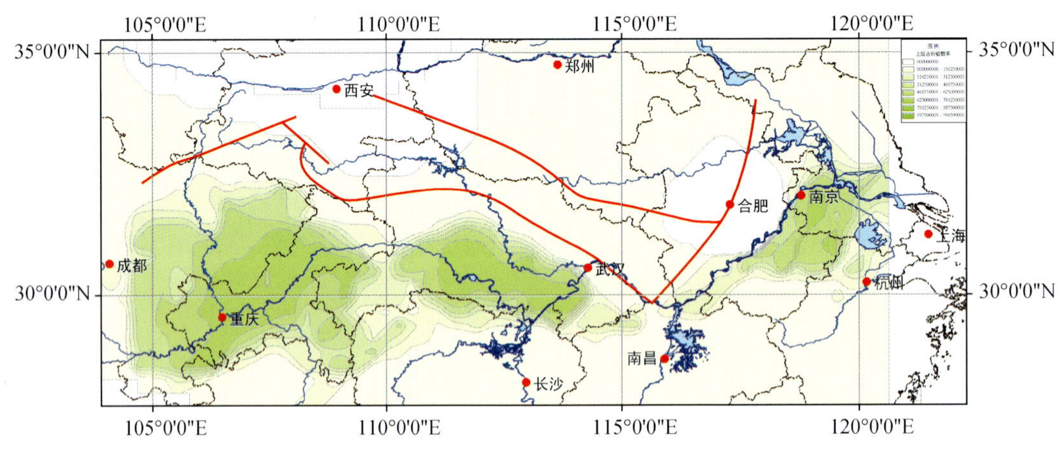

图 6-21 扬子地区上古生界（上组合）油气地质异常及综合评价图

（1）一类有利区（找油气最有利地段，3P-A）

1）川东北地区、鄂西—渝东—黔北—湘西地区。是扬子地区油气勘探最有利的地区，在这两个区域油气地质异常度最高。根据前述研究成果，上组合油气地质异常主要与储层发育、封盖条件、烃源岩密切相关。而该区良好的沉积相带控制了储层分布，主要发育下三叠统飞仙关组、嘉陵江组和上二叠统长兴组三套储层，岩性主要为滩相岩溶白云岩、角砾状白云岩，储层类型以裂缝-孔隙性为主。从封盖条件上来说，该区在油气系统形成后，连续沉积了上叠区域盖层，故保存较完整，属持续型保存单元。现今油气系统区域盖层为二叠系，中、下三叠统和上叠的上三叠统—侏罗系，保存完好，上组合地层水矿化度一般$>100g/L$、rNa^+/rCl^-比<0.87，水型多为 $CaCl_2$ 型，整体属交替停滞，形成了整体封存条件。燕山晚期—喜马拉雅构造运动改造强度相对较弱，对其优越的原始海相油气系统破坏较少。

2）江汉平原区。亦是油气地质异常高值区，结合地质综合分析认为此区亦为有利的成藏区块。从江汉平原烃源、储层、保存、圈闭、运聚配置来看，上组合以沉湖—土地堂复向斜最为有利。沉湖—土地堂复向斜是中扬子北缘江汉平原地区油气勘探的有利区，具有晚期生烃潜力，南部是下组合的生烃中心，油气源充足，存在原生改造型含油气系统，处于白垩系—新近系有利油气保存单元。新沟潜山带圈闭类型较好、埋藏适中，有较好的油源条件、储集条件和保存条件，具备形成多源次生油藏的条件，是潜山勘探的有利区块。

3）下扬子区盐城凹陷、阜宁凹陷、海安凹陷、高邮凹陷、金湖凹陷等地区。亦存在高的油气地质异常，为有利的立体勘探地区。

（2）二类有利区（找油气次有利地段，3P-B）

湘鄂西地区为次一级的油气成藏区块，其异常幅度较大川东地区、鄂西渝东地区小。次地区主要发育上二叠统泥质烃源岩，厚度为20～100m，TOC为4.0%～6.0%。盖层主要为中—下三叠统，厚度为200～1000m，盖层分布连续性较差。上组合储层情况复杂，不确定性因素较高。印支期以来岩浆活动较弱，早燕山期构造变形相对较强，印支期和晚燕山—喜马拉雅期构造变形较弱。

2. 扬子地区海相下组合油气成藏有利区块预测结果

由扬子地区下组合证据权模型计算所得的后延概率分布图可以看出（图6-22），其组合的后延概率明显较上组合大。这种情况说明，所选因子对下组合油气成藏控制作用较上组合强，尤其是烃源岩有机质丰度与油气地质异常相关性较强。结合区域油气地质研究成果，对扬子地区油气成藏下组合评价如下。

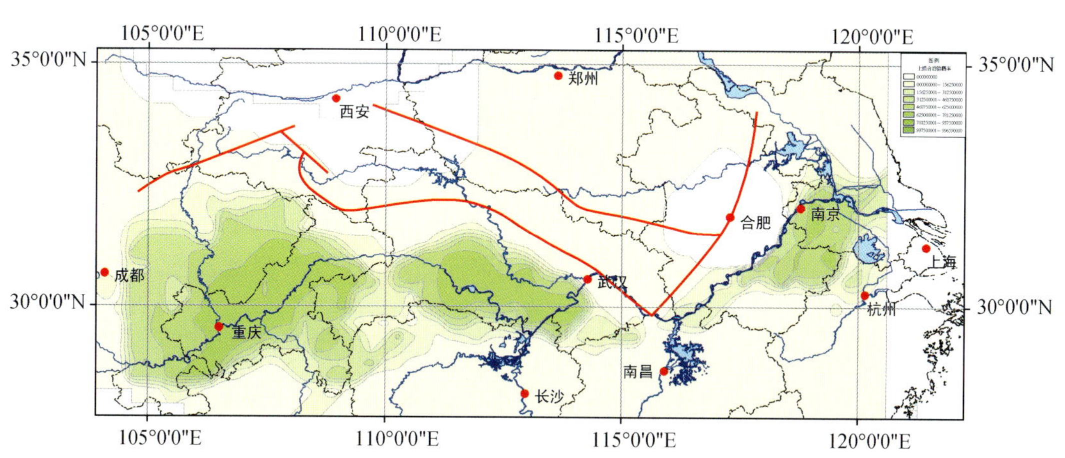

图6-22 扬子地区下古生界（下组合）油气地质异常及综合评价图

（1）一类有利区（找油气最有利地段，3P-A）

1）四川盆地东北部。与上组合油气区域地质异常明显不同的是，下组合在四川盆地北部明显存在高异常。本区下寒武统泥质烃源岩厚 50～500m，残余 TOC 为 1.0%～2.0%，R^o<3.0%的地区分布在北部，呈 NW 向展布；下志留统泥质烃源岩厚 50～200m，残余 TOC 为 0.5%～1.0%，R^o 为 2.0%～3.0%。区域盖层为下寒武统和下志留统泥质岩，厚度分别为 300～1300m 和 100～600m，厚度大且连续性也较好。岩浆活动和构造变形强度较弱，基本上未卷入上组合的隔挡式变形。

2）鄂西—渝东—黔北—湘西地区。本区油气区域地质异常参数可达 0.9 左右，充分说明其有利性。下寒武统泥质烃源岩厚 100～500m，残余 TOC 为 0.5%～1.5%，下志留统泥质烃源岩厚 150～550m，残余 TOC 为 0.5%～1.5%。区域盖层是下寒武统和下志留统泥质覆盖，盖层厚度大且连续性较好，厚度分别为 300～1300m 和 100～600m。岩浆活动较弱，构造上虽然介入了盖层的隔槽式变形，但背斜宽缓且破坏较弱。

3）下扬子地区。本区下组合油气地质异常分布范围与上组合明显不同，主要分布在滨海—大丰区块和句容—海安带。下寒武统泥质烃源岩厚 50～400m，残余 TOC 为 0.5%～4.0%；下寒武统碳酸盐岩烃源岩厚 50～350m，残余 TOC 在局部地区达 0.5%；下志留统泥质烃源岩厚 50～100m，残余 TOC 为 1.0%～1.2%。区域盖层为下寒武统和下志留统泥质岩，厚度分别为 100～400m 和 500～2000m，厚度大且连续性和封盖能力也都比较好。岩浆活动和构造变形强度弱，特别是掩藏于南北对冲三角构造之中的上组合，油气的成藏、保存条件都相对好一些。

（2）二类有利区（找油气次有利地段，3P-B）

二类有利区包括滇东、黔北和湘鄂西地区，为油气区域地质异常较一类有利区小的地区。本区下寒武统泥质烃源岩厚 100～500m，残余 TOC 为 0.5%～3.0%；下志留统泥质烃源岩厚 50～150m，残余 TOC 为 0.5%～2.0%；下寒武统 R^o 为 2.0%～3.0%。有下寒武统和下志留统泥质盖层覆盖，厚度分别为 100～400m 和 200～700m，厚度大且连续性好。岩浆活动和构造变形强度也都相对较弱。

（3）三类较有利区（找油气较有利地段，3P-C）

三类较有利区主要分布在中扬子北部。本区下寒武统泥质烃源岩厚 50～400m，残余 TOC 为 1.5%～3.0%；下志留统泥质烃源岩厚 50～150m，残余 TOC 为 0.5%～1.5%。区域盖层仅有下寒武统泥质岩，厚度<50m。岩浆活动和构造变形强度较强。

第三节 鄂渝黔湘交界处综合地质异常与 4P 地段神经网络评价

一、鄂西—渝东—黔北—湘西石油地质概况

鄂西—渝东—黔北—湘西地区处于湖北、重庆、贵州和湖南四省交界处，包括了中上扬子地区中南部的大部分，在构造上处于雪峰（江南）隆起带西北侧的前陆隔槽式变形

带、隔槽-隔挡式过渡变形带和隔挡式变形带中（图 6-23）。

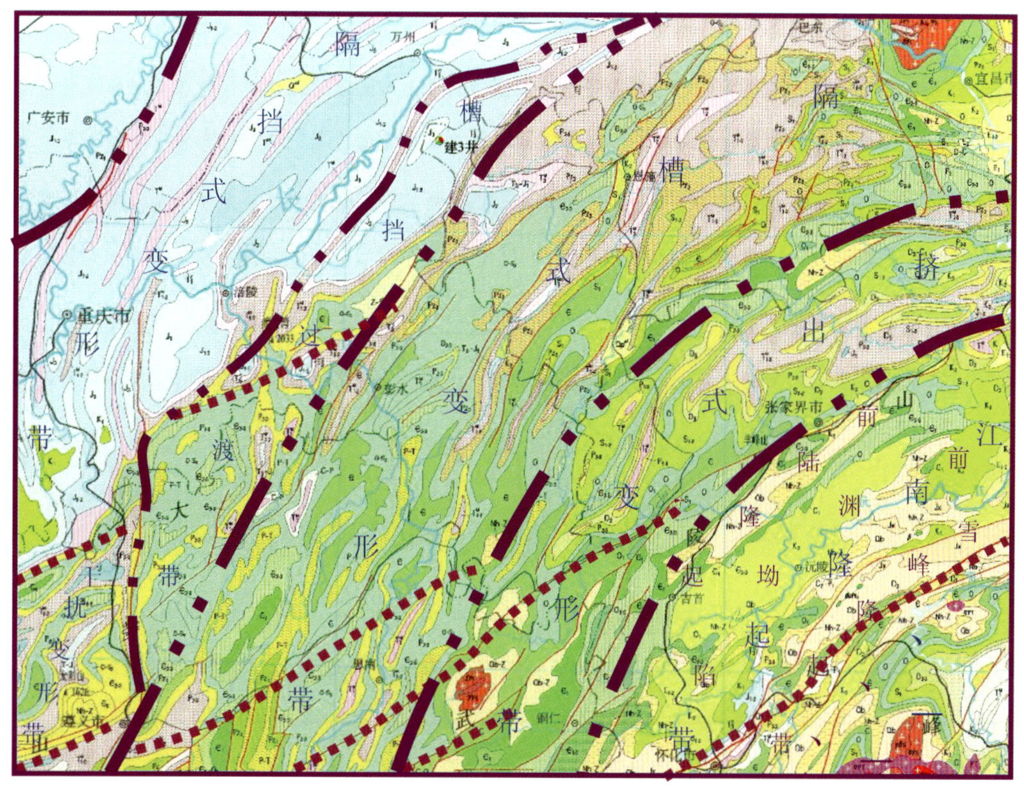

图 6-23　鄂西—渝东—黔北—湘西地区的构造变形分区
（地质底图据 1∶50 万四川幅、贵州幅和湖南幅地质图拼接）

其特征是：第一，本区自下而上沉积了巨厚的碳酸盐岩及陆源碎屑岩，垂向上组成了多个生、储、盖组合，但因经历过加里东以来的多期构造运动改造，又形成了地层间的多次不整合。第二，平面展布的分区分带性，即由东南向西北，分别为江南隆起带、挤出式变形带、隔槽式变形带、隔挡式变形带和川中弱变形带。在江南隆起带上，上下组合海相地层均遭彻底破坏，已经不具油气保存条件；在挤出式变形带上，元古界基底和上下组合均已卷入逆冲推覆作用，海相层破坏严重，但在推覆体掩盖下的局部地方，可能有海相层保存；在半基底卷入的隔槽式变形带上，虽然陡峭的向斜转折端和翼部伴生大量逆冲断层，但对油气成藏有利的宽缓背斜却保存较为完整；在隔挡式变形带中，高陡的背斜转折端两侧常伴生有大型逆冲断层，圈闭破坏严重，但在宽缓的复向斜处却不乏保存完好的次级背斜圈闭；在隔槽-隔挡式变形过渡带上，则兼有两侧的特征——形成下组合仅微弱卷入的复式背向斜，也能找到有利于油气保存的处所。第三，在垂向上出现了上、下构造层的不协调，表现为上组合变形强而下组合变形弱，甚至由于多个滑脱层的存在而使地表与地腹高点不一致。通过前面的证据权法的评价，本区为下组合油气成藏有利区块。

二、ART 神经网络评价模型的特点

ART（Adaptive Resonance Theory）模型是由美国 Boston 大学的 S. Grossberg 提出的一种自组织神经网络，是以认知和行为模式为基础的一种无教师、矢量聚类和竞争学习的算法。该法可对任意多和任意复杂的二维模式进行自组织、自稳定和大规模并行处理。ART 的基本结构如图 6-24 所示。它由输入神经元和输出神经元组成，采用前向权系数及样本输入来求取神经元的输出。这个输出也就是匹配测度，具有最大匹配测度的神经元的活跃级，通过输出神经元之间的横向抑制得到进一步增强，而当匹配测度不是最大的神经元的活跃级，就会逐渐减弱。在输出神经元到输入神经元之间有反馈连接，以便进行学习比较。该方法还提供一个机制，通过输出神经元与输入模式进行比较，来确定具有最大输出的输出神经元。

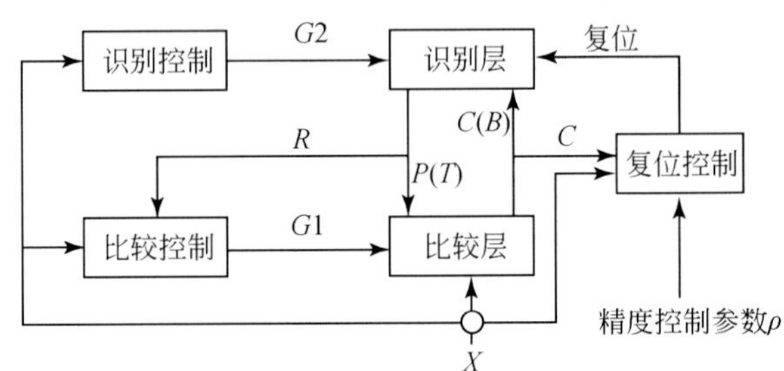

图 6-24 ART 总体结构图

ART1 评价系统包含 5 个功能模块：识别层、比较层、识别层输出信号控制（$G1$）、比较层输出信号控制（$G2$）、系统复位控制。它的基本工作过程为：当系统没有接受输入向量的时候，比较层输出信号控制 $G1$ 使得比较层的输出信号 C 为 0；识别层的输出控制信号 $G2$ 使得识别层的输出信号 P 为 0。当输入向量 X 一旦被加到系统上，$G1$ 使 X 被原封不动地按照C 的形式送入识别层。在识别层找到 C（X）应该属于的类，该类的代表向量被以向量 P 送回到比较层，比较 P 与 X，形成新的输出向 C，C 和 X 又同时被送到系统复位控制模块进行比较。如果系统认为 C 可以代表 X，则网络进入训练期——按照 X 修改被选中的 Bk 和 Tk。如果系统认为 C 不能代表 X，则发出信号，使识别层复位（重新输出 0），向量 X 重新被原样送入比较层，寻找新的类进行匹配……如此下去，直到找到一个能满足要求的类或者发现系统中现有的类均不能满足要求。当后一种情况发生时，则在系统中按照 X 建立一个新类。

ART1 网络的主要优点是：

1）它对任何输入观察向量可以进行实时学习，学习时不需要事先知道样本的结果，是无教师学习，且可以适应非平稳环境；

2）通过注意子系统对已学习过的对象具有稳定的快速识别能力，通过定位子系统能迅速适应未学习的新对象；

3）容量不受输入通道数的限制，存储对象也不要求是正交的。

由 ART1 的这些特性可以看出，此数学模型可以在预测区工作程度较低、已知勘探区块较少的情况下使用。ART 模型本身具有自适应能力，ART 的训练是在运行的过程中根据执行的结果确定的，不需要预先知道分类，因此它是一种不需要已知模型的预测方法。虽然这种方法与特征分析等有模型预测方法相比预测结果可信度明显偏低，但在资料缺乏的情况下，利用 ART1 神经网络可以对研究区有利区块进行分类对比，从而可以充分结合区域石油地质研究资料对研究区作出综合评价。

鄂西一渝东一黔北一湘西区块石油地质条件复杂，勘探程度较低，如果选择有模型的油气地质异常评价与预测方法，一方面存在一定的难度；另一方面由于数据的不完整，会造成评价结果的片面性。而使用 ART1 神经网络模型法，则可以在各种生储盖地质条件的研究基础上，对各有利区块进行分类和评价，取得良好的效果。

三、ART1 神经网络评价模型的应用

前已述及，鄂西渝东地区具有良好的油气成藏条件，其成藏组合可以分为下古生界油气成藏组合和上古生界一中生代油气成藏组合。下古生界主力烃源岩为下寒武统泥岩和碳酸盐岩烃源岩、下志留统泥质烃源岩和下二叠统碳酸盐岩烃源岩。主要储层为震旦统灯影组白云岩、中上寒武统白云岩、下奥陶统滩相储集层、石炭系碳酸盐岩及碎屑岩、二叠系滩相储集层，其中石炭系储集层是鄂西渝东地区目前发现的主要储集层之一。主要盖层为下寒武统泥岩盖层、下志留统泥质盖层、中下三叠统泥岩盖层，此外本区还发育一些膏岩盖层。

1. 地质模型的建立

油气成藏是一种受到构造、沉积、温度场、压力场、流体场等综合因素的动力学过程。油气成藏主控因素的研究，是探索一个地区油气成藏及有利区预测的主要手段之一。前面几章的研究表明，中国南方海相残留盆地中的油气成藏正是受到了多个因素的复合控制。根据本课题所收集的资料情况，选择以下因素重点评价。

(1) 前陆变形特征是控制油气成藏的主导因素

在本区所经历的多期构造运动中，以印支一燕山期的复合盆山体系叠加改造最为严重(吴冲龙等，2006)，因而成为本区油气成藏的主控因素之一。在隔挡式变形带，虽然因为上组合盖层被卷入褶皱冲断作用，所形成的高陡背斜因冲断强烈而丧失保存条件，但在宽缓向斜中的次级褶皱却常能形成大型圈闭；在隔槽式变形带，尽管局部基底卷入造成的大范围隆升使上组合遭受剥蚀，但因下组合卷入变形而出现的宽缓复背斜，却是形成巨型圈闭的良好基础，巨大的麻江古油藏和瓮安古油藏就产于此带；在隔槽-隔挡式变形过渡带则兼有二者的特征——形成了下组合仅轻微卷入的宽缓复式背斜和复式向斜，内中包含了多个次级背、向斜；在挤出式变形带，基底卷入逆冲推覆使整个上组合和局部下组合遭受剥蚀，但在推覆体的下方或侧下方，也可能是油气聚集保存的有利位置。在川东北喇叭状

构造变形带，隶属于大巴山盆山体系的 NW—SE 向褶皱，与隶属于雪峰山盆山体系的 NNE—SSW 向褶皱相互叠加，也可以构成有利的大型构造圈闭。例如，著名的普光构造就是 NW—SE 向背斜与 NNE—SSW 向向斜中的次级背斜叠加的产物。此外，一些盆山体系的前陆隆起或复合盆山体系的前陆隆起，如四川盆地的乐山—龙女寺隆起、泸州隆起、开江隆起，也可能是古油藏裂解气和海相上、下组合二次（甚而三次）生成气的汇聚指向场所。长期继承性的构造圈闭与主力烃源岩的良好时空匹配，是油气成藏的有利地区。

（2）断裂是控制区内油气藏保存的主要因素

区内的断裂主要形成于印支—燕山期和喜马拉雅期，对局部构造的类型、形态和规模起着决定性的控制作用。断裂活动常导致大型构造圈闭解体，形成断背斜和断鼻，从而决定了研究区气藏的构造圈闭类型。同时，断层的性质和规模及开启性又对气藏的保存条件起着决定性的控制作用，由于该区断裂活动强度大，活动时间长且晚，往往对油气的保存起着破坏作用。例如，茨竹娅构造由于茨西断层的切割，导致石炭系断点以上圈闭闭合度<100m（断背斜闭合度为 360m），大大缩减了油气藏的规模。茨（竹）1 井就因石炭系井底落于断点之下而产水。

（3）储层发育程度是控制下古生界油气成藏的重要因素

本区的主要储层为碳酸盐岩。碳酸盐岩储层具有很强的非均质性，一方面其受沉积相带的控制，另一方面受后期成岩作用的影响。一般地说，各种生物礁和生物碎屑滩堆积，都具有较好的孔隙度和渗透率，并且容易受溶蚀作用而形成次生孔洞，是良好的储层。后期的构造抬升、风化剥蚀、地下水活动等，都会促进碳酸盐岩的岩溶作用和白云岩化作用，并对其储集性能造成影响。例如，本区石炭系储层的好坏受黄龙组残厚的控制，因为黄龙组整体的岩溶作用强烈，其厚度大储集性能自然就好。同样，奥陶系储层的优劣，也受其风化壳和岩溶发育程度的控制。

（4）有效烃源岩分布控制了油气圈闭的有效供烃面积

由于本区上、下组合海相烃源岩的形成地质年代普遍较早，其中的有机质都经受了长期的热演化作用，主力烃源岩如寒武系、志留系、石炭系和二叠系在中生代已经成熟。而且由于本区发生多期次岩浆活动，对本区烃源岩的有机质演化具有强化作用，使其大量进入了过成熟阶段，甚至大部分丧失了二次生烃能力，从而不利于成藏。因此，有效烃源岩的分布控制了油气圈闭的有效供烃面积。圈定及评价有效烃源岩，是在本区进行油气地质异常研究的重要内容之一。

总之，在建立鄂西—渝东—黔北—湘西区油气地质异常 3P 定量预测、评价模型时，应充分考虑构造、烃源岩、储层、盖层、热演化等多方面因素的结果。

2. 预测模型专题数据的选择

在前述的地质模型的基础上，为了综合衡量上述各因素对成藏作用的控制，我们进一步建立了多因子综合预测模型，并通过实践加以检验。

（1）构造活动

如前所述，扬子地区在 Z—T 的漫长演化过程中所形成的海相盆地原型，在随后的中新生代剧烈的构造变动中，特别是在印支—燕山期的多块体聚合、碰撞和造山运动中，都遭受了严重的叠加、改造，成为一系列结构复杂、面貌不清的残留盆地。首先是所处的变形带位置在总体上控制了构造圈闭的类型和规模，其次是构造变形的性质和强度具体控制了构造圈闭的位置和完整性。断裂频数能够在一定程度上反映一个地区构造活动的强度。在构造活动频繁的地区，通常岩层遭受破坏的程度较为强烈，具有较高的断裂频数（或称断裂密度）。通过断裂因子，还可以利用模型分类找出断裂与已知油气藏分布的关系，有助于对有利区带的预测。

图 6-25 所示为研究区所统计的断裂频数等值线图。由图中可以看出，研究区断裂极为发育，尤以黔北地区为甚。整体上渝东地区断裂较不发育，而鄂西地区断裂发育较为中等。断裂频数的分布充分说明了本地区构造活动强度的差别。

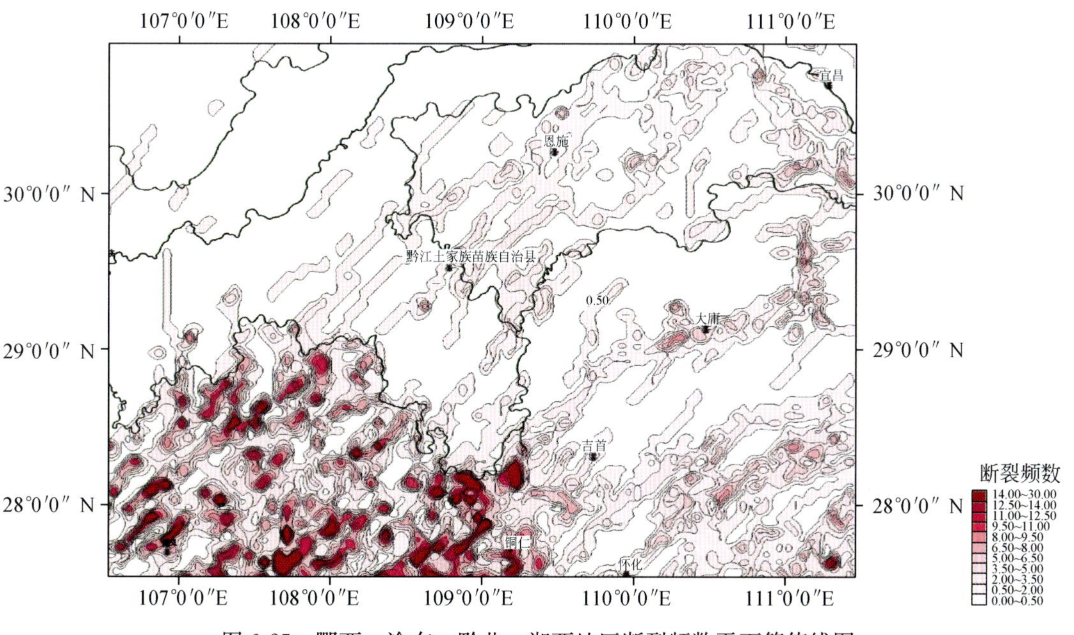

图 6-25　鄂西—渝东—黔北—湘西地区断裂频数平面等值线图

（2）岩浆活动

前已论及，本区平均地温梯度虽然不高，但烃源岩受热时间较长，因此烃源岩成熟时间较早。而且一些局部性的岩浆活动会产生热异常，其对含油气盆地烃源岩的演化具有强化作用。为了反映鄂西渝东地区岩浆活动对油气成藏的影响，本次评价提取了研究区各个时期岩浆活动作为评价因子（图 6-26）。

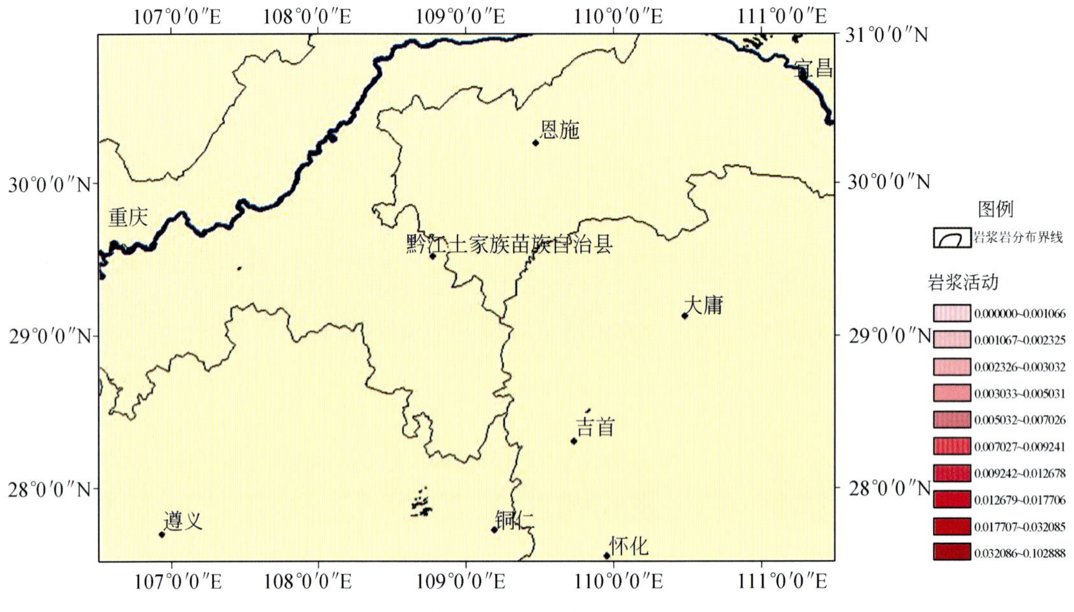

图 6-26 鄂西渝东地区岩浆活动分布图

(3) 下古生界成藏组合烃源岩发育情况

烃源岩发育程度是本区油气成藏最重要的因素之一，为充分衡量烃源岩的影响，在区域研究资料不足的情况下，选用了烃源岩分布范围和烃源岩平面分布复杂程度作为两个重要的衡量因子。

烃源岩分布范围的选取充分利用本地区已有的烃源岩研究成果，如果局部区域缺乏烃源岩范围的分布资料，则从 1∶50 万地质图数据库中提取对应层位的地质图，结合野外勘测成果，以外推的方式得到。于是，得到下寒武统、中寒武统、上寒武统、下奥陶统、中奥陶统、上奥陶统、下志留统等各个层位的烃源岩分布图。

由于研究区烃源岩具体衡量指标的缺乏，只用烃源岩分布范围难以准确地评价烃源岩对油气成藏的控制作用。为此根据本地区研究资料，选择烃源岩发育复杂程度作为评价烃源岩的一个定量指标。所谓烃源岩发育复杂程度是反映一定级别的烃源岩平面分布状况及非均质性的一个重要参数，平面上分布广泛的、生烃能力较好的烃源岩是油气成藏的主控因素之一。为准确计算烃源岩发育的复杂程度，首先根据前人研究资料，结合露头实测及地质图资料，确定有效烃源岩分布范围，并将某一层位有效烃源岩范围与此层位地层分布范围的比值作为该层位烃源岩发育的复杂程度，编制相应的专题图件（图 6-27～图6-33）。

上述烃源岩发育情况专题图（图 6-27～图 6-33），正是根据这种研究思路选择了下寒武统、中寒武统、上寒武统、下奥陶统、中奥陶统、上奥陶统、下志留统等烃源岩因子编制的。

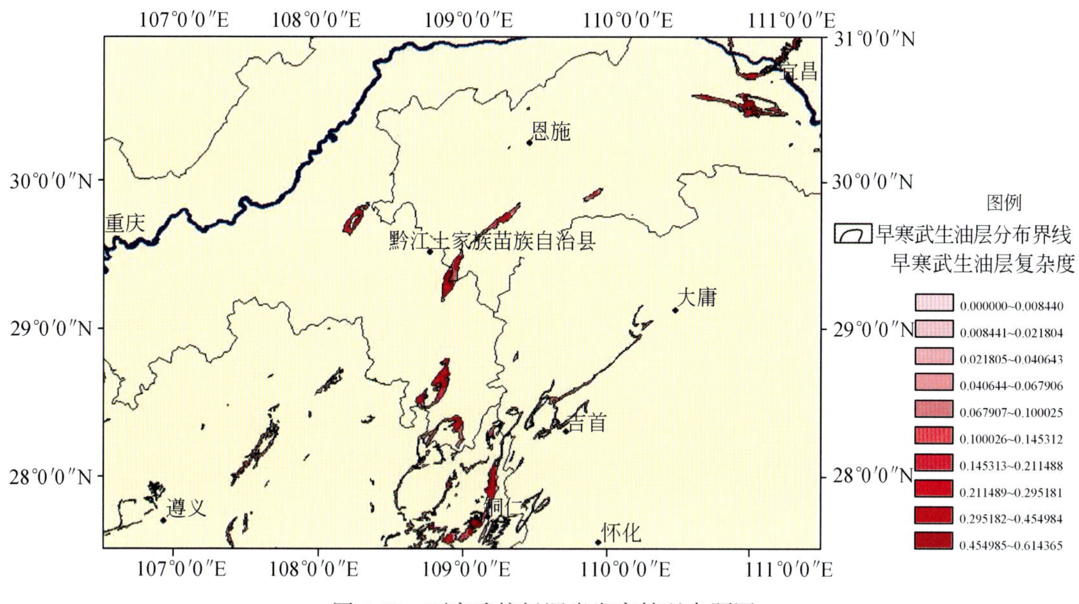

图 6-27　下寒武统烃源岩发育情况专题图

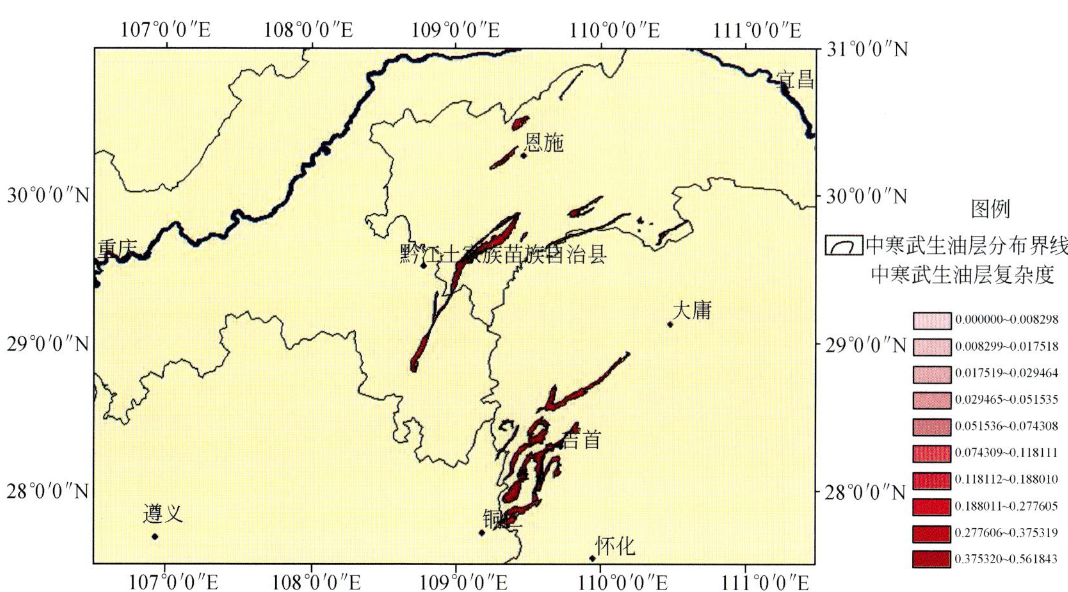

图 6-28　中寒武统烃源岩发育情况专题图

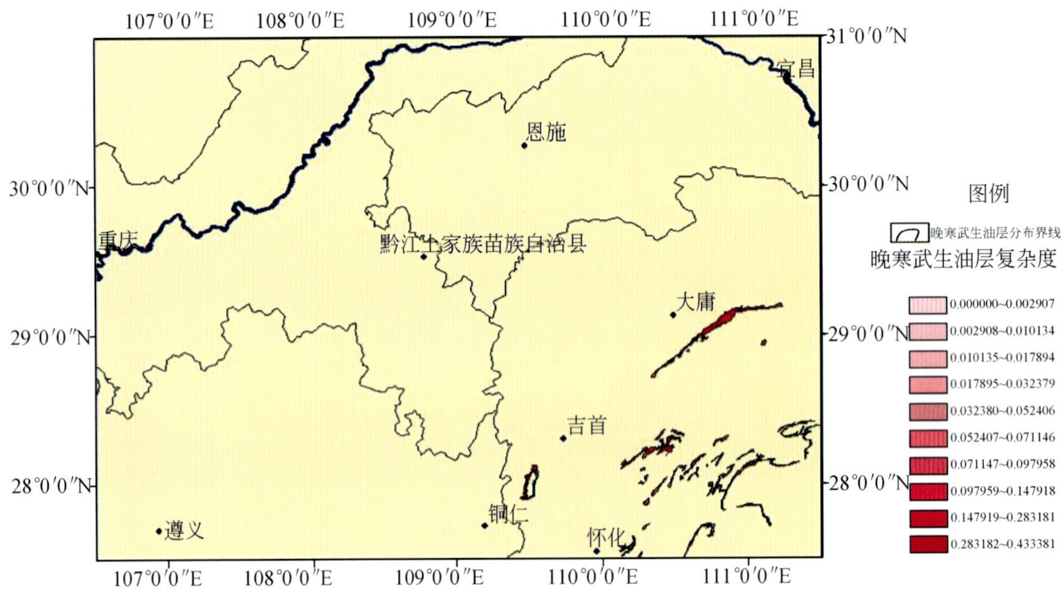

图 6-29 上寒武统烃源岩发育情况专题图

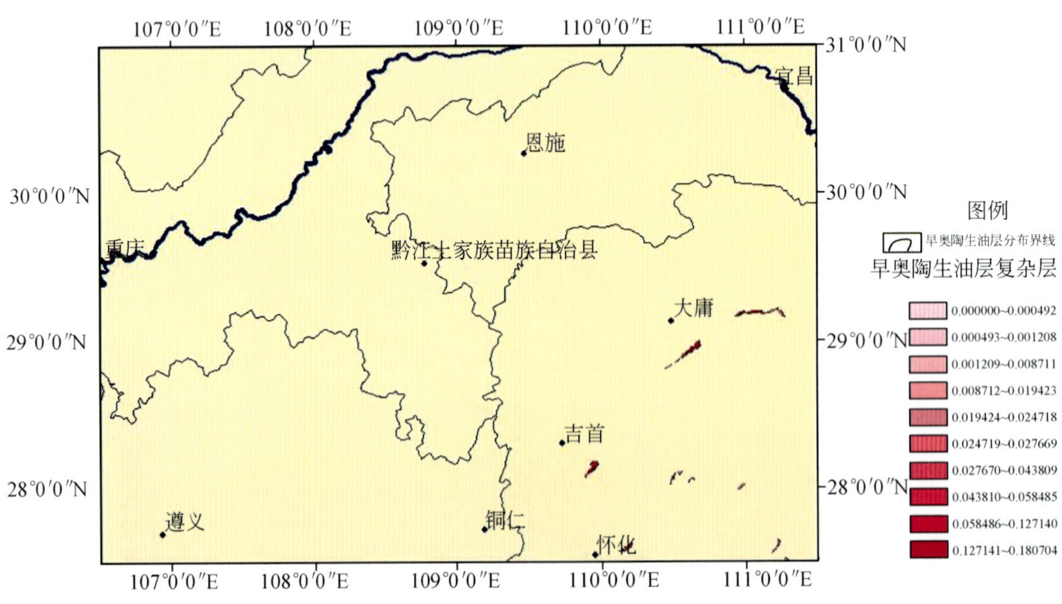

图 6-30 下奥陶统烃源岩发育情况专题图

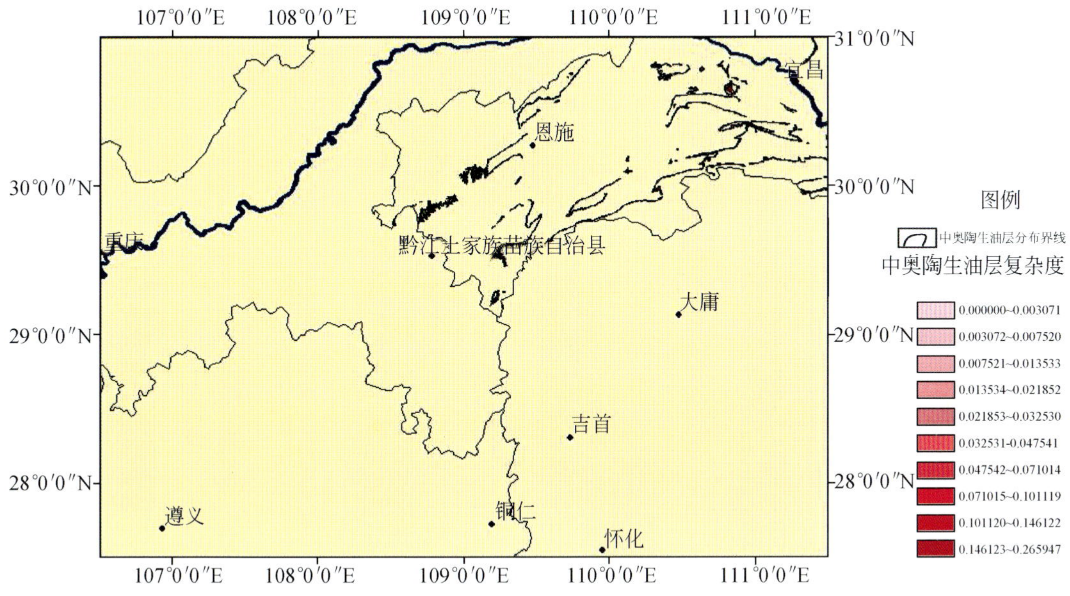

图 6-31 中奥陶统烃源岩发育情况专题图

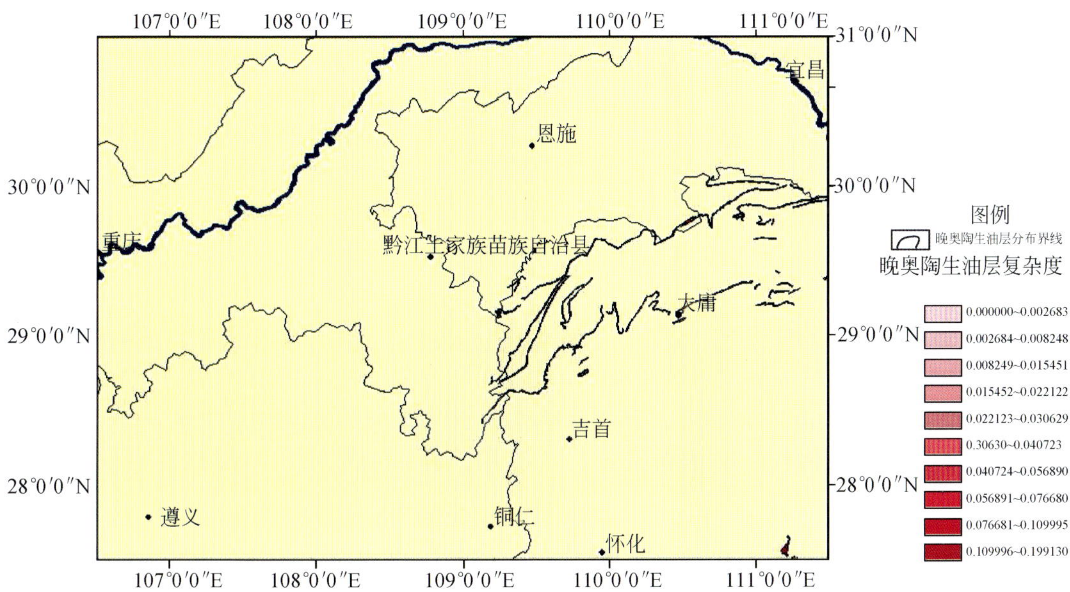

图 6-32 上奥陶统烃源岩发育情况专题图

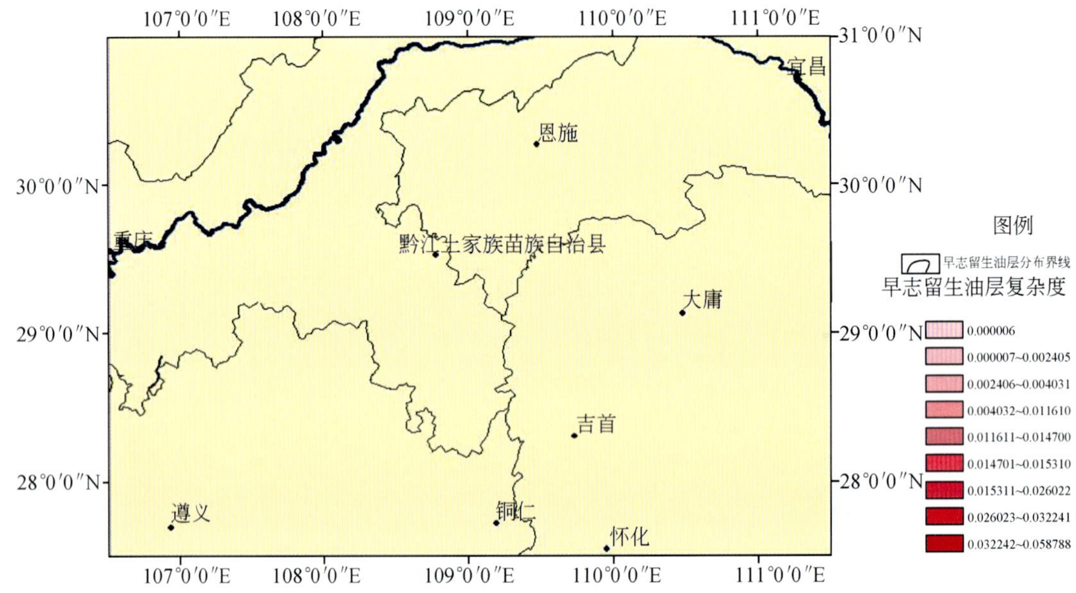

图 6-33　下志留统烃源岩发育情况专题图

(4) 下古生界成藏组合储层发育情况

前已述及，储集层的发育程度是本区油气成藏最重要的因素之一，尤其是在鄂西渝东地区，如石炭系储集层在很大程度上控制了油气田的分布。本次研究选用了储层分布范围和储层平面分布复杂程度作为两个重要的衡量因子。

与烃源岩因子类似，储层分布范围的选取充分利用已有的研究成果。在缺乏储层分布范围资料的地方，便从 1∶50 万地质图数据库中提取对应层位的地质图，结合野外勘测成果，以外推的方式得到。利用这种方法，共得到下寒武统、中寒武统、上寒武统、下奥陶统、中奥陶统等各个层位的烃源岩分布图。同时选择储层发育复杂程度来反映一定级别的储层平面分布状况及非均质性，平面上分布广泛的、储集性能较好的碳酸盐岩是油气成藏的主控因素之一。

为准确计算储层发育的复杂程度，首先根据前人研究资料，结合露头实测及地质图资料，确定储集性能良好的储层分布范围，并将某一层位储层范围与此层位地层分布范围的比值作为该层位储集层发育的复杂程度。根据这种研究思路，共选择了下寒武统、中寒武统、上寒武统、下奥陶统、中奥陶统等储层因子，并作出了储层发育情况专题图（图 6-34～图 6-38）。

(5) 下古生界成藏组合盖层发育情况

由于本地区为多期叠合型盆地，油气的保存条件至关重要，为评价研究区盖层发育程度，选择了盖层分布范围及盖层复杂程度作为衡量标准。

和烃源岩及储层因子的选择类似，盖层分布范围的选取充分利用本地区已有的盖层研究成果，若局部区域缺乏盖层范围的分布资料，则选择从 1∶50 万地质图数据库中提取对应层位的地质图，结合野外勘测成果，以外推的方式得到，利用这种方法，共得到下寒武统、上寒武统、上奥陶统、下二叠统、上二叠统等各个层位的盖层分布图。

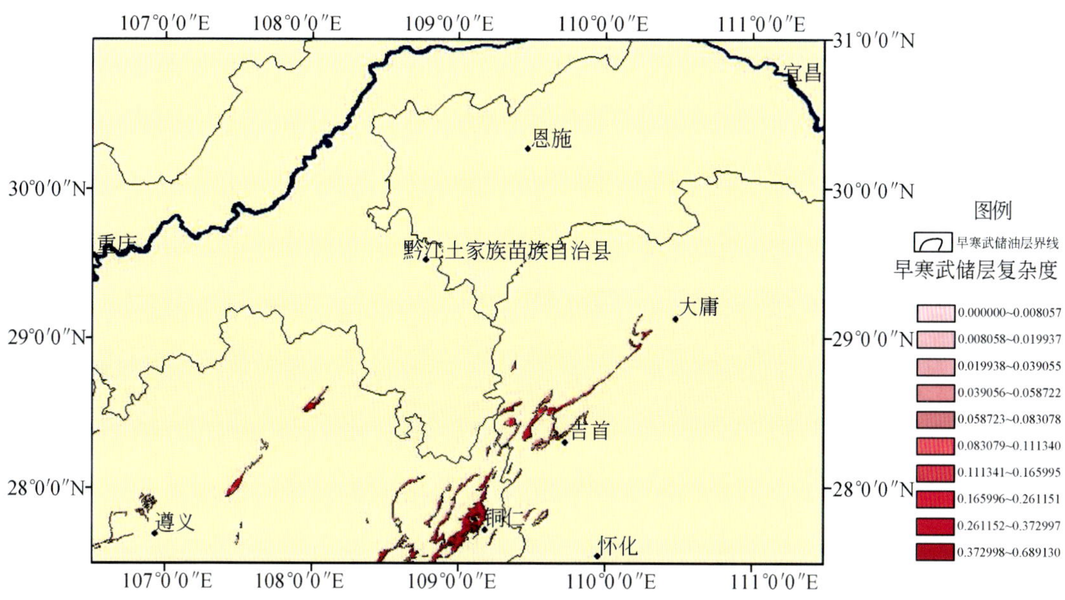

图 6-34　下寒武统储层发育情况专题图

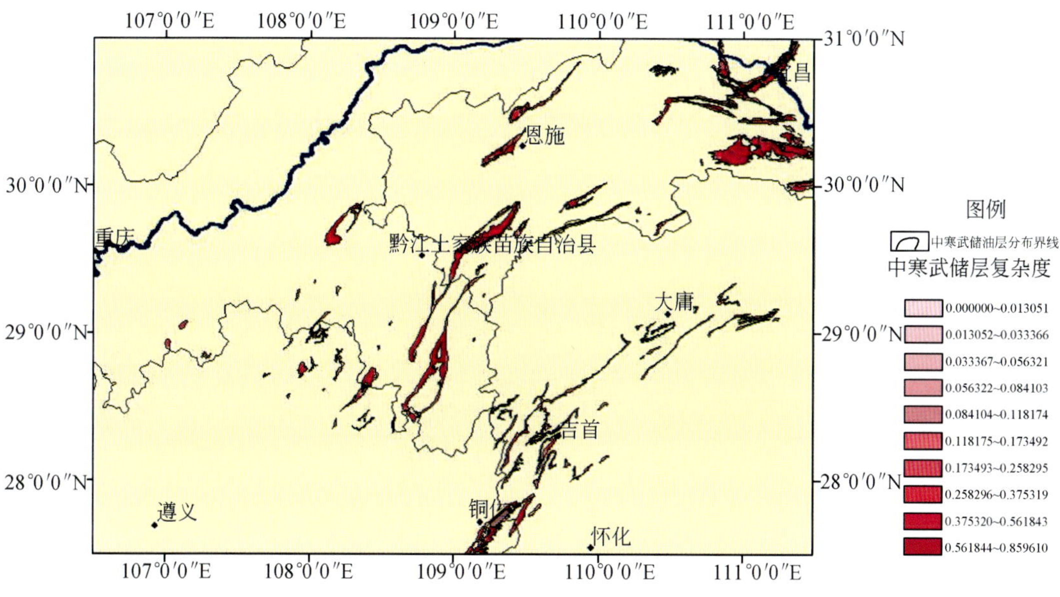

图 6-35　中寒武统储层发育情况专题图

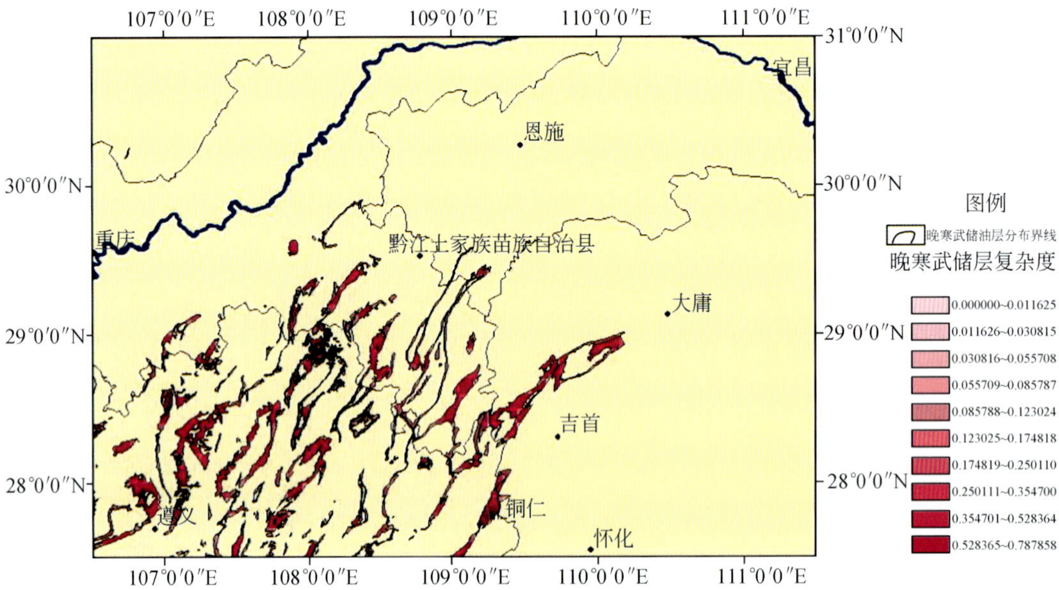

图 6-36　上寒武统储层发育情况专题图

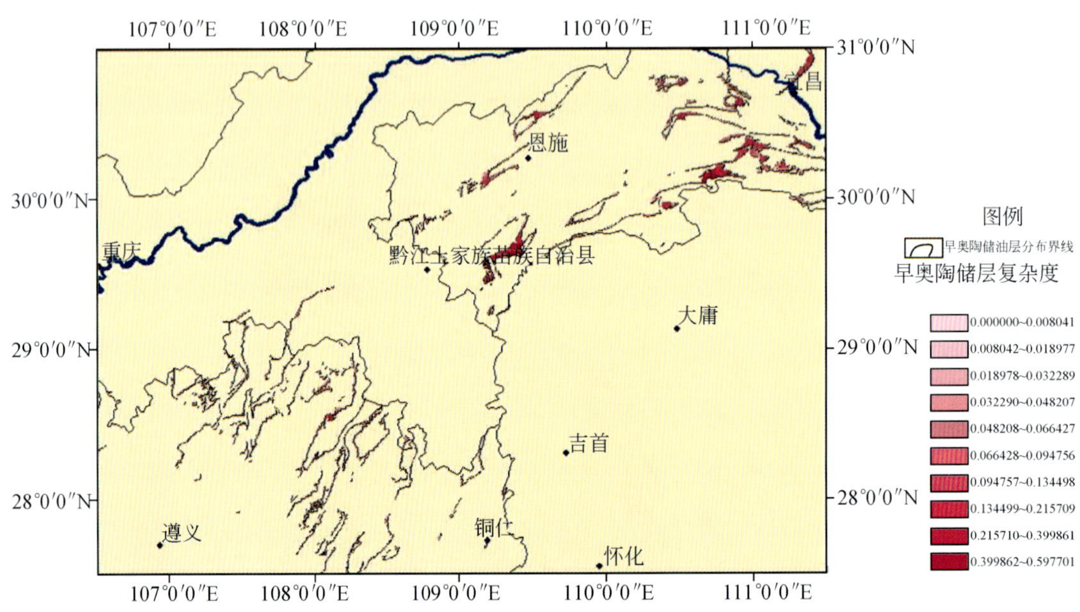

图 6-37　下奥陶统储层发育情况专题图

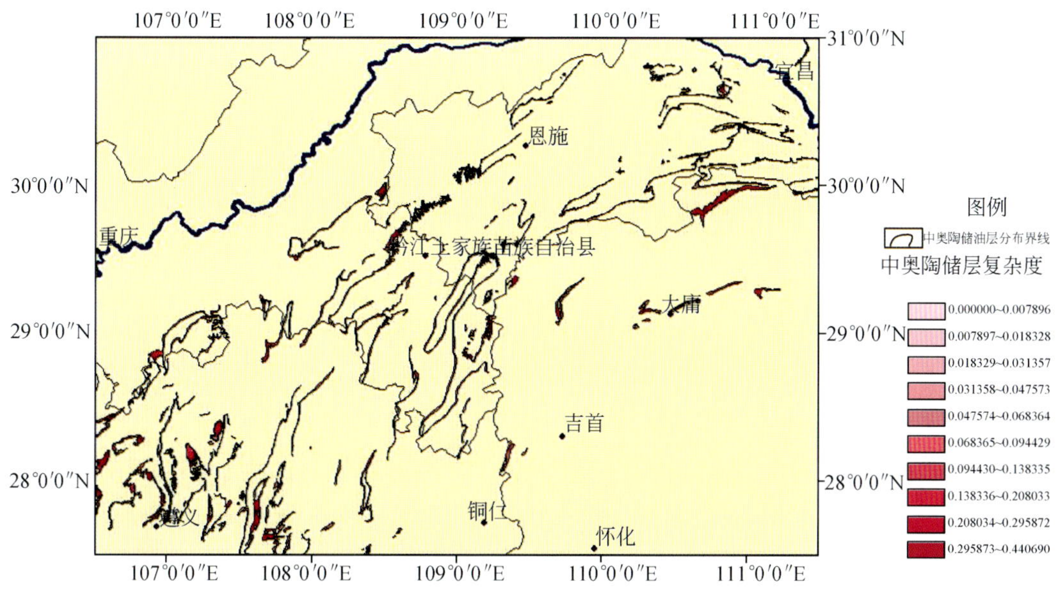

图 6-38　中奥陶统储层发育情况专题图

同时选择盖层发育复杂程度来反映一定级别的盖层平面分布状况及非均质性，平面上分布广泛的、封盖性能较好的泥岩或膏岩盖层是油气成藏的主控因素之一。为准确计算盖层发育的复杂程度，首先根据前人研究资料，结合露头实测及地质图资料，确定封盖性能良好的盖层分布范围，并将某一层位盖层范围与此层位地层分布范围的比值作为该层位盖层发育的复杂程度。

根据这种研究思路，在研究区范围内选择了下寒武统、上寒武统、上奥陶统、下二叠统、上二叠统等盖层因子，分别作出了它们的发育情况专题图（图 6-39～图 6-43）。

（6）地表羟基遥感提取

现有的研究表明，无论哪个油田，在地表皆存在一定的油气微渗漏现象。这种微渗漏现象是某些有机化合物通过某种通道上升到达地表的表现，可以使用遥感影像来检测。由于羟基能够较好的反映地表有机质蚀变信息，目前利用遥感技术对地表有机物渗漏进行检测，常用羟基信息提取法。

研究区是中国南方海相碳酸盐岩残留盆地的一部分，强烈的断裂活动必然使油气沿着断裂或者其他通道渗漏。因此，遥感羟基信息可以较好地反映本地区盖层的封盖能力，从而能够有效地反映本区的油气成藏和保存状况。当然，并不是只要存在羟基异常的地区都是油气泄漏的地区，只有那些存在羟基异常幅度较大并且位于断裂附近者才被认为是有意义的，能够反映该地区油气成藏和保存状况的信息。

图 6-44 即为研究区提取的羟基分布范围图。

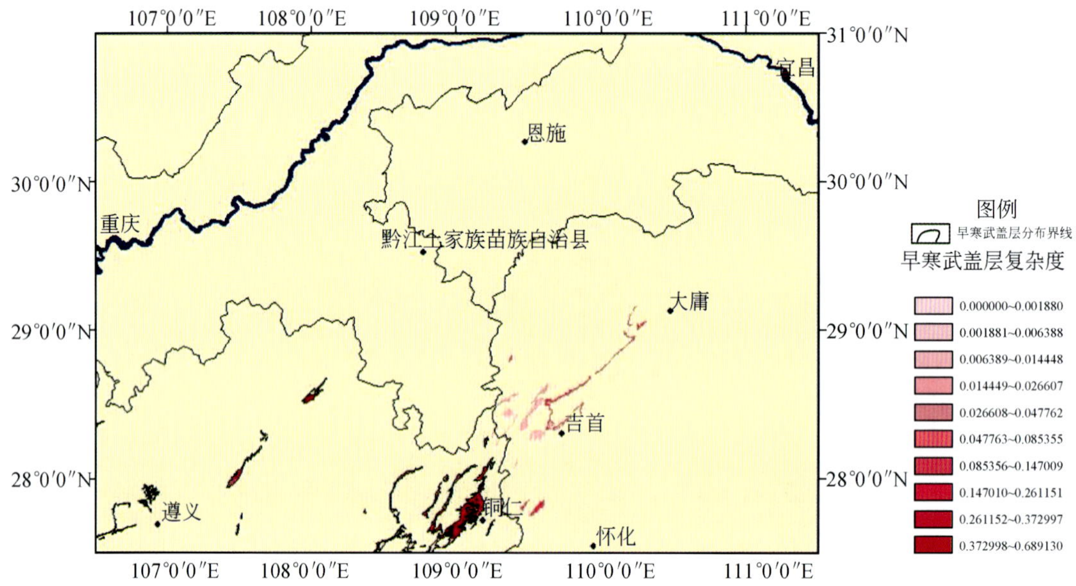

图 6-39 下寒武统盖层发育情况专题图

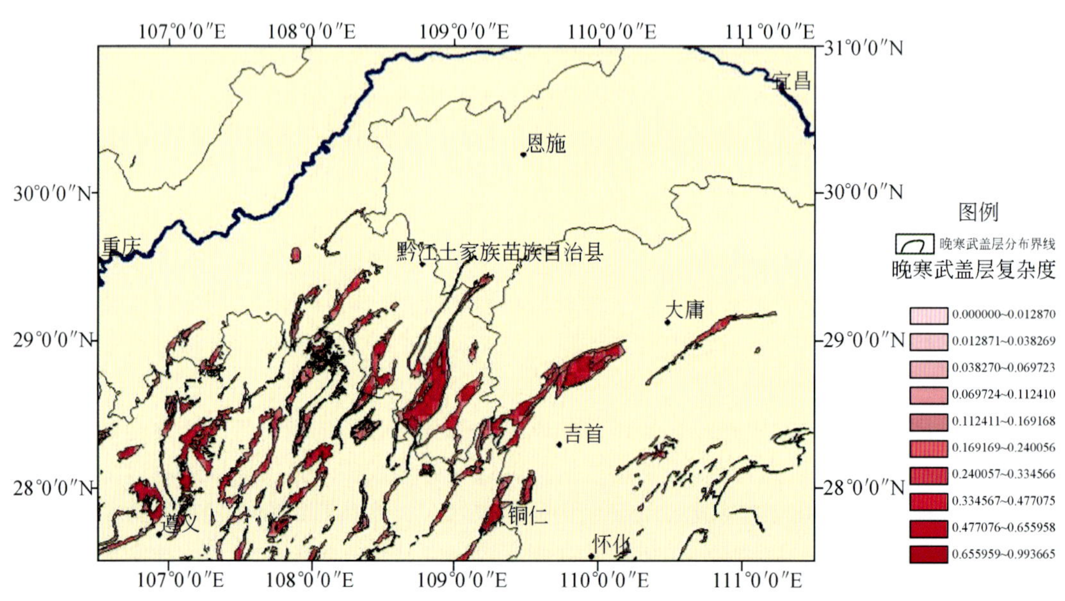

图 6-40 上寒武统盖层发育情况专题图

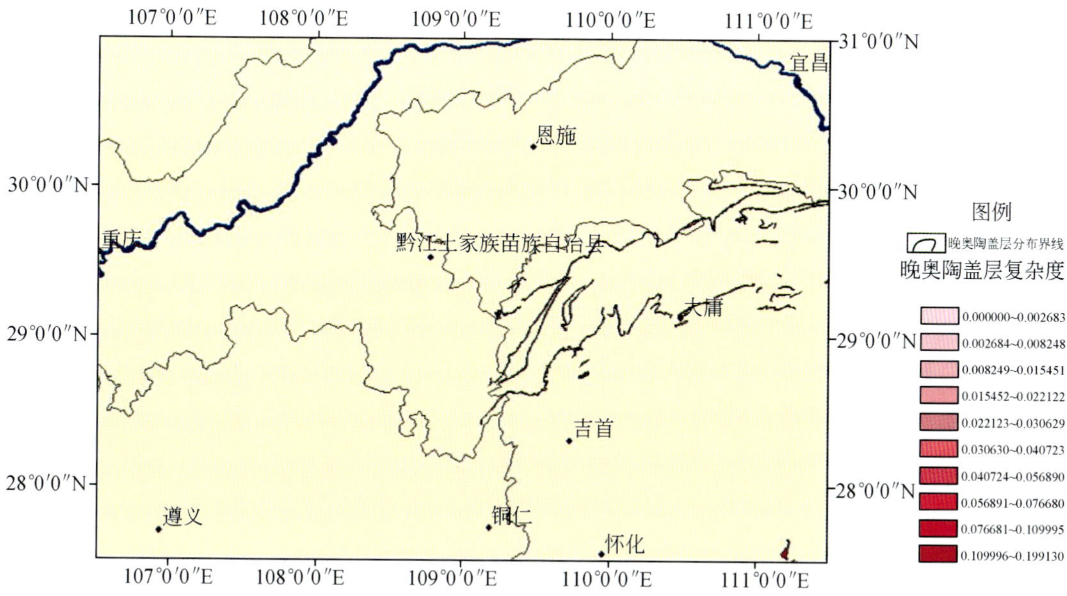

图 6-41　上奥陶统盖层发育情况专题图

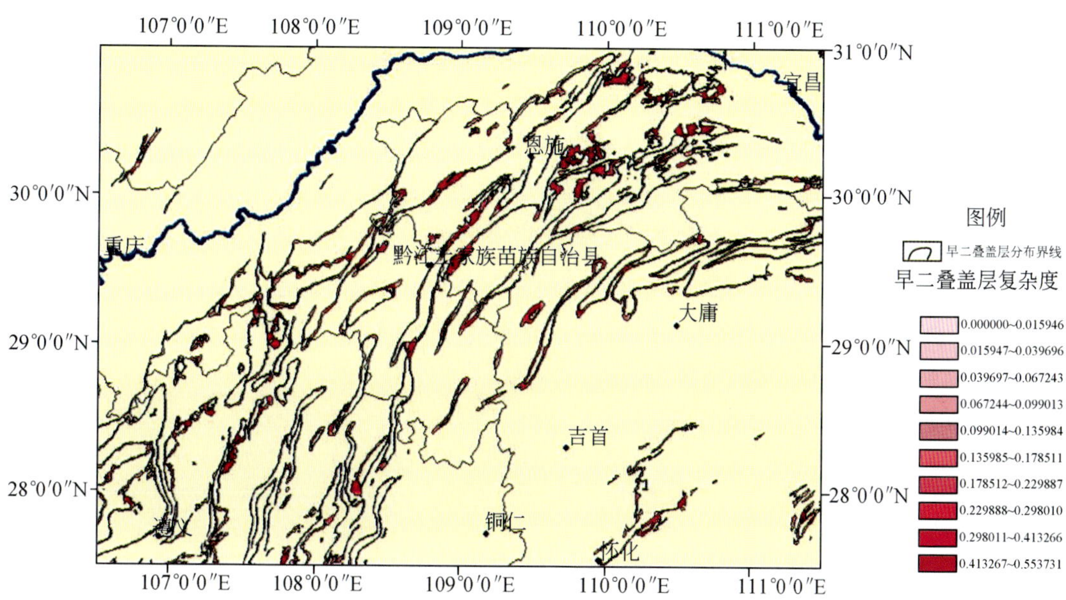

图 6-42　下二叠统盖层发育情况专题图

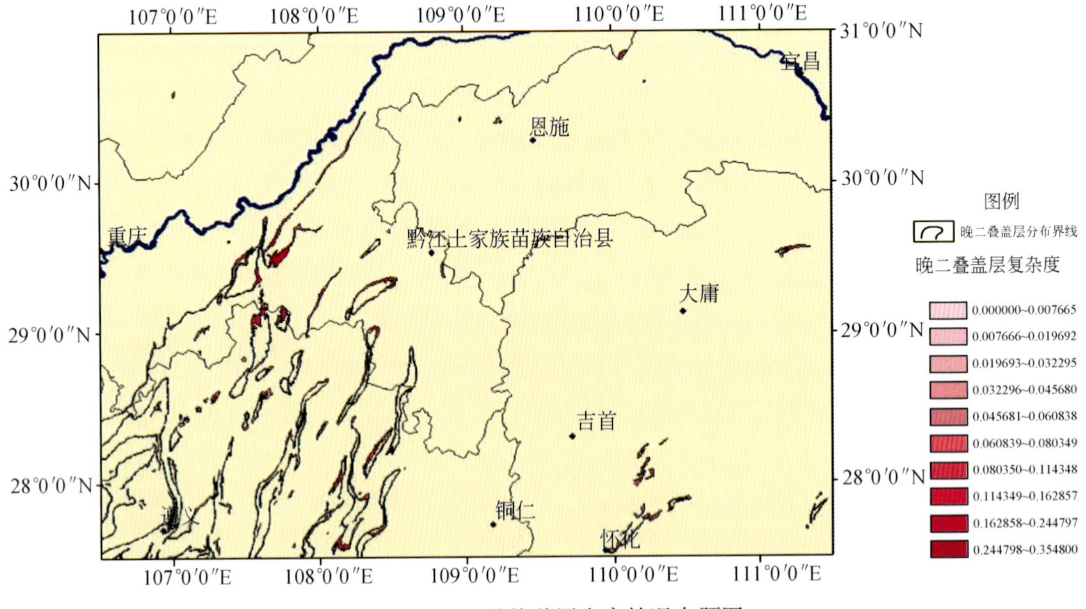

图 6-43 上二叠统盖层发育情况专题图

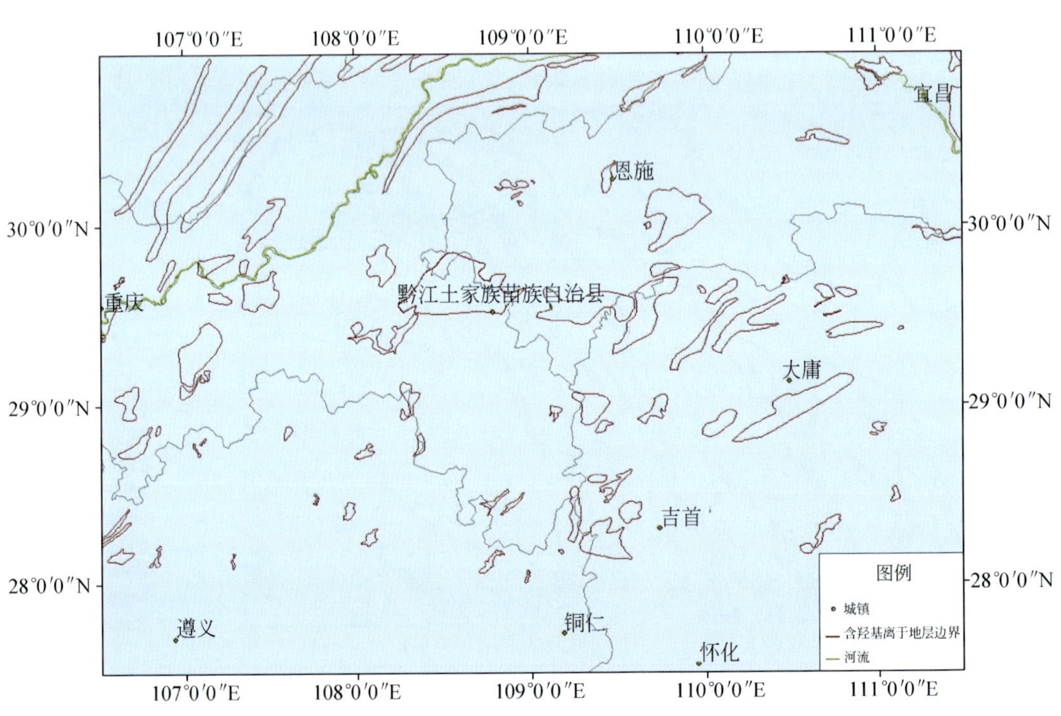

图 6-44 鄂西—渝东—黔北—湘西区羟基异常分布范围图

四、鄂东—渝西下古生界油气地质异常有利区带（3P）预测

在 ART 神经网络模型算法中，当给定不同的阈值时，预测分类的结果也将随之改变。结合本地区已有的研究成果，选取阈值 $\rho=0.60$。据此阈值进行计算，并对不同的分类结果赋予不同的颜色，最终获得 ART 模型预测单元的分类结果——形成 26 个类别（图 6-45；图形中颜色只代表类别号，不代表优劣）。将此分类图与本地区勘探形势图叠加，可用于对研究区的有利区带进行选择与评价。

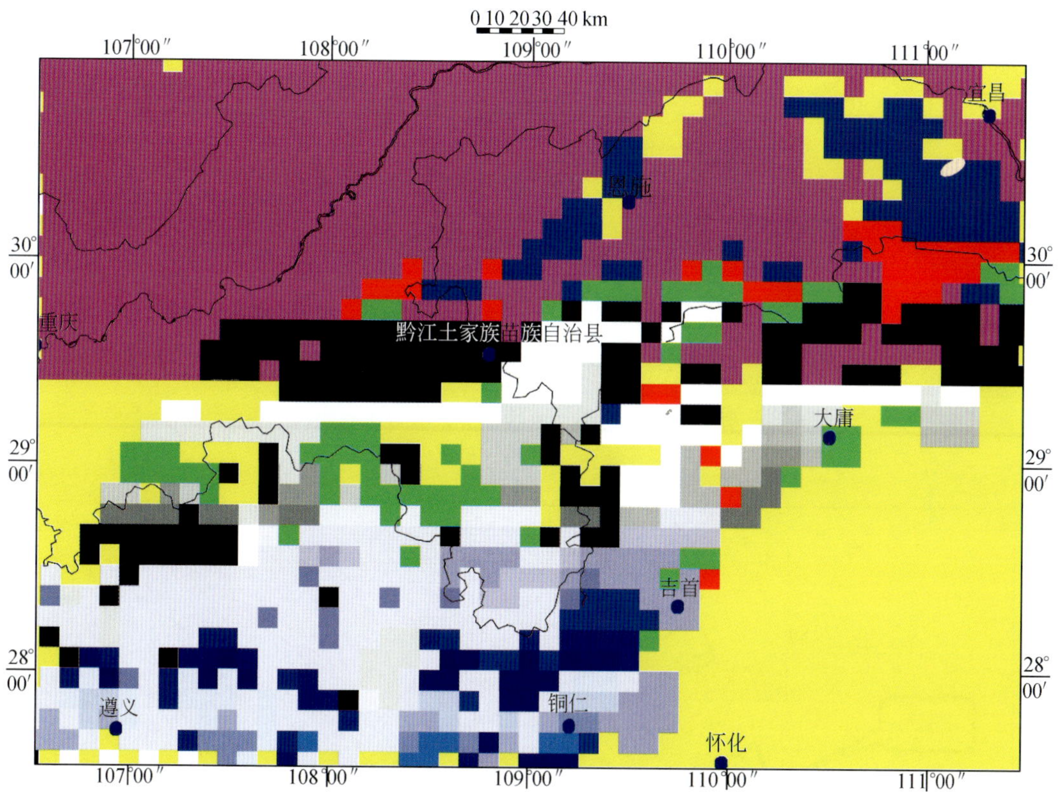

图 6-45　研究区油气地质异常 ART 神经网络预测图

红色图斑为油气地质异常区域

研究区油气有利区带的具体的预测标准为：①神经网络分类图中与已知有利区带类别相近的地区；②存在有利的构造圈闭；③生储盖配置良好的地区；④与区域对比有相同或相似的成藏条件，具一定的油气开发潜力的地区。

以鄂西—渝东区为例，根据以上标准进行判别的神经网络分类图中，研究区内的红色区域与已发现的油气田之间有一定的相关性，属于油气地质异常区域。再结合羟基图和构造复杂度图，共划分出 5 个有利区（图 6-46，图 6-47）。

各有利区的基本特征综述如下：

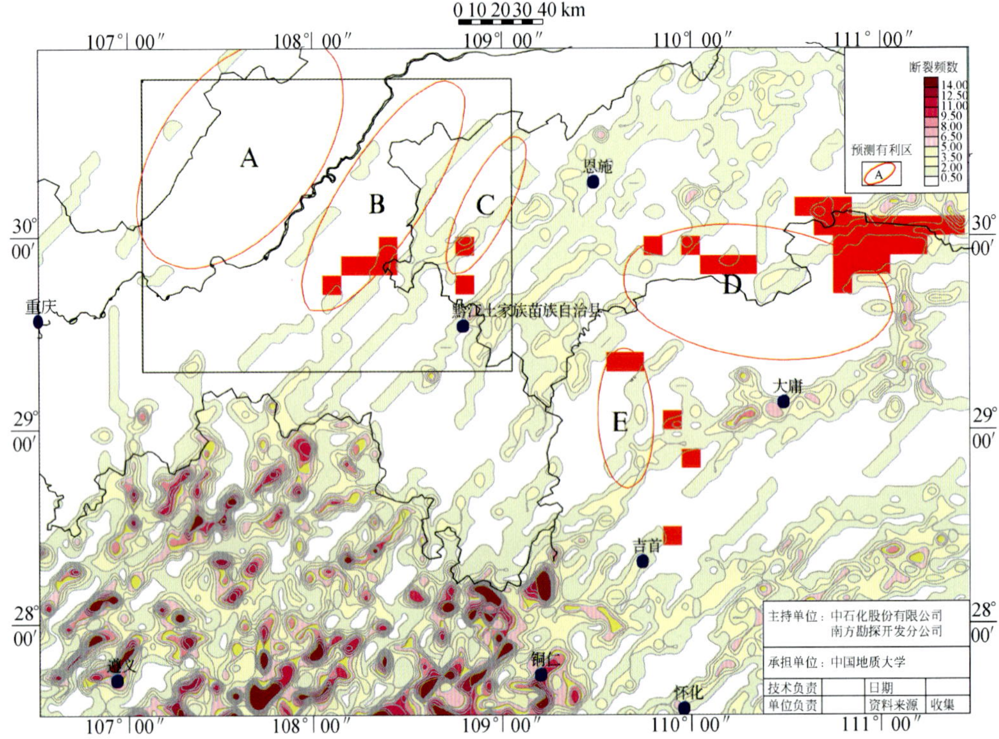

图 6-46　鄂西渝东地区油气地质异常显示的 5 个勘探远景区

矩形框是鄂东一渝西

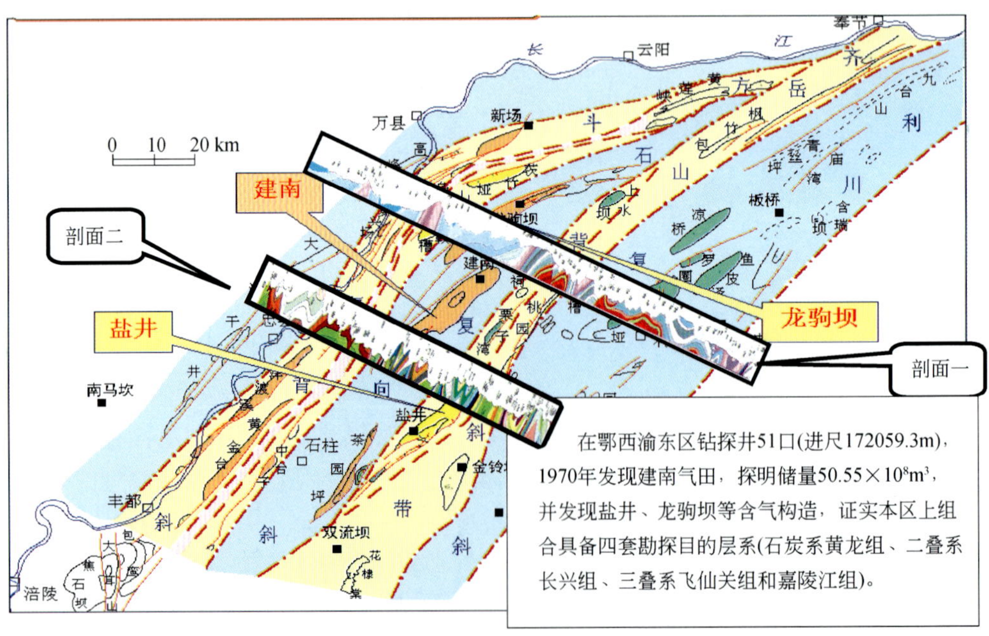

图 6-47　鄂西渝东地区两条剖面以及油气显示区位置图

本图即为图 6-46 的矩形框区域

1）A 区，即万县大池井至大天池地区，该区面积较大，已经发现有多个油气田，是已经证实的油气地质异常区域。

2）B 区，即利川建南地区，该区面积较 A 区小，已经发现油气田，是已经证实的油气地质异常区域。

3）C 区，即利川以北的板桥地区，面积偏小，是待证实的油气地质异常区域。

4）D 区，即吉首以北的南北向条带，面积较小，是待证实的油气地质异常区域。

5）E 区，即大庸以北的较平缓区，面积较大，是待证实的油气地质异常区域。

由此可进一步划分，一类油气地质异常有利区域是 A、B 区，现在已经证实；二类油气地质异常有利区域是 C、D 和 E 区，还有待证实。

第四节　黔中隆起及周缘地质异常与 4P 地段层次分析法评价

一、黔中隆起地质概况

黔中隆起及周缘地区包括滇黔北部坳陷、黔中隆起、滇东隆起、黔西南坳陷、黔南坳陷和武陵坳陷 6 个一级构造单元（图 6-48）。区内“下组合”地层主要包括震旦系、寒武系、奥陶系和志留系，古油藏在平面上分布广泛，垂向上多层显示，充分说明该区“下组合”具有丰富的油气资源和较好的油气成藏条件。其东南部的麻江奥陶系古油藏和凯里奥陶系—志留系残余油藏、东部的翁安寒武系古油藏，以及北部的岩孔震旦—寒武系和良村志留系古油藏都具有很大的规模，表明该区地史上经历了良好的油气成藏过程。由于构造条件优越，黔中隆起的“下组合”地层具有形成大型油气藏的条件，勘探前景良好，是我国南方古生界海相油气勘探的重要领域之一。

黔中隆起由 4 个二级单元组成。北为黔西断凹，南为织金凸起，东为开阳凸起，西为水城断凹（图 6-48）。

1）黔西断凹。黔西断凹由一个复式背斜（大方背斜带）与一个复式向斜（梨子冲向斜带）组成。大方背斜轴部基底顶面高程可达海拔 0km 左右，地表有猫场、大方、石纳、安底四个雁列式背斜。梨子冲向斜带轴部的基底顶面深度海拔－3km，呈波状起伏。地表见有梨子冲、破头山、兰田湾等多个局部构造。

2）织金凸起。织金凸起包括织金凸起和三塘—百兴凹陷两个次级单元。织金凸起是一个凸起较高的次级单元，状若复式背斜，背斜顶端一般均高于海拔 0km。部分地段震旦系下统与上覆二叠系直接接触。

3）开阳凸起。缺失奥陶系与志留系，东与武陵坳陷为邻。由一系列向北东逆冲的断块构成，基底埋深较大，平均海拔为－1.5km 左右。下构造层由Є、Z 组成，上构造层由 P、T 组成，中间缺失 O—C 地层。为加里东中期至海西中期的隆起单元。

4）水城断凹。东与黔西断凹、织金凸起为邻，长约 250km、宽约 40km，呈北西向的长条形。由于受北西向构造的复合，发育了由泥盆系、石炭系和二叠系组成的威水背斜、堕脚背斜、银厂沟背斜和珠市河背斜。出露的最新地层为志留系—三叠系。

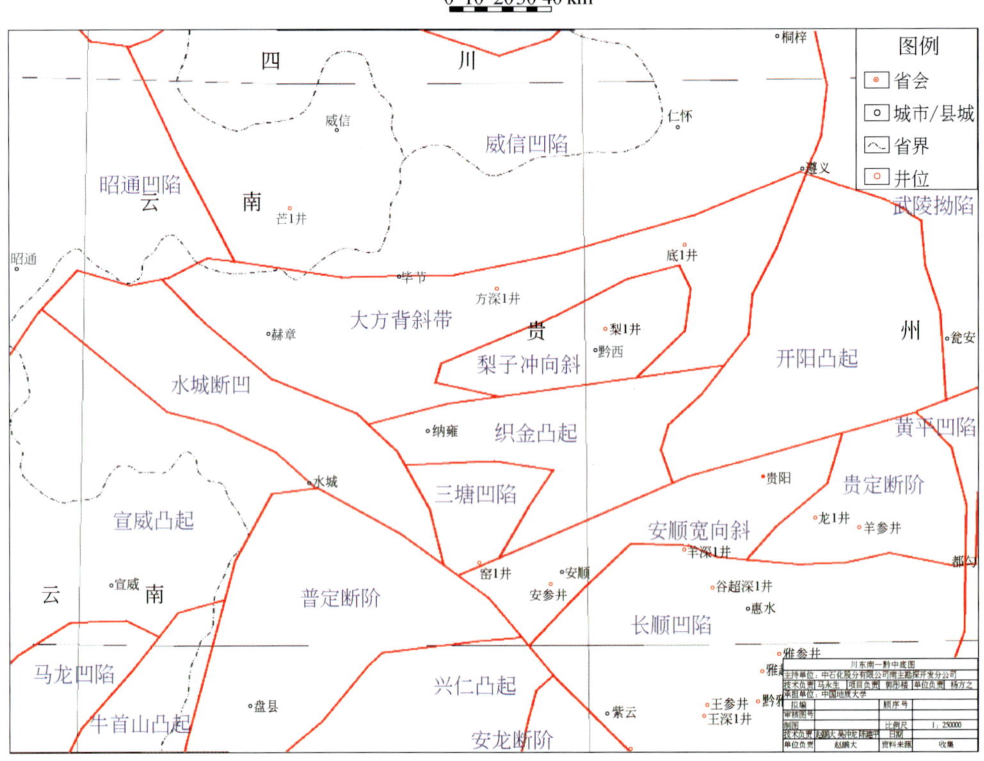

图 6-48 黔中隆起及周缘构造单元区划

二、油气地质异常的层次分析评价法

1. 层次分析法的含义

油气地质异常是对地质异常理论的扩充和发展，它通过对地质、物探、化探和测井等异常信息的有效提取，以及多种异常精细结构的对应耦合分析来预测油气藏。

含油气盆地内致矿（油气）地质异常可分为四级：①区带油气地质异常：其规模相当于含油气盆地内的二级构造带，主要标志是地质体的结构、构造和区域性元素丰度的水平分带，以及所形成的各类物化探、遥感异常等。②圈闭油气地质异常：其规模相当于含油气盆地内的三级构造带，如各种类型的圈闭，包括构造圈闭、岩性圈闭和地层圈闭等，地质异常的轴向、形态、异常形态叠加、异常走向穿插和异常的正负性等，对判断局部性地质异常的存在及含油气性很重要。③小型油气地质异常：其规模相当于圈闭内或某一层位的局部地区各类地质异常含油气性的反映。④微型油气地质异常：相当于矿物标型特征异常、岩石物理性质异常（孔隙度、渗透率等），或是矿物包裹体异常、矿物共生组合异常等，如不同黏土的含量和类型等。

层次分析法是系统工程中用来处理某些（难以完全用定量方法解决的）复杂问题的一种手段。它将那些复杂问题分解成若干个层次，然后在比原问题简单得多的层次上逐步分析，进而达到解决复杂问题的目的。换言之，就是将复杂的问题逐层分解，变成一系列简单的问题，再通过对简单问题的分析研究，达到解决复杂问题的目的。用该方法评价油气地质异常，就是在石油地质基本理论的指导下，利用沉积异常、地化异常、遥感等源地学信息及其对成藏的影响程度，进行数量化处理和分析，实现对参加评价异常的筛选和排序，为进一步找矿部署提供比较客观的依据。

2. 层次分析法的评价模型

（1）基本评价模型的建立方法

根据相关项目组研究结果及前人研究资料，黔中隆起油气成藏主控因素包括保存条件、生烃条件、储集条件，其中尤以保存条件最为重要。层次分析法的目的是确定各个因素对评价区块的重要性，并根据此重要性利用层次分析原理进行评价。本次研究中将因素相对评价区的重要性范围限定在 0～3 以内，0 表示无关，3 表示最重要。

如图 6-49 所示，黔中隆起油气地质异常评价模型可以分为三层：评价目的层、准则层和具体指标层。这三层模型充分反映了本区影响油气富集的相关因素。由于黔中隆起在地质历史时期经历了多期构造变动，保存条件是其油气聚集的关键因素，因此其重要性为 3.0。与此类似，生烃条件、储层条件的重要性分别为 2.0 与 2.0。

黔中隆起下组合发育多套封盖层、烃源岩及储集层，其空间及时间配置关系亦是决定勘探区块资源富集的决定因素之一。为了衡量这一指标，采用生储盖组合关系作为评价因子。由于此指标为补充指标，其重要性相对较小，为 1.0。

油气藏信息是指研究区油气微渗漏所引起的羟基地表异常，是一种直接揭示古油藏或现代油藏存在和分布的重要信息。由于这种信息反映了黔中隆起各区块的油气富集程度，也可以作为层次分析法的一个评价因子。

为了建立完整的层次分析法评价模型，上述所有评价因子都被分解成具体可获取的指标。例如，对保存条件的评价可通过断裂作用、下寒武统、中上寒武统、奥陶系、志留系等盖层有效性、寒武系膏盐分布、水文地质条件等来评价。

（2）具体评价模型的方法步骤

在建立了上述层次分析基本评价模型之后，还需要进一步对模型中的各种因素按层次分析法原则进行分析，建立起判别矩阵、进行重要性层次单排序和层次总排序，以及进行最终评价计算。具体方法步骤如下：

1）建立判别矩阵

判别矩阵是层次分析法的基础，判别矩阵建立的好坏能直接决定评价的结果。其基础数据即为前面建立的各项成藏要素重要性的评分。判别矩阵的每个元素反映了相对某一层次，其下一层次一因子对另一因子的相对大小。表 6-2 反映了相对各评价单元保存条件、生烃条件、储层条件、生储盖组合、油气藏信息的相对重要性（表 6-5）。同理，可得层次 C 中用来评价保存条件等因子的判断矩阵，以及层次 D 的各判断矩阵（表 6-6～表 6-11）。

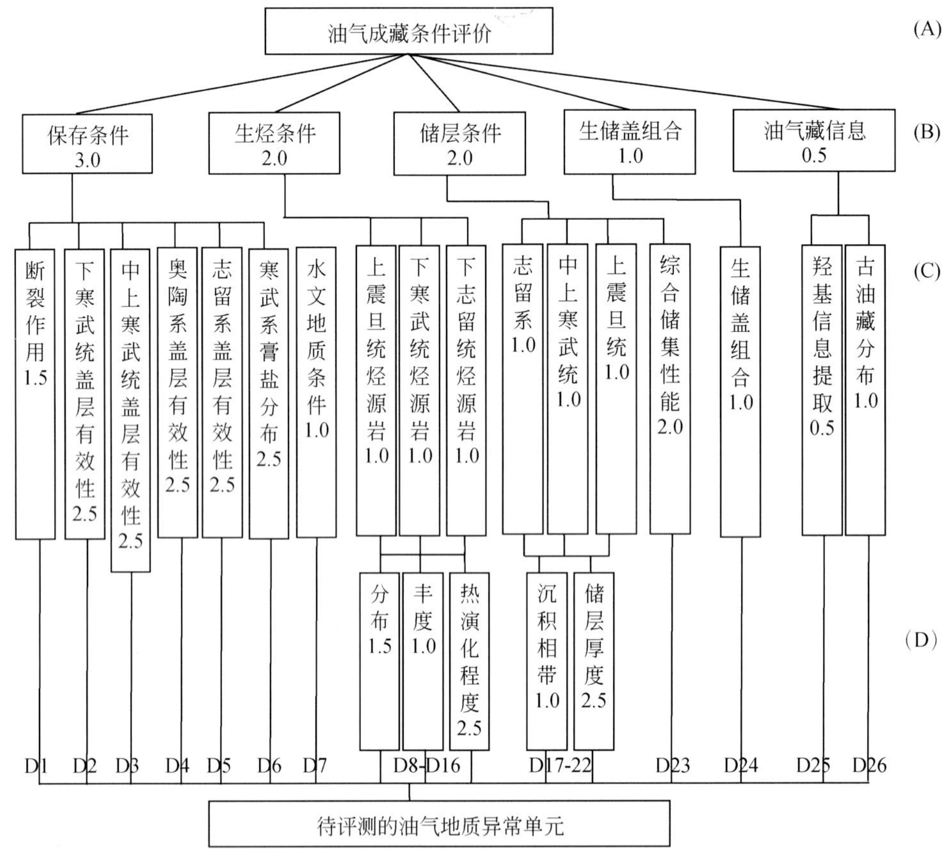

图 6-49 黔中隆起及周缘油气资源评价层次分析法模型

表 6-5 黔中隆起层次 B 判别矩阵

单元有利性	保存条件 B1	生烃条件 B2	储层条件 B3	生储盖组合 B4	油气藏信息 B5
B1	1	1.5	1.5	3	6
B2	2.0/3	1	1	2	4
B3	2.0/3	1	1	2	4
B4	1.0/3	1.0/2	1.0/2	1	2
B5	0.5/3	0.5/2	0.5/2	0.5/1	1

表 6-6 黔中隆起层次 C 保存条件判别矩阵

B1	C1	C2	C3	C4	C5	C6	C7
C1	1	1.5/2.5	1.5/2.5	1.5/2.5	1.5/2.5	1.5/2.5	1.5/1.0
C2	2.5/1.5	1	1	1	1	1	2.5/1
C3	2.5/1.5	1	1	1	1	1	2.5/1
C4	2.5/1.5	1	1	1	1	1	2.5/1
C5	2.5/1.5	1	1	1	1	1	2.5/1
C6	2.5/1.5	1	1	1	1	1	2.5/1
C7	1/1.5	1/2.5	1/2.5	1/2.5	1/2.5	1/2.5	1

表 6-7　黔中隆起层次 C 生烃条件判别矩阵

B2	C8	C9	C10
C8	1	1	1
C9	1	1	1
C10	1	1	1

表 6-8　黔中隆起层次 C 储集条件判别矩阵

B3	C11	C12	C13	C14
C11	1	1	1	0.5
C12	1	1	1	0.5
C13	1	1	1	0.5
C14	2	2	2	1

表 6-9　黔中隆起层次 C 油气藏信息判别矩阵

B5	C16	C17
C16	1	0.5
C17	2	1

表 6-10　黔中隆起层次 D 烃源岩评价判别矩阵

C8 震旦源岩	D8 分布	D9 丰度	D10 热演化程度
D8	1	1.5	1.5/2.5
D9	1.0/1.5	1	1.0/2.5
D10	2.5/1.5	2.5/1.0	1

表 6-11　黔中隆起层次 D 储集层评价判别矩阵

C11 志留储层	D17 沉积相	D18 储层厚度
D17	1	1.0/2.5
D18	2.5/1.0	1

2）进行层次单排序

本步骤的任务是针对上层次中的某元素，确定本层次与之有联系的各个元素重要性的权重值。这是本层次的所有元素，相对于上一层次某元素的重要性排序的基础。

层次单排序首先利用如上所述的判断矩阵，计算它的最大特征根 λ_{max}，然后求得其对应的特征向量 W。这个 W 就表示为从 B_1 到 B_n 的排序，W_i 就是对应的元素的单排序权重值。W 的计算方法如下：

计算判断矩阵的每一行元素的乘积：$M_i = \prod_{j=1}^{n} b_{ij} \quad (i = 1, 2, \cdots, n)$

计算 M_i 的 n 次方根：$\overline{W_i} = \sqrt[n]{M_i} \quad (i = 1,2,\cdots,n)$

将向量 $\overline{W_i}$ 归一化：$W_i = \overline{W_i} / \sum_{i=1}^{n} \overline{W_i} \quad (i = 1,2,\cdots,n)$

此时的 $W=[W_1, W_2, \cdots, W_n]^T$ 即为所求的特征向量。

根据前述 7 个判别矩阵及相关数据，便可以分别计算出层次 B、C、D 的层次单排序（表 6-12～表 6-14）。

表 6-12 黔中隆起层次 B 单排序计算表

B1	M_i	$\overline{W_i}$	W_i
C1	0.11664	0.735686017	0.1
C2	4.166666667	1.226143362	0.166667
C3	4.166666667	1.226143362	0.166667
C4	4.166666667	1.226143362	0.166667
C5	4.166666667	1.226143362	0.166667
C6	4.166666667	1.226143362	0.166667
C7	0.006826667	0.490457345	0.066667

3）进行层次总排序

利用同一层次中所有层次单排序的计算结果，就可以计算针对上一层次而言的本层次所有元素的重要性权重值，这就是层次总排序。层次总排序需要从上到下，逐层顺序进行。对于最高层，其层次单排序就是其总排序。

若上一层次所有元素 A_1，A_2，…，A_m 的层次总排序已经完成，得到的权重值分别为 a_1，a_2，…，a_m。下一层次 B 中元素 B_i 相对 A 层次的层次单排序为 b_{ij}（其中 i 为层次 B 中的第 i 个元素、j 表示此层次单排序是 B_i 相对层次 A 中的 A_j）。则 B_i 的层次总排序为 $\sum_j b_{ij}$ 。

最终得出黔中拗陷层次 C、D 的单排序如表 6-13、表 6-14 所示。

表 6-13 黔中隆起层次 C 单排序及总排序计算表

层次 B / 层次 C	B1	B2	B3	B4	B5	C 层次总排序权值
	0.352941	0.235294	0.235294	0.117647	0.058824	
C1	0.1	0	0	0	0	0.0352941
C2	0.166667	0	0	0	0	0.0588235
C3	0.166667	0	0	0	0	0.0588235
C4	0.166667	0	0	0	0	0.0588235
C5	0.166667	0	0	0	0	0.0588235
C6	0.166667	0	0	0	0	0.0588235
C7	0.066667	0	0	0	0	0.0235294
C8	0	0.333333	0	0	0	0.078431255

续表

层次 B / 层次 C	B1	B2	B3	B4	B5	C 层次总排序权值
	0.352941	0.235294	0.235294	0.117647	0.058824	
C9	0	0.333333	0	0	0	0.078431255
C10	0	0.333333	0	0	0	0.078431255
C11	0	0	0.2	0	0	0.0470588
C12	0	0	0.2	0	0	0.0470588
C13	0	0	0.2	0	0	0.0470588
C14	0	0	0.4	0	0	0.0941176
C15	0	0	0	1	0	0.117647
C16	0	0	0	0	0.333333	0.01960798
C17	0	0	0	0	0.666667	0.03921602

表 6-14　层次 D 单排序及总排序计算表

C 单排序 / D 单排序	C8	C9	C10	C11	C12	C13	D 层次总排序权值
	0.0784315	0.0784315	0.0784315	0.0470588	0.0470588	0.0470588	
D8	0.3						0.023529377
D9	0.2						0.015686251
D10	0.5						0.039215628
D11		0.3					0.023529377
D12		0.2					0.015686251
D13		0.5					0.039215628
D14			0.3				0.023529377
D15			0.2				0.015686251
D16			0.5				0.039215628
D17				0.285714			0.013445358
D18				0.714286			0.033613442
D19					0.285714		0.013445358
D20					0.714286		0.033613442
D21						0.285714	0.013445358
D22						0.714286	0.033613442

4）进行最终评价

根据层次总排序的结果即可获得每一成藏因素对本地区油气成藏的重要性。为了衡量研究区的油气地质异常，需要在研究区内划分出一系列评价单元。本次研究结合本地区实际研究情况及资料丰富程度，将研究区划分为 50×50 的评价网格。式（6-5）即为单一网格单元油气地质异常的评价结果：

$$L_k = \sum_{i=1}^{5} W_{保i} R_{保i} + \sum_{i=1}^{5} W_{生i} R_{生i} + \sum_{i=1}^{5} W_{储i} R_{储i} + \sum_{i=1}^{5} W_{配套史i} R_{配套史i} + \sum_{i=1}^{5} W_{地表i} R_{地表i} \tag{6-5}$$

式中，L_k、W 和 R 分别为某评价单元的地质异常大小、某因素的层次总排序和大小。

三、黔中隆起油气成藏、保存条件层次评价

在各类别成藏保存条件（生烃条件、储集条件、油气生储盖配套史及地表油气苗）的分层次评价基础上可进行类别综合，然后再进行总体综合，得出总体评价结果，进而为找油气有利地段（3P）的定量综合评价提供依据。

1. 烃源条件评价

黔中隆起及周缘的震旦系—志留系，分布有两套区域性海相烃源岩：①下寒武统牛蹄塘组（ϵ_1n）；②上奥陶统五峰组（O_3w）—下志留统龙马溪组（S_1l）。下震旦统陡山沱组（Z_2ds）为地区性烃源岩，主要分布于黔中隆起及黔北地区。对生烃条件的评价主要是从烃源岩分布、烃源岩有机质丰度、烃源岩热演化程度三个方面来进行的。

（1）下震旦统陡山沱组烃源岩

陡山沱组烃源岩主要发育于本区的次深海沉积相区以及深水混积陆架沉积相区。有效烃源岩主要分布在滇黔北部拗陷及黄平凹陷，厚10～30m，岩性为黑色页岩与泥灰岩互层组合，泥质烃源岩有机碳丰度变化范围在0.5%～1.5%之间，大部分地区 R^o 值>3.0%，主体处于高成熟—过成熟阶段。由于该组烃源岩区域性评价资料较缺乏，在模型建立时没有建立评价因子图层。

（2）下寒武统烃源岩

下寒武统烃源岩遍及黔中隆起及周缘地区，厚度为100～600m，层位稳定。其中以牛蹄塘组（ϵ_1n）为主的有效烃源岩厚50～200m，岩性为黑色碳质页岩、碳硅质页岩、粉砂质页岩。有机碳在0.5%～2.0%之间，有机质类型为腐泥型。大部分地区 R^o 值>3.0%，主体处于高成熟—过成熟阶段。评价时分为三个网格化专题层：烃源岩分布、烃源岩丰度和有机质成熟度（图6-50～图6-52）。

（3）上奥陶统五峰组和下志留统龙马溪组烃源岩

五峰组烃源岩为灰黑—黑色硅质页岩、含砂质页岩及含碳泥质页岩，厚仅数米至十来米，泥质烃源岩有机碳丰度达1.0%～3.0%，腐泥型，R^o 值>3.0%，主体处于高成熟—过成熟阶段。龙马溪组底部多为黑色碳泥质页岩，厚50～100m，有机碳丰度分布范围在0.5%～1.5%之间，腐泥型。下志留统烃源岩分为三个网格化专题层：烃源岩分布、烃源岩丰度和有机质成熟度（图6-53～图6-55）。

综合上述烃源岩分布、有机质丰度和有机质成熟度的分类评价结果，可得生烃条件综合评价图（图6-56）。结果表明，滇黔北部拗陷为一类区块，大方—黔西区段和黄平凹陷为二类区块，开阳凸起部分地区、安顺宽向斜、长顺凹陷为三类区块。

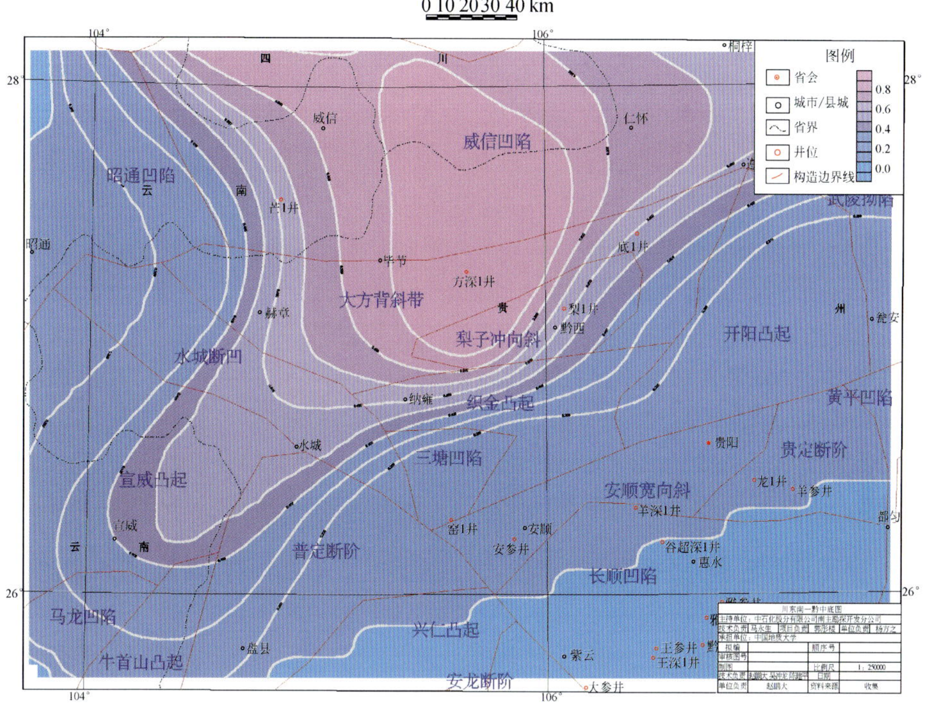

图 6-50　黔中隆起及周缘下寒武统烃源岩分布评价图

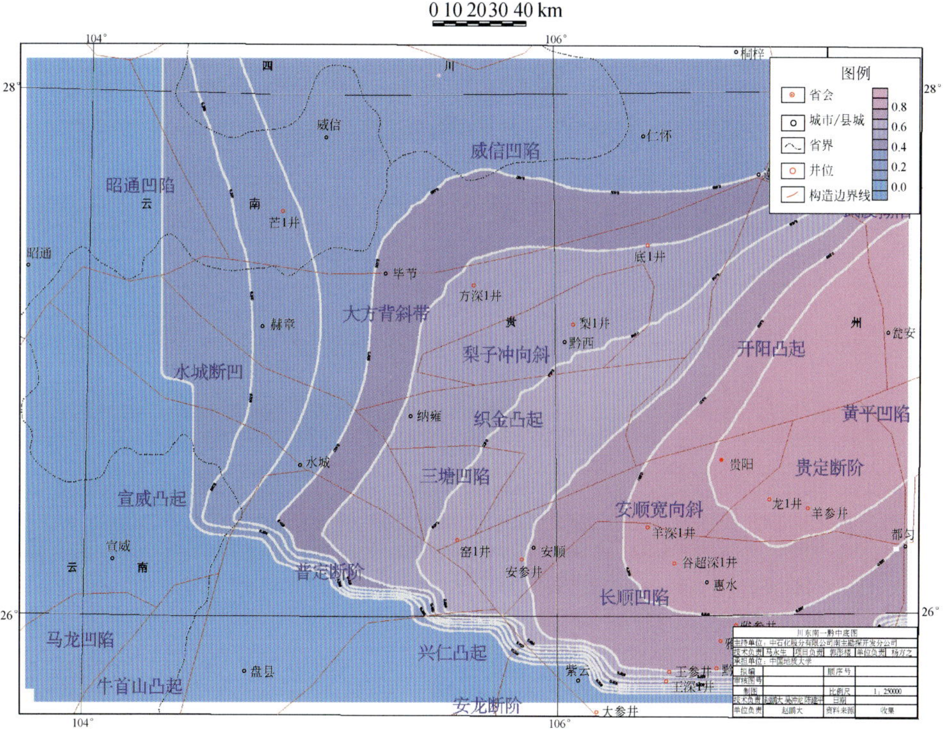

图 6-51　黔中隆起及周缘下寒武统烃源岩丰度评价图

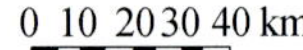

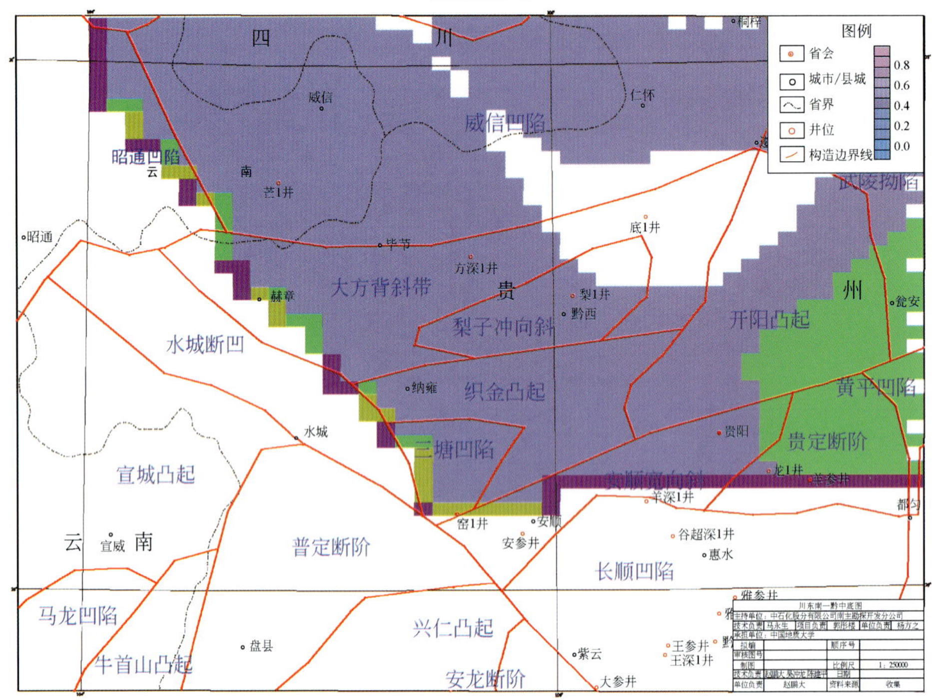

图 6-52 黔中隆起及周缘下寒武统烃源岩 R^{o} 图

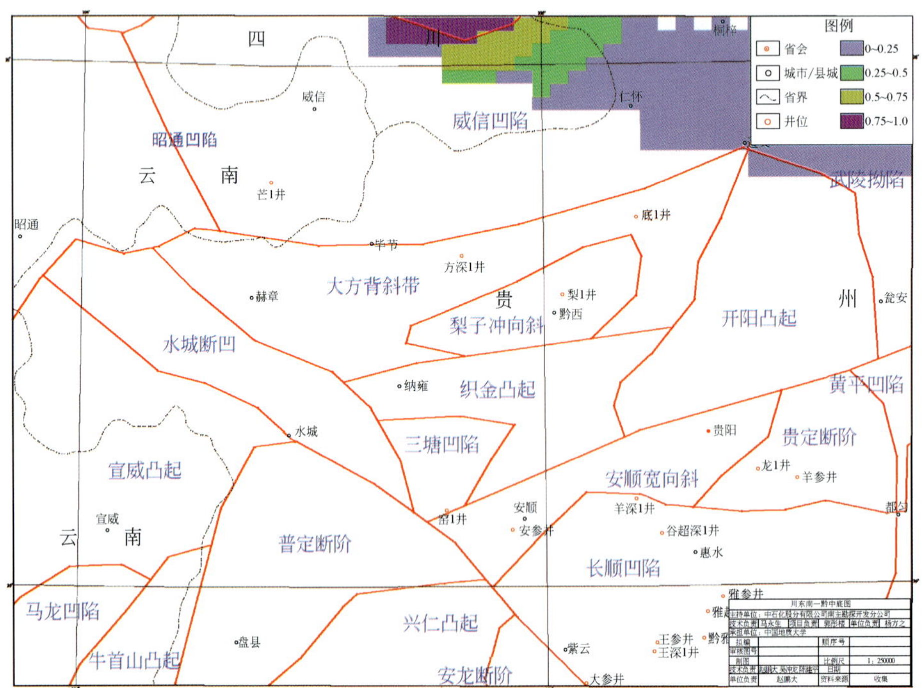

图 6-53 黔中隆起及周缘下志留统烃源岩分布图

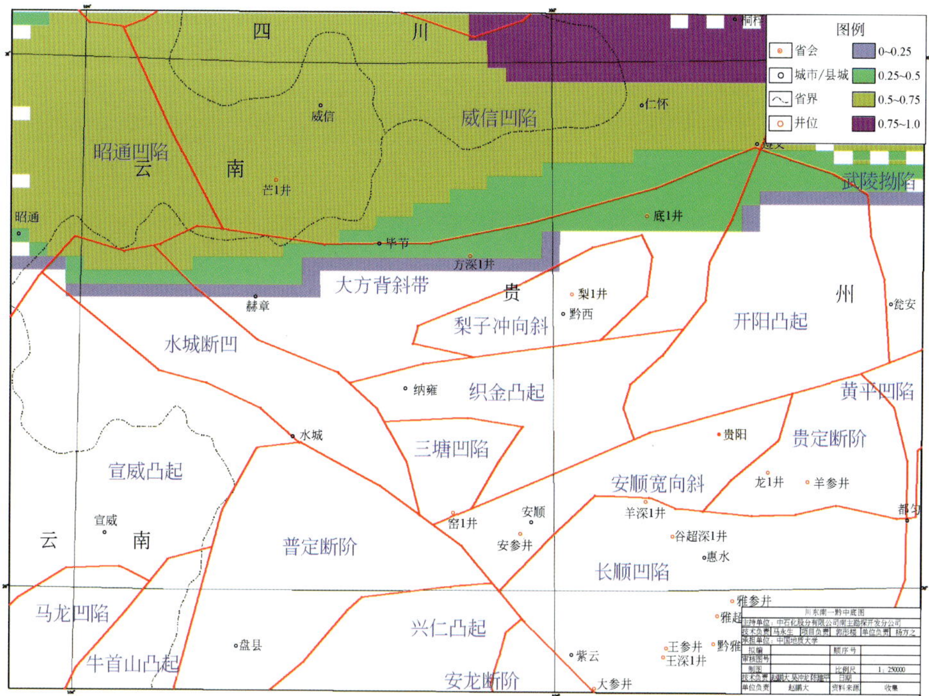

图 6-54　黔中隆起及周缘下志留统烃源岩 TOC 评价图

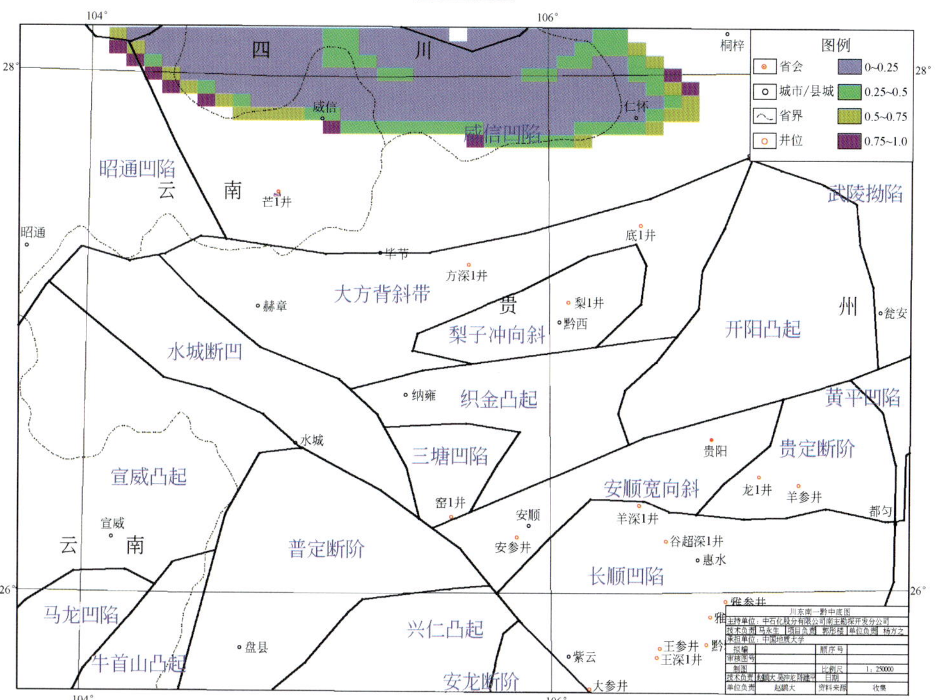

图 6-55　黔中隆起及周缘下志留统烃源岩 R^{o} 评价图

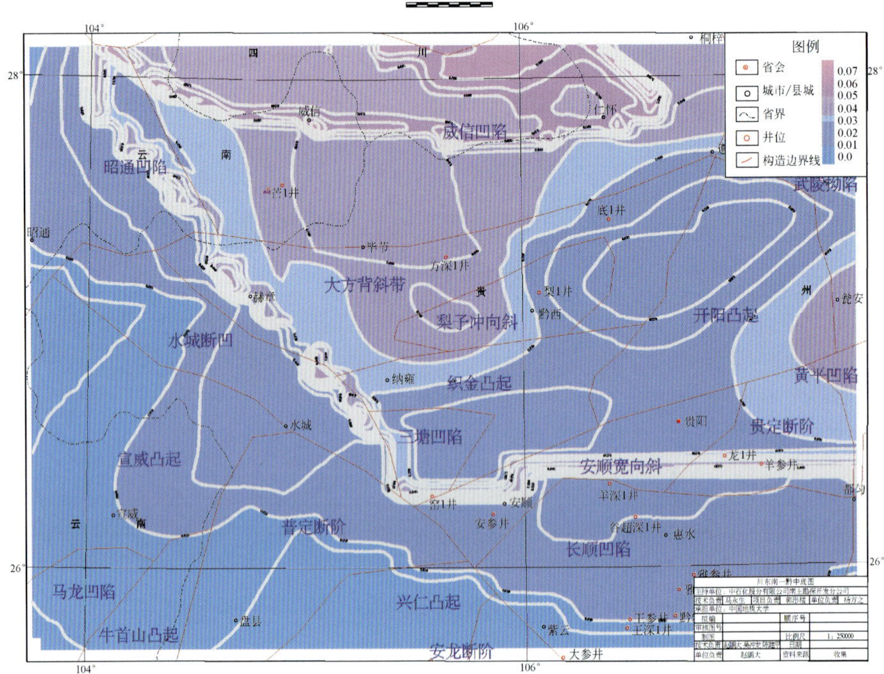

图 6-56 黔中隆起及周缘生烃条件综合评价图

2. 储层条件评价

黔中隆起及周缘地区下组合的主要区域性储层是上震旦统灯影组（Z_2dy）、中—上寒武统（ϵ_{2+3}）、下奥陶统桐梓组（O_1t）—红花园组（O_1h）和下志留统石牛栏组（S_1s）。

沉积相带控制着储集层的空间展布，而储集层的厚度反映了储集层发育状况。在所建立的地质模型中，这两个因素都用于区内几套储层的成藏有利度评价。此外，孔隙度和渗透率反映了储集层的储集性能，但由于所掌握的资料不足，只能对全区储集层的储集性能进行综合评价，而不能分组进行评价。

（1）上震旦统灯影组储层

黔中隆起及周缘地区上震旦统灯影组是下组合的第一套重要储集层，厚度从几十米至千余米。其岩性为大套藻白云岩，泥—粉晶云岩，砂（鲕）屑云岩夹角砾云岩，岩溶角砾云岩，薄层砂、泥岩及硅质云岩等。灯影组储层的评价因子包括有利沉积相带及储集层厚度分布（图 6-57，图 6-58）两种。

（2）中—上寒武统储层

黔中隆起及周缘地区的中—上寒武统储集岩主要为细粉晶—粗晶白云岩、颗粒白云岩，厚 700～1800m。该套白云岩区域上很稳定，分布范围广，其晶间孔、溶蚀缝洞都普遍发育，是黔中及其周缘地区“下组合”最重要的储集层段之一。

中上寒武统储层的评价结果如图 6-59、图 6-60 所示。

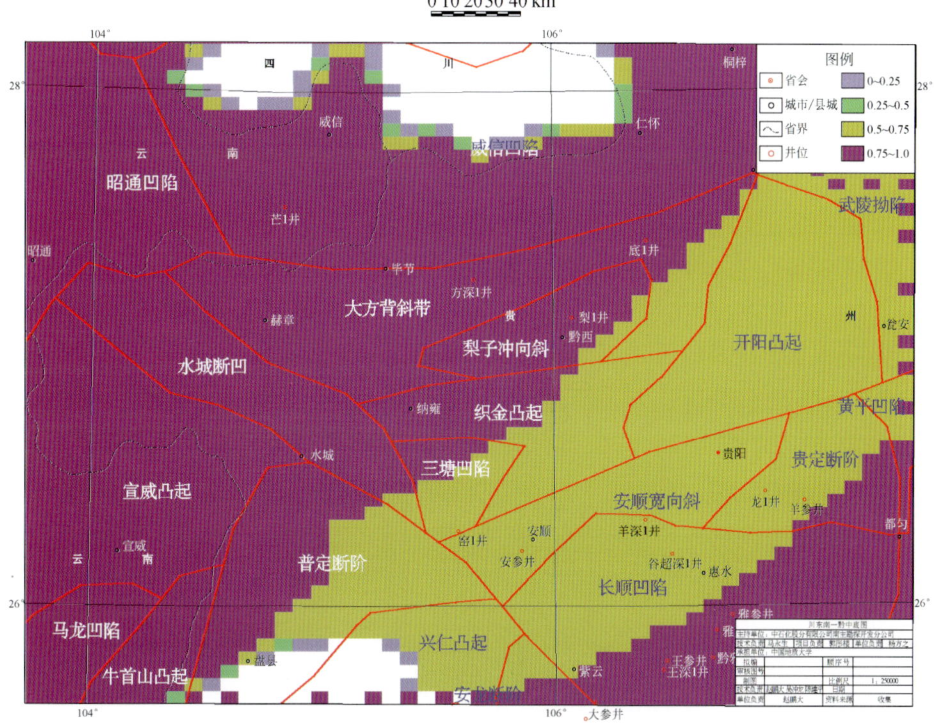

图 6-57 黔中隆起及周缘上震旦统有利沉积相带评价图

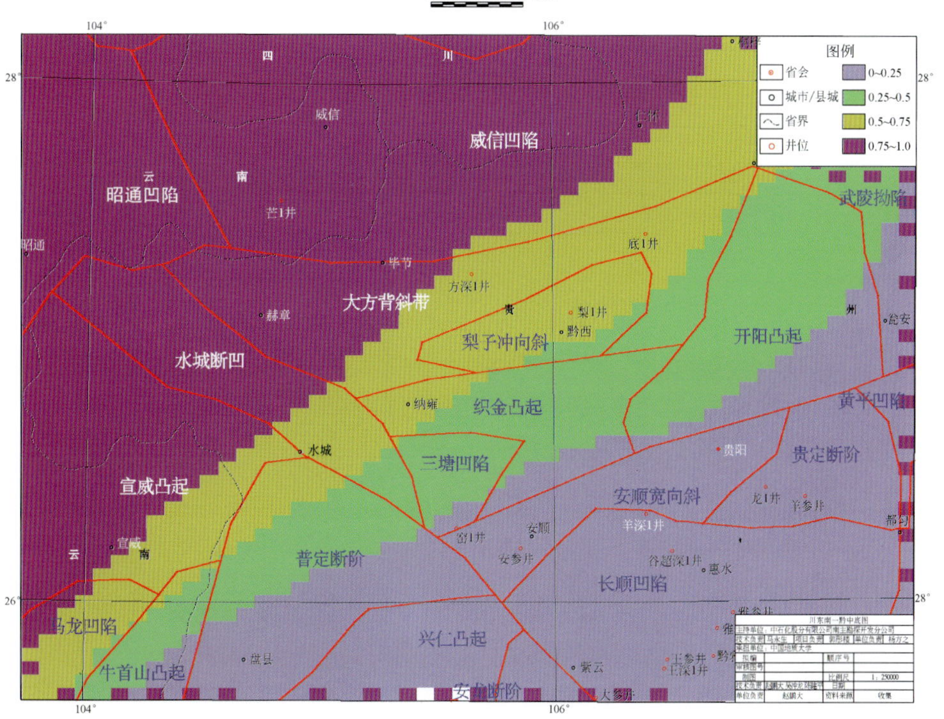

图 6-58 黔中隆起及周缘上震旦统储集层厚度评价图

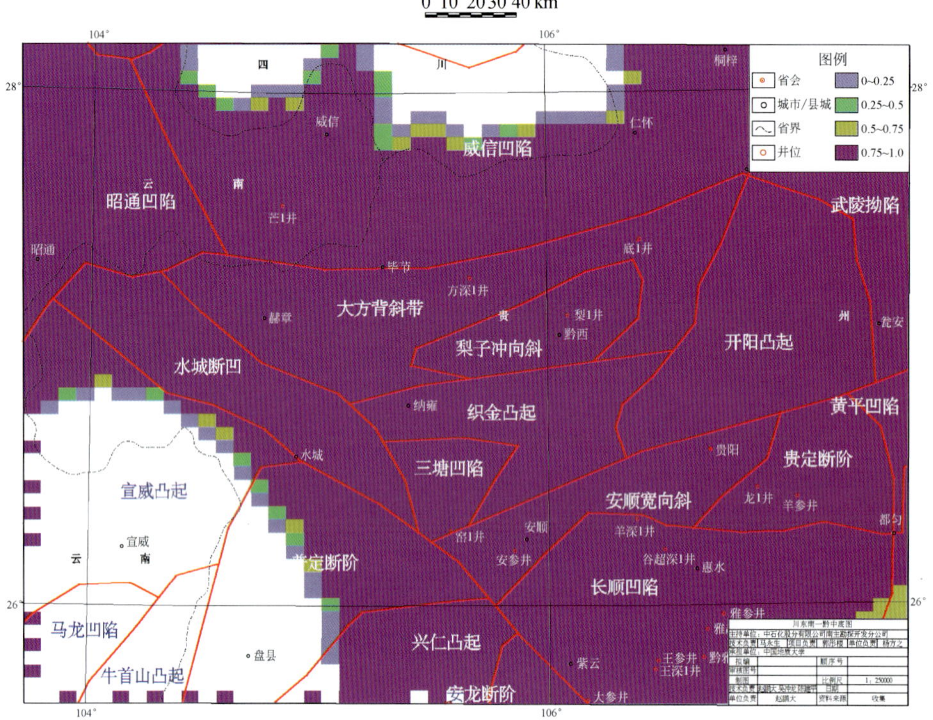

图 6-59 黔中隆起及周缘中上寒武统沉积有利相带评价图

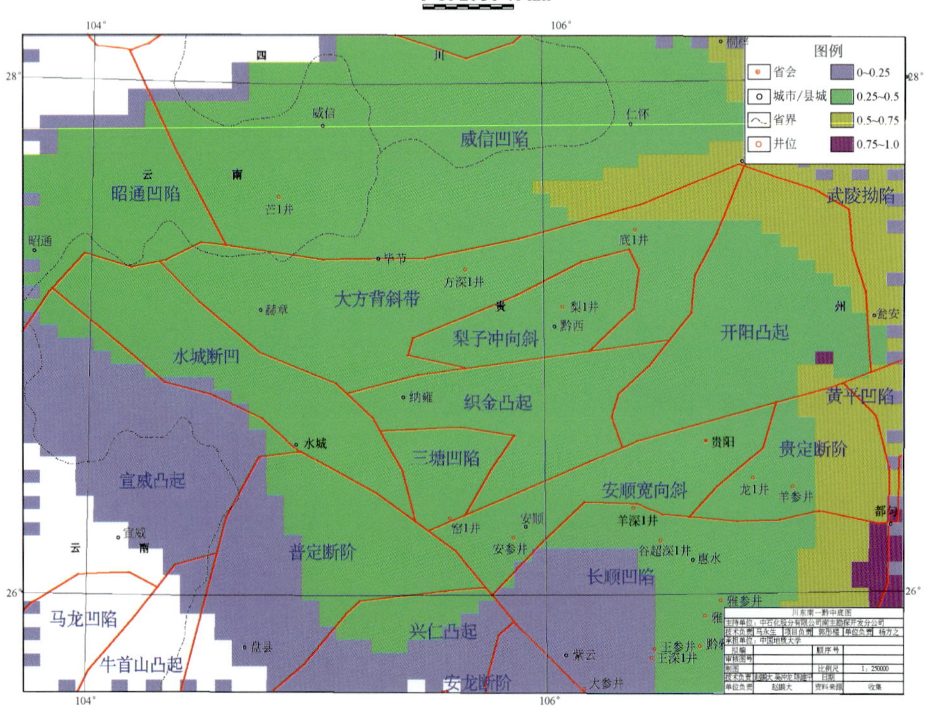

图 6-60 黔中隆起及周缘中上寒武统储层厚度评价图

(3) 志留系储集层

志留系储集层主要分布在滇黔北部拗陷和黄平凹陷，厚 10～60m，平均孔隙度分布范围为 1.3%～4.4%，平均渗透率<$0.1\times10^{-3}\mu m^2$。

志留系储集层的评价结果如图 6-61、图 6-62 所示。

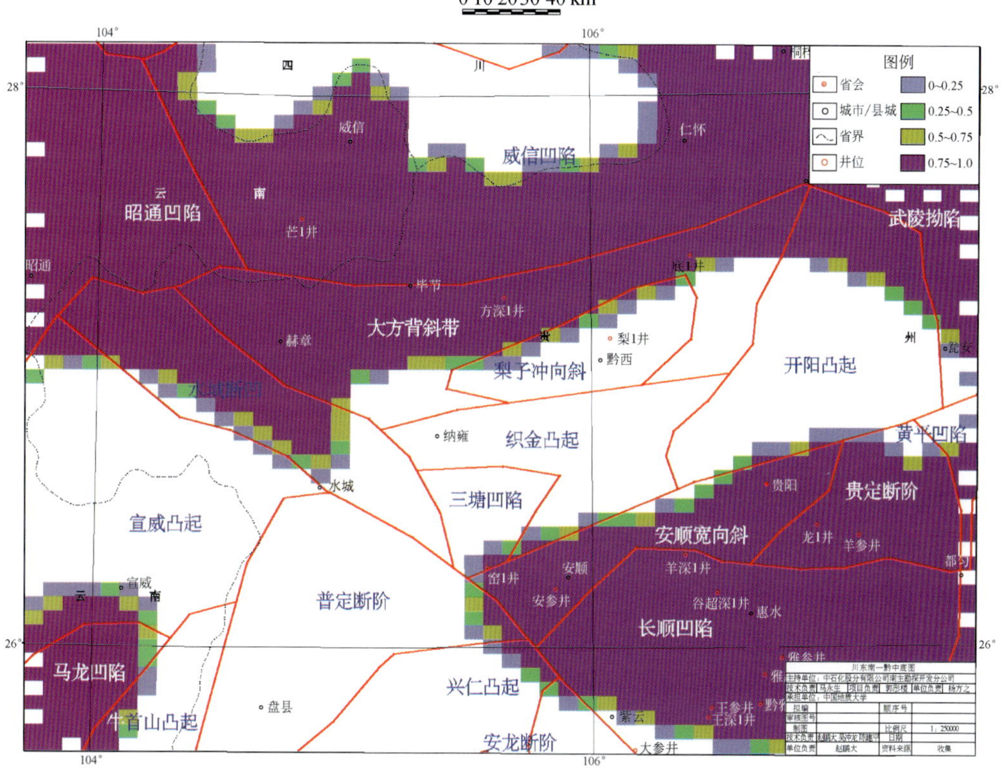

图 6-61 黔中隆起及周缘志留系储层有利相带评价图

(4) 综合储集性能综合评价

综合储集性能是根据前人研究的工区储集层综合评价结果进行标准化得到的，基本上反映了研究区高孔渗储集层的分布范围（图 6-63）。

综合上述评价结果可得该区储集层的储集性能的总体评价结果（图 6-64）。

图 6-64 展示的评价结果表明，滇黔北部拗陷、大方背斜带为研究区有利储集层最为发育的地区，开阳凸起、织金凸起以及贵定断阶储集层相对较好，而安顺宽向斜、三塘凹陷则较这两个区块差一些。

3. 生储盖组合条件评价

油气成藏是一个动态的过程，生储盖良好的时空配合是油气成藏的决定因素，配套史因素的评价应充分考虑本地区油气成藏组合及成藏特征。

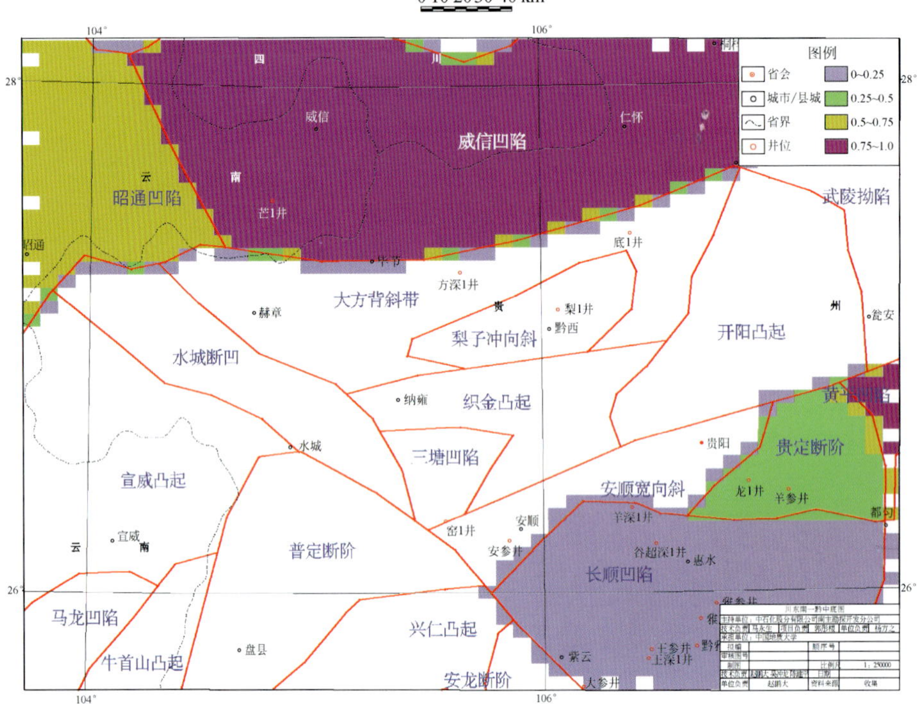

图 6-62 黔中隆起及周缘志留系储层发育评价图

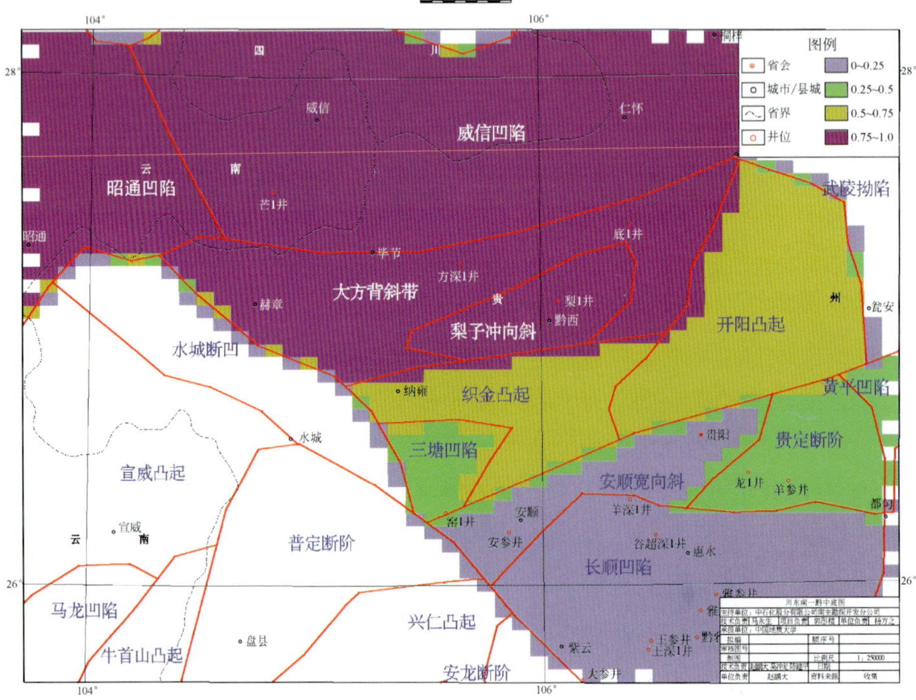

图 6-63 黔中隆起及周缘高孔渗储集层的分布范围

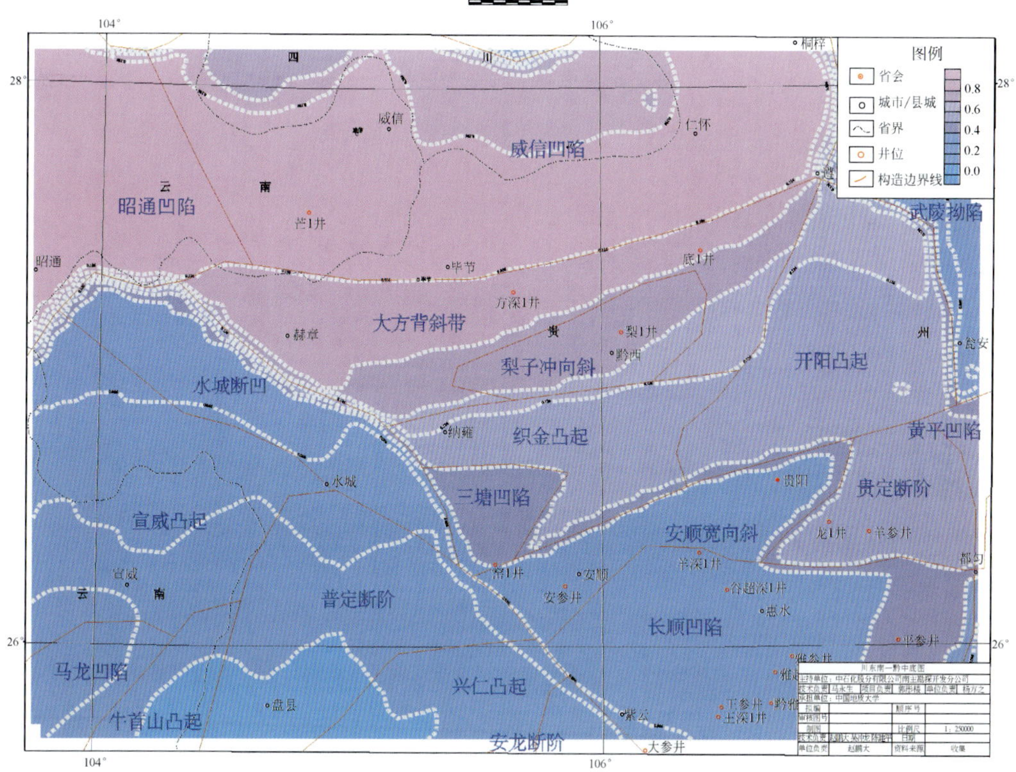

图 6-64　黔中隆起及周缘储集条件评价图

黔中地区有多套生储盖组合，其中黔中隆起区存在两套生储盖组合：①以下震旦统陡山沱组（Z_1d）暗色泥岩为烃源层，上震旦统灯影组（Z_2dn）藻白云岩为储层，下寒武统牛蹄塘组（ϵ_1n）至金顶山组（ϵ_1j）的大套泥质岩类为盖层的生储盖组合；②以下寒武统牛蹄塘组（ϵ_1n）暗色炭质泥岩为烃源层，上震旦统灯影组（Z_2dy）白云岩、下寒武统金顶山组—明心寺组（ϵ_1j—ϵ_1m）砂岩、中上寒武统娄山关群（$\epsilon_{2+3}ls$）白云岩为储层，下寒武统牛蹄塘组页岩、中—上寒武统娄山关群石膏层为盖层的生储盖组合。

黔南拗陷也存在两套生储盖组合：①下震旦统陡山沱组（Z_1d）暗色泥岩为烃源层，上震旦统灯影组（Z_2dn）藻白云岩为储层，大套泥质岩类为盖层；②下寒武统九门冲组—杷榔组为烃源层，上震旦统灯影组白云岩、下寒武统清虚洞组（ϵ_1q）、下奥陶统桐梓组（O_1t）、红花园组（O_1h）白云岩、灰岩及中下志留统翁项群（$S_{1+2}w$）砂岩为储层，下寒武统九门冲组—杷榔组及中下志留统翁项群泥岩为盖层。

滇黔北部拗陷则存在四套生储盖组合：

1）下震旦统陡山沱组（Z_2d）暗灰色炭质泥岩为烃源层，灯影组（Z_2dn）藻白云岩为储层，下寒武统牛蹄塘组（ϵ_1n）—金顶山组（ϵ_1j）的大套泥质岩类为盖层。

2）下寒武统牛蹄塘组（ϵ_1n）—金顶山组（ϵ_1j）的暗色泥岩及炭质泥岩为烃源层，下寒武统清虚洞组（ϵ_1q）—中上寒武统娄山关群（$\epsilon_{2-3}ls$）及下奥陶统桐梓组（O_1t）、红花园组（O_1h）等地层中发育的浅滩环境沉积的颗粒灰岩或白云岩为储层，下奥陶统湄潭组（O_1m）大套泥质岩类为盖层。

3）下奥陶湄潭组（O_1m）暗色泥质岩为烃源层，中奥陶统十字铺组（O_2sh）、宝塔组（O_2b）及上奥陶统涧草沟组（O_3j）的颗粒（或）（含颗粒）灰岩为储层，上奥陶统五峰组（O_3w）至下志留统龙马溪组（S_1l）的大套泥质岩类为盖层。

4）上奥陶统五峰组（O_3w）—下志留统龙马溪组（S_1l）大套暗色泥岩为烃源层，石牛栏组（S_1sh）滩相颗粒灰岩为储层，中—下志留统韩家店组（$S_{1\text{-}2}h$）大套泥质岩为盖层。

综合这四套生储盖组合特征，可得如图 6-65 所示的黔中隆起各区块的生储盖组合有利度评价图。这种有利度对原始油气藏的形成至关重要。

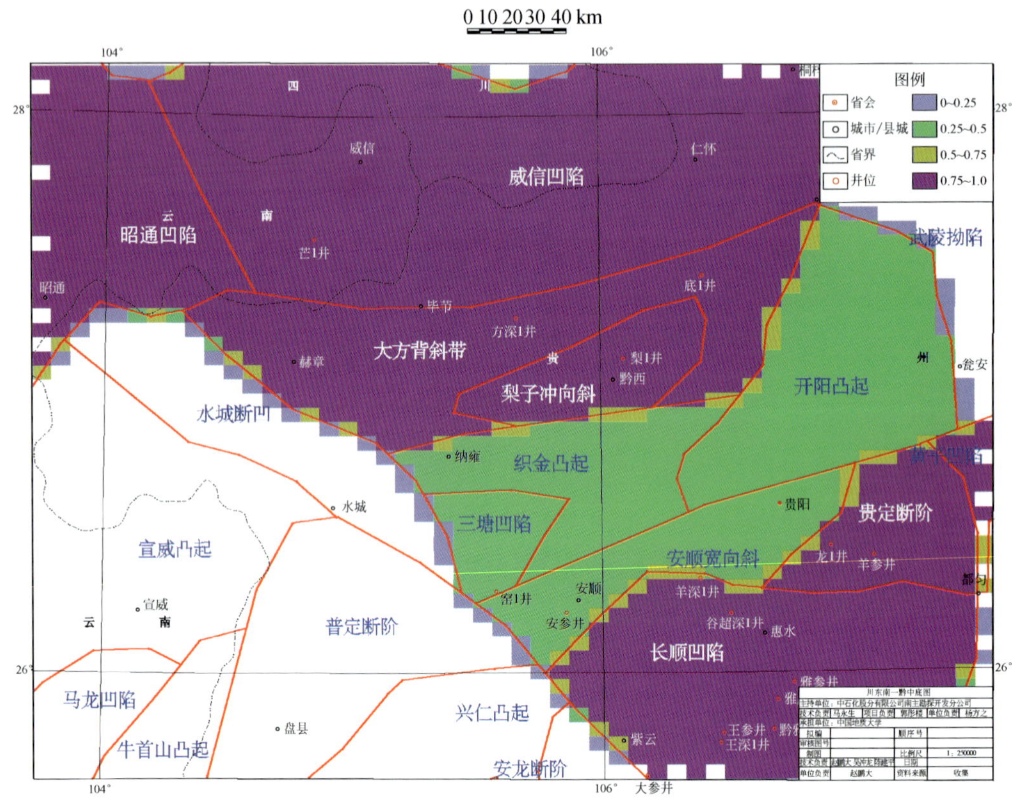

图 6-65 黔中隆起及周缘各区块油气生储盖组合评价图

4. 地表羟基信息、地表油气苗及古油藏信息评价

(1) 地表羟基异常

地表羟基异常及油气苗显示是地下油气富集的一种表现，也可能是早期的油气藏遭后期构造破坏而渗漏的结果。黔中隆起的地表羟基异常主要分布于开阳凸起、梨子冲向斜、贵定断阶和黄平凹陷（图 6-66），与地表油气苗、沥青的出露点基本一致。

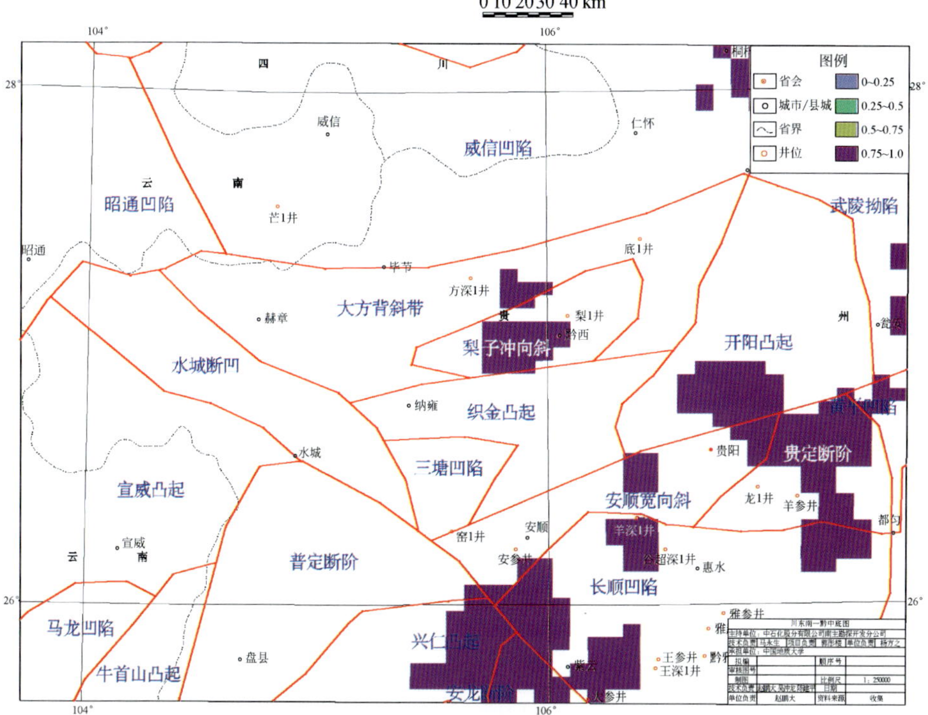

图 6-66　黔中隆起及周缘地表遥感烃基信息分布图

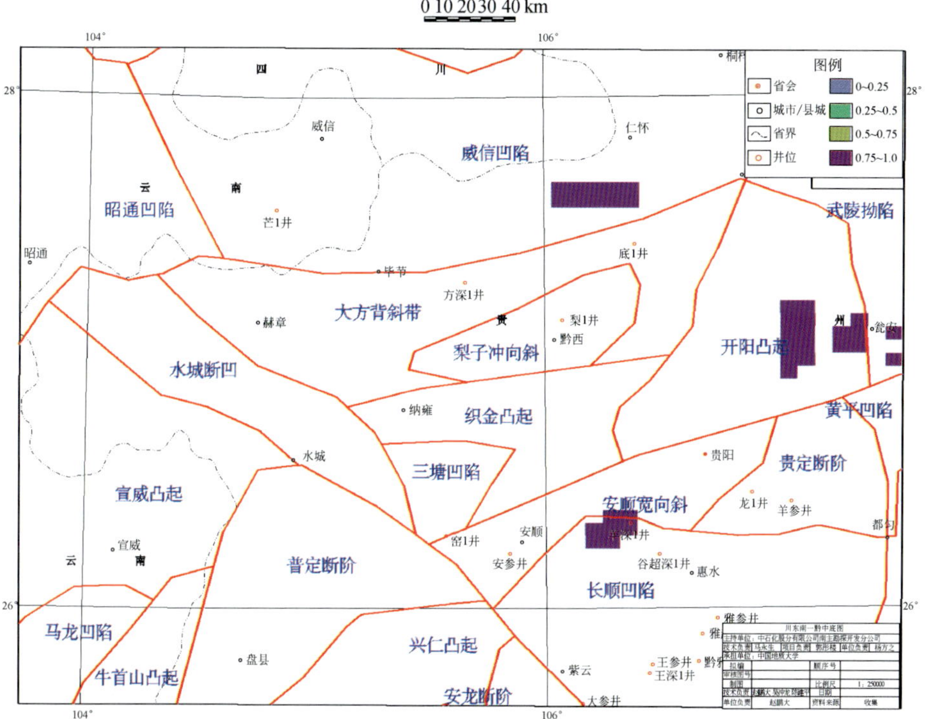

图 6-67　黔中隆起及周缘古油藏分布图

(2) 地表油气苗及古油藏信息

地表油气苗及古油藏信息反映了地质历史时期的油气充注事件，同时也是生储盖组合、配置曾经十分优越的标志。区内油气苗及古油藏分布如图 6-67 所示。

油气羟基异常及古油藏信息反映了地质历史时期油气藏各形成因素的匹配关系，对区块评价来说，他可以反映研究区处于有利的含油气系统之内。图 6-68 为研究区油气羟基异常及古油藏的综合评价结果。

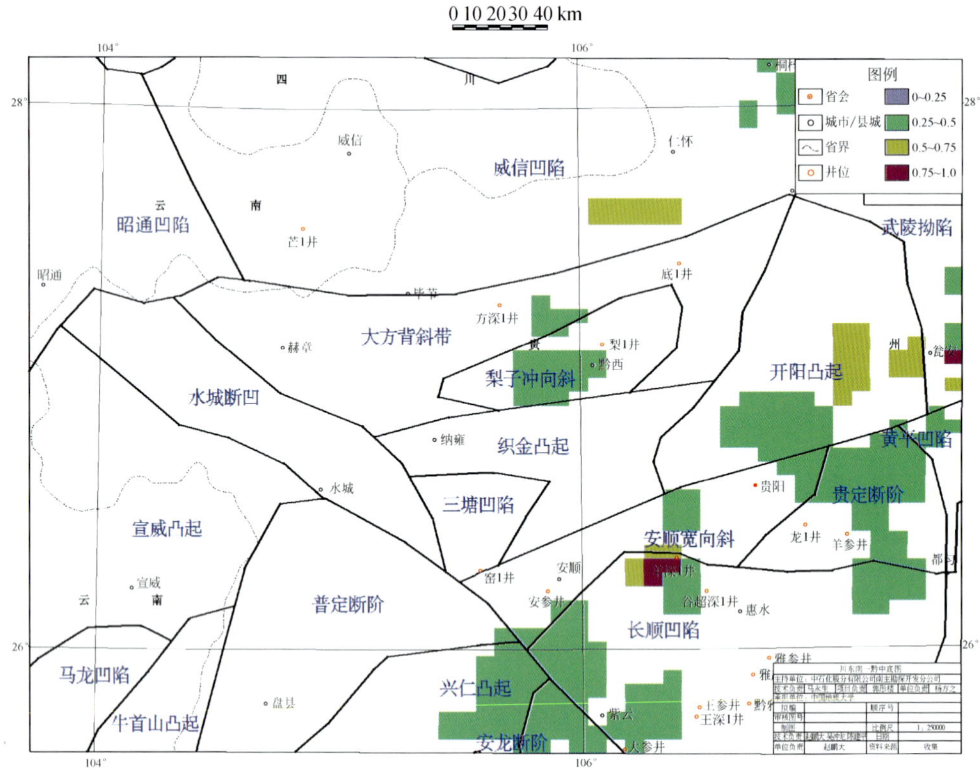

图 6-68 黔中隆起及周缘油气渗漏信息评价图

由图 6-68 可看出，黔中隆起油气渗漏地质异常主要分布在梨子冲向斜局部地区、黔中拗陷西南部贵定断阶、黄平凹陷、兴仁凸起等。黔中地区的麻江、凯里古油藏即分布在这些地区，表明其为有利的油气资源富集区。

5. 油气藏保存条件评价

断裂、封盖层、水文地质条件对油气保存有较大的影响，对保存条件的评价亦包括这些方面。根据其他子课题研究成果，建立了研究区的保存条件评价模型。

(1) 断裂构造

该区的断裂可分为盖层断裂和基底断裂。前者有汤舟—中水断裂、遵义断裂、纳雍断裂；后者有块择河断裂、紫云—都安断裂、贵阳—镇远断裂、赫章金沙断裂、三都断裂、盐津—兴文断裂。这些断裂的形成时期与区域内油气富集的几个关键时刻一致，控制了黔中隆起与周缘的构造—地层格架。其专题数据如图 6-69、图 6-70 所示。

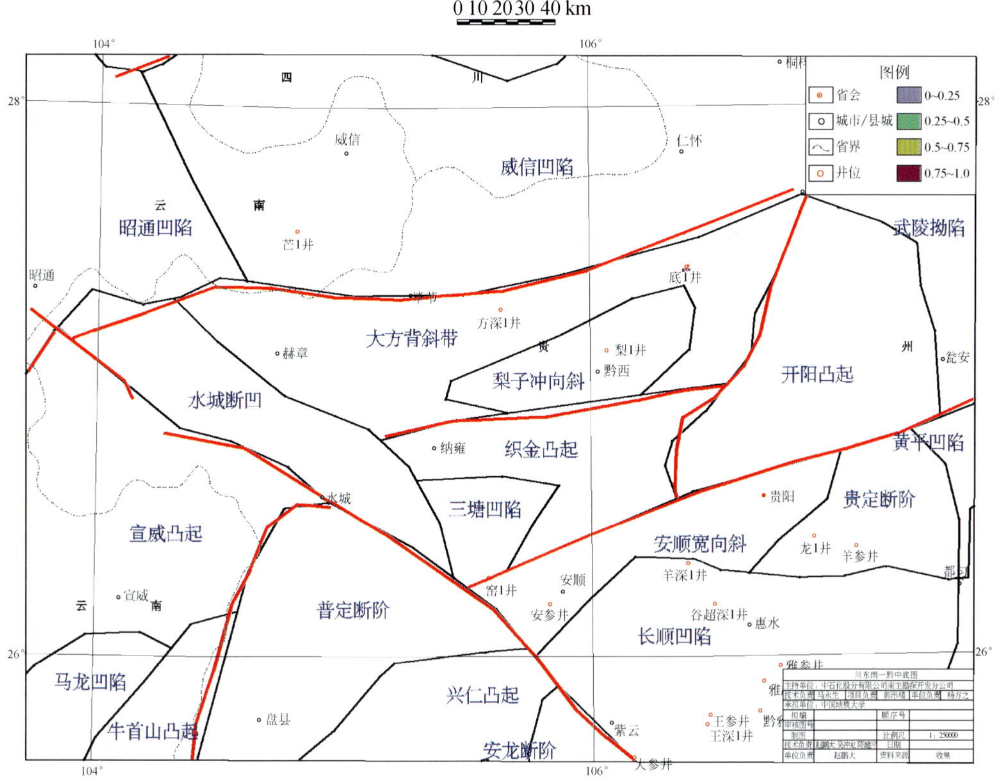

图 6-69　黔中隆起及周缘断裂分布图

(2) 盖层有效性

下寒武统下部和下志留统下部、奥陶系的区域盖层皆以泥质岩为主，在局部地方还存在寒武系膏盐层，都具有良好的封盖性能。对盖层的评价主要依靠有效盖层厚度来进行，图 6-71～图 6-75 分别为研究区盖层的网格单元评价图。

(3) 水文地质条件

水文地质条件反映地下水循环程度，因而可揭示油气藏封闭程度，是评价保存条件一个较好的指标。其专题图层网格化模型如图 6-76 所示。区内水文地质条件研究并不充分，但在贵定断阶和黄平凹陷发现有较高的流体矿化度，表明封闭性较好。

利用前述层次分析法得到的油气保存条件评价因子，可对黔中隆起油气保存条件进行综合评价。评价结果表明（图 6-77），黔中隆起保存条件最好的地区是滇黔北部拗陷部分地区、大方背斜带、梨子冲向斜、贵定断阶和黄平凹陷；其次为威信凹陷、昭通凹陷、三塘凹陷、织金凸起、长顺凹陷；而其他地区（如宣威凸起等）则保存条件较差。当然，其他地区评价结果偏低，也可能是这些地区缺乏相应的研究资料而引起的。

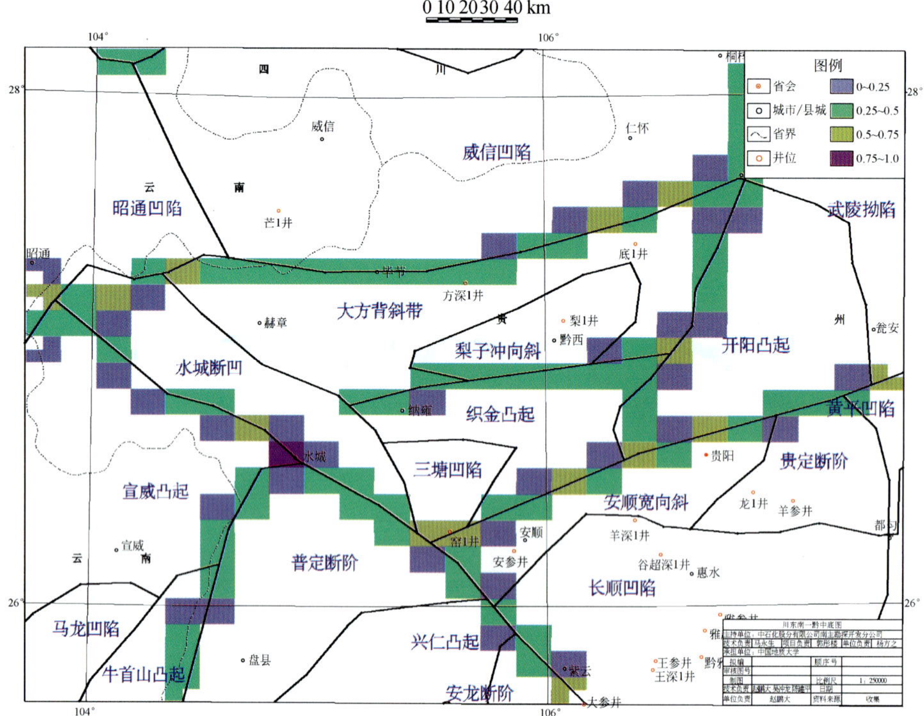

图 6-70 黔中隆起及周缘断裂密度分布图

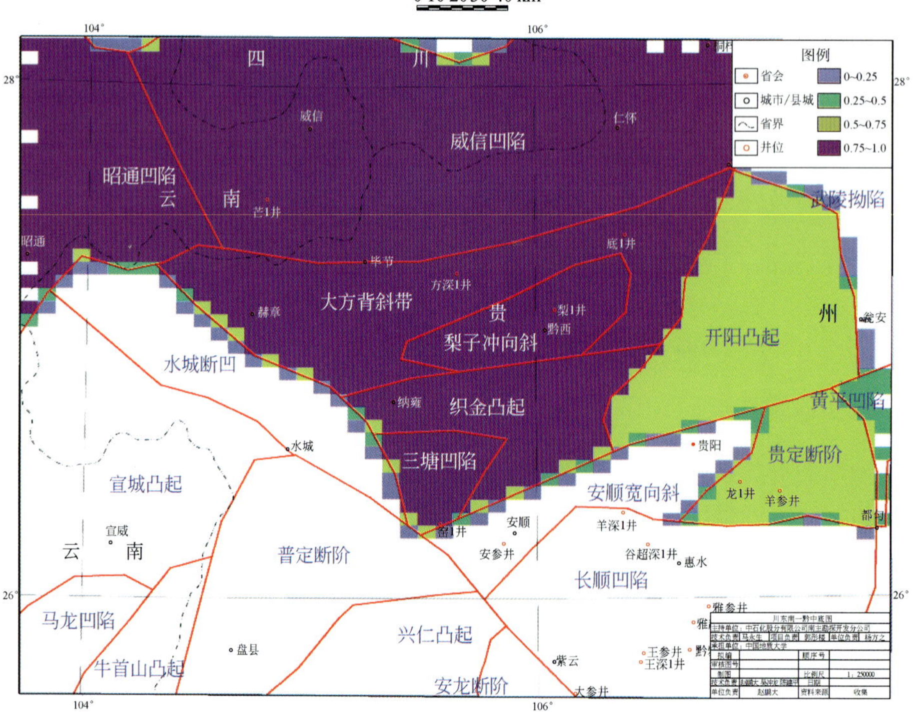

图 6-71 黔中隆起及周缘下寒武统盖层分布评价图

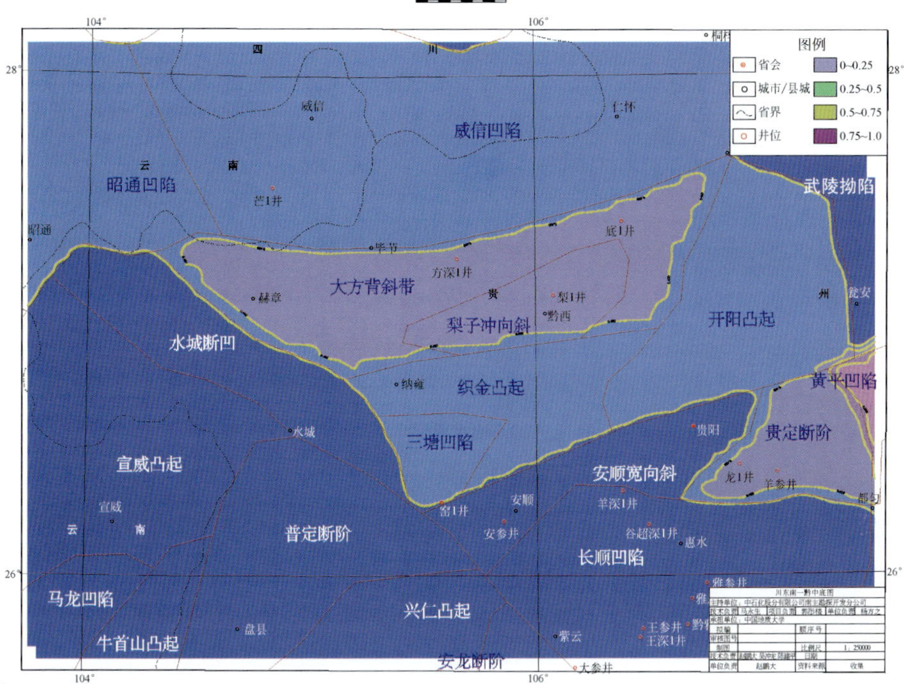

图 6-72 黔中隆起及周缘下寒武统Є$_1$m—Є$_1$j 盖层分布评价图

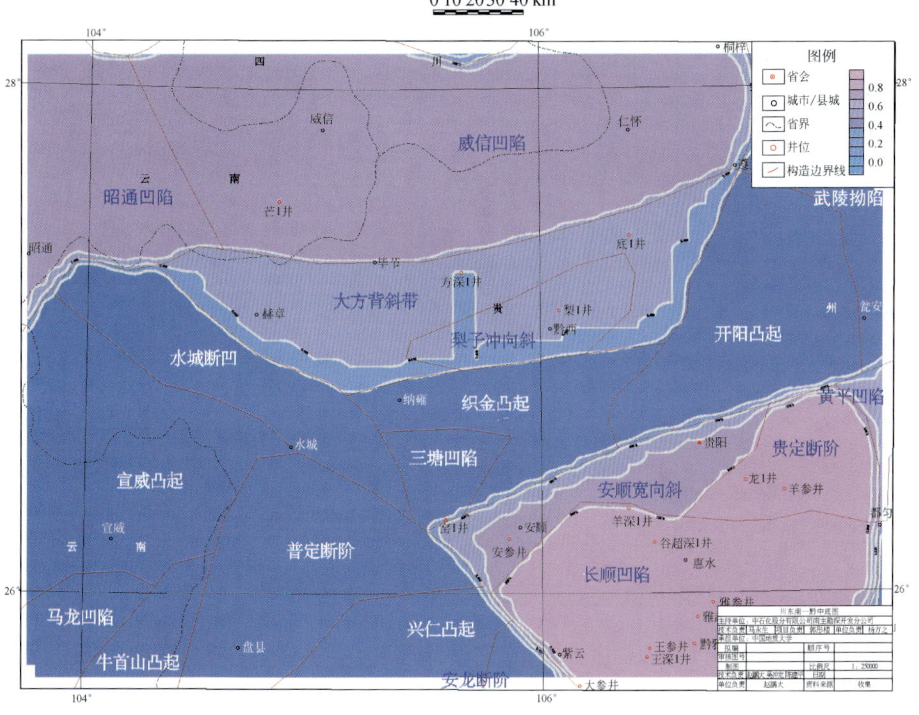

图 6-73 黔中隆起及周缘奥陶系盖层分布评价图

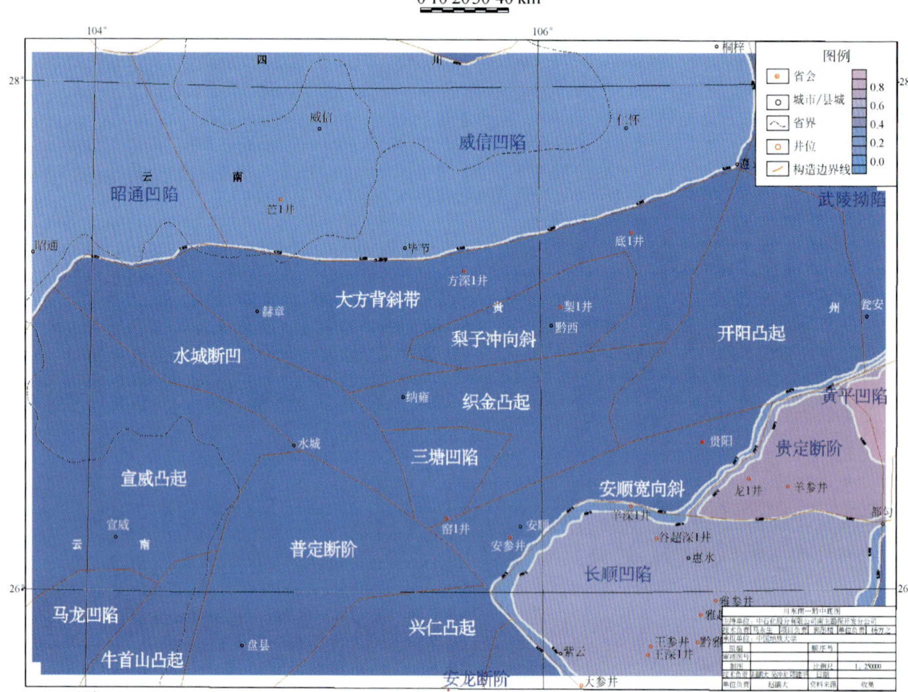

图 6-74 黔中隆起及周缘志留系盖层分布评价图

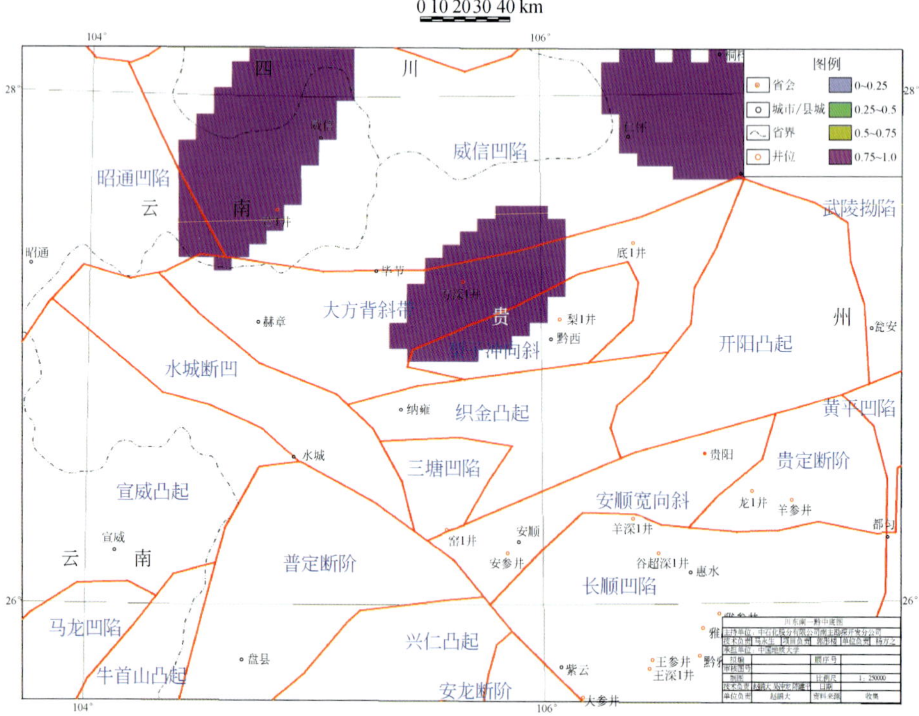

图 6-75 黔中隆起及周缘下寒武膏盐层盖层分布评价图

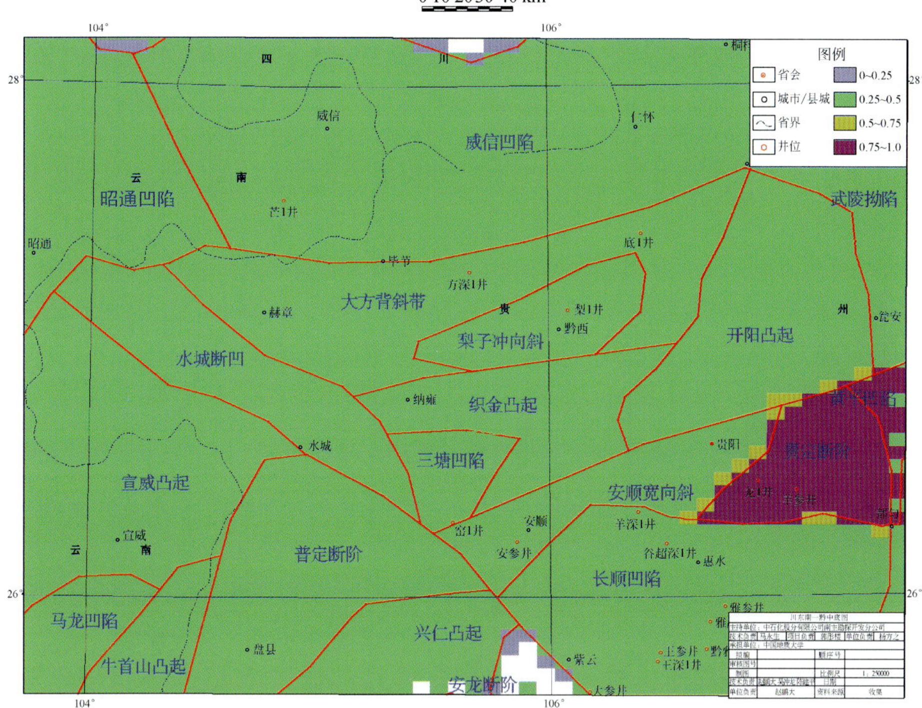

图 6-76 黔中隆起及周缘保存条件水文地质评价图

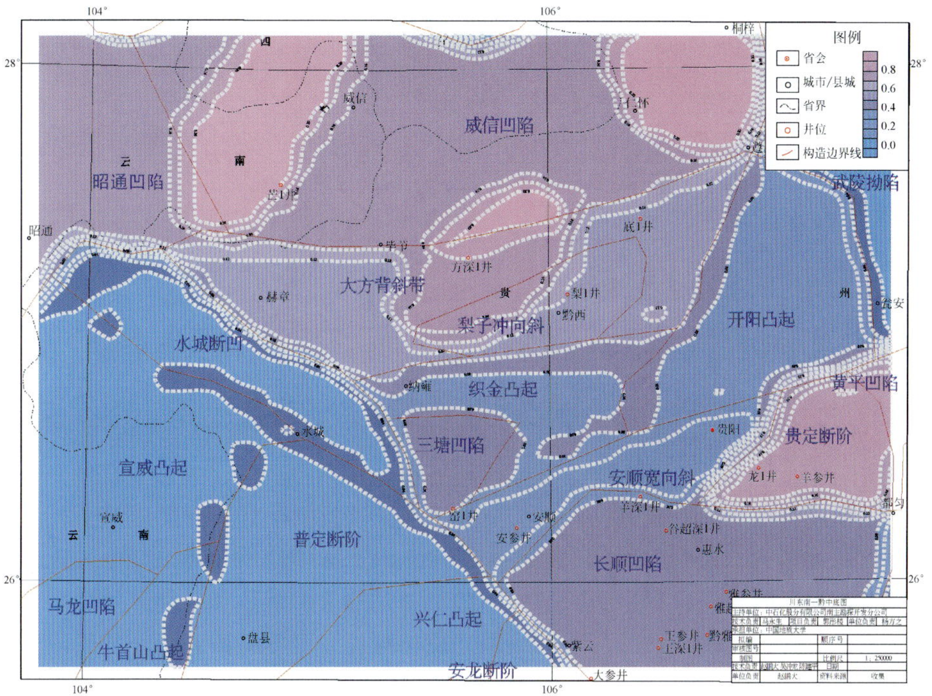

图 6-77 黔中隆起及周缘保存条件评价图

四、黔中隆起及周缘油田地质异常和 4P 地段定量综合评价

研究区潜在油气藏地段（4P）的确定，可以通过层次分析法的层次总排序来确定。在前面关于油气成藏、保存条件的层次分析法评价结果基础上，通过层次总排序得到了黔中隆起及周缘潜在油气藏地段（4P）的评价结果（图 6-78）。

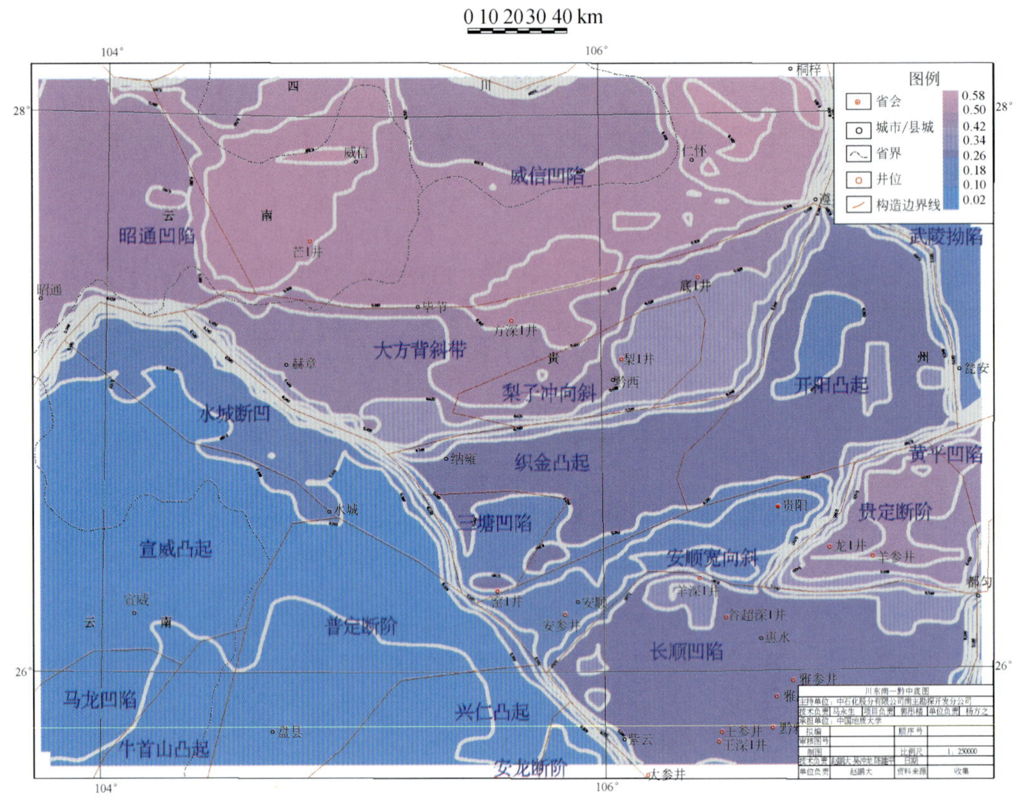

图 6-78 黔中隆起及周缘油气地质异常 4P 综合评价图

良好的生储盖配置是油气成藏的基础，而有效的保存是油气藏存留的必要条件。根据上述研究成果，区内各构造单元（区块）有着自 Z_2-T_2 以来的碳酸盐岩、碎屑岩、泥质岩沉积，总厚度为 5000～10000m，这其中包括多套生、储、盖层组合，并且有构造等多种类型的圈闭存在。各系地层广布的油气苗和沥青显示和古油藏、残余油藏的发现，表明本区确实发生过蓬勃的油气成藏过程。前述成藏保存条件（生烃条件、储集条件、油气生储盖配套史及地表油气苗）的分层次评价充分证明了，本区具有好的生、储、盖、运、聚、保条件，但却因印支—燕山期以来南侧和东南侧的碰撞造山和前陆逆冲推覆作用，而遭强烈的抬升、剥蚀和破坏，仅在上述滇黔北部拗陷、大方背斜带、梨子冲向斜、贵定断阶和黄平凹陷，以及威信凹陷、昭通凹陷、三塘凹陷、织金凸起、长顺凹陷等地的局部位置，仍然存在较好的油气保存条件。

评价结果表明，黔中及周缘地区最有利的油气聚集区块（潜在油气藏地段，4P）为

威信凹陷部分地区。那里不仅有良好的保存条件和储集条件，而且还有下寒武统和下志留系两套发育良好的烃源岩，是黔中及周缘地区生烃条件最佳的区域之一，同时生储盖时空配置亦较有利。而且，滇黔北部拗陷正处于隔槽式与隔挡式褶皱过渡带，可能存在有利的构造圈闭。大方背斜带、梨子冲向斜、贵定断阶也是黔中隆起有利找油气地段，这些地区的储集条件、生烃条件、保存条件也都比较好。在这些地区所发现的古油藏，证明曾经存在良好的生运储盖配置关系，尤其是贵定断阶及黄平凹陷，在各项评价因子中都处于有利位置。此外，开阳凸起、织金凸起、三塘凹陷以及黔南拗陷也是本区较有利的勘探区块，但因储集条件及保存条件均较前两类差，其把握性较差。由于黔中隆起及其周缘地区的烃源岩演化程度，都已经达到过程熟阶段，只能作为找气的重要领域。

其他地区由于研究资料的缺乏，油气地质异常 4P 评价结果不是很可靠，但总体看来，其成藏有利性应当比上述区块要差一些。

第七章　重点区块下组合潜在资源地段

在对中国南方海相残留盆地的基本油气地质特征、油气藏成藏、保存的影响因素进行了全面的分析、讨论和归纳，并且进行了致藏地质异常分析和成藏有利地段（1P）评价、专属地质异常分析和找气可行地段（2P）评价，以及综合地质异常分析和找气有利地段（3P）评价之后，我们有必要也有可能进一步分析重点区块下组合的油气田地质异常，并且对潜在油气资源地段（4P）作出预测。

第一节　下组合油气田地质异常及成藏模式

一、下组合油气系统的成藏特征

按照“同一油气系统应有相同的油气源，相同的油气运聚关系，相同的储集层、盖层”的原则，并根据主要烃源岩展布及演化的差异性，川—黔—渝—鄂—湘边区发育有以上震旦统陡山沱组、下寒武统牛蹄塘组、下志留统龙马溪组源岩为基础的 3 个油气系统。下面以由寒武系及志留系烃源构成的油气系统为例，对其油气田地质异常的基本特征和油气成藏模式分别加以剖析和介绍。

1. 寒武系油气系统

该油气系统是中—上扬子寒武系超油气系统的一部分。其烃源岩是$Є_1n$、$Є_1m$ 和$Є_1j$ 黑色泥岩和碳酸盐岩，储集层有 Z_2dy、$Є_1m$、$Є_1sh$（石龙洞组）和中上寒武统等，盖层为 S_1l 巨厚的黑色泥岩。在川东南、鄂西—渝东和黔中隆起及周缘地区，由于构造沉降和地热场的差异，油气成藏演化进程有所不同，因而分为 3 个子系统。

（1）寒武系油气系统基本特征

该系统的下寒武统烃源岩总厚度最大处＞500m，其中泥质烃源岩厚 100～200m，有机碳含量为 0.4%～1.5%，属差—好烃源岩，最好者为底部的黑色页岩；碳酸盐岩烃源岩厚 200～300m，有机碳含量以＜0.2%为主，属非烃源岩。在石柱都会剖面上，泥质烃源岩厚 135.1m，有机碳含量为 0.04%～1.55%，平均为 0.42%，属差烃源岩，但其底部黑色页岩，有机碳含量高，平均为 1.37%，属好烃源岩。彭水太原剖面泥质烃源岩厚

179.45m，有机碳含量为0.06%～0.38%，平均为0.18%。可能有三个生烃中心，分别在宜宾、大方及咸丰一带。

该系统的储集层主要有Z_2dy白云岩、$Є_1m$和$Є_1sh$砂岩和中—上寒武统的各种碳酸盐岩。Z_2dy白云岩储层形成于局限海台地及台地边缘相，分布范围遍布全区，其中鄂西—渝东、川东南地区孔隙度变化于0.9%～4.9%之间，平均为2.52%；渗透率变化于$0.2\times10^{-4}\sim1.22\times10^{-3}\mu m^2$，平均为$0.063\times10^{-3}\mu m^2$；黔中隆起及周缘地区平均孔隙度分布范围为0.77%～10.06%，平均渗透率分布范围为$0.00087\times10^{-3}\sim44.9\times10^{-3}\mu m^2$，属中等储层，垂向上以灯三段（$Z_2dy^3$）相对较好。此外，鄂西—渝东地区$Є_1sh$上部的云岩段，中—上寒武统（平井组—毛田组）藻云岩、颗粒云岩、结晶云岩，藻灰岩、颗粒灰岩和结晶灰岩等，黔中隆起及其周缘地区$Є_1m$和$Є_1j$砂岩，以及中—上寒武统娄山关群细粉晶—粗晶白云岩、颗粒白云岩，也都是分布比较广泛的区域性储层。

（2）川东南子系统的成藏演化

本区下古生界多数生油岩系的进入成熟生油阶段是在印支早期，而进入生气阶段是在燕山中、晚期。由于构造形成和储集性能改善具有多期性，油气成藏也具有多期性。印支期和燕山—喜马拉雅期，是局部构造形成和最终定形期，也是成藏关键时期（图7-1）。构造作用对圈闭形成和储层改造，以及对油气成藏和分布起着至关重要的作用。

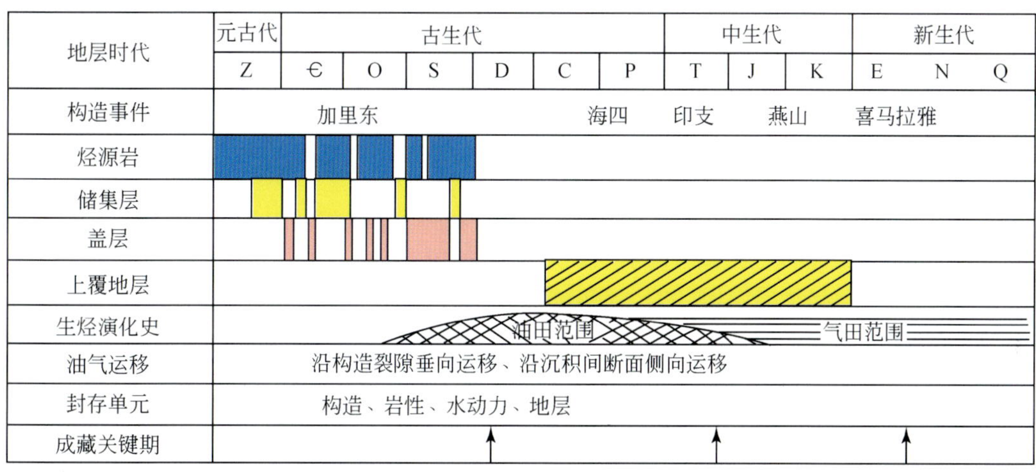

图7-1　川东南地区下古生界油气成藏事件图（据吕宝凤，2005，修改）

（3）鄂西—渝东子系统的成藏演化

本区下寒武统烃源岩于中寒武世早期进入低熟阶段，于早奥陶世中期进入成熟早期，早志留世中期进入成熟晚期，至中志留世晚期进入干气阶段。可见，加里东期即已完成全部生烃过程。至印支期，上覆巨厚地层使早期生成的油气开始裂解，而燕山—喜马拉雅期完成全部裂解，气藏就此定型，是成藏的关键时期（图7-2）。

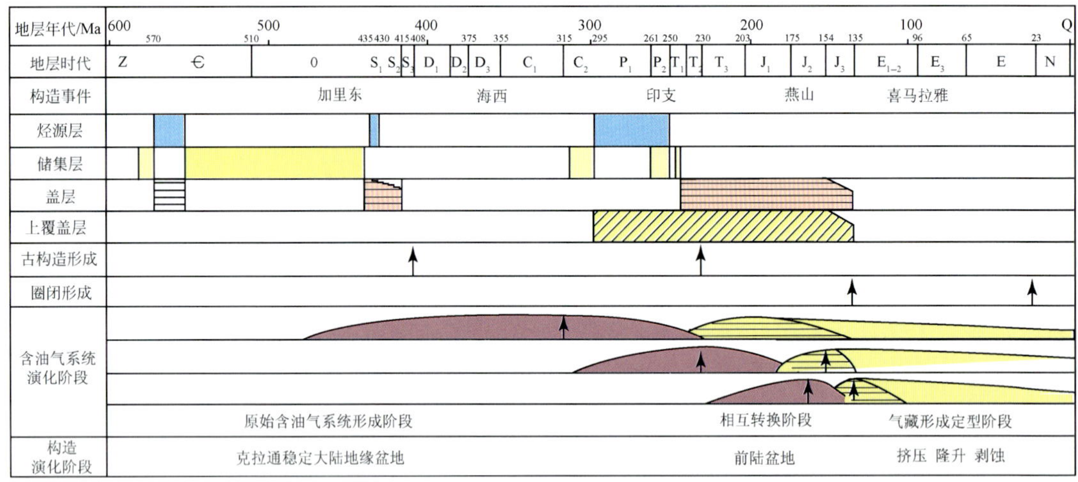

图 7-2 鄂西—渝东地区下古生界油气成藏事件图①

(4) 黔中隆起及周缘子系统的成藏演化

在黔中隆起区，下寒武统烃源岩于早寒武世晚期进入低熟期，早奥陶世晚期进入生油高峰期，晚三叠世初进入成熟晚期，晚三叠世中期进入主力生气阶段。其中，下寒武统烃源岩由于受到都匀运动的影响，地层抬升剥蚀，湿气生成阶段到晚三叠世中期才结束；而由于受印支和晚燕山运动的影响，生气阶段至今尚未结束。

在黔东南及黔南地区，震旦系烃源岩于中寒武世早期开始生烃，晚寒武世末进入成熟早期，开始大量生油；于早奥陶世中晚期进入成熟晚期，中奥陶世中期达到过成熟阶段。下寒武统烃源岩厚度不大，于中寒武世末进入低熟期，早奥陶世中期进入成熟早期，中奥陶世中期进入成熟晚期，晚奥陶世末期进入过成熟期。

显然，黔中隆起及周缘地区的大部分烃源岩至加里东期已达到生油高峰，至印支期，因上覆巨厚地层而致温度升高，早成的油气开始裂解，且原始有机质的生烃能力向生成气态烃演化。燕山期的构造运动导致本区剧烈抬升剥蚀，对油气藏的改造、破坏及现今分布起着至关重要的作用，是成藏关键时期（图 7-3）。

2. 志留系油气系统

志留系油气系统面积比寒武系油气系统稍小一些，但主要烃源岩下志留统龙马溪组（S_1l）黑色泥岩的厚度却比较大。根据四川石油管理局二次资评资料，推测川东南地区下志留统暗色泥质烃源岩厚在 200～600m 之间，以涪陵—重庆为中心，厚度向东南和西北方向减薄，向西南和东北方向逐渐增厚，有机碳含量一般在 1.0%～1.5%之间，烃源条

---

① 马力，吴少华，徐克定等，2001，中国南方海相中古生界天然气地质综合研究总结，中国石油化工股份有限公司油田勘探开发事业部南方海相油气勘探项目经理部项目研究报告。

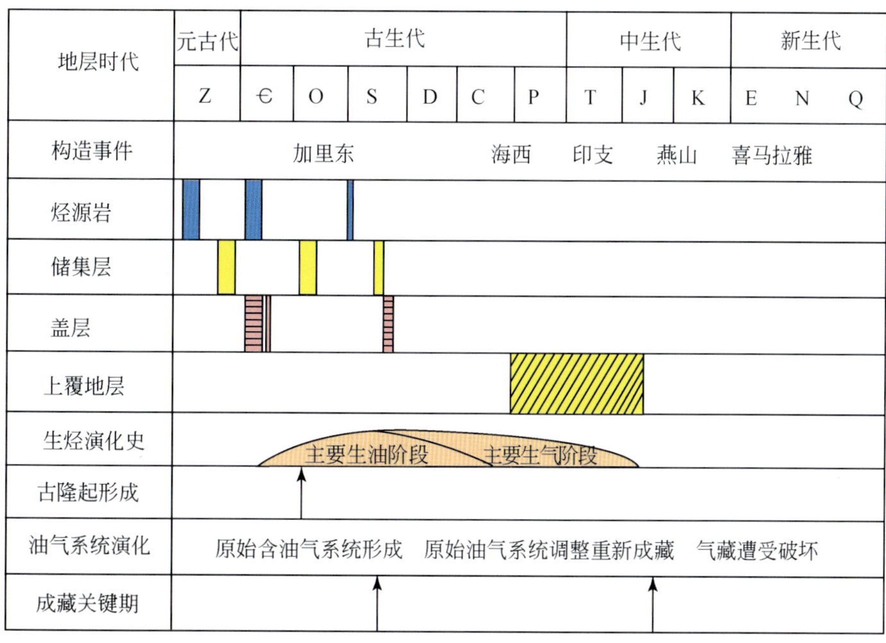

图 7-3　黔中隆起及周缘地区下古生界油气成藏事件图

件优越。总厚度最大可达 650m 以上，分别在宜宾、及鄂西一渝东地区梁平一带出现。其中，在川东南区的綦江藻渡剖面上，泥质烃源岩的有机碳含量最大值为 4.73%，最小值为 0.65%，平均为 1.45%；氯仿沥青“A”平均为 0.0023%。在武隆黄草场剖面上，泥质烃源岩厚 202.92m，有机碳含量平均为 2.22%；而在石柱干河沟剖面上，泥质烃源岩厚 565.4m，有机碳含量为 0.03%～2.88%。

该油气系统的储集层主要为中下志留统翁项群（$S_{1\text{-}2}w$，韩家店组及石牛栏组上部相当于其下部），其岩性有碳酸盐岩及砂岩。在黔中隆起及其周缘地区，该储集层主要为砂岩，分布于滇黔北部拗陷和黄平凹陷，厚度为 10～60m，平均孔隙度为 1.3%～4.4%，平均渗透率$<0.1\times10^{-3}\mu m^2$。在鄂西一渝东及川东南地区，储集层则主要由小河坝砂岩及石牛栏灰岩组成。其中砂岩储层具三角洲前缘相特征，岩性为石英粉砂岩、细砂岩、泥质粉砂岩，连续分布且厚度较大，为 127～159m。孔隙度为 1%～8%，渗透率$<0.1\times10^{-3}\mu m^2$。储集空间多为裂缝一孔隙型。灰岩储层结构较致密，孔隙度$<1\%$，渗透率$<0.1\times10^{-3}\mu m^2$，其储集性能较差。

本油气系统的烃源岩热演化进程也有地区性差别。在川东南，下志留统烃源岩于中三叠世中期进入低熟阶段，于中侏罗世晚期进入生油高峰阶段，而于晚侏罗世中期到达高熟阶段，早白垩世晚期进入过成熟阶段（图 7-1）。在鄂西渝东，下志留统烃源岩于中石炭世早期进入低熟阶段，于中三叠世晚期进入生油高峰阶段，而于中侏罗世中期到达高熟阶段，晚侏罗世晚期进入过成熟阶段（图 7-2）。在黔中隆起及其周缘，下志留统烃源岩于晚泥盆世末开始生烃，至石炭世中期进入成熟早期，晚三叠世中期进入高成熟阶段，晚三叠世晚期进入主力生气阶段（图 7-3）。

二、下组合油气系统的成藏模式

1. 川东南子系统的成藏模式

川东南地区成藏模式大致如图 7-4 所示。

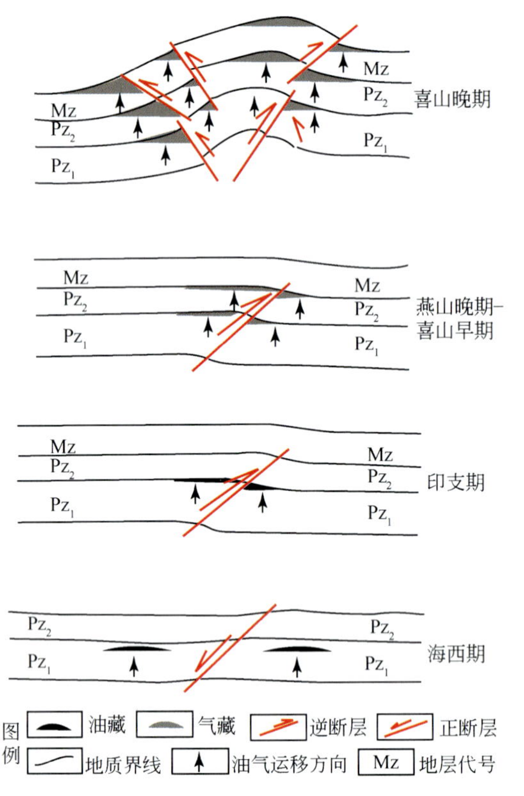

图 7-4 川东南地区下古生界油气成藏模式图（据吕宝凤，2005）

川东南地区处于雪峰山前陆隔挡式变形带的西南段，其背斜不及该变形带中段陡峭，且受逆冲断裂破坏较弱，圈闭完整性较好。

其成藏历程是：在海西期，部分下古生界生油岩开始生油，但由于当时构造和储集空间不发育，仅能形成少量小规模自生自储型油藏。到了印支期，雪峰山前陆隔挡式变形带出现雏形，区内形成部分低幅逆冲牵引背斜和构造裂缝，下古生界的大量油气在低幅背斜圈闭中聚集，成为构造型油藏。在燕山晚期—喜马拉雅早期，隔挡式变形带持续发展，逆断层及其上盘褶皱强化，下盘地层产生牵引褶皱，下古生界生油岩进入生气阶段，早成的油气也裂解成气。新生气和次生气混合在一起，在背斜或其他合适的圈闭中聚集成藏。在喜马拉雅晚期，隔挡式变形进一步强化，屋脊状断层构成主断层下盘的潜高。早成气藏在这个过程中经历破坏、调整，与新生气一起形成混合气藏。

由于上、下构造层具有不同的构造变形方式和构造变形史，所赋存的油气藏类型可能不同。其中，下古生界应以复杂断块类型的气藏为主，复杂的断层体系将产层和储层分割成众多小断块，断层遮挡成为圈闭形成的主要因素，每一个小断块都有可能成为一个小气藏。

因此，气藏的数量可以很多，但每个气藏的规模都不会太大。相邻的气藏因断层的遮挡，可以具有不同的气水压力系统和不同的含气层系，在生产上表现为相邻断块上的钻井具有不同含气性和不同产能。

2. 黔中隆起及周缘子系统的成藏模式

通过对黔中隆起地区的古油藏成藏条件和控制因素的总结，其成藏、保存和破坏所经历的过程较为特殊，大致可用归纳为图 7-5 所示的模式。

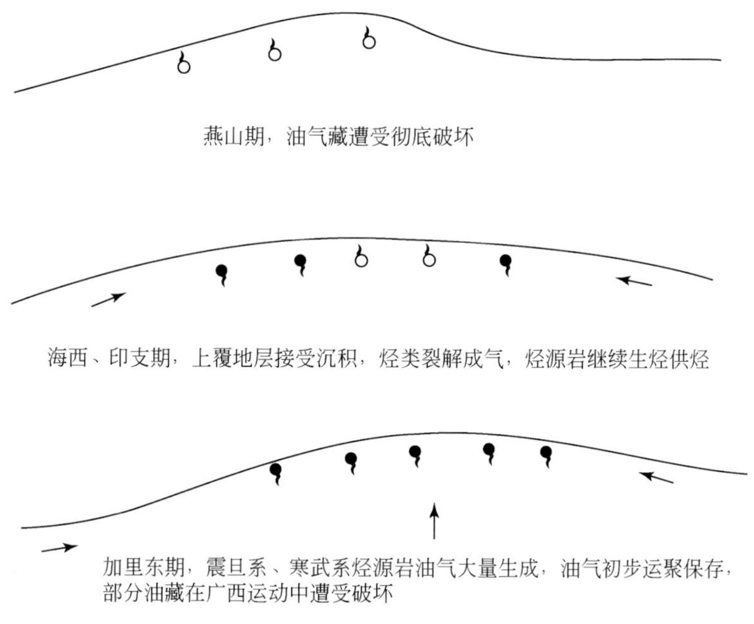

图 7-5 黔中隆起及周缘地区下古生界油气成藏—破坏模式图

具体地说，在加里东早期，有机质开始成熟并生成油气，中晚奥陶世末的都匀运动使黔中隆起及周缘地区古构造出现，下部烃源岩生成的烃类在古圈闭中聚集，随后的广西运动将部分地区上覆盖层剥蚀，部分原始油气藏遭受破坏。至海西晚期—印支期早期，黔中隆起就及其周缘地区整体下沉并接受沉积，古油藏因被深埋升温而裂解为干气和固态变质沥青，同时，下部过熟烃源岩亦生成部分气态烃。新生气和次生气混合，形成新的气藏。到了燕山期，基底区域性抬升和盖层强烈剥蚀，使储集层完全暴露，新生气和次生气混合气散失，油气藏遭受彻底破坏。

第二节 下组合油气成藏动力学特征

一、生烃动力学特征分析

生烃条件主要与烃源岩的品质和地温有关。其影响因素包括烃源岩的岩性、厚度、有机碳含量、干酪根类型、埋深，以及所经受的古地温等（图 7-6）。

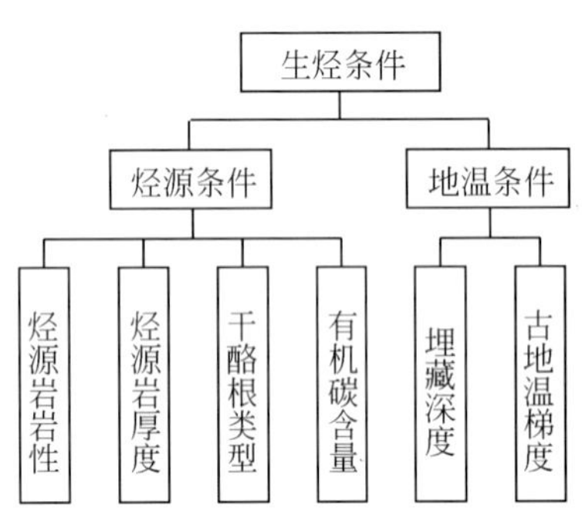

图 7-6 有机质生烃条件要素图

在中国南方复杂的大地构造背景下，川—黔—渝—鄂—湘边区前期已成的原生油气藏受到印支—燕山运动的强烈改造，大多被破坏了，因而“二次生烃”成为评价重点区块下组合油气勘探潜力的重要指标。

从有机地球化学特征看，研究区下古生界的两套区域性烃源岩（下寒武统牛蹄塘组、下志留统龙马溪组）和两套地区性烃源岩［上震旦统陡山沱组（Z_2ds）、上奥陶统五峰组］的烃源条件都较好；然而，从烃源岩的热演化程度看，研究区的下古生界烃源岩多数已经进入过成熟阶段。因此，进行烃源岩的“二次生烃”潜力评价，需要注重古地热场状况及有机质热演化指标。

主要评价对象是两套区域性的烃源岩，评价参数为有机碳含量、烃源岩厚度及有机质热演化程度，共划分为 4 个级别。其中 R°≤2.0，且有机碳含量≥1.0%及烃源岩厚度≥200m 者为Ⅰ类，表示具有很好的生烃潜力；R°≤3.0，有机碳含量≥0.4%，烃源岩厚度≥50m 者划为Ⅱ类，表示具有好的生烃潜力；R°>3.0，有机碳含量≥0.4%，烃源岩厚度≥50m 者划为Ⅲ类，表示具有中等生烃潜力；而 R°>3.0 且有机碳含量<0.4，或烃源岩厚度<50m 者划为Ⅳ类，代表具有较差的生烃潜力。

评价结果表明，本研究区的下寒武统中不存在Ⅰ类烃源岩；Ⅱ类烃源岩分布于威远气田一带和黔南、黔东等地，大致以贵阳为中心呈“哑铃型”分布，黔东地区往北延伸至湖北秭归等地；Ⅲ类烃源岩在本区分布最广，大致在大方—石阡—怀化一线以北、威远气田以南地区；Ⅳ类烃源岩在全区都有分布，但在黔西—川中一带分布较集中，其他地区分布零星。下志留统有Ⅰ类烃源岩，但分布面积很小，仅见于鄂西恩施等地；Ⅱ类烃源岩最多，广泛分布于中部及北部大多数地区；Ⅲ类烃源岩主要分布于川东南宜宾、石柱以西的梁平、垫江等地及秭归以北的地区；由于受加里东运动的影响，川中、黔中、雪峰隆起等地没有志留系沉积，加上靠近这些隆起地区的资料较少，暂时评价为Ⅳ类烃源岩分布区。

总之，研究区这两套烃源岩都还有一定的生烃潜力，下寒武统烃源岩的厚度更大、面积更广，但下志留统烃源岩成熟度稍低，生烃潜力似乎更大一些。

二、排烃动力学特征分析

一般认为，油气从烃源岩中排出的动力是剩余压力。在烃源岩生烃过程的不同阶段，剩余压力的成因是有差别的。

在中—浅部：

剩余压力＝静岩压力＋生烃增压＋水热增压＋构造应力－静水增压

在中—深部：

剩余压力＝生烃增压＋静岩增压＋水热增压＋矿物脱水＋构造应力

在中—深部的剩余压力实际上就是通常所说的异常压力（即超压）。一般认为，在3000m左右的时候，蒙脱石就已完成向伊利石的转变，孔隙变得相当致密。因研究区下组合地层最大埋深都曾经超过3000m，故此因素对超压的贡献可忽略，导致烃源层超压的主要因素为水热效应（Simonet，1991）、生烃作用以及静岩压力。

1）水热效应：Barker（1972），Magara（1978）和Bradley（1975）指出：在固定体积的封闭含水系统中，温度每变化0.56℃，内部压力的变化范围为0.76MPa（饱和盐水）～0.86MPa（淡水），由于深部地层水的矿化度一般较高，故采用饱和盐水的指标，即在3000m以下，温度每变化0.56℃，孔隙水增压0.76MPa。

2）静岩压力：取上覆地层的平均密度为$2.47\times10^3 kg/m^3$，单位面积的地层所承受的压力即是该密度与地层总厚度及重力加速度的乘积。

3）烃类的生成作用：这里主要是指石油裂解生气的增压作用。根据四川石油管理局研究院的模拟实验，在4000m的深度下，1t原油裂解为天然气，体积要增大2.4倍，孔隙压力也将增大2.4倍（褚庆忠等，2001）。各个地方各层位的气体增压总和，按该地方各层位烃源岩的生烃总量计算。

烃源岩成熟初期，岩层仍处于正常压实阶段，源自于静岩压力、生烃增压、毛管阻力和构造应力的剩余压力，在将原生孔隙水排出的同时，可将有机质生成的烃类带出，向上或向侧面进入输导层中。随着烃源岩埋深加大，孔隙直径和渗透率变小，流体渗流受阻。这时，孔隙压力不再是静岩压力与静水压力之差，而是纯粹的静岩压力。再加上有机质进一步成熟，生烃作用增强、蒙脱石大量脱水，以及部分矿物转化脱水，孔隙压力迅速增大，烃源岩出现超压和欠压实状态。当孔隙压力超过烃源岩骨架强度时，就会破裂并生成微裂缝，含烃流体在异常高压推动下，沿着微裂缝涌出。烃源岩每排出一部分烃，孔隙压力就迅速降低并导致微裂缝闭合，排烃作用便陷于停顿。一直到孔隙压力再次积累并超过微裂缝张开的临界水平，微裂缝才再次张开并排出含烃流体。这样周而复始，成为一种幕式排烃作用。

中国南方海相下组合地层基本上都经历过早期的深埋作用，烃源岩在前期都经历过高热演化，只剩下二次生气的能力，并且其孔隙度已经很小，烃类的排出只能是依靠地层的超压，因而排烃动力学图件应该主要反映烃源层的超压状况。对于那些经历过早期深埋后期抬升的区域，由于在深埋的过程中有机质还未成熟，推测超压还未形成，而在地层抬升时，有机质进入成熟阶段，生烃增压对超压的形成起了至关重要的作用，烃类的排出开始受到超压的控制。因此，在本次图件编绘过程中，把超压产生的关键时刻定在地层埋深达到最大并且即将抬升处。

考虑到各区块的具体情况，将下寒武统、下志留统地层压力系数共分为三类，以便于分析各区的下组合烃源层出现超压的几率。分类标准为：累积压力系数≥2.53 为Ⅰ类区；累积压力系数在 2.53～2.48 为Ⅱ类区；累积压力系数＜2.48 为Ⅲ类区。按此标准，寒武系、奥陶系各层在研究区可能出现超压的几率如表 7-1、表 7-2 所示。

表 7-1 川东南—黔中—鄂西—渝东区下寒武统牛蹄塘组压力系数表

地点	最大埋深/m	水热效应增压系数	静岩压力增压系数	烃类裂解增压系数	累积压力系数	超压几率等级
黔中大方背斜方深 1 井	4460	0.002	1.47	0.068	2.54	Ⅰ
翁安地区	5600	0.001	1.47	0.012	2.465	Ⅲ
台江地区	5500	0.001	1.47	0.004	2.475	Ⅲ
川东南赤水地区	9200	0.003	1.47	0.037	2.51	Ⅱ
资 1 井	5100	0.001	1.47	0.034	2.505	Ⅱ
利川复向斜（鱼皮泽）	7700	0.002	1.47	0.018	2.49	Ⅱ
石柱复向斜（剑南气田）	8600	0.003	1.47	0.005	2.478	Ⅲ
遵义		0.002	1.47	0.029	2.501	Ⅱ
贵阳		0.001	1.47	0.021	2.492	Ⅱ
息烽		0.002	1.47	0.03	2.502	Ⅱ
凯里		0.001	1.47	0.005	2.476	Ⅲ
威信		0.002	1.47	0.054	2.526	Ⅱ
仁怀		0.001	1.47	0.042	2.513	Ⅱ
宜宾		0.003	1.47	0.06	2.533	Ⅰ
泸州		0.003	1.47	0.042	2.515	Ⅱ
大足		0.002	1.47	0.014	2.486	Ⅱ
綦江		0.002	1.47	0.01	2.482	Ⅱ
武隆		0.001	1.47	0.005	2.476	Ⅲ
宣恩地区		0.002	1.47	0.300	2.772	Ⅰ
咸丰地区		0.002	1.47	0.24	2.712	Ⅰ
黔江区		0.002	1.47	0.06	2.532	Ⅰ
吉首		0.002	1.47	0.066	2.538	Ⅰ
南山坪地区	9000	0.003	1.47	0.138	2.511	Ⅱ

表 7-2　川东南一黔中一鄂西一渝东区下志留统龙马溪组压力系数表

地点	最大埋深/m	水热效应增压系数	静岩压力增压系数	烃类裂解增压系数	累积压力系数	超压几率等级
川东南赤水地区	7100	0.003	1.47	0.048	2.521	Ⅱ
利川复向斜（鱼皮泽）	6200	0.003	1.47	0.009	2.482	Ⅱ
石柱复向斜（剑南气田）	7800	0.003	1.47	0.009	2.482	Ⅱ
威信		0.001	1.47	0.03	2.501	Ⅱ
仁怀		0.001	1.47	0.006	2.477	Ⅲ
宜宾		0.001	1.47	0.039	2.51	Ⅱ
泸州		0.003	1.47	0.042	2.515	Ⅱ
綦江		0.003	1.47	0.069	2.542	Ⅰ
武隆		0.001	1.47	0.011	2.482	Ⅱ
宣恩地区		0.002	1.47	0.011	2.483	Ⅱ
咸丰地区		0.001	1.47	0.006	2.477	Ⅲ
黔江区		0.001	1.47	0.009	2.480	Ⅱ

由上述各图表可知，下寒武统牛蹄塘组在宣恩、宜宾、大方和湘鄂西一带出现超压的可能性最大，而沿由南充、重庆、凤岗、翁安一线以及鱼皮泽、利川、铜仁、溆浦一线组成的广大区域出现超压的可能性最低；志留系龙马溪组烃源岩出现超压的几率相对较小，仅出现在綦江及其以西地区，分布范围也比较小。

上述情况是在无任何断裂干扰下的一种理想状况。实际上，断层对地层超压的分布所起的作用是非常重要的，如若出现了到达该烃源层的断裂，则在断裂周围是不可能出现超压的。因此，本次研究采用一票否决制的原则，即只要断裂的断开层位达到了目的层，则该处出现超压的可能性就大大降低，甚至消失。

研究区的大型基底断裂和盖层断裂都较为发育。其中，黔中隆起及其周缘地区主要的基底断裂有紫云都安断裂、贵阳镇远断裂、赫章金沙断裂、三都断裂、盐津兴文断裂。纳雍断裂、遵义断裂等，均属盖层断裂，虽然下组合有部分卷入，但未伸入其深部，影响不大。在鄂西一渝东及湘鄂西区，发育有宣恩一印江、齐岳山、建始一郁江、恩施一黔江、慈利一保靖 5 条区域大断裂。这些大断裂对烃源层的超压的破坏可能是致命的，因为增加断裂因素后，一些超压分布区域将会消失。在断裂的影响下，下寒武统出现Ⅰ类超压的可能区域仅在宜宾一带，其他 2 个Ⅰ类可能区域都消失了，而Ⅱ类可能区域面积也骤减；下志留统出现Ⅰ类超压的可能区域仍在綦江及其以西地区，但Ⅱ类可能出现超压的区域也骤减。

三、运聚动力学特征分析

油气二次运移是多种动力（主要是浮力、水动力、毛管阻力和构造作用力）联合作用的结果。这些力互相叠加，形成合力——流体势，成为石油和天然气运移的驱动力。势的高低，取决于这四种动力的合成情况。油气总是从高势区向低势区运移的。在一般情况下，浮力起主要作用，造成下（深）部的势高于上（浅）部，所以油气向上（浅）部运移。如若因超压作用或水动力、毛管阻力和构造作用力的合力超过浮力，则可能造成低势区在下方或侧方，则会导致油气向下部或向侧面运移。在构造活动期，构造作用可能对油气运聚起重要作用。构造作用力引起的岩石变形，可导致构造应力场呈现非均一性状态，形成若干个应力积累或耗散中心。

从烃源岩中排出的油气，在流体势的驱动下，总是按照最低能量损耗原则沿优势通道运移，即沿着孔、渗性能较好的通道往构造高点运移，并且在合适的圈闭中聚集成藏。由于不整合面和开启的断层通常具有最好的孔、渗性能，如果油气在沿着一般输导层运移过程中遇到不整合面和开启的断层，便会优先转入不整合面和开启的断层中继续运移。因此，不整合面和断层在油气运移中所起的作用是至关重要的，如果封盖条件合适，不整合面和断层也可以直接聚集油气而成藏。

基于以上原理，油气的二次运移、聚集效率与输导层（体）、储层的好坏有关。震旦系灯影组储层受沉积相带控制，在研究区内均属较好——一般输导层和储层；寒武系明心寺组、石龙洞组储层的地区差异明显，东以奉节、咸丰、凤岗一线为界，西以梁平、綦江、金沙一线为界，为最好的输导-储集相带；往东、往西输导-储集性能都变差，其中东部湘鄂西区最差。志留系输导层-储层的区域性差别也很大，在黔中隆起及其周缘为中—下志留统翁项群砂岩，分布局限；在鄂西—渝东、川东南为小河坝砂岩及石牛栏组灰岩，输导-储集性能较差。

油气的聚集还与古隆起的发育有关。古隆起地区通常是相对的油气低势区，因而成为

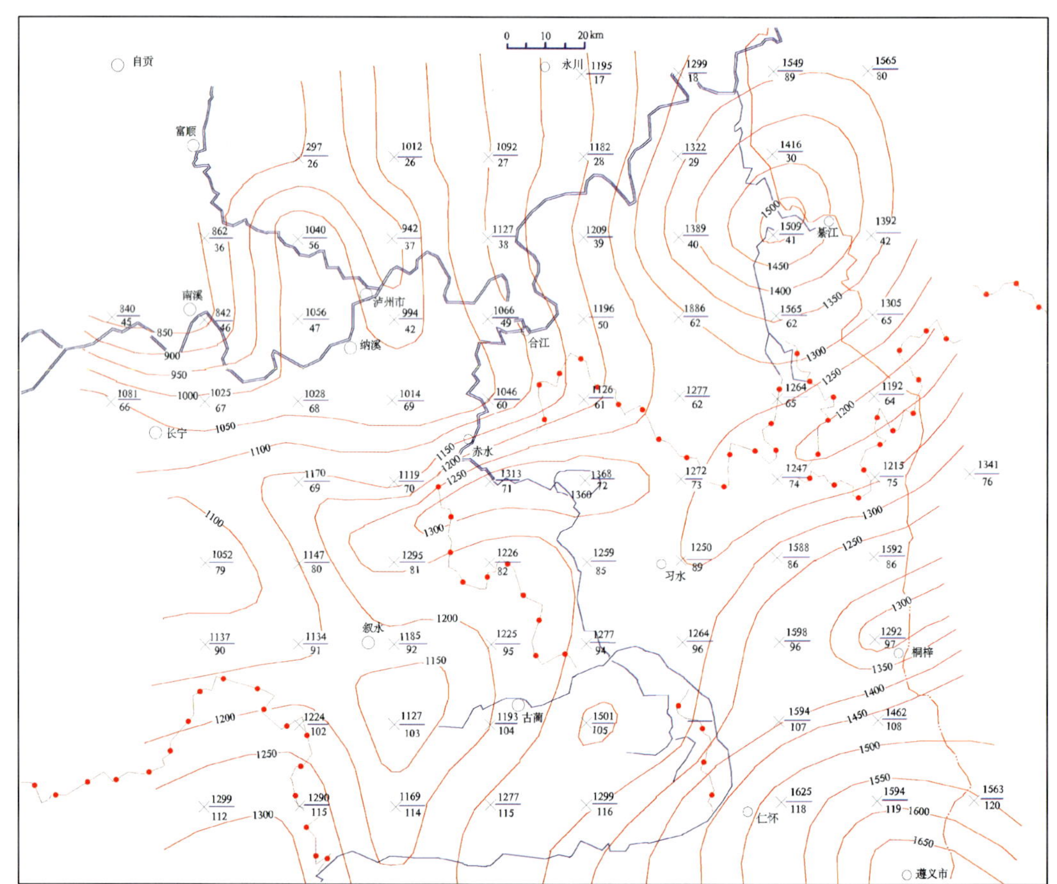

图 7-7 川东南地区阳新统（P_1y）顶印支期古构造图

油气运移的指向区。以川东南为例，泸州古隆起在东吴运动中即成雏形，在印支运动时继承性发展。在泸州古隆起形成、发展的过程中，川东南始终位于其斜坡部位。在阳新统（P_1y）顶印支期古构造图（图 7-7）上，出现了三凸四凹，即泸州凸起、叙永南凸起和赶水南至习水北东向凸起；长垣坝构造带南侧浅凹、綦江浅凹、威信浅凹和遵义浅凹。这一时期正是震旦系—志留系油气大量生成时期，且以油为主，这种凸凹相间的构造格局有利于油气运移、聚集和保存。从局部看来，研究区的赤水—天堂坝地区此时总体上位于凸凹斜坡区，亦即油气运聚的较有利地区。

在燕山期，随着江南隆起西侧前陆进一步沉降、拗陷，沉积了下、中侏罗统，川东南的震旦系—志留系天然气大量生成（包括干酪根热裂解气和油热裂解气），古构造面表现为两凹一凸（图 7-8）：东部的深凹在綦江分为两支，一支向南至仁怀，一支向西南经合江至上马，其间为叙永、雪柏坪—官渡向北东方向的凸起。这种凸凹相间的构造格局，仍然有利于油气运移、聚集和保存，赤水—天堂坝地区总体上位于凸起区或凸凹斜坡区，为天然气运聚的有利地区。到了喜马拉雅期的四川运动，川东南高陡构造带和帚状构造带进一步发展，发育多排构造圈闭，在流体势的驱动下，震旦系—志留系早期初步运聚和保存的天然气再次运聚成藏。

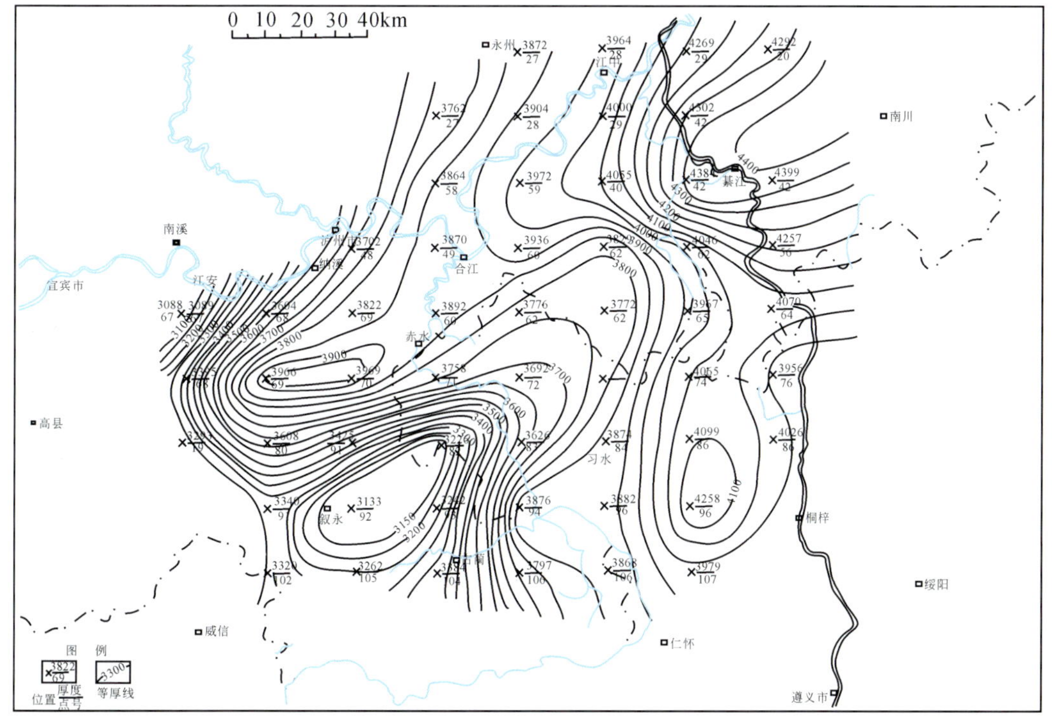

图 7-8 川东南地区阳新统（P_1y）顶燕山期构造图

在晚寒武世末—早奥陶世初的郁南运动中，黔中地区出现水下隆起；至晚奥陶世五峰期的都匀运动中，在南北双向挤压力作用下进一步隆升，并于志留纪时露出水面而成型。此后，黔中隆起仍有整体性的沉降和隆升。因此，有理由认为，黔中隆起及其周缘斜坡带始终处于油气运移、聚集的有利位置。

川东地区的志留系在新近纪进入过成熟阶段时，一方面新生成的大量天然气直接向上覆的石炭系运移，另一方面石炭系中早成的液态烃也裂解成气，在浮力作用下向上运移。直至新近纪前，在川东地区石炭系顶的古构造格局中，出现了一个近南北走向的开江—梁平古隆起。古隆起四周均处于构造低部位，此时，川东地区石炭系 $H \cdot \phi$ 值在七里峡、大天池、明月峡北部地区较大，可达 220～225cm；在云安厂地区，可达 200cm。这两个 $H \cdot \phi$ 值较大地区均位于由凹陷到隆起的斜坡上，这是天然气运移的指向位置（刘树根、徐国盛等，1997）。因此在新近纪前，七里峡、大天池、明月峡北部和云安厂地区是天然气富集的有利地区。

第三节 下组合油田地质异常分类与分布

根据上述分析，研究区的各潜在油气资源地段（4P）的油气田地质异常可划分为 3 类，即好（AA）、中（BB）、差（CC）。其中，在重点研究区及其周缘，共划分出 25 个块（图 7-9），图中 BB7 和 BB8 连在一起，CC4 和 CC5 连在一起。

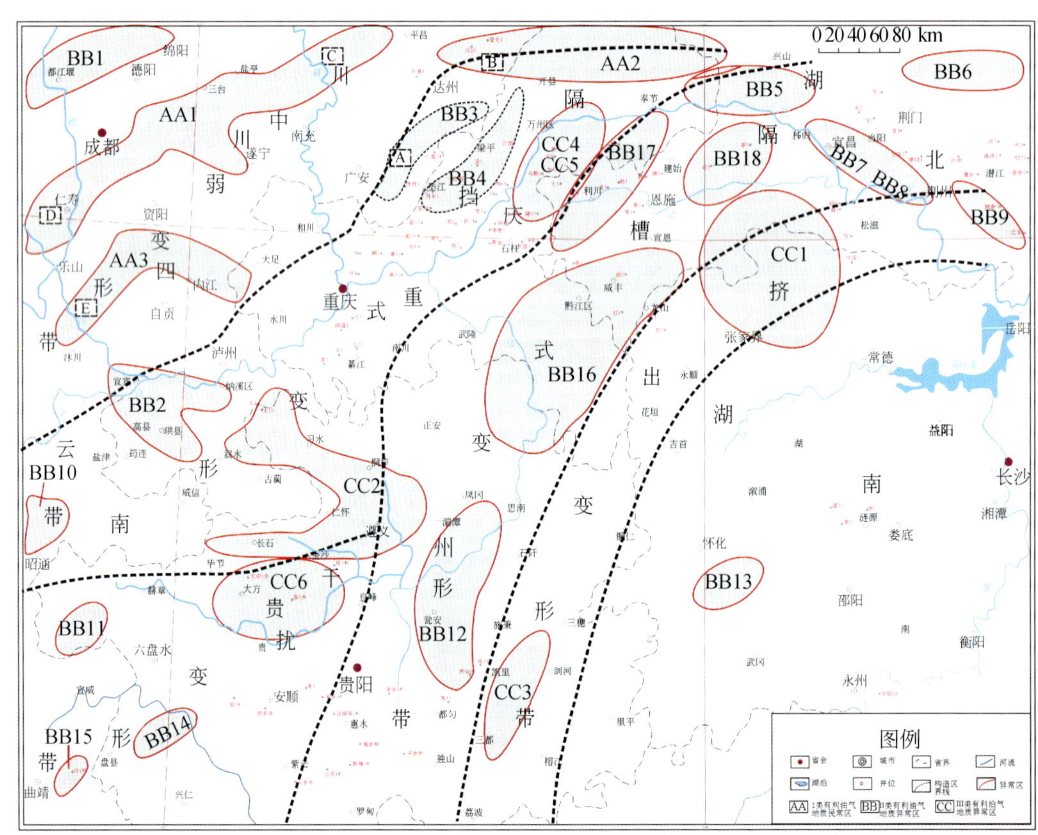

图 7-9 中国南方重点区域的油气异常分布图（4P）

AA. 好；BB. 中；CC. 差

第四节 下组合潜在油气资源地段（4P）的预测

综合上述各项油气田地质异常分析成果，项目组采用了常规的权系数法对重点研究区的潜在油气资源地段做出了初步预测。

一、潜在油气资源地段评价的参数与指标

由于南方海相油气地质的“多旋回、高演化、频改造、强破坏”特点，带来了勘探与研究工作中的一系列难题，如有效烃源岩、有效区域盖层、保存条件等。滇黔桂石油勘探局在“七五”期间提出的“含油层系保存区”，侧重于早期的石油地质条件和现今的盖层条件，而马力等（2004）提出的：“有效成藏组合”则是着眼于整体封闭保存条件下的晚期成藏。这些无疑是认识和评价南方海相中、古生界保存单元天然气成藏的基本思路。他们都强调了保存条件对现今油气成藏的重要性，但都是针对大区域的油气勘探。至于涉及细节的区带评价，马登峰等[①]（2004）在研究涪陵一綦江地区有利区块时曾提出“从构造变形程度出发，以保存条件为重点，兼顾储集条件，参考其他地质条件”的思路；南方公司吕廷智等[②]（2003）在研究川东南Z—S碳酸盐岩成藏条件时，针对该研究区保存条件好的特点，也提出了“按油气系统，以储层评价为重点”的思路。本课题研究涉及的评价对象是区块，正处于大区域和区带之间，相当于“有利保存单元”的级别，但涉及更多的综合参数和细节，可以在上述3类评价思路、方法的基础上，按实际情况建立适当的评价体系。

为此，课题组将烃源条件、储层条件、构造条件和保存条件列为四大基本评价参数，按照前述研究结果分别给出等级评价指标，并根据其贡献给出了一定的权值，然后计算其得分系数。由此构成了本重点研究区有利区块评的评价体系（表7-3）。下面拟对各项评价参数及其指标加以简要说明。

表7-3 研究区有利区块评价指标体系表

评价参数及一级权值	评价等级及评价指标	二级权值	得分系数
烃源条件（0.2）	Ⅰ类生烃区	1.0	0.2
	Ⅱ类生烃区	0.75	0.15
	Ⅲ类生烃区	0.50	0.1
	Ⅳ类生烃区	0.25	0.05

① 马登峰，胡纯心等，2004，川东区块涪陵——綦江地区油气勘探评价报告，中国石油化工股份有限公司南方勘探开发分公司项目研究报告。

② 吕廷智，魏志红，卿科等，2003，川东南Z—S碳酸盐岩油气成藏条件研究及目标优选，中国石油化工股份有限公司南方勘探开发分公司项目研究报告。

续表

<table>
<tr><th>评价参数及一级权值</th><th colspan="3">评价等级及评价指标</th><th colspan="2">二级权值</th><th>得分系数</th></tr>
<tr><td rowspan="3">储层条件（0.2）</td><td colspan="3">好</td><td colspan="2">1.0</td><td>0.2</td></tr>
<tr><td colspan="3">中</td><td colspan="2">0.5</td><td>0.1</td></tr>
<tr><td colspan="3">差</td><td colspan="2">0.2</td><td>0.04</td></tr>
<tr><td rowspan="5">构造条件（所处变形带）（0.2）</td><td colspan="3">隔槽式变形带</td><td colspan="2">1.0</td><td>0.2</td></tr>
<tr><td colspan="3">隔挡式变形带</td><td colspan="2">0.5</td><td>0.1</td></tr>
<tr><td colspan="3">弱变形带</td><td colspan="2">0.6</td><td>0.12</td></tr>
<tr><td colspan="3">干扰变形带</td><td colspan="2">0.6</td><td>0.12</td></tr>
<tr><td colspan="3">挤出变形带</td><td colspan="2">0.2</td><td>0.04</td></tr>
<tr><td rowspan="12">保存条件（0.4）</td><td rowspan="8">盖层</td><td rowspan="4">泥岩（厚度）</td><td>>300</td><td rowspan="8">0.8</td><td>1.0</td><td>0.32</td></tr>
<tr><td>300～200</td><td>0.75</td><td>0.24</td></tr>
<tr><td>200～150</td><td>0.5</td><td>0.16</td></tr>
<tr><td><150</td><td>0.25</td><td>0.08</td></tr>
<tr><td rowspan="4">膏岩（厚度）</td><td>>200</td><td>1.0</td><td>0.32</td></tr>
<tr><td>200～100</td><td>0.75</td><td>0.24</td></tr>
<tr><td>100～50</td><td>0.5</td><td>0.16</td></tr>
<tr><td><50</td><td>0.25</td><td>0.08</td></tr>
<tr><td colspan="2" rowspan="4">断裂破坏作用</td><td>无一弱</td><td rowspan="4">0.2</td><td>1.0</td><td>0.08</td></tr>
<tr><td>较弱一中等</td><td>0.75</td><td>0.06</td></tr>
<tr><td>较强</td><td>0.5</td><td>0.04</td></tr>
<tr><td>强</td><td>0.25</td><td>0.02</td></tr>
</table>

1. 烃源条件

在评价体系中所占比例（一级权值）为 0.2。由于生烃条件的评价等级和评价指标是根据生烃动力学条件和当前的生烃概率确定的，将Ⅰ类区赋予权值 1.0，Ⅱ类区赋值 0.75，Ⅲ类区赋值 0.5，Ⅳ类区赋值 0.25。详见表 7-3。

2. 储层条件

在评价体系中所占比例（权系数）为 0.2。在前面的储层分析中，我们曾把研究区的储层共分为 3 个等级，这里参照前人的一般见解，给好储层发育区赋权值 1.0，中等储层发育区赋权值 0.5，差储层发育区赋权值 0.2。详见表 7-3。

3. 构造条件

主要是指区域构造条件。考虑本重点研究区基本上位于雪峰山前陆变形带中，而不同变形分带的构造样式、圈闭特征、成藏匹配和成藏模式都有显著的差异，所以作为一大评价参数单独列出，其权值为0.2。由于隔槽式变形带内的成藏条件比隔挡式变形带好，因此所赋的值便相应较高。各变形带的二级权值分配见表7-3。

4. 保存条件

保存条件在区带评价中占据最为重要的地位，因此在评价指标体系中所占比例（一级权值）最大，为0.4。根据实际情况，这里主要考虑盖层和断裂因素，其中盖层最为重要，赋二级权值0.8，断裂赋0.2。考虑到研究区内盖层特征和断裂破坏特征差别较大，又按照前述细分特征赋予了三级权值。详见表7-3。

二、重点区块潜在油气资源地段（4P）评价

本次评价按照3个油气系统分别进行。考虑到勘探工作的实际需要，在评价中将各区块的评价结果分为四个类别：综合评价指标>0.7的区块为Ⅰ类区块；0.7～0.6之间的为Ⅱ类区块；0.6～0.45之间的为Ⅲ类区块；<0.45的为Ⅳ类区块。

1. 灯影组潜在资源地段（4P）评价

对研究区灯影组进行了评价，各不同地区按地名来统计，结果见表7-4。

表7-4 川东南—黔中—鄂西—渝东地区灯影组潜在资源地段（4P）综合评价要素表

地点	烃源得分	储层得分	构造得分	保存条件得分	总得分
成都	0.05	0.1	0.12	0.24	0.51
资阳	0.1	0.2	0.12	0.32	0.74
乐山	0.1	0.2	0.12	0.32	0.74
自贡	0.1	0.2	0.12	0.32	0.74
宜宾	0.1	0.1	0.1	0.32	0.62
高县	0.1	0.1	0.1	0.32	0.62
威信	0.1	0.1	0.1	0.32	0.62
昭通	0.05	0.1	0.1	0.32	0.57
六盘水	0.15	0.1	0.12	0.08	0.45
遂宁	0.05	0.2	0.12	0.16	0.53
和川	0.1	0.1	0.12	0.08	0.4
内江	0.15	0.2	0.12	0.32	0.79

续表

地点	烃源得分	储层得分	构造得分	保存条件得分	总得分
泸州	0.1	0.1	0.1	0.32	0.62
赤水	0.1	0.1	0.1	0.32	0.62
古蔺	0.1	0.1	0.1	0.32	0.62
毕节	0.1	0.1	0.1	0.32	0.62
大方	0.1	0.1	0.12	0.16	0.48
安顺	0.05	0.1	0.12	0.08	0.35
垫江	0.05	0.1	0.1	0.08	0.33
石柱	0.1	0.2	0.1	0.16	0.56
重庆	0.05	0.1	0.1	0.08	0.33
綦江	0.1	0.1	0.1	0.16	0.46
桐梓	0.1	0.1	0.1	0.32	0.62
遵义	0.1	0.1	0.1	0.16	0.46
瓮安	0.15	0.04	0.2	0.08	0.47
贵阳	0.05	0.1	0.2	0.08	0.43
建始	0.1	0.04	0.2	0.32	0.66
利川	0.1	0.2	0.2	0.32	0.82
宣恩	0.1	0.04	0.2	0.32	0.66
吉首	0.1	0.04	0.04	0.32	0.5
铜仁	0.1	0.04	0.04	0.32	0.5

由表 7-4 可知，灯影组各区综合评价指标值在 0.33～0.82 之间。其Ⅰ类区块主要发育在资阳、乐山、自贡及鄂西—渝东地区的利川、石柱一带；Ⅱ类区块沿宜宾、赤水、桐梓、武隆、黔江、宣恩、建始一线呈条带状展布，横跨隔挡式、隔槽式变形带；Ⅲ类区块则主要发育于黔中隆起及其以东，隔槽式变形带思南、瓮安一段，以及挤出变形带和成都一带的广大区域。

2. 寒武系潜在资源地段（4P）评价

研究区各不同地区寒武系各种指标综合分析结果见表 7-5。

表 7-5 川东南—黔中—鄂西—渝东地区寒武系综合评价要素表

地点	烃源得分	储层得分			构造得分	保存条件			总得分
		下统	中上统	综合得分		泥岩盖层	膏岩盖层	综合得分	
成都	0.05	0.04	0.1	0.1	0.12	0.08	0	0.08	0.35
资阳	0.1	0.04	0.1	0.1	0.12	0.08	0	0.08	0.4
乐山	0.1	0	0.1	0.1	0.12	0.08	0	0.08	0.4
自贡	0.1	0.1	0.1	0.1	0.12	0.16	0.08	0.24	0.56

续表

地点	烃源得分	储层得分			构造得分	保存条件			总得分
		下统	中上统	综合得分		泥岩盖层	膏岩盖层	综合得分	
宜宾	0.1	0.1	0.1	0.1	0.1	0.08	0.08	0.16	0.46
高县	0.1	0.1	0.2	0.15	0.1	0.08	0.08	0.16	0.51
威信	0.1	0.1	0.2	0.15	0.1	0.16	0.08	0.24	0.59
昭通	0.05	0.1	0.1	0.1	0.1	0.08	0	0.08	0.33
六盘水	0.15	0.1	0.1	0.1	0.12	0	0	0	0.37
遂宁	0.05	0.1	0.1	0.1	0.12	0.08	0	0.08	0.35
和川	0.1	0.1	0.1	0.1	0.12	0.24	0.08	0.32	0.64
内江	0.15	0.1	0.1	0.1	0.12	0.24	0.08	0.32	0.69
泸州	0.1	0.1	0.1	0.1	0.1	0.16	0.08	0.24	0.54
赤水	0.1	0.1	0.1	0.1	0.1	0.16	0.08	0.24	0.54
古蔺	0.1	0.1	0.1	0.1	0.1	0.16	0	0.16	0.46
毕节	0.1	0.1	0.1	0.1	0.1	0.16	0	0.16	0.46
大方	0.1	0.1	0.1	0.1	0.12	0	0.08	0.08	0.4
安顺	0.05	0.1	0.1	0.1	0.12	0	0	0	0.27
垫江	0.05	0.1	0.1	0.1	0.1	0.08	0.08	0.08	0.33
石柱	0.1	0.2	0.1	0.15	0.1	0.08	0.08	0.08	0.33
重庆	0.05	0.1	0.1	0.15	0.1	0.24	0.16	0.40	0.70
綦江	0.1	0.2	0.1	0.15	0.1	0.24	0.08	0.32	0.67
桐梓	0.1	0.2	0.1	0.15	0.1	0.16	0.08	0.24	0.59
遵义	0.1	0.2	0.1	0.15	0.1	0.16	0	0.16	0.51
瓮安	0.15	0.2	0.1	0.15	0.2	0.08	0	0.08	0.58
贵阳	0.05	0.2	0.1	0.15	0.2	0.08	0	0.08	0.48
建始	0.1	0.04	0.1	0.1	0.2	0.08	0.08	0.16	0.56
利川	0.1	0.2	0.1	0.15	0.2	0.08	0.08	0.16	0.61
宣恩	0.1	0.04	0.1	0.1	0.2	0.08	0	0.08	0.48
吉首	0.1	0.04	0.04	0.04	0.04	0	0	0	0.18
铜仁	0.1	0.04	0.04	0.04	0.04	0	0	0	0.18

由表 7-5 可知，寒武系各区综合评价指标值基本都<0.7，即缺少界定的Ⅰ类勘探区块。Ⅱ类区块在重庆、綦江一带及利川一带，呈环状分布；Ⅲ类区块在鄂西渝东地区沿建始、宣恩一线分布，在川东南赤水地区和黔北凹陷也有部分地区属于此类区域。

3. 志留系潜在资源地段（4P）评价

志留系盖层封闭性能非常好，因而主要考虑其储集层发育状况。储集体为小河坝组砂岩及石牛栏组灰岩，受沉积相带控制作用明显。沿万州、垫江、重庆、綦江、正安一线分界，东部发育一套三角洲相沉积，其与隔槽式构造带共同构成本区的Ⅱ类勘探区块，而西部则发育碳酸盐岩沉积，储集条件相对较差，属Ⅲ类勘探区块。

4. 下组合潜在资源地段（4P）总体评价

综合前述分析结果，研究区下组合三个油气系统的有利勘探区块分布情况如下：Ⅰ类区块在资阳、乐山一带及鄂西—渝东区的利川、石柱一带分布；Ⅱ类区块在滇黔北部凹陷、川东南、宜宾、泸州及鄂西—渝东区的宣恩一带分布；黔中隆起区则属于Ⅲ类勘探区块。

第五节　典型油气田地质异常系统描述

与油气系统相应，反映油气系统存在的地质异常也有机地组合成为一个系统，称为油气地质异常系统。本节将对上述潜在油气资源地段（4P）的若干典型油气田地质异常系统进行一些补充描述和分析。

一、潜在油气资源地段（4P）的典型油气田地质异常系统

1. 川东、川南及鄂西—渝东的油气田地质异常系统

这些地区的油气田地质异常系统的烃源岩主要为下志留统下部、二叠系及下三叠统（胡光灿等，1997），储层以上石炭统黄龙组白云岩为主，其次有二叠系及下三叠统裂缝及孔隙储集体，区域盖层为中下三叠统含膏盐碳酸盐岩及侏罗系陆相碎屑岩。

据《中国石油地质志（卷十）》四川油气区分册（1989 年），晚三叠世前在四川重庆—宜宾—泸州一带存在着古隆起——泸州隆起，万县开江一带存在开江隆起。这两个古隆起的存在分别控制形成了川南及川东天然气富集区。

从图 7-10 看到，晚三叠世中期开江古隆起东南侧的湘鄂西坳陷的下志留统已达湿气—干气高峰、二叠系则为生油高峰，此时的生油及生气强度均较大，由于中、晚三叠世之交的印支运动在中、上扬子区本部仅有微弱的表现（主要表现为整体抬升、少量剥蚀及形成“大隆大坳”的格局，泸州及开江隆起即是印支运动所形成），二叠系及中下三叠统连片分布，起到了很好的封盖作用，十分有利于油气由湘鄂西生烃中心向开江隆起发生侧向运移聚集，从而形成最初的开江及泸州隆起油气子系统。

由于在川东及湘鄂西地区尤其是川东地区沉积了巨厚的侏罗系，使白垩纪初的下志留

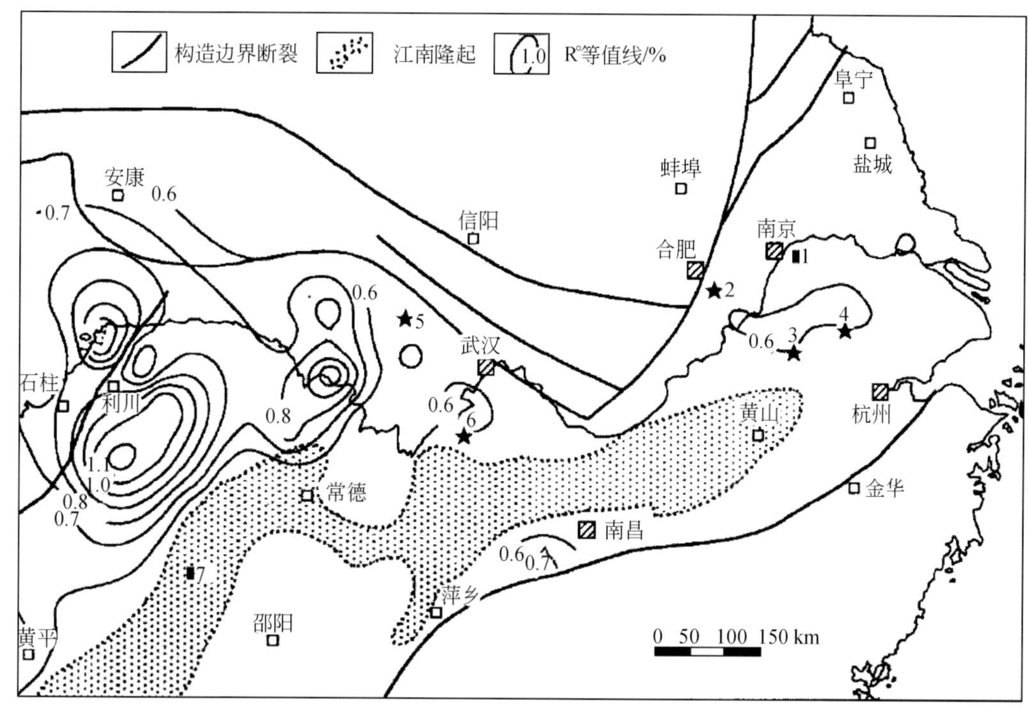

图 7-10　中下扬子区晚三叠世中期下二叠统 R°等值线图

■1　容 2 井残留油藏；★2　巢县 T_1 油苗；★3　煤山 P_2 油藏；★4　宣城新田 P_2 油苗；★5　京山 P_1 油苗；★6　蒲沂 P_1 油藏；■7　辰溪 P_2 古油藏

统、二叠系及下三叠统热演化均已达到干气高峰及高过成熟阶段，晚三叠世中期—白垩纪初下志留统、二叠系及下三叠统在川东及湘鄂西地区以生气为主，这对于持续向开江及泸州隆起上供烃十分有利；大致以石柱复向斜东界断裂——齐岳山断裂为界，晚侏罗—早白垩世的燕山主幕运动在其东侧的中扬子区表现为强烈的褶皱、冲断及隆升剥蚀，形成上白垩统与下伏老地层之间的角度不整合。而在西侧的四川盆地则主要表现为整体抬升及少量剥蚀，并未造成大规模褶皱及冲断，形成上、下白垩统之间的平行不整合，甚至表现为连续沉积。正是这一构造运动强弱程度及表现形式的差异决定了四川盆地中、古生界油气演化与中扬子区甚至整个南方的不同。四川盆地的燕山运动极其微弱，决定了其中、古生界中早期及其同期生成的烃类得以很好地保存。

随着白垩系及古近系的持续沉积，下志留系—下三叠统在川东及湘鄂西地区基本没有生烃量。由于川东地区的盖层及保存条件良好，使前期生成的天然气一方面继续向早期隆起带（泸州及开江隆起）运聚；另一方面，部分天然气溶解于地层水中（孙肇才、邱蕴玉等，1991），经过渐新世—新近纪的喜马拉雅运动主幕的强烈褶皱、抬升剥蚀，形成川东褶皱带（高陡背斜带）的同时也造成较大规模的抬升剥蚀（据研究估计，该期剥蚀量达1000～2000m），隆升减压的结果就导致了早期溶解于地层水中的天然气释放出来以及天然气重新分配聚集于高陡背斜圈闭中形成了现今所见的川东（韩克猷，1995；李一平，1996；黎颖英等，1999）及建南气田。

2. 乐山—龙女寺隆起的油气地质异常系统

这是指$Є_1$—$Є_2$、O_1—P—N油气地质异常系统。该油气子系统与前述的乐山—龙女寺隆起$Є_1$（Z_2ds）—Z_2dy—S—N（已知存在的）油气子系统有所不同，虽然二者的主力烃源岩均为下寒武统，但储层及成藏期不同。该油气子系统的储层主要是寒武系及下奥陶统碳酸盐岩，直接盖层为志留系—二叠系，区域盖层为三叠系—侏罗系。

该区下寒武统在二叠纪及三叠纪期间才进入生油高峰，推测当时就已形成了该油气子系统。随着侏罗系及白垩系的沉积，下寒武统烃源岩继续热演化并以生气为主，同时也使早期的乐山—龙女寺隆起带油藏热裂解成天然气藏，在渐新世—中新世的喜马拉雅运动改造下，形成该区的主要背斜圈闭构造。同时造成地层的抬升及剥蚀，使先期的天然气重新分配及水溶脱气成藏，其成藏规律与威远气田的形成相似。

从黔中地区所见的众多以下寒武统为主力烃源岩及寒武系—奥陶系为储层的大中型古油藏（如麻江、瓮安、铜仁、丹寨及凯里等古油藏）的解剖可推论，乐山—龙女寺隆起带在晚侏罗世—早白垩世之前的油气演化规律应该与黔中隆起是相似的，因此，其具备形成工业性油气藏的条件。而乐山—龙女寺隆起与黔中隆起不同的是，它未曾遭受强烈的印支—燕山运动的褶皱冲断改造，基本表明为连续沉降与沉积，这对于早期油气藏的保存是非常重要的。现今的乐山—龙女寺隆起带仍有二叠系—三叠系、甚至侏罗系—白垩系的盖层保护，十分有利于油气藏的保存。因此，该油气子系统应该说是四川盆地古生界天然气勘探又一值得重视的领域。

川中女基井下奥陶统曾获得天然气$3.09\times10^4m^3/d$，其组分为干气，重烃含量较少（1.77%～1.92%），干燥系数（C_1/C_2^+）≥50，重烃系数（C_2^+/C_1）<0.02；H_2S含量较高（1.09%～1.34%），天然气可能来源于下寒武统暗色泥岩（黄籍中等，1986）。这说明存在油气田地质异常系统，揭示了该油气子系统具备良好勘探前景。

二、中、古生界古油藏的地质异常系统

1. 江南隆起古油藏的地质异常系统

该油气子系统主要分布于江南隆起东北段—武陵—九岭隆起上，由$Є_1$（Z_2ds）—Z_2dy—S—T_2地层组成。在江南隆起南西段的雪峰隆起，由于缺乏上震旦统灯影组台地相储层而不发育该油气系统。其典型代表在中扬子区为武陵隆起北缘的湘西北慈利县南山坪乡的灯影组古油藏，在下扬子区的代表为浙北余杭县泰山上震旦统古油藏。

沉积相研究表明，震旦纪—奥陶纪沿现今江南隆起带部位一直处于台地边缘—上部斜坡相带，沉积厚度较小，其南为扬子板块的被动大陆边缘斜坡—盆地，其北为湘鄂西拗陷及钱塘拗陷江南隆起地区在震旦纪—奥陶纪属于水下隆起，中晚志留世的加里东运动使之抬升隆起成陆，首次成为真正意义上的古隆起及剥蚀区（图7-11；马文璞等，1995）。隆

起剥蚀的状况一直持续到中晚泥盆世，在隆起带高部位到二叠纪才再次被海水淹没接受沉积，整个古生界沉积厚度在隆起带上较小。中晚三叠世之交的印支运动主幕基本形成了现今所见的江南隆起雏形，后经晚侏罗世—早白垩世的燕山运动主幕的强烈冲断、走滑改造定型成为现今的江南隆起。

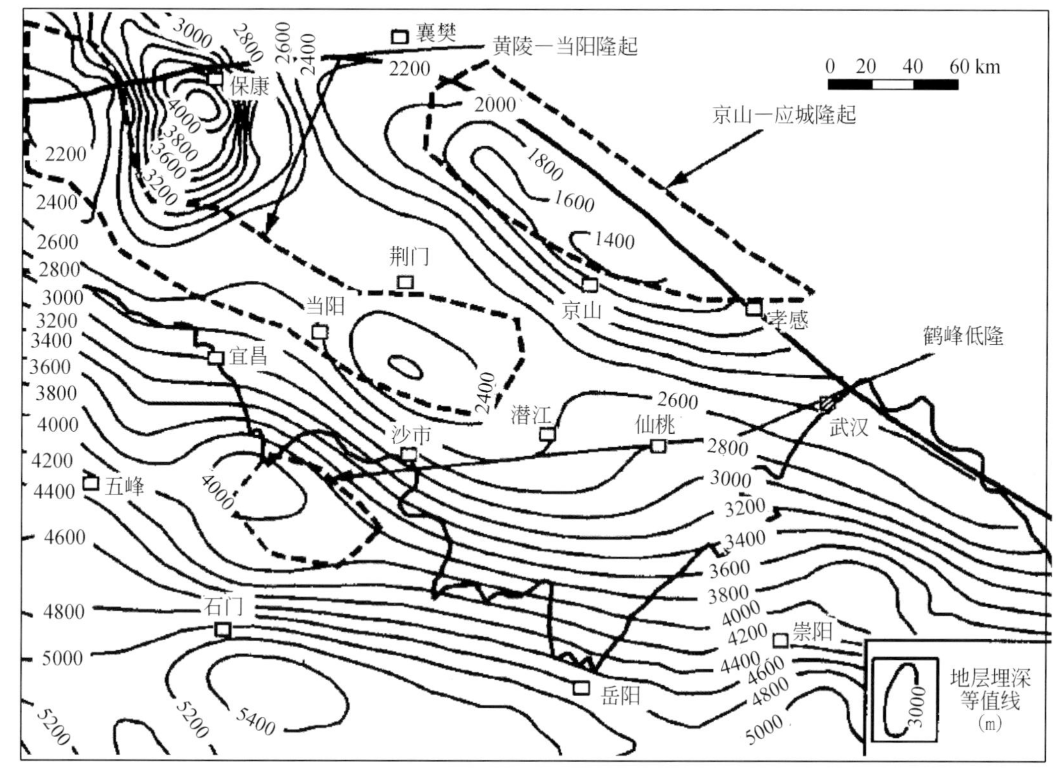

图 7-11 江汉盆地及邻区志留纪末震旦系顶埋深图①

如前所述，湘鄂西拗陷及钱塘拗陷是下古生界的烃源岩沉积中心，成为江南隆起的主要烃源。其次，南侧的斜坡—盆地相在加里东运动之前也可提供大量烃源，因此，江南隆起带一直是早古生代烃类的运聚指向，十分有利于形成油气藏。志留纪末隆起带两侧生烃拗陷中的下寒武统及陡山沱组烃源岩均已达到湿气—干气高峰阶段，其生油及生气强度均已达到形成大中型油气田的标准，因此推测该油气系统在志留纪已经形成。当时的江南隆起带主要表现为整体隆升剥蚀，褶皱冲断作用不强，尤其是其北缘。根据现今仍然保存下寒武统—志留系来看，推测当时这些下古生界盖层特别是下寒武统优质的直接及区域盖层仍然起着良好的封存作用，有利于油气藏的保存。

① 马力，吴少华，徐克定等，2001，中国南方海相中古生界天然气地质综合研究总结，中国石油化工股份有限公司油田勘探开发事业部南方海相油气勘探项目经理部项目研究报告。

2. 京山—应城隆起古油藏的地质异常系统

该区的油气地质异常系统揭示存在着由ϵ_1（Z_2ds）—Z_2dy—S—T_2地层组成的油气系统。从图7-11、图7-12中看到，志留纪末及中三叠世末的震旦系顶面在京山—应城—孝感地区存在较大幅度隆起，在黄陵—当阳、石门以北的鹤峰地区存在低幅及鼻状隆起；而志留纪—中三叠世，正值下寒武统及陡山沱组烃源岩的高峰生烃期。这些隆起均处于其生烃中心之中或紧邻生烃中心，成为油气运聚的场所。

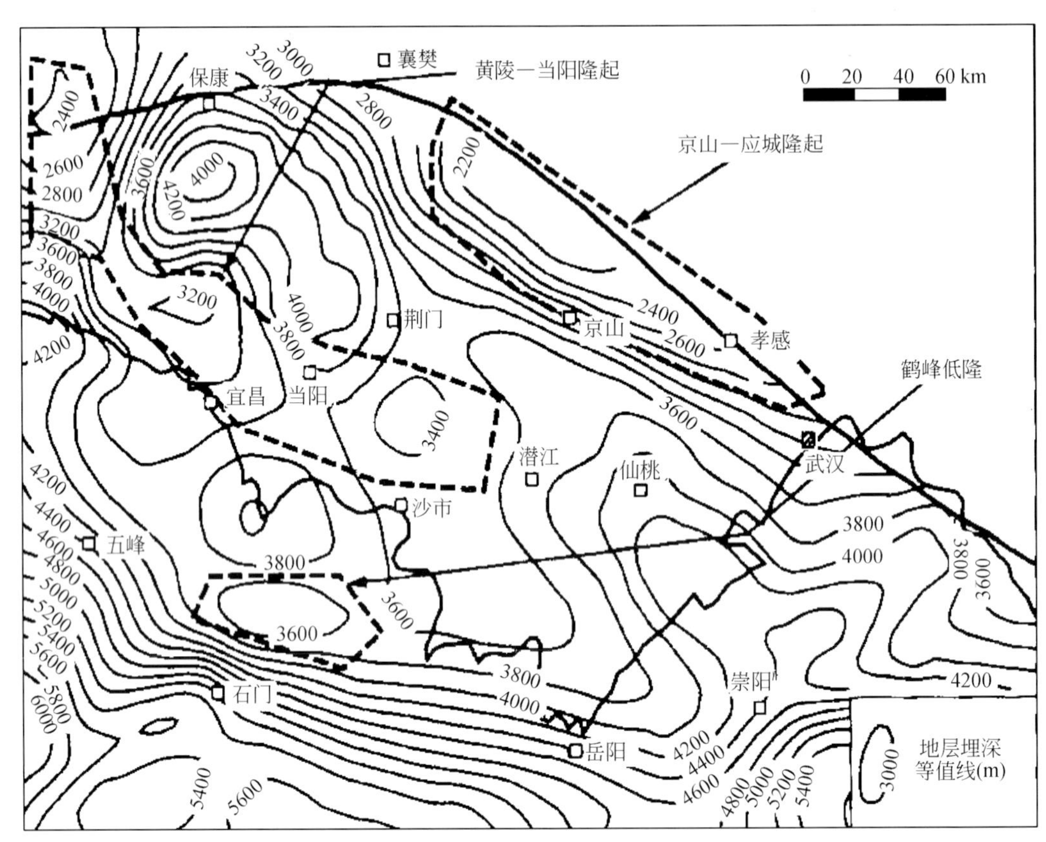

图7-12 江汉盆地及邻区中三叠世末寒武系顶埋深图①

这些隆起也都位于鄂中上震旦统灯影组孤立台地上，发育了良好的白云岩及颗粒碳酸盐岩储层；同时根据区域地质资料分析推测，该孤立局限台地范围由于处于沉积古地理的高部位，在震旦纪末的桐湾运动作用下使之整体抬升暴露，遭受淡水淋滤，形成寒武系与震旦系之间的Ⅱ型层序界面及其下的风化溶蚀带，成为优质储集空间。京山—应城隆起除了接受来自其南侧鄂中拗陷的烃源外，推测还有来自其北侧的烃源。

① 马力，吴少华，徐克定等，2001，中国南方海相中古生界天然气地质综合研究总结，中国石油化工股份有限公司油田勘探开发事业部南方海相油气勘探项目经理部项目研究报告。

因其处于中扬子台地的北部相带，尤其是早古生代的中扬子北缘斜坡一盆地相带，故北侧的烃源贡献不容忽视。

京山一应城隆起油气子系统与江南隆起子系统的演化相似，受加里东运动的影响主要体现在促使油气的运聚，基本未对油气系统及油气藏造成破坏。但印支运动期间，由于华南与华北板块的碰撞拼合，造成秦岭一大别地区的强烈挤压冲断、隆升及造山，同时也影响到了京山一应城隆起，使之隆升剥蚀，造成对油气藏的改造与破坏。晚三叠世以后，该油气系统基本没有烃源供应，在燕山期特别是晚侏罗一早白垩世的强烈冲断挤压作用下，该油气系统遭到彻底破坏。

从图 7-12 中看到，中扬子区寒武系顶面古构造面貌在志留纪末及中三叠世末与震旦系顶面古构造大致相似，也存在京山一应城隆起及黄陵一当阳、鹤峰低隆。这些隆起的存在势必成为油气运聚的指向。该油气子系统除了主要储层与京山一应城隆起ϵ_1（Z_2ds）—Z_2dy—S—T_2（推测破坏的）油气子系统存在差异外，其他石油地质条件及油气演化规律均很相似，所表现出来的油气地质异常也相似。该子系统推测形成于志留纪，中三叠世演化为凝析油气藏，随即被印支运动所改造及部分破坏，晚侏罗世一早白垩世燕山主幕运动将其彻底破坏。

3. 滇黔桂地区古油藏的地质异常系统

1）贵州麻江下奥陶统一下志留统古油藏地质异常系统

2）楚雄盆地东部凹陷ϵ_1、D_2（O_1）—$D_{1\text{-}2}$古油藏地质异常系统

该油气系统主要分布于盆地东部的东山及云龙凹陷，在中泥盆统有较多的油苗显示，也说明了该油气系统的存在。从已有岩相古地理研究可见，现今楚雄盆地的部位从早震旦世早期一中三叠世期间断断续续一直处于相对隆起的构造位置，即属康滇古陆或康滇隆起，沉积作用时断时续，古生界沉积厚度也较小。在楚雄盆地东部地区缺失了下震旦一上震旦统下部、上寒武统、上奥陶一下泥盆统下部、上泥盆统一石炭系、上二叠一上三叠统中下部，从而形成上三叠统与下伏老地层之间的平行一低角度不整合以及古生界之中的多个平行一微角度不整合，因此造成古生界一直处于浅埋状态。下寒武一中泥盆统烃源岩在侏罗纪之前均未进入油窗，在中晚侏罗世一早白垩世期间首次达到生油高峰，这时的生烃过程基本与早白垩世末期燕山运动所形成的构造圈闭配套，从而形成了该油气系统。同时，燕山运动也对同期形成的油气系统及其油气藏造成改造与破坏，致使盆地东部地区缺失上侏罗统一下白垩统并造成上白垩统与下伏中侏罗统之间的角度不整合。

在上白垩统一古近系的沉积期间，尤其是在云龙及东山凹陷的中央部位，由于沉积了较厚的上白垩统一古近系，可能局部造成了下寒武一中泥盆统烃源岩的“二次生烃”过程。由于东部地区曾经沉积的上白垩统一古近系的厚度并不大，所造成的二次生烃量及其生烃强度并不大，特别是喜马拉雅运动以来的强烈褶皱、断裂和隆升作用，对于形成及保持该油气系统及其工业性的油气藏不利，因此该油气系统不作为楚雄盆地当前油气勘探的主要对象，但仍有进一步研究的必要。

第六节　中国南方油潜在油气资源地段（4P）的资源潜力

本次研究圈定的南方重点区域的油气田地质异常有 27 个，总面积有 40 余万平方公里，预测天然气资源量约 25 万亿 m^3。说明中国南方具有很好的资源潜力，尤其在川、渝、黔、湘、鄂交界区，有希望实现天然气资源的新突破。

一、南方重点区域油气地质异常区域

如前所述，油气田地质异常对应于潜在油气资源地段（4P）。研究中在南方重点区块圈定了油气田地质异常 25 个（图 7-9），其中一类（好的）油气田地质异常（AA）区域有 3 个，二类（中等）油气田地质异常（BB）区域有 18 个，三类（差的）油气田地质异常（CC）区域有 6 个。这些区域，似应作为寻找天然气资源的重点靶区。

二、南方重点区域资源潜力及评价

南方的 5 个典型油气区域，可以落实到具体开发目标层位。经过常规的物探、测井和分析化验等油气分析方法，圈定其中 27 个地段的范围，并利用 GIS 软件分别计算出各潜在油气资源地段的面积，并求出面积与储量关系式为

$$y = 0.6618x + 182.38 \quad (R^2 = 0.9419) \tag{7-1}$$

式中，y 为储量，单位：$1.0\times10^8 m^3$；x 为实际面积，单位：km^2。即可求出南方重点区域的油气地质异常面积及其预测储量（表 7-6，表 7-7）。

表 7-6　南方典型油气地质异常区域（4P）资源潜力

序号	典型区域	构造	面积/km^2	预测储量（$1.0\times10^8 m^3$）
1	A	大天池一明月峡	3630	2537.2（探明）
2	B	川东罗家寨	462.67	925.86
3	C	川中公山庙	51	0.3658
4	D	川西邛崃白马庙	166	243
5	E	川南麻柳场	90	117
合计			4399.7	3823.4

表 7-7　南方预测油气地质异常区域（4P）资源潜力

序号	异常区	构造位置	面积/km^2	系数	预测储量（$1.0\times10^8 m^3$）
1	AA1	川西一川北	55065.4	1	36624.6
2	AA2	川北北部	28164.3	1	18821.5
3	AA3	威远	22624.2	1	15155.1

续表

序号	异常区	构造位置	面积/km²	系数	预测储量（$1.0\times10^8m^3$）
4	BB1	都江堰、绵阳北	11676.6	0.6	4746.0
5	BB2	宜宾、泸州	20753.8	0.6	8350.4
6	BB3	大天池一明月峡	11254.2	0.6	4578.2
7	BB4	梁平	7291.9	0.6	3004.9
8	BB5	兴山	7847.5	0.6	3225.5
9	BB6	随州	10182.3	0.6	4152.6
10	BB7	当阳	6514.0	0.6	2696.0
11	BB8	宜昌	6748.7	0.6	2789.2
12	BB9	潜江	2448.9	0.6	1081.8
13	BB10	昭通凹陷中部	3120.4	0.6	1348.5
14	BB11	宣威凸起北部	2038.2	0.6	918.8
15	BB12	翁安一湄潭	11600.7	0.6	4715.8
16	BB13	怀化安江	4542.2	0.6	1913.0
17	BB14	普定断阶南部	3076.0	0.6	1330.8
18	BB15	牛首山凸起南部	3208.0	0.6	1383.3
19	BB16	正安一黔江	45626.5	0.6	18226.8
20	BB17	利川一建始	7117.3	0.6	2935.6
21	BB18	宣恩一恩施	3952.1	0.6	1678.7
22	CC1	遵义一习水（威信凹陷东部）	46199.3	0.36	11072.6
23	CC2	桑植一慈利	41867.8	0.36	10040.6
24	CC3	凯里	3834.8	0.36	979.3
25	CC4	方斗山新场	281.7	0.36	132.8
26	CC5	建南西部	336.9	0.36	145.9
27	CC6	黔中隆起	21753.9	0.36	5248.5
	合计		389127.5		167296.7

如表 7-7 所示，这 27 个不同构造地区的油气田地质异常，由于各自的异常重要性不同，根据其好、中、差程度，分别选定了计算预测储量的系数数值，最终得到全部区域的总预测储量为 16.72967 万亿 m³ 天然气数值。

其中 3 个 AA 类的预测储量占全部的 42.2%，18 个 BB 类的占 41.3%，6 个 CC 类的占 16.5%。显然，川东北地区应当重点加以关注，那里已经有了重大突破，现在还面临着进一步扩大战果，而且依然还有一定的风险，需要认真进行总结和研究。川东南一黔中地区，目前已经有一定的基础工作，在本次所优选出的油气田地质异常覆盖区，已经有了一些钻井工作，但控制不够，为稳妥起见可以先考虑在黔中隆起区北侧的威信凹陷东部寻找突破。对于鄂西一渝东区，重点可放在建始一黔江背斜带（BB17）和宜都一鹤峰背斜带（BB18）；在湘鄂西和黔北一渝南交界处，重点可放在建始一黔江背斜带南延部分的彭水一带和宜都一鹤峰背斜带南延部分的龙山附近（BB16）。在黔东地区，则重点可放在建始一黔江背斜带的南段瓮安一湄潭一带（BB12）。

之所以重视鄂西一渝东、湘鄂西、黔北一渝南交界处和黔东的这 4 个油田级异常区（BB12，BB16一BB18），是因为它们都处于江南古隆起西北侧的印支一燕山期隔槽式变形带上，原始生运储盖条件匹配较好，而且大型和特大型古油藏众多，至今尚有一定的生气潜力。其资源量的估算仅仅是概略性的，仅作为参考。

第八章 结论与讨论

综前七章所述，本书作者们以石油地质学综合研究为基础，采用地质异常的理论与方法，结合多学科理论和技术，从大地构造格架（时空结构和背景）、盆地原型与盆地演化、烃源特征及其演化、油气成藏保存条件动力条件四个方面着手，进行致藏地质异常、专属地质异常、综合地质异常、油田地质异常和油藏地质异常分析和圈定，进而分别对油气成藏可能地段（1P）、找油气可行地段（2P）、找油气有利地段（3P）和潜在油气藏地段（4P）进行了预测和评价，取得了如下成果。

第一节 油气地质异常分析与选区评价方面

这方面的研究是以油气地质异常和 GIS 理论为基础，应用成矿预测及资源评价技术如证据权重法、ART 神经网络法、层次分析法等进行的。

一、油气地质异常的基本理论及评价方法

基于油气地质异常的基本理论及评价方法，认为致藏油气地质异常的尺度，可按照工业评价对象分为四级：①区域地质异常；②盆地（区块）地质异常；③区带地质异常；④圈闭地质异常。按照空间规模可分为五级：①巨型地质异常；②大型地质异常；③中型地质异常；④小型地质异常；⑤微型地质异常。进而把油气资源预测评价对象的级次分为：对油气成藏可能地段（1P）、找油气可行地段（2P）、找油气有利地段（3P）、潜在油气藏地段（4P）和远景油气藏地段（5P）。

二、致藏地质异常与 1P、2P 地段评价

1）根据原始油气系统与致藏地质异常分析结果，以及若干古油藏的典型解剖情况，在中国南方海相残留盆地中，除了三江造山带、龙门山造山带、江南造山带、川滇古隆起、武夷造山带、闽浙沿海造山带等的核心部位，以及浙闽燕山期岩浆岩带之外，在 8 个原始超级油气系统的范围内，甚至包括这几个造山带前缘逆冲推覆构造掩盖区，都是可能的油气成藏可能地段（1P）。

2）从油气地质异常的角度看，“油气成藏组合模式”及其类型划分依据，实际上就是专属地质异常，而“油气保存单元”则与找气可行地段（2P）有一定的对应关系，但是

着眼点不同，所采用的评价方法与参数也有所差异。评价结果认为，南方海相下组合的一类最有利保存区和找气可行地段（2P）主要分布于四川盆地东北部、鄂西—渝东地区；二类最有利保存区和找气可行地段（2P）主要分布于滇东、黔中、黔北和湘鄂西、下扬子地区；三类较有利保存单元和找气可行地段（2P）主要分布于黔南—黔东南和中扬子北部。其中的鄂西—渝东、湘鄂西、渝南—黔东北、川东南和黔中地区，分布于江南隆起带西北的隔槽式、隔挡式前陆变形带范围内，尤其黔中隆起是两大前陆变形带（NNE 向隔槽式变形带与近 EW 向前陆隆起）交叉复合的产物，值得注意。

三、综合地质异常与 3P 地段评价

1）根据扬子地区油气分布特点，基于证据权重法原理，选择了构造变形强度、烃源岩演化、烃源岩特征、储层特征、盖层封闭性等作为油气地质异常识别的指标体系，对研究区的油气地质异常进行了 3P 评价，并认为四川盆地北部、鄂西—渝东地区、下扬子地区是本区下组合油气地质异常最强的地区，具有有利的勘探前景；而滇东、黔北等地区则为相对有利的勘探地区。

2）在对扬子及其周缘全面评价的基础上，进一步利用 ART 神经网络方法，对鄂西渝东地区的油气地质异常进行了 3P 评价。并在此基础上，划分了五个油气远景区，分别为万县大池井至大天池地区、利川建南地区、利川以北的板桥地区、吉首以北的南北向长条地区和大庸以北的较平缓地区。

3）利用层次分析法对黔中隆起及周边地区的油气资源情况进行了 3P 评价。黔中地区保存条件最好的是滇黔北部拗陷部分地区、大方背斜带、梨子冲向斜、贵定断阶、黄平凹陷；生烃条件最好的是滇黔北部凹陷、大方黔西区块、黄平凹陷；储集条件最好的是滇黔北部凹陷、大方背斜带。除此之外，贵定断阶、黄平凹陷还发现大量古油藏及羟基微渗漏信息，也表明大方背斜带、梨子冲向斜、贵定断阶以及滇黔北部拗陷部分地区是黔中隆起最有利的区块。开阳凸起、织金凸起、三塘拗陷以及黔南拗陷是本区较有利的勘探区块，但储集条件及保存条件均较前两类差。

四、油田地质异常与 4P 地段评价

本次研究圈定的南方重点区域的油气田地质异常有 25 个，总面积有 30 余万平方公里，预测天然气资源量约 20 万亿 m^3。说明中国南方具有很好的资源潜力，尤其在川、渝、黔、湘、鄂交界区，有希望实现天然气资源的新突破。

1. 南方重点区域油气地质异常圈定

油气田地质异常对应于潜在油气资源地段（4P）。在南方的 5 个重点区块圈定了油气田地质异常 25 个，并采用特尔菲权重法评价出一类（好的）油气田地质异常（AA）区域 3 个，二类（中等）油气田地质异常（BB）区域 17 个，三类（差的）油气田地质异常

(CC) 区域5个。这些区域，似应作为寻找天然气资源的重点靶区。

2. 南方重点区域资源潜力及评价

利用物探、测井和分析化验等的油气分析方法，圈定了各个地段的范围，并利用GIS软件分别计算出各潜在油气资源地段的面积，并求出面积与储量关系式，进而得出油气地质异常面积及其预测储量（总量是20.323万亿m^3天然气）。

其中3个AA类的预测储量占全部的53%，15个BB类的占30%，5个CC类的占17%。这表明，川东北地区仍应当重点加以关注，那里虽然已经有了重大突破，但还面临着进一步扩大战果。在江南古隆起西北侧的印支—燕山期隔槽式变形带上，原始生运储盖条件匹配较好，而且大型和特大型古油藏众多，至今尚有一定的生气潜力。对于鄂西—渝东区，重点可放在建始—黔江背斜带（BB17）和宜都—鹤峰背斜带（BB18）；在湘鄂西和黔北—渝南交界处，重点可放在建始—黔江背斜带南延部分的彭水一带和宜都—鹤峰背斜带南延部分的龙山附近（BB16）；在黔东地区，则重点可放在建始—黔江背斜带的南段瓮安一带（BB12）。

第二节　海相下组合盆地原型与盆地演化方面

中国南方是我国震旦系—古生界—三叠系海相岩系（包括碳酸盐岩系和碎屑岩系）发育最完整的区域，也是最重要的海相烃源岩分布区和潜在的油气远景区。正如前面指出的那样，华南内部和边缘都经历了元古宙以来的长期多旋回裂离、汇聚、俯冲、碰撞的造盆和造山作用，特别是南华洋盆地、南秦岭洋盆地、扬子克拉通盆地、华夏克拉通盆地及其叠加的各期前陆盆地的原型格局及演化，对华南地区海相生、储、盖及其组合特征与展布起了重要控制作用。

一、特提斯多岛洋与中国南方海相盆地格局

中国南及邻区在震旦纪—三叠纪时期是特提斯多岛洋体系的一部分。这个区域是由冈瓦纳（及其前身Pannotia）裂离、北移而拼合于欧亚大陆的，包含着许多大大小小的板块、微板块和地块。随着块体的聚合拼接和碰撞造山，各洋盆和海道、海沟均转化成了复杂的结合带（古缝合带），而各大小块体边缘盆地和陆内克拉通盆地也随之发生变形。“大洋小块”的全球背景决定了华南及邻区海相盆地原型的形成与演化，处于复杂多变的构造体制下。

1. 中国南方南华纪—震旦纪盆地原型

在早震旦世，上扬子区大部分抬升为古陆，包括上扬子古陆、川滇古陆以及它们之间的川西山间盆地、滇东山间盆地。中—下扬子区为内克拉通盆地，沉积了一套浅海的碎屑

岩组合，其中出现江南古陆、鄂中古陆等小型岛陆。扬子板块的南缘为湘桂被动大陆边缘盆地，沉积了一套半深海的碎屑岩组合。这时，思茅地块和松潘地块分别拼接在扬子板块西南缘和西北缘，三者间为陆间海盆地；秦岭微板块拼接在扬子板块北缘，成为大陆边缘裂谷盆地。华夏板块与扬子板块的西南段也已基本对接，西北部成为主动大陆边缘盆地，与扬子板块东南部的湘桂被动大陆边缘盆地相对应；东南部则为克拉通盆地，其北端与东南分别为闽浙古陆和汕头古陆。

至晚震旦世，华夏板块东北部与扬子板块对接而连成一体，湘桂被动大陆边缘盆地和华夏主动大陆边缘盆地统一成赣湘桂海盆地；秦岭微板块边缘也转为大陆边缘浅海盆地。扬子板块本身的海侵范围扩大，上扬子区转化为内克拉通盆地，广泛接受浅海碳酸盐岩沉积。在扬子板块西缘的川西—滇中地区，出现川滇裂陷盆地。随后，该裂陷盆地夭折，其西缘成为川滇古陆或古岛，呈西陆东海的古地理格局。

2. 中国南方加里东期海相盆地原型

在加里东期（寒武纪—志留纪），华南及邻区海相盆地原型的形成与演化主要与两个大板块（扬子板块和华夏板块）的活动及相互作用相联系。这个时期昌宁—孟连洋以东的义敦、昌都—思茅、松潘—甘孜块体，均与扬子板块连为一体，是扬子板块的组成部分。商丹洋以南的中秦岭地区在加里东早期（震旦纪—寒武纪），也属于扬子板块的北部边缘，奥陶纪以后随着南秦岭裂陷槽的开裂，才从扬子板块逐渐分裂出去。江南隆起带可能是早古生代扬子板块和华夏板块主要结合带。

（1）中国南方寒武纪的盆地原型

扬子大陆周围为被动大陆边缘，即南秦岭大陆边缘裂谷盆地，华南裂陷海盆以及西侧的被动大陆边缘。在早中寒武世，该区西缘发展为川滇古陆，以东接受滨岸浅水碎屑岩和浅水碳酸盐岩沉积；南秦岭大陆边缘裂谷盆地由断裂控制的镇淅隆起带、平利—武当隆起带、北大巴山沉降带和郧西—均县沉降带组成。在晚寒武世时，川滇古陆范围扩大，尤其是滇中和滇东地区基本上处于被剥蚀状态，仅川西接受滨岸浅水含碎屑的碳酸岩沉积；随县一带为海底隆起或海底裂谷中脊部位。

扬子板块南部大陆边缘的华南裂陷海盆，是震旦纪华夏板块与扬子板块拼接之后的一个巨大海槽，原生地域宽广，碎屑沉积物巨厚。以长汀—清远—玉林为界，分为西北部的赣粤次深海盆地及东南部的闽粤浅海盆地。早寒武世的海槽具拉张性质，早寒武统为黑色碳质页岩，代表缺氧的还原环境。其张裂中心在茶陵—彬县—兰山断裂带上，是震旦纪板块俯冲带裂解的结果；中寒武统为深灰、灰黑色碳质页岩、页岩和灰岩相，显示还原条件大大减弱，但仍属非补偿海盆。

南、中秦岭从震旦纪至早、中寒武世为扬子板块的一部分，沉积物以滨岸或浅水碳酸盐岩为主。从晚寒武世开始，南秦岭裂陷槽形成，秦岭微板块再度与扬子板块分离。在裂陷槽北侧的秦岭微板块镇安、淅川一带，沉积浅水碳酸盐岩；在裂陷槽南侧的扬子北缘基本上保持了克拉通边缘的陆架碳酸盐岩沉积，镇坪、岚皋（南）一带为斜坡相碳酸盐岩，在商丹断裂以北为华北板块南部活动大陆边缘。

（2）中国南方奥陶纪的盆地原型

早奥陶世的扬子板块盆地格局与寒武纪相似，也由闽粤浅海相和赣粤桂次深海相控制，但由于寒武纪末郁南运动的影响，云开地区和粤东地区上升成陆，沿着两个古陆的周缘出现滨海、陆架环境。扬子板块与原华夏板块之间在寒武纪拼合后，至早奥陶世又一次裂解成为小洋盆。盆地内沉积较多的火山碎屑岩合类复理石建造，以及滞流环境的笔石页岩相。在中奥陶世，扩张幅度达到最大，川滇古陆依然存在，但川西接受滨海潮坪细碎屑岩及碳酸盐岩沉积。到了晚奥陶世，又一次遭受挤压，扬子海域萎缩，扬子板块西部边缘基本上处于古陆状态，仅川西北地区为海域。晚奥陶世晚期整体抬升成陆，伴随构造的扩张和挤压，湘一浙克拉通边缘盆地转化成非典型的前陆盆地，沉积了巨厚的浅水浊积岩，厚度愈千米；扬子板块内拉通盆地表现为一个海进、海退旋回，其西缘仍为巴塘小型克拉通盆地和义敦克拉通内裂陷盆地。

（3）中国南方志留纪的盆地原型

在早志留世早期，华北板块、华南板块、保山微板块（隶属于掸邦板块）、海南微板块（隶属于南海板块）、秦岭微板块五个块体再度分离。随着晚加里东晚期运动的发展，位于华北和华南之间的秦岭微板块，逐步与北部的华北板块对接、碰撞，至中志留世开始与华南板块拼合。南侧秦岭微板块和扬子板块持续向北俯冲及碰撞，使其南部的奥陶纪残留弧前盆地的岛弧型优地槽于志留纪末最后关闭，扬子板块和华夏板块基本联为一体，仅在桂东、粤西一带为钦防残余洋盆。

随着华夏板块持续向扬子板块的推挤，湘一浙克拉通边缘盆地的前陆盆地性质进一步显现，沉降中心和沉积中心不断地向西北迁移。此时的扬子板块主体处于稳定的内克拉通浅海环境。在早志留纪，上扬子区发育碳酸盐、碎屑岩沉积组合，分布较为广泛，且生物分异度、丰度都很高，常出现小型点礁；下扬子区则发育了碎屑岩沉积组合。到了中晚志留纪，海水逐步退出，区内发育碎屑岩沉积组合，且分布面积逐渐缩小。钦防残余海盆持续发育深水浊积岩，直到志留纪晚期才逐渐变浅。在华南板块西缘北部，巴塘地区为小型克拉通浅海，义敦地区为克拉通内裂陷槽，水体深度都不大；在西缘南部，墨江一带从志留纪到泥盆纪系连续沉积深水相，昌宁一孟连一带泥盆系底部发育放射虫硅质岩与笔石页岩相，证明大洋还未完全封闭。

秦岭古海洋处于南侧被动大陆边缘裂谷、北侧活动大陆边缘盆地的南张北压背景下。由于秦岭微板块与华北板块的斜向、不规则陆-陆碰撞，北秦岭洋逐渐闭合，并形成了不成熟的造山带。北秦岭与中秦岭的大部分地区隆起成古陆或山地，在中秦岭南缘和南秦岭的残余盆地沉积了复理石。南秦岭裂陷槽有所萎缩或局部关闭，但尚未完全闭合和碰撞造山。在扬子克拉通北缘，中志留世仍接受碎屑岩系沉积；晚志留世大部地区上升为陆，未接受沉积。这个时期的海南微板块、保山微板块与各自所在的地块一起，与华北一华南板块继续呈分离状态。

3. 中国南方海西—印支期海相盆地原型

扬子北缘的勉略洋于泥盆纪开裂，到石炭纪形成小洋盆，将秦岭微板块完全与扬子板块分开。加里东运动使板块和华夏板块拼合成统一的华南板块之后，又在海西运动中随着钦防海槽开裂并扩展成新的南华小洋盆而使之再度离散，但最终在海西运动后期经历了俯冲、消减、聚合和软碰撞。与此同时，在扬子板块西缘，由于金沙江洋在海西—印支期的开裂和扩展，昌都—思茅微板块与扬子板块分裂。随后，三叠纪甘孜—理塘洋的打开，又使义敦微板块与扬子板块分开。

晚古生代—早中生代，华南区的总体构造古地理格架仍是以小洋盆为核心的多岛洋环境。在钦州地区的小董—板城一带，深水型泥盆系代表残留海槽，中—晚泥盆世至二叠纪的放射虫硅质岩系代表再裂谷型小洋盆的残留部分。晚二叠世早期，南华洋以软碰撞的型式闭合，而扬子板块西部开始大规模伸展裂陷（峨眉山玄武岩溢出为标志）。东吴印支期裂谷海盆地的沉积中心随之逐步向西迁移，并连续沉积在多岛洋沉积序列之上。印支运动最后结束了古、中生代海盆的演化历史，形成了在陆块和洋岛部位微弱而在海盆中心相对强烈的印支构造运动面。褶皱变形的古、中生代地层和岩浆岩岩体，以统一基底形式又承载了中新生代裂陷盆地与火山物质的沉积。

二、扬子板块及其边缘海相盆地原型的叠加改造

在印支运动过程中，扬子西缘的金沙江洋、甘孜—理塘洋、扬子北缘勉略洋和南东缘南华洋的逐步闭合，华夏板块与扬子板块、扬子板块与华北板块、扬子板块与昌都—思茅微板块相继拼合，古特提斯多岛洋逐步走向封闭，中国南方整体进入陆内造山、造山带周缘前陆盆地、弧后前陆盆地的形成、演化阶段。

1. 海相盆地原型在印支—早燕山期的叠加改造

在扬子板块的北部，随着扬子板块、秦岭微板块与华北板块在三叠纪中晚期的最终碰撞，形成早中三叠世北秦岭造山带和中秦岭的残余盆地或同造山盆地的复理石沉积；沿南大巴山—南秦岭—大别山南侧，形成了以川东北拗陷、江汉盆地、下扬子东部盆地和苏北盆地为代表的北周缘前陆盆地带，主要构造样式为对冲式推覆。中扬子区此时尚未造山，前陆盆地沉积响应仅保留在汉水断裂以南的当阳—沉湖复向斜一带；而下扬子区的源区从晚三叠世开始已遭受强烈隆升和剥蚀。

在扬子板块的西部，由于伊—阿—冈微大陆群和印度板块的先后北上对接、甘孜—理塘洋盆基底的俯冲，以及西南各地块的拼贴碰撞，在扬子板块西部边缘形成了川西、楚雄、十万大山、南盘江—右江弧后前陆盆地带，上三叠统为典型的前陆磨拉石沉积。其中，南盘江—右江盆地在燕山期以来，经历了多期次的逆冲、挤压、褶皱和隆升等改造作用，构造变形较为强烈。松潘—甘孜地块石炭纪至三叠世早期均为浅海碳酸盐岩沉积，中

三叠世晚期至晚三叠世随着秦岭造山带的向南仰冲，该区沉积基底拗陷下沉，形成残余盆地或同造山盆地近万米的复理石沉积。晚三叠世后期，该区与南秦岭、巴颜喀拉一起造山、隆升，并在其东缘向扬子克拉通仰冲形成龙门山前陆盆地。义敦小型克拉通盆地区、昌都一思茅地区在二叠世均为浅海环境，后者在晚三叠世随着澜沧江一昌宁一孟连洋的闭合而转化成山前拗陷盆地。

在扬子板块东南边缘，受华夏板块的影响，从晚古生代至三叠纪经历了再次拉伸裂陷一闭合的过程。泥盆纪时期，在滇黔桂湘地区首先形成北东和北西向的一系列裂陷槽，北西向的裂陷槽与金沙江一哀牢山一马江洋东段的构造线方向和构造背景一致，北东向的裂陷槽与钦防海槽的方向及构造背景一致。从晚泥盆世晚期到石炭纪，上述海槽逐渐被充填变浅。二叠纪一早三叠世，裂陷作用加剧，在滇黔桂地区北西向的裂陷槽发育大规模的中基性火山岩，包括类似于大洋玄武岩的枕状玄武岩。在浙赣湘粤地区的绍兴、江山、鹰潭、罗定、云浮一带，形成北东向裂陷海槽或小洋盆，组成华南小洋盆的两个主要分支。华南小洋盆从中三叠纪开始逐渐萎缩闭合，在滇黔桂一带形成同造山的前陆盆地，在浙闽粤造成向 SE 的大规模推覆作用。

2. 海相盆地原型在晚燕山一喜马拉雅期的叠加改造

J_3一K_1 压扭背景下的挤压冲断及走滑改造。闽东古陆块强烈推挤和俯冲，中、下扬子区以及华夏板块西缘处于强烈的压扭背景下，导致中一古生代海相盆地原型和印支一早燕山期的前陆盆地原型遭受强烈挤压和左旋走滑，发育对冲式推覆构造；在东南沿海发生大规模火山喷发和岩浆侵入，局部地区形成张性和走滑-拉分盆地。

K_2一E 走滑一伸展背景下的裂陷盆地叠加。印度板块向北的强烈推挤和俯冲，中国南方处于右旋张扭应力场和滑移线场的控制下，地壳发生区域性伸展，在印支一早燕山期的前陆盆地原型之上叠加了一系列裂陷盆地。例如，扬子西缘的景谷盆地、宾川盆地、十万大山盆地，中扬子的江汉盆地、下扬子的沿江盆地和苏北盆地等。

E一N 初期的大规模隆升剥蚀。印欧板块强烈造山、块体向 SE 滑移，导致南方地区出现大规模隆升剥蚀，中一古生界海相地层和印支一早燕山期的前陆盆地原型再遭破坏，晚中生代的伸展盆地褶皱回返，褶皱层被掀斜或冲断。在西部的楚雄盆地、十万大山盆地和南盘江盆地和东部的南陵盆地、金衢盆地，该时期的左旋走滑作用都十分显著。构造变形的强度，总体上从沿海向内陆逐渐发展。

N一Q 区域性披覆层形成。三江地区和上扬子地区隆升强烈，下扬子地区隆升稍弱但仍普遍抬升遭受剥蚀。在一些活动断裂附近形成小型走滑-拉分盆地，而在相对低洼的大中型盆地区形成了区域性披覆层。

其中，印支一早燕山运动对中国南方海相盆地的影响最为严重。由于整体进入陆内造山、造盆和盆山耦合演化阶段，形成了一系列前陆型盆山体系和复合盆山体系。复合盆山体系有不同的组合类型，有“两山一盆”的，如下扬子复合盆山体系；有“三山两盆”的，如扬子西南缘复合盆山体系和扬子南缘复合盆山体系；有“三山一盆”的，如上扬子北部复合盆山体系。印支一早、中燕山期的陆内碰撞造山及复合盆山体系的形成和耦合演化，使中国南方海相盆地由建造和叠加阶段进入改造阶段。

三、上扬子复合盆山体系及其对海相盆地原型的改造

上扬子地区海相盆地原型的改造十分强烈。这种改造主要发生于上扬子复合盆山体系的形成演化过程中（吴冲龙等，2006）。

1. 上扬子复合盆山体系的形成及其变形分带

上扬子复合盆山体系由龙门山盆山体系、米仓山一大巴山盆山体系和雪峰山盆山体系复合而成。这三个盆山体系是在龙门山、米仓山一大巴山和雪峰山的印支一燕山造山作用中形成的，其复合时间有同期也有准同期，复合形式有联合也有叠加。叠加在震旦纪以来的多种海相盆地原型之上的四川盆地，正是由这些盆山体系的前陆盆地复合而成的，对上、下组合海相烃源岩起了很好的保护作用。

就造山带的形成而言，龙门山南段最早，为晚三叠世；龙门山北段与大巴山其次，为早侏罗世；雪峰山最晚，为中侏罗世。造山作用的持续进行，使各前陆盆地受到不同程度的改造。遭受晚燕山运动改造最强的是雪峰山前陆盆地，其次是大巴山前陆盆地，最弱是龙门山前陆盆地；遭受喜马拉雅运动改造最强的是龙门山前陆盆地，其次是大巴山和雪峰山前陆盆地。川中低凸起为其共同前陆隆起，在两期构造作用中的变形都很微弱。雪峰山前发育广阔的侏罗山式褶皱，并由隔槽式向隔挡式渐变；大巴山前也为侏罗山式褶皱，但以隔挡式褶皱为主，后缘有较大逆掩推覆；龙门山前的前陆褶冲带较窄，发育由北西向南东的逆冲-推覆构造。

上述3个盆山体系在演化过程中，由于地缘关系而曾两两复合，形成了龙门山一大巴山（含米仓山）复合盆山体系、大巴山一雪峰山复合盆山体系和龙门山一雪峰山复合盆山体系，进而联合构成龙门山一大巴山一雪峰山复合盆山体系，简称为上扬子复合盆山体系。该复合盆山体系是研究区油气藏保存的主要控制因素。其中，江南隆起带类前陆区域出现了广阔的推覆-滑覆构造带，自SE向NW可分为3个形变分带，即挤出式冲断-褶皱带、隔槽式褶皱-冲断带和隔挡式褶皱-冲断带。

从江南隆起经渝东一鄂西一湘西到川东，该推覆-滑覆构造连续传播距离超过360km，具有显著的SE强NW弱的递进变形特征，而且构造变形有显著的规律性。在江南断裂（江南隆起北缘）至宜都一龙潭坪断裂的75km范围内，是基底卷入式的基底挤出式变形带，元古界变质基底与上覆海相地层一起卷入叠瓦状推覆和滑覆作用中；在宜都一龙潭坪断裂至齐岳山背斜的150km范围内，即渝东一湘鄂西半基底卷入式的隔槽式（背斜宽缓向斜窄陡）变形带；而在齐岳山背斜至华蓥山背斜的135km范围内，即川东一渝东盖层卷入式隔挡式变形带（向斜宽缓背斜窄陡），震旦系及其以上的海相地层均卷入分层滑脱和逆冲推覆作用中；华蓥山背斜以西，为川中拗陷近200km的低缓背斜变形带。这种有规律的变形分带，应当是在统一的构造应力-应变场控制下形成的，并且与卷入地层的刚性有关。与此相似，在大巴山前缘构造带，也可以划分出规模较小的挤出变形带、隔槽式

变形带和隔挡式变形带。

2. 大巴山—江南隆起复合盆山体系对海相地层的改造

大巴山盆山体系与江南隆起盆山体系复合的典型产物，是大巴山前缘构造带与川东—渝东隔挡式褶断带交汇处的喇叭形联合构造。在喇叭口北侧，NW 向的隔挡式变形带较强；而在喇叭口南侧，NE 向隔挡式变形带较强。

在川东北残留前陆盆地南部的宣汉—达县地区，发育有一些规模较小的 NW 向叠加褶皱，构造主体逐步转变成 NE、NNE 走向的隔挡式褶皱和断裂。由于所处构造位置的差异，海相地层的改造有 4 种类型：①强改造型。一般为高陡构造主体或两翼潜伏构造，如七里峡主体、铁山北等构造；②中改造型。一般为高陡构造两翼断层下盘的潜伏构造，如温泉井等构造；③弱改造型。一般为高陡构造中背冲构造或宽背斜，如五百梯、铁山坡等构造；④未改造型。一般为高陡背斜之间的宽缓向斜带，如宣汉向斜等。著名的宣汉普光特大型气藏，实际上就形成于 NE 向的宣汉向斜与 NW 向的分水岭背斜叠加而成的大型构造圈闭中。

在川东—渝东隔挡式褶皱-冲断变形区，前震旦系基底埋深 7000～9000m，仅上组合海相层轻微卷入，属于薄皮式滑脱推覆变形区。其盖层变形受到 4 套岩石强弱组合的控制，主滑脱面是第一滑脱层（震旦系底部）、第三滑脱层（志留系）和第四滑脱层（下三叠统膏盐层）。尽管上、下组合海相岩系都遭到推覆切割，但滑脱距离较小，岩层的整体性较好，不仅下组合保存较为完整，上组合也仅有局部遭受剥蚀，区域性盖层也未遭受严重破坏，下组合的油气藏保存条件比较好。

隔槽式褶皱-冲断变形带属于半厚皮式逆冲推覆变形带——上、下组合海相层与元古界基底在一定程度上卷入，在靠近挤出变形带的地方被切割成叠瓦状逆冲岩片。上组合海相层在多数地方剥蚀严重，上部区域性盖层（T_2—J）遭到损毁，但在远离挤出变形带的地方下组合背斜完整性好且圈闭巨大，油气藏保存条件较好。在第四滑动层之下的宽缓背斜，具有良好的勘探前景。

基底挤出式变形带属于厚皮式逆冲推覆变形带，元古界和震旦系均卷入变形。在挤出变形体之上，志留系以上地层已经被剥蚀殆尽，而残留奥陶系、寒武系和震旦系中的变形较为复杂，局部也见有相对宽缓的褶皱。在挤出变形体前缘，可能掩盖着上、下组合的海相岩层（图 2-27，图 6-23），具有一定的天然气勘探前景。

川中拗陷界于华蓥山断裂与龙泉山断裂之间，相对于龙门山、大巴山和雪峰山造山带而言是拗陷，而相对于三者的前陆盆地而言是隆起——三个盆山体系的共同前陆隆起带。根据其下组合海相地层的厚度分布，它还是一个稳定基底上的加里东期古隆起。该隆起整体呈北西向倾的大单斜构造，倾角平缓，仅 1°～5°。其后期构造是一系列近东西向低幅度穹窿背斜、宽缓短轴背斜和鼻状构造——中、新生代的低缓背斜带，呈北东东—近东西向展布。卷入褶皱的地层多数为 T_3—J，背斜至向斜间的幅度差仅为 100～200m，局部构造闭合度在 100m 以下。在该构造区东部与川东—渝东隔挡式褶皱区交界处，自海西期以来长期继承性发育了开江古隆起和泸州古隆起。在中三叠世末的印支运动早幕，开江古隆起走向由近 EW 转变为 NNE，南北分别与大巴山古隆起和泸州古隆起相接。从动力学机制上分析，该古隆起可能与四川盆地西缘龙门山以及江南地块的崛起所导致的北西一南东向挤压作用有关，推测是这三个盆山体系或者复合盆山体系在某个演化阶段所形成的公用前陆隆起。

四、中国南方海相盆地原型的变形强度分区

在前人成果的基础上，结合地学断面、区域主干地球物理剖面、盆地深地震反射剖面和地层接触关系，编制了印支期、燕山早期和燕山晚期一喜马拉雅期的中国南方构造变形分区图，进一步揭示了中国南方海相盆地原型在印支期以来构造变形，存在多块体汇聚和多盆山体系复合叠加特征。其要点如下。

1. 印支期构造变形强度分区特征

印支运动对中国南方海相盆地的影响，从沉积环境上讲，完成了总体由海至陆的转变；从原型改造上讲，造成了各块体结合带褶皱隆起和大规模逆冲推覆，以及造山带前缘的前陆或类前陆盆地叠加和角度不整合。印支运动对中国南方海相盆地的改造表现出了明显的地区差异性：形成了以秦岭一大别一胶南造山带、龙门山造山带、江南隆起带、武夷一云开隆起带、三江造山带和桂西一越北造山带为相对强变形隆起区，其间为相对弱变形拗陷区的“隆拗相间-强弱相间”构造格局。海相地层在强变形隆起区遭受剥蚀，而在弱变形拗陷区被深埋。

2. 早一中燕山期构造变形强度分区特征

在南方中部和东部地区，江南隆起及武夷隆起进一步强烈上升并遭受剥蚀，在江南隆起北缘产生较强烈的向北逆冲，并与扬子北缘因受秦岭一大别一苏鲁造山带印支一燕山期的持续陆内造山及伴随的向南逆冲作用一起，共同形成了主要分布于中、下扬子区的南北对冲构造格局。同时，在江南隆起、九岭隆起及武陵一雪峰隆起的后缘，分别形成了鄱阳、衡阳及洞庭等拉分盆地。在扬子及华南其他地区，因受到 NE 及 NNE 向断裂的左行压扭性活动的影响，也形成了一些与断裂系有关的走滑-拉分盆地，例如下扬子小型走滑一拉分盆地。在南方西部的上扬子和扬子西缘地区，海相盆地的改造主要表现为陆内造山背景下的持续挤压。在江南隆起前陆区和四川盆地，沉积盖层开始发生褶皱及冲断变形，形成了湘鄂西隔槽式褶皱带和川东隔挡式褶皱带以及川西、川中地区的和缓背斜圈闭，并产生较大规模抬升剥蚀。下组合海相层在隆起带前缘的挤出变形带被卷入逆冲推覆，在隔槽式褶皱带被卷入同心褶皱，而在隔挡式褶皱带变形微弱。南方地区早燕山期构造变形分区的总体特点是除川滇黔周缘前陆盆地和类前陆盆地构造变形相对较弱外，其他大部地区处于强烈和较强构造变形区。

3. 晚燕山一喜马拉雅期构造变形强度分区特征

在中燕山期后，由于华北板块、华南板块、保山微板块和海南地块完全拼合，特提斯多岛洋便最终封闭了。中国南方在继续进行着陆内造山作用和复合盆山体系耦合演化的时候，外部先后受到太平洋板块俯冲和印欧板块碰撞的强烈影响，致使区域构造应力场和区域构造运动体制进行了一系列调整。于是，南方海相盆地原型在晚燕山一喜马拉雅期经历了压扭背景下的挤压冲断及走滑、走滑伸展背景下的裂陷盆地叠加、初期的大规模隆升剥蚀和区域性披覆层形成等几个阶段的改造。研究区在晚燕山一喜马拉雅期的总体变形分区及特点是：除了川中地区和江汉盆地变形相对较弱外，上、中、下扬子地区和阿坝地区变形中等，其他地区变形强烈。

第三节 海相下组合烃源特征及其演化方面

通过有机岩石学、油气有机地球化学等常规方法与非传统新技术（如干酪根碳同位素分析技术、元素地球化学技术、分子地球化学分析技术等）的应用，进一步揭示中国南方，特别是川、黔、渝、鄂边区下组合海相残留盆地烃源岩特征、有机质演化和生排烃作用的控制因素及其油气地质异常，得到了可靠的新成果。

一、原始主力烃源岩

1. 四套原始主力烃源岩

通过可靠的资料确认了研究区的 4 套原始主力烃源岩：震旦系陡山沱组是中国南方原始主力烃源层之一；寒武系牛蹄塘组及与其相当的渣拉沟组，是黔中及其周边原始主力烃源层；志留系龙马溪组连带奥陶系五峰组构成黔北、川南、渝东、鄂西乃至扬子地台北部的原始主力烃源层，湄潭组、都柳江组是可能的次要烃源层。灯影组、明心寺组等沥青聚集层位，作为次生烃源的作用应予以重视。

2. 主力烃源岩沉积环境

区内下寒武统烃源岩以广海陆架一开阔台地相为主，有泥质烃源岩和碳酸盐岩两类，厚度可达 400m 以上；有机质丰度高值区主要处在黔中一渝南，成北东向展布。奥陶纪末一志留纪早期，经历了非补偿滞留还原海盆一正常陆表海（或深水陆架海）一残留海一陆相沉积环境的变迁。下志留统龙马溪组在川南、川东为广海陆架沉积，分别构成两个厚达 600m 以上的泥质烃源岩富集中心，有机质丰度变化成近东西向展布，高值区位于川南一黔北一渝南一线并向下扬子区延伸。

二、烃源岩品质特征

1. 四种显微组分组

研究区海相下组合烃源母质主要由低等生物、藻类体和浮游动物等组成，原生沉积组分生烃潜力大，原始有机质类型属于腐泥型（即Ⅰ型）。源岩含有四种显微组分组即：藻类组（能见到细胞结构或细胞结构残余）、腐泥组（包括腐泥基质体和矿物沥青基质）、动物有机组（以动物皮层体和虫颚体为主）和热变组（次生组，包括碳沥青和微粒体两种显微组分，形成于烃源岩热演化过程）。

2. 烃源岩有机质组分含量

泥质类烃源岩有机质含量最高，其次为砂质岩（主要为泥质粉砂岩），碳酸盐岩最低，三者大体呈半数递减。在有机显微组分中，泥质和砂质烃源岩的腐泥组含量均接近60%，藻类组和微粒体比例相近；碳酸盐岩总有机质含量和黄铁矿含量，以及腐泥组、藻类组含量都明显较低。中、下寒武统（主要是下寒武统）和震旦系两个层段烃源岩不仅有机质丰度相近，而且有机显微组分组合也基本相同；中、下志留统有机质总量相对较低，最突出的特点是动物（笔石）有机组分含量高。

3. 烃源岩的总有机碳含量

海相下组合三套烃源岩整体属于原始优质烃源岩，所测TOC最低为0.07%，最高为10.18%，平均为1.2%。其中，志留系龙马溪组TOC最低为0.12%，最高为4.05%，平均为0.91%；寒武系牛蹄塘组（渣拉沟组）TOC最低为0.07%，最高为10.18%，平均为1.76%；震旦系陡山沱组TOC最低为0.64%，最高为5.44%，平均为2.43%。恢复后的泥质烃源岩原始有机碳含量大多>1%，而作为储层的碳酸盐岩沥青分布不均，原始有机碳低，测值达不到烃源岩标准，但不能否定其作为次生烃源的可能。

三、烃源岩生物、地球化学相

1. 烃源岩生物相

从震旦纪至晚奥陶世中期，川黔渝鄂边区处于台地相区，而黔东南处在斜坡相区，藻类及其降解产物腐泥在有机质中均占有绝对优势。晚奥陶世环境变为停滞缺氧的台盆环境，沉积台内斜坡相；到早志留世早期，川滇古陆、滇黔桂古陆与华夏古陆连成一片，海水退至毕节－遵义－余庆一线以北，陆源输入有限，经滞流灰泥台地演变为封闭还原的海湾环境，一些地区过渡到半深海沉积环境。晚奥陶世五峰组一早志留世龙马溪组笔石页岩相，正是在这种低能还原环境下形成的。

2. 烃源岩地球化学相

（1）烃源岩中的元素比值

通过硼的环境分异、岩石 Sr/Ba 值、V/Ni 值、Sr/Ca 值、Ca/Mg 值和 Th/U 值的测试分析，对各套烃源岩的不同分布区的原生沉积环境进行了详细标定，发现陆架边缘盆地相及浅海陆架相烃源岩的硼含量较高、Sr/Ba 值<1、V/Ni 值<1、Sr/Ca 值普遍偏高、Ca/Mg 值较高、Th/U 值降低；而台地碳酸盐相和近岸碎屑岩相的情况与此相反。

（2）烃源岩 LREE/HREE

研究区烃源岩系 LREE/HREE 大部分在 10 左右，具有轻稀土元素微弱富集的配分型式，整体上随地层时代变新数值增高，陆源影响增强。δ（Ce）（或 Ce/Ce*）反映稀土元素 Ce 异常价态变化。δ（Ce）向低值迁移，则可作为碱性氧化介质环境的标志。在海水 pH、Eh 条件下，Ce^{+3} 易于转化成 Ce^{+4}，造成 Ce 亏损。实测样品均呈现负异常，并随地层变老和灰岩岩性异常增强，灯影组灰岩 δ（Ce）＝0.45，牛蹄塘组藻灰岩 δ（Ce）＝0.50。δEu（或 Eu/Eu*）指稀土元素 Eu 异常价态变化情况。研究区大部分样品的 δEu 都<0.95，为弱的负异常，唯黔东南地区寒武系渣拉沟群、都柳江组、牛蹄塘组样品 δEu 都>1.05，均为正异常，应属深水陆架环境。

3. 沉积有机相

寒武系以低的 Pr/Ph 值反映出相对较强的还原性，而与分层海水底部沉积有关的黔东南渣拉沟三都组比黔中相当层位还原性更强。志留系龙马溪组样品 Ts/（Ts＋Tm）明显较低且变化较大，表明在近岸地带环境变化相对复杂，滞流和生物快速堆积降解，促进了环境的酸化还原。寒武系样品总体具有相对高的伽马蜡烷指数值，显示咸化环境指相，各时代碳酸盐岩数值中等，龙马溪组高低值均有出现，亦反映环境演变、海陆双重影响的特征。震旦系和寒武系烃源岩都具有三环萜类分布优势，而志留系烃源岩除具有这一分布形式外，同时出现藿烷系列高于三环萜类分布状况，前者代表了广海沉积，物源稳定的特点；后者同样表明物源与沉积环境变异的特点。

根据烃源岩有机显微组分、有机质类型、生物标志物及成烃能力等特征划分出五类沉积有机相，即动荡局限海笔石相（主要分布于五峰组 O_3w、龙马溪组 S_1l）、滞流局限海笔石相（主要分布于龙马溪组 S_1l）、碳酸盐台地藻积相（各层组均有分布）、泥质台地藻积相（主要分布于陡山坨组 Z_bds、牛蹄塘组ϵ_1n）和深水陆架藻积相（主要分布于渣拉沟群ϵ_1z、都柳江组ϵ_2d、三都组ϵ_3s）。

四、烃源岩成熟演化与生排烃作用

1. 高演化的烃源岩特征

下组合烃源岩绝大部分达到过成熟的干气阶段，少量处在高成熟的湿气晚期阶段。川东一重庆一鄂西是区域连片的高演化中心，寒武系等效镜质体反射率达 4.0 以上，志留系等效镜质体反射率达 3.0 以上，向周边逐渐降低。黔南、湘西以及湖北荆州的烃源岩成熟度最低，寒武系等效镜质体反射率也达到 2 左右，湘西北残存志留系等效镜质体反射率达 1.3 左右，也超过液态烃门限。

2. 烃源岩高演化缘自岩浆活动

南方海相各区块今古大地热流变化大。现今大地热流较低，南方各区块在 55～103mW/m^2 之间，地温梯度最大值为 3.51℃/100m，最小值仅为 1.43℃/100m，平均值为 2.47℃/100m。但古地热场较高且不均匀，受控于附加岩浆地热场。南方岩浆活动主要有加里东一海西一印支一燕山一喜马拉雅 5 期，其中海西、印支期岩浆活动对研究区古地温影响普遍。特别是早晚二叠世之间的东吴运动，吕梁期和加里东期隐伏基底断裂和深断裂发生拆离活动，发生了规模巨大的峨眉山玄武岩类大喷发。

3. 下组合烃源岩成熟演化的时空特征

(1) 时间序列特征

下组合烃源岩成熟演化，在时间序列上主要受寒武纪一志留纪、二叠纪一三叠纪、侏罗纪一白垩纪沉降埋深影响。在地质历史过程中主要发生加里东中晚期、印支期和燕山早中期 3 期生排烃作用，但分别受到随后的泥盆纪、中一晚三叠世、中白垩世以后的沉积间断（特别是抬升剥蚀）的阻滞、延缓影响。

(2) 空间分布特征

在空间上具有南北分带、依隆起与凹陷分区的特点。南部（黔南、黔东南）进入“油窗”、“气窗”时间明显早于北部，其震旦系一寒武系烃源岩于海西一印支早期即衰竭，志留系烃源岩也于印支期进入生烃衰竭；中、北部大片区域（川东、黔北一川南）震旦系一寒武系烃源岩于燕山早一中期衰竭，志留系烃源岩此时处于生气高峰因抬升而停止产烃；鄂西一渝东、湘西北的震旦系一寒武系烃源岩于海西一印支早期衰竭，志留系烃源岩于燕山中期刚进入“气窗”，并因抬升而停止产烃；黔中地区受三次主要构造运动影响，地层抬升幅度较大，导致烃源岩生烃演化得以延缓至今，震旦系一下寒武统烃源岩至燕山早中期仍具有生气潜力并因此时抬升而停止产烃。

4. 生排烃强度受烃源岩规模控制

黔中和湘鄂西是寒武系烃源岩生排烃强度中心，黔中最大生排烃量分别为 $209\times10^8 m^3/km^2$ 和 $113.5\times10^8 m^3/km^2$ ±，西北最大生排烃量分别为 $960\times10^8 m^3/km^2$ 和 $600\times10^8 m^3/km^2$。川东南—渝南志留系烃源岩生排烃强度最大，累积生排烃量分别为 $209.7\times10^8 m^3/km^2$ 和 $115.6\times10^8 m^3/km^2$ ±；湘西北志留系出现局部生排烃中心。所有这些生排烃中心均位于相应烃源岩的最大厚度处，显然是受烃源岩规模控制的。

5. 生排烃作用模拟实验证实仍有 5%的生烃潜量

通过烃源岩生烃过程、排烃效率、物质成分与相态转化模拟实验，反映了高过成熟海相烃源岩油气发生与分配规律。研究区烃源岩已进入干气阶段，烃类产物全部为气体。T_{max}递增迟缓，生烃效率增长很慢，生烃作用表现为已成烃类的裂解和干酪根生烃潜力的逐渐耗竭，气态烃主要来自重烃裂解而不是高度演化的干酪根本身。参照烃源岩对比样品的生、排烃效率，南方下组合烃源岩有机质进入干气阶段后仍然具有 5%左右的生烃潜量。即使不计已成烃的裂解转化产物，对于规模巨大的下组合烃源岩来说，也具有一定数量天然气的补充来源。

五、碳沥青的类型与成因

1. 碳沥青的分类

研究区下古生界岩石普遍含碳沥青，根据其产状可区分为同层沥青（主要赋存于泥质烃源岩中）和储层沥青（主要分布于碳酸盐岩和砂岩储层）。沥青反射率均在 2.0%以上，演化程度高，均属于高过成熟的碳沥青。

2. 碳沥青的特征

高演化程度使物质组成趋同是研究区储层沥青的重要特点。储层沥青与区内烃源岩相似，具有饱和烃、非烃分布优势；沥青的甾、萜类组成分布十分相似，保持了海相烃源岩四环萜类总体稀缺的特征；三环萜指纹完全重合，藿烷指纹也基本相似，甾类指纹重合程度较高。其中，志留系储层沥青具有相对较高的轻分子量化合物（孕甾烷、升孕甾烷、重排胆甾烷等）和相对较低的重分子量化合物（重排麦角甾烷、胆甾烷、重排谷甾烷、麦角甾烷、谷甾烷等）。这表明沥青来源于区内烃源岩。

3. 碳沥青的成因

储层碳沥青与烃源岩碳沥青物质组成的趋同性，表明储层碳沥青来源于区内烃源岩，同时也揭示了可能存在多源混注的影响。即使层位较新、热演化程度较低的紫云古油藏二叠系沥青的指纹化合物分布，也与其他下组合储层沥青接近。推测这种大规模液态烃类的多源混注曾多期发生并至少持续到海西一印支期。

六、古油藏形成与破坏

1. 下组合古油藏的形成

下组合第一次油气充注发生在加里东时期，持续时间长、油气供给充足。储集空间是下组合成岩序列中较早形成的碳酸盐岩晶间孔、溶孔、溶缝以及砂岩开放孔隙系统，油气区域运移的指向大型宽缓古隆起。在古隆起区，下组合储层不同程度接近地表，原油受开启性水流冲洗稠化，但范围有限；在古拗陷区，下组合储层于晚古生代重新或继续深埋，古油藏因叠加热演化而向沥青化稠油转化。

下组合储层第二次油气充注发生在印支运动初期。此时主力烃源下志留统龙马溪组黑色泥岩逐渐跨过生油高峰，储集空间主要是碳酸盐岩序列中溶孔、溶缝。控制着油气区域性运移指向和聚集成藏的主导因素，是新形成大型宽缓古隆起。储存在下组合中的原油，因上覆寒武系、志留系双重盖层及侧向沥青封堵而免遭氧化，被保存下来的原油经历油相向气相的转变并发生沥青沉淀。

下组合储层第三次油气充注发生在燕山运动初期，下组合油气转入以气相为主，热演化成碳沥青。高温、高压深埋条件形成气态烃。至晚燕山一喜马拉雅期是混源裂解气的形成和分配时期，大片地区气藏封闭条件不足，天然气大量逸散。

2. 下组合古油藏的改造与破坏

南方海相下组合油气藏的形成经历了多期改造，有不少已经破坏，例如黔中隆起的麻江、瓮安、良村和岩孔等众多大型古油藏，都成为裸露地表的沥青矿。这种破坏的产生，除了地热场以外，主要因素是构造作用，特别是印支一燕山期的多岛洋闭合和多块体聚合碰撞造成的前陆构造变形。

一些未裸露的下组合古油藏在某种程度上得以保存，但较之原生油气藏相态及成藏位置都发生了巨大改变。晚期油气藏可能有单一源岩供给油气的情况，但更多的是多套源岩的混合供给油气。晚期油气藏的油气可以脱离传统意义上的源岩，通过油气的相态转变或重新分配而形成新的油气藏，即次生油气藏。这些情况的存在，使得南方海相下组合具有生烃较早而聚集成藏较晚的特点，而且烃类普遍具有干气发生特点，晚期热解气的产生可能同时来自干酪根的热裂解和液态烃的转化消耗。因此，除渝东一鄂西一湘西北的局部地区外，找气是主要方向。

第四节 海相下组合油气成藏保存方面

中国南方海相下组合具有优越的原始油气成藏条件，但后期保存条件欠佳，因而油气资源潜力较差，但在局部地区具有较好的勘探前景。

一、优越的原始油气成藏条件

1. 两个世代 4 套区域性有效烃源岩

在中国南方的海相地层中，拥有两个世代的 4 套区域性有效烃源岩和多套局部性有效烃源岩。其中，属于下组合（第一世代）的 2 套区域性有效烃源岩分别是：下寒武统泥质烃源岩和上奥陶统一下志留统泥质烃源岩。属于下组合（第一世代）的局部性有效烃源岩是：①震旦系陡山沱组泥质和灯影组富藻白云质烃源岩；②中泥盆统有泥质和碳酸盐岩烃源岩。

2. 较好的区域性盖层条件

(1) 四套泥质岩区域盖层

在中国南方，泥质岩区域盖层有下寒武统泥质岩系、下志留统泥质岩系、上三叠一下白垩统泥质岩系和中白垩统一新近系泥质岩系。

下寒武统的区域性盖层，在盆地相区以泥岩为主（本身又是烃源岩），在台地相区以碳酸盐岩为主。主要分布在滇东、川东南和川北、鄂西渝东、江汉盆地和下扬子地区，厚度为 100～1000m。

下志留统泥质岩厚度为 200～2000m，除了湘桂褶皱隆起区、华南造山隆起区、华夏褶皱隆起区和闽粤褶皱隆起区遭受严重剥蚀和局部浅变质外，可作为区域性盖层。

上三叠统一下白垩统区域性盖层主要分布在四川盆地及其周缘、兰坪一思茅、楚雄盆地、十万大山和江汉盆地。岩性以泥质岩为主，局部夹泥灰岩和膏盐岩层，残留盖层厚度为 500～2000m，最大为 5000m。根据各方面的综合评价，川东及川东北地区属Ⅰ一Ⅱ类盖层，四川盆地和鄂西一渝东地区属 Ⅱ一Ⅲ 类盖层，江汉及下扬子区属 Ⅲ 类盖层，楚雄盆地属 Ⅱ一Ⅲ一Ⅳ 类盖层，思茅拗陷属 Ⅲ一Ⅳ 类盖层。

中白垩统一新近系区域性盖层主要分布在晚燕山一喜马拉雅期形成的张性盆地中，岩性以泥质岩为主，局部夹膏盐岩层。残留盖层厚度为 50～500m，最大者在江汉盆地，有 2000m。在膏盐岩分布区，一般为 Ⅱ 类盖层，如江汉盆地和楚雄盆地。

(2) 广泛分布的四套膏岩盖层

中国南方的膏盐岩盖层分布广泛，在中、上扬子地区的四川盆地、鄂西一渝东地区、江汉盆地、下扬子地区的句容—海安等地均有寒武系、中—下三叠统、侏罗系及白垩系—古近系膏盐岩盖层分布，在滇黔桂地区也有零星分布。这些膏盐岩层对其下伏的海相天然气的聚集及保存，起到了重要的封盖作用。

四川盆地膏盐岩主要发育于下三叠统嘉陵江组和中三叠统雷口坡组，下三叠统飞仙关组的飞四段亦有少量发育。膏盐岩盖层厚度为 70～250m：在川中南充一带最厚，超过 200m；在川东和渝东断褶带北部分布较稳定，厚度一般为 70～90m，向南厚度增大，达 130～170m。其中，嘉陵江组嘉四段的膏盐岩具有厚度稳定、对比性好、连续性好、单层厚度大、总厚度大等特点，嘉二段也具有层位稳定、对比性好、连续性好的特点。雷口坡组膏盐岩段较分散，单层厚度小，横向可对比性相对较差。

在鄂西—渝东地区，膏盐岩主要发育在嘉陵江组嘉四段、嘉五段以及嘉二段。其中嘉四段膏盐岩主要分布于上部，厚度为 11～96m，占各自地层厚度的 6.6%～86.5%。下三叠统的膏盐岩盖层在石柱复向斜南部较厚，一般为 175m；在石柱复向斜北部一般为 150m。其层位和厚度稳定，是石柱复向斜和万县复向斜最重要的区域盖层。

江汉盆地的膏盐岩盖层有两套，分别赋存于下三叠统及白垩系—古近系。下三叠统的膏盐岩盖层，在江汉南部断块区的牌洲、红丰、天门等地区厚度较大，最厚处为 339.5m，向西北减薄。在宜昌斜坡带的当阳地区，连片性也较好，但厚度稍小。白垩系—古近系的泥岩和膏盐岩层累计厚度约 700m，最大单层厚度可达 100m。在潜江凹陷，白垩系膏盐岩厚度累计 96m 以上；小板凹陷、江陵凹陷和沔阳凹陷厚度其次，介于 2～50m，局部也能达到巨大的厚度，累计厚度最大可达 363.4m。

句容—海安地区膏盐岩盖层也赋存于两个层位，即中三叠统周冲村组（安徽为东马鞍山组），以及白垩系的浦口组。三叠系膏盐岩主要分布在南京—镇江、南陵—无为盆地以及黄桥地区等几个残留中心，厚度为 56～272m。

3. 优越的油气运移储集条件

油气运移的基本控制因素是通道和动力，因此油气输导系统由通道和动力两个子系统组成。油气运移通道包括四种基本类型：一是连通的岩石孔隙，二是岩石裂缝带，三是断层，四是不整合面；在碳酸盐岩地区，还应当增加第五种，即溶洞。在某种特定的条件下，某一组通道与相关介质有机组合起来，可以成为油气运移的主干通道，如背斜脊（或称构造脊）、断层带、溶洞群和不整合面。油气在运移通道子系统中运移，总是在偏流机制的控制下，分段选择某一主干通道进行的。

在南方海相地层剖面上，下震旦统砂体全区发育；上震旦统主要在华夏地块分布，以海相浊积岩为特征；下寒武统以页岩为主，但沧浪铺组发育有高水位体系域的碎屑岩；在中、晚寒武世，扬子区主要沉积碳酸盐岩、华夏地块则主要为碎屑岩沉积；志留系主要为碎屑沉积，砂体发育。在原始油气系统形成阶段，与烃源岩相邻的砂体，由于埋深一般不超过 4000m，孔隙度一般不低于 8%，有利于油气的运移。

不整合面由地表造山隆升、侵蚀，沉积间断暴露风化等地质作用形成，其作为油气运移通道的好坏，主要取决于不整合面形成的风化壳孔渗性及分布范围。在南方海相地层剖面上，发育有九种不同成因的 19 个层序不整合面。特别是震旦系顶面、志留系与泥盆系之间、石炭系顶面，以及中、上三叠统之间的不整合面，均属于隆升侵蚀或水下间断的不整合面界面，风化剥蚀的时间较长，是油气横向运移的重要通道。

由于经历了两大旋回多个期次的多岛洋闭合和多块体会聚碰撞，以及印支运动以来的复合盆山体系演化，中国南方海相地层中的断层和裂隙带极为发育，因此作为油气垂向运移通道的断层和裂隙带不是缺乏而是太多了，甚至成为油气藏保存的不利因素。当然，在造山带前缘的构造变形带中，仅有海相上组合和陆相中生界卷入的隔挡式变形带，以及有部分海相下组合卷入的隔槽式变形带，下组合所受的影响较弱，加上在海相上组合中有多层厚膏盐层，一些切入下组合的断裂带不至于通天。来自下组合的油气可沿断层、裂隙带向上运移，并终止于塑性盖层。

在自然界中，各种通道和介质相互组合，可形成砂体-不整合面、砂体-断层，不整合面-断层，砂体-断层-不整合面等通道系统，还可以与褶皱形变相配合，形成各种类型的构造脊，使油气运移呈现纷繁复杂的状况。

海相原始储集层主要是礁、丘、滩相的沉积颗粒灰岩体和白云岩等。从总体上看，原始油气系统形成阶段的储集条件比现今好。第一，当时仍保持了部分原生孔隙，特别是礁、丘、滩相的沉积颗粒灰岩体和白云岩等，均可能成为原始油气系统形成阶段的良好储集层；第二，有些次生孔隙也已经形成，如震旦系顶部的风化壳对灯影组白云岩的改造作用已经发生，甚至一些由于欠压实作用产生的裂隙也已形成。此外，从岩孔下寒武统明心寺组细砂岩古油藏的情况看，潮坪砂体、水道砂体、水下重力流砂体、浊积砂体和盆底扇砂体等，也是重要的储层。因此，在原始油气系统形成阶段，岩层中的油气储集条件总体上应当比现今好。

4. 关键时刻有构造圈闭形成

“关键时刻”是指烃源岩达到一定埋藏深度而开始大规模生成油气，并且储层、盖层（包括区域盖层和直接盖层）已经形成，油气开始大规模运移并聚集在最初的圈闭中的持续过程即将结束的时刻，它通常与大构造运动幕相匹配。中国南方海相油气系统形成的关键时刻，大体是 4 个时期：①加里东运动（463.9～408.5Ma）；②海西－印支运动（256.1～203Ma）；③燕山中、晚期运动（135～88.5Ma）；④喜马拉雅中、晚期运动（23.3Ma 以来）。在这 4 个关键时刻，中国南方都有大规模构造圈闭的形成，这种构造异常条件无疑是有利于当时的油气聚集成藏的。

二、欠佳的油气藏保存条件

中国南方的原始油气系统十分优越，但却经过了漫长而强烈的构造运动改造。影响油气藏保存条件的因素很多，从地质异常角度看，在中国南方起主导作用的是构造条件，其次是岩浆活动和水文地质条件。

1. 构造运动持续而强烈

在漫长的地质历史中，中国南方经历了加里东、海西、印支、燕山和喜马拉雅等多次构造运动，特别是印支运动以来的多岛洋闭合和多块体会聚所造成的广泛性构造挤压和陆内造山、造盆，以及复合盆山体系耦合演化的强烈改造，是对油气成藏作用及油气藏的保存条件造成显著影响的主导因素。

大致以江山—绍兴断裂及三都—大庸断裂为界，印支期及其以前的构造运动，使得北西侧的扬子区主要形成“大隆大拗”构造格局，以及地层间呈假整合或平行不整合接触，构造变形弱，保存条件较好，故而形成了沿江南—九岭—武陵—雪峰隆起北侧分布的震旦系—下古生界古油藏群、南盘江—十万大山地区的上古生界—下三叠统古油藏群，以及四川盆地内乐山—龙女寺隆起的震旦系、泸州隆起及开江隆起的石炭系—下三叠统古油气藏等。这些古油气藏，在当时均为大型乃至特大型油气藏。然而，在江山—绍兴断裂及三都—大庸断裂的南东侧，印支期及以前的构造运动却使南华海和华夏区遭受了强烈褶皱-冲断，并使下古生界浅变质，对油气藏产生了强烈的改造与破坏，并以破坏作用为主。

印支运动以后，中国南方进入了陆内造山和前陆盆地改造阶段，随后逐步过渡为断陷盆地发育阶段。在燕山早期，随着前陆盆地沉积的增厚、深埋，促进下伏海相烃源岩热演化，并使古油气聚集带已生成的原油裂解成天然气，使原始海相油气系统向纯天然气系统转化。同时，随着盆山体系和复合盆山体系的发展，形成了一系列有特色的前陆变形带和复合前陆变形带，一些旧的圈闭和油气藏遭到改造和破坏，而一些新的圈闭和油气藏则得以形成和发展。在燕山中期，因受太平洋板块快速俯冲的影响，中国东南沿海地区发生了大规模的同造山期中酸性火山喷发及岩浆侵入活动。强烈的挤压冲断及大规模左旋走滑作用强化了江南隆起北西侧的前陆变形带，同时使江南隆起及其南东侧海相地层全面褶皱隆起，区内古油气藏遭受强烈改造和破坏。但在复合前陆盆地区变形带中，可能存在油气藏保存的有利地段。

在隔挡式变形带，虽然因为上组合盖层被卷入褶皱冲断作用，所形成的高陡背斜因冲断强烈而丧失保存条件，但在宽缓向斜中的次级褶皱却常能形成大型圈闭；在隔槽式变形带，尽管局部基底卷入造成的大范围隆升使上组合遭受剥蚀，但因下组合卷入变形而出现的宽缓背斜，却是形成巨型圈闭的良好基础；在挤出式变形带，基底卷入逆冲推覆使整个上组合和局部下组合遭受剥蚀，但在推覆体的下方或侧下方，也可能是油气聚集保存的有利位置。

川东北喇叭状构造变形带，是多个盆山体系复合控制典型产物。在那里，隶属于大巴山盆山体系的NW—SE向褶皱，与隶属于雪峰山盆山体系的NNE—SSW向褶皱相互叠加，也可以构成有利的大型构造圈闭。如著名的普光构造，就是NW—SE向背斜与NNE—SSW向向斜中的次级背斜叠加的产物。此外，一些盆山体系的前陆隆起或复合盆山体系的前陆隆起，如四川盆地的乐山—龙女寺隆起、泸州隆起、开江隆起，也可能是古油藏裂解气和海相上、下组合二次（甚而三次）生成气的汇聚指向场所。如果有上三叠统和侏罗系盖层的有利配合，应当有较大的勘探前景。

在中燕山期后，由于华北板块、华南板块、保山微板块和海南地块完全拼合，古特提斯多岛洋最终封闭。中国南方在继续进行着陆内造山作用和复合盆山体系耦合演化的时候，外部先后受到太平洋板块俯冲和印欧板块碰撞的强烈影响，致使区域构造应力场和区域构造运动体制进行了一系列调整。海相盆地原型在晚燕山—喜马拉雅期经历了压扭背景下的挤压冲断及走滑、走滑伸展背景下的裂陷盆地叠加、初期的大规模隆升剥蚀和区域性披覆层形成等几个阶段的改造。这个过程对扬子区海相油气保存系统和再生气系统的整体重建，具有明显的建设作用。

在喜马拉雅期初，南方中、东部地区在燕山期普遍褶皱抬升的基础上，局部地区发生裂陷，造成了烃源岩热演化程度较低的中生界、古生界源岩“二次生烃”，进而形成诸如苏北盆地盐城凹陷朱家墩气田、江汉盆地沉湖地区开先台西油藏等再生烃油气藏。喜马拉雅主幕运动所造成较大规模抬升剥蚀，致使古（油）气藏中的油气（特别是天然气）发生重新分配及调整运聚，或者可能是深部那些具有再次生烃能力的海相烃源岩所生成的天然气，运移到新生的构造圈闭内聚集，从而形成了现今所见的川东、川西、楚雄及南盘江地区众多的次生中生界、古生界气田。

晚喜马拉雅期是四川盆地、江汉盆地、下扬子诸盆地和滇桂诸盆地结束沉降转向褶皱抬升的转折期，对这些盆地内的油气系统和上、下组合海相天然气系统的调整与最终定型，无疑具有重要影响。

综上所述，中国南方印支期以前的构造演化控制了大陆边缘和陆内克拉通盆地的多期次并列叠加，从而控制了下、上组合海相烃源岩及其原生古油气藏的形成；印支期的多岛洋封闭和多块体聚合碰撞，使中国南方结束了海相沉积，进入了以挤压作用为主的陆内造山、造盆阶段，开始了陆内盆山体系的耦合演化，下、上组合海相地层在隆起区遭剥蚀，而在拗陷区被深埋，海相原生油气藏遭受改造与破坏；燕山期陆内造山作用的继承性发展和太平洋板块俯冲作用的强大影响，使江南隆起及其南东侧海相地层全面褶皱隆起，江南隆起北西侧的川—黔—湘—渝—鄂复合前陆变形带发展到波澜壮阔的巨大规模，一些旧的圈闭和油气藏遭到改造和破坏，而一些新的圈闭和油气藏则得以形成和发展；晚燕山期以来的压扭背景下的挤压冲断及走滑、走滑伸展背景下的裂陷盆地叠加、初期的大规模隆升剥蚀和区域性披覆层形成，使南方下、上组合海相盆地原型及其中的油气系统进一步经历了强烈改造。但是，在残留的中生代前陆盆地斜坡带、前陆隆起带、前陆盆地区变形带和多个盆山体系复合前陆盆地区的变形带，仍然有可能存在源自海相地层的油气聚集带。

2. 岩浆活动广泛但强弱不均

岩浆岩及岩浆活动对油气的影响主要有两个方面：一是对烃源岩的增熟作用；二是对油气的破坏作用，并以破坏作用为主。南方地区岩浆岩分布较为广泛，主要分布于两大区域：一是雪峰—江南隆起以南的东南地区；二是川西—黔西—滇西地区。其时代涉及各构造时期，但对油气保存影响最大的是印支—燕山期岩浆岩。下扬子南部地区岩浆岩和火山岩较发育，对上古生界油气系统的影响较大。喜马拉雅期岩浆岩主要为基性玄武岩喷发，分布范围较小，对油气保存影响较小。

侵入岩侵入温度较火山岩喷出温度低，但长期深埋地下，保持较高温度，对提高有机质成熟度、加快生烃是有帮助的。在明显受到岩浆侵入影响的地区，如镇江石马岩体所在区、高淳大花山、松岭—砺山煤田，宜兴湖滏、小张墅煤田，常州—上黄煤田，无锡、江阴、张家港、常熟、苏州西部等区，由于影响程度不同，其上古生界源岩 R^{o} 达到了 1.3%～3.1% 的高—过熟阶段。

对于下古生界的油藏而言，岩浆作用的快速加温，将会加快石油的热演化，使油气快速向固体沥青发展。此外，岩浆活动还会刺穿和破坏圈闭，破坏构造的完整性和封闭性，显而易见，侵入活动对油气藏保存是不利的。

3. 复杂多变的水文地质条件

水文地质条件是油气保存条件的综合反映，主要受盖层条件、目的层埋深、断裂等影响。在鄂西—渝东（建南）、川东北、川西拗陷和威远地区，侏罗系覆盖下的三叠系、石炭系和震旦系海相层中的水型，除了局部穿越流矿化度较低（<4300mg/L），为 Na_2SO_4 型外，均属 $CaCl_2$ 型水，水动力封闭条件很好。在湘鄂西地区，由于没有中、新生界覆盖，海相层大片裸露，一般地下水自由交替带深度很大，水动力封闭性很差，如地下水的矿化度只有每升数百至千余毫克，为 $NaHCO_3$ 型和 Na_2SO_4 型水，纵向上均属自由交替带，说明保存系统曾经被改造、破坏过。在江汉盆地，钻于盆地边缘的一些井除鄂深 1 井的下三叠统矿化度较高外，其余各井的矿化度均<10g/L，水型主要为 Na_2SO_4 型，其次是 $NaHCO_3$ 型，均处在自由交替带；钻于盆地腹地的井矿化度相对较高，大多在 20000mg/L 以上，处于交替阻滞带，水型属 $CaCl_2$ 或 $MgCl_2$ 型，表明有较好的水动力封闭条件。在盆外隆起区也多处于自由交替带。在下扬子苏北兴化地区、盐城—建湖—柘垛—高邮凹陷和溱潼—海安凹陷，海相层系的地层水矿化度也达到 10～35g/L 以上，处于交替阻滞带。其他地区及苏南基本都<10g/L，处于自由交替带。在桂中拗陷和黔东南断褶带，根据富含 N_2 井段的地层水矿化度分析，油气保存条件也较为不利。

综上所述，上扬子四川盆地海相古生界地层水总体处于交替停止带（部分地区如高背斜带仍有水交替现象），反映油气保存条件好；中扬子江汉盆地南部和下扬子苏北盆地东部的主体地层水处于交替阻滞带，反映油气保存条件一般；其余地区基本均处于自由交替带，反映油气保存条件差。

但是，即便在主体处于地层水自由交替带的地区，也可能出现局部保存条件好的交替阻滞带甚至交替停止带。例如，在南盘江盆地秧坝构造中的秧 1 井，二叠系地层水矿化度为 29852.9mg/L，氯离子浓度为 15275mg/L，水型为氯化钙型，变质系数为 0.89，脱硫系数为 0.26，脱硫作用较强，处于交替阻滞带。显然，地层水文地质条件的差别与局部构造的关系极大。对于各个地区的地层水文地质条件，不可一概而论，应当根据具体情况进行分析，特别应当注意各区块所处的构造部位。

三、找气可行地段（2P）圈定

从油气地质异常的角度看，“油气成藏组合模式”及其类型划分依据，实际上就是专属地质异常，而“油气保存单元”则与找气可行地段（2P）有一定的对应关系，只是着眼点有所不同，所采用的方法与评价参数也有所差异。

1. 油气成藏组合模式与专属地质异常

中国南方海相层系的成藏组合类型，可划分为准原生型成藏组合、改造型成藏组合、再生型成藏组合和后生型成藏组合四种基本类型。不同类型的成藏组合具有不同的油气地质条件，表现出不同的专属地质异常。

准原生型成藏组合的生、储、盖层均为海相层系，生储盖组合形成后未遭受过大的改造与变动，油气保存条件较好。这种成藏组合以发育“准原生型”油气藏为特征，具有良好的油气勘探前景。从地质异常角度看，这种准原生型成藏组合可能分布于川一黔一渝一鄂一湘边区的隔槽式变形带和隔挡式变形带中，其中最佳的分布区是隔槽式变形带北段（鄂西一渝东）和南段（黔东）。

改造型成藏组合的生、储、盖层均为海相层系，生储盖组合形成后受构造运动的影响，遭受过大的改造与变动，保存条件较差，只能发育小型“残存型”或“次生型”油气藏，油气勘探前景较差。从地质异常角度看，这种改造型成藏组合目前可能主要分布于邻近江南隆起带的挤出式变形带的局部地区（逆冲推覆构造下盘），以及中、下扬子和滇、桂，以及江南隆起南东各地。

再生型成藏组合的生、储层为海相层系，盖层为上覆陆相地层。海相原始生储盖组合受到后期构造运动的破坏，但中、新生代陆相地层叠加覆盖后重建了封闭保存系统，形成了新的生储盖组合，仍由海相烃源岩“二次生烃”提供油气，是一种“劫后再生”型油气藏，具有一定的勘探前景。从地质异常角度看，主要分布于中、下扬子区和滇西、滇东南一桂西北陆相中生界盖层发育区。

后生型成藏组合的烃源岩为海相层系，而储盖层为中新生代陆相层系。烃源岩“二次生烃”并排出的油气，沿新生代断陷盆地边界断裂向上运移，至上覆陆相岩层中成藏。由于成藏时间较晚，所经历的构造运动少，保存条件相对较好。从地质异常角度看，这种后生型成藏组合可能分布于中、下扬子区和滇西、滇东南一桂西北，以及江南隆起南侧的湘一赣一粤陆相断陷盆分布区。

在上述四种成藏组合类型中，前两种的烃源可能来自烃源岩早期生烃（一次）和“二次生烃”，而后两种成藏组合的烃源则完全来自烃源岩“二次生烃”。对于前两种成藏组合，需要着重进行烃源岩成熟度评价和封盖保存条件评价；而对于后两种成藏组合，则应着重进行烃源岩“二次生烃”条件评价。分布于无“二次生烃”条件地区的“烃源岩”，不能提供烃源而成为无效烃源岩，应排除在有效成藏组合之外。

2. 油气保存单元与找油气可行地段（2P）评价

“油气保存单元”是指在含油层系保存区内，按照一定的地质结构和条件区划出来、能够保存油气藏的石油地质单元，其含义侧重于描述早期石油地质条件和现今的盖层条件。但对于经历过长期改造的南方海相残留盆地区而言，还应着重考虑烃源岩的当前生烃（或二次生烃）能力、构造变形特征及圈闭破坏状况。滇黔桂石油勘探局将中国南方的油气保存单元分为三类。本项目对油气保存单元进行了专属油气地质异常分析，赋予油气保存单元“找油气可行地段（2P）”的新含义，分别在南方海相下组合和上组合划分出了若干找油气可行（2P）地段。

（1）南方海相下组合的找气可行（2P）地段

一类最有利保存区和找气可行地段主要分布于四川盆地北部、鄂西—渝东地区，这里处于米苍—大巴山印支—燕山期盆山体系的前陆盆地区和隔挡式褶皱发育区，背斜的冲断破坏弱，且宽缓的向斜中不乏由次级背斜构成的圈闭，岩浆活动也较弱；有下寒武统和下志留统泥质盖层覆盖，厚度大且连续性较好。

二类最有利保存区和找气可行地段主要分布于滇东、黔中、黔北和湘鄂西、下扬子地区。滇东、黔中、黔北—川南和湘鄂西的盖层为下寒武统和下志留统泥质岩，厚度分别为100～400m和200～700m，连续性好；岩浆活动和构造变形相对较弱，其中，黔中隆起处于雪峰山印支—燕山期盆山体系的山前隔槽-隔挡皱褶式转换区，为一形态完整的巨型背斜；湘鄂西区虽然处于雪峰山印支—燕山期盆山体系的山前挤出式变形带中，但区内基底卷入推覆程度较低，上覆三叠系盖层厚度大且连续性好。下扬子地区的盖层有下寒武统和下志留统泥质岩，厚度分别为100～400m和500～2000m，连续性好。岩浆活动和构造变形强度较弱。

三类较有利保存单元和找气可行地段主要分布于黔南—黔东南和中扬子北部。黔南—黔东南地区岩浆活动和构造变形强度较强，仅有下志留统泥质盖层覆盖，盖层厚度为100～200m，古油藏已被彻底破坏，麻江古油藏即为典型例子。中扬子北部也仅有下寒武统泥质盖层覆盖，盖层厚度<50m。该区处于秦岭—大别造山带前缘，相当一部分烃源岩和储集层被掩覆于元古界推覆体之下，虽然岩浆活动和构造变形强度较强，但上组合海相层仍有一定厚度，可能具有封盖保存条件。

（2）南方海相上组合的找气可行（2P）地段

一类最有利保存区和找气可行地段主要分布在四川盆地、鄂西—渝东和南盘江盆地。其中，四川盆地、鄂西渝东地区的区域性盖层为中—下三叠统和上三叠统—下白垩统，厚度分别为100～900m和500～3500m；印支期以来岩浆活动较弱，构造变形在印支期和燕山早期相对较强（四川盆地除外），燕山晚期—喜马拉雅期较弱。南盘江盆地的区域性盖层为中—下三叠统，厚200～2000m。岩浆活动在印支期以来较弱，构造变形在印支期较弱，燕山—喜马拉雅期相对较强；但盖层厚度巨大，连续性较好。

二类有利保存区和找气可行地段是思茅盆地、楚雄盆地东北、十万大山盆地、湘鄂西地区、江汉盆地。在思茅盆地，区域性盖层为上三叠统—下白垩统和上白垩统—古近系，厚度>500m，最大为3000m，连续性好。印支期以来岩浆活动比较弱，构造变形总体也较弱。在楚雄盆地东北部，区域性盖层为上三叠统—下白垩统、上白垩统—古近系，厚度>500m，最大为6000m。其中，上三叠统—下白垩统盖层分布范围广、连续性较好，印支期以来的岩浆活动比较弱，构造变形总体也比较弱。在十万大山盆地，区域性盖层为上三叠统—下白垩统，厚500～1000m，分布范围广、连续性较好；印支期以来岩浆活动弱，印支—早燕山期构造变形总体上也弱，但晚燕山—喜马拉雅期构造变形较强。在湘鄂西地区，盖层主要为中—下三叠统，厚度200～1000m，连续性较差。印支期以来岩浆活动较弱，印支期和晚燕山—喜马拉雅期构造变形较弱，但早燕山期构造变形较强。在江汉盆地，盖层为中—下三叠统和上白垩统—古近系，厚度分别为100～400m和1000～3000m，连续性较好。印支期以来岩浆活动较弱，构造变形也相对较弱，烃源岩保存于燕山期的对冲构造中。

三类较有利保存区和找气可行地段主要分布于下扬子地区。其区域性盖层为中—下三叠统和下白垩统—古近系，厚度分别为100～200m和500～1500m。其中，下白垩统—古近系区域性盖层分布范围广，厚度较大。二叠系烃源岩 R^o＜3.0%。印支期以来岩浆活动较强，构造变形在印支期相对较弱，但在燕山—喜马拉雅期强烈，对油气保存条件造成严重影响，但三叠系膏盐岩的发育可减轻这种影响。

第五节 存在问题和进一步研究方向

关于中国南方的油气地质异常研究虽然取得了许多进展，但仍存在着许多不足之处。其中，关于盆地原型和岩浆岩研究，因研究区范围巨大，缺乏对盆地结构的详细观察、描述以及对岩浆岩体的全面取样分析；关于盆地原型叠加改造，仅从复合盆山体系耦合的角度进行分析，对盖层变形和构造格架割裂与复合进行归纳不足，也缺乏对各期盆地的剥蚀厚度、盆地结构离散和破损，以及盆地原型整体形态扭曲和错移的过程及其结果作深入探讨；关于3P地段评价的方法体系、参数和指标体系还有待于进一步完善，评价结果的优度排序方式及其标准的制定，也有待今后做进一步探索和试验。根据上述认识，研究区中—古生界下组合亟待进一步研究的问题如下：

1）各期盆地原型的结构、叠加—改造状况及其区域动力学演化机理、华夏板块对扬子板块的碰撞力学和变形变质效应，及其对油气保存条件的影响。

2）以储层沥青为线索，结合油气勘探的新发现，进一步开展与沥青相关的油气相态转化、油气重新分配及其地质条件研究。

3）生烃效率、排烃效率和油气聚集效率的联系，以及中国南方中—古生界下组合油气地质异常找矿的参数体系。

4）在所确定的25个油气田地质异常对应的潜在油气资源地段（4P）基础上，以3个一类（好的）油气田地质异常（AA）区域和17个二类（中等）油气田地质异常（BB）区域为重点，进行“油气藏地质异常”及“远景油气藏地段（5P）”预测评价。

参考文献

边立曾，张水昌，梁狄刚等．2003. 塔里木盆地晚奥陶世古海藻果实状化石及塔中油田生物母质特征．微体古生物学报，20（1）：89～96

曹宣铎，赵江天，胡云绪．1995. 秦岭石炭纪古海洋特征及古地理再造．地球科学，20（6）：624～630

陈洪德，田景春，刘文均等．2002. 中国南方海相震旦系-中三叠统层序划分与对比．成都理工大学学报（自然科学版），29（4）：355～379

程克明，王铁冠，钟宁宁等．1995. 烃源岩地球化学．北京：科学出版社

程克明，王北云，钟宁宁等．1996. 碳酸岩油气生成理论与实践．北京：石油工业出版社

褚庆忠，李耀华．2001. 异常压力形成机制研究综述．天然气勘探与开发，24（4）：38～46

戴鸿鸣，王顺玉，王海清等．1999. 四川盆地寒武系-震旦系含气系统成藏特征及有利勘探区块．石油勘探与开发，26（5）：16～20

戴金星．2003. 威远气田成藏期及气源．石油实验地质，25（5）：473～480

邓宏文，钱凯．1993. 沉积地球化学与环境分析．兰州：甘肃科学技术出版社．18～28

邓平．1993. 微量元素在油气勘探中的应用．石油勘探与开发，20（1）：27～32

滇黔桂石油地质志编写组．1992. 滇黔桂油气区．见：《中国石油地质志》编写组．中国石油地质志（卷十一）．北京：石油工业出版社

丁道桂，朱樱．1991. 中、下扬子区古生代盆地基底拆离式改造与油气领域．石油与天然气地质，12（4）：376～386

丰国秀，陈盛吉．1988. 岩石中沥青反射率与镜质体反射率之间的关系．天然气工业，(3)：120～125

付孝悦，王津义，张汉荣．2002. 南方海相天然气保存机理及保存条件初探．海相油气地质，7（2)：43～47

高瑞琪，赵政璋．2001a. 中国油气新区勘探（第6卷）．北京：石油工业出版社．63～158

高瑞琪，赵政璋．2001b. 中国油气新区勘探（第5卷）．中国南方海相油气地质及勘探前景．北京：石油工业出版社

龚与觐．1990. 下扬子复合地体与含油气性特征．石油与天然气地质，11（3）：320～333

顾家裕，周兴熙．1994. 沉积相与油气．北京：石油工业出版社．178～220

贵州省地矿局．1992. 贵州省区域地质志．北京：地质出版社

郭正吾，邓康龄，韩永辉等．1996. 四川盆地形成与演化．北京：地质出版社

韩克猷．1995. 川东开江古隆起大中型气田的形成及勘探目标．天然气工业，4：1～4

郝石生，高岗，王飞宇等．1996. 高过成熟海相烃源岩．北京：石油工业出版社

何斌，徐义刚，肖龙等．2003. 峨眉山大火成岩省的形成机制及空间展布：来自沉积地层学研究的新证据．地质学报，77：194～202

何斌，徐义刚，肖龙等．2003. 攀西裂谷存在吗？地质论评，49（6）：572～582

胡光灿，谢姚祥．1997. 中国四川东部高陡构造石炭系气田．北京：石油工业出版社

湖北省地矿局．1992. 湖北省区域地质志．北京：地质出版社

湖南省地矿局．1992. 湖南省区域地质志．北京：地质出版社

黄第藩．1990. 我国陆相烃源岩有机质丰度评价标准．北京：石油工业出版社

黄汲清，陈炳蔚．1987. 中国及邻区特提斯海的演化．北京：地质出版社

黄籍中．1984. 四川盆地天然气地球化学特征．地球化学，13（4）：307～321

金奎励，刘大锰，涂建琪等．1997. 有机岩石学研究——以塔里木为例．北京：地震出版社．107～122

黎颖英，林维澄．1999. 四川盆地东部石炭系含气系统的形成与演化．西南石油学院学报，12（1）：35～38

李河名，费淑英．1996. 中国煤的煤岩煤质特征及变质规律．北京：地质出版社

李一平．1996. 四月盆地已知大中型气田成藏条件研究．天然气工业，16（增刊）：1～12

李玉喜．2000. 地质异常理论在圈闭勘探评价中的应用．中国地质大学博士论文．北京

李政，李锯源，徐兴友等．2006. 济阳拗陷煤系烃源岩生物标志化合物与同位素对比研究．石油与天然气地质，27（5）：696～701

梁狄刚，张水昌，张宝民等．2000. 从塔里木盆地看中国海相生油问题．北京：地质出版社．45～103

刘大锰，侯孝强，蒋金鹏．1996. 笔石组成与结构的微区分析．矿物学报，16（1）：5357

刘树根，罗志立．2001. 从华南板块构造演化探讨中国南方油气藏分布的规律性．石油学报，22（4）：25～30

刘树根，徐国盛，梁卫等．1997. 川东石炭系气藏含气系统研究．石油学报，18（3）：13～22

刘学峰，何幼斌，张或丹．1999. 利用回剥分析重建古构造格局——以川、鄂、湘边区为例．古地理学报，1（2）：53～61

刘育燕，杨巍然，森永速男等．1993. 华北、秦岭及扬子陆块的若干古地磁研究结果．地球科学，18（5）：635～641

楼章华，金爱民，付孝悦．2006. 海相地层水文地球化学与油气保存条件评价．浙江大学学报（工学版），40（3）：501～505

楼章华，金爱民，田炜卓等．2005. 论陆相含油气沉积盆地地下水动力场与油气运移、聚集．地质科学，40（3）：305～318

吕宝凤．2005. 川东南地区构造变形与下古生界油气成藏研究．中国科学院研究生院（广州地球化学研究所）博士论文

罗槐章．1992. 滇黔桂南盘江拗陷上古生代碳酸盐岩中的中间相沥青及其地质意义．地球化学，20（4）：391～398

罗志立．1994. 龙门山造山带的崛起和四川盆地的形成与演化．成都：成都科技大学出版社

罗志立，刘顺，徐世琦．1998. 四川盆地震旦系含气层中有利勘探区块的选择．石油学报，19（4）：1～7

马大铨．1999. 鄂西崆岭杂岩的组成时代及地质演化．地球学报，（3）：232～241

马力，陈焕疆，甘克文等．2004. 中国南方大地构造和海相油气地质（上、下）．北京：地质出版社

马启富，陈斯忠，张启明等．2000. 超压盆地与油气分布．北京：地质出版社

马文璞，丘元禧，何丰盛．1995. 江南隆起上的下古生界缺失带——华南加里东褶冲带的标志．现代地质，9（3）：320～324

马永生，郊形楼，付考悦等．2002. 中国南方海相石油地质特征及勘探潜力．海相油气地质，7（3）：19～27

马永生，楼章华，郭彤楼等．2006. 中国南方海相地层油气保存条件综合评价技术体系探讨．地质学报，80（3）：406～417

马永生，田海芹．1999. 碳酸盐岩油气勘探．东营：中国石油大学出版社

苗建宇，周立发，邓昆等．2004. 吐鲁番拗陷二叠系烃源岩地球化学与沉积环境的关系．中国地质，31（4）：424～430

穆恩之，陈旭．1962. 中国笔石．北京：科学出版社

倪世钊，杨德骊．1994. 东秦岭东段南带古生物地层及沉积相．武汉：中国地质大学出版社．80

蒲心纯等．1993. 中国南方寒武纪岩相古地理与成矿作用．北京：地质出版社

邱蕴玉，徐濂，黄华梁．1994. 威远气田成藏模式初探．天然气工业，14（1）：9～13

邱蕴玉．1994. 油气聚集保存的时间性和有效性分析——油气有效成藏期及有效成藏组合研究．中国海上油气，8（5）：289～299

冉降辉，谢姚祥，王兰生．2006. 从四川盆地解读中国南方海相碳酸盐岩油气勘探．石油与天然气地质，27（3）：289～294

任纪舜，姜春发等．1980. 中国大地构造及其演化．北京：科学出版社

四川省地矿局．1992. 四川省区域地质志．北京：地质出版社

孙肇才，邱蕴玉，郭正吾．1991. 板内形变与晚期次成藏——扬子区海相油气总体形成规律的探讨．石油实验地质，13（2）：107～142

腾格尔，高长林，胡凯等．2006. 上扬子东南缘下组合优质烃源岩发育及生烃潜力．石油实验地质，28（4）：359～365

王根海，赵宗举，李大成等．2001. 中国南方油气地质及勘探前景．见：高瑞琪和赵政璋主编．中国油气新区勘探（第五卷）．北京：石油工业出版社

王金琪．1990. 安县构造运动．石油与天然气地质，11（3）：223～234

王顺玉，戴鸿鸣，王海清等．1999. 地下烃类相态早期识别的地球化学方法．中国石油勘探，4（3）：51～52

王顺玉，李兴甫．1999. 威远和资阳震旦系天然气地球化学特征与含气系统研究．天然气地球科学，10（3～4）：63～69

王玉净．1994. 广西钦州地区硅质岩及其放射虫化石组合带．科学通报，39（13）：1208～1210

韦宝东，盘鹏慧．2005. 南盘江拗陷烃源岩再认识．南方油气，l8（3）：7～8

沃玉进，肖开华，周雁等．2006. 中国南方海相层系油气成藏组合类型与勘探前景．石油与天然气地质，27（1）：11～16

吴冲龙，杜远生，梅廉夫等．2006. 中国南方印支－燕山期复合盆山体系与盆地原型改造．石油与天然气地质，27（3）：305～315

吴冲龙，李星，刘刚等．1999. 盆地地热场模拟的若干问题探讨．石油实验地质，21（1）：1～7

吴浩若，邝国敦，咸向阳等．1994. 桂南晚古生代放射虫硅质岩及广西古特提斯的初步探讨．科学通报，39（9）：809～812

武蔚文．1989. 贵州东部若干古油藏的形成和破坏．贵州地质，6（1）：9～19

肖开华，沃玉进，周雁等．2006. 中国南方海相层系油气成藏特点与勘探方向．石油与天然气地质，27（3）：316～325

许志琴．1992. 中国松潘－甘孜造山带的造山过程．北京：地质出版社

颜佳新，刘本培，张海清．1999. 滇西昌宁－孟连带内石炭纪－二叠纪鲕粒灰岩的古地理意义．古地理学报，1（3）：13～18

杨家碌．1988. 寒武纪．见：殷鸿福等．中国古生物地理学．武汉：中国地质大学出版社．65～89

杨克明，朱彤，何鲤．2003. 龙门山逆冲推覆带构造特征及勘探潜力分析．石油实验地质，25（6）：685～693

杨起，吴冲龙，汤达祯等．1996. 中国煤变质作用．地球科学——中国地质大学学报，21（3）：311～319

杨巍然，胡德祥，张旺生．1986. 华南加里东阶段古构造特征．见：王鸿祯，杨巍然，刘本培主编．华南地区古大陆边缘构造史．武汉：武汉地质学院出版社．39～64

殷鸿福，吴顺宝，杜远生等．1999. 华南是特提斯多岛洋体系的一部分．地球科学，24（1）：1～12

尹长河，王廷栋，王顺玉等．2000. 威远震旦系天然气与油气生运聚．地质地球化学，28（1）：78～82

袁玉松，马永生，胡圣标等．2006. 中国南方现今地热特征．地球物理学报，49（4）：1118～1126

乐光禹.1996.构造复合联合原理：川黔构造组合叠加分析.成都：成都科技大学出版社

翟永健，周姚秀.1989.华南和华北陆块显生宙的古地磁及构造演化.地球物理学报，32（3）：292～306

张爱云，伍大茂，郭丽娜等.1987.海相黑色页岩建造地球化学与成矿意义.北京：科学出版社

张国伟.1988.秦岭造山带的形成及其演化.西安：西北大学出版社

张国伟，张本仁，袁学诚等.2000.秦岭造山带与大陆动力学.北京：科学出版社

张宁，夏文臣.1998.华南晚古生代硅质岩时空分布及再扩张残留海槽演化.地球科学——中国地质大学学报，23（5）：480～486

张文荣，熊洁明.1993.中扬子地区“对冲”逆掩推覆构造的成因、展布及含油气地质条件.见：石宝珩，周堃，关德范等主编.扬子海相地质与油气.北京：石油工业出版社.30～46

张新建，范迎风，张剑君等.2004.富县探区延长组微量元素特征及地质意义.新疆石油地质，25（5）：483～485

赵鹏大，池顺都，陈永清.1996.查明地质异常：成矿预测的基础.高校地质学报，2（4）：361～373

赵鹏大，池顺都.1991.初论地质异常.地球科学——中国地质大学学报，16（3）：242～248

赵鹏大，孟宪国.1993.地质异常与矿产预测.地球科学——中国地质大学学报，18（1）：39～47

赵鹏大，汤军，陈建平等.2002.油气地质异常与非传统油气资源勘探研究.地质与勘探，38（2）：1～5

赵宗举，朱琰，邓红婴等.2003.中国南方古隆起对中、古生界原生油气藏的控制作用.石油实验地质，25（1）：10～17

赵宗举，朱琰，李大成.2002.中国南方中、古生界古今油气藏形成演化控制因素及勘探方向.天然气工业，22（5）：1～6

钟宁宁，秦勇.1995.碳酸盐岩有机岩石学.北京：科学出版社.25～45

周江羽，吴冲龙，张琼岩等.1997.福建省东部及邻区岩浆活动的构造环境与热变质作用.福建地质，16（1）：32～39

周堃，关德范等.1993.扬子海相地质与油气.北京：石油工业出版社.30～46

周祖翼，劳秋元，陈焕疆.1993.东南沿海早中生代造山运动.见：孙肇才，张渝昌主编.朱夏学术思想研讨文集.北京：石油工业出版社

朱炳泉.1997.地球化学急变带对中国南方油气勘探思考.海上油气地质，2（4）：1～3

朱立军，赵元龙.1996.贵州台江中、下寒武统界线剖面微量元素地球化学特征.古生物学报，35（5）：623～630

Aquino Neto F R，John Wiley，Sons. 1983. In：Bjory M et al. eds. Advances in Organic Geochemistry. 659～667

Azevedo D A，Aquino Neto F R，Simoneit B R T. 1992. Novel series of tricyclic aromatic terpanes characterized in Tasmanian tasmanite. Organic Geochemistry，18（1）：9～16

Barker C. 1972. Aquathermal pressuring; role of temperature in development of abnormal-pressure zones. AAPG Bulletin，56（10）：2068～2071

Bertrand R. 1990. Correlations among the reflectance of vitrinite，chitinozoans，graptolites and scolecodonts. Org Geochen，15（6）：565～574

Bradley J S. 1975. Abnormal formation pressure. AAPG Bulletin，59（6）：957～973

Couchel. 1971. Calculation of palaeosalinites from boron and clay mineral data. AAPG Bull，55：1829～1839

Damste J S S，Kenig F，Koopmans M P et al. 1995. Evidence for gammacerance as a indicator of water column strification. Geochimica et Cosmochimica Acta，59：1895～1900

Didyk B M，Simoneit B R T，Brassell S C et al. 1978. Organic geochemical indicator of palaeoenvironmental conditions of sedimentation. Nature，272：216～222

Goodarzi F. 1985. Dispersion of optical properties of graptolite epidermis with increased maturity in Early Paleozoic organic sediments. Fuel，64 (12)：1735～1740

Goodarzi F，Norford B S. 1989. Variation of graptolite reflectance with depth of burial. Int. J. Coal Geol.，11 (2)：127～141

Hoering T C. 1984. Thermal reactions of kerogen with added water，heavy water，and pure organic substanees. Organie Geoehemistry，5 (4)：267～278

Jacob H. 1985. Disperse solid bitumens as an indicator form igration and maturity in prospecting for oil and gas. Erdol&Kohle Erdgas Petrochemie，38 (3)：365

Kuhn T，Bau M，Bium et al. 1998. Origin of negative Ce anomalies in mixed hydrothermal-hydrogenetic Fe-Mn crusts from the Central Indian Ridge. Earth Planet Sci. Let，163：207～220

Magoon L B，Dow W G，1994. The Petroleum system from source to trap. AAPG Memoir. 60

Magoon L B. 1987. The petroleum system—a classification scheme for research assessment and exploration (abs.)：AAPG Bulletin. 71 (5)：587

Magoon L B. 1992. The Petroleum system—status os research and methods. USGS，Bulletin，2007

Moldowan J M，Lee C Y，Watt D S et al. 1991. Analysis and occurrence of C_{26}-steranes in petroleum and source rocks. Geochimca et Cosmochimica. Acta，55 (4)：1065～1081

Palacas J G. 1990. 南佛罗里达盆地——碳酸盐生油的一个典型实例．卞良椎译．北京：科学出版社．85～119

Peters K E，Moldowan J M. 1993. The biomarker guide：Interpreting molecular fossils in petroleum and ancient sediments. Englewood Cliffs，NJ Press

Peters K E，Walters C C，Moldown J M. 2005. The Biomarker guide，volume 2，Biomarkers and isotopes in petroleum exploration and earth history. Cambridge：Cambridge University Press. 521～576

Schoell M，Jenden P D. Beeunas M A et al. 1993. Isotope analyses of gases in gas field and gas storage operations. SPE Gas Technology Symposium，28～30

Sengor A M C，Botum U J. 1989. The Tethyside orogenic system：an introduction. in：Sengor A M C ed. Tectonic Evolution of the Tethyan Region. Dordrecht/Boston/London：Kluwer Acadamic Publishers. 1～22

Sengor A M C，Hsu K J. 1984. The Cimmerides of eastern Asia history of the estern end of Paleo-Tethys. Mem. Soc. Geol. Fr. N. S.，139～167

Sengor A M C. 1979. Mid-Mesozoic closure of Permo-Triassc Tethys and its implications. Nature，279：590～593

Sholkovitz E R，Schneider D L. 1991. Cerium redox cycles and rare earth elements in the Sargasso Sea. Geochimca Cosmochimica. Acta，55：2737～2743

Simoneit B R T. 1991. Hydrothermal effects on recent diatomaceous sediments in Guaymas Basin：generation，migration，and deposition of petroleum，the Gulf and Penimsular Province of the California. AAPG Mem，47：793～825

Tissot B，Welte D H. 1984. Petroleum formation and occurance (2nd). New York：Springer-Verlage

Wang Y L，Liu Y G，Schmitt R A. 1986. Rare earth element geochemistry of South Atlantic deep sea sediments：Ce anomaly change at 54My. Geochimca. Cosmochimica. Acta，50：1337～1355

Worash G，Valera R. 2002. Rare earth element geochemistry of the Antalo Supersequence in the Mekele Outlier (Tigray region，northern Ethiopia). Chemical Geology，182 (2～4)：395～407

Wu Chonglong，Yang Qi，Zhu Zuoduo et al. 2000. Thermodynamic Analasis and Simulation of Coal Metamorphism In Fushun Basin，China. International Journal of Coal Geology，44：149～168